"十二五"普通高等教育本科国家级规划教材

有机化学

（第五版）

（医学和临床药学类专业）

主　编　张生勇　　何　炜
副主编　游文玮　　赵华文
　　　　盛　野　　叶晓霞

科 学 出 版 社

北　京

内 容 简 介

本书为"十二五"普通高等教育本科国家级规划教材。全书分上、下两篇，共18章。本书从各类化合物的结构入手，着重阐明它们的性质和相互转化，加强了有机化学反应机理和立体化学的叙述，并强调与医药卫生和生物化学等领域的联系。各章附有关键词、小结、主要反应总结和习题。书后附有外国人名索引。

本书可作为高等医科院校医疗、临床、口腔、卫生、护理、康复、营养、全科医学和临床药学等专业本科生的教材，也可作为相关专业学生的考研和自学参考书。

图书在版编目(CIP)数据

有机化学/张生勇,何炜主编. —5 版. —北京:科学出版社,2023.12

"十二五"普通高等教育本科国家级规划教材

ISBN 978-7-03-064128-1

Ⅰ.①有… Ⅱ.①张…②何… Ⅲ.①有机化学-高等学校-教材 Ⅳ.①O62

中国版本图书馆 CIP 数据核字(2019)第 296045 号

责任编辑:赵晓霞 丁 里 / 责任校对:杨 赛
责任印制:赵 博 / 封面设计:迷底书装

科 学 出 版 社 出版

北京东黄城根北街 16 号
邮政编码:100717
http://www.sciencep.com

天津市新科印刷有限公司印刷

科学出版社发行 各地新华书店经销

＊

2000 年 11 月第一版 开本:787×1092 1/16
2005 年 8 月第二版 印张:30 1/2
2011 年 1 月第三版 字数:750 000
2015 年 12 月第四版 2023 年 12 月第五版
2025 年 1 月第十九次印刷

定价:98.00 元

(如有印装质量问题,我社负责调换)

《有机化学》(第五版)
编写委员会

主　编　张生勇　何　炜

副主编　游文玮　赵华文　盛　野　叶晓霞

编　委(按姓名汉语拼音排序)

程　魁　郭今心　何　炜　何永辉　贺　建

胡　琳　李　伟　秦向阳　盛　野　王平安

卫建琮　姚　杰　姚秋丽　叶晓霞　游文玮

张定林　赵华文　赵军龙　周中振

第五版前言

"十二五"普通高等教育本科国家级规划教材《有机化学》(第四版)于2015年12月出版以来,得到了广大读者的积极评价和广泛使用,并于2018年获陕西普通高等学校优秀教材奖一等奖。本书是在第四版的基础上改编而成的。

党的二十大报告指出:"加强基础学科、新兴学科、交叉学科建设"。根据信息时代大学教学的特点,以及有机化学学科与医学及生命科学领域越来越交叉融合的现状,并结合第四版在使用过程中所发现的问题,我们对原有教材进行了修订。

首先,根据《有机化合物命名原则》(2017版)全面更新了有机化合物的命名。

其次,增加了数字化资源,包括动画、思政材料、拓展素材、教学微课等,读者可扫描二维码查看、阅读。

最后,更加强调了有机化学与医学、药学的有机融合,并突出了化合物结构的三维表示方法,如氨基酸均改为构型式。

参加第五版修订和编写工作的有空军军医大学何炜教授(第1章)、王平安教授(第4章)、秦向阳副教授(第5章),遵义医科大学姚秋丽教授(第2章),山西医科大学卫建琮教授、姚杰讲师(第3章),南方医科大学游文玮教授(第6章)、周中振教授(第13章)和程魁教授(第15章),西北大学赵军龙副教授(第7章),重庆医科大学李伟教授(第8章),重庆大学胡琳教授(第10章),吉林大学盛野教授(第11章),云南民族大学何永辉副教授(第12章),陆军军医大学赵华文教授(第14章)、张定林教授(第9章)和贺建副教授(第17章),山东大学郭今心副教授(第16章),温州医科大学叶晓霞教授(第18章)。全书由张生勇教授和何炜教授定稿。在此特别感谢四川大学张骥教授对全书的命名进行了一一修订。

尽管我们集思广益进行了认真修订,但由于水平有限,疏漏和谬误难免,还望广大读者不吝指正。

张生勇

2023年7月15日于西安

空军军医大学

第四版前言

在本教材即将出版之际，我想与授课的老师和学生说说本书的前世今生、新版修订和编写过程以及本书的特色等。

致授课老师

首先感谢各位老师二十多年来对这本教材的关心、关注和关照，正是在你们的热情呵护下，本教材自第一版与广大读者见面以来，已经走过了二十多年的历程，在这期间使用面不断扩大，印数也逐年上升，这是我最初期盼但却未曾指望达到的结果。当然，还不能说本教材已经尽善尽美，肯定还会有一些不足，因此拜托各位能够继续关照本教材，不吝指教。

本教材最早是由我国四所军医大学集体编写的，于1993年由高等教育出版社出版，并于1996年荣获国家教委优秀教材二等奖。2000年对原教材修订后改由科学出版社出版，并于2003年遴选为普通高等教育"十五"国家级规划教材，这是当时医药卫生类《有机化学》入选的唯一一本国家级教材。随着时间的推移，之后又陆续被遴选为普通高等教育"十一五"、"十二五"国家级规划教材。

本教材的特色是：在强调有机化学基础理论和基础知识的同时，还引入了国内外在该领域的新反应和新试剂。在编写时力求文字简明扼要，准确易懂，对内容的叙述由浅入深，分步解析，环环相扣，以启发学生积极思考，并能举一反三，触类旁通。

有机化学历史悠久，内容丰富，很难在一本70万字的教材中涉猎全部内容。本教材以有机化合物的命名和结构为切入点阐明它们的性质和相互转化。因为化合物的性质取决于它们的结构，性质是结构的外在表现，而结构则是化合物内在的本质。所以，我们将结构和性质的关系贯穿全书，以经典理论为主，同时介绍新理论和最新进展。本教材力求内容丰富而又避免包罗万象、面面俱到；既重视基础知识，也介绍最新成果和发展趋势，并与医药卫生和生物化学等生命科学领域紧密结合。

全书分上、下两篇，上篇介绍基本有机化学，下篇介绍生物活性化合物。正文中插入问题，章末除习题外还附有关键词（中英文对照）、小结和主要反应总结，以利于教学和学习。本次再版时，除对各章节做了重要修改和补充外，还增加了一章"维生素和辅酶"。为了增加教材的知识性和趣味性，我们精选了一些有机化学发展和发现过程中的"小故事"附于相关章节之后，供学生参阅。书后附有外国人名索引。

本教材的内容可能不一定完全适合各位老师所承担的教学对象。对于某些专业的学生来说，内容可能稍深，而对于另外一些学生内容又可能稍浅，因此希望大家根据具体情况进行取舍或增补。

这次修订花费了将近一年的时间,完成全稿后当轻松、兴奋之情尚未完全消失时内心却又浮现出些许忐忑,新版会使大家更满意吗? 我期待着您的反馈。

致学生

进入医科院校后学习的第一门基础课就是化学,首先是基础化学(包括无机化学、分析化学和物理化学的部分内容),接着就是有机化学,后者与你们的关系更为密切。大学的环境和学术氛围与中学不尽相同,教学方法也有很大差别。中学化学老师把每一段、每一节都详细讲解,例题、习题全有,有时还伴有演示实验。大学则不同,老师往往按照专题全面展开,给你们的第一感觉可能是进度快,内容多,一节课要跨越教材的几个页码。因此,你们要尽快适应这种新的环境和新的教学方法,调整你们在中学时期养成并习惯了的学习方法。

本教材的上篇是有机化学的基础,也是对你们的基本要求。这部分的内容囊括了有机化合物的命名、结构、性质和相互转化,涉猎了有机化学几乎所有类型的化学反应,包括烷烃的自由基取代反应、烯烃的亲电加成反应和氧化反应、卤代烃的亲核取代反应、醇的取代和氧化反应、醛酮的亲核加成反应和芳香烃的亲电取代反应等,这些内容看似繁杂,但由于其规律性和实用性,因此既容易理解,也很容易掌握。

从化学的知识面来讲,下篇的内容相对较少,也几乎没有新类型的反应,但它对你们的重要性并不比上篇逊色,不管是杂环化合物、生物碱、脂类和甾族化合物,还是氨基酸、蛋白质、核酸、糖类和辅酶,这些内容不论对临床医学还是对基础医学的后续课程都是非常重要的。蛋白质、核酸和多糖等这些常见的生物大分子(biomacromolecule)是构成生命的基础物质,它们具有各种生物活性,并在生物体内的新陈代谢中发挥作用。然而,从化学结构而言,生物大分子都是由低相对分子质量的有机化合物缩合而成。例如,蛋白质是由 L-α-氨基酸脱水缩合而成,多糖是单糖脱水缩合的产物,而核酸则是由嘌呤和嘧啶碱基与 D-核糖(或 2-脱氧-D-核糖)和磷酸脱水缩合而成的。因此,为了学好生物化学等医学后续课程,并为临床医学打下基础,你们就应当首先掌握低相对分子质量的有机化合物的性质和相互转化,这其中包括单糖、脂肪酸和氨基酸等生物单分子。

使用本教材究竟能使你们受益多少,这不仅取决于教材本身的质量以及老师的专业水平和教学方法,也取决于你们的学习态度和学习方法,如果你们能本着"我学我爱,我爱我学"的态度,再加上适合于你们自己的学习方法,我想这本教材肯定能够使你们受益匪浅。我最大的愿望是,这本教材能够给你们送去知识、送去学习方法,最终达到举一反三、触类旁通的目的。

致谢

科学出版社胡华强、杨向萍、赵晓霞、钟谊、吴伶伶和王国华等诸位先生近二十年来为本教材的出版都付出了艰辛的劳动,在此深表感谢! 正是他们的热情关注和一丝不苟的工作态度才使我们有信心、有决心将这本教材不断完善和继续出版。尤其是赵晓霞老师还专程来西安和编者们共同讨论第四版的修订,为本书的再版提出了许多有益的建议。

同时,作为责任编辑,她也成为在内容上尽量减少错误的最后一道"防火墙"。

除我本人负责第 1 章的修订外,参加修订或编写工作的还有第四军医大学的何炜教授(第 17 章)、姜茹教授(第 5 章)、王平安副教授(第 4 章)和秦向阳副教授(第 2 章),山西医科大学的卫建琮副教授(第 3 章),南方医科大学的游文玮教授(第 6 章)、洪霞副教授(第 15 章)和陈清元副教授(第 13 章),第三军医大学的赵华文教授(第 14 章)、杨旭教授(第 9 章)和季卫刚副教授(第 16 章),重庆医科大学的李伟教授(第 8 章),贵州医科大学的徐红教授(第 7 章),华北理工大学的吴振刚副教授(第 10 章),吉林大学的陈燕萍教授(第 11 章),哈尔滨医科大学的孙学斌教授(第 12 章),以及温州医科大学的叶晓霞教授(第 18 章)。

在第四版即将出版之际,我又回忆起二十多年前与本书初版的合作者一起经历的愉快时光。尤其是第二军医大学的李鸿勋教授、第三军医大学的李怀德教授和原第一军医大学(现为南方医科大学)的屠锡源教授和崔铭玉教授,他们丰富的教学经验、对有机化学的透彻了解以及敬业精神不仅使我们这些后来者受益匪浅,也为本教材的再版奠定了基础。现在他们都已陆续退休,颐养天年。在此祝愿他们健康长寿!

张生勇

2015 年 7 月 22 日于西安

第四军医大学

第三版前言

本书是在第一、第二、第三和第四军医大学编写的第一版《有机化学》(1996 年获国家优秀教材二等奖)的基础上,由第四军医大学、南方医科大学(原第一军医大学)和第三军医大学等集体编写的。本书在强调有机化学基本理论和基础知识的同时,还引入了国内外近年来在有机化学研究领域中的新反应和新试剂。本书力求文字简明扼要、准确易懂,对内容的叙述由浅入深,分步解析,环环相扣,以启发学生积极思考,并能举一反三,触类旁通。

有机化学是一门古老而又充满活力的学科,内容极为丰富,一本 60 多万字的教材很难涉猎全部内容。本书以各类化合物的命名和结构为切入点,阐明它们的性质和相互转化。因为化合物的性质取决于它们的结构,性质是结构的外在表现,而结构则是化合物内在的本质。所以,将结构和性质的关系贯穿全书,以经典理论为主,同时介绍有机化学的现代理论和最新进展。本书力求内容丰富而又避免面面俱到,重视基础知识的同时也介绍最新成果和发展趋势,并与医药卫生和生物化学等生命科学领域紧密结合。

全书分上、下两篇,上篇介绍基本有机化学,下篇介绍生物分子和有机波谱学,章末除习题外还附有关键词(中英文对照)、小结和主要反应总结,以利于教学和学习。本次再版除了对主要内容和习题做了修订和补充外,还增加了中英文对照索引。为了增加教材的趣味性,精选了一些有机化学发展和发现过程中的"小故事"。

书中的化学术语以科学出版社出版的《英汉化学化工词汇》(第四版,2000 年)为准;化合物命名依据中国化学会《有机化合物命名原则》(1980 年);除极个别情况外,一律采用 SI 单位。

参加本书编写的人员有张生勇(第 1 章)、孙晓莉和刘雪英(第 2 章)、何炜(第 3 章)、王莉(第 4 章)、姜茹(第 5 章)、王巧峰(第 6 章)、朱星枚(第 7 章)、杨旭(第 8、9、14 章)、程司堃(第 10 章)、赵华文(第 11、12、13 章)、季卫刚(第 15、16 章)、游文玮和陈清元(第 17 章)。在编写第一版的过程中,原第一军医大学屠锡源教授和崔铭玉教授,第二军医大学李鸿勋教授、廖永卫教授和徐建明教授,第三军医大学李怀德教授以及第四军医大学许自超教授和骆文博教授等曾经付出了艰辛的劳动,他们丰富的教学经验、对有机化学透彻的了解和敬业精神不仅使我们这些后来者受益匪浅,也为本次再版打下了扎实的基础。可以毫不夸张地说,没有他们的辛勤劳动和通力合作,本书是难以出版的。

在本次修订过程中参考了一些国内外教材和资料,并引用了其中个别图,在此一并表示诚挚的感谢。

集体编写教材虽然可以发挥整体优势,集思广益,取长补短,优势互补,但也带来一些不利因素,如各人编写风格不尽相同,各章内容也难以平衡,甚至会出现重复或遗漏,虽然经过多次协调和修改,但由于水平有限,谬误和疏漏之处在所难免,望同行和广大读者不吝指正,编者不胜感谢。

张生勇

2010 年 9 月

目 录

上篇 基本有机化学

下篇　生物活性化合物

上篇
基本有机化学

第1章 绪 论

1.1 有机化学和有机化合物

1.1.1 有机化学

有机化学是研究有机化合物的制备、性质、应用、分离分析、结构鉴定以及化合物之间的相互转化和有关理论的科学。

有机化学的发展不仅揭示了本学科的规律,成为人类认识自然、改造自然的有力武器,而且深刻地影响了生命科学、材料科学和环境科学等相关学科的发展。基本有机化学工业、有机材料工业、石油化学工业、制药工业、农药工业和染料工业等都是国民经济的支柱工业。有机化学与其相关的工业在人类自我保护、生存环境保护和生活品质的改善中已经取得重大成就,而且将继续取得进展。

在有机化学的发展过程中,逐步形成了有机合成化学、天然有机化学、生物有机化学、金属与元素有机化学、物理有机化学以及有机化合物分离分析等领域。这些领域在各自的成长过程中相互渗透、相互依靠、相互促进,为有机化学学科的繁荣发展作出了重要贡献。其中,有机合成化学是有机化学最核心的内容,而生物有机化学与医科院校学生的关系则更为密切。该学科主要讨论核酸、蛋白质和多糖三大生物大分子化合物,它们在生物体内的化学反应,它们之间的相互作用,它们与各种小分子化合物(激素、维生素等)的相互作用构成了生命运动的基础。

近30年来,有机化学在理论概念、研究方法和实验手段等方面都有不少新的突破。有机化学的发展正在进入富有活力的新阶段。

1.1.2 有机化合物与元素周期表

大约在17世纪,人们把来源于有生命的动植物体中的物质称为有机化合物,而把从无生命的矿物中获得的物质称为无机化合物。这就是“生命力”学说。例如,从葡萄汁中得到的酒石酸,从柠檬中分离的柠檬酸,从哺乳动物的尿液中分离的尿酸、尿素以及从酸牛奶中获得的乳酸等都是有机化合物。当时,人们认为动植物体中的物质与生命有密切关系,它们往往会随着生命的死亡而腐败变质,所以称它们为“有机”的,因此称为有机化合物。1828年,德国化学家韦勒(Wöhler)在实验室用无机化合物氰酸钾(KOCN)和氯化铵(NH_4Cl)一起加热制得了有机化合物尿素(图1-1)。这一实验事实打破了传统的有机化合物的概念,也动摇了“生命力”学说。1845年,科尔比(Kolbe)合成了乙酸,1854年贝特洛(Berthelot)合成了油脂等,“生命力”学说才彻底被否定了。从此,有机化学由单纯的提取,经过提取与合成并举,进入了合成的时代。从1850年至今,人们合成了成千上万种有机化合物,特别是药品和染料等。

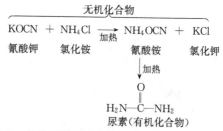

图 1-1　韦勒用无机化合物合成了有机化合物尿素

　　几乎所有的有机化合物都含有碳和氢两种元素,也就是说,有机化合物都是含有碳氢骨架的化合物。氧和氮也是组成有机化合物的主要元素,醇、酚、醚、醛、酮、醌、羧酸及其衍生物以及糖类等都含有元素氧,胺、氨基酸和生物碱则都含有氮。硫和磷也是有机化合物中的常见元素。同时,卤族元素氟、氯、溴、碘,碱金属锂、钠、钾以及碱土金属镁等在有机化合物中也屡见不鲜。

　　有机金属化学和元素有机化学是当代有机化学研究中最活跃的领域之一。有机磷化学、有机氟化学、有机硼化学和有机硅化学是目前元素有机化学中四个主要支柱。

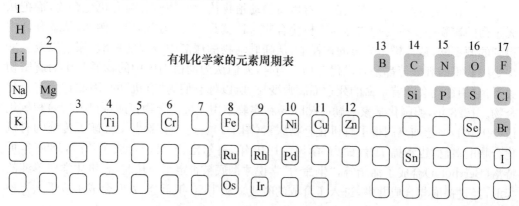

　　在有机化学实验室中,人们经常使用锂试剂(如叔丁基锂)、镁试剂[通常称为格氏试剂(Grignard reagents),如乙基溴化镁]和硅试剂(如作为核磁共振测试的内标化合物四甲基硅。药物大多含有卤素和氧、氮、硫等元素。

　　与数百万种的无机化合物相比,自然界存在的和人工合成的有机化合物数量庞大,但是这个庞大的家族所含的元素种类并不多。它们在 117 种元素中(其中有些是半衰期很短的人工合成元素)几乎只是一个零头,总数也不过 20 多种。实际上,组成有机化合物的主要元素是 C、H、O、N 和 F、Cl、Br、I 等卤族元素以及 Si、S、P,还有碱金属 Li、Na、K,碱土金属 Mg,过渡金属 Fe、Ni、Ru、Rh、Pd、Os、Ir、Pt 等。所以,有机化学家最常用的元素周期表无疑要简单得多。现将其归纳如下:

1	2	有机化学家的元素周期表										13	14	15	16	17
H																
Li	□											B	C	N	O	F
Na	Mg												Si	P	S	Cl
K	□	3	4	5	6	7	8	9	10	11	12					
		□	Ti	□	Cr	□	Fe	□	Ni	Cu	Zn	□	□	□	Se	Br
		□	□	□	□	□	Ru	Rh	Pd	□	□	□	Sn	□	□	I
		□	□	□	□	□	Os	Ir	□	□	□	□	□	□	□	□

有机化合物现在的定义是碳氢化合物及其衍生物。这里也有一些有趣的特殊例子,比如,抗病毒药物六水合膦甲酸钠(foscarnet sodium)是有机化合物,它含有碳原子,其分子式为 $CPO_5Na_3 \cdot 6H_2O$,但是,它没有 C—H 键。另外,金属有机化合物也在有机物中占有一席之地。二茂铁是一种具有夹心结构的金属有机物。著名的威尔金森催化剂(Wilkinson's catalyst)氯化三(三苯基膦)合铑(Ⅰ),分子中含有许多个碳氢骨架,但是苯环是连接在磷原子上,形成了一个以铑原子为中心的四方平面配合物。它是由 C—P 键和 P—Rh 键结合而成,它不是传统的有机化合物,属于金属有机化合物。

二茂铁 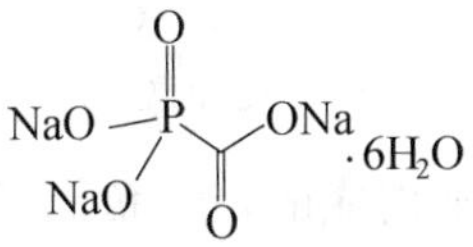　　六水合膦甲酸钠　　威尔金森催化剂

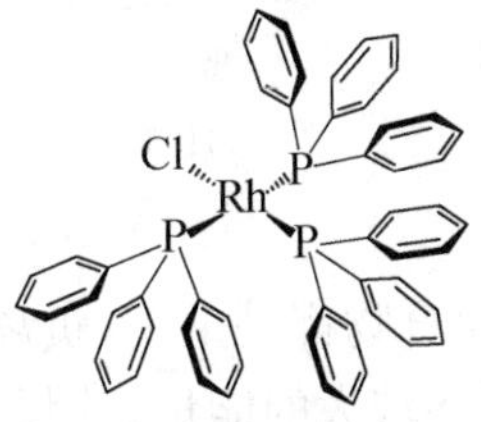

尽管一氧化碳、二氧化碳、碳酸盐和二硫化碳以及金属氰化物等都含有碳,但由于它们的性质与无机化合物相似,因此习惯上都把它们归于无机化合物。因此,有机化合物与无机化合物本质就没有严格的界限和区别。"有机"二字就不再反映其固有的含义,只是习惯上沿用而已。然而,由于有机化合物在组成、结构、性质和数目等方面有着明显的特点,所以有必要同无机化合物加以区别,这样就形成了"化学"(一级学科)中两门独立而又关系密切的二级学科——有机化学和无机化学。

1.1.3　有机化合物的特点

与无机化合物相比,有机化合物具有许多截然不同的特点。因此,有必要把有机化学作为独立的学科进行研究。有机化合物主要有以下几个方面的特点:

1. 有机化合物数目繁多、结构复杂

有机化合物数目众多,目前已超过 1 亿种,而且新合成或被新发现的有机化合物还在与日俱增。由碳以外的其他 100 多种元素组成的无机化合物的总数仅几万种。

有机化合物之所以数目众多,主要有两个原因:①碳原子彼此之间能够用共价键以多种方式结合,生成稳定的、长短不同的直链、侧链或环状化合物;②碳是元素周期表中第二周期ⅣA族元素,具有四个价电子,不仅能与电负性较小的氢原子结合,也能与电负性较大的氧、硫、卤素等原子形成化学键。

虽然有机化合物的数目繁多,但组成化合物的元素并不多(参见"有机化学家的元素周期表")。绝大多数的有机化合物只是由碳、氢、氧、氮、硫、磷等元素组成的。

2. 热稳定性差、容易燃烧

与典型的无机化合物相比,有机化合物一般对热不稳定,有的甚至在常温下就能分

解,有的虽在常温下稳定,但放在坩埚中加热,即炭化变黑,并且有的可以完全燃烧,有的在燃烧后就化为灰烬。这是识别普通有机化合物的简单方法之一。

3. 熔点和沸点低

在室温下,绝大多数无机化合物都是高熔点的固体,而有机化合物通常为气体、液体或低熔点的固体。例如,氯化钠和氯乙烷相对分子质量相近,但二者的熔点和沸点相差很大。

	NaCl(氯化钠)	CH_3CH_2Cl(氯乙烷)
相对分子质量	58.5	64.5
熔点	801 ℃	-138 ℃
沸点	1465 ℃	12.3 ℃

这是因为绝大多数无机化合物都是由正、负离子构成的,正、负离子之间存在较强的静电引力,要破坏这种引力需要较大的能量。因此,无机化合物的熔点和沸点都较高。而大多数有机化合物分子间只存在微弱的范德华力(van der Waals forces),所以熔点和沸点都比较低。

大多数有机化合物的熔点一般在 300℃ 以下,而且它们的熔点和沸点随着相对分子质量的增加而逐渐升高。一般来说,纯粹的有机化合物都有固定的熔点、沸点,因此熔点和沸点是有机化合物非常重要的物理常数。

4. 大多数有机化合物难溶于水、易溶于有机溶剂

多数有机化合物在有机溶剂中容易溶解,而在水中溶解度很小。当有机化合物分子中含有能够同水形成氢键的羟基、羧基、磺酸基时,该有机化合物有可能溶于水中。

5. 反应速率慢、副反应多

无机化合物的反应一般都是离子反应,反应是在瞬间完成的,而大多数有机化合物之间的反应要经历旧共价键断裂和新共价键形成的过程,所以反应速率往往很慢,有的甚至需要几十小时或几十天才能完成。在有机化学反应中,常采用催化剂、光照射或加热、加压等措施以加速反应。

问题与思考 1-1

　　请列举一些日常生活中很快进行和很慢进行的有机化学反应的实例。

有机化合物分子在许多情况下是由多种原子或多个特性基团组成,所以在有机化学反应中,反应中心往往不局限于分子中的某一个固定部位,通常可以在几个部位同时发生反应,得到多种产物,而且生成的初级产物还可能继续发生反应,得到进一步的产物。因此,在有机化学反应中,除生成主要产物外,通常还有副产物生成。

1.2 医学和药学中的有机化学

在生命科学领域有机化学扮演着极为重要的角色,不论是医学还是药学都包含着非常丰富的有机化学知识。

1.2.1 有机化学与医学

早年,伯齐利厄斯(Berzelius)关于有机化合物的定义即是"生物体中的物质"。由此可见,从一开始有机化学就以重要的生命基础物质为研究对象。在全部的医学课程中,有机化学是一门基础课,它为有关的后续医学相关课程奠定理论基础。研究医学的主要目的就是防病、治病,研究的对象是组成成分复杂的人体。组成人体的物质除水和一些无机盐以外,绝大部分都是有机化合物。例如,构成人体组织的蛋白质,与体内代谢有密切关系的酶、激素和维生素,人体储藏的养分——糖原、脂肪等,这些有机化合物在体内进行着一连串非常复杂、彼此制约和相互协调的变化过程,以维持体内新陈代谢作用的平衡。防止或控制环境污染等有关科学和技术也都与有机化学密切相关。

有机化学作为医学课程的一门基础课,它为生物化学、生物学、免疫学、毒理学、遗传学、卫生学以及临床诊断等提供必要的基础知识。有关生命的人工合成,遗传基因的控制,癌症、阿尔茨海默病、艾滋病等的治疗都是目前生命科学正在探索的重大课题。在这些领域中都离不开有机化学的密切配合。

有机化学与人类的生产和生活有着十分密切的关系。它涉及数目众多的天然物质和合成物质,这些物质直接关系到人类的衣、食、住、行。利用有机化学可以制造出无数种在生活和生产方面不可缺少的产品。我们身上穿的衣服,工业上使用的汽油、柴油、橡胶、塑料、油漆、染料以及杀虫剂、昆虫信息素等都是有机化合物。很难设想,在人类生活的哪一个方面是不受有机化学影响的。这种密切的关系就明显地反映在这门内容丰富的课程中。

1.2.2 有机化学与药学

有机化学是药学最重要的基础学科之一。药学研究药物的作用、生产、分析、鉴定、性质、药理、调配、保存以及研制。有机化学在探索并提高药物的效用、保证用药安全方面发挥着举足轻重的作用。另外,为了预防疾病,除了研究病因以外,还要了解药物在体内的变化,它们的结构与药效、毒性的关系。这些工作均离不开有机化学。

青蒿素　　　　　　　　紫杉醇　　　　　　　　阿托伐他汀

1. 有机化学与疟疾

疟疾是由疟原虫感染引起的寄生虫病,是一种古老的疾病,目前仍然在非洲、东南亚等地区肆虐,尤其在萨哈拉以南地区发病率最高。抗疟药的品种较多,主要有喹啉衍生物(包括奎宁、氯喹等)、青蒿素及其衍生物等。青蒿素是我国科学家从蒿类植物中率先提取的,疗效好、副作用小,由于能够有效降低疟疾患者的死亡率,因此屠呦呦荣膺了 2015 年的诺贝尔生理学或医学奖。

2. 有机化学与癌症

恶性肿瘤又称癌症,是当今社会中最严重的健康问题之一。抗癌药物的研发是目前各国科学家的研究热点。紫杉醇作为具有抗癌活性的有机化合物,其复杂和新颖的化学结构、独特的生物作用机制、可靠的抗癌活性和严重的资源不足引起了科学家们的极大兴趣,其同系物多西他赛、卡巴他赛也逐渐上市。

3. 有机化学与高血脂

高血脂可导致高血脂症的发生,也会引起动脉粥样硬化、冠心病、胰腺炎等疾病,因此对人类生命健康带来重大威胁。他汀类药物是治疗高血脂的有效药物,它们通过分解人体内羟基甲基戊二酸单酰辅酶 A 还原酶(缩写为 HMG-CoA)而抑制体内的胆固醇和甘油三酯的合成。目前临床上使用的他汀类药物有十多种,阿托伐他汀是其典型代表。

1.3　有机化合物的来源与分类

1.3.1　有机化合物的来源

动物、植物、煤和石油是有机化合物的主要天然来源。

1. 动植物

最初,有机化合物主要来自动植物。通过提炼或加工,从动植物可以得到许多有用的有机物质,如染料、药物、油脂、香料、橡胶等。可是,随着科学技术的发展,人们可以合成出种类繁多的有机化合物,而且在某些性能方面比天然产物好。然而,现在仍有许多有机化合物主要来自动植物,如蔗糖、木糖、葡萄糖、薄荷醇等。通过水解毛发可以得到胱氨酸;从动物的脏器中可以提取许多有用的激素。所以,我们仍不能忽视动植物作为有机化工原料的重要性。对数量庞大的农副产品的深度加工和综合利用无疑会促进我国国民经济的发展。

2. 煤

煤是有机化合物的主要来源之一。煤的干馏产物是煤焦油和焦炭,前者是芳香族化合物的主要源泉之一。焦炭可制成电石(碳化钙,CaC_2),后者与水作用生成乙炔,它是有机合成的一种基本原料:

$$CaO+3C \xrightarrow[2500\sim2700\ ℃]{电炉} CaC_2+CO\uparrow$$

$$CaC_2+2H_2O \longrightarrow HC\equiv CH\uparrow+Ca(OH)_2$$

在催化剂的存在下,煤可以直接催化加氢制成人造石油。我国科学家经过多年努力,在这一领域的研究已达到国际先进水平。

另外,焦炭在高温下与水蒸气作用生成水煤气($CO+H_2$),它们是合成甲醇、乙酸和人造石油的原料。

3. 石油

石油是目前有机合成的最主要的原料。近 40 年来,随着石油工业的发展,以石油为原料的有机合成工业正在飞速发展,形成了石油化学工业(简称石油化工)。

石油的主要成分是烷烃、环烷烃和芳香烃等。同时,石油的有些馏分还可以通过高温裂解,变成许多有用的物质。所以,基本的有机化工原料,如乙烯、丙烯、丁二烯、乙炔、苯、甲苯、二甲苯和萘等都可以直接或间接地从石油中获得。

1.3.2 有机化合物的分类

1. 按照形成有机分子结构骨架的碳原子的结合方式分类

按照有机化合物碳原子骨架的结合方式,可将其分为链状化合物(脂肪族化合物)和环状化合物,后者又可分为碳环化合物(包括脂环化合物和芳香族化合物)和杂环化合物(包括脂杂环化合物和芳杂环化合物)(图 1-2)。

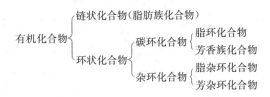

图 1-2 有机化合物的分类

链状化合物之所以称为脂肪族化合物,是因为最早它是从有长链结构的脂肪酸和脂肪中分离出来的,因此被认为是链状化合物的代表。芳香族化合物是具有苯环的一类化合物。在有机化学发展的初期,这类化合物是从树脂或香脂中得到的,它们大多数都具有芳香气味,所以称为芳香族化合物。但是,具有苯环的化合物不一定都有芳香气味,而有芳香气味的化合物也不一定含有苯环。所以,芳香族化合物已失去了它们原来的含义。现在把具有"芳香性"的化合物称为芳香族化合物,它们一般具有苯环。芳香性是指环稳定、不易被氧化、易起取代反应、难起加成反应。许多杂环化合物也具有芳香性。

2. 按照特性基团分类

有机化合物的化学性质除了和它们的碳骨架结构有关外,主要取决于分子中某些特殊的原子或原子团。这些能决定化合物基本化学性质的原子或原子团称为特性基团(characteristic group)。含有相同特性基团的化合物的性质基本相似,所以可以把特性基团作为一个主要标准对有机化合物进行分类,以便于学习。常见有机化合物的类别及其特性基团汇集于表 1-1 中。

表 1-1　常见有机化合物的类别及其特性基团

名称(类别)	特性基团		例子	备注
	结构特征	名称		
烷烃	—C—C—	(单键)	CH₃—CH₃　乙烷	烷烃不含有特性基团*
烯烃	C=C	双键	CH₂=CH₂　乙烯	烯烃不含有特性基团*
炔烃	—C≡C—	三键	CH≡CH	炔烃不含有特性基团*
芳香烃	(○)	(苯环)	○　苯	苯环不是特性基团,但在芳香烃中具有特性基团的性质
卤代烃	—X(F、Cl、Br、I)	卤素	CH₃CH₂Cl　氯乙烷	卤元素一般作为取代基
醇或酚	—OH	羟基	CH₃CH₂OH　乙醇	羟基和烷基或取代烷基相连的化合物称为醇
			○OH　苯酚	羟基直接和苯环或芳环相连的化合物称为酚
醚	C—O—C	醚键	CH₃CH₂OCH₂CH₃　乙醚	
醛或酮	C=O	羰基	CH₃CHO　乙醛	羰基上有氢原子的化合物称为醛
			CH₃CCH₃　丙酮	羰基上没有氢原子的化合物称为酮
羧酸	—C(O)—OH (或—COOH)	羧基	CH₃COOH　乙酸	一般含有羧基的化合物都称为酸
硝基化合物	—NO₂	硝基	CH₃NO₂　硝基甲烷	硝基一般作为取代基
磺酸	—SO₃H	磺酸基	○SO₃H　苯磺酸	
胺	—NH₂	氨基	CH₃NH₂　甲胺	
腈	—CN	氰基	CH₃CN　乙腈	

　*　由碳和氢组成的烷烃,其中的碳碳键都是单键。烷烃没有特性基团,但它被看成是所有有机化合物的母体。各种含有特性基团的化合物都是它的氢原子被特性基团取代而衍生出来的。所以有特性基团的化合物可以看作是烷烃的衍生物。例如,乙醇可以看作是乙烷分子中的 H 原子被—OH 取代而生成的。

1.4　有机化合物的结构式及其表示方法

1.4.1　分子式和构造式

分子式是以元素符号表示物质分子组成的式子。例如,乙醇(CH_3CH_2OH)的分子式为 C_2H_6O,但是它不能表明乙醇分子的结构。由于有机化合物同分异构现象很普遍,如 C_2H_6O 也可以是二甲醚(CH_3OCH_3),因此分子式在有机化学中应用很少,而常采用构造式。能表明分子中各原子间的排列次序和结合方式的式子称为构造式(constitutional formula)。它在有机化学中应用最多,在推测和说明有机物性质时极为重要。其书写方法为:每一个单键(一对电子)用"—"表示,双键(两对电子)用"═"表示,以此连接分子中各原子。这种方法称为价键式,这是常用的表示方法。但为了书写方便起见,常略去短线,这种略去短线的构造式称为简写式。例如

名称	价键式	简写式
乙醇		CH_3CH_2OH
甲醚		CH_3OCH_3

还有一种更简化的表示方法,不标出碳、氢两种元素符号,碳碳间只用短线连接,除小环分子外,连接时,两个相邻的碳键互为 $120°$,若有其他原子或基团时,则需要标出。此法主要标出碳骨架的连接方式,故一般称为"骨架式"。骨架式因其简洁、直观和方便而应用最多,尤其是环状化合物。例如

2-甲基戊烷　　　　　2-氯戊烷　　　　　环戊烷　　　　　环丙烷

苯　　　　　嘌呤　　　　　环氧乙烷　　　　　四氢呋喃

无论是价键式、简写式还是骨架式都是构造式的表达方式,都称为构造式。

如何写构造式呢? 写构造式时,首先必须了解组成分子的各元素的化合价。其次,根据分子式计算不饱和度,以此来判断化合物分子中是否含有重键以及是环状还是链状化合物。

不饱和度通常用 Δ 或 Ω 表示,它可通过下式计算:

$$\Delta = 1 + n_4 - \frac{n_1 - n_3}{2}$$

式中，n_1、n_3 和 n_4 分别代表分子中一价、三价和四价元素的原子数，而两价元素的存在与否与分子的不饱和度计算无关。不饱和度值及其含义见表 1-2。

表 1-2 不饱和度值及其含义

Δ	含义
0	链状的饱和化合物，无双键或环
1	一个双键或一个环
2	(1) 两个双键；(2) 两个环；(3) 一个双键和一个环；(4) 一个三键
3	(1) 一个三键和一个双键；(2) 三个双键；(3) 三个环；(4) 两个双键和一个环；(5) 一个双键和两个环；(6) 一个三键和一个环
4	苯环；其他组合

【例 1-1】 写出分子式为 C_2H_4O 的构造式。

解 先计算不饱和度：

$$\Delta = 1 + 2 - \frac{4 - 0}{2} = 1$$

由表 1-2 可知，分子中应有一个双键或一个环。如果含一个双键，则构成分子的可能骨架是 C=C—O 或 C—C=O；如含一个环，则骨架应为 C—C，O。

因此，C_2H_4O 可能的构造式为

$$CH_2=CH-OH \qquad CH_3C\underset{H}{\overset{O}{\parallel}} \qquad H_2C-CH_2 $$

乙烯醇   乙醛   环氧乙烷

事实上，乙烯醇不稳定，很容易异构化为乙醛。所以，C_2H_4O 只有两个异构体——乙醛和环氧乙烷，它们互为特性基团异构体。

1.4.2 化合物的构型和构型式

构造式只能在平面上表示分子中各原子的排列次序和结合方式，是二维的。但是，分子结构是立体的，应当用三维表示法。例如，最简单的有机化合物甲烷（CH_4），它的四个 C—H 键空间原子分布是：碳原子位于正四面体的中心，四个氢原子分别位于正四面体的四个顶点上。四个 C—H 键相当于碳原子中心与四个顶点的连线，它们之间的夹角为 109.5°（图 1-3）。

在具有相同构造式的分子中，各原子在空间的排布称为分子的构型（configuration），如顺反异构和对映异构。为了在平面上表示有机化合物分子的立体结构，通常把两个纸平面上的键用实线表示，把在纸平面前方的键用粗实线或楔形实线表示，在纸平面后方的键用虚线或楔形表示（图 1-4）。这种三维式就是构型式。

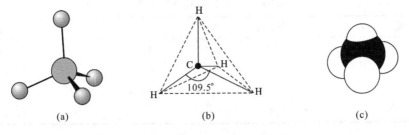

图 1-3 甲烷的空间构型模型

(a) 凯库勒(Kekulé)模型；(b) 正四面体模型；(c) 斯陶特(Stuart)模型

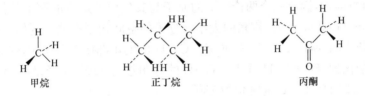

甲烷　　　　　　　正丁烷　　　　　　　丙酮

图 1-4 甲烷、正丁烷和丙酮的三维表示方法

1.5 有机化合物中的化学键——共价键

在分子中,原子或基团相互结合的强吸引力称为化学键。化学键有多种,但主要是离子键和共价键。

通过价电子转移而形成的带有相反电荷的离子间,由于静电吸引而形成的化学键称为离子键。带有单个电子的两个原子,通过共用电子对而形成的化学键称为共价键。大多数无机化合物的分子都是正、负离子以离子键结合而成的,而有机化合物分子中的原子主要是靠共价键相结合的。正是化学键上的差异,造成了有机化合物与无机化合物截然不同的性能。

共价键的键长、键角、键能及键的极性等属性对探讨有机化合物的结构和性质是十分重要的。

1. 键长

在正常的、未激发的分子中,各原子处于平衡的位置。这时两个成键原子核中心间的距离就是该键的键长(bond length)。它可用光谱法、X 射线衍射法或电子衍射法测得。键长一般用纳米(nm)表示($1nm = 10^{-9}$ m)。键长取决于成键的两个原子的大小及原子轨道重叠的程度。成键原子及成键的类型不同,其键长也不相同。例如,C—C、C=C 和 C≡C 的键长分别是 0.154 nm、0.133 nm 和 0.121 nm(表 1-3),即单键最长,双键次之,三键最短。同种类型的键(如 C—H)还由于碳原子的杂化状态不同而不同。例如,乙烷、乙烯和乙炔中 C—H 键的键长分别是 0.111 nm、0.110 nm 和 0.108 nm。

表 1-3   一些常见共价键的键长

键	键长/nm	键	键长/nm
C—C	0.154	C—I	0.191
C=C	0.133	C=O	0.143
C≡C	0.121	C=N	0.127
C—Cl	0.140	N—H	0.104

2. 键角

共价键有方向性,因此一个两价以上的原子与其他原子形成的两个共价键之间都有夹角,称为键角(bond angle)。键角的大小与分子的空间构型有关。例如,烷烃是立体分子,碳是 sp^3 杂化的,所以 H—C—C 或 H—C—H 的键角都接近 109.5°;烯烃是平面型分子,碳是 sp^2 杂化的,H—C—H 或 H—C—C 的键角接近 120°;炔烃是线形分子,碳的杂化方式是 sp,所以 H—C—C 的键角为 180°。

键角的大小是影响化合物性质的因素之一。例如,环丙烷的 C—C—C 键角比正常的 C—C—C 键角小,因而具有不稳定的特性。

3. 键能和键的离解能

在温度 25 ℃和压力 0.1 MPa 下,以共价键结合的 A、B 两个原子在气态时使键断裂,分解为 A 和 B 两个原子(气态)时所消耗的能量称为键能(bond energy)。一个共价键断裂所消耗的能量称为共价键的离解能(D, dissociation energy)。对于双原子分子来说,键能就等于离解能。键的离解能反映了以共价键结合的两个原子相互结合的牢固程度:键的离解能越大,键越牢固。表 1-4 是一些化合物的键离解能。但对于多原子分子来说,键能和键离解能是两个不同的概念。多原子分子的离解能是指断裂一个键时所消耗的能量,而键能则是断裂同类型共价键中的一个键所需要的平均能量。一个分子中同一类型的共价键,其离解能并不相同。例如,断裂甲烷(CH_4)的四个 C—H 键时有四种不同的键离解能(D):

$$CH_4 \longrightarrow \cdot CH_3 + H\cdot \qquad D(CH_3-H) = 435\ kJ\cdot mol^{-1}$$
$$\cdot CH_3 \longrightarrow :CH_2 + H\cdot \qquad D(CH_2-H) = 444\ kJ\cdot mol^{-1}$$
$$:CH_2 \longrightarrow :CH + H\cdot \qquad D(CH-H) = 444\ kJ\cdot mol^{-1}$$
$$:CH \longrightarrow \cdot \dot{C}\cdot + H \qquad D(C-H) = 339\ kJ\cdot mol^{-1}$$

$$CH_4 \longrightarrow C + 4H \qquad \Delta H = 1662\ kJ\cdot mol^{-1}$$

不难看出,把甲烷(CH_4)离解成一个碳原子和四个氢原子需要 1662 kJ·mol^{-1} 的能量。所以,C—H 键的键能为 $1662\times1/4 = 415.5$ (kJ·mol^{-1})。一般来说,键的离解能在分析反应历程时比较有用。

表 1-4 一些化合物的键离解能

键	$D/(\text{kJ} \cdot \text{mol}^{-1})$	键	$D/(\text{kJ} \cdot \text{mol}^{-1})$
H—H	435	C_2H_5—I	226
H—F	444	$n\text{-}C_3H_7$—H	410
H—Cl	431	$i\text{-}C_3H_7$—H	397
H—Br	368	$t\text{-}C_4H_9$—H	381
H—I	297	CH_2=CH—H	435
F—F	159	CH_2=CHCH$_2$—H	368
Cl—Cl	243	CH_3—CH$_3$	368
Br—Br	192	C_2H_5—CH$_3$	356
I—I	151	$n\text{-}C_3H_7$—CH$_3$	356
CH_3—H	435	$i\text{-}C_3H_7$—CH$_3$	351
CH_3—F	452	$t\text{-}C_4H_9$—CH$_3$	335
CH_3—Cl	351	CH_2=CH—CH$_3$	385
CH_3—Br	293	CH_2=CHCH$_2$—CH$_3$	301
CH_3—I	234	$n\text{-}C_3H_7$—Cl	343
C_2H_5—H	410	$i\text{-}C_3H_7$—Cl	339
C_2H_5—F	444	$t\text{-}C_4H_9$—Cl	331
C_2H_5—Cl	343	CH_2=CH—Cl	351
C_2H_5—Br	289	CH_2=CHCH$_2$—Cl	251

4. 键的极性

由两个相同的原子或两个电负性相同的原子组成的共价键,由于它们的共用电子对的电子云对称地分布于两个原子核之间,所以这种共价键是非极性键。如果两个原子的电负性不同时,则成为极性共价键。它们的共用电子对的电子云不是平均地分布在两个原子核之间,而是靠近电负性较大的原子,使它带部分负电荷(用 δ^- 表示),电负性较小的原子则带部分正电荷(用 δ^+ 表示)。例如,氯甲烷($\overset{\delta+}{H_3C}$—$\overset{\delta-}{Cl}$),电负性较大的氯原子带部分负电荷,碳带部分正电荷。两个键合原子的电负性相差越大,键的极性越强。

键的极性能导致分子的极性。用极性键结合的双原子分子是极性分子;用极性键结合的多原子分子是否有极性,则与分子的几何形状有关。

键的极性能够影响物质的物理性质和化学性质。它不仅与物质的熔点、沸点及溶解度有关,还能决定在这个键上发生化学反应的类型,并影响与它相连的键的反应活性。

5. 键的极化度

在外界电场的影响下,共价键的电子云重新分布。无论是非极性分子还是极性分子的极化状态都将发生变化,使极性分子的极性增强,非极性分子变为极性分子。这种由外界电场的作用而引起共价键极性变化的现象称为极化;共价键发生这种变化的能力称为极化度。当外界电场移去后,共价键及分子的极化状态又恢复原状。因此,这种极化是暂时的。

问题与思考1-2

　　试解释"相似者相溶"原理。

1.6　有机化学中的酸和碱

　　在有机化学中,与电负性和键的极性相关的另一个重要概念是酸性和碱性。我们将会看到,有机分子的酸碱性质能帮助我们解释许多化学现象。通常有两种酸和碱的定义:布朗斯特(Brönsted)定义和路易斯(Lewis)定义。

1.6.1　布朗斯特酸和布朗斯特碱

　　能够提供质子(氢离子,H^+)的物质是布朗斯特酸(Brönsted acid),能够接受质子的物质是布朗斯特碱(Brönsted base)。例如,当氯化氢(HCl)气体溶于水中时,HCl 提供 H^+ 而水接受 H^+,形成 Cl^- 和 H_3O^+。由 HCl 失去质子形成的氯离子(Cl^-)称为酸的共轭碱,由碱 H_2O 获得质子形成的 H_3O^+ 称为碱的共轭酸。用通式表示如下:

$$H—A + :B \rightleftharpoons A:^- + H—B^+$$

　　　　酸　　碱　　　共轭碱　　共轭酸

例如

$$H—\overset{..}{\underset{..}{Cl}}: \ + \ :\overset{..}{\underset{..}{O}}—H \ \rightleftharpoons \ :\overset{..}{\underset{..}{Cl}}:^- \ + \ H—\overset{..}{O}{}^+—H$$
　　　　　　　　　　｜　　　　　　　　　　　　　　｜
　　　　　　　　　　H　　　　　　　　　　　　　　H

　　　酸　　　　碱　　　　共轭碱　　　共轭酸

　　　　　　　一般来说,提供质子的能力越大,酸性就越强。实际上,酸(或碱)的强度是相对的,酸(或碱)的结构以及介质和温度都对其强度有影响,人们用酸度常数(acidity constant)K_a 表示酸的强度。一般用水为溶剂,即以水和水合氢离子(H_3O^+)为标准的共轭酸碱,在 $0.1 \ mol \cdot L^{-1}$ 或更稀的溶液中测定 K_a。

$$HA + H_2O \rightleftharpoons A^- + H_3O^+$$

$$K_a = \frac{[H_3O^+][A^-]}{[HA]}$$

　　酸性较强的酸,平衡向右移动,K_a 值就大。相反,较弱的酸,平衡向左移动,K_a 值较小。不同的酸 K_a 值差别很大,最强的酸 K_a 值高达 10^{15},而最弱的酸仅为 10^{-60}。H_2SO_4、HNO_3 和 HCl 等普通无机酸的 K_a 值为 $10^2 \sim 10^9$,许多有机酸为 $10^{-2} \sim 10^{-5}$。

酸的强度通常用 pK_a 表示,其值为酸度常数 K_a 的负对数。

$$pK_a = -lgK_a$$

物质的酸性越强,pK_a 值越小;酸性越弱,pK_a 值越大。

同样,用 K_b 或 pK_b 表示碱的强度。为了取得一个连续的酸碱标度,碱强度也可用 pK_a 表示。在 25℃ 水溶液中,$pK_a + pK_b = 14$,即 $pK_a = 14 - pK_b$。pK_a 值越小,物质的酸性越强;pK_a 值越大,物质的碱性就越强。表 1-5 汇集了一些常见酸的相对强度。

表 1-5 一些常见酸的相对强度

	酸	名称	pK_a	共轭碱	名称	
弱酸	CH_3CH_2OH	乙醇	16.00	$CH_3CH_2O^-$	乙氧离子	强碱
	H_2O	水	15.74	OH^-	氢氧离子	
	HCN	氢氰酸	9.31	CN^-	氰离子	
	CH_3COOH	乙酸	4.76	CH_3COO^-	乙酸根离子	
	HF	氢氟酸	3.45	F^-	氟离子	
	HNO_3	硝酸	-1.30	NO_3^-	硝酸根离子	
强酸	HCl	盐酸	-7.00	Cl^-	氯离子	弱碱

含有氧和氮原子的中性分子也能作为碱,胺是最常见的例子。同样,水、醚和醇也可以作为碱。

1.6.2 路易斯酸和路易斯碱

根据分子或离子的电子结构,把酸碱的概念扩大到几乎包括所有的无机物和有机物。能够接受未共用电子对形成共价键的分子或离子称为路易斯酸(Lewis acid),也称电子对的接受体或受体;能够给出未共用电子对的分子或离子称为路易斯碱(Lewis base),也称电子对的给予体或授体。

路易斯酸的电子层结构特征是:都具有空轨道,能够接受孤对电子。例如,三氟化硼(BF_3)中的硼、三氯化铝($AlCl_3$)中的铝的电子层结构都有空轨道。碳正离子(carbocation)中的碳外层只有六个电子,可以接受一对未共用电子形成八隅体。质子(H^+)电子层无电子,可以接受一对未共用电子形成二电子层。因此,BF_3、$AlCl_3$、CH_3^+ 和 H^+ 等都是路易斯酸。

路易斯碱的电子结构特征是:都具有孤对电子。例如,氨($:NH_3$)、水($H\ddot{O}H$)、醇($R\ddot{O}H$)、羟基负离子($HO:^-$)、烷氧基负离子($RO:^-$)等,它们都是路易斯碱。

质子酸碱中的碱与路易斯碱是一致的,而质子酸碱中的酸(如 HCl、CH_3COOH 等)并不是路易斯酸,而是路易斯酸碱配合物。

路易斯酸与路易斯碱作用生成的产物称为酸碱配合物。

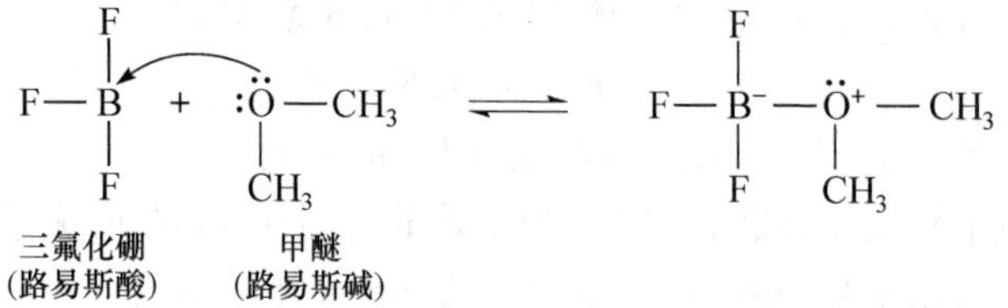

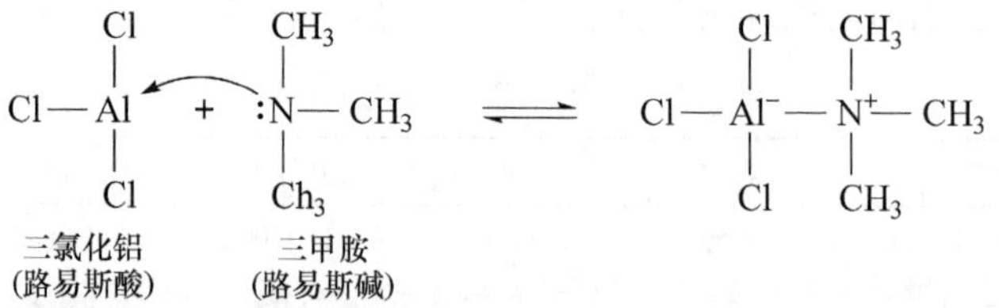

三氟化硼　　　甲醚
（路易斯酸）　（路易斯碱）

三氯化铝　　　三甲胺
（路易斯酸）　（路易斯碱）

　　路易斯酸与路易斯碱之间的反应用上面的反应式表示（用弯箭头表示路易斯碱的电子流向路易斯酸）。路易斯酸接受一对电子,路易斯碱提供一对非键合电子(nonbonding electron)生成酸碱配合物。

　　路易斯酸是亲电试剂(electrophile),在其参与的反应中进攻反应物分子的负电中心,得到电子后形成一个新的共价键。路易斯碱是亲核试剂(nucleophile),在它参与的反应中进攻反应物分子的正电中心,给予电子后形成一个新的共价键。在任何一个化学反应中,电子的得失都是同时发生的,所以大多数有机化学反应都可以看成是路易斯酸碱反应。

问题与思考 1-3

　　试列举一些路易斯酸的例子和路易斯碱的例子。

1.7　共价键的断裂和反应类型

　　任何一个有机化学反应过程,都包括原有的化学键的断裂和新键的形成。共价键的断裂方式有两种:均裂和异裂。

1.7.1　均裂

　　共价键断裂后,两个原子共用的一对电子由两个原子各保留一个,这种键的断裂方式称为均裂(homolysis)。均裂往往借助于较高的温度或光的照射。

$$—\overset{|}{\underset{|}{C}}:A \xrightarrow{\text{加热或}h\nu} —\overset{|}{\underset{|}{C}}\cdot + A\cdot$$

　　由均裂生成的带有未成对电子的原子或原子团称为自由基或游离基(free radical)。有自由基参加的反应称为自由基反应,一般被光、高温或过氧化物所催化。自由基反应是高分子化学中的一个重要反应,它也参与许多生理或病理过程。

1.7.2　异裂

　　共价键断裂后,共用电子对只归属原来生成共价键两个原子中的一个,这种键的断裂方式称为异裂(heterolysis)。它往往被酸、碱或极性试剂所催化,一般都在极性溶剂中进行。

碳与其他原子间的 σ 键异裂时,可得到碳正离子或碳负离子(carbanion):

$$
\begin{array}{c}
\overset{|}{\underset{|}{-}}C{:}A \xrightarrow{\text{加热或}\ h\nu} \ :A^- \ + \ \overset{|}{-}C^+ \quad \text{(碳正离子)} \\[3mm]
\overset{|}{\underset{|}{-}}C{:}A \xrightarrow{\text{加热或}\ h\nu} \ A^+ \ + \ \overset{|}{\underset{|}{-}}C{:}^- \quad \text{(碳负离子)}
\end{array}
$$

通过共价键的异裂而进行的反应称为离子型反应,它有别于无机化合物瞬间完成的离子反应。它通常发生于极性分子之间,通过极性共价键的异裂形成一个"离子型的中间体"而完成。严格地说,这种"离子型"中间体不具有无机化学中正、负离子的真正含义。

1.7.3 有机化合物的反应类型

路易斯酸碱概念可以帮助我们理解离子型反应。按照路易斯的定义,接受电子对的物质为酸,提供电子对的物质为碱(参见 1.6.2 节)。

碳正离子和其他路易斯酸是缺电子的,因为这个碳原子的价电子层中只有六个电子。它们是亲电的,在反应中总是进攻反应物中电子云密度较大的部位,所以是一种亲电试剂。碳负离子和路易斯碱是亲核的,在反应中往往是寻求质子或进攻一个正电荷的中心以中和其负电荷,是一种亲核试剂。由亲核试剂(路易斯碱)的进攻而发生的反应称为亲核反应(nucleophilic reaction);由亲电试剂(路易斯酸)的进攻而发生的反应称为亲电反应(electrophilic reaction)。

有机化学反应还可根据产物与原料之间的关系分为取代反应、加成反应、消除反应和氧化还原反应等。实际上人们又把两个分类方法结合起来,如亲电加成反应(烯烃和炔烃与卤素的加成)、亲电取代反应(芳香族化合物的硝化、磺化、卤代等)、亲核加成反应(醛、酮的加成)、亲核取代反应(卤代烷的取代)和自由基取代反应(烷烃的卤代)等。

1.8 有机化学的昨天、今天和明天

在 19 世纪,有机化学从理论到方法都有了长足的进步,显示了蓬勃发展的势头。20世纪末出现了重视分子功能的转折。有机化学与生命科学、材料科学相结合的过程将进入一个新的高涨时期,对它的内在科学规律性、反应活性的认识将进一步深入,对有机合成方法的研究也将有进一步的发展。

在多种物理方法的帮助下,鉴定有机化合物结构的周期在 20 世纪已大为缩短。21 世纪初,随着多维色谱、多维核磁共振谱、图像识别、多机联用等技术的发展,有机化合物的分离和结构测定进入智能机器化或半机器化的阶段,与此同时,更高效的分离方法将会出现。

有机化学经历了近 200 年的发展,到目前为止,任何复杂的分子——天然的或非天然的,都可以在实验室由化学家合成制得,牛胰岛素(1965 年)、维生素 B_{12}(1976 年)和海葵毒素(1989 年)的合成就是其中的代表(图 1-5)。正如著名的化学家伍德沃德(Woodward)所说的"化学家在老的自然界旁边又建立起了一个新的自然界"。在未来,有机化学作为一门"中心的、实用的创造性的科学",必将在各个领域发挥它的重要作用。

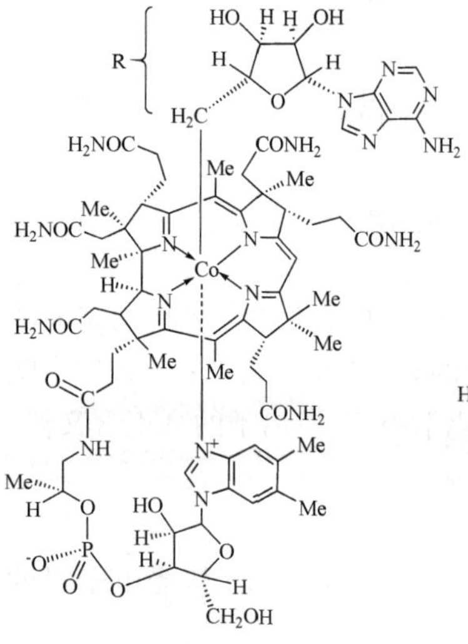

维生素B₁₂

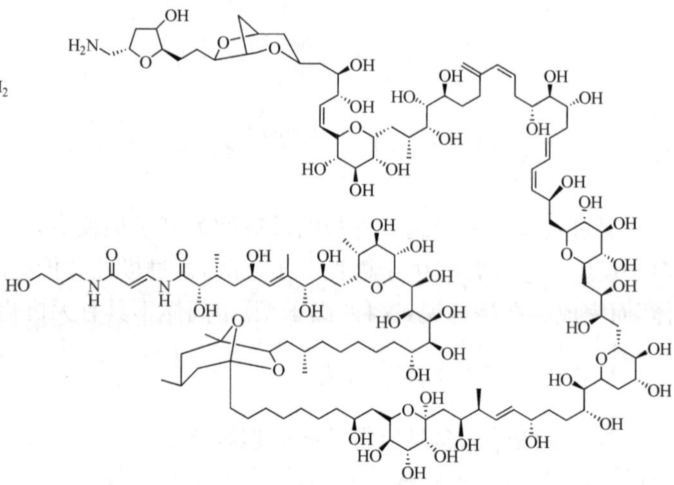

海葵毒素

图 1-5　维生素 B₁₂ 和海葵毒素的结构

昨天,有机化学改变了你我的生活;今天,有机化学已成为社会发展的推动者,新能源的开拓者,新材料的研制者,环境的保护神,新兴产业的支撑者,人类健康的护佑者,美好生活的缔造者;明天,有机化学将与时俱进,充满创新、机遇和成功。让我们一起走进有机化学,去探索它的神奇和奥妙吧!

扫一扫　以中国化学家命名的有机化学反应

关　键　词

特性基团	characteritic group	9	离解能	dissociation energy	14
构造式	constitutional formula	11	布朗斯特酸	Brönsted acid	16
构型	configuration	12	布朗斯特碱	Brönsted base	16
共价键	covalent bond	13	路易斯酸	Lewis acid	17
键长	bond length	13	路易斯碱	Lewis base	17
键角	bond angle	14	均裂	homolysis	18
键能	bond energy	14	异裂	heterolysis	19

小　结

　　有机化学是研究有机化合物的来源、制备、性质、应用以及相互转化和有关理论的学科。碳氢化合物及其衍生物称为有机化合物。有机化合物种类繁多、易燃、熔沸点低、难溶于水、易溶于有机溶剂,且反应速率慢,副反应多。

　　带有单个电子的两个原子通过共用电子对形成的化学键称为共价键。共价键的键长、键角、键能及键的极性等属性对探讨有机化合物的结构和性质是十分重要的。

　　能够提供质子的物质称为布朗斯特酸,能够按受质子的物质称为布朗斯特碱。能够接受未共用电子对的分子或离子称为路易斯酸,能够给出未共用电子对的分子或离子称为路易斯碱。

　　常见的路易斯酸有 H^+、Li^+、Ag^+、R^+、$R^+C{=}O$、Br^+、NO_2^+、BF_3、$AlCl_3$、$SnCl_2$、$ZnCl_2$、$FeCl_3$ 和含有某些极性基团 $\left(\diagdown C{=}O \ 、 -C{\equiv}N \ 等\right)$ 的有机化合物。

　　常见的路易斯碱有 X^-(卤离子)、HO^-、RO^-、HS^-、$H_2\ddot{O}:$、$H_3N:$、$R\ddot{N}H_2$、$R\ddot{O}H$、$R\ddot{O}R'$ 和 $R\ddot{S}H$ 等。

　　共价键的断裂方式有两种:均裂和异裂。由均裂生成的带有未成对电子的原子或基团称为自由基。有自由基参加的反应称为自由基反应或游离基反应。通过共价键异裂而进行的反应称为离子型反应。离子型反应分为亲电反应和亲核反应。

习　题

1. 与无机化合物相比,有机化合物具有哪些特点?
2. 计算 $C_7H_7O_2N$ 的不饱和度,并画出可能的结构式。
3. 说明下列概念。
   (1) 均裂和异裂　　　　　(2) 离子型反应和游离基反应　　　(3) 亲电反应和亲核反应
   (4) 键的极性和键的极化度　(5) 键长和键角　　　　　　　(6) 键能和键的离解能
4. 指出下列化合物中所含骨架或特性基团的名称,并说明它们是哪类化合物。

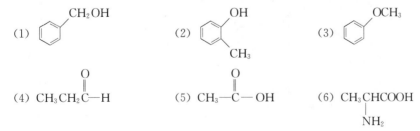

(7) 　　　　(8) 　　　　(9) $H_3C\!\!-\!\!\bigcirc\!\!-\!\!NO_2$

5. 用 δ^+ 和 δ^- 表示下列每个键的极性方向。

(1) $Br\!-\!CH_3$　　　　(2) $H_2N\!-\!CH_3$　　　　(3) $Li\!-\!CH_3$

(4) $H\!-\!NH_2$　　　　(5) $HO\!-\!CH_3$　　　　(6) $BrMg\!-\!CH_3$　　　　(7) $F\!-\!CH_3$

6. 水的 $pK_a=15.74$，乙炔的 $pK_a=25$。水和乙炔相比，哪个酸性更强？氢氧根离子能否与乙炔反应？

$$H\!-\!C\!\equiv\!C\!-\!H+HO^-\longrightarrow H\!-\!C\!\equiv\!C\!:^-+H_2O$$

7. 甲酸的 $pK_a=3.7$，苦味酸的 $pK_a=0.6$。计算它们的 K_a 值，并说明哪个酸性更强。

8. 氨基离子 H_2N^- 的碱性比羟基离子 HO^- 强。$H_2N\!-\!H$(氨)与 $HO\!-\!H$(水)相比，哪个酸性更强？为什么？

9. 下列化合物，哪些是路易斯酸？哪些是路易斯碱？哪些既是路易斯酸又是路易斯碱？

(1) $CH_3CH_2\!-\!O\!-\!H$　　　　(2) $CH_3\!-\!NH\!-\!CH_3$　　　　(3) $MgBr_2$

(4) $CH_3\!-\!\underset{\underset{\textstyle CH_3}{|}}{B}\!-\!CH_3$　　　　(5) $H\!-\!\overset{+}{\underset{\underset{\textstyle H}{|}}{C}}\!-\!H$　　　　(6) $CH_3\!-\!\underset{\underset{\textstyle CH_3}{|}}{P}\!-\!CH_3$

第2章 链 烃

分子中只含有碳和氢两种元素的有机化合物称为碳氢化合物(hydrocarbon),简称烃。烃是一类重要的有机化合物,主要来源于石油。烃不但是农业生产和交通运输的能源物质,还是重要的有机合成基本原料。烃是有机化合物的母体,其他各类有机化合物可以看作是烃的衍生物。根据烃分子中碳原子互相连接的方式不同,烃可分为链烃(chain hydrocarbon)和环烃(cyclic hydrocarbon)两类。

链烃的结构特征是分子中的碳原子互相连接成不闭合的链状。链烃按分子中所含碳与氢的比例不同分为饱和链烃(saturated hydrocarbon)和不饱和链烃(unsaturated hydrocarbon)。饱和链烃即烷烃,不饱和链烃包括烯烃、二烯烃和炔烃等。

环烃的结构特征是分子中的碳原子互相连接成闭合的碳环。环烃可分为脂环烃(alicyclic hydrocarbon)和芳香烃(aromatic hydrocarbon)两类。

烃的分类和实例如下:

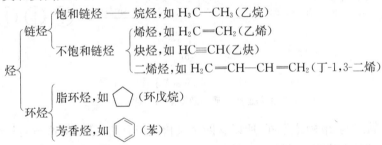

2.1 链烃的结构、异构现象和命名

2.1.1 链烃的结构

1. 烷烃的结构、通式和原子轨道杂化特征

烷烃(alkane)的结构特点是分子中的碳原子之间都以单键相结合,其余价键都和氢原子相连接。由于碳的四个价键都连有氢和其他的碳,故称为烷烃。烷烃的通式为 C_nH_{2n+2}。

甲烷和乙烷的结构如下:

名称	分子式	构造式
甲烷	CH_4	CH_4
乙烷	C_2H_6	CH_3CH_3

图 2-1 和图 2-2 分别是甲烷和乙烷的分子结构,甲烷分子中各个键角均为 $109°28'$。除甲烷外,其他烷烃的结构与乙烷相似。烷烃分子中各个碳原子所连的四个原子或原子团不尽相同,所以其键角稍有变化,但仍接近 $109°28'$。

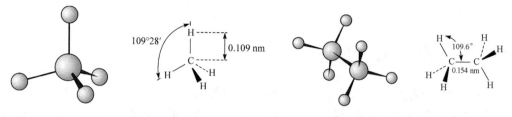

图 2-1　甲烷的结构　　　　　　　　　　　图 2-2　乙烷的结构

烷烃分子中各单键之间的键角可用碳原子轨道杂化理论解释,碳原子的核外电子排布是 $1s^2 2s^2 2p^2$,在最外层的四个价电子中,两个是已经配对的 s 电子,另外两个是未配对的 p 电子。这样,碳在形成共价键时应该是二价。但是,有机化合物中的碳都是四价。为此,鲍林(Pauling)假设,如果供给处于基态的碳一定能量,将使一个电子从 2s 轨道激发到 2p 轨道中,使碳处于激发态,这时碳就有四个未成对的电子[图 2-3(b)]。它们与其他原子结合时就形成四个共价键。

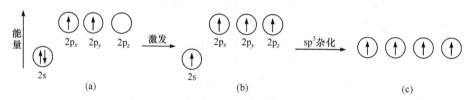

图 2-3　碳的 sp^3 杂化

(a) 碳的基态;(b) 碳的激发态;(c) 碳的 sp^3 杂化

因为 2s 轨道与 2p 轨道不同,所以这四个共价键应有所不同,但这与实际情况也不符合。例如,甲烷的四个碳-氢键完全相同。为了解释这种情况,鲍林提出了原子轨道杂化理论:在一个原子中,能量相近而类型不同的几个原子轨道重新组合(杂化)为能量相等的新轨道——杂化轨道。甲烷的碳原子杂化以后的新轨道含有 1/4 的 s 成分和 3/4 的 p 成分,它们的电子云呈"葫芦形"[图 2-4(a)]。四个 sp^3 杂化轨道的电子云对称地分布在碳原子的周围,其中心轴间的夹角为 $109°28'$[图 2-4(b)]。

在甲烷分子中,碳原子的四个 sp^3 杂化轨道分别与氢原子的 1s 轨道沿着键轴重叠成键。碳原子位于四面体的中心,H—C—H 之间的夹角都是 $109°28'$(图 2-5)。这样形成的碳氢键的电子云具有圆柱状的轴对称,称为 σ 键。烷烃分子中都是 σ 键。

2. 烯烃的结构、通式和碳原子轨道杂化特征

烯烃(alkene)是指一类含有碳-碳双键$\left(\diagup C=C\diagdown\right)$的烃类化合物。乙烯 $H_2C=CH_2$ 是最简单的烯烃。在烯烃分子中不是所有碳原子都饱和了,因此它又称为不饱和烃。根

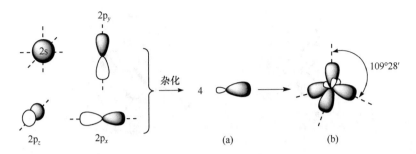

图 2-4　碳原子的 sp^3 杂化及其轨道电子云形状

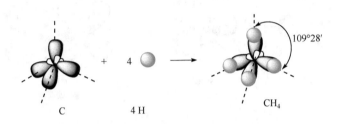

图 2-5　甲烷的成键过程

据碳-碳双键的数目,烯烃又可以分为单烯烃(含一个双键,简称烯烃)、二烯烃(含两个双键)和多烯烃(含两个以上的双键)。其中以单烯烃和共轭二烯烃最为重要。单烯烃的通式是 C_nH_{2n}。

$$CH_3{-}CH{=}CH_2 \qquad H_3C{-}CH_2{-}CH{=}CH_2 \qquad H_3C{-}CH{=}CH{-}CH_3$$

丙烯　　　　　　　　　丁-1-烯　　　　　　　　　丁-2-烯

在烯烃分子中,双键碳原子采取 sp^2 杂化。激发态碳的 2s 轨道和两个 p 轨道杂化,形成三个等同的 sp^2 杂化轨道(形状与 sp^3 杂化轨道相似),还剩下一个 2p 轨道没有参与杂化(图 2-6)。

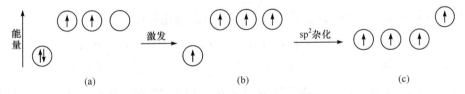

图 2-6　烯烃分子中双键碳的杂化

(a) 碳的基态;(b) 碳的激发态;(c) 三个 sp^2 杂化轨道和一个未杂化的 2p 轨道

sp^2 杂化轨道的对称轴指向等边三角形的角,形成键角为 $120°$ 的平面[图 2-7(a)]。没有参与杂化的 2p 轨道垂直于此平面,形成的轨道夹角为 $90°$[图 2-7(b)]。

在乙烯分子(图 2-8)中,每个碳原子各以一个 sp^2 杂化轨道沿着对称轴重叠形成一个碳-碳 σ 键,两个碳上剩余的四个 sp^2 杂化轨道分别与四个氢的 1s 轨道结合形成四个碳-氢 σ 键。每个碳上未参与杂化的 2p 轨道的对称轴都与碳的三个 sp^2 杂化轨道所在的

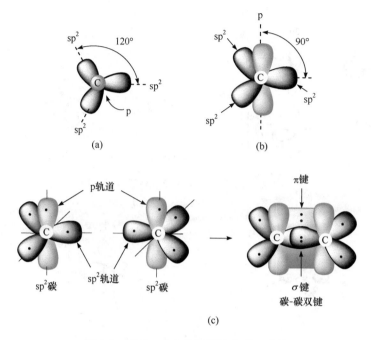

图 2-7　碳的 sp^2 杂化轨道及电子云形状

平面垂直,而且相互平行,它们"肩并肩"地重叠形成碳-碳双键中的第二个键——π 键[图 2-7(c)]。构成 π 键的电子称为 π 电子。烯烃的碳-碳双键中,一个是 σ 键,一个是 π 键[图 2-7(c)]。

图 2-8　乙烯的结构

3. 炔烃的结构、通式和碳原子轨道杂化特征

炔烃(alkyne)是含有碳-碳三键(—C≡C—)的碳氢化合物。例如

$$CH_3—C≡CH \qquad H_3C—CH_2—C≡CH \qquad H_3C—C≡C—CH_3$$

丙炔　　　　　　　　　丁-1-炔　　　　　　　　　　丁-2-炔

R—C≡CH 或 R'—C≡C—R″可代表它们的结构式,碳-碳三键(—C≡C—)是炔烃的特性基团。

三键和双键相似,其中三键碳原子未完全饱和,所以炔烃也是不饱和烃,其中单炔烃的通式是 C_nH_{2n-2}。

在炔烃分子中,三键碳原子为 sp 杂化,与其他两个原子结合,键角为 180°。激发态碳的 2s 轨道仅与一个 2p 轨道杂化,形成两个等同的 sp 杂化轨道,还剩下两个 2p 轨道未参与杂化(图 2-9)。

两个 sp 杂化轨道对称地分布在碳原子的两侧,二者之间的夹角为 180°[图 2-10(a)],

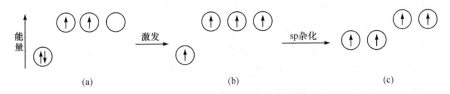

图 2-9　炔烃中三键碳的杂化

(a) 碳的基态；(b) 碳的激发态；(c) 碳的两个 sp 杂化轨道和两个未杂化的 2p 轨道

未杂化的两个 p 轨道与 sp 杂化轨道垂直[图 2-10(b)]。在形成炔键（三键）时,碳的一个 sp 杂化轨道与另一个碳的 sp 杂化轨道重叠形成一个 σ 键,碳的两个 p 轨道分别与另一个碳的两个 p 轨道重叠形成两个 π 键[图 2-10(c)],一个 σ 键和两个 π 键组成一个三键。在乙炔分子中,三键上每个碳的另一个 sp 杂化轨道与一个氢的 1s 轨道重叠形成碳-氢 σ 键,三个 σ 键在一条线上,H—C—C 和 C—C—H 的夹角都是 180°[图 2-10(d)]。因此,乙炔是一个线形分子。

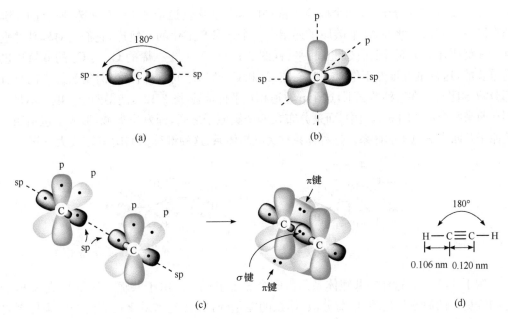

图 2-10　碳的 sp 杂化轨道及电子云形状以及乙炔的电子云形状

4. 二烯烃的结构、通式和碳原子轨道杂化特征

二烯烃是含有两个碳-碳双键的不饱和烃。它比碳原子数目相同的烯烃少两个氢原子,分子组成通式为 C_nH_{2n-2}。

二烯烃分子中两个 C=C 的位置和它们的性质密切相关。根据两个 C=C 的相对位置,可将二烯烃分为三类:累积二烯烃、孤立二烯烃和共轭二烯烃,其中以共轭二烯烃最为重要。

（1）累积二烯烃：是指两个双键共用同一个碳原子，即含有"C=C=C"砌块的二烯烃，如丁-1,2-二烯（$CH_2=C=CH-CH_3$）。

（2）孤立二烯烃：二烯烃的两个双键被两个及两个以上的单键隔开，即含有"C=C—(C)$_n$—C=C（$n \geqslant 1$）"砌块的二烯烃，如戊-1,4-二烯（$CH_2=CH-CH_2-CH=CH_2$）。这类二烯烃的结构和性质与单烯烃相似。

（3）共轭二烯烃：两个 C=C 间有一个单键，即含"C=C—C=C"共轭结构体系的二烯烃，如丁-1,3-二烯（$CH_2=CH-CH=CH_2$）。

2.1.2　共轭二烯烃的结构

丁-1,3-二烯是最简单的共轭二烯烃（conjugated diene），分子中两个 C=C 的键长为 0.137 nm，比一般烯烃分子中的 C=C 的键长（0.133 nm）长；而 C_2—C_3 的键长为 0.146 nm，比一般烷烃分子中的 C—C 的键长（0.154 nm）短，这种现象称为键长的平均化（图 2-11）。

在丁-1,3-二烯分子中，四个碳原子都是以 sp^2 杂化轨道形成 C—C σ 键，所有的 σ 键都在同一平面内。此外，每个碳原子还留下一个未参与杂化的 p 轨道，它们的对称轴都垂直于 σ 键所在的平面，因而彼此互相平行（图 2-12）。丁-1,3-二烯的 C_2 与 C_3 的 p 轨道也是重叠的，这种重叠虽然不像 C_1 和 C_2 或 C_3 和 C_4 轨道之间重叠程度那样大，但它已具有部分双键性质。在这种情况下，这个 p 轨道相互平行重叠（图 2-12），使得四个 p 电子不是分别在原来两个定域的 π 轨道中，而是分布在四个碳原子之间，即发生离域，形成了包括四个碳原子及四个 π 电子的体系。这种体系称为共轭体系，这种键称为共轭 π 键或大 π 键。

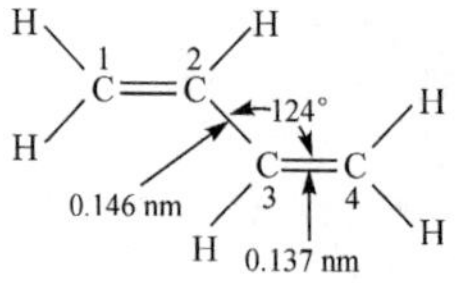

图 2-11　丁-1,3-二烯分子 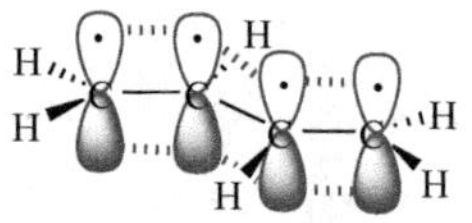　　　图 2-12　丁-1,3-二烯分子中 p 轨道的重叠

像丁-1,3-二烯这样的共轭体系是由两个 π 键组成的。由于共轭 π 键的形成，π 电子能围绕更多的原子核运动，电荷分散，体系的能量降低，共轭体系比相应的非共轭体系更加稳定。共轭体系必须满足下列条件：①形成共轭体系的原子必须在同一个平面上；②必须有可以实现平行重叠的 p 轨道，还要有一定数量的供成键用的 p 电子。共轭体系有下列特点：①键长的平均化和 π 电子离域；②共轭体系较稳定。

2.1.3　链烃的异构现象

具有相同的分子式而结构不同的化合物互称同分异构体（isomer），简称异构体；化合物具有相同分子式但具有不同结构的现象称为同分异构现象（isomerism）。同分异构现象普遍存在于有机化合物中，因此要了解有机化合物的特性和反应，必须研究它们的结构和异构现象。

同分异构分为构造异构（structural isomerism）和立体异构（stereoisomerism），构造

异构是指分子中由于原子或原子团相互连接的方式或次序不同而产生的同分异构现象，包括碳链异构(carbon chain isomerism)、位置异构(positional isomerism)、特性基团异构(characteristic group isomerism)。立体异构是指分子式相同，构造式也相同，但分子中的原子或原子团在空间排布不同的同分异构现象，包括顺反异构(cis-trans isomerism)、对映异构(enantiomerism)(本书第 4 章阐述)、构象异构(conformational isomerism)。同分异构体的分类如图 2-13 所示。

图 2-13　同分异构体的分类

1. 碳链异构

在研究烷烃的结构时，发现随着碳原子数的逐渐增加，会出现同分异构现象。例如，分子式为 C_4H_{10} 的烷烃，碳原子的连接方式有两种可能，其结构式分别为

	$CH_3CH_2CH_2CH_3$	$CH_3\overset{\displaystyle CH_3}{\underset{\displaystyle |}{CH}}CH_3$
	正丁烷	异丁烷
熔点/ ℃	−138	−138
沸点/ ℃	−0.5	−12

分子式为 C_5H_{12} 的烷烃，碳原子的连接方式则有三种可能，其结构式分别为

	$CH_3CH_2CH_2CH_2CH_3$	$(CH_3)_2CHCH_2CH_3$	$(CH_3)_3CCH_3$
	正戊烷	异戊烷	新戊烷
熔点/ ℃	−130	−160	−17
沸点/ ℃	36	28	9.5

这种分子式相同，由于碳链结构的不同而产生的异构现象称为碳链异构，如正丁烷和异丁烷，正戊烷、异戊烷和新戊烷。这种异构现象是由组成分子的原子或原子团连接次序不同引起的，所以属于构造异构。

烷烃中碳链结构的不同主要是由碳原子之间结合方式的不同引起的。在烷烃中，一个碳原子可以连接一个、两个、三个或四个碳原子，因此把碳原子分为伯(primary，以 1°表示)、仲(secondary，2°)、叔(tertiary，3°)、季(quaternary，4°)四类。

季(4°)　　　$^6CH_3$ 叔(3°) 仲(2°) 伯(1°)

$^1CH_3-\overset{\displaystyle |}{\underset{\displaystyle |}{^2C}}-\overset{\displaystyle |}{^3CH}-^4CH_2-^5CH_3$

$^7CH_3\ ^8CH_3$

（1）与一个碳相连的碳原子是伯碳，用 $1°C$ 表示（或称一级碳原子，primary carbon），$1°C$ 上的氢称为一级氢，用 $1°H$ 表示。

（2）与两个碳相连的碳原子是仲碳，用 $2°C$ 表示（或称二级碳原子，secondary carbon），$2°C$ 上的氢称为二级氢，用 $2°H$ 表示。

（3）与三个碳相连的碳原子是叔碳，用 $3°C$ 表示（或称三级碳原子，tertiary carbon），$3°C$ 上的氢称为三级氢，用 $3°H$ 表示。

（4）与四个碳相连的碳原子是季碳，用 $4°C$ 表示（或称四级碳原子，quaternary carbon）。

问题与思考2-1

　　请写出己烷五种异构体的构造式，并将这些化合物中的仲碳原子和叔碳原子标识出来。

---

2. 位置异构

由于烯烃存在双键，它的异构体数目比相应的烷烃多。例如，丁烷只有两种构造异构体，而分子式为 C_4H_8 的烯烃则有三种构造异构体。其中丁-1-烯（或丁-2-烯）与2-甲基丙烯之间为碳链异构体；而丁-1-烯与丁-2-烯之间是由双键的位置不同而引起的异构现象，这种由于特性基团位置的不同而产生的异构现象称为位置异构。碳链异构与位置异构都属于构造异构。

$$H_3C-CH_2-CH=CH_2 \qquad H_3C-CH=CH-CH_3 \qquad \overset{\displaystyle CH_3}{\underset{\displaystyle }{H_3C-C=CH_2}}$$

丁-1-烯　　　　　　　　丁-2-烯　　　　　　　　2-甲基丙烯

位置异构同样存在于炔烃分子中，如丁-1-炔与丁-2-炔。只是由于受三键限制，炔烃的异构体数目比碳原子数目相同的烯烃少。

$$H_3C-C\equiv C-CH_3 \qquad H_3C-CH_2-C\equiv CH$$

丁-2-炔　　　　　　　　丁-1-炔

3. 特性基团异构

有机化合物分子式相同而特性基团不同所引起的异构现象称为特性基团异构。例如，二烯烃和炔烃属于特性基团异构。在下式中丁-1,3-二烯与丁-1-炔或丁-2-炔之间属于特性基团异构，而丁-1-炔与丁-2-炔属于位置异构。

$$H_2C=CH-CH=CH_2 \qquad H_3C-CH_2-C\equiv CH \qquad H_3C-C\equiv C-CH_3$$

丁-1,3-二烯　　　　　　丁-1-炔　　　　　　　　丁-2-炔

4. 顺反异构

由于以双键相连的两个碳原子不能围绕 σ 键轴自由旋转，所以当双键上的两个碳原

子上各连有两个不同的原子或基团时(如丁-2-烯),双键上的四个基团在空间就可以有两种不同的排列方式,即两种构型。这种由于分子中存在限制 σ 键自由旋转的因素(双键、脂环)所引起的异构现象称为顺反异构。在环烷烃中也存在顺反异构(参见第 3 章)。顺反异构是立体异构的一种。

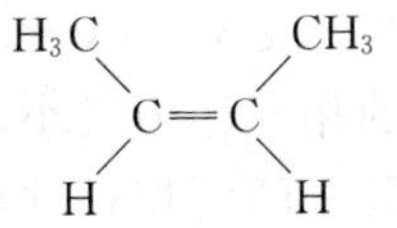

顺丁-2-烯(cis-丁-2-烯)　　反丁-2-烯(trans-丁-2-烯)
(沸点:3.8 ℃)　　　　　　(沸点:0.88 ℃)
Ⅰ　　　　　　　　　　　Ⅱ

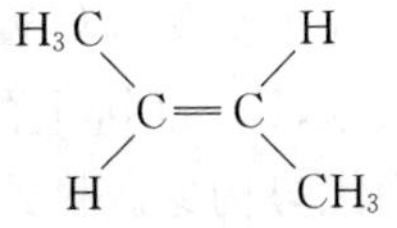

这两个异构体在原子或基团的连接顺序及特性基团的位置上均无区别,即构造相同;它们的区别仅在于基团在空间的排列方式不同。在Ⅰ中,相同的基团(两个甲基或两个氢原子)在双键的同侧,称为顺式异构体(词头 cis-是拉丁文,意指在同一边);而Ⅱ的两个甲基(或两个氢原子)则在双键的两侧,称为反式异构体(词头 trans-是拉丁文,意指交叉)。

顺反异构体是两种不同的化合物,顺式比反式热力学能高,较不稳定,故可用物理或化学方法使其转变为较稳定的反式。顺反异构体不仅在理化性质上不同,它们的生理活性也往往有差异。例如,具有降血脂作用的亚油酸,它的两个双键都是顺式结构。

5. 构象异构

有机化合物的分子中,以 σ 键相连的两个原子通过围绕单键的键轴旋转可使两个原子上的原子或原子团在空间有不同的排布方式,称为构象(conformation)。由于 σ 键绕键轴旋转而产生的异构体称为构象异构体,构象异构也属于立体异构。构象异构体之间同处一个体系的动态平衡中。

1) 乙烷的构象

乙烷是含有碳-碳单键的最简单的烷烃。当两个碳原子围绕 C—C 键旋转时,两个碳原子上的两组氢原子之间可以相对处于不同的位置,出现无数的空间排布方式,每一种空间排布方式就是一种构象。

不同的构象可用锯架式或纽曼(Newman)投影式表示。Ⅲ和Ⅳ是乙烷的两种典型的构象。

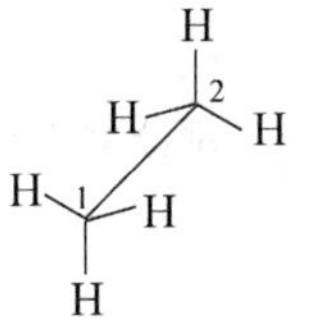

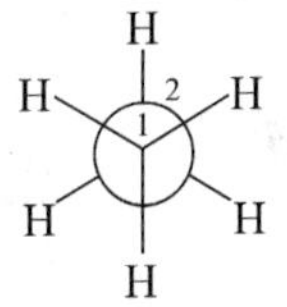

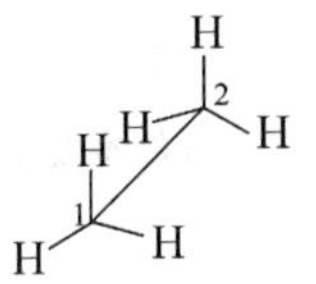

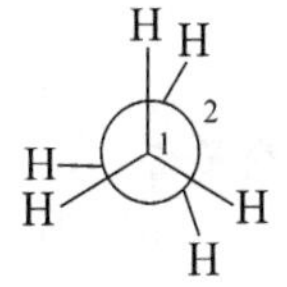

锯架式　　　　　　纽曼投影式

纽曼投影式是从 C—C 键键轴的轴线上看,离观察者较远的碳原子用圆圈表示,它的三个 C—H 键用圆圈上的实线表示;离观察者较近的碳原子用圆点表示,它的三个 C—H 键则用与圆心相连的三条实线表示。锯架式是指人的眼睛从与 C—C 键轴斜 45°的方向看,每个碳原子上的其他三个键夹角均为 120°。锯架式中碳原子一般省略,以折点表示。

Ⅲ式中两组氢原子处于交叉的位置,这种构象称为交叉式(staggered form)。Ⅲ式中两组氢原子彼此相距最远,C—H 键上的 σ 电子对的相互斥力最小,能量最低,因而稳定性最大。这种构象称为优势构象。Ⅳ式中,两组氢原子两两相对重叠,C—H 键上的 σ 电子对的相互斥力最大,这种构象称为重叠式(eclipsed form)。重叠式构象具有较高的热力学能,是一种相对不稳定的构象。

图 2-14 清楚地显示了随着 C—C 键的旋转,乙烷分子热力学能发生变化的情况。由重叠式转变为交叉式,要放出 $12.5 \ kJ \cdot mol^{-1}$ 的能量;由交叉式转变为重叠式必须吸收 $12.5 \ kJ \cdot mol^{-1}$ 的能量。这种原子围绕键轴转动时所需的最低能量称为转动能垒(barriers to rotation)。可见,围绕单键旋转不是绝对自由的。不过,由于这个能量很小,越过这个能垒并不困难。因为在常温下,分子间碰撞时的能量交换约为 $84 \ kJ \cdot mol^{-1}$,足以使 C—C 键"自由"旋转。所以,在室温时,乙烷分子是交叉式、重叠式以及介于它们两者之间的许多构象的平衡混合体,不易分离。最稳定的交叉式是占优势的构象。

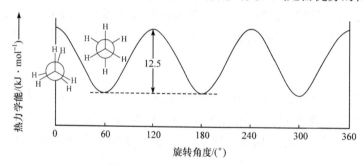

图 2-14　乙烷分子的能量曲线

2) 正丁烷的构象

正丁烷($\overset{1}{C}H_3—\overset{2}{C}H_2—\overset{3}{C}H_2—\overset{4}{C}H_3$)的构象要比乙烷复杂。为了处理问题的方便,我们将 C_1 和 C_4 看作取代基,这样可以将正丁烷当作乙烷来处理。当围绕正丁烷的 $C_2—C_3$ 键旋转时,可以有全重叠式、邻位交叉式、部分重叠式和对位交叉式等不同的典型构象。它们的纽曼投影式表示如下:

全重叠式

部分重叠式

邻位交叉式

对位交叉式

　　在正丁烷的构象中,对位交叉式的两个甲基相距最远,相互斥力最弱,热力学能最低,是最稳定的构象。邻位交叉式的两个甲基相距较近,所以稳定性稍差。部分重叠式的甲基和氢原子十分靠近,相互斥力较大,稳定性较邻位交叉式差。而在全重叠式中,由于两个甲基处于十分靠近的位置,相互排斥作用最大,稳定性最差。因此,这几种构象的热力学能高低次序为全重叠式＞部分重叠式＞邻位交叉式＞对位交叉式。其能量曲线如图 2-15 所示。

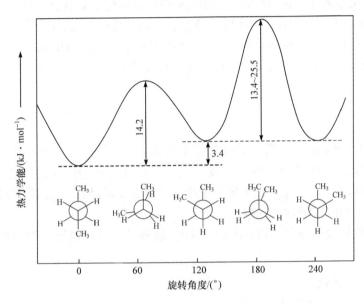

图 2-15　围绕正丁烷 C_2—C_3 键旋转过程的热力学能变化

　　可见,对位交叉式是正丁烷的优势构象。应该特别注意,各种构象异构体处于同一动态平衡体系中,各构象异构体之间的转动能量差(能垒)较小,不易分离,故视为同种物质。而其他类型的异构体一般都能够分离,如顺丁-2-烯和反丁-2-烯,L-(＋)-乳酸和 D-(—)-乳酸(详见第 4 章)。这些异构体在性质上有差别,尤其是生物活性差异更大。在链状化合物中,优势构象都是类似于正丁烷对位交叉式的构象,所以直链烷烃都呈锯齿状。但是,分子主要以其优势构象存在,并不意味着其他的构象式不存在,只是所占比例较少而已。

问题与思考 2-2

　　用纽曼投影式表示化合物 $BrCH_2CH_2Cl$ 几种较稳定的构象。哪一种构象最稳定?平衡体系中,哪一种构象异构体的含量最多?为什么?

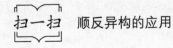　　顺反异构的应用

2.1.4 链烃的命名

有机化合物的种类繁多,同时由于同分异构体的存在,有机化合物的数目非常庞大。因此,必须有一个合理的命名法(nomenclature)来区分各个化合物,否则在文献中会造成极大的混乱。有机化合物的命名是有机化学的重要内容之一。有机化合物的正确名称不仅应表示分子的组成,而且要准确、简便地反映出分子的结构。烷烃的常用命名法包括普通命名法和系统命名法,系统命名法是国际纯粹与应用化学联合会(International Union of Pure and Applied Chemistry)在日内瓦命名法的基础上修订而成的,简称 IUPAC 命名法。本书采用的有机化合物的命名规则是 2017 年中国化学会根据 IUPAC 建议的命名指南,使中文命名的基本原则与当前国际命名规则一致而拟定的。

1. 烷烃的命名

1) 普通命名法

(1) 直链烷烃的命名:直链烷烃按碳原子数称为"正某烷"。含十个及十个碳原子以下的烷烃分别用天干(甲、乙、丙、丁、戊、己、庚、辛、壬、癸)表示,如甲烷(CH_4)、乙烷(C_2H_6)、丙烷(C_3H_8)等。十个以上碳原子用汉字数字表示,如正十二烷($C_{12}H_{26}$)、正二十烷($C_{20}H_{42}$)等。"正"字通常可省略。

(2) 含侧链烷烃的命名:具有 H_3C-CH- 端基且无其他侧链的烷烃按碳原子总数
$$\underset{CH_3}{|}$$
称为异(iso-或 i-)某烷。

$$
\begin{array}{cc}
H_3C-\underset{\underset{CH_3}{|}}{CH}-CH_3 & H_3C-\underset{\underset{CH_3}{|}}{CH}-CH_2-CH_3 \\
\text{异丁烷} & \text{异戊烷}
\end{array}
$$

具有 $(CH_3)_3C-$ 端基且无其他侧链的烷烃命名为新(neo)某烷。

$$
\begin{array}{cc}
H_3C-\underset{\underset{CH_3}{|}}{\overset{\overset{CH_3}{|}}{C}}-CH_3 & H_3C-\underset{\underset{CH_3}{|}}{\overset{\overset{CH_3}{|}}{C}}-CH_2-CH_3 \\
\text{新戊烷} & \text{新己烷}
\end{array}
$$

对结构比较复杂的化合物可采用系统命名法。

2) 系统命名法

系统命名法是以母体氢化物(parent hydride)统一处理碳氢化物和其他杂原子氢化物的命名。母体氢化物是指无分叉的无环或环状结构以及有半系统命名或俗名的无环或有环结构,而其上仅连接有氢原子的化合物。母体氢化物可分成二类,包括完全饱和的(如甲烷、环己烷)和完全不饱和的(如苯乙烯、吡啶)。

(1) 名称的基本格式。

有机化合物系统命名的基本格式如下:

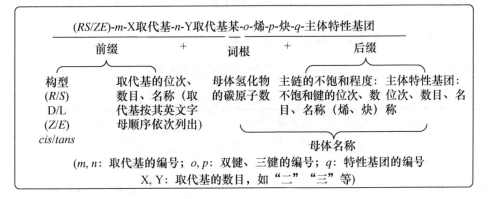

如：

(4*R*,7*R*,*E*)-4-乙基-5,7-二甲基癸-5-烯
(4*R*,7*R*,*E*)-4-ethyl-5,7-dimethyldec-5-ene

（2）特性基团。

特性基团包括加在母体氢化物上的单个杂原子或带有杂原子的基团。若有机物含有多个特性基团，只能选择一个特性基团作为后缀，此基团称作主体基团。各种常见特性基团的高位（优先）次序如下：自由基＞负离子＞正离子＞两性离子化合物（如铵盐）＞—CO_2H（羧酸）＞ —SO_3H（磺酸）＞ —SO_2H（亚磺酸）＞ —COOCOR（酸酐）＞ —CO_2R（酯）＞ —COX（酰卤）＞ —$CONH_2$（酰胺）＞ —CN（腈）＞ —CHO（醛）＞ —COR（酮）＞ —OH（醇、酚）＞ —SH（硫醇）＞ —NH_2（胺）＞ =NH（亚胺）＞ —OR（醚）。

上述特性基团在取代操作命名法中既可作前缀，也可作后缀；但另一些特性基团则只能用作前缀或在特性基团类别命名法中作类名，如氟（fluoro）、氯（chloro）、溴（bromo）、碘（iodo）、亚硝基（nitroso）、硝基（nitro）、烃氧基等。此外，碳碳双键及碳碳三键也不作为主体基团。

（3）烃基。

烃分子中去掉一个氢原子所剩下的原子团称为烃基，英文名以"yl"后缀代替烷烃名的"ane"后缀。脂肪烃基常用 R 表示，芳香烃基用 Ar 表示。如甲烷去掉一个氢原子后得到甲基。链状取代基编号时可将连接点（带游离价键）编为 1 位；也可按取代基的主链进行编号，并使连接点（带游离价键）的位次尽可能的低。例如

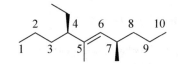

方式一：
3-甲基-1-丙基戊基
3-methyl-1-propylpentyl

方式二：
6-甲基辛-4-基
6-methyloctan-4-yl

烷烃失去 2 个氢原子后形成带有 2 个游离基的结构：$C\!\!=\!\!$ 或 $-\!\!\overset{|}{C}\!\!-$，分别称为亚基、叉基。烷烃失去 3 个氢原子后形成带有 3 个游离基的结构：$\overset{|}{\underset{/\backslash}{C}}$、$C\!\!\equiv\!\!$ 或 $-\!\!C\!\!=$，分别称为爪基、次基、基亚基。表 2-1 列出了各种常见取代基的名称。

表 2-1　常见取代基的名称

取代基	普通命名法 中文名称(英文名称)	系统命名法 中文名称(英文名称)
CH_3-	—	甲基(methyl,缩写 Me)
CH_3CH_2-	—	乙基(ethyl,缩写 Et)
$CH_3CH_2CH_2-$	正丙基(*n*-propyl,缩写 *n*-Pr)	丙基(propyl,缩写 Pr)
$\overset{1}{C}H_3\overset{2}{C}H\overset{3}{C}H_3$	异丙基(isopropyl,缩写 *i*-Pr)	丙-2-基(propan-2-yl)
$CH_3CH_2CH_2CH_2-$	正丁基(*n*-butyl,缩写 *n*-Bu)	丁基(butyl,缩写 Bu)
$\overset{4}{C}H_3\overset{3}{C}H_2\overset{2}{C}H\overset{1}{C}H_3$	仲丁基(*sec*-butyl*,缩写 *s*-Bu)	丁-2-基(butan-2-yl)
$\overset{3}{C}H_3\overset{2}{C}H\overset{1}{C}H_2-$ $\quad\ \ CH_3$	异丁基(isobutyl*,缩写 *i*-Bu)	2-甲基丙基(2-methylpropyl)
$\overset{2}{C}H_3\overset{1}{C}CH_3$ $\quad\ \ CH_3$	叔丁基(*tert*-butyl,缩写 *t*-Bu)	1,1-二甲基乙基(1,1-dimethylethyl)
$CH_3CH_2CH_2CH_2CH_2-$	正戊基(*n*-pentyl)	戊基(pentyl)
$\overset{4}{C}H_3\overset{3}{C}H\overset{2}{C}H_2\overset{1}{C}H_2-$ $\quad\ \ CH_3$	异戊基(isopentyl*)	3-甲基丁基(3-methylbutyl)
$\overset{1}{C}H_3\overset{2}{C}CH_2\overset{3}{C}H_3$ $\quad\ \ CH_3$	叔戊基(*tert*-pentyl*)	1,1-二甲基丙基(1,1-dimethylpropyl)
$\qquad CH_3$ $\overset{3}{C}H_3\overset{2}{C}CH_2\overset{1}{-}$ $\qquad CH_3$	新戊基(neopentyl*)	2,2-二甲基丙基(2,2-dimethylpropyl)
$CH_3(CH_2)_4CH_2-$	正己基(*n*-hexyl)	己基(hexyl)
$CH_3(CH_2)_5CH_2-$	正庚基(*n*-heptyl)	庚基(heptyl)
$CH_3(CH_2)_6CH_2-$	正辛基(*n*-octyl)	辛基(octyl)
$CH_3(CH_2)_7CH_2-$	正壬基(*n*-nonyl)	壬基(nonyl)
$CH_3(CH_2)_8CH_2-$	正癸基(*n*-decyl)	癸基(decyl)
$H_2C\!\!=\!\!CH-$	—(vinyl)	乙烯基(ethenyl)

烷基	普通命名法	IUPAC 命名法
	中文名称(英文名称)	中文名称(英文名称)
$H_3CCH{=\!=}CH{-}$	丙烯基(propenyl)	丙-1-烯-1-基(prop-1-en-1-yl)
$CH_2{=\!=}CHCH_2{-}$	烯丙基(allyl)	丙-2-烯-1-基(prop-2-en-1-yl)
$HC{\equiv}C{-}$	乙炔基(acetylenyl)	乙炔基(ethynyl)
$H_3CC{\equiv}C{-}$	丙炔基(propynyl)	丙-1-炔-1-基(prop-1-yn-1-yl)
$CH{\equiv}CCH_2{-}$	炔丙基(propargyl)	丙-2-炔-1-基(prop-2-yn-1-yl)
$C_6H_5{-}$	—	苯基(phenyl)
$C_6H_5CH_2{-}$	苄基(benzyl)	苯甲基(phenylmethyl)
${-}CH_2{-}$	亚甲基(methylene)	甲叉基(methanediyl)
$CH_2{=\!=}$	—	甲亚基(methylidene)
$H_3C{-}CH{=\!=}$	—	乙亚基(ethylidene)

*：IUPAC-2013 建议不继续使用此类俗名。

(4) 次序规则。

在确定有机物的构型时,需对有机物的各种基团按次序规则(Cahn-Ingold-Prelog sequence)来排列先后次序,其主要的内容如下:

① 将各种取代基的第一个原子按原子序数大小排列,大者为"较优"基团。若为同位素,则将质量数大的定为"较优"基团。例如

$$I>Br>Cl>S>P>F>O>N>C>D>H(其中">"表示"优于")$$

② 如两个基团的第一个原子相同,则比较与它直接相连的几个原子。比较时,按原子序数排列,先比较最大的;若仍相同,再依次比较第二个、第三个。例如,$(CH_3)_3C{-}$、$(CH_3)_2CH{-}$、$CH_3CH_2{-}$、$CH_3{-}$这四个基团,它们的第一个原子都是碳,因此要看与它相连的几个原子。在叔丁基中是 C、C、C,在异丙基中是 C、C、H,在乙基中是 C、H、H,在甲基中是 H、H、H。因此,它们的次序是

$$(CH_3)_3C{-}>(CH_3)_2CH{-}>CH_3CH_2{-}>CH_3{-}$$

若第二个原子也相同时,则沿取代链逐次相比。

$$\overset{4}{CH_3}{-}\overset{3}{CH_2}{-}\overset{2}{CH_2}{-}\overset{1}{CH_2}{-} \ > \ \overset{4}{H}{-}\overset{3}{CH_2}{-}\overset{2}{CH_2}{-}\overset{1}{CH_2}{-} \ > \ \overset{3}{H}{-}\overset{2}{CH_2}{-}\overset{1}{CH_2}{-}$$

此外应注意:在同级原子比较中,含有原子序数最大原子的基团优先。

$$-CH_2Cl>-C(CH_3)_3$$

因此,此规则只是比较原子序数的大小,而不是几个原子的原子序数之和。

③ 有双键或三键的基团,可以认为是连接两个或三个相同原子。

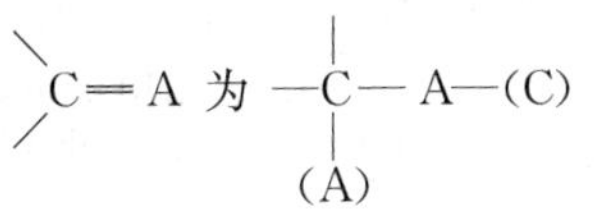

$$\diagdown C{=\!=}A \ 为 \ {-}\overset{|}{\underset{(A)}{C}}{-}A{-}(C) \qquad (C 和两个 A 连接,A 也和两个 C 连接)$$

$$-C\equiv A \text{ 为 } \begin{matrix}(A) & (C)\\ -\overset{|}{\underset{|}{C}}-\overset{|}{\underset{|}{A}}-\\(A) & (C)\end{matrix} \quad (C \text{ 和三个 } A \text{ 连接}, A \text{ 也和三个 } C \text{ 连接})$$

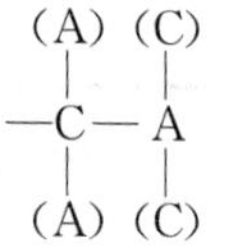

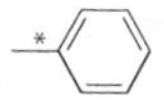

$$*\!\!\left\langle\!\!\bigcirc\!\!\right\rangle \text{ 中带 }^* \text{ 的碳可写为 } -\overset{CH-}{\underset{CH-}{\overset{|}{\underset{|}{C}}}}-(C)$$

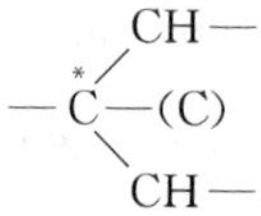

因此,以下基团按次序规则排序为

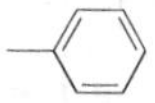

$$-\!\!\left\langle\!\!\bigcirc\!\!\right\rangle>-C\equiv CH>-CH=CH_2>-CH_2CH_3>-CH_3$$

④ 若参与比较次序原子的化学键不到 4 个,则可以补充原子序数为 0 的假想原子,假想原子的排序放在最后。例如,$CH_3CH_2NHCH_3$ 中,N 上有三个基团,还含有一对孤对电子,这对孤对电子可处理为一个原子序数为 0 的假想原子,四个基团的排序为 $CH_3CH_2->CH_3->H->$ 假想原子。

(5) 命名规则:

① 选主链:选择最长碳链作为主链。若最长碳链有多种,则选含取代基最多的碳链作为主链,母体称为"某烷"。

② 对主链编号:从最靠近取代基的一端开始编号。若有多个取代基,则按照"最低位次组"原则进行编号,即将不同位次组的编号由小到大进行比较,最先出现最小编号的位次组为最低位次组。若有两组编号完全相同,则按照取代基英文名称的首字母次序,最靠前的取代基最先编号。

③ 写名称:按照"m-X 取代基-n-Y 取代基某烷"的格式依次将取代基按英文字母顺序依次列在母体之前,标明取代基的位次(m、n)及数目(X、Y),数字与汉字之间以"-"隔开。

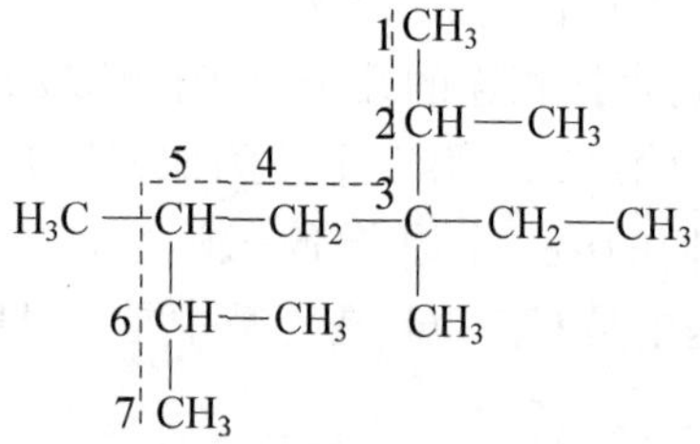

√位次组为2, 3, 3, 5, 6, 为最小位次组
3-乙基-2, 3, 5, 6-四甲基庚烷
3-ethyl-2, 3, 5, 6-tetramethylheptane

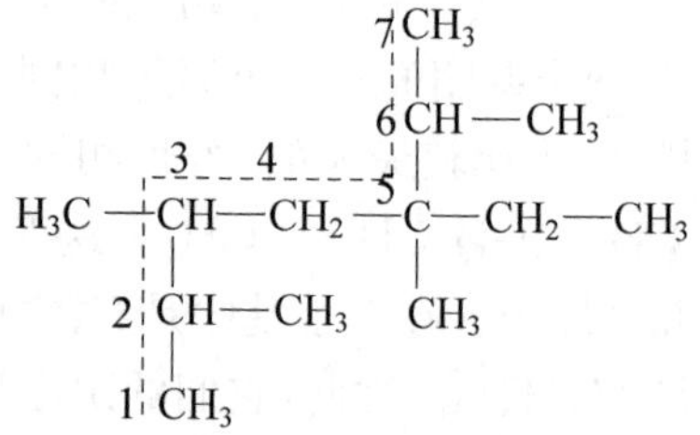

×位次组为2, 3, 5, 5, 6
5大于3, 非最低位次组

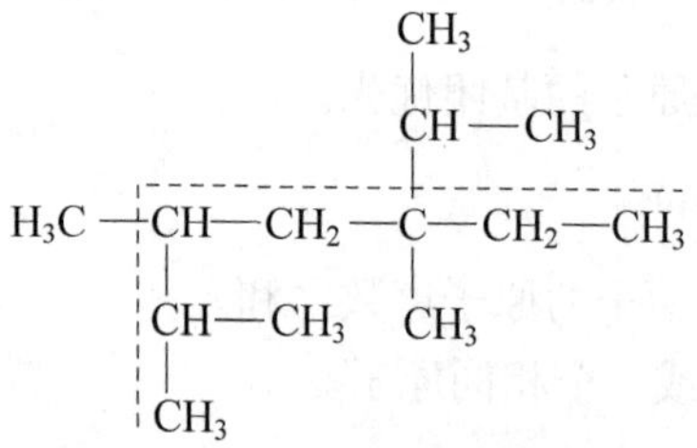

×主链未含有最多取代基

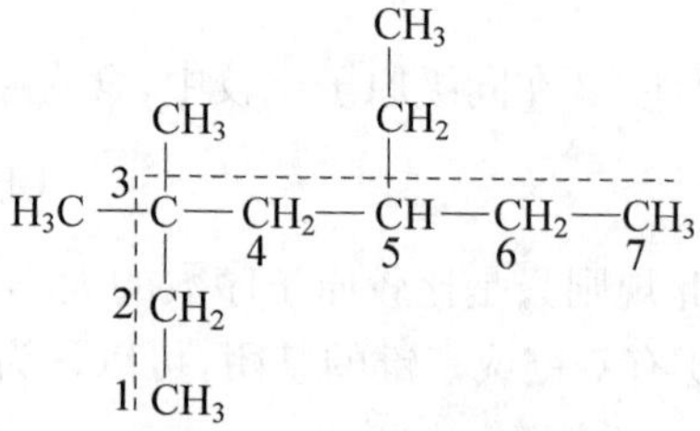

5-乙基-3, 3-二甲基庚烷
5-ethyl-3, 3-dimethylheptane

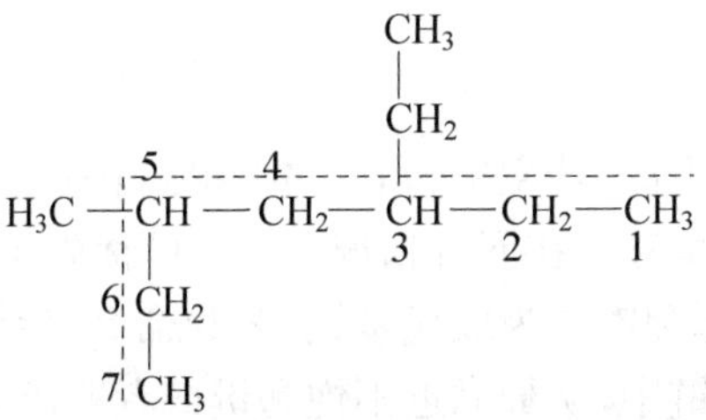

乙基(ethyl)首字母比甲基(methyl)首字母靠前，乙基先编号

3-乙基-5-甲基庚烷
3-ethyl-5-methylheptane

关于前缀中英文字母的排序，有下列规定：

①表示异构体的前缀：以正体书写的前缀 neo、iso 计入字母排序，以斜体书写的前缀 *sec*-和 *tert*-不计入字母排序。如下列基团按字母顺序由前到后排列分别为：*sec*-butyl＞*tert*-butyl＞isopropyl＞methyl＞neopentyl＞propyl，即：仲丁基＞叔丁基＞异丙基＞甲基＞新戊基＞丙基。

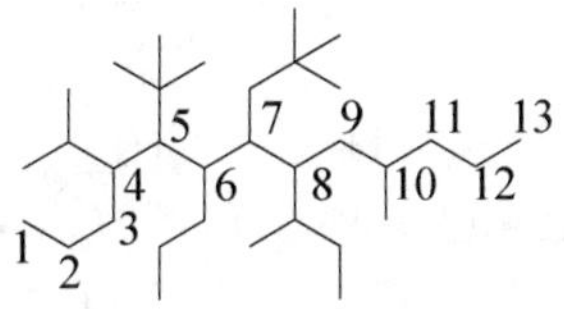

8-仲丁基-5-叔丁基-4-异丙基-10-甲基-7-新戊基-6-丙基十三烷
8-(*sec*-butyl)-5-(*tert*-butyl)-4-isopropyl-10-methyl-7-neopentyl-6-propyltridecane

②表示数目的前缀：表示原子和未进一步取代的简单取代基的个数的复数的字头(di、tri、tetra、penta 等)不计入字母顺序；而有进一步取代的取代基则复数的字头(di、tri、tetra、penta 等)计入字母顺序。例如

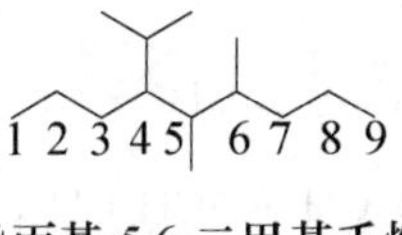

4-异丙基-5,6-二甲基壬烷
4-isopropyl-5,6-dimethylnonane

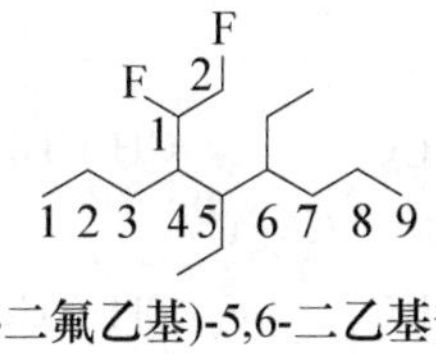

4-(1,2-二氟乙基)-5,6-二乙基壬烷
4-(1,2-difluoroethyl)-5,6-diethylnonane

③当两个取代基名称相同，但其数字位次不同，则按此数字由小到大前后排列。例如

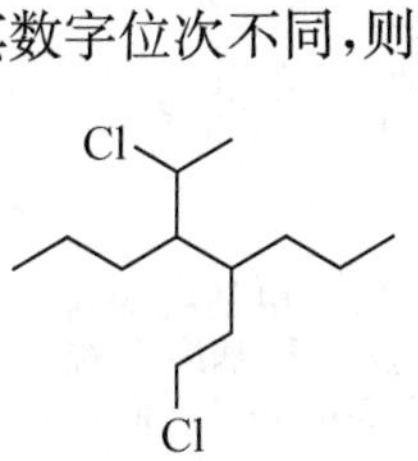

4-(1-氯乙基)-5-(2-氯乙基)辛烷
4-(1-chloroethyl)-5-(2-chloroethyl)octane

2. 不饱和烃的命名

(1)选主链:选择最长的碳链作为主链,若主链包含不饱和键,则后缀"烷"字改为"-o-烯-p-炔"(o、p 分别为 C=C、C≡C 的编号);在同等情况下 C=C 优先于 C≡C 被选入主链。若不饱和键不在该主链中,则不饱和键作为取代基(表 2-1)命名,后缀仍为"烷"。

(2)对主链编号:当不饱和键在主链中,从最靠近不饱和键或者取代基的一端开始,若二者编号相同,则优先从不饱和键的一端开始;当 C=C 和 C≡C 与主链两端距离相同时,从靠近 C=C 一端开始编号。当不饱和键不在主链中,将此不饱和键看作取代基,编号原则与烷烃一致。

(3)烯烃的构型:当烯烃存在顺反异构时,可将相同原子或基团处于双键同侧的构型命名为顺式(cis-),在异侧的命名为反式(trans-)。也可按照"次序规则"用 Z/E 命名法进行命名——双键的两个碳原子所连的"较优"原子或基团处于双键同一侧的用"(Z)"表示,反之用"(E)"表示。

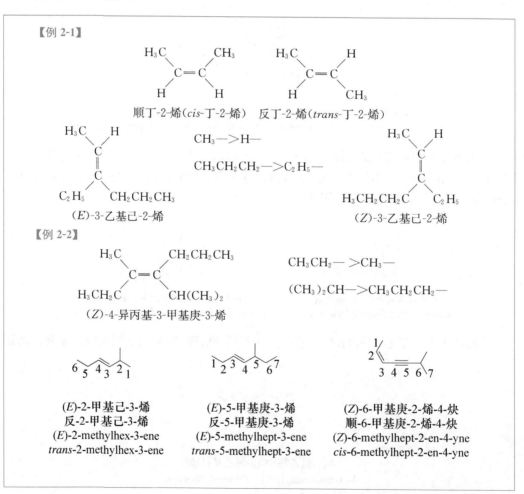

(2Z,4E)-辛-2,4-二烯-6-炔
(2Z,4E)-octa-2,4-dien-6-yne

4-乙炔基己-1-烯-5-炔
4-ethynylhex-1-en-5-yne

(E)-4-乙亚基庚-2-炔
(E)-4-ethylidenehept-2-yne

3-甲基-4-甲亚基己烷
3-methyl-4-methylenehexane

5-烯丙基-3-甲基壬烷
5-allyl-3-methylnonane

4-乙炔基-5-甲基辛烷
4-ethynyl-5-methyloctane

问题与思考 2-3

请写出下列化合物的中文系统命名

(1)

(2)

问题与思考 2-4

请写出下列化合物的构造式

(1) 3,3-二乙基戊烷　　(2) 6-氯-5-甲基庚-2-炔

2.2　链烃的性质

2.2.1　链烃的物理性质

在有机化学中,物理性质(physical properties)通常是指有机化合物的聚集状态、气味、熔点(m. p.)、沸点(b. p.)、密度(ρ)、折光率(n)、溶解度、偶极矩(μ)、比旋光度$[\alpha]_\lambda^t$以及波谱数据等。有机化合物的物理性质与分子组成和分子结构有密切关系。纯的有机化合物在一定条件下,都有恒定的物理常数。通过测定物理常数,可以鉴定有机化合物的纯度和分子结构。

在室温下,含有 1~4 个碳原子的烷烃是气体;含 5~15 个碳原子的直链烷烃是液体;16 个碳原子以上的是固体。$C_2 \sim C_4$ 的烯烃是气体,$C_5 \sim C_{18}$ 是液体,C_{18} 以上的是固体。$C_2 \sim C_4$ 的炔烃是气体,$C_5 \sim C_{15}$ 是液体,C_{15} 以上的是固体。

不仅物态随着链烃同系物相对分子质量的增加而有明显的改变,其他一些物理性质也呈现出规律性的变化。如表 2-2 所示,溶点和沸点随着碳原子数目的增加而升高;有侧链的烷烃,分子中的分支越多则沸点越低,如表 2-3 所示。这是因为分子的侧链越多,分子越接近球形。这样表面积减小,分子间的作用力变弱,只需要较少的热能就能使分子气化,所以沸点比较低。

表 2-2　一些链烃的物理常数

名称	熔点/℃	沸点/℃	相对密度（液态时）	名称	熔点/℃	沸点/℃	相对密度（液态时）
甲烷	−183	−164	0.4661	己-1-烯	−138	63	0.6734
乙烷	−183	−89	0.5462	辛-1-烯	−101	121	0.7149
丙烷	−187	−42	0.5853	癸-1-烯	−66	170	0.7408
正丁烷	−138	−0.5	0.5788	乙炔	−81.8	−83.6	—
正戊烷	−130	36	0.6262	丙炔	−101.51	−23.2	—
正己烷	−95	69	0.6603	丁-1-炔	−32.3	8.1	—
正庚烷	−91	98	0.6838	丁-2-炔	−122.5	27	0.691
正辛烷	−57	126	0.7025	戊-1-炔	−90	29.3	0.695
正壬烷	−51	151	0.7179	戊-2-炔	−101	55.5	0.714
正癸烷	−30	174	0.7300	己-1-炔	−132	71	0.715
正十一烷	−26	196	0.7402	己-2-炔	−88	84	0.730
正十二烷	−10	216	0.7487	庚-1-炔	−81	100	0.734
正十三烷	−6	235	0.7564	庚-2-炔	—	112	0.748
正十四烷	6	254	0.7628	辛-1-炔	−80	125.2	0.746
正十五烷	10	271	0.7685	辛-2-炔	−60.2	137.2	0.759
乙烯	−169	−102		辛-3-炔	−105	133	0.752
丙烯	−185	−48		辛-4-炔	−102	131	0.751
丁-1-烯	−185	−6.5	0.5946	壬-1-炔	−65	160.7	0.760
戊-1-烯	−138	29	0.6411				

表 2-3　五个己烷异构体的沸点

名称	构造式	键线式	沸点/℃
正己烷	CH₃CH₂CH₂CH₂CH₂CH₃		68.75
3-甲基戊烷	CH₃CH₂CHCH₂CH₃ 　　　　｜ 　　　　CH₃		63.30
2-甲基戊烷（异己烷）	CH₃CHCH₂CH₂CH₃ 　　｜ 　　CH₃		60.30
2,3-二甲基丁烷	CH₃CH—CHCH₃ 　　｜　　｜ 　　CH₃　CH₃		58.05
2,2-二甲基丁烷	CH₃ 　　　｜ CH₃—C—CH₂CH₃ 　　　｜ 　　　CH₃		49.70

　　烷烃的熔点变化没有沸点那样有规律,通常是随着相对分子质量及分子的对称性增大而升高。分子越对称,它们在晶体中排列越紧密,熔点越高。例如,正戊烷、异戊烷、新戊烷的熔点分别为−130 ℃、−160 ℃、−17 ℃,新戊烷的熔点最高。

烷烃的相对密度都小于 1,且随着相对分子质量的增大而有所增加,最后接近 0.80。这也是由于分子间的作用力随着相对分子质量的增加而增大,分子间的距离相对减小,相对密度增大。

链烃都难溶于水,而易溶于有机溶剂,符合有机化学中"相似相溶"的原理。

2.2.2 链烃的化学性质

化合物的结构决定其化学性质,同系物结构相似,因此它们的化学性质也很相近。而表现一类化合物特征结构的关键是特性基团。掌握了特性基团的典型化学性质,就可以预测其同系物的性质。

1. 烷烃的化学性质

烷烃没有特性基团。除甲烷只有 C—H σ 键外,所有烷烃分子中仅含 C—C 及 C—H σ 键:

$$H-\overset{\sigma}{\underset{|}{C}}-\overset{\sigma}{\underset{|}{C}}-$$

在 C—H 键中,由于碳原子和氢原子的电负性相差很小,σ 电子云几乎均匀地分布在两个原子核之间,所以烷烃中的 C—H 及 C—C 键的可极化性小。它们在常温下都非常稳定,与强酸(浓硫酸、浓硝酸)、强碱(熔融的氢氧化钠)及常见的强氧化剂(重铬酸钾、高锰酸钾)或强还原剂(乙醇/钠体系)都不发生化学反应。然而,在一定条件下,如高温、高压和自由基引发剂存在下,烷烃能发生自由基反应。

1) 卤代反应

烷烃和氯在黑暗中几乎不反应。但是在日光照射、高温或自由基引发剂的影响下,它们能发生剧烈的反应。例如,甲烷和氯气会在强烈的日光或紫外光照射下猛烈反应,甚至发生爆炸。

$$CH_4+2Cl_2 \xrightarrow[h\nu]{\text{紫外光或光能}} CCl_4+4HCl+\Delta H$$

在漫射的日光下则发生氯代反应,生成氯甲烷、二氯甲烷、三氯甲烷(俗称氯仿)和四氯化碳等。

烷烃的氯化过程是逐步的。每一步被取代出来的氢原子与另一个氯原子化合成为氯化氢。

$$CH_4+Cl_2 \xrightarrow{h\nu} CH_3Cl+HCl$$
$$CH_3Cl+Cl_2 \xrightarrow{h\nu} CH_2Cl_2+HCl$$
$$CH_2Cl_2+Cl_2 \xrightarrow{h\nu} CHCl_3+HCl$$
$$CHCl_3+Cl_2 \xrightarrow{h\nu} CCl_4+HCl$$

以上四个氯代烷的沸点不同,可用分馏法分离。但控制反应条件,也可以获得一种主要产物。例如,用少量的氯与过量的甲烷反应主要得到氯甲烷,但收率低。

2）氧化反应

烷烃在通常情况下是不被氧化的,但是它能在空气中燃烧(剧烈氧化)生成二氧化碳和水,同时放出大量的热能。因此,烷烃可以用作燃料,如甲烷是沼气的主要成分。

一些气态烃或极细微粒的液态烃与空气在一定比例范围内混合,点燃时会发生爆炸。煤矿井中瓦斯爆炸就是甲烷与空气的混合物(体积比约为1∶10)燃烧造成的。烷烃燃烧反应的通式如下:

$$C_n H_{2n+2}+\left(\frac{3n+1}{2}\right)O_2\longrightarrow nCO_2+(n+1)H_2O \qquad \Delta_c H^\ominus$$

3）裂解反应

化合物在高温和没有氧气存在下所发生的开裂反应称为裂解(cracking)。烷烃在高温时会发生裂解反应。烷烃对热的稳定性以甲烷为最大,且随着相对分子质量的增加而逐渐降低。烷烃的裂解是很复杂的反应,含有两个碳原子以上的烷烃在裂解时,除了由于碳链的断裂而产生较小的分子外,同时还有脱氢反应发生。因此,烷烃的裂解产物通常是复杂的混合物,其中既含有较低级的烷烃,也含有烯烃和氢。例如,丁烷的裂解就是这样。

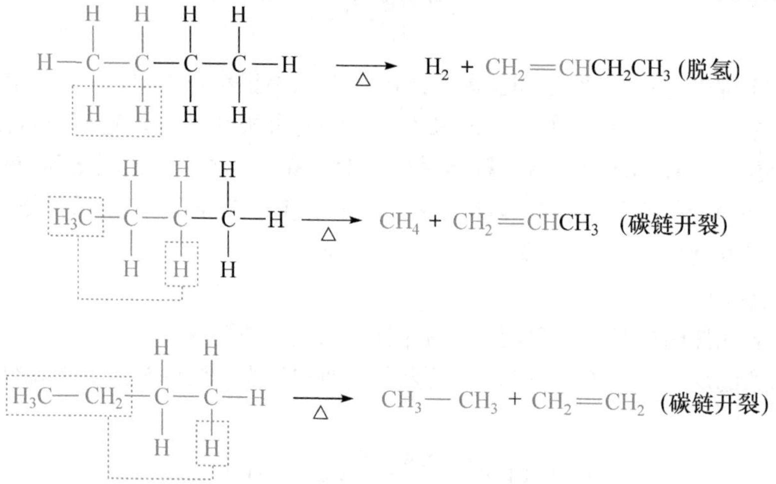

在催化剂的影响下,高级烷烃可裂解成中级烷烃和烯烃。

$$C_{15}H_{32}\xrightarrow[\text{400～500 ℃}]{\text{硅酸铝}}C_8H_{18}+C_7H_{14}$$

辛烷　　庚烯

这是炼油工业中提高汽油(中级烷烃)收率和改进汽油质量的一种方法。在汽油中,辛烷的含量越高,其防止发生爆震的能力就越强。

2. 烯烃和炔烃的化学性质

烯烃的特性基团是碳-碳双键$\left(\diagdown C=C\diagup\right)$,炔烃的特性基团是碳-碳三键(—C≡C—),它们相同之处在于都含有不饱和键,化学性质比烷烃活泼。下面先讨论烯烃和炔烃共有的化学性质。

1) 加成反应

（1）加氢。在普通情况下，烯烃与氢并不发生反应。如有适当的催化剂（Pt、Pd、Ni）存在，烯烃在液相或气相下能够氢化还原为相应的烷烃。

$$CH_2=CH_2+H_2 \xrightarrow{催化剂} CH_3-CH_3$$

由于催化氢化反应可以定量地进行，所以在鉴定化学结构上常用微量氢化法来测定双键的数目。

炔烃部分加氢生成烯烃，完全加氢生成烷烃。烯键和炔键催化加氢的速率差异不大，对于有些催化剂烯键加氢的速率较炔键快，因此，很难将反应的产物控制在烯烃这一步。

$$CH_3-C\equiv C-CH_3 \xrightarrow[H_2]{Pt} [CH_3-CH=CH-CH_3] \xrightarrow[H_2]{Pt} CH_3-(CH_2)_2-CH_3$$

以下内容供临床药学专业学生学习

因此，为了使炔烃的加氢还原停留在烯烃的阶段，需要制备特殊的催化剂。由罗氏公司的化学家林德拉（Lindlar）发明的林德拉催化剂就是一种选择性催化氢化的催化剂，能够使炔烃只加 1 mol 氢，得到顺式烯烃。林德拉催化剂的制备方法是在碳酸钙浆液中将氯化钯还原为金属钯单质，然后用乙酸铅处理。

（2）加卤素。烯烃与卤素的加成反应，通常指的是烯烃与氯或溴反应。这个反应在常温下就能很迅速地发生。

$$CH_2=CH_2+Br-Br \longrightarrow \underset{\underset{CH_2-CH_2}{|\quad\quad|}}{\overset{Br\quad\ Br}{}}$$

炔烃也能与氯或溴加成。反应分两步进行，第一次加 1 mol 试剂，生成烯烃的二卤衍生物；第二次再加 1 mol 试剂，生成四卤代烷。

$$HC\equiv CH \xrightarrow{Cl_2} CHCl=CHCl \xrightarrow{Cl_2} CHCl_2CHCl_2$$

如果用溴的四氯化碳溶液时，反应结束后溴的棕红色消失。因为反应有明显的颜色变化，所以常用这个方法来鉴定化合物是否含有碳-碳双键或碳-碳三键。

（3）加卤化氢。烯烃与卤化氢（HI、HBr、HCl）也可以发生加成反应而生成卤代烷。

$$CH_2=CH_2+HI \longrightarrow CH_3CH_2I$$
碘乙烷

像 HX 这类试剂，加在双键上的两部分（H 与 X）不一样，所以称为不对称试剂。乙烯是对称的烯烃，它和不对称试剂加成产物只有一种。若不对称试剂与不对称烯烃发生加成反应时，加成方式有两种可能，实验结果表明氢原子主要加在含氢较多的双键碳原子上。这个经验规律称为马尔科夫尼科夫规则（Markovnikov's rule），简称马氏规则。

$$\text{H}_3\text{C}-\text{CH}=\text{CH}_2 + \text{HCl} \begin{cases} \longrightarrow \text{H}_3\overset{\displaystyle C}{C}-\underset{\displaystyle Cl}{\overset{|}{\text{CH}}}-\text{CH}_3 \quad (\text{VI})\ 90\% \\[2em] \longrightarrow \text{H}_3\text{C}-\text{CH}_2-\text{CH}_2\text{Cl} \quad (\text{VII})\ 10\% \end{cases}$$

丙烯与溴化氢的加成,若有过氧化物存在时,结果与马氏规则相反,主要产物是 1-溴丙烷。这种现象称为过氧化物效应。

$$\text{H}_3\text{C}-\text{CH}=\text{CH}_2 + \text{HBr} \begin{cases} \xrightarrow{\text{无过氧化物}} \text{H}_3\text{C}-\underset{\displaystyle Br}{\overset{|}{\text{CH}}}-\text{CH}_3 \\[2em] \xrightarrow{\text{过氧化物}} \text{H}_3\text{C}-\text{CH}_2-\text{CH}_2\text{Br} \end{cases}$$

但氯化氢或碘化氢在过氧化物存在时,与烯烃的加成仍遵守马氏规则,因此溴化氢有过氧化物效应是一个特例。

炔烃和卤化氢的加成反应是分两步进行的。

第一步 $\qquad\qquad \text{HC}\equiv\text{CH} + \text{HBr} \longrightarrow \text{CH}_2=\text{CH}-\text{Br}$

溴乙烯

第二步

$$\overset{\delta^-}{\text{CH}_2}=\overset{\delta^+}{\text{CH}}-\overset{}{\ddot{\text{Br}}} \quad \overset{\delta^+}{\text{H}}-\overset{\delta^-}{\text{Br}} \quad \text{CH}_3\text{CHBr}_2$$

1,1-二溴乙烷

不对称炔烃与 HX 的加成遵守马氏规则。在过氧化物存在下,不对称炔烃与 HBr 的加成反应则遵守反马氏规则。

$$\text{CH}_3-\text{CH}_2-\text{C}\equiv\text{CH} \begin{cases} \xrightarrow{\text{HBr}} \text{CH}_3\text{CH}_2-\underset{\displaystyle Br}{\overset{|}{\text{C}}}=\text{CH}_2 \xrightarrow{\text{HBr}} \text{CH}_3\text{CH}_2\text{CBr}_2\text{CH}_3 \\[2em] \xrightarrow[\text{过氧化物}]{\text{HBr}} \text{CH}_3\text{CH}_2\text{CH}=\text{CHBr} \xrightarrow[\text{过氧化物}]{\text{HBr}} \text{CH}_3\text{CH}_2\text{CH}_2\text{CHBr}_2 \end{cases}$$

（4）加水。在酸的催化下,烯烃与水进行加成反应生成醇。此反应称为烯烃的水合。例如

$$\text{CH}_2=\text{CH}_2 + \text{HOH} \xrightarrow{\text{H}^+} \text{CH}_3\text{CH}_2\text{OH}$$

乙醇

$$\text{CH}_3-\text{CH}=\text{CH}_2 + \text{HOH} \xrightarrow{\text{H}^+} \text{H}_3\text{C}-\underset{\displaystyle OH}{\overset{|}{\text{CH}}}-\text{CH}_3$$

异丙醇

$$\underset{\text{H}_3\text{C}}{\overset{\text{H}_3\text{C}}{\diagup\kern-0.5em\diagdown}}\text{C}=\text{CH}_2 + \text{HOH} \xrightarrow{\text{H}^+} (\text{CH}_3)_2\underset{\displaystyle OH}{\overset{|}{\text{C}}}-\text{CH}_3$$

叔丁醇

常用的催化剂是硫酸和磷酸。烯烃与水的加成反应也遵循马氏规则。

炔烃的水合反应常需要催化剂(硫酸汞的硫酸溶液),也遵守马氏规则。炔烃加水先生成烯醇 $-\underset{\displaystyle OH}{\overset{|}{\text{C}}}=\underset{\displaystyle H}{\overset{|}{\text{C}}}-$,烯醇不稳定,经过分子内互变异构为稳定的醛或酮。例如,乙炔水

合后的反应产物是乙醛,其他炔烃与水的加成产物是酮。

$$H-C\equiv C-H + H-OH \xrightarrow[H_2SO_4]{HgSO_4} \left[\begin{array}{c} H \\ H \end{array}C=C \begin{array}{c} H \\ \\ H-O \end{array}\right] \xrightarrow{互变异构} CH_3-\overset{H}{\underset{}{C}}=O$$

$$CH_3CH_2C\equiv C-H + H-OH \xrightarrow[H_2SO_4]{HgSO_4} \left[CH_3CH_2-\underset{O-H}{C}=CH_2\right] \xrightarrow{互变异构} CH_3CH_2COCH_3$$

硼氢化-氧化反应(供药学专业学生使用)

烯烃和炔烃除了能够直接与水在催化剂存在下发生加成反应得到醇和醛或酮之外,还可以通过硼氢化-氧化反应得到与水合反应加成方向互补的反马氏规则产物。该反应是美国化学家布朗(Brown)发现的一类重要反应,在有机合成中具有重要的应用。

$$\underset{H_3C}{\overset{H_3C}{>}}C=CH_2 \xrightarrow[THF]{BH_3} H_3C-\overset{H}{\underset{CH_3}{C}}-\overset{BH_2}{\underset{}{C}}H_2 \xrightarrow[OH^-]{H_2O_2} H_3C-\overset{H}{\underset{CH_3}{C}}-\overset{OH}{\underset{}{C}}H_2$$

$$3R-C\equiv CH + BH_3 \longrightarrow \left[R-CH=CH_2\right]_3B \xrightarrow[OH^-]{H_2O_2} 3\left[\overset{R}{\underset{H}{>}}C=C\overset{H}{\underset{OH}{<}}\right]$$

$$\longrightarrow 3R-CH_2-\overset{O}{\overset{\|}{C}}-H$$

该反应常用四氢呋喃(THF)作为溶剂。它分为两步:第一步,硼烷(BH$_3$)与不饱和键加成生成烷基硼,称为不饱和烃的硼氢化反应,这是一个反马氏规则的反应,氢加成到双键碳上氢较少的碳原子上;第二步,烷基硼在碱性条件下与过氧化氢作用生成醇,B—C键被氧化为羟基,这一步称为烷基硼的氧化反应。

2) 氧化反应

烯烃很容易被氧化,主要发生在 π 键上。首先是 π 键断裂,条件强烈时 σ 键也可以断裂。氧化剂及反应条件不同,氧化产物也不同。

常用的氧化剂是四氧化锇(OsO$_4$)、高锰酸钾溶液和臭氧(O$_3$)。

(1) 四氧化锇氧化。在四氧化锇存在下,烯烃被几乎定量地氧化为邻二醇。由于四氧化锇价格很高,而且毒性大,通常只用于很难得到的烯烃的氧化,而且用于小量反应。

(2) 高锰酸钾氧化。用高锰酸钾氧化烯烃可以得到邻二醇、酮或羧酸。在稀和冷的高锰酸钾存在下,烯烃也被氧化为邻二醇。

$$R-\overset{\displaystyle CH}{\underset{\displaystyle CH_2}{\|}} \xrightarrow{\text{稀 } KMnO_4} \left[\begin{array}{c} R \\ \end{array} \quad \overset{O}{\underset{O}{\overset{|}{\diagdown}}} Mn \overset{O}{\underset{O}{\diagup}} \right] \xrightarrow{H_2O/OH^-} R-\underset{OH}{\overset{|}{CH}}-\underset{OH}{\overset{|}{CH_2}} + MnO_2 \downarrow$$

在加热时,烯烃与浓的高锰酸钾溶液作用,碳链在双键处断裂,生成碳原子数较少的羧酸和酮。

$$R-CH=\overset{R''}{\underset{R'}{\overset{|}{C}}} \xrightarrow{\text{浓 } KMnO_4} RCOOH + \overset{R''}{\underset{R'}{\overset{|}{C}}}=O$$

$$R-CH=CH_2 \xrightarrow{\text{浓 } KMnO_4} RCOOH + HCOOH$$
$$\overset{}{\underset{\downarrow [O]}{}} CO_2 + H_2O$$

由于反应后高锰酸钾溶液的紫色褪去,且中性或碱性条件时有褐色的二氧化锰沉淀生成,所以这些反应在有机分析中常用于检验双键的存在,或由产物的结构反推反应物分子的结构;这些反应在有机合成中也有实用价值,特别是烯烃氧化成邻二醇的反应。

炔烃被高锰酸钾氧化时三键断裂,乙炔被氧化生成二氧化碳,其他炔烃生成羧酸。可观察到高锰酸钾的紫色消失。所以也可利用此反应检查碳碳三键,或由产物的结构反推反应物的结构。

$$3HC\equiv CH + 10KMnO_4 + 2H_2O \longrightarrow 6CO_2 + 10KOH + 10MnO_2 \downarrow$$

$$R-C\equiv C-R' \xrightarrow[H_2O]{[O]} RCOOH + R'COOH$$

(3)臭氧氧化。臭氧(常使用含臭氧 $6\% \sim 8\%$ 的氧气)能与烯烃迅速进行定量反应,碳-碳双键断裂,生成环状的臭氧化物,这个反应称为臭氧化反应。

$$\overset{R}{\underset{R'}{\overset{|}{C}}}=\overset{R''}{\underset{H}{\overset{|}{C}}} + O_3 \xrightarrow{\text{惰性溶剂}} \overset{R}{\underset{R'}{\overset{|}{C}}} \overset{\overset{O-O}{\diagup \quad \diagdown}}{\underset{O}{\diagdown \quad \diagup}} \overset{R''}{\underset{H}{\overset{|}{C}}}$$

臭氧化物

臭氧化物含有过氧键(—O—O—),很不稳定,容易发生爆炸。因此,通常不用把它分离出来,而是使它在溶液中进行下一步反应,或加水分解,水解后的产物是醛或酮和过氧化氢。为了避免得到的醛被过氧化氢氧化成酸,可在锌粉存在下,将环状的过氧化物与水发生水解,使产物停留在醛或酮这一阶段。

$$\overset{R}{\underset{R'}{\overset{|}{C}}} \overset{\overset{O}{\diagup \diagdown}}{\underset{O-O}{\diagdown \diagup}} \overset{R''}{\underset{H}{\overset{|}{C}}} + H_2O \xrightarrow{Zn} \overset{R}{\underset{R'}{\overset{|}{C}}}=O + O=\overset{R''}{\underset{H}{\overset{|}{C}}} + H_2O_2$$

用臭氧与烯烃反应后再水解可用于鉴定原烯烃中双键的位置。例如,丁-1-烯、丁-2-烯及 2-甲基丙烯是同分异构体,它们都能使高锰酸钾溶液褪色,但臭氧化物的分解产物不同。从这些产物可以鉴定三种烯烃的结构。

$$CH_3CH_2CH=CH_2 \xrightarrow[(2)\ H_2O,\ Zn]{(1)\ O_3} CH_3CH_2CHO + HCHO$$

丁-1-烯 　　　　　　　　　　　　丙醛　　甲醛

$$CH_3CH=CHCH_3 \xrightarrow[\text{(2) } H_2O, Zn]{\text{(1) } O_3} CH_3CHO + CH_3CHO$$

丁-2-烯　　　　　　　　乙醛　　　乙醛

$$CH_3-\overset{\underset{\displaystyle CH_3}{|}}{C}=CH_2 \xrightarrow[\text{(2) } H_2O, Zn]{\text{(1) } O_3} CH_3COCH_3 + HCHO$$

2-甲基丙烯　　　　　　　　丙酮　　　甲醛

炔烃与臭氧的反应比烯烃简单,直接发生碳-碳三键的断裂得到两个羧酸。

$$R^1-C\equiv C-R^2 \xrightarrow[CCl_4]{O_3} \xrightarrow{H_2O} R^1-\overset{\overset{\displaystyle O}{\|}}{C}-OH + R^2-\overset{\overset{\displaystyle O}{\|}}{C}-OH$$

　　从上述例子可以看出,不同结构的烯烃被浓 $KMnO_4$ 或 O_3 氧化得到的产物不同,双键碳上只有 1 个烷基 $\left(=C\overset{\displaystyle R}{\underset{\displaystyle H}{}}\right)$ 时氧化产物为醛 $\left(R-\overset{\displaystyle O}{\overset{\|}{C}}-H\right)$,该醛还可被高锰酸钾进

一步氧化为酸 RCOOH;双键碳上有 2 个烷基 $\left(=C\overset{\displaystyle R}{\underset{\displaystyle R}{}}\right)$ 时氧化产物为酮 $\left(R-\overset{\overset{\displaystyle O}{\|}}{C}-R\right)$;

双键碳上没有烷基($=CH_2$)时氧化产物为甲醛(甲醛会继续被高锰酸钾氧化为水和二氧化碳),因此常用此反应推测烯烃的结构。

以下内容供临床药学专业学生使用

3) 复分解反应

烯烃的复分解反应(metathesis)在化学上用来描述下列过程:

$$A-B + C-D = A-C + B-D$$

例如,丙烯的复分解反应可以用下列反应式来表达:

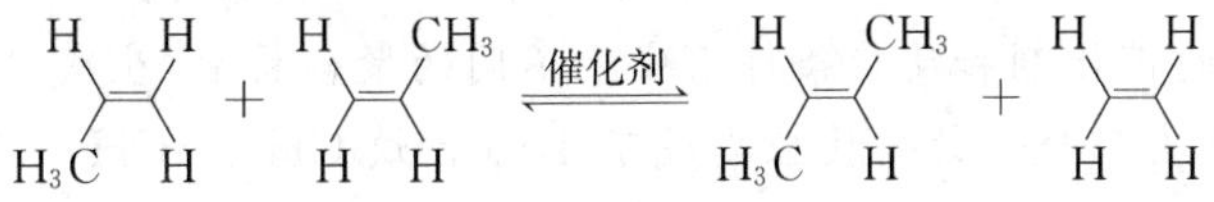

烯烃复分解反应(人们形象地称为交换舞伴反应)是指在金属催化剂作用下碳-碳重键被切断并重新组合的过程。该反应是肖万(Chauvin)、格拉布斯(Grubbs)和施罗克(Schrock)建立的。它可用于不饱和脂肪链的环化反应、不饱和脂肪酸酯链的缩短和伸长等,在有机合成中具有非常重要的实用价值。

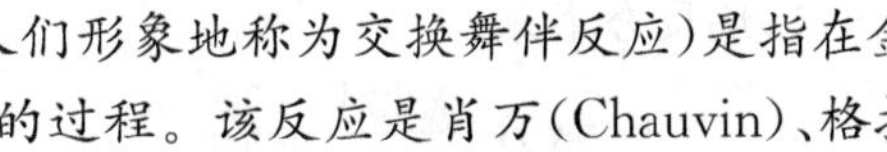

他们三人因此获得了 2005 年诺贝尔化学奖。复分解反应具有工艺简化、成本低廉、操作简便、副反应少、后处理容易、反应条件温和等优点,还大大降低了反应对环境的污染程度,使有机合成工业向着绿色化迈出重要的一步。

4) 聚合反应

在一定的条件下,烯烃能发生自身的加成反应。这种由低分子结合成为较大分子的过程称为聚合反应(polymerization),参与反应的烯烃分子称为单体(monomer),生成的产物称为聚合物(polymer)。烯烃的聚合是通过加成反应进行的,所以这种聚合方式称为加成聚合反应,简称加聚。例如,在 $160\sim285$ ℃和大于 100 MPa 的压力下,加入少量过氧化物作为引发剂,乙烯分子能彼此发生加成,形成相对分子质量达 4×10^4 左右的聚乙烯。聚乙烯是日常生活中最常用的高分子材料之一,大量用于制造塑料袋、食品包装用塑料薄膜、牛奶桶及电绝缘材料等产品,但也是白色污染的主要来源。

$$n\text{H}_2\text{C}\!=\!\text{CH}_2 \longrightarrow \text{+CH}_2\!-\!\text{CH}_2\text{+}_n \quad (n=500\sim2000)$$

聚 α-氰基丙烯酸酯具有毒副作用小、生物相容性好、生物可降解等特性,1955 年由美国 Eastman 公司发明,可用于手术黏合剂、液体绷带、无缝线手术、纳米给药系统,比如抗肿瘤药物(多柔比星、紫杉醇)、核苷酸、多肽和蛋白质药物(如胰岛素)的控释系统;还可用于眼部给药,具有比普通滴眼液更长的代谢半衰期。

乙炔在不同的催化剂和反应条件下发生不同的聚合反应,生成链状或环状的化合物。例如,乙炔发生两分子聚合反应生成丁-1-烯-3-炔 $\text{CH}_2\!=\!\text{CH}\!-\!\text{C}\!\equiv\!\text{CH}$;若在适当的催化剂存在下,三分子的乙炔聚合成苯。

5) 赫克反应

赫克(Heck)反应是不饱和卤代烃(或三氟甲磺酸酯)与烯烃在钯催化剂及强碱的条件下生成取代烯烃的偶联反应。美国化学家赫克于 1968 年率先报道此类偶联反应的雏形,随后日本的沟吕木(Mizoroki)与赫克分别在 1972 年和 1971 年继续报道这一反应。赫克后来又对这一反应做了系统的研究,使之成为有机合成的重要偶联方法之一,因而这一反应常称为赫克反应,有的文献中又称为沟吕木-赫克反应。

$$R—X+ \underset{}{\overset{R'}{\diagup}} \xrightarrow{Pd(0)Ln} \overset{R'}{\diagdown} +HX$$

$$R \text{ 或 } R'=烷基、烯基、芳基;X=I,Br,Cl,OTf,N_2^+,OTs$$

3. 炔烃的特殊反应——过渡金属炔化物的生成

连接在 C≡C 碳原子上的氢原子相当活泼,这是因为三键的 C 是 sp 杂化,s 成分占 $1/2$,电负性比较强,使得 C_{sp}—H_{1s} σ 键的电子云更靠近碳原子,增强了 C—H 键的极性,显示弱酸性。乙炔基阴离子能量低,体系稳定,所以乙炔分子(HC≡CH)中的氢原子容易被金属取代,生成的炔烃金属衍生物称为炔化物。例如,将乙炔分别通入硝酸银氨溶液或氯化亚铜氨溶液中,生成白色的乙炔银或砖红色的乙炔亚铜沉淀。

$$HC≡CH+2[Ag(NH_3)_2]NO_3 \longrightarrow AgC≡CAg\downarrow +2NH_3+2NH_4NO_3$$
乙炔银

$$HC≡CH+2[Cu(NH_3)_2]Cl \longrightarrow CuC≡CCu\downarrow +2NH_3+2NH_4Cl$$
乙炔亚铜

上述反应极为灵敏,常用来鉴定具有—C≡CH 结构特征的炔烃,并可利用这一反应从混合物中把这种炔烃分离出来,而 R'—C≡C—R 型的炔烃不发生反应。乙炔银和乙炔亚铜在湿润时比较稳定,在干燥时因撞击或升高温度会发生爆炸,所以实验完毕后应立即加入硝酸将其分解。

4. 共轭二烯烃的特征反应

共轭二烯烃的化学性质和烯烃相似,可以发生加成、氧化、聚合等反应,但由于两个双键共轭的影响,又显示出一些特殊的性质。

1)共轭加成

共轭二烯烃的一个特征反应是可以与 1 mol 或 2 mol 卤素或卤化氢加成。例如

加第一分子溴的速率要比加第二分子溴快得多,反应可以控制在二溴代物的阶段,生成的二溴代物有两种:3,4-二溴丁-1-烯和 1,4-二溴丁-2-烯,从结构中可以看出前者是由溴与一个双键发生 1,2-加成而生成的产物,后者是溴加在共轭双键的两端而生成的 1,4-加成产物。

共轭二烯烃的 1,2-与 1,4-加成产物的比例取决于反应条件。通常较低温度及非极性溶剂有利于 1,2-加成;较高温度及极性溶剂有利于 1,4-加成。

2) 第尔斯-阿尔德反应

共轭二烯烃的另一个特征反应是能与不饱和化合物发生环合反应,生成环己烯衍生物,这个反应称为第尔斯-阿尔德反应(Diels-Alder reaction)。例如

反应中共轭二烯称为双烯体(diene),含活泼双键的化合物称为亲双烯体(dienophile)。一般情况下,带有供电子基的双烯体和带有吸电子基(如醛基、羧基、酯基、硝基、氰基等)的亲双烯体对反应有利。

第尔斯-阿尔德反应一般不需要催化剂和溶剂,仅需加热即可顺利进行。该反应是一种经环状过渡态进行的周环反应(pericyclic reactions),属于协同反应(concerted reaction),即在反应过程中旧键的断裂与新键的形成协同进行。

第尔斯-阿尔德反应是合成六元环状化合物的重要方法,在有机合成中占有非常重要的地位(如甾族化合物的合成),同时也可对有机化合物中的共轭双键进行定性或定量分析。

问题与思考 2-5

请思考下列反应的主要产物可能是什么。

(1) ⬡=CHCH₃ →(HI)→   　(2) ⬡=CHCH₃ →(HI / 过氧化物)→

问题与思考 2-6

请用化学方法区别下列三种化合物。

2.3　电子效应和链烃的反应历程

2.3.1　诱导效应和共轭效应

有机化合物的性质不仅取决于分子中原子的组成、连接顺序和方式,也取决于分子中原子间的相互影响和空间排布。一般把原子间的相互影响归结为电子效应。电子效应是指取代基导致分子中电子云密度分布改变的效应;而分子的空间结构对物质的性质所产生的影响称为空间效应。在这里我们只讨论电子效应。电子效应又可分为诱导效应(inductive effect,简称 I 效应)和共轭效应(conjugative effect,简称 C 效应)。

1. 诱导效应

在有机化合物中,由于取代基的电负性不同,而引起成键电子云沿着原子链向某一方向偏移的效应称为诱导效应。诱导效应的方向以 C—H 键作为比较标准(I 效应＝0),如果取代基的电负性大于氢原子,则称其具有吸电子诱导效应(electron-withdrawing inductive effect),用−I 表示。如果取代基的电负性小于氢原子,则称其具有给电子诱导效应(electron-donating inductive effect),用＋I 表示。

$$-\overset{|}{\underset{|}{C}}\rightarrow X \qquad -\overset{|}{\underset{|}{C}}-H \qquad -\overset{|}{\underset{|}{C}}\leftarrow Y$$

$$-I效应 \qquad 比较标准 \qquad +I效应$$

在多原子分子中,诱导效应沿着原子链由近及远地传递下去,并随着传递距离的增加而迅速减弱,经过三个原子之后影响就极弱了。

$$H-\overset{H}{\underset{H}{C}}\rightarrow\overset{H}{\underset{H}{C}}\rightarrow\overset{H}{\underset{H}{C}}\rightarrow X \qquad H-\overset{H}{\underset{H}{C}}\leftarrow\overset{H}{\underset{H}{C}}\leftarrow\overset{H}{\underset{H}{C}}\leftarrow Y$$

诱导效应不改变各原子的电子层结构,只产生局部的正负电荷。式中 δ^+、$\delta\delta^+$、$\delta\delta\delta^+$ 或 δ^-、$\delta\delta^-$、$\delta\delta\delta^-$ 分别表示诱导效应对链上的碳所引起的部分正电荷或部分负电荷的量依次降低。

诱导效应的大小一般有如下规律:$-F>-Cl>-Br>-I>-OCH_3>-OH>-C_6H_5>-CH=CH_2>-H>-CH_3>-C_2H_5>-CH(CH_3)_2>C(CH_3)_3$。在 H 前面的原子或原子团是吸电子基(electron-withdrawing group),在 H 后面的是给电子基(electron-donating group)。

对于不同杂化状态的碳原子而言,s 成分越多,吸电子能力越强:

$$-C\equiv CR>-CR=CR_2>-CR_2-CR_3$$

上述诱导效应是由分子内的静电作用产生的永久性效应,这是由分子的结构所决定的,与外界的条件无关,又称静态诱导效应。但是在化学反应中,分子的反应中心如果受到极性试剂的进攻或在极性介质或极性溶剂的作用下,键的电子云分布将受到这些外界电场的影响而发生变化,而且这种变化只有在发生化学变化的瞬间才表现出来,因此将这种在外加电场影响下所发生的诱导极化作用称为动态诱导效应。

2. 共轭效应

共轭效应(C 效应)是指在共轭体系中原子间相互影响而使得体系内的 π 电子(或 p 电子)分布改变的一种电子效应。根据共轭体系不同可分为 π-π 共轭、p-π 共轭、σ-π 超共轭和 σ-p 超共轭。

π-π共轭   p-π共轭   σ-π超共轭   σ-p超共轭

1) π-π 共轭

π-π 共轭效应是一种存在于共轭化合物中的电子效应。例如,在丁-1,3-二烯的共轭体系中,4 个 π 电子能离域到 4 个碳原子核中,使参与共轭的原子之间键长平均化,分子的能量更低,更稳定。

2) p-π 共轭

p-π 共轭是由双键碳的 π 键与相邻原子的 p 轨道侧面重叠所形成的共轭效应。例如,在 CH_2=CH—Cl 分子中,具有孤对电子的氯原子直接与双键相连,处于 p 轨道的孤对电子与 C=C 的 π 键平行,氯原子的 p 电子向 C=C 移动,形成 p-π 共轭,导致 C—Cl 键的键长变短,反应活性降低。这种 p 电子向双键方向转移的共轭效应称为供电子共轭效应(+C)。

同样,苯酚分子中也存在氧原子与苯环的 p-π 共轭,氧原子中处于 p 轨道的孤对电子向苯环转移,使 O—C 键的键长变短,O—H 键的极性增强,导致苯酚的酸性比醇大,且苯环上亲电取代反应活性增强。苯胺分子的情况与此相似。

3) σ-π 超共轭

由 σ 键与相邻 π 轨道部分重叠使电子离域所形成的共轭效应称为 σ-π 超共轭效应。例如,在 CH_3—CH=CH_2分子中,—CH_3中碳原子的 sp^3 杂化轨道与氢原子的 1s 轨道重叠形成 σ 键,这些 σ 键可与 C=C 的 π 键发生部分重叠,甲基向双键供电子,增加了双键碳原子的电子云密度,由此引起体系电性的变化,该现象称为 σ-π 超共轭效应。超共轭效应一般是供电性的,其作用力随着 C—H σ 键数目的增多而增强。

$$—CH_3 > —CH_2R > —CHR_2 > —CR_3$$

4) σ-p 超共轭

由 σ 键与相邻 p 轨道部分重叠所形成的共轭效应称为 σ-p 超共轭效应。例如,在碳正离子中,带正电荷的碳是 sp^2 杂化的,这个碳上有空的未参与杂化的 p 轨道,C—H 键的 σ 电子对能离域到该 p 轨道上,从而使正电荷分散,体系的稳定性提高。与碳正离子相邻的 C—H σ 键越多,超共轭作用力越强,体系就越稳定,所以各种烷基碳正离子的稳定性次序为:$3° > 2° > 1°$>甲基碳正离子。基于同样的原因,各种烷基碳自由基的稳定性次序为:$3° > 2° > 1°$>甲基自由基。

2.3.2 反应历程

化学反应历程是指一个化学反应所经历的过程,也就是对每一个化学反应的各个中间步骤的详细描述。了解一类反应的历程有利于深入研究该类反应,以便控制反应条件,达到预期目的。反应历程取决于反应物的分子结构、试剂的性质、反应介质和反应条件等。

1. 卤代反应历程——自由基反应

烷烃的氯代反应是一种自由基历程的链式反应。在反应过程中,反应物的共价键发生均裂,生成自由基。自由基的反应活性高,很不稳定,极易与其他分子发生反应,生成更稳定的分子,并产生新的自由基,从而引起一连串的连锁反应。

例如,甲烷的氯代反应首先由氯分子在光照下均裂为氯自由基,该步骤称为链的引发。

$$Cl:Cl \xrightarrow{h\nu} 2Cl\cdot$$

氯自由基很活泼,它攫取甲烷分子中的氢转化为氯化氢,并产生甲基自由基。$\cdot CH_3$ 再和 Cl_2 反应,攫取一个氯原子,生成稳定的 CH_3Cl,同时又有一个新的 $Cl\cdot$ 产生。研究表明,只要在开始时有少量高能量的氯自由基产生,反应就会继续传递下去,这个过程被称为链的增长。

$$Cl\cdot + H:CH_3 \longrightarrow HCl + \cdot CH_3$$
$$\cdot CH_3 + Cl:Cl \longrightarrow CH_3Cl + Cl\cdot$$

最后由于自由基相互结合形成稳定的分子,反应便终止,这一过程称为链的终止。

$$Cl\cdot + Cl\cdot \longrightarrow Cl_2$$
$$\cdot CH_3 + Cl\cdot \longrightarrow CH_3Cl$$
$$\cdot CH_3 + \cdot CH_3 \longrightarrow CH_3CH_3$$

烷烃中伯、仲、叔碳原子上的氢在卤代反应中活性不同。这可用各种 C—H 键的离解能大小、自由基的稳定性以及碰撞概率等因素来解释。

在丙烷和异丁烷分子中,各种 C—H 键的离解能如下:

$$H_3C-CH_2-CH_3 \begin{cases} \xrightarrow{397.7 \text{ kJ}\cdot\text{mol}^{-1}} H_3C-\overset{\cdot}{C}H-CH_3 + H\cdot & \text{较易} \\ \xrightarrow{460.3 \text{ kJ}\cdot\text{mol}^{-1}} H_3C-CH_2-\overset{\cdot}{C}H_2 + H\cdot & \text{较难} \end{cases}$$

$$\underset{\underset{H}{|}}{\overset{\overset{CH_3}{|}}{H_3C-C-CH_3}} \begin{cases} \xrightarrow{389.4 \text{ kJ}\cdot\text{mol}^{-1}} \underset{\underset{CH_3}{|}}{\overset{\overset{CH_3}{|}}{H_3C-C-CH_3}} + H\cdot & \text{较易} \\ \xrightarrow{410.3 \text{ kJ}\cdot\text{mol}^{-1}} \underset{\underset{H}{|}}{\overset{\overset{CH_3}{|}}{H_3C-C-\overset{\cdot}{C}H_2}} + H\cdot & \text{较难} \end{cases}$$

$3°H$ 和 $2°H$ 的离解能较 $1°H$ 的离解能低,更容易裂解,故叔碳自由基和仲碳自由基更容易生成。正因为形成叔碳自由基和仲碳自由基时所需要的能量较低,它们所含的热力学能也较低,即较稳定。从 σ-p 超共轭效应也能解析碳自由基的稳定性顺序是 3°>2°>1°>·CH₃。因而从键的离解能和自由基的稳定性这两方面都很好地解释了丙烷发生氯代反应生成 2-氯丙烷的收率较高。

根据键的离解能和自由基的稳定性,在异丁烷的氯化反应中,应是 2-氯-2-甲基丙烷的收率高于 1-氯-2-甲基丙烷,但实际情况相反。这里还要考虑化学反应中 2 种反应物碰撞的概率因素。在异丁烷分子中有 9 个 1°氢原子和 1 个 3°氢原子,故氯原子撞击 1°氢的概率比撞击 3°氢的大。若只考虑概率因素,1-氯-2-甲基丙烷的收率应是 2-氯-2-甲基丙烷的 9 倍,但实际收率只有约 2 倍,显然 3°氢原子比 1°氢原子更容易被氯原子取代。

2. 加成反应历程——亲电加成

1)烯烃与卤素的加成

加成反应分两步进行。第一步非极性的溴分子由于受乙烯 π 电子或极性条件(如微量的水、玻璃容器的器壁等)的影响而极化变成了偶极分子 $Br^{\delta^+}—Br^{\delta^-}$;乙烯分子进攻 $Br^{\delta^+}—Br^{\delta^-}$ 中带部分正电荷的 Br^{δ^+} 使 C═C 中的 π 键及 Br—Br 中的 σ 键变弱,最终生成溴鎓离子及 Br^-。第二步 Br^- 进攻溴鎓离子的碳原子,生成加成产物。

用实验方法可以证明是 Br^{δ^+} 而不是 Br^{δ^-} 首先与烯烃加成。如果将乙烯通到氯化钠的水溶液中时,不发生反应。如将乙烯通到含溴的氯化钠水溶液中时,不仅有二溴化合物生成,还产生溴氯化物和溴代醇。这充分说明了 Br_2 先与乙烯作用生成正离子中间体,后者再与 Cl^- 或 $H_2\ddot{O}$ 作用生成溴氯化物和溴代醇。

在乙烯与溴的加成反应中,第一步进行得较慢,是决定反应速率的步骤。第二步是带相反电荷的两个离子间结合,所以反应较快。决定反应速率的一步是由亲电试剂引发的,所以这个反应是亲电反应;又由于整个反应是加成反应,故称为亲电加成反应(electrophilic addition)。

2）烯烃与卤化氢的加成和马氏规则

烯烃与卤化氢(HCl、HBr、HI)或浓的氢卤酸的加成也是亲电加成反应。卤化氢是极性分子(H^{δ^+}—X^{δ^-})。加成反应的第一步是质子(H^+)与烯烃反应生成碳正离子。这是决定反应速率的步骤。

$$CH_2=CH_2 + H^+ \longrightarrow \overset{sp^3}{C}H_3—\overset{sp^2}{\overset{+}{C}}H_2$$
乙基碳正离子

第二步，X^-与碳正离子结合，生成卤代烷。

$$CH_3CH_2^+ + X^- \longrightarrow CH_3CH_2X$$

不对称烯烃(如丙烯)与 HX 的加成符合马氏规则。反应第一步生成的碳正离子有两种可能：一种是正电荷在中间碳原子上的异丙基碳正离子(Ⅰ)；另一种是正电荷在末端原子上的丙基碳正离子(Ⅱ)。

$$CH_3—CH=CH_2 \xrightarrow{H^+} \begin{cases} CH_3\overset{+}{C}HCH_3 \xrightarrow{X^-} CH_3\underset{\underset{X}{|}}{C}HCH_3 \quad (主产物) \\ \qquad\qquad Ⅰ \qquad\qquad\qquad 2\text{-卤丙烷} \\ \\ CH_3CH_2\overset{+}{C}H_2 \xrightarrow{X^-} CH_3CH_2CH_2X \\ \qquad\qquad Ⅱ \qquad\qquad 1\text{-卤丙烷} \end{cases}$$

实验表明，生成这两种碳正离子所需的活化能不同，生成Ⅰ的活化能较小，生成Ⅱ的活化能较大；同时，由前述 σ-p 超共轭效应可知，所生成的碳正离子的稳定性不同，2°碳正离子要比 1°碳正离子更稳定。因此，Ⅰ比Ⅱ更容易生成，反应的主产物是 2-卤丙烷，而不是 1-卤丙烷。

3. 过氧化物效应

在过氧化物的存在下，烯烃与 HBr 的加成反应得到反马氏规则的产物。这是由于过氧化物的 O—O 键解离能小，易均裂生成自由基，后者使 HBr 生成溴自由基，使反应按自由基历程进行。反应机理如下：

链引发：
$$ROOR \longrightarrow 2RO\cdot$$
$$RO\cdot + HBr \longrightarrow ROH + Br\cdot$$

链增长：
$$H_3C—CH=CH_2 + Br\cdot \longrightarrow H_3C—\overset{\cdot}{C}H—CH_2Br \quad (2°自由基，主)$$

$$or \quad \underset{\underset{CH_2}{||}}{\overset{\overset{CH_3}{|}}{CH}} + Br\cdot \longrightarrow H_3C—\overset{\overset{Br}{|}}{CH}—\overset{\cdot}{C}H_2 \quad (1°自由基，次)$$

$$H_3C—\overset{\cdot}{C}H—CH_2Br + HBr \longrightarrow H_3C—\overset{\overset{H}{|}}{CH}—CH_2Br + Br\cdot$$

$$H_3C-\overset{Br}{\underset{|}{CH}}-\overset{\cdot}{C}H_2 + HBr \longrightarrow H_3C-\overset{Br}{\underset{|}{CH}}-CH_3 + Br\cdot$$

链终止:

$$H_3C-\overset{\cdot}{C}H-CH_2Br+Br\cdot \longrightarrow H_3C-\overset{Br}{\underset{|}{CH}}-CH_2Br$$

$$CH_3-\overset{\cdot}{C}H-CH_2Br+CH_3-\overset{\cdot}{C}H-CH_2Br \longrightarrow \begin{array}{c} CH_3-\overset{|}{\underset{|}{C}}-CH_2Br \\ CH_3-\overset{|}{\underset{|}{C}}-CH_2Br \end{array}$$

$$\cdot Br + \cdot Br \longrightarrow Br_2$$

"⌒"表示单个电子的转移。

Br·与丙烯的加成有可能形成两种自由基:$CH_3-\overset{\cdot}{C}H-CH_2Br$ 和 $CH_3-\overset{Br}{\underset{|}{CH}}-CH_2\cdot$,由于碳自由基的稳定性为:$3°>2°>1°>\cdot CH_3$,故前者更稳定,它攫取 HBr 中的 H 原子生成反马氏规则产物 1-溴丙烷。

过氧化物效应只存在于溴化氢的加成反应中,氯化氢和碘化氢均无此效应。因为 H—Cl 键比 H—Br 键强得多,过氧化物在一般条件下不能使 HCl 转变为氯自由基。HI 虽能形成碘自由基,但它与双键加成需要较高的活化能,反应活性较差;另一方面,HI 是强还原剂,能破坏过氧化物。

4. 丁-1,3-二烯与 HBr 的 1,2-和 1,4-加成

丁-1,3-二烯在极性试剂 HBr 的作用下发生极化,带正电荷的氢离子先与丁-1,3-二烯作用,可能生成两种活泼的碳正离子中间体 A 和 B。

$$H^+ + \underset{1}{\overset{\delta^-}{H_2C}}=\underset{2}{\overset{\delta^+}{CH}}-\underset{3}{\overset{\delta^-}{CH}}=\underset{4}{\overset{\delta^+}{CH_2}} \longrightarrow \begin{array}{c} H_3C-\overset{+}{C}H-CH=CH_2 \quad (A) \\ H_2\overset{+}{C}-CH_2-CH=CH_2 \quad (B) \end{array}$$

A 中带正电荷的 C_2 原子为 sp^2 杂化,它的空 p 轨道与双键相邻,能通过 p-π 共轭效应使 C_2 上的正电荷分散到 C_3、C_4 上,从而使体系稳定。而 B 中碳正离子与双键相隔两个单键,不能形成 p-π 共轭体系,也就不能发生电子离域。因此第一步主要生成 A。但是经测定 A 中的正电荷并不是均匀分布在 C_2、C_3、C_4 上,而是主要集中在 C_2 和 C_4 上,也就是出现了正、负交替现象。因此当第二步 Br^- 进攻带正电荷的 C_2 和 C_4 时,分别得到 1,2-加成和 1,4-加成产物。

$$\underset{1}{H_3C}-\underset{2}{\overset{\delta^+}{CH}}\cdots\underset{3}{\overset{\delta^-}{CH}}\cdots\underset{4}{\overset{\delta^+}{CH_3}} \xrightarrow{Br_2} \begin{array}{c} \xrightarrow{1,2-加成} CH_3\overset{|}{\underset{|}{CH}}CH=CH_2 \\ \qquad\qquad Br \\ \xrightarrow{1,4-加成} CH_3CH=CHCH_2Br \end{array}$$

扫一扫　点击化学与正交生物化学

关 键 词

小 结

　　链烃是碳原子相连接成不闭合的链状的烃。链烃包括饱和链烃和不饱和链烃。饱和链烃只有烷烃,不饱和链烃有烯烃和炔烃。烷烃分子中都是 σ 键,化学性质稳定。烷烃的主要化学性质包括在光照条件下发生自由基取代反应、燃烧反应和裂解反应。烯烃和炔烃分子中的 π 键很活泼,容易与氢气、卤素、卤化氢和水发生亲电加成反应,生成烷烃、卤代烃和醇;烯烃的复分解反应;共轭二烯烃的特征反应(第尔斯-阿尔德反应);端炔的炔淦反应。

　　链烃的反应机理主要涉及有亲电加成、自由基反应。两个主要的电子效应为诱导效应、共轭效应。

主要反应总结

1. 烷烃的反应

自由基卤代反应

$$CH_4 + Cl_2 \xrightarrow{h\nu} CH_3Cl + CH_2Cl_2 + CHCl_3 + CCl_4$$

2. 烯烃的反应

1) 加成反应

(1) 加氢反应

$$H_2C{=\!\!=}CH_2 + H_2 \xrightarrow{催化剂} CH_3{-\!\!-}CH_3$$

(2) 加卤素反应

$$H_2C{=\!\!=}CH_2 + Br{-\!\!-}Br \longrightarrow \underset{CH_2{-\!\!-}CH_2}{\overset{Br\quad Br}{|\qquad|}}$$

(3) 加卤化氢反应

$$H_3C{-\!\!-}CH{=\!\!=}CH_2 + HCl$$

$$\longrightarrow H_3C{-\!\!-}\underset{Cl}{\overset{}{\underset{|}{CH}}}{-\!\!-}CH_3 \qquad （Ⅰ）90\% \quad 马氏规则$$

$$\longrightarrow H_3C{-\!\!-}CH_2{-\!\!-}CH_2Cl \qquad （Ⅱ）10\% \quad 反马氏规则$$

(4) 加水反应

$$R{-\!\!-}CH{=\!\!=}CH_2 + H_2O \xrightarrow[室温]{H^+} R{-\!\!-}\underset{OH}{\overset{}{\underset{|}{CH}}}{-\!\!-}CH_3$$

2) 氧化反应

(1) 四氧化锇氧化

(2) 高锰酸钾氧化

$$R{-\!\!-}CH{=\!\!=}\underset{R'}{\overset{R''}{\underset{|}{C}}} \xrightarrow[\triangle]{浓\ KMnO_4} RCOOH + \underset{R'}{\overset{R''}{C}}{=\!\!=}O$$

$$R{-\!\!-}CH{=\!\!=}CH_2 \xrightarrow[\triangle]{浓\ KMnO_4} RCOOH + HCOOH$$

$$\qquad\qquad\qquad\qquad\qquad \downarrow [O]$$

$$\qquad\qquad\qquad\qquad\qquad CO_2 + H_2O$$

（3）臭氧氧化

$$R-\overset{CH_3}{\underset{}{C}}=CH-R' \xrightarrow[\text{(2) } H_2O, Zn]{\text{(1) } O_3} RCOCH_3 + R'CHO$$

3）复分解反应

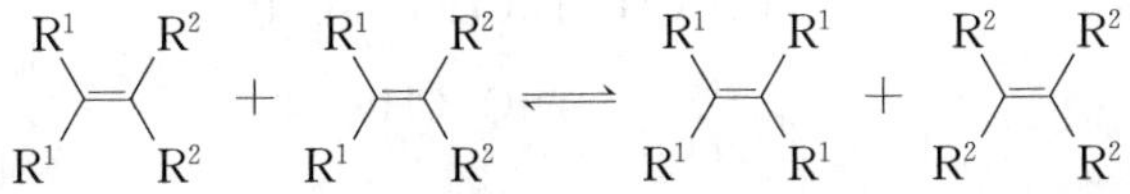

该反应的常用催化剂主要有两类：施罗克催化剂和格拉布斯催化剂。

4）硼氢化-氧化反应

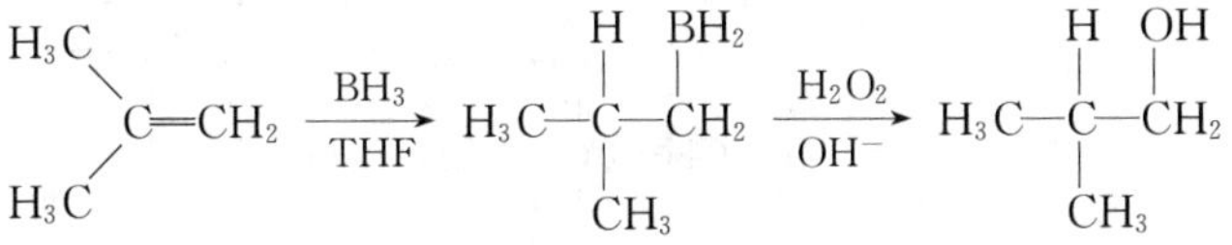

5）赫克反应

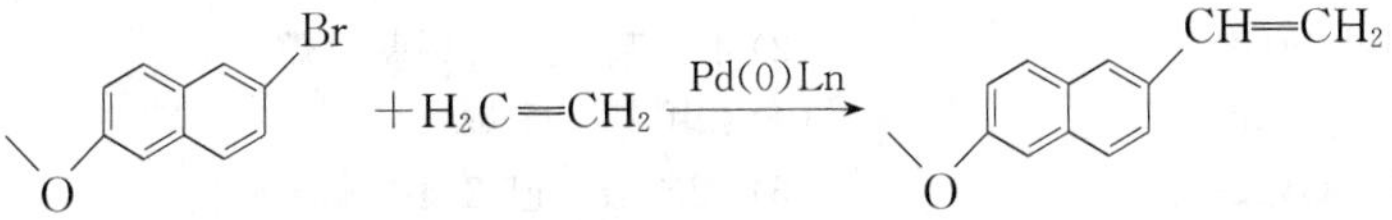

3. 炔烃的反应

1）加成反应与烯烃的反应类似

2）林德拉催化氢化反应

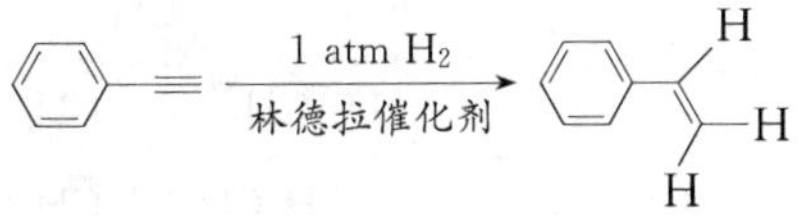

3）炔淦反应

$$CH\equiv CH + 2[Ag(NH_3)_2]NO_3 \longrightarrow AgC\equiv CAg\downarrow + 2NH_3 + 2NH_4NO_3$$

乙炔银

$$CH\equiv CH + 2[Cu(NH_3)_2]Cl \longrightarrow CuC\equiv CCu\downarrow + 2NH_3 + 2NH_4Cl$$

乙炔亚铜

4. 共轭二烯烃的特征反应

1）共轭加成（1,4-加成）

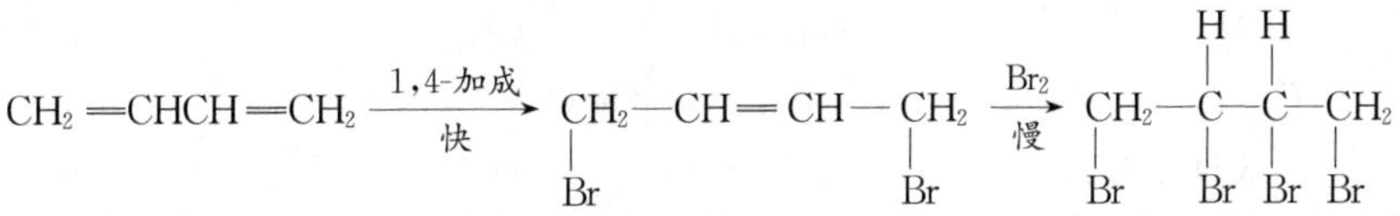

$$CH_2=CHCH=CH_2 \xrightarrow[\text{快}]{1,4-\text{加成}} CH_2-CH=CH-CH_2 \xrightarrow[\text{慢}]{Br_2} CH_2-C-C-CH_2$$

1,4-二溴丁-2-烯　　1,2,3,4-四溴丁烷

2）第尔斯-阿尔德反应

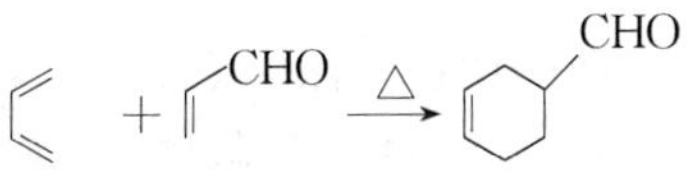

习　题

1. 指出 $CH_3CH=CH_2$ 和 $CH_2=CHCH_2C\equiv CH$ 中各碳原子的杂化状态（sp^3、sp^2、sp）。

2. 命名下列化合物。

(1) $(CH_3)_2CHCH_2CH_3$

(2) $CH_3CH_2CH\underset{\underset{CH_3}{|}}{\overset{\overset{CH_3}{|}}{C}}CH_2CH_3$

(3) $CH_3\underset{\underset{CH_3}{|}}{\overset{\overset{CH_3}{|}}{CH}}CHCH_3$

(4) $(CH_3)_3CC(CH_3)_2\underset{\underset{CH_2CH_3}{|}}{CH}CH_3$

(5) $C_2H_5\underset{\underset{CH_2}{||}}{C}CH_2CH_3$

(6) $CH\equiv\underset{\underset{CH_3}{|}}{\overset{\overset{CH_3}{|}}{C}}CH_2CH=CH_2$

3. 写出下列化合物的构造式。
   (1) 3-乙基-2-甲基戊烷
   (2) 4-乙基-2,3-二甲基己烷
   (3) 2,3-二甲基丁-1-烯
   (4) 2-甲基丁-2-烯
   (5) 顺-3,4-二甲基戊-2-烯
   (6) (2Z,4E)-己-2,4-二烯

4. 下列各式中,哪几个是同一化合物?
   (1) $(CH_3)_2CHCH_2\underset{\underset{CH_3}{|}}{CH}CH_2CH_3$

   (2) $\underset{\underset{CH_3}{|}}{CH_2}\underset{\underset{CH_3}{|}}{CH}CH_2\underset{\underset{CH_3}{|}}{CH}CH_3$

   (3) $CH_3\underset{\underset{CH_3}{|}}{\overset{\overset{CH_3}{|}}{CH}}CHCH_2CH_2CH_3$

   (4) $CH_3-\underset{\underset{H_2C-CH_3}{|}}{\overset{\overset{CH_3}{|}}{C}}-\underset{\underset{CH_2CH_3}{|}}{CH_2}$

   (5) $CH_3-\underset{\underset{C_2H_5}{|}}{\overset{\overset{CH_3}{|}}{C}}-\underset{\underset{CH_2CH_3}{|}}{CH_2}$

   (6) $CH_3CH_2\underset{\underset{CH_2CH_3}{|}}{\overset{\overset{CH_3}{|}}{CH}}CHCH_3$

5. 下列化合物中,哪些有顺反异构体? 如有,写出异构体的构型式并命名(Z/E法)。
   (1) 3-乙基-4-甲基己-3-烯
   (2) 1-氯戊-2-烯
   (3) 戊-1,3-二烯
   (4) 庚-2,4-二烯

6. 用系统命名法(Z/E)命名下列顺反异构体。

   (1)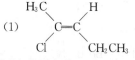

   (2) 略

7. 写出分子式为 C_4H_8 的各个烯烃的顺反异构体的构型式,并分别用系统命名法命名。

8. 下列化合物的命名如有错误,请改正。
   (1) $CH_3\underset{\underset{CH_2CH_3}{|}}{CH}CH_2CH_3$

   2-乙基丁烷

   (2) $(CH_3)_2CHCH_2\underset{\underset{CH_3}{|}}{\overset{\overset{CH_3}{|}}{CH}}CH_2C_2H_5$

   2,4-二甲基己烷

(3) $(CH_3)_3CCH_2CHCH_2CH_3$　　　(4) $CH_3CH_2CHC(CH_3)_3$
$\qquad\qquad\quad |$　　　　　　　　　　　　　　　$|$
$\qquad\qquad CH_3$　　　　　　　　　　　　　　　CH_3

　　　1,1,1-三甲基-3-甲基戊烷　　　　　2,3,3-三甲基戊烷

9. 用化学方法如何鉴别丁烷、丁-1-烯和丙-1-炔?

10. 用反应式分别表示 2-甲基丁-1-烯与下列试剂的反应。

　　(1) 溴/CCl_4　　(2) 5% $KMnO_4$ 溶液　　(3) HI　　(4) H_2/Pt

　　(5) HBr(有过氧化物存在)　　(6) HCl(有过氧化物存在)

11. 下列反应的主要产物是什么? 写出其构造式(简写式)及名称。

　　(1) 2,4-二甲基戊-2-烯 $\xrightarrow{HI}$

　　(2) 己-1-炔 $\xrightarrow{HBr(过量)}$

　　(3) 辛-1-炔 $-\begin{bmatrix} \xrightarrow[H_2O]{Hg^{2+},H_2SO_4} \\ \xrightarrow{AgNO_3-NH_3} \end{bmatrix}$

　　(4) 2-甲基丁-1,3-二烯 $-\begin{bmatrix} \xrightarrow{Cl_2(1\ mol)} \\ \xrightarrow{Cl_2(2\ mol)} \end{bmatrix}$

　　(5) 2-甲基丙烯 $\xrightarrow[过氧化物]{HI}$

　　(6) 丁-1-烯 $\xrightarrow[H^+]{H_2O}$

　　(7) 2-甲基丁-1-烯 $\xrightarrow[过氧化物]{HBr}$

　　(8) 戊-2-烯 $\xrightarrow[\triangle]{KMnO_4}$

　　(9) + NO_2 $\xrightarrow{100\ ℃}$

　　(10) + $\xrightarrow[苯]{\triangle}$

　　(11) $\xrightarrow{Ru-催化剂}$

　　(12) + $\xrightarrow{Ru-催化剂}$

12. 哪些烯烃经臭氧氧化再以 Zn/H_2O 处理后可得以下化合物?

　　(1) $CH_3CH_2CH_2CHO + HCHO$

　　(2) $(CH_3)_2CHCHO + CH_3CHO$

　　(3) $CH_3CHO + \begin{matrix} H_3C \\ \\ H_3C \end{matrix}\!\!\Big\rangle C{=}O$

(4) 2 mol
$$\begin{array}{c} H_3C \\ \diagdown \\ \diagup \\ H_3C \end{array} C{=}O$$

(5) $CH_3CHO + CHO{-}CH_2{-}CHO + HCHO$

13. 分子式为 C_4H_8 的两种化合物与氢溴酸作用生成相同的卤代烷。试推测这两种化合物的构造式。

14. 分子式为 C_4H_6 的化合物能使高锰酸钾溶液褪色,但不能与硝酸银的氨溶液发生反应,试写出这些化合物的构造式。

15. 1mol 分子式为 $C_{11}H_{20}$ 的烃催化氢化时可吸收 2 mol H_2。其臭氧化物以 Zn/H_2O 处理后,生成丁酮、丁二醛 $\left[\begin{array}{c} CH_2CHO \\ | \\ CH_2CHO \end{array} \right]$ 及丙醛(CH_3CH_2CHO)。试写出这种物质可能的构造式。

第3章 环　　烃

环烃(cyclic hydrocarbon)又称闭链烃,是具有碳环结构的碳氢化合物,分为脂环烃(alicyclic hydrocarbon)和芳香烃(aromatic hydrocarbon)。碳环骨架广泛存在。例如,镇痛剂吗啡和性激素雌酮,都是既含脂环烃结构单位,又含芳香烃结构单位。

吗啡　　　　　　　　　　　　　雌酮

3.1 脂 环 烃

脂环烃是性质与脂肪烃相似的环烃。脂环烃及其衍生物广泛存在于自然界中。萜类和甾族化合物都属于脂环烃及其衍生物,在人体中具有重要的生理功能;中草药的重要生物活性成分挥发油(精油)多是环烯烃及其含氧衍生物,有的可用作香料;有些地区出产的石油中含有多种环烷烃。有的合成药物中也含脂环烃结构单位。

8-异丙基-1-甲基-5-甲亚基环癸-1,6-二烯　　　　前列腺素 E1
（金银花中的一种挥发油）　　　　　　　　　（人体内的一种激素）

3.1.1 脂环烃的分类和命名

根据饱和程度,脂环烃分为饱和脂环烃和不饱和脂环烃。饱和脂环烃称为环烷烃。根据分子中含有双键或三键,不饱和脂环烃又分为环烯烃和环炔烃。环烷烃和环烯烃比较多见,环炔烃则少见。根据环数,又可把脂环烃分为单环脂烃和多环脂烃。根据环之间的结合方式,多环脂烃分为联环烃、并(稠)环烃、桥环烃和螺环烃。本节主要讲单环烷烃。

$$ \overset{\displaystyle H}{\underset{\displaystyle H}{-C-}} $$

单环烷烃是由 3 个或 3 个以上甲叉基（ —C— ）依次相连、首尾相接形成的只含一个碳环骨架的碳氢化合物，通式为 C_nH_{2n}，与烯烃互为同分异构体。根据成环碳原子的数目，单环烷烃可分为大环（环上的碳原子数≥12）、中环（8～11 个碳）、普通环（5～7 个碳）和小环（3、4 个碳）。最常见的是五碳环和六碳环。

单环烷烃用正多边形表示，称为键线式，多边形的每个角代表一个碳原子。

环丙烷　　环丁烷　　环戊烷　　环己烷　　环庚烷

单环烷烃的名称由含相同碳原子数的直链烷烃的名称加前缀"环"字构成，称为"环某烷"。如上所示，"环"的英文是前缀"cyclo"。

烷基取代的环烷烃，以环烷烃为母体来命名。如果环上只有一个支链，将取代基的名称置于母体名称"环某烷"之前，组成完整的名称。例如

乙基环戊烷　　　丙基环己烷　　　丁基环丙烷　　戊-3-基环丁烷

如果有两个或更多支链，需要给环上的碳原子编号，给予取代基相应的位次。选取一个取代基所连的碳为 1-位，沿着一个方向编号，使其他取代基取得较低的位次，最后得到环编号"最低（小）位次组"。取代基按照其英文名称的字母顺序列出。例如

1-乙基-1-甲基环丁烷　　1,3-二甲基环己烷　　2-乙基-1,4-二甲基环庚烷　　3-乙基-1,1-二甲基环己烷

关于编号，有两种情况应当予以注意：(1)如果只有两个不同的取代基，编号选取在名称中先列出的，即其英文名称的字母顺序靠前的那个取代基所连的碳原子为 1-位；(2)有俗名的取代基，采用俗名或系统名命名，可能会影响取代基的列出顺序及环的编号。例如

1-乙基-2-甲基环戊烷　　　　　1-异丙基-4-甲基环己烷（"异丙基"是俗名）

1-甲基-4-(1-甲基乙基)环己烷（"1-甲基乙基"是系统名）

环烷烃分子去掉一个氢原子，剩余的基团称为"环烷基"(cycloalkyl)。例如

环丙基(cycloproyl)　环丁基(cyclobutyl)　环戊基(cyclopentyl)　环己基(cyclohexyl)

　　两个环烷基以单键相连的环烷烃，是"联环母体氢化物"的一部分。若由相同的两个环构成，根据一个环里的碳原子数，命名为"1,1'-(二)联(环某烷)"；若两个环不同，以较大的环为母体、较小的环作取代基，命名为"环烷基取代的环烷烃"。例如

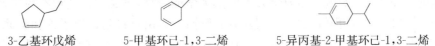

1,1'-(二)联(环己烷)　　环丁基环己烷

　　单环烯烃是根据成环的原子数和双键数命名。若有取代基或双键数多于一个，需要给环上的碳原子编号，从双键碳原子开始，取"最低(小)位次组"。环状单烯烃的碳碳双键总是在 C1、C2 之间，其位次"-1-"常不写出。例如

3-乙基环戊烯　　5-甲基环己-1,3-二烯　　5-异丙基-2-甲基环己-1,3-二烯

问题与思考 3-1

　　写出下列化合物的骨架式。

(1) 1,4-二甲基环己烷　　　(2) 1,1,2,3-四甲基环丁烷　(3) 1-乙基-3-甲基环己烷

(4) 1-叔丁基-4-甲基环己烷　(5) 1-甲基环戊烯　　　　　(6) 环戊-1,3-二烯

3.1.2　环烷烃的结构

1. 构造异构

　　最小的环烷烃只有一种，即环丙烷。含 4 个碳的环烷烃就有两种构造异构体。随着分子增大，环烷烃构造异构体的数量增多，有环大小、支链的种类和位置关系等的不同。例如，分子式为 C_5H_{10} 的环烷烃共有 5 种构造异构体。

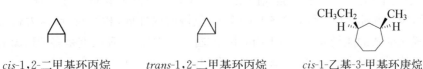

环戊烷　　甲基环丁烷　　乙基环丙烷　　1,1-二甲基环丙烷　　1,2-二甲基环丙烷

2. 顺反异构

　　环烷烃中，由于碳原子互相牵制，限制了碳原子的自由旋转，因而环具有一定的刚性。当两个或两个以上成环碳原子连取代基时，就有顺反异构体(cis-trans isomers)存在。两个相同的原子或原子团在环平面同侧的为顺式构型，用"*cis*"标记；在异侧的为反式构型，用"*trans*"标记。标示相对构型的"*cis*-"或"*trans*-"需要体现在顺反异构体的名称中。例如

cis-1,2-二甲基环丙烷　　*trans*-1,2-二甲基环丙烷　　*cis*-1-乙基-3-甲基环庚烷

3. 构象异构

　　环的大小不同,稳定性不同。小环不稳定,大环较稳定,普通环最稳定。

　　1) 环丙烷、环丁烷和环戊烷

　　环丙烷的 3 个碳原子构成一个正三角形,C—C—C 键角是 60°,如图 3-1 所示。碳原子的 sp³ 杂化轨道没有没有以"头碰头"方式实现最大程度的重叠,形成的 C—C 键是较弱的"弯曲键",如图 3-2 所示。环丙烷分子的热力学能较高,不稳定。这种不稳定性,可以用"环张力"来描述。环丙烷的环张力包括两部分:一是由于键角偏离了饱和碳原子的最佳键角 109°28′ 而产生的张力,称为角张力(angle strain);一是由于受环骨架的限制,不能采取交叉式构象、只能采取重叠式构象而产生的张力,称为扭转张力(torsional strain)。它有开环释放环张力,实现轨道最大重叠、形成较强的键的倾向。

图 3-1　环丙烷、环丁烷和
环戊烷的球棒模型

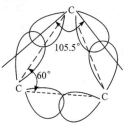

图 3-2　环丙烷中的
sp³ 杂化轨道重叠成键

　　4 个及 4 个以上碳原子形成的环烷烃,环上的碳原子可以不在同一平面内,如图 3-1所示,减小或消除了平面构象引起的扭转张力。环丁烷主要以折叠式构象(puckered conformation)存在,分子中仍然存在环张力,只是比环丙烷的环张力小、稳定性高。环戊烷主要以信封式构象(envelope conformation)存在,1 个碳原子在其他 4 个碳原子构成的平面之外,张力很小,比较稳定。环丁烷和环戊烷的构象都处于动态变化中。

　　2) 环己烷的构象

　　环己烷的 6 个碳原子不共平面,C—C—C 键角保持正常键角为 109°28′,因而无"角张力"。通过键的扭动可以得到两种典型的构象:椅式构象(chair conformation)和船式构象(boat conformation)。它们的 C_2、C_3、C_5、C_6 在一个平面上。椅式构象中 C_1、C_4 分别在平面的两边,船式构象中 C_1、C_4 在平面的同一边(图 3-3)。

　　环己烷椅式构象的每个碳-碳键都是交叉式构象,因而无"扭转张力";C_1 和 C_4 上的氢原子在空间上远离,不接触。船式构象中,船底的两个碳-碳键(C_2 与 C_3,C_5 与 C_6)为重叠式构象,船头和船尾(C_1 与 C_4)各有一个碳-氢键向内伸展,相距较近,斥力较大。实验证明,船式比椅式的能量高 29.7 kJ·mol^{-1}左右。在常温下,环己烷是多种构象的平衡混合物,其中椅式构象占 99% 以上,船式只占约 0.1%(图 3-4)。

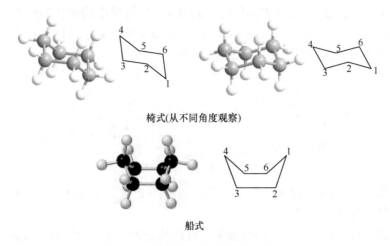

椅式(从不同角度观察)

船式

图 3-3　环己烷的球棒模型和骨架式

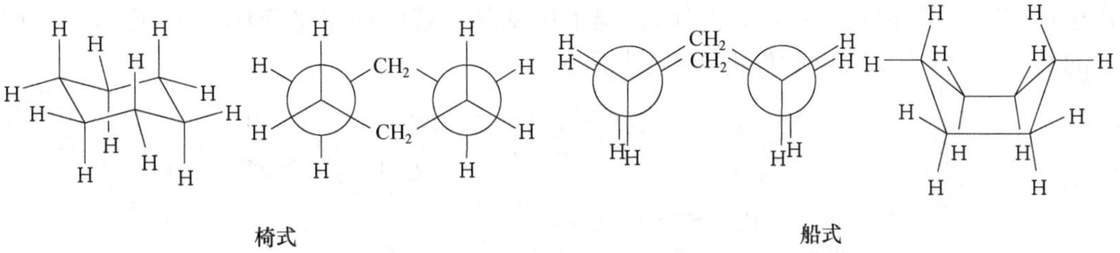

椅式　　　　　　　　　　　　　　　　船式

图 3-4　环己烷的椅式构象和船式构象

在环己烷的椅式构象中,6 个碳原子分布于互相平行的两个平面上,C_1、C_3、C_5 在同一平面,C_2、C_4、C_6 在同一平面。12 个碳-氢键可以分为两种类型,其中 6 个是垂直于平面而与分子的对称轴平行的,称为直立键或 a 键(axial bond),3 个向上,3 个向下,交替排列。另外的 6 个 C—H 键则向外斜伸,称为平伏键或 e 键(equatorial bond),3 个向上斜伸,3 个向下斜伸,分别与环平面成 19°角。每个碳原子上有一个直立键和一个平伏键,分别伸向环平面两侧,如图 3-5 所示。C_1、C_3 和 C_5 上伸向环平面同侧的氢原子,或者同在 a键上,或者同在 e 键上。a 键上的相距近,而 e 键上的相距远。

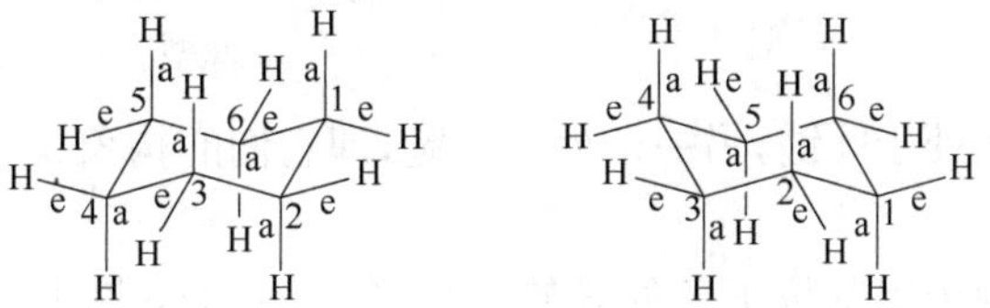

图 3-5　椅式构象的直立键和平伏键

问题与思考 3-3
　　在纸上画出环己烷的椅式构象。

　　在室温下,环己烷的一种椅式构象可以通过 C—C 键的扭动很快地转变为另一种椅式构象,发生**环翻转**(ring flip)。这样,原来的 a 键都变成了 e 键,原来的 e 键都变成了 a 键。但是朝向环平面哪一侧并未发生变化,如图 3-6 所示。

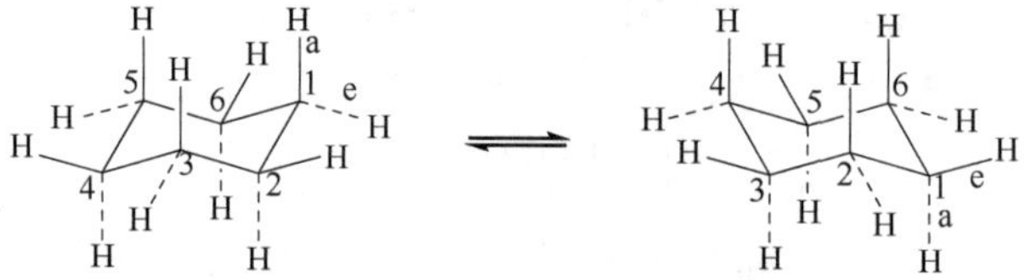

图 3-6　两种椅式构象的转变

　　对环己烷来说,这两种椅式构象的实质相同,构象改变并未改变分子的热力学能。但环上有取代基时情况就不同了。

　　一元取代的环己烷有两种不同的构象。取代基处于 e 键的构象能量较低,比较稳定。这是因为当取代基在 a 键上时,与在环同侧的两个 a 键上的氢之间距离较近,产生较大斥力,称为 1,3-二竖键作用(1,3-diaxial interaction),因而不稳定。取代基在 e 键上则不存在这种排斥作用,故较为稳定。例如,室温下甲基环己烷的构象平衡体系中,甲基在 e 键上的约占 95%,在 a 键上的仅占 5%(图 3-7)。

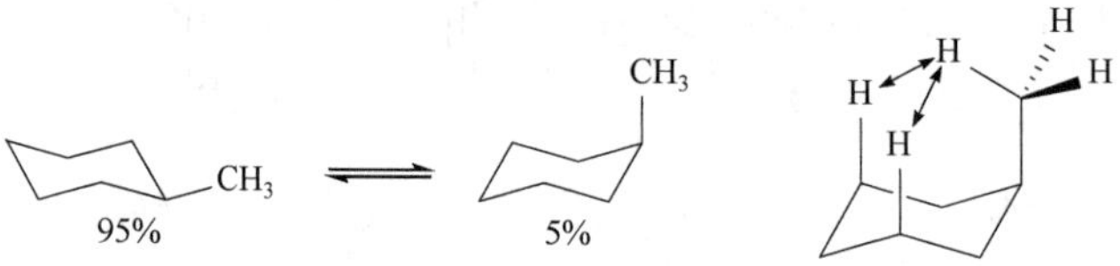

图 3-7　甲基环己烷的构象分布及 1,3-二竖键作用

　　取代基越大,其处于 e 键的构象所占的比例也越大。叔丁基环己烷即完全以叔丁基处于 e 键的构象存在。

　　二元取代的环己烷有 1,1-、1,2-、1,3-和 1,4-四种位置异构体,后三种均有顺反异构体。现以 1,2-二甲基环己烷为例,简要分析其能量与构象的关系。顺式异构体中,两个甲基位于环平面的同侧,相应的构象为

ea型　　　　　　　ae型

　　两个取代基,一个处于 a 键,另一个处于 e 键,即它们的构象是 ae 型。环翻转后仍为 ae 型。

　　反式异构体中,两个甲基位于环的异侧,可以同时处于 e 键上(ee 型),或同时处于 a 键上(aa 型)。ee 型比较稳定,所以 *trans*-1,2-二甲基环己烷主要以 ee 型的构象存在。

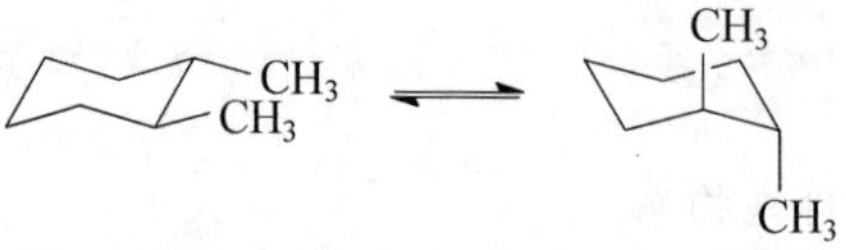

ee型　　　　　　　aa型

当两个取代基不相同时,如 *cis*-1-叔丁基-4-甲基环己烷,则以体积较大的叔丁基处于 e 键、体积较小的甲基处于 a 键的构象为优势构象。

从以上对环己烷和取代环己烷的构象分析,可以总结出如下规律:

（1）椅式构象是环己烷最稳定的构象,取代环己烷的环即以椅式构象存在。

（2）环己烷的一元取代物中,以 e 键取代较稳定;在多元取代物中,以 e 键取代多的构象较稳定。

（3）环上有不同取代基时,体积大的取代基在 e 键上的构象较稳定。

问题与思考 3-4

画出 *trans*-1-异丙基-3-甲基环己烷的两种构象式,指出哪种比较稳定。

3）十氢萘的构型和构象

十氢萘是萘完全氢化的产物,属于饱和并环（稠环）化合物可以看作由两个环己烷稠合而成。由于 C—C 键不能自由旋转,故存在顺反异构体。电子衍射表明,十氢萘顺反异构体的两个环都以椅式构象存在。两环共用碳原子上的氢处于环同侧的称为 *cis*-十氢萘,处于异侧的称为 *trans*-十氢萘。

十氢萘可以看作 1,2-（丁-1,4-叉基）取代的环己烷,无论从哪个环来看,*cis*-十氢萘都是 ae 或 ea 型取代,而 *trans*-十氢萘是 ee 型取代。所以,*trans*-十氢萘较稳定（比较两者的构象和构型可以看出,*trans*-十氢萘比较平展,因而能量较低,较稳定）。*cis*-十氢萘有构象异构体,*trans*-十氢萘没有。

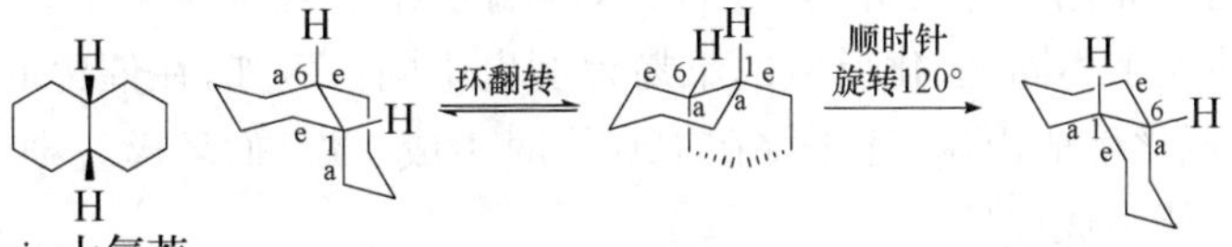

cis-十氢萘

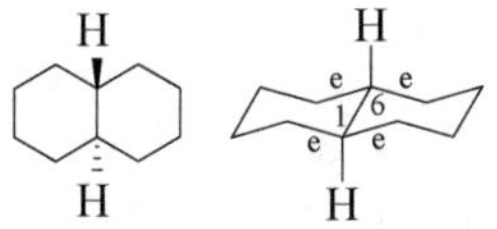

trans-十氢萘

甾体化合物广泛存在于自然界,其中许多都具有重要的生理功能,人体中的甾体化合物对性发育和生育有控制作用。甾体化合物中含有十氢萘单元,其基本骨架是由 3 个六元环和 1 个五元环稠和而成,其中 A 环和 B 环、B 环和 C 环分别构成十氢萘单元。

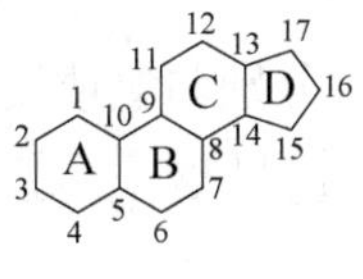

3.1.3 脂环烃的性质

1. 物理性质

脂环烃的物理性质与链烃相似。常温下,环丙烷和环丁烷是气体,环戊烷是液体,高级环烷烃是固体,如环三十烷的熔点为 56 ℃。碳环使得分子的对称性更高,活动性更小,因而环烷烃的熔点、沸点和相对密度都比含同数碳原子的烷烃高(表 3-1)。

表 3-1　一些环烷烃及烷烃的物理常数比较

化合物	熔点/℃	沸点/℃	相对密度(d_4^{20})
环丙烷	−127.6	−32.9	0.720(−79 ℃)
丙烷	−187.69	−12.07	0.5005(7 ℃)
环丁烷	−90	12.5	0.703(0 ℃)
丁烷	−138.45	−0.5	0.5788
环戊烷	−93.9	49.3	0.7457
戊烷	−129.72	36.07	0.6262
环己烷	6.6	80.7	0.7786
己烷	−95	68.95	0.6603

2. 化学性质

环烷烃与烷烃相似,能发生自由基取代反应;环烯烃和环炔烃分别与烯烃和炔烃相似,能发生亲电加成反应和氧化反应。小环烷烃容易开环,这是由于较大的环张力作用使其不同于开链烷烃而类似于烯烃的性质。

1) 与氢反应

环烷烃可进行催化氢化反应,环被打开,两端碳原子与氢原子结合而生成链状的烷烃。环烷烃环的大小不同,氢化反应的难易程度也不同。例如,在催化剂 Ni 的作用下,环丙烷在 80 ℃时氢化生成丙烷,环丁烷在 120 ℃时生成丁烷,而环戊烷则需在 Pt 的作用下加热到 300 ℃才能生成戊烷。

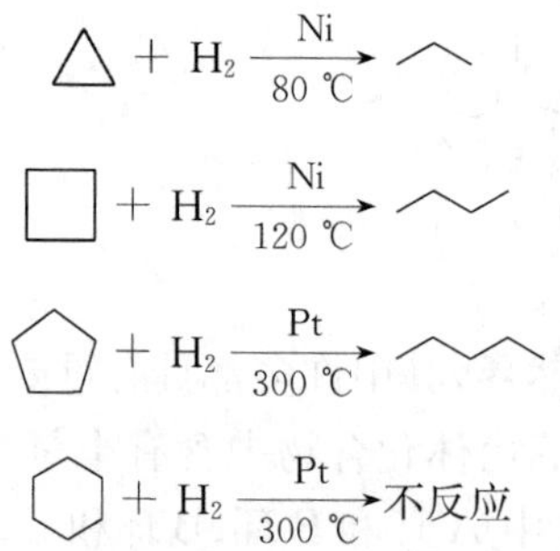

2) 与卤素反应

环丙烷在常温下、环丁烷在加热时分别与氯或溴反应,开环得 1,3-或 1,4-二卤代烷。

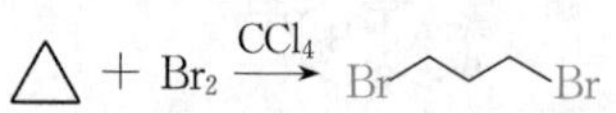

$$\triangle + Cl_2 \xrightarrow{CCl_4} Cl\diagdown\diagup\diagdown Cl$$

$$\square + Br_2 \xrightarrow{\triangle} Br\diagdown\diagup\diagdown\diagup Br$$

环戊烷及更高级的环烷烃与卤素不发生开环反应,但能进行自由基取代反应。例如

$$\text{⬠} + Cl_2 \xrightarrow{h\nu} \text{⬠}Cl + HCl$$

$$\text{⬡} + Br_2 \xrightarrow{h\nu} \text{⬡}Br + HBr$$

3) 与氢卤酸反应

环丙烷在常温时与卤化氢发生反应得卤丙烷。烷基取代的环丙烷与卤化氢反应时,连取代基最多和最少的两个碳原子间的键断开,氢原子加在连氢较多的碳原子上,卤原子加在连氢较少的碳原子上(与烯烃加成的马氏规则相似)。

$$\triangle + HBr \longrightarrow \diagdown\diagup\diagdown Br$$

$$\text{▷} + HI \longrightarrow \diagdown\diagup\diagup I$$

常温时,环丁烷、环戊烷及更高级的环烷烃与卤化氢不反应。

常温下,环烷烃不能被常用氧化剂(如酸性 $KMnO_4$ 溶液)氧化。这一点,环烷烃与烯烃不同。例如

$$\text{▷}{=} \xrightarrow{KMnO_4,H^+} \text{▷}\overset{O}{\underset{OH}{-C}} + O{=}\diagup$$

环烷烃与强氧化剂在加热条件下反应,环断裂,生成二元酸。例如

$$\text{⬡} \xrightarrow[\triangle]{HNO_3} HO\overset{O}{\underset{}{-C}}\diagdown\diagup\diagdown\diagup\overset{O}{\underset{}{C}}{-}OH$$

3.2 芳 香 烃

芳香烃简称芳烃,是芳香族化合物(aromatic compounds)的母体。根据分子中是否含有苯环,芳香烃分为苯型芳香烃(benzenoid aromatic hydrocarbon)和非苯型芳香烃(non-benzenoid aromatic hydrocarbon)。苯(benzene)是最简单的苯型芳香烃。按照分子中所含的苯环数目,苯型芳香烃又分为两类。

1. 单环芳香烃

单环芳香烃分子中只含有一个苯环。例如

| 苯 | 甲苯 | 二甲苯 | 乙烯基苯(俗名苯乙烯) |

2. 多环芳香烃

多环芳香烃分子中含有两个或两个以上苯环,根据苯环之间的连接方式不同,分为以下三类。

(1) 多苯代脂烃:这类芳香烃中,苯环不直接相连,可看成脂肪烃中两个或两个以上氢原子被苯基取代的化合物。例如

二苯甲烷　　　　　　　　三苯甲烷　　　　　　　　1,2-二苯基乙烯

(2) 联苯和联多苯:是分子中两个苯环之间通过单键相连的化合物。例如

联苯　　　　　　　　　对三联苯

(3) 稠环芳香烃:两个苯环共用两个相邻碳原子稠合而成的芳香烃称为稠环芳香烃。例如

萘　　　　　　　　蒽　　　　　　　　菲

苯型芳香烃是合成芳香族化合物的重要原料,而芳香族化合物又是医药、染料以及国防工业的重要物质。过去,苯型芳香烃主要来自煤焦油,分馏煤焦油可得苯、甲苯、萘、蒽及其他芳香族化合物。现在通过石油芳构化,可获得大量的芳香烃。因此,石油已成为芳香烃的主要来源。

3.2.1　苯的结构

苯是芳香烃的母体。要理解芳香烃的性质,首先得弄清苯的结构。

1825 年,英国科学家法拉第从照明用的鲸脂油中提取出一种无色液体。后来,这种物质称为"苯",并确定其分子式为 C_6H_6。苯和乙炔的碳氢原子数之比相同,都是 $1:1$,不饱和程度很高。然而,与烯烃、炔烃不同,苯极为稳定,在催化剂作用下,易发生取代反应,而不易被氧化,难发生加成反应。这种特性来自苯的特殊的结构。

1865 年,德国化学家凯库勒提出了苯的环状结构,即 6 个碳原子连成一个正六边形环,每个碳原子上都连着一个氢原子;为了满足碳的四价,6 个碳-碳键是交替的 3 个单键和 3 个双键。其构造式如下:

凯库勒的这种环状构造式在一定程度上反映了客观事实,如苯在一定条件下,催化加氢生成环己烷,说明了苯分子的 6 个碳原子结合成环状结构。但它不能解释为什么苯分子中有 3 个双键,不饱和程度高,却不发生加成反应。另外,苯的邻位二元取代物只有一种,按凯库勒的构造式却应该有两种。

对后一问题,凯库勒的解释是,碳-碳双键和单键在环中交换的速度很快,以致两种邻位二取代物不能分离。

后来发现,这个解释是错误的,实际并不存在两种邻位二取代苯。

X 射线衍射分析和光谱方法等研究证明,苯分子中的 6 个碳原子都是 sp^2 杂化,每个碳原子各以两个 sp^2 杂化轨道分别与另外两个碳原子形成 C—C σ 键。这样,6 个碳原子构成了一个正六边形的环状结构。每个碳原子的第三个 sp^2 轨道(其电子云的对称轴在正六边形的平面上)与氢原子的 1s 轨道形成 C—H σ 键。因此,苯分子中的所有原子都在一个平面上,键角都是 120°[图 3-8(a)]。每个碳原子未参与杂化的 p_z 轨道[图 3-8(b),其对称轴垂直于分子平面]均与相邻两个碳原子的 p_z 轨道从侧面平行重叠,形成了一个闭合的共轭体系[图 3-8(c)]。这个体系由 6 个碳原子和 6 个电子组成,电子离域,碳-碳键长完全平均化(都是 0.139 nm),体系能量低,非常稳定。两个部分电子云均成轮胎状,均匀分布在苯分子平面的两侧[图 3-8(d)]。

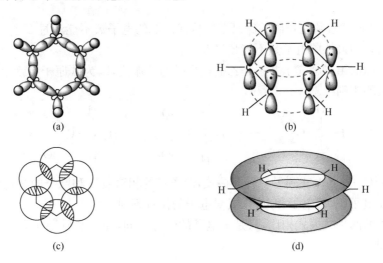

(a)　　　　　　　　　　(b)

(c)　　　　　　　　　　(d)

图 3-8　苯的分子结构

用 ⬡ 表示苯,圆圈的意义就是 6 个电子构成的共轭体系。

3.2.2 苯的共振式和共振论简介

按照凯库勒提出的苯的结构,可以写出两种结构式。

哪种能够准确地表示苯的结构呢? 两者都不能。那么,怎样表示苯的结构呢? 像下面的式子,用两种结构式共同表示。

它的意义是,苯的结构只有一种,是两种结构式的共振杂化体。这里使用的两种经典结构式称为共振式或极限式,双向直箭头"⟷"表示共振,杂化的意思是叠加平均。这样,苯分子的 6 个碳-碳键完全相同,既不是典型的碳-碳单键,也不是典型的碳-碳双键,而是介于两者之间的一种键。

共振论是讨论共轭体系的非常有用的一种结构理论,可用以解释有机化学问题、判断结构的稳定性、预测反应活性等。共振论的基本思想是:当一个分子、离子或自由基按价键规则可以写出两个或两个以上的经典结构式时,它的真实结构就是这些可能的经典结构式叠加平均的结果。必须认识清楚,一个分子、离子或自由基的真实结构是唯一的、不变的。共振论只是用两个或多个经典结构式来表示单一经典结构式不能正确表达的真实结构。

运用共振论,必须遵循以下规则。

规则 1:真实结构是各种共振式的杂化体。单个共振式对应的结构并不存在。

例如,苯有两种共振式,但实际上并不存在与之对应的单双键交替的环己三烯。苯分子的 6 个碳碳键完全相同,没有单键和双键之别。它是苯的两种共振式融合的结果,它们的杂化体。

规则 2:共振式必须是正确的路易斯结构式。氢的电子数不能超过 2 个,第二周期元素碳、氮、氧、氟的最外层电子数不能超过 8 个。

例如,下面的第三个式子并不是乙酸根离子的共振式,因为碳原子有 5 个键、10 个电子,违背了八隅规则。

规则 3:从一种共振式到另一种共振式,原子核的相对位置和原子的杂化状态都没有改变,只是 π 电子、非键电子和/或未成对电子的位置不同。

例如,苯的两种共振式相比,只是 π 电子的位置不同,而 6 个碳原子和 6 个氢原子的位置都没有改变。

与此不同,环己-1,3-二烯和环己-1,4-二烯的结构式相比,有一个氢原子的位置改变了,所以它们并不是共振结构,而是同分异构体。

规则 4:共振式的未成对电子数必须相同。

例如,下式中的第三种不是烯丙基的共振式。

规则 5:等价的共振式对共振杂化体的贡献相同;稳定性不同的共振式,较稳定的对共振杂化体的贡献较大。

例如,烯丙基碳正离子有两种等价的共振式,它们对共振杂化体的贡献相同。

由丁-1,3-二烯和 H^+ 反应得到的丁烯基碳正离子有两种共振式,它们对共振杂化体的贡献不同。较稳定共振式贡献较大,所以我们可以认为丁烯基碳正离子更像是二级(仲)碳正离子而不是一级(伯)碳正离子。

较稳定的仲碳正离子　　较不稳定的伯碳正离子

1）满足八隅体结构的共振式较稳定。

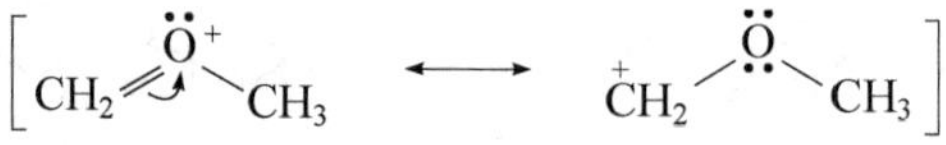

较稳定

2）没有电荷分离的共振式较稳定。

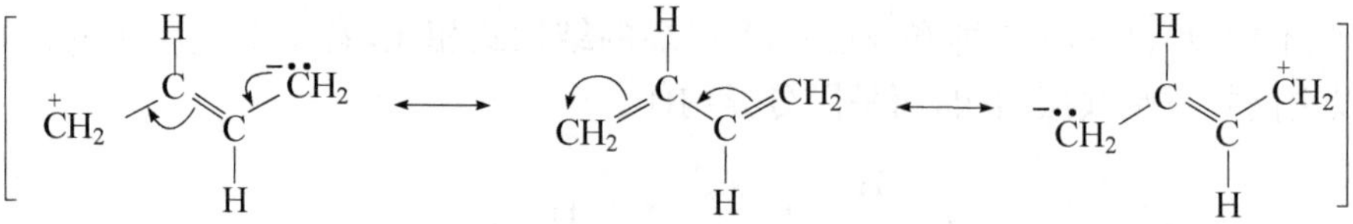

较稳定

3）电负性大的原子带负电荷、电负性小的原子带正电荷的共振式较稳定。

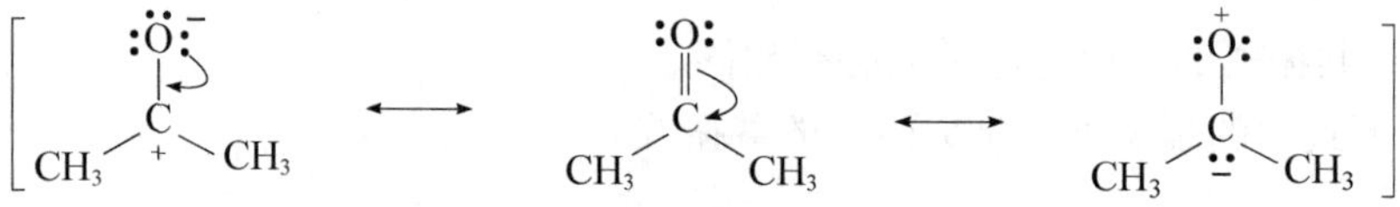

较稳定　　　　　　　　最稳定　　　　　　　　最不稳定

规则 6：共振杂化体比任何一种共振式都稳定。换句话说，共振带来了稳定性。共振式的数目越多，物质就越稳定。

例如，烯丙基碳正离子比任何一种共振式所对应的并不真实存在的"碳正离子"都稳定。

苯的结构仍然常用凯库勒式表示，它的优点是能清楚地表示出 π 电子的数目是 6 个。

但是必须注意，用凯库勒式并不意味着苯分子中有交替的单、双键。因此， 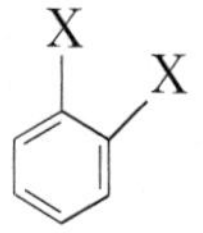 和

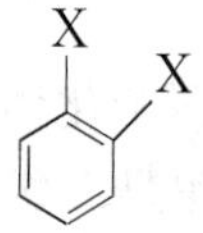

的意义完全相同，而苯二元取代物只有 3 种，即邻位 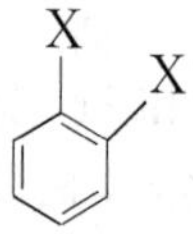 、间位 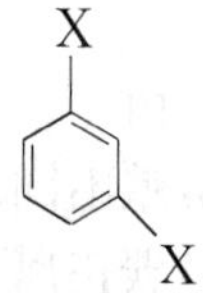 和

对位 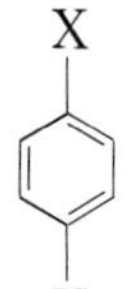 。

3.2.3　苯的同系物的异构现象和命名

苯的同系物是指苯分子中的氢原子被烷基取代的衍生物。当苯环上只有一个取代基时，以苯为母体、烃基作取代基命名。若侧链为不饱和烃基（如烯基或炔基），也可以不饱和烃为母体、苯基为取代基命名。例如

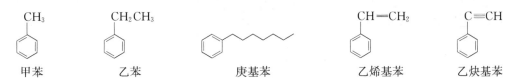

甲苯　　　　乙苯　　　　　　庚基苯　　　　　乙烯基苯　　　乙炔基苯

当苯环上有两个取代基时,有三种位置异构体。两个取代基的相对位置可用邻(*ortho*,*o*)、间(*meta*,*m*)、对(*para*,*p*)或数字 1,2-、1,3-、1,4-表示。

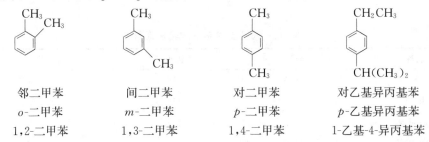

邻二甲苯　　　　间二甲苯　　　　对二甲苯　　　　对乙基异丙基苯
o-二甲苯　　　　*m*-二甲苯　　　　*p*-二甲苯　　　　*p*-乙基异丙基苯
1,2-二甲苯　　　1,3-二甲苯　　　1,4-二甲苯　　　1-乙基-4-异丙基苯

当苯环上有三个或三个以上取代基时,它们的位置用数字表示,编号须符合"最低(小)位次组"。例如

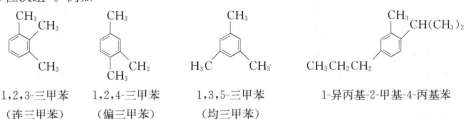

1,2,3-三甲苯　　　1,2,4-三甲苯　　　1,3,5-三甲苯　　　　1-异丙基-2-甲基-4-丙基苯
（连三甲苯）　　　（偏三甲苯）　　　（均三甲苯）

芳香烃分子中去掉一个氢原子后所余下的原子团称为芳基(aryl),用 Ar 表示。例如

（或 C_6H_5—,　Ph)　　　　　　　　　　（或 $C_6H_5CH_2$—,　Bn)

苯基(phenyl)　　　　邻甲苯基　　　苯甲基(phenylmethyl)(苄基, benzyl)

苯环直接与一个环烷基相连时,若环烷基的环碳数小于等于 6,以环烷基作取代基、苯为母体命名;环烷基的环碳数大于 6,则以苯基作取代基、环烷烃为母体来命名。例如

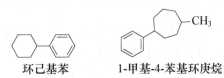

环己基苯　　　　　1-甲基-4-苯基环庚烷

问题与思考 3-5

命名下列化合物。

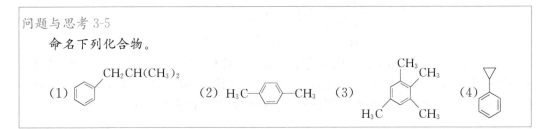

(1)　　　　　　　(2)　　　　　　　(3)　　　　　　　(4)

3.2.4　苯及其同系物的性质

1. 物理性质

苯和它的常见同系物一般为无色而有气味的液体,不溶于水,相对密度为 0.8～0.9。芳香烃都具有一定的毒性。液态芳香烃常用作有机溶剂。苯及其同系物的物理常数见表3-2。

表 3-2　苯及其同系物的物理常数

名称	熔点/℃	沸点/℃	相对密度(d_4^{20})
苯	5.5	80.1	0.8765
甲苯	−95	110.6	0.8669
邻二甲苯	−25.2	144.4	0.8802
间二甲苯	−47.9	139.1	0.8641
对二甲苯	13.2	138.4	0.8610
乙苯	−93.9	136.2	0.8667
连三甲苯	<−15	176.1	0.8943
偏三甲苯	−57.4	169.1	0.3758
均三甲苯	−52.7	164.7	0.8651
正丙苯	−101.6	159.2	0.8620
异丙苯	−96.9	152.1	0.8617

2. 化学性质

苯、苯的同系物以及其他含苯环结构的化合物具有独特的"芳香性",即苯环结构非常稳定,所以伴随苯环改变的加成反应和氧化反应往往难以发生。苯等芳香族化合物发生的反应通常是苯环不变化,只是环上的氢被取代。受苯环的影响,侧链 α-C 上能够发生比较特殊的反应。

1) 亲电取代反应

亲电取代反应(electrophilic substitution)是芳香化合物最重要的一类反应。它是一个缺电子试剂(亲电试剂)E^+ 取代芳环上 H^+ 的反应:

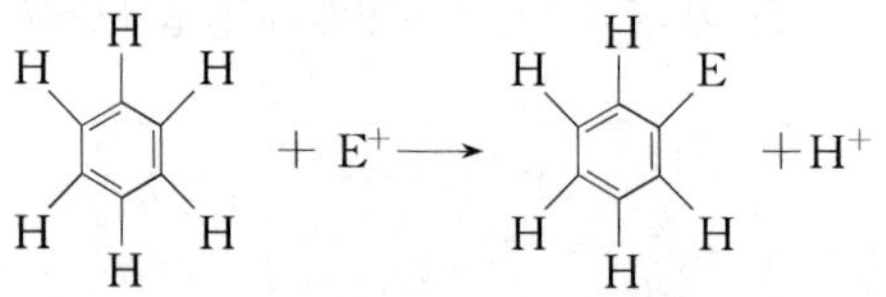

许多不同的基团可以通过亲电取代反应引入芳香环。选择合适的亲电试剂,可以将芳香环卤代(—F、—Cl、—Br、—I)、硝化(—NO_2)、磺化(—SO_3H)、烷基化(—R)或酰基化(—COR),从一些简单的原料就可以制备各种多取代的芳香化合物。

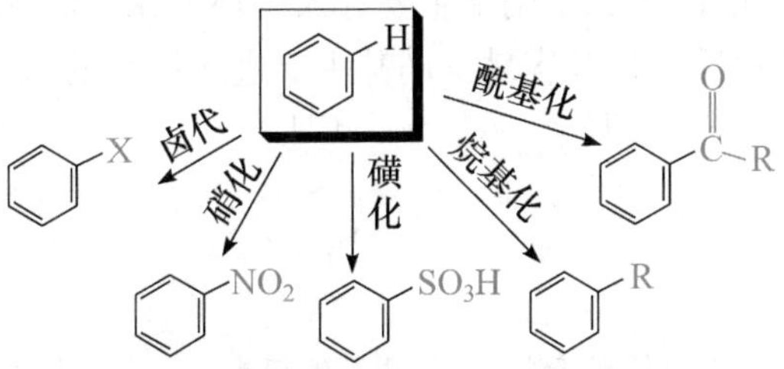

（1）卤代反应（halogenation）。在铁粉或三卤化铁的催化下，氯或溴可取代苯环上的氢，主要生成氯苯或溴苯。这种在有机化合物分子中引入卤素原子的反应称为卤代反应。

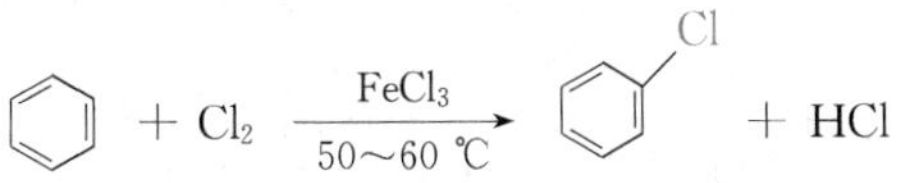

在同样的催化剂存在时，苯的同系物与卤素的反应比苯容易。一烷基苯与卤素反应，卤素主要取代烷基的邻位或对位上的氢。

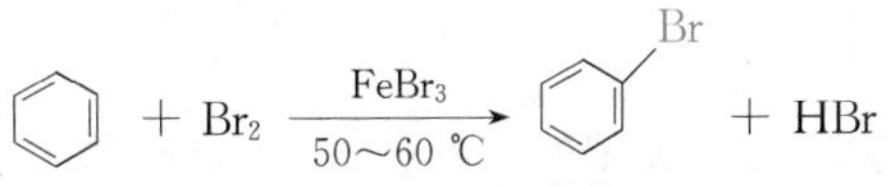

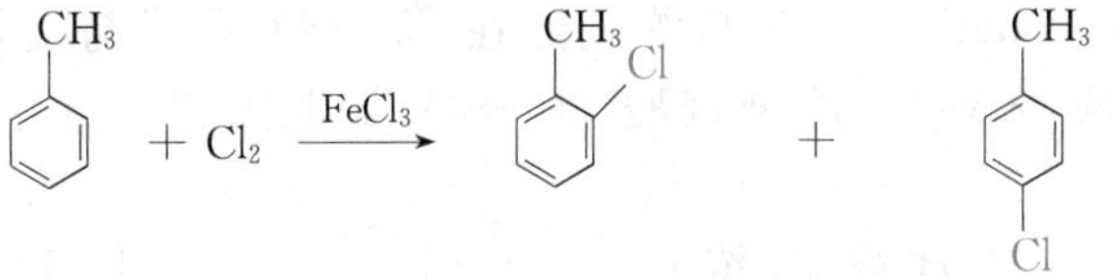

邻氯甲苯（58%）　　对氯甲苯（42%）

芳香环上发生的卤代反应存在于自然界许多分子的生物合成过程中，人体内甲状腺素的合成即涉及这种反应。

（2）硝化反应（nitration）。苯与浓硝酸和浓硫酸的混合物（混酸）共热后，苯环上的氢被硝基（—NO_2）取代，生成硝基苯。

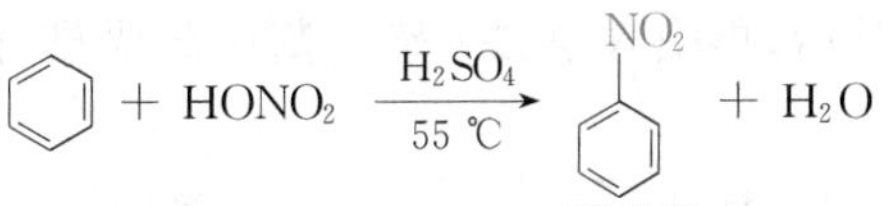

硝基苯

这种在有机化合物分子中引入硝基的反应称为硝化反应。

硝基苯不易继续硝化。如果在 95 ℃时用发烟硝酸和浓硫酸，硝基苯可转变为间二硝基苯。

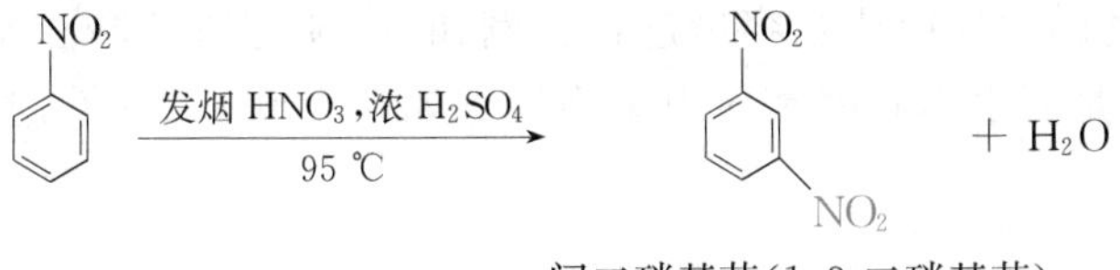

间二硝基苯（1,3-二硝基苯）

所以，当苯环上带有硝基时，再引入第二个硝基到苯环上比较困难，或者说，硝基苯进行硝化反应比苯要难。此外,第二个硝基主要进入苯环上原有硝基的间位。

苯的同系物发生硝化反应比苯容易。硝基主要进入烷基的邻位及对位。

邻甲基硝基苯 对甲基硝基苯 间甲基硝基苯
（63%） （34%） （3%）

继续与混酸作用,有下面的反应发生:

1-甲基-2,4-二硝基苯 2-甲基-1,3-二硝基苯 2-甲基-1,3,5-三硝基苯
（主产物）

硝化反应生成的芳香硝基化合物,经 Fe、Sn 或 SnCl$_2$ 还原,生成芳香胺,是工业上合成染料和药剂的重要原料。

（3）磺化反应（sulfonation）。苯与浓硫酸在 75～80 ℃或与发烟硫酸（SO$_3$＋浓 H$_2$SO$_4$）在 40 ℃时反应,苯环上的氢被磺酸基（—SO$_3$H）取代,生成苯磺酸。

这种在有机化合物分子中引入磺酸基的反应称为磺化反应。

苯磺酸继续磺化,需要在较高的温度下,且使用发烟硫酸,产物主要为间苯二磺酸。可见,苯环上已有了磺酸基后,再引入第二个磺酸基比苯要难,而且第二个磺酸基主要进入原来磺酸基的间位。

间苯二磺酸

苯的同系物的磺化反应比苯容易进行。例如,甲苯与浓硫酸在常温下即可发生磺化反应,主要产物是邻甲苯磺酸和对甲苯磺酸。如在 100～120 ℃时反应,则对甲苯磺酸为主要产物。

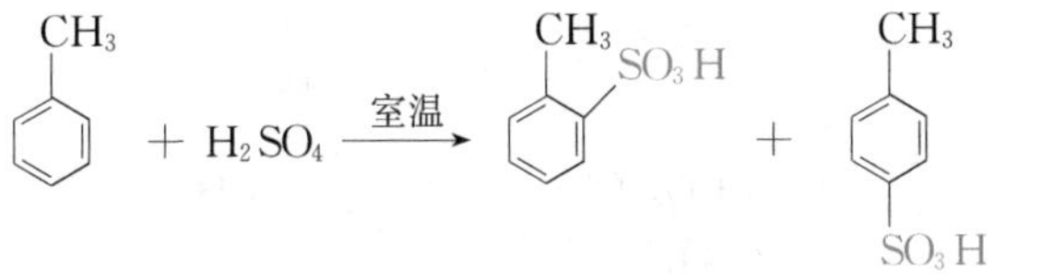

邻甲苯磺酸　对甲苯磺酸
（32%）　　（62%）

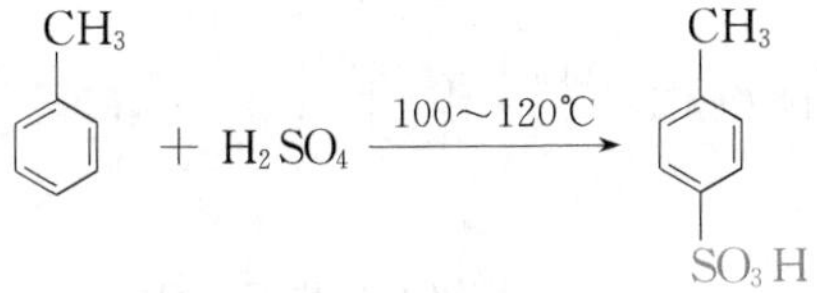

磺酸是有机强酸,易溶于水,其酸性与无机强酸 H_2SO_4 等相近。

与硝化反应相似,磺化反应不存在于自然界,但广泛用于染料和药剂的合成中。

(4) 傅-克烷基化反应(Friedel-Crafts alkylation)。苯在路易斯酸(如无水氯化铝、无水氯化铁、无水氯化锌等)存在下,可与卤代烷反应,苯环上的氢被烷基(—R)取代,生成苯的同系物。例如

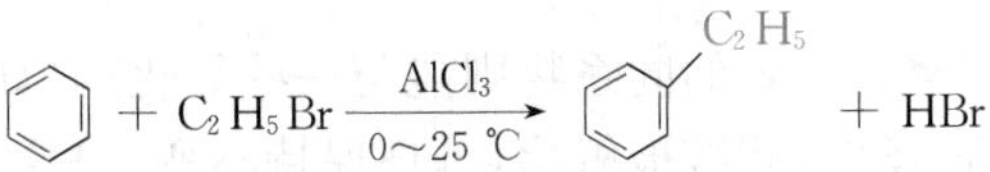

乙苯

这种在有机化合物分子中引入烷基的反应称为烷基化反应。

苯的同系物进行烷基化反应比苯容易。因此,在上述情况下,生成的乙苯能与溴乙烷进一步反应,生成二乙基取代苯或三乙基取代苯。第二个乙基进入原有乙基的邻位或对位,间位取代产物的量极少。

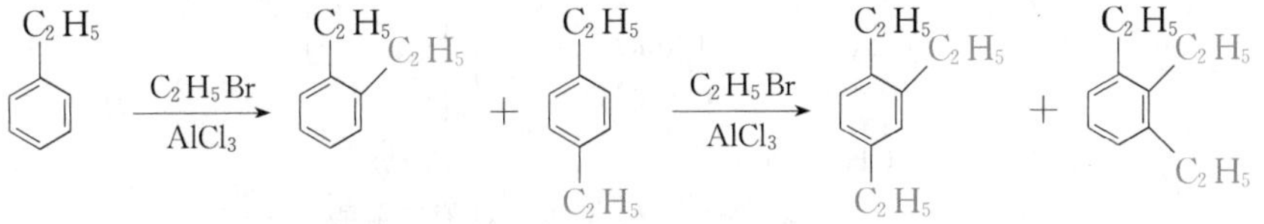

要想使苯的烷基化反应控制在一取代苯的阶段,需用过量的苯。

问题与思考 3-6

写出由苯和乙烯在适当条件下生成乙苯的反应式。

(5) 傅-克酰基化反应(Friedel-Crafts acylation)。在无水氯化铝等路易斯酸存在下,苯与酰卤或酸酐反应,苯环上的氢被酰基$\left(R—\overset{O}{\overset{\|}{C}}—\right)$取代。这个反应称为酰基化反应。

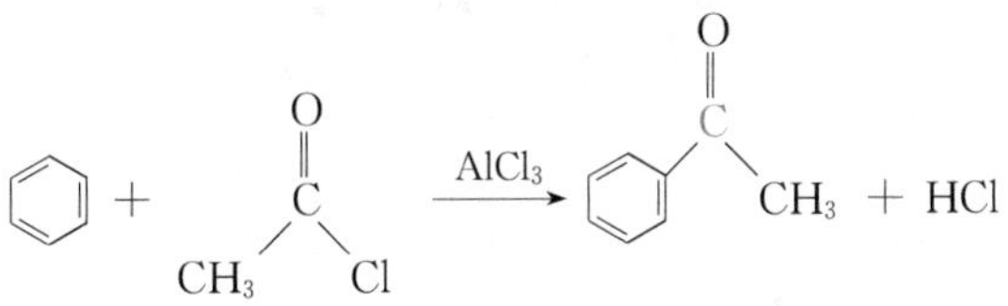

乙酰氯　　　　苯乙酮

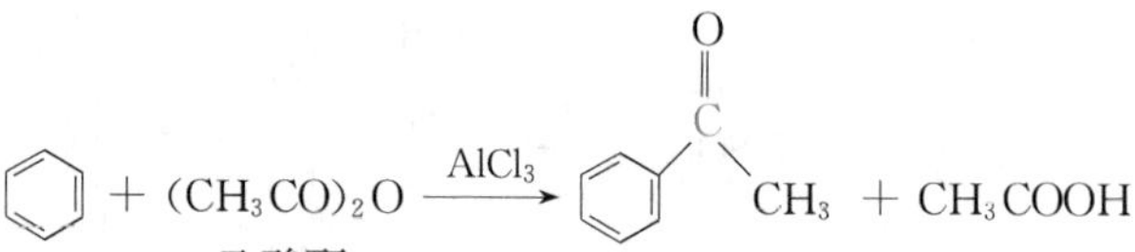

苯的同系物比苯容易酰化，酰基取代烷基邻位或对位的氢。

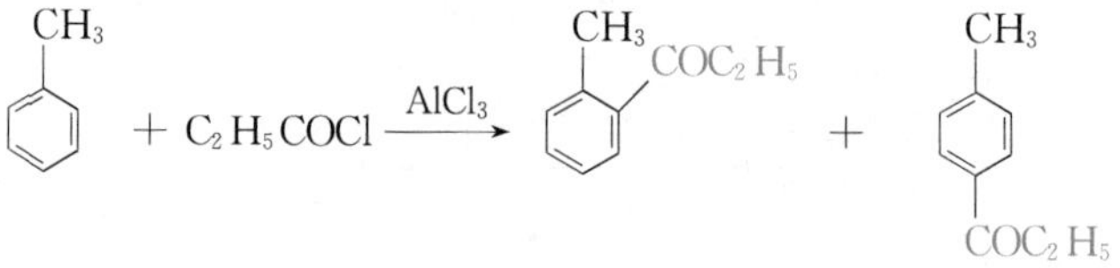

邻甲基苯丙-1-酮　　对甲基苯丙-1-酮

苯及其同系物的酰基化与烷基化统称傅-克反应(Friedel-Crafts reactions)。硝基苯及苯磺酸很难进行傅-克反应。

卤代、硝化、磺化和傅-克反应都是实验室常用的反应，在合成染料和药剂中有重要的用途。卤代反应和傅-克烷基化反应还是重要的生物化学反应，参与体内的物质代谢。

2）氧化反应

苯很稳定，一般难以氧化。苯的同系物则能与一些氧化剂（如重铬酸钾的酸性溶液、高锰酸钾溶液、稀硝酸等）反应，侧链被氧化，苯环保持不变。只要有 α-H，不论侧链烷基长短如何，都被氧化为与苯环相连的羧基。

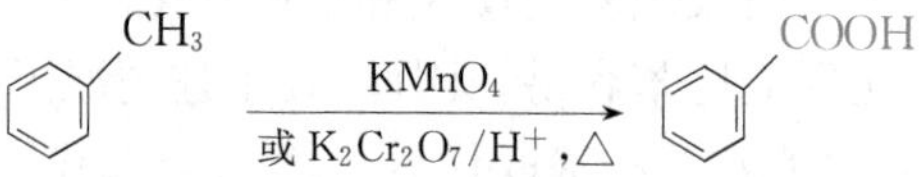

苯甲酸

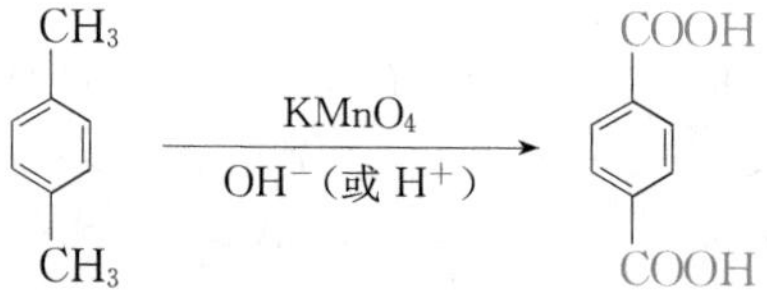

对苯二甲酸

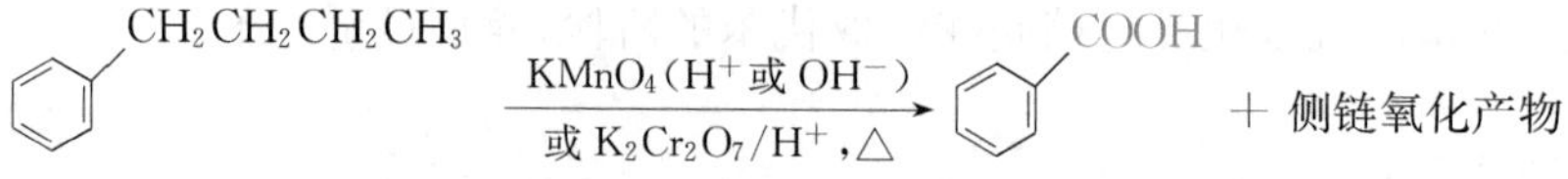

＋ 侧链氧化产物

叔丁基苯不含 α-H，在上述条件下不被氧化。

不反应

在剧烈的条件下并有催化剂作用时，苯环才被破坏。例如

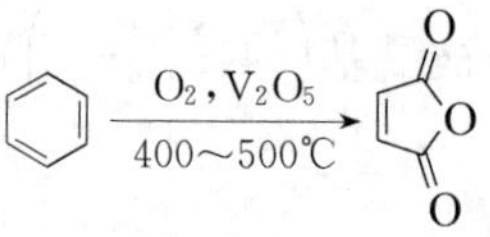

问题与思考 3-7

苯和甲苯是最简单的两种芳香烃,苯对人体的伤害远比甲苯大,试从化学角度予以解释。

3) 加成反应

苯环在一般条件下很难发生加成反应。但在 Ni、Pd 或 Pt 等催化及高温或光的影响下,也可发生加成反应。

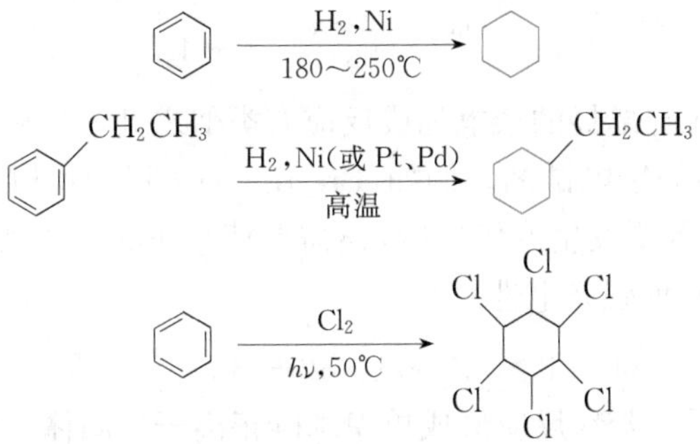

溴与苯可发生类似反应。

苯的同系物与卤素在日光下,不发生加成反应,而是在侧链上取代。

4) 侧链的自由基取代

如果不用催化剂,而是在光照下或将氯气通入沸腾的甲苯中,氯不是取代甲苯苯环上的氢,而是逐个地取代甲基上的氢(自由基取代)。

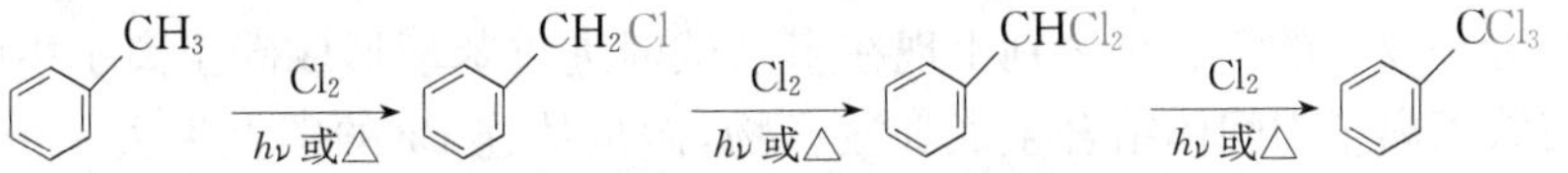

每步反应都有氯化氢生成。如果控制氯气的量,可以使反应停止在生成氯化苄的阶段。

在光照下,乙苯与氯的反应得到一个混合物。一般来说,在进行自由基卤代时,α-H 比 β-H 容易被取代。乙苯与溴在日光下反应时,α-溴乙苯几乎是唯一产物。这表明,自由基溴代时,溴对不同氢原子取代的选择性较高。

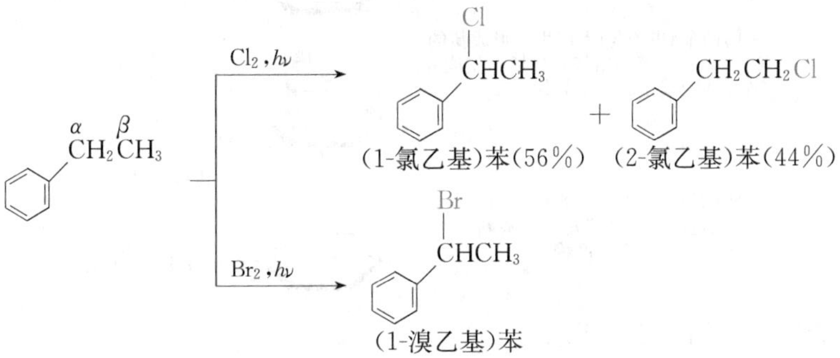

3.2.5　苯环上亲电取代反应的历程

苯环上的亲电取代反应是缺电子试剂——亲电试剂取代芳环上的 H^+。

1. 卤代反应历程

现以苯的溴代反应为例加以说明。

以 $FeBr_3$ 作催化剂，苯与 Br_2 反应生成溴苯。

$$\text{苯} + Br_2 \xrightarrow{FeBr_3} \text{溴苯} + HBr$$

芳环上的亲电取代反应与烯烃的亲电加成反应有类似之处，也有一些区别。首先，相对烯烃而言，芳环需要较强的亲电试剂。例如，Br_2 在 CH_2Cl_2 中可以与许多烯烃直接反应，与苯却不能发生反应。苯要发生溴代反应，还需要诸如 $FeBr_3$ 之类的催化剂作用，使 Br_2 转化为 Br^+（和 $FeBr_4^-$），增强亲电性。

$$Br—Br + FeBr_3 \longrightarrow \overset{+}{Br}\overset{-}{FeBr_4}$$

亲电试剂 Br^+ 与富电子的苯环反应形成单溴苯碳正离子中间体。这个烯丙型的碳正离子是三个共振式的杂化体。

尽管它比典型的烯丙型碳正离子稳定，但还是比反应物苯的稳定性差，所以苯环的亲电取代反应有相对较高的反应活化能，反应速率相对较慢。

烯烃与芳环反应的第二个区别出现在亲电试剂进攻苯环形成碳正离子中间体之后，不是 Br^- 与碳正离子中间体结合生成加成产物，而是从连 Br 的碳上失去一个 H^+，恢复苯环结构，生成了取代产物。

苯的溴代反应机理如下所示：

苯的两个π电子与 Br_2 作用，形成新的 C—Br 键，芳环结构被破坏，生成非芳香性的碳正离子中间体

慢

快

$FeBr_4^-$ 从碳正离子中夺走一个 H^+，C—H键的两个电子用于形成新的芳环，得到取代产物

反应的能量变化如图 3-9 所示。

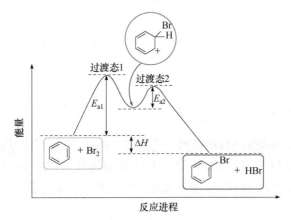

图 3-9 苯发生溴代反应的能量变化示意图

2. 硝化反应历程

芳环硝化的亲电试剂是硝镓离子 $^+NO_2$，它是由 HNO_3 与 H^+（浓 H_2SO_4 提供）结合再失水形成的。硝镓离子与苯的反应历程类似于 Br^+。

3. 磺化反应历程

芳环磺化的亲电试剂是 $^+SO_3H$，取代反应像溴代一样，分两步进行。

4. 烷基化反应历程

在 $AlCl_3$ 作用下，芳香化合物与烷基氯的反应也称傅-克烷基化反应。例如，在 $AlCl_3$ 存在下，苯与 2-氯丙烷反应生成异丙苯。

该反应的亲电试剂是烷基碳正离子 R^+。$AlCl_3$ 作为催化剂将烷基氯离子化，类似于 $FeBr_3$ 将 Br_2 离子化。傅-克反应生成异丙苯的机理如下所示：

$$CH_3\overset{\overset{\displaystyle Cl}{|}}{C}HCH_3 + AlCl_3 \longrightarrow CH_3\overset{+}{C}CH_3 + AlCl_4^-$$

$$\text{（苯）}\quad + CH_3\overset{+}{C}HCH_3 \longrightarrow \text{（中间体）} \xrightarrow{AlCl_4^-} \text{（异丙苯）} + HCl + AlCl_3$$

傅-克烷基化反应非常有用,却受到一些限制。例如,只能用烷基卤化物,而如氯苯之类的芳基卤化物不能反应。另外,若芳环上已有钝化基团(如—NO_3、—$C \equiv N$、—SO_3H 或—COR),就不能发生傅-克反应,这样的芳环比苯的活性差得多。

5. 酰基化反应历程

芳香化合物在 $AlCl_3$ 存在下与酰基氯 RCOCl 反应,可在苯环上引入酰基(—COR)。例如,苯与乙酰氯反应生成苯乙酮。

傅-克酰基化反应的亲电试剂为酰基阳离子($R-\overset{+}{C}=O$)。

$$\overset{\overset{\displaystyle O}{\|}}{CH_3-C-Cl} + AlCl_3 \longrightarrow [\,CH_3-\overset{+}{C}=O \longleftrightarrow CH_3-C\equiv O^+\,] + AlCl_4^-$$

$$\text{（苯）}\quad + CH_3-\overset{+}{C}=O \longrightarrow \text{（中间体）} \xrightarrow{AlCl_4^-} \text{（苯乙酮）} + HCl + AlCl_3$$

以上苯的卤代、硝化、磺化、烷基化、酰基化等反应机理的不同之处,在于生成亲电试剂的途径。亲电试剂生成之后,它们分别与苯的反应过程相同:第一步,亲电试剂与苯结合生成碳正离子中间体,破坏芳环结构;这一步慢,是决速步骤。第二步,碳正离子失去一个 H^+,恢复芳环结构。

 扫一扫　认识本质与现象的关系,辨析芳香环上的取代反应

3.2.6　苯环上亲电取代反应的定位规律

如果苯环上已有一个取代基,引入第二个取代基时,反应的难易程度和发生的位置主要取决于已有取代基的性质,而与要引入取代基本身的关系较小。

1. 活化基团和钝化基团

按照对取代反应活性的影响,苯环上的取代基分为活化基团(activating group)和钝化基团(deactivating group)。使苯环上的反应比苯的相应反应容易,或者说使苯环活化的取代基称为活化基团。相反,使苯环上的反应比苯的相应反应困难,或者说使苯环钝化

的取代基称为钝化基团。

2. 邻、对位定位取代基和间位定位取代基

有的取代基使苯环上的取代反应主要发生在它的邻位或/和对位,而有的主要发生在它的间位。已有取代基对苯环上亲电取代反应发生位置的这种影响称为定位效应(orienting effect),已有的取代基称为定位取代基(orienting substituent)。

根据以上两个方面的特征,可以把苯环上所连的基团分为三类。

1) 活化基团——邻、对位定位取代基

这类基团使苯环活化,又使再引入的取代基主要进入其邻位或对位。活化基团都是邻、对位定位取代基。它们的特征是,直接连在苯环上的原子多数具有未共用电子对。下面是常见的邻、对位定位取代基,它们的致活作用依次递减。

$$-N(CH_3)_2 > -NH_2 > -OH > -OCH_3 > -NHCOCH_3 > -R$$
　　　二甲氨基　　　氨基　　　羟基　　甲氧基　　乙酰氨基　　烷基

2) 钝化基团——间位定位取代基

这类基团使苯环钝化,又使再引入的取代基主要进入其间位。间位定位取代基都是钝化基团。它们的特征是,直接与苯环相连的原子,或者带正电荷,或者以双键或三键与一个电负性大的原子结合(带部分正电荷)。下面是常见的间位定位取代基,从前往后,它们的钝化作用依次递减。

$$-\overset{+}{N}(CH_3)_3 > -NO_2 > -C\equiv N > -SO_3H > -CHO > -COOH$$
　三甲氨基正离子　硝基　　　氰基　　磺酸基　　醛基　　　羧基

3) 钝化基团——邻、对位定位取代基

这类基团是卤素—F、—Cl、—Br、—I。它们使苯环钝化,又使取代反应发生在其邻位或对位。

苯环的取代定位规律在实际应用上很有意义。掌握了这个规律,就可以预测苯环上发生取代反应的主要产物。

需要说明的是,取代定位规律并不是绝对的。实际上,在主要生成邻位及对位产物的同时,也有少量间位产物生成。例如,甲苯的硝化产物中,除58%的邻甲基硝基苯和38%的对甲基硝基苯外,还有4%的间甲基硝基苯。在主要生成间位产物的同时,也有少量的邻位和对位产物生成。例如,硝基苯的硝化产物中,除93%的间二硝基苯外,还有6%的邻二硝基苯和1%的对二硝基苯。

3. 对基团定位规律的解释

取代基如何影响苯环上取代反应的难易与决定反应的位置,只能从分子内部原子或原子团之间的相互影响来解释。芳香烃所发生的取代反应是亲电取代,主要是试剂中带正电荷部分进攻苯环的结果。因此,苯环上的电子云密度受取代基的影响而减小时,取代反应就较难进行,电子云密度增大时反应就较易进行。

什么因素决定一个基团是起活化还是钝化作用呢?所有活化基团的共性是对芳环给予电子,从而稳定碳正离子中间体,增加反应的活性;而所有钝化基团的共性是从苯环吸引电子,使碳正离子中间体不稳定,降低了反应的活性。

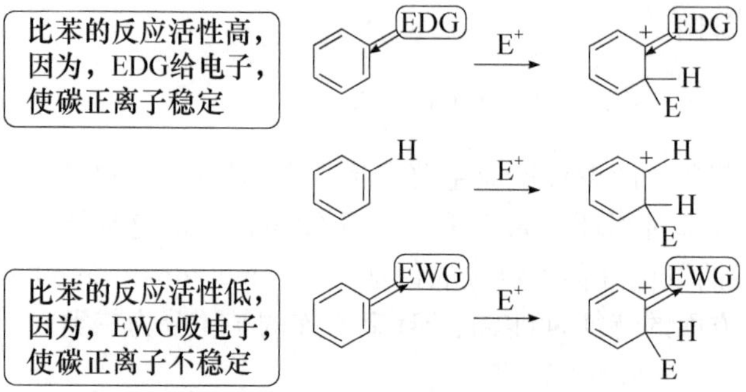

无论是给电子基(EDG)还是吸电子基(EWG)都可以发生诱导或共轭效应。诱导效应是由环与取代基电负性的不同引起的,而共轭效应则是由于环上 p 轨道和取代基 p 轨道的重叠而造成的,其结果是环上电子云增加或减少,从而影响亲电试剂进攻的位置和苯环的反应活性。

苯是一个对称的分子,苯环上的电子云分布是完全均匀的。当苯环上连有取代基时,苯环上电子云密度的分布就发生了变化,取代基的邻位、对位和间位的电子云密度不相同,反应活性表现出明显差别。

1) 活化基团——邻、对位定位取代基的定位效应

我们先从苯酚的硝化反应来看活化基团——邻、对位定位基是怎样起作用的。亲电试剂硝镝离子 NO_2^+ 可以进攻—OH 基团的邻位、间位或对位,由于邻、对位反应的中间体都有一种稳定的共振式(方框内所示),因此比间位中间体更稳定,反应更容易进行。

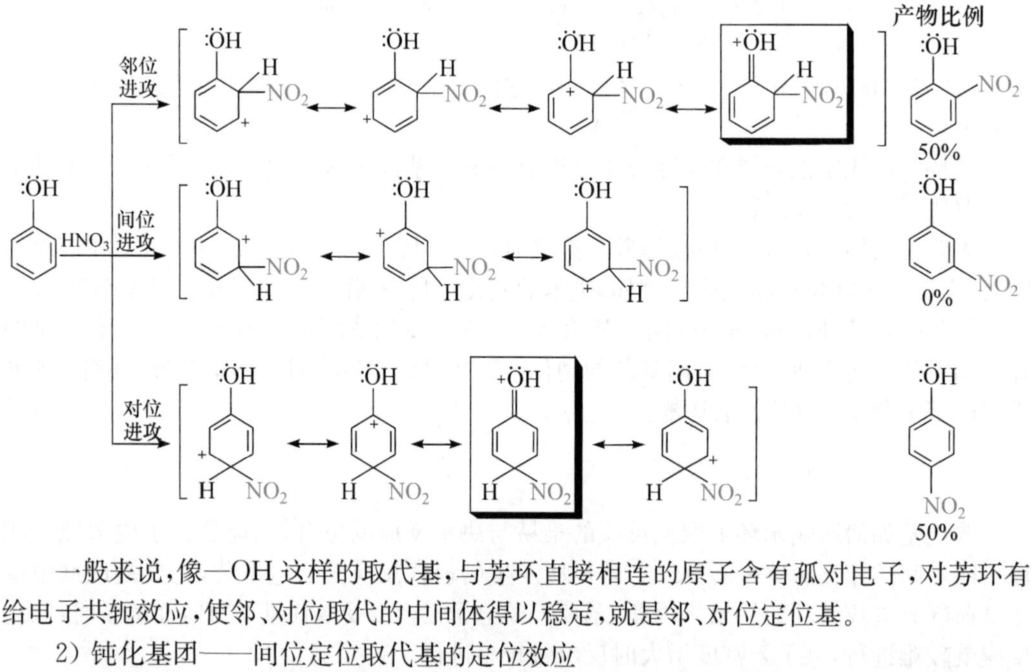

一般来说,像—OH 这样的取代基,与芳环直接相连的原子含有孤对电子,对芳环有给电子共轭效应,使邻、对位取代的中间体得以稳定,就是邻、对位定位基。

2) 钝化基团——间位定位取代基的定位效应

钝化基团——间位定位取代基的作用可以用同样的原理来解释。例如,苯甲醛的氯代,在三种可能的碳正离子中间体中,邻位和对位取代的都有一种共振式是正电荷分布在连有—CHO 的碳上(方框内的),—CHO 的吸电子作用使碳正离子更不稳定,而间位中间

体的共振式没有这种情况。因此,间位反应的中间体相对最稳定,生成它的速率最快。

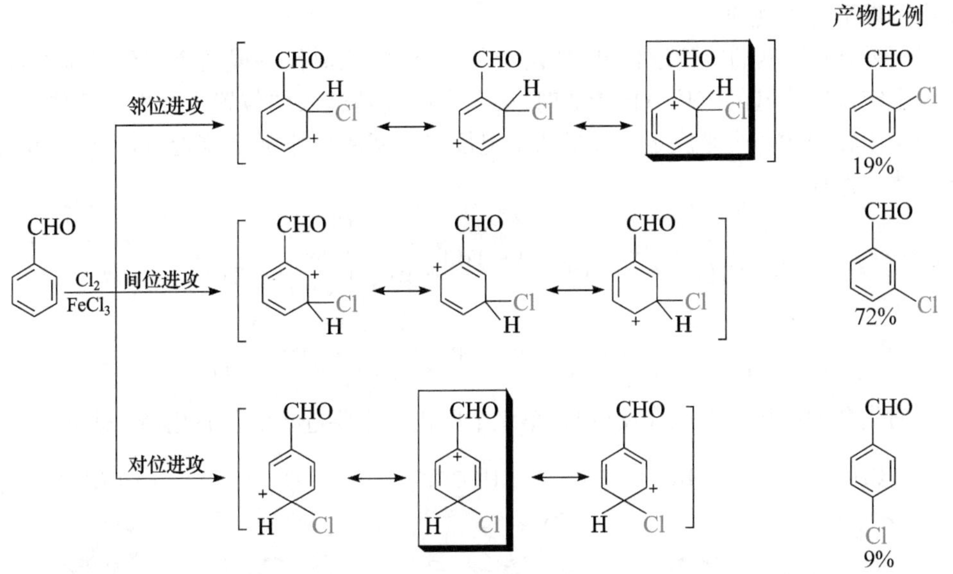

产物比例

一般说来,像—CHO 这样的取代基,与苯环直接相连的原子带部分正电荷,由于吸电子共轭效应,使得邻、对位取代的中间体极不稳定,就是间位定位基。

3) 钝化基团——邻、对位定位取代基的定位效应

活化基团都是邻、对位定位取代基,间位定位基都是钝化基团。只有卤原子是钝化基团,同时又是邻、对位定位取代基。钝化作用是由于卤原子的电负性大,强吸电子作用使苯环上的电子云密度降低。邻、对位定位效应则是因为卤原子上的孤对电子使邻、对位取代比间位取代的中间体稳定。

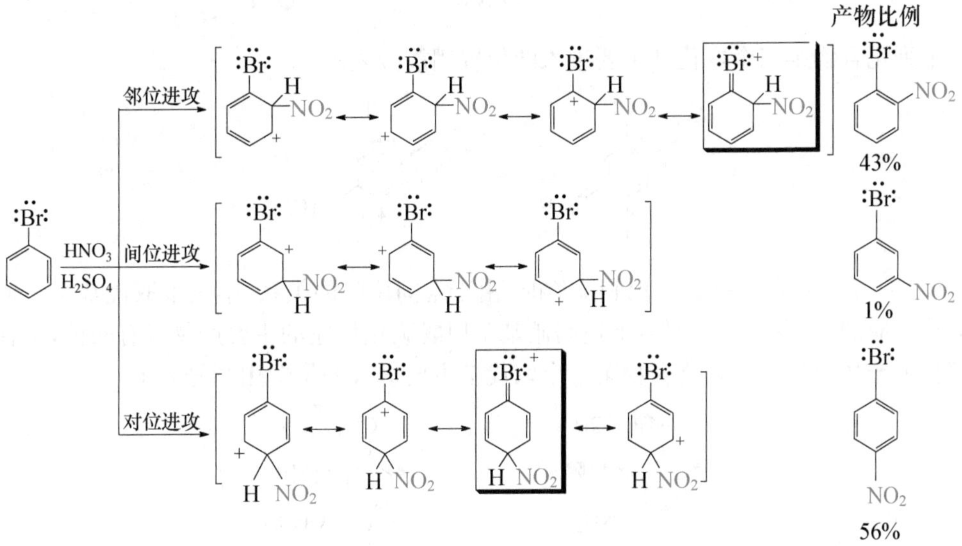

产物比例

4. 二取代苯的取代定位规律

如果苯环上已经有了两个取代基,当引入第三个取代基时,一般来说,两个取代基对

反应活性的影响有加和性。影响第三个取代基进入的位置的因素较多，人们从实际工作中得出了以下经验规律：

（1）两个同类型的定位取代基，如两个邻、对位定位取代基或两个间位定位取代基，当这两个定位取代基的定位方向矛盾时，第三个取代基进入的位置主要由致活作用较强或致钝作用较弱的一个来决定。如果两个定位取代基的作用强度相近，将得到数量相近的异构体。例如

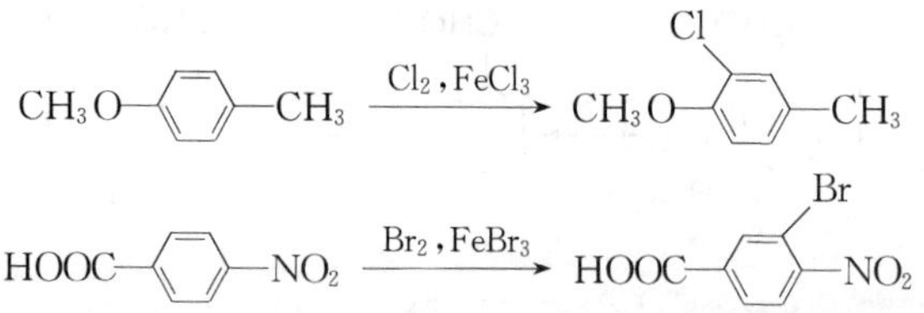

$$CH_3O\text{—}\bigcirc\text{—}CH_3 \xrightarrow{Cl_2,FeCl_3} CH_3O\text{—}\bigcirc(Cl)\text{—}CH_3$$

$$HOOC\text{—}\bigcirc\text{—}NO_2 \xrightarrow{Br_2,FeBr_3} HOOC\text{—}\bigcirc(Br)\text{—}NO_2$$

下列化合物进行亲电取代反应时，第三个取代基主要进入的位置用箭号表示。

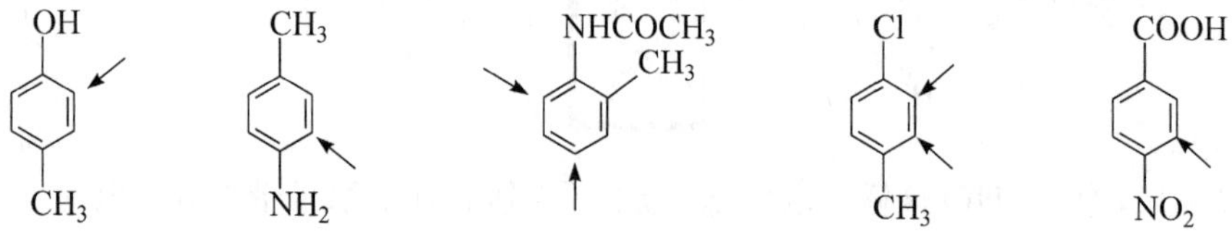

（2）一个邻对位定位取代基和一个间位定位取代基，且二者的定位作用不一致，这时主要由邻、对位定位取代基来决定第三个取代基进入的位置。例如

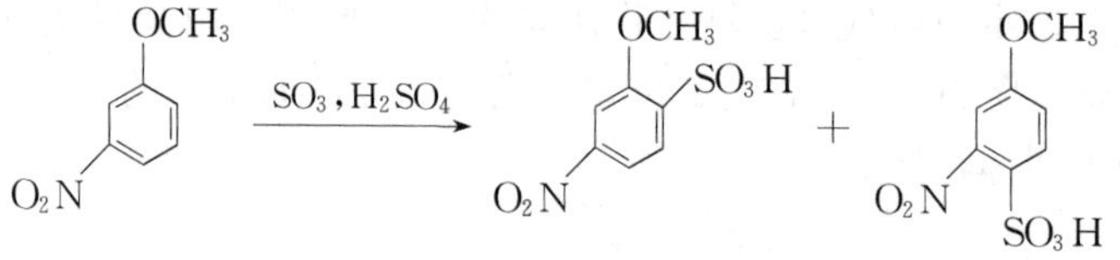

下列化合物第三个取代基主要进入的位置用箭号表示。

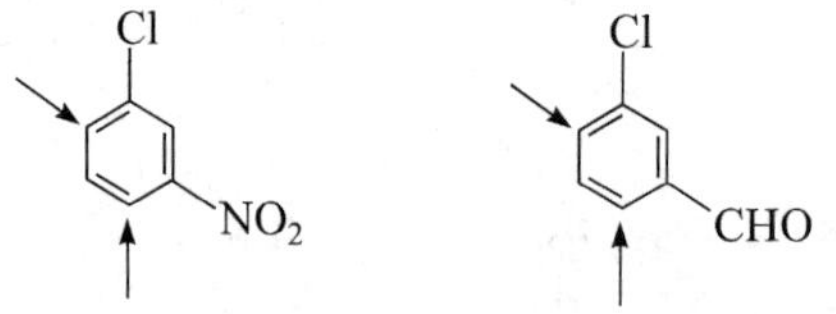

（3）两个定位取代基在 1 位和 3 位时，由于空间位阻的关系，第三个取代基在 2 位发生取代反应的比例很小。例如，上述间硝基苯甲醚磺化反应的主要产物只有两种，两者共同邻位的产物极少。下列化合物第三个取代基主要进入的位置用箭号表示。

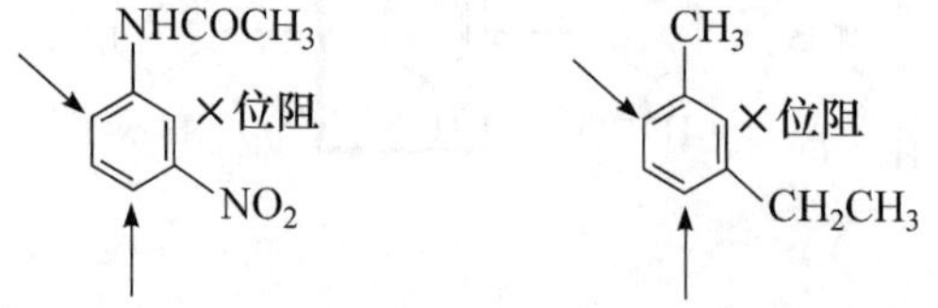

5. 苯环上取代定位规律的应用

苯环上取代定位规律的主要意义是预测反应的主产物,以帮助我们选择适当的合成路线,少走弯路;既获得较高的收率,又避免复杂的分离手续。

【例 3-1】 由苯合成对氯硝基苯。

合成路线应是先将苯氯化,然后硝化,而不能先硝化后氯化。因为氯是邻、对位定位取代基,氯苯硝化时使硝基进入氯取代基的对位,得到所要的产物是对氯硝基苯。

$$\bigcirc \xrightarrow[\text{Fe}]{\text{Cl}_2} \text{Cl}-\bigcirc \xrightarrow[\text{H}_2\text{SO}_4]{\text{HNO}_3} \text{Cl}-\bigcirc-\text{NO}_2$$

对氯硝基苯

硝基是间位定位取代基,硝基苯氯化时,产物是间氯硝基苯而不是对氯硝基苯。

$$\bigcirc \xrightarrow[\text{H}_2\text{SO}_4]{\text{HNO}_3} \bigcirc^{\text{NO}_2} \xrightarrow[\text{Fe}]{\text{Cl}_2} \bigcirc^{\text{NO}_2}_{\text{Cl}}$$

间氯硝基苯

【例 3-2】 由苯合成 4-氯-3-硝基苯磺酸。

此合成要求在苯环上引入三个基团,即—Cl、—NO$_2$、—SO$_3$H。从目标化合物的结构看,—NO$_2$和—SO$_3$H 是在—Cl 的邻位和对位,因此应先引入—Cl,同时第二步应该是先磺化而不是先硝化。因为—SO$_3$H 的体积较大,所以磺化时—SO$_3$H 几乎全都连在—Cl 的对位,副产物少。进一步硝化时,由于—Cl 和—SO$_3$H 都使—NO$_2$进入—Cl 的邻位,这样反应副产物就少。如果采用氯苯先硝化再磺化的方法,这时—NO$_2$接在—Cl 的邻位和对位,而且邻位产物只有 30%,这样不但收率低,而且增加了分离的麻烦。

$$\bigcirc \xrightarrow[\text{Fe}]{\text{Cl}_2} \bigcirc^{\text{Cl}} \xrightarrow{\text{H}_2\text{SO}_4} \text{Cl}-\bigcirc-\text{SO}_3\text{H} \xrightarrow{\text{HNO}_3} \bigcirc$$

3.2.7 苯及其主要同系物

1. 苯

苯为无色液体,熔点 5.5 ℃,沸点 80 ℃,苯不溶于水,易溶于有机溶剂。苯易燃烧,燃烧时火焰放出大量黑烟。苯具有特殊气味,能致癌。

苯是重要的化工原料,也是优良的有机溶剂。苯早期是从煤焦油中分馏得到的,现在主要是来自石油。石油中 6~8 个碳的馏分经芳构化,再用二甲基亚砜等抽提剂抽提,最后精馏就得到苯。我国科学家经过多年努力,已成功地建成了世界上第一套用乙炔合成苯的工业装置。

2. 甲苯

甲苯为无色液体,易燃烧。甲苯主要用于合成硝基甲苯、TNT、苯甲酸、苯甲醛等,也用作溶剂。

TNT 为黄色结晶,味苦,有毒,不溶于水,溶于有机溶剂,是一种烈性炸药。

3. 二甲苯

二甲苯有三种异构体(邻、间、对位),因其沸点接近,故难以从煤焦油中分离获得。三种异构体的混合物为无色液体,易燃,不溶于水,易溶于有机溶剂。二甲苯也是一种重要的有机合成原料,目前主要以石油为原料制取。医学上制作组织切片标本时,二甲苯用于脱醇、脱脂。

3.3　多环芳香烃

按照苯环互相连接的方式,多环芳香烃可分为多苯代脂烃类、联苯类和稠环芳香烃类。其中以稠环芳香烃(fused aromatic hydrocarbon)最为重要。

3.3.1　萘

萘是煤焦油中含量最多的成分,达 10% 左右。

1. 萘的结构

萘的分子式为 $C_{10}H_8$。X 射线衍射测定证明,萘分子具有平面结构。两个苯环共用两个碳原子互相稠合在一起,C—C 键的键长既不同于典型的单键和双键,也不同于苯分子中的 C—C 键。萘的结构式表示如下:

萘分子中 C_1、C_4、C_5、C_8 为 α-位;C_2、C_3、C_6、C_7 为 β-位。

在萘分子中,除每个碳原子都以 sp^2 杂化轨道形成 C—C σ 键外,各碳原子还以 p 轨道互相重叠,形成一个共轭体系。这个共轭体系与苯的结构相似,但并不完全一样。苯分子各碳原子的 p 轨道均等地与两边的 p 轨道重叠,电子云均匀分布,而萘分子 C_9 和 C_{10} 的 p 轨道除了互相重叠外,还分别与 C_1、C_8 和 C_4、C_5 的 p 轨道重叠,所以萘分子中的 π 电子云在 10 个碳原子上的分布不均匀。碳-碳键的键长不完全相等也说明了这一点。

萘分子中的这种电子云分布不平均化使萘环上不同位置的碳原子出现不同的反应能力。例如,α-位碳原子的电子云密度最高,β-位碳原子的低些,C_9、C_{10} 的最低,因此 α-位和 β-位发生亲电取代反应的难易也不同。

2. 萘的物理性质

萘为白色片状结晶,熔点 80 ℃,沸点 218 ℃。能挥发,在室温下有相当大的蒸气压。不溶于水,而能溶于乙醇、乙醚和苯等有机溶剂中。

3. 萘的化学性质

1) 取代反应

萘可发生与苯类似的亲电取代反应,一般在 α-C 上进行,如卤代和硝化反应。磺化反应的产物与反应温度有关。例如

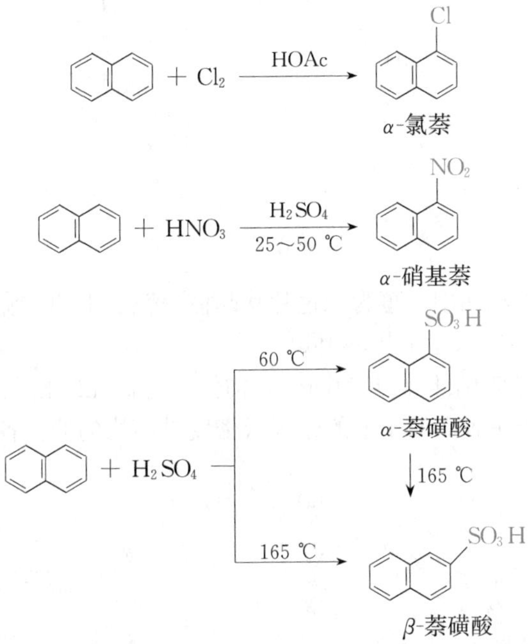

2) 加成反应

萘比苯容易加成,随反应条件的不同可生成不同的加成产物。

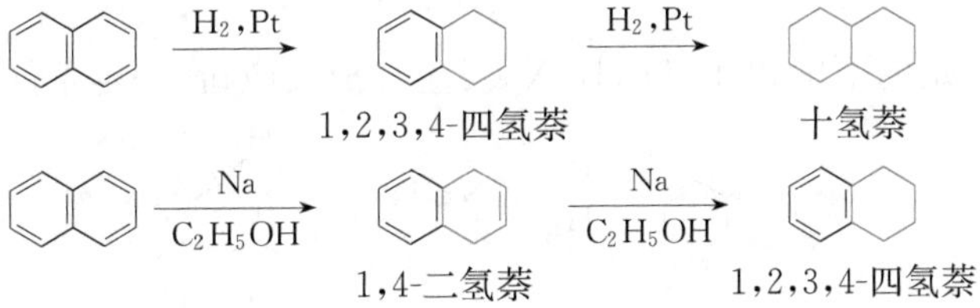

3) 氧化反应

萘比苯容易被氧化。用 V_2O_5 作催化剂,萘的蒸气可被空气氧化,生成邻苯二甲酸酐。

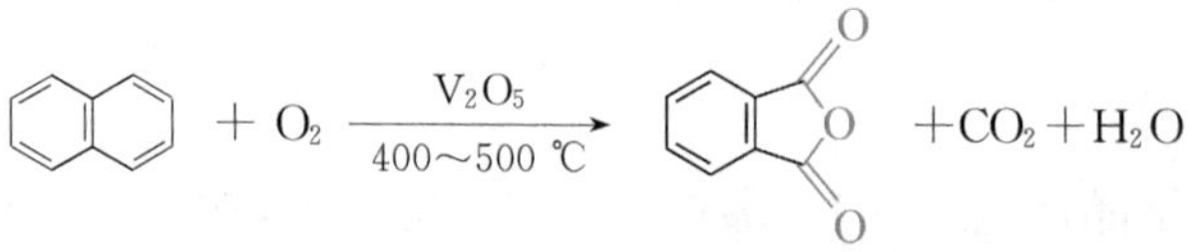

邻苯二甲酸酐

萘环上有取代基时，氧化时选择断裂一个环。连接间位定位取代基的环比没有取代基的环难氧化，而连接邻、对位定位取代基的环比没有取代基的环易氧化。例如

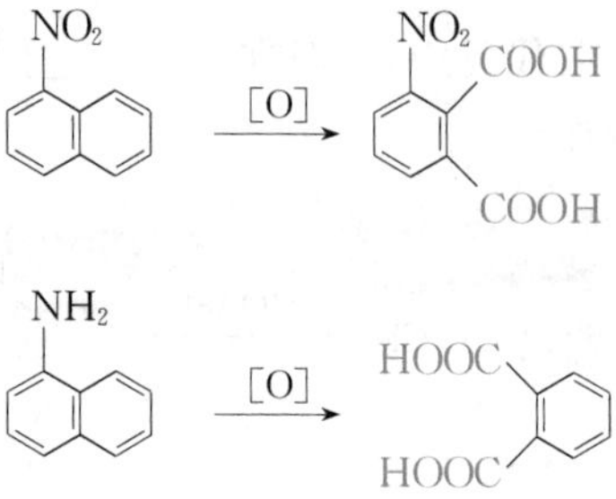

3.3.2　蒽和菲

蒽和菲都存在于煤焦油中。蒽为无色片状晶体，熔点 216 ℃，沸点 340 ℃。菲为具有光泽的无色晶体，熔点 101 ℃，沸点 340 ℃。

蒽和菲的分子式都是 $C_{14}H_{10}$，互为同分异构体。它们在结构上都形成了闭合的共轭体系，且与萘相似，分子中各碳原子上的电子云密度是不均匀的。各碳原子的位次如下：

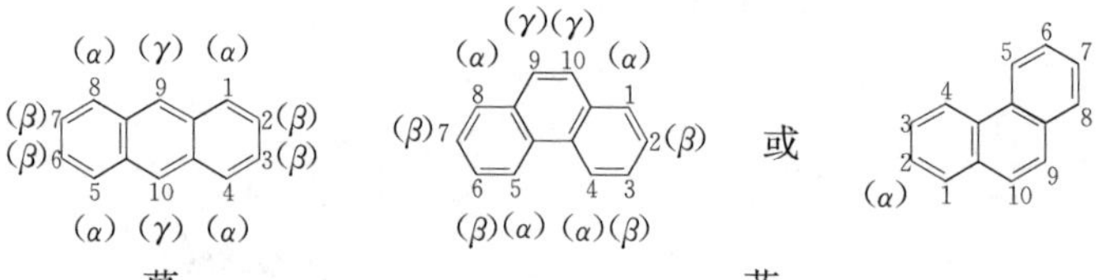

蒽　　　　　　　　菲

其中 1-、4-、5-、8-位相同，称为 α-位；2-、3-、6-、7-位相同，称为 β-位；9-和 10-位相同，称为 γ-位。

蒽和菲具有一定的不饱和性，与 H_2、X_2 发生加成反应；在一定条件下也能被氧化。

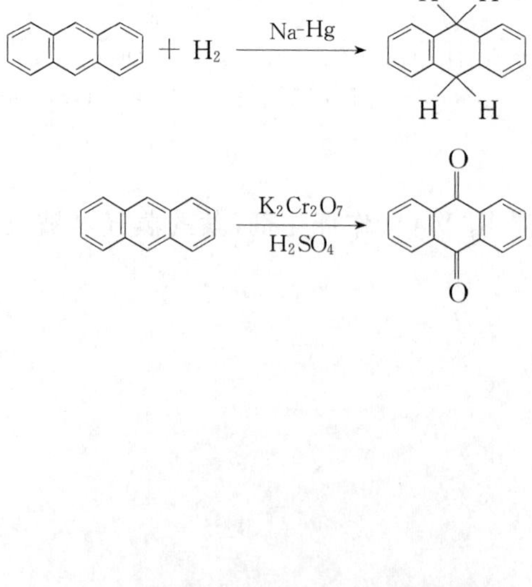

3.3.3 致癌芳香烃

顾名思义,致癌芳香烃(carcinogenic aromatic hydrocarbon)就是能引发癌症的芳香烃。围绕致癌芳香烃的结构特征,人们进行了大量研究,提出了一些理论模型,其中包括我国学者戴乾元提出的"双区理论"。一般认为,致癌芳香烃是以 3,4-苯并芘为代表的含四个及四个以上苯环、具有特征结构域的一些稠苯芳香烃。例如

3,4-苯并芘   1,2,5,6-二苯并蒽   1,2,3,4-二苯并菲

目前认为,致癌芳香烃并不限于稠苯芳香烃,苯也有致癌作用,能引发白血病、淋巴癌。研究结果显示,芳香烃本身并不是致癌物,真正的致癌物是芳香烃进入体内所形成的氧化物。在细胞色素 P_{450} 作用下,芳香环被氧化,生成环氧化合物。

这种环氧化合物能发生两种反应:一是在亲核试剂作用下开环,生成加成产物;二是重排,生成酚。

开环加成反应的亲核试剂是分子中含有亲核性基团(如—NH_2)的 DNA。一旦与环氧化合物反应,与芳环结合,原来 DNA 的双螺旋结构就被破坏,致使遗传信息转录错误,诱发癌变。

若重排生成酚,即可排出体外,不会引发癌症。

重排成酚与开环加成是两个互相竞争的反应。如果环氧化合物容易重排生成酚,则相应的芳香烃就不是致癌芳香烃。如果不容易重排,而容易发生亲核取代,则相应的芳香烃就是致癌芳香烃。是否容易重排,可以从反应历程来理解。

反应的第一步,生成碳正离子,是决速步骤。生成的碳正离子越稳定,环氧化合物就越容易重排生成酚。可以说,环氧化合物开环生成的碳正离子越稳定,相应芳香烃的致癌作用就越弱。相反,碳正离子越不稳定,相应芳香烃的致癌作用就越强。

苯并芘是强致癌物,存在于未完全燃烧的有机化合物,如烟草烟雾、汽车尾气、烧烤食物等中。其致癌作用机制大致为:在细胞色素 P_{450} 作用下,进入体内的苯并芘被氧化,生成 4,5-苯并芘氧化物和 7,8-苯并芘氧化物。两者都不能形成稳定的碳正离子,进而重排生成酚,而是在亲核试剂作用下开环加成。

4,5-苯并芘氧化物开环生成的碳正离子不稳定,因为它要把正电荷分散到旁边的苯环上,就要使其失去芳香性。所以,它不是通过碳正离子重排生成酚,而是接受亲核试剂的进攻而致癌。7,8-苯并芘氧化物在环氧化合物水解酶的作用下,以 H_2O 为亲核试剂,开环生成邻二醇。在细胞色素 P_{450} 作用下,此二醇被氧化,生成二羟基取代的环氧化合物。两个羟基的吸电子作用使它更不容易开环形成稳定的碳正离子,因此接受 DNA 的亲核进攻,发生开环反应,生成苯并芘-DNA 加合物。整个变化仍然是致癌的过程。

3.4　非苯型芳香烃和休克尔规则

苯、萘、蒽、菲等都是由苯环组成的苯型芳香烃,它们都具有芳香族化合物的特性——芳香性(aromaticity),即在结构上形成了环状的闭合共轭体系,在化学性质上表现为环稳定、不易开环、易取代、难加成、难氧化等。但是,有些不是由苯环组成的烃类化合物也具有一定的芳香性,故称为非苯型芳香烃。从分子结构上看,具备芳香性的特征是:①分子具有环状结构的共轭体系,即 π 电子离域;②成环原子共平面或接近共平面,即所有的成环原子都参与共轭;③π 电子数等于 $4n+2$($n=0,1,2,3,\cdots$)。同时符合以上特征的体系即具有芳香性。我们将这个判定规则称为休克尔规则(Hückel's rule)。

休克尔规则是休克尔于 1931 年在用分子轨道法计算了单环多烯烃的 π 电子的能级之后提出的判断化合物是否具有芳香性的规则。根据此规则,π 电子数目符合通式 $4n+2$($n=0,1,2,3,\cdots$)的平面单环多烯烃都具有芳香性。

在这个规则指导下,已经合成了许多非苯型芳香性化合物。

3.4.1 环丙-2-烯-1-基正离子

环丙烯的 3 个碳原子构成一个平面环。因为 C_3 是 sp^3 杂化的,没有形成环闭的共轭体系,因此无芳香性。C_3 上去掉一个氢负离子(:H⁻)形成的环丙-2-烯-1-基正离子是由 3 个 sp^2 杂化的碳组成的共轭体系,π 电子数为 2,符合休克尔的 $4n+2$ 规则($n=0$),所以有芳香性。

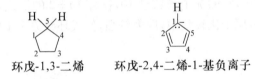

环丙烯   环丙-2-烯-1-基正离子

3.4.2 环戊-2,4-二烯-1-基负离子

环戊-1,3-二烯无芳香性,因其 C_5 是 sp^3 杂化,不能与 C_1、C_2、C_3、C_4 形成环状大 π 键。从 C_5 上去掉一个 H^+ 成为环戊-2,4-二烯-1-基负离子后,C_1(前 C_5)变成 sp^2 杂化,5 个碳原子形成平面的环闭共轭体系;C_1 提供 2 个电子,其他 4 个碳原子各提供 1 个电子,构成有 6 个电子的大 π 键,符合休克尔规则,故环戊-2,4-二烯-1-基负离子有芳香性。

环戊-1,3-二烯   环戊-2,4-二烯-1-基负离子

3.4.3 环庚-2,4,6-三烯-1-基正离子

环庚-1,3,5-三烯分子中有 6 个 π 电子的共轭体系,但 C_7 为 sp^3 杂化,不能形成环状共轭体系,故无芳香性。而环庚-2,4,6-三烯-1-基正离子的 C_1(前 C_7)为 sp^2 杂化,有空的 p_z 轨道,使 7 个碳原子形成了共平面环状共轭体系,π 电子数为 6,故有芳香性。

环庚-1,3,5-三烯   环庚-2,4,6-三烯-1-基正离子

3.4.4 环丁-3-烯-1,2-叉基双正离子与环辛-3,5,7-三烯-1,2-叉基双负离子

这两种离子都有芳香性。环丁-3-烯-1,2-叉基双正离子环上的 4 个碳都是 sp^2 杂化,π 电子数为 2。环辛-3,5,7-三烯-1,2-叉基双负离子的 8 个碳原子基本上在一个平面上,π 电子数为 10,均符合休克尔规则。

环丁-1,3-二烯   环丁-3-烯-1,2-叉基双正离子   环辛-1,3,5,7-四烯   环辛-3,5,7-三烯-1,2-叉基双负离子

3.4.5　薁

薁是由一个五元碳环和一个七元碳环稠合而成。它是萘的异构体。

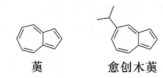

薁　　　　　愈创木薁

薁为蓝色固体,又称蓝烃,熔点 99 ℃。它的 π 电子数为 10,符合休克尔规则,具有平面结构,有芳香性,所以它能进行硝化和傅-克反应。薁类化合物,如愈创木薁,是挥发油的成分,属于天然倍半萜。

3.4.6　轮烯

轮烯(annulene)属大环芳香体系,是单、双键交替出现的单环多烯烃。

1. [10]轮烯和[14]轮烯

[10]轮烯为环癸五烯,它的 π 电子数是 10,符合 $4n+2$ 的形式,但无芳香性。这是因为它的环较小,环内的氢原子比较集中,斥力较强,使成环碳原子不能共平面,不能形成闭合的共轭体系。

[10]轮烯　　　　　　　[14]轮烯

[14]轮烯为环十四碳七烯,环较大,可以形成平面的闭合共轭体系;π 电子数是 14,符合 $4n+2(n=3)$,有芳香性。

2. [18]轮烯

[18]轮烯为环十八碳九烯,有 18 个 π 电子,符合休克尔规则。经 X 射线衍射法证明,碳-碳键长几乎相等,碳原子又在同一平面上,因而具有芳香性。这说明大环内的氢原子仅有微弱的斥力。[18]轮烯为结晶固体,加热至 230 ℃仍不分解。

[18]轮烯

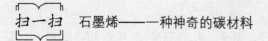
扫一扫　　石墨烯——一种神奇的碳材料

关　键　词

小　结

环烃是含碳环的碳氢化合物，分为脂环烃和芳香烃。

脂环烃分为环烷烃、环烯烃和环炔烃，又分为单环脂烃和多环脂烃。单环烷烃有构造异构体，两个成环碳原子都有取代基时则有顺反异构体。两个取代基在环同侧的，构型是顺(cis)，在环两侧的，构型是反(trans)。

单环环烷烃根据碳原子数，命名为"环某烷"，带支链的单环环烷烃以支链为取代基、环烷烃为母体来命名。

环丙烷是平面分子，环张力大，最不稳定，容易发生开环反应。

环己烷最稳定的是椅式构象，没有环张力。每个碳原子都是 sp^3 杂化，键角 $109°28'$。每个碳-碳键都是交叉式构象。每个碳上有一个 a 键、一个 e 键。6 个 a 键交替分布在环两侧，6 个 e 键也是交替分布在环两侧。通过环翻转，a 键变为 e 键，e 键变为 a 键。取代基在 e 键上是取代环己烷的稳定构象。

苯是平面正六边形构型的分子，非常稳定。每个碳原子都是 sp^2 杂化，共轭体系的电子云以轮胎状分布在分子平面的两侧。二取代苯有邻位(1,2-)、间位(1,3-)和对位(1,4-)异构体。

苯最常见的反应是亲电取代，包括卤代、硝化、磺化、傅-克烷基化和酰基化。反应分两步进行，先是芳环提供 π 电子与亲电试剂形成碳正离子，破坏了环闭的共轭体系。然后，碳正离子失去 H^+，恢复苯环结构，生成取代产物。

取代苯也发生上述芳香亲电取代反应。已有的取代基影响苯环上发生亲电取代反应的活性和反应发生的位置。活化基团使反应活性增强，而钝化基团使反应活性减弱。邻、对位定位取代基使取代反应发生在它的邻位和对位，间位定位取代基使取代反应发生在它的间位。

受苯环影响，只要有 α-H，烷基苯的侧链就被 $KMnO_4$ 氧化为羧基。另外，侧链上还能发生自由基卤代反应。在特殊条件下，苯可催化加氢生成环己烷。

芳香性是芳香族化合物的特性。休克尔规则指出：单环、平面的环闭共轭体系，π 电子数符合 $4n+2$，则有芳香性。

共振是以两个或更多路易斯结构式(称为共振式)的叠加平均来表示共轭体系中电子(及/或电荷)分布的方法。共振论认为，真实的结构只有一种，即共振杂化体。一个分子或离子，可以写出的共振式越多，意味着电荷越分散，因而越稳定。越稳定的共振式对共振杂化体的贡献越大、越重要。

主要反应总结

1. 环丙烷的开环反应

$$\triangle + H_2 \xrightarrow[80℃]{Ni} \wedge$$

$$\triangle + X_2 \xrightarrow{CCl_4} X\diagdown\diagup\diagdown X \quad (X = Cl, Br)$$

$$\triangle + HX \longrightarrow \wedge X \quad (X = Cl, Br, I)$$

$$\overset{3}{\triangle} + HX \longrightarrow \overset{I}{\diagdown\diagup\diagdown} \quad (X = Cl, Br, I)$$

2. 苯的亲电取代反应

(1) 卤代反应

$$\bigcirc + Cl_2 \xrightarrow[50\sim60\ ℃]{FeCl_3} \bigcirc^{Cl} + HCl$$

$$\bigcirc + Br_2 \xrightarrow{FeBr_3} \bigcirc^{Br} + HBr$$

(2) 硝化反应

$$\bigcirc + HONO_2 \xrightarrow[55\ ℃]{H_2SO_4} \bigcirc^{NO_2} + H_2O$$

(3) 磺化反应

$$\bigcirc + SO_3 \xrightarrow{浓\ H_2SO_4} \bigcirc^{SO_3H}$$

$$\bigcirc + H_2SO_4(浓) \longrightarrow \bigcirc^{SO_3H} + H_2O$$

(4) 烷基化反应

$$\bigcirc + CH_3Cl \xrightarrow{AlCl_3} \bigcirc^{CH_3} + HCl$$

(5) 酰化反应

$$\bigcirc + \overset{O}{\underset{CH_3}{\overset{\|}{C}}}Cl \xrightarrow{AlCl_3} \bigcirc\overset{O}{\underset{}{\overset{\|}{C}}}CH_3 + HCl$$

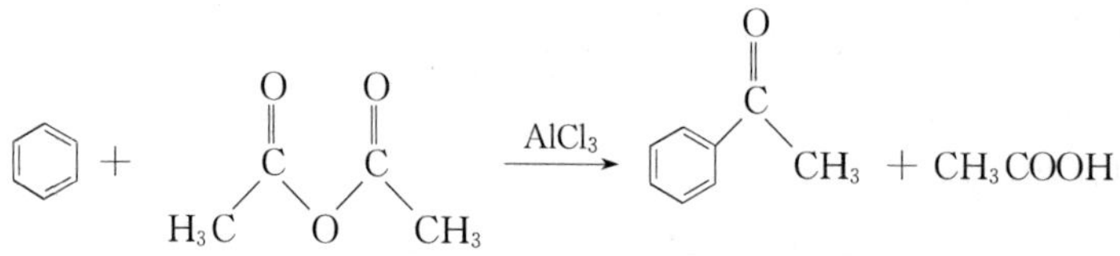

3. 芳环侧链的氧化反应

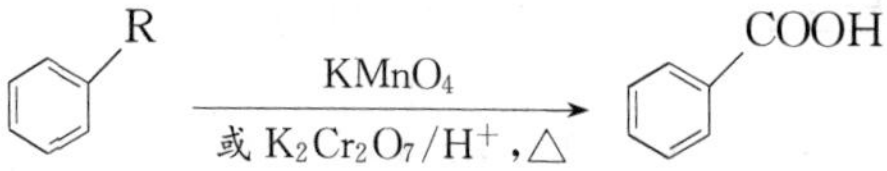

（R 为 α-H 的侧链）

4. 苯的加成反应

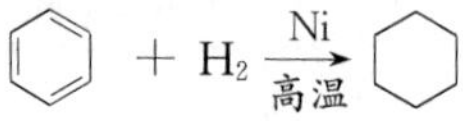

习 题

1. 写出下列化合物的构造式。

(1) 1,2,3,4-四甲基环庚烷

(2) (2-甲基丁基)环丙烷

(3) 1-异丁基-2-甲基环己烷

(4) 1-异丙基-3-甲基-5-丙基环己烷

(5) cis-1-乙基-3-甲基环戊烷

(6) trans-1-叔丁基-2-乙基环己烷

(7) 3-甲基环己-1-烯

(8) 1,6-二甲基环己-1-烯

(9) 叔丁基苯

(10) 间二甲苯

(11) 1,3,5-三乙苯

(12) 2-甲基-1,3,5-三硝基苯

2. 命名下列化合物。

(1)

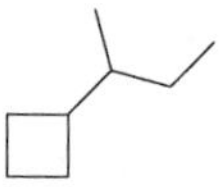

(2)

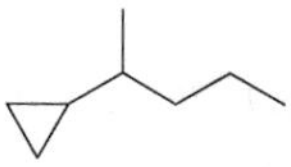

(3)

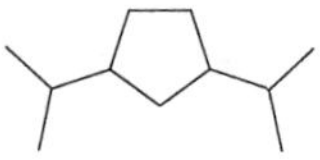

(4)

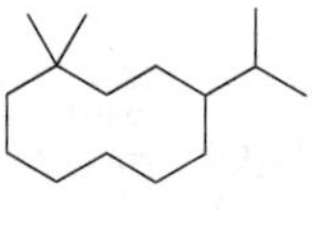

(5)

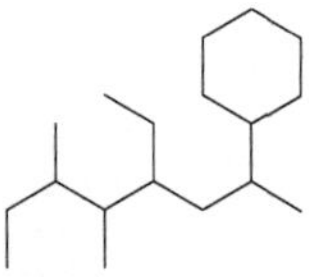

(6)

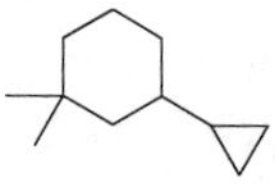

(7)

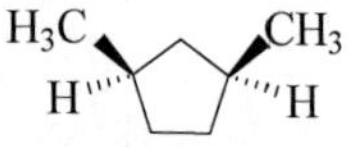

(8)

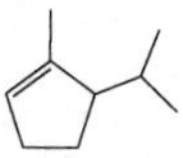

(9)

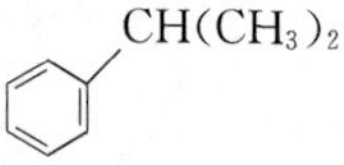

(10)

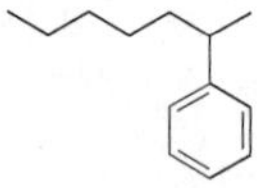

(11)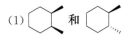

(12) CH_3CH_2—⬡—$CH(CH_3)_2$

3. 比较下列化合物的稳定性。

(1)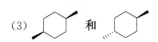

(2)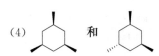

(3) ⬡ 和 ⬡

(4) ⬡ 和 ⬡

(5) ⬡ 和 ⬡

(6) ⬡ 和 ⬡

4. 写出下列各式的共振式,并判断相对重要性。

(1) ⌇⁺

(2) ⌇⁺

(3)

CH₃
⬡⬡ (十氢萘带甲基及双键正电荷)

(4) ⬠ (带孤对电子的环戊二烯)

(5) ⬠ (环戊二烯负离子)

(6) $CH_3\ddot{O}$—$\overset{+}{C}H_2$

(7) :$N \equiv C - \ddot{\overset{..}{O}}$:

(8) $CH_2 = CH - \ddot{\overset{..}{B}r}$:

5. 试用化学方法区别下列各组化合物。

(1) 环己基苯和环己烯-1-基苯

(2) 甲苯、1-甲基环己-1-烯和甲基环己烷

(3) 乙苯、苯乙烯和苯乙炔

6. 试以苯为原料合成下列化合物,并说明合成路线的理论根据。

(1) 苯甲酸

(2) 间硝基苯甲酸

(3) 邻硝基苯甲酸

(4) 间硝基苯磺酸

(5) 4-溴-3-硝基苯甲酸

(6) 间溴苯甲酸

7. 用反应式表示怎样从苯或甲苯转变成下列各化合物。

(1) 对二甲苯

(2) 1-溴-4-甲基苯

(3) 对甲苯磺酸

(4) 间氯苯甲酸

(5) 间氯苯磺酸

(6) 间硝基苯乙酮

(7) 2-甲基-5-硝基苯磺酸

(8) 1,2-二溴-4-硝基苯

8. 完成下列各反应式。

(1) 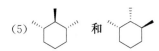$+Br_2 \longrightarrow$

(2)
$$\begin{matrix} H_2C—CH_2 \\ | \quad\quad | \\ H_2C—CH_2 \end{matrix} + Br_2 \xrightarrow{\triangle}$$

(3) $H_3C\overset{\underset{\displaystyle |}{H}}{C}-CH_2 + HBr \longrightarrow$
   （环丙烷结构，底部为 $\underset{H_2}{C}$）

(4) $\overset{\displaystyle H_3C}{\underset{\displaystyle H_3C}{}}\triangle CH_2CH_3 + HBr \longrightarrow$

(5) $\triangle CH=CH-CH_3 \xrightarrow[OH^-]{KMnO_4}$

(6) $\bigcirc\!\!\!\!\triangle + Cl_2 \xrightarrow{h\nu}$ （环戊烷）

(7) （环己烯） $\xrightarrow[(2)\ Zn/H_2O]{(1)\ O_3}$

(8)
OH 苯酚 $+3Br_2 \longrightarrow$

(9) （苯） $+(CH_3CO)_2O \xrightarrow{AlCl_3}$

(10)
$CH(CH_3)_2$ 取代苯 $+Cl_2 \xrightarrow{h\nu}$

(11)
CH_3 甲苯 $+ClC(C_2H_5)_3 \xrightarrow{AlCl_3}$

(12) （四氢萘） $\xrightarrow[\triangle]{KMnO_4}$

9. 写出乙苯与下列各试剂作用的反应。
   (1) $KMnO_4(\triangle)$ (2) Cl_2/Fe (3) $HNO_3\text{-}H_2SO_4$ (4) H_2/Ni,高温高压
   (5) 浓 $H_2SO_4(\triangle)$ (6) $Br_2/h\nu$ (7) $(CH_3)_2CHCl/AlCl_3$ (8) $CH_3CH_2CH_2Cl/AlCl_3$

10. 写出发生如下系列反应所需的试剂。

   苯 $\xrightarrow{(1)}$ 乙苯(CH_2CH_3) $\xrightarrow{(2)}$ 邻溴乙苯(CH_2CH_3, Br) $\xrightarrow{(3)}$ 邻溴苯甲酸($COOH$, Br) $\xrightarrow{(4)}$ (HO_3S, $COOH$, Br)

11. 指出下列各物质硝化时,硝基进入环上的主要位置。

   (1)
CH_3, NO_2 （邻硝基甲苯）

   (2)
CH_3 / $COOH$ （对甲基苯甲酸）

   (3)
OH / SO_3H （对羟基苯磺酸）

   (4)
CH_3 / NO_2 （间硝基甲苯）

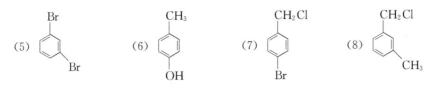

(5)

(6)

(7)

(8)

12. 经过元素分析和相对分子质量测定证明,三种芳香烃 A、B、C 的分子式均为 C_9H_{12}。当以 $K_2Cr_2O_7$ 的酸性溶液氧化后,A 变为一元羧酸,B 变为二元羧酸,C 变为三元羧酸。经浓硝酸和浓硫酸硝化后,A 和 B 分别生成两种一硝基化合物,而 C 则只生成一种一硝基化合物。试写出 A、B、C 的结构式和名称。

13. 某烃的分子式为 $C_{10}H_{16}$,不含侧链烷基,1mol 该烃能吸收 1 mol H_2。该烃经 O_3 处理后再用 Zn/H_2O 还原,生成一个对称的二元酮 $C_{10}H_{16}O_2$。请写出该烃可能的构造式。

第4章 立体化学

有机化合物种类繁多,其分子结构也是千姿百态,它们并不是我们书写的平面二维结构,而是具有空间的三维立体结构,是一个个鲜活的立体形象。即使是具有相同化学式的分子,也会因其具有不同的三维立体结构,而表现出不同的性质。例如,20世纪60年代风靡一时的药物"反应停"(也称沙利度胺),曾是孕妇减轻妊娠反应的特效药,但相继产生的10 000多例四肢发育不全的婴儿(也称海豹婴儿)彻底打碎了人们的美好期望,成为医学史上的一大悲剧。后来的科学研究证实,"反应停"是分子组成完全相同,但在空间结构上却截然不同的两种分子的混合物(图4-1),具有A结构的分子是效用良好的止吐药,但B结构的分子却具有强烈的致畸作用。上述事实说明,研究分子的立体结构以及由此产生的性质差异是何等重要! 这正是立体化学(stereo-chemistry)研究的范畴。

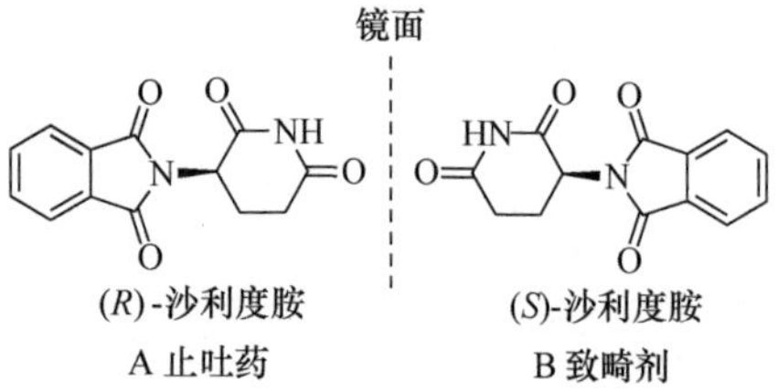

(R)-沙利度胺　　　　(S)-沙利度胺
A 止吐药　　　　　　B 致畸剂

图4-1　反应停

立体化学是描述分子中原子或基团的空间排布、立体异构体的制备方法以及分子结构对化合物理化性质影响的一门学科,是有机化学的重要分支。立体化学涉及的内容很多,本章将主要讨论立体异构现象(stereo-isomerism)、立体化学的基本概念以及具有立体异构的分子在理化性质和生物活性方面的差异,并简单介绍获得立体异构体(stereo-isomers)的主要方法。

扫一扫　"浴火重生"的沙利度胺

4.1　物质的旋光性

4.1.1　平面偏振光

光波是电磁波,是横波,其特点之一是传播方向与振动方向垂直。普通光实际上是不同波长(400～800 nm)的光线所组成的光束,它在与传播方向垂直的所有平面内振动。单色光(如钠光灯发射出来的黄光)则具有单一的波长($\lambda=589$ nm),但仍然在所有可能的振动平面内振动。

当一束单色光通过尼科耳棱镜(Nicol prism,由方解石加工制成)或偏振片(由聚乙烯醇制成)时,由于尼科耳棱镜或偏振片只允许振动方向与其晶轴平行的光通过,这就如同只有顺着与书页平行的缝隙才能把匕首插进书里一样,因此透射过棱镜之后的光只在一个平面内振动。这种只在一个平面内振动的光称为平面偏振光,简称偏振光(polarized light)(图 4-2)。

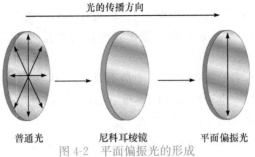

图 4-2 平面偏振光的形成

4.1.2 旋光性和比旋光度

物质能使偏振光振动平面旋转一定角度的性质,称为旋光性或光学活性(optical activity)。例如,从自然界中得到的葡萄糖能使偏振光的振动平面向右旋转(按顺时针旋转),因此葡萄糖具有旋光性或光学活性。这种具有旋光性或光学活性的物质称为旋光性物质或光学活性物质(图 4-3)。测定物质旋光度大小的仪器称为旋光仪,其工作原理如图 4-4 所示。

图 4-3 旋光性物质作用示意图

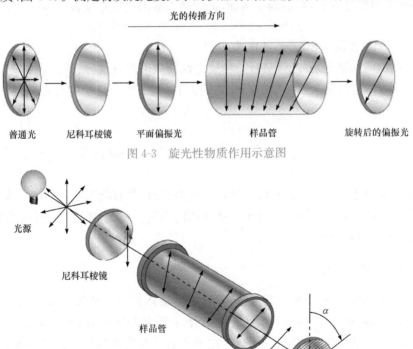

图 4-4 旋光仪的原理

从光源发出的一定波长的光,通过一个固定的尼科耳棱镜或偏振片后,变成偏振光,通过盛有样品的样品管后,偏振光的振动平面旋转了一定的角度 α,要将另一个可转动的尼科耳棱镜或偏振片旋转相应的角度 α 后,偏振光才能完全通过。由装在检偏振器上的刻度盘读出的 α 数值就是所测样品的旋光度。

有些化合物能使偏振光的振动平面向右(顺时针)旋转,称为右旋体(dextroisomer),以"+"或"d"表示;还有一些化合物则使偏振光的振动平面向左(逆时针)旋转,称为左旋体(levoisomer),以"$-$"或"l"表示。

就某一化合物来说,实验测得的旋光度是不固定的,因为它与样品溶液的浓度以及样品管的长度成正比。此外,也与测量时的温度、光源波长以及所使用的溶剂有关。因此,通常用比旋光度[α]来表示某一物质的旋光性。

比旋光度(specific rotation)是使用钠光(也称 D 线,波长 589 nm)和 1 dm 的样品管,溶液浓度为 $1\ \mathrm{g \cdot mL^{-1}}$ 时的旋光度数。然而,在实际上操作时,往往使用其他长度的样品管或不同浓度的溶液(在许多情况下,由于样品量有限或者样品溶解度的差异,无法制备成浓度为 $1\ \mathrm{g \cdot mL^{-1}}$ 的溶液)进行测定,这时可根据下式计算比旋光度[α]。

$$[\alpha]_D = \frac{\text{观察到的旋光度}(°)}{\text{盛液管长度}\ l(\mathrm{dm}) \times \text{浓度}\ c(\mathrm{g \cdot mL^{-1}})} = \frac{\alpha}{l \cdot c}$$

一个化合物的比旋光度也与测量时的温度和使用的溶剂有关,所以在表示比旋光度时必须同时注明温度 $t(℃)$ 和溶剂。例如,天然酒石酸的比旋光度表示为

$$[\alpha]_D^t = [\alpha]_D^{20} = +12.50°(c\ 20.0, \mathrm{H_2O})$$

这里温度是 20℃,使用水作溶剂,浓度为 20%。

显然,在相同的测定条件下,对每一种旋光性物质来说,比旋光度是一个固定的值,即一个常数。因此,它是旋光性物质的一种物理常数,就像每个化合物都有一定的熔点、沸点和密度一样。

4.2 化合物的旋光性与其结构的关系

水、乙醇和丙酮等化合物没有旋光性,而有的化合物却有旋光性,如乳酸、葡萄糖和酒石酸等,造成这种区别的原因在于分子立体结构的不同。那么,能否从一个化合物的结构来判断它是否具有旋光性呢?

4.2.1 镜像、手性及对映体

如果将物体放在平面镜前使其成像,并设想把物体的"像"从镜中取出,有的物体(如均匀的圆木棒或篮球等)能够与其镜像完全重叠;而有的物体(如蜗牛壳或半片剪刀)却与其镜像不能重叠,这正如人的左右手一样:左手和右手互为实物与镜像的关系,它们相似但不能完全重叠(图 4-5)。由此,我们将实物与镜像不能重叠的物体称为具有手性的(chiral)物体,能与其镜像重叠的物体则是非手性的(achiral)物体。

当一个化合物的分子与其镜像不能完全重叠时,这种分子就具有手性(chirality),因此必然存在一个与其镜像相对应的立体异构体。二者的关系就像人的左手和右手,互

相对映。这种立体异构体也称为对映异构体,简称对映体(enantiomer)。一对对映体包括一个左旋体和一个右旋体,它们比旋光度的绝对值相等,但旋光方向相反。左、右旋乳酸即是一对对映体,其分子结构如图 4-6 所示。

图 4-5　人的左手与其镜像(右手)不能完全重叠

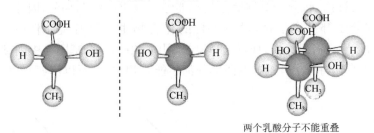

两个乳酸分子不能重叠

图 4-6　乳酸对映体的分子模型

从图 4-6 可以看出,左旋乳酸和右旋乳酸的关系是实物与镜像的关系,二者不能完全重叠。这两种乳酸的构造式都是 $CH_3CH(OH)COOH$,它们除旋光性不同(旋光方向相反,比旋光度的绝对值相同)外,其他大部分理化性质都相同(表 4-1)。

表 4-1　两种乳酸的理化性质

乳酸	$[\alpha]_D^{20}(H_2O)$	熔点/℃	pK_a
(＋)-乳酸	＋3.82°	53	3.79
(－)-乳酸	－3.82°	53	3.79

从旋光性上看,左旋体和右旋体的旋光性不同;从结构上看,它们分子中各原子或原子团在空间的排布方式不同,即立体结构不同。所以,把这种旋光性不同的立体异构体称为对映异构体(optical isomer),这种现象称为对映异构现象。

既然手性物质的分子与其镜像不能重叠,这种物质有旋光性,那么具有怎样分子结构的物质才具有手性呢? 这就涉及分子对称性的问题。

 对映异构现象的发现　

4.2.2　分子的对称性

前面已经提到,有的物体(如均匀的圆木棒或篮球)可与其镜像完全重叠;有的物体(如蜗牛壳或手套)与其镜像不能重叠。分析这两类物体的图形,可以发现前者有对称面,后者没有对称面。分子与其镜像是否互相重叠,取决于分子本身是否具有对称性。因此,我们先简单介绍有关分子对称性的一些基本概念。

判断一个分子是否具有对称性,先要将分子进行某一项对称操作,再看得到的分子立体结构与它原来的立体结构是否完全一致。如果通过某种对称操作后,得到的分子和原来的立体结构完全重叠,那么就说明该分子具有某种对称因素,这种对称因素可以是一个点、一个轴或一个面。

(1) 对称面(σ):假设在分子中有一个平面,它能够把分子分割成互为实物与镜像关系的两部分,这个平面称为这个分子的对称面(plane of symmetry,符号σ)。如图 4-7 所示,甲烷(CH_4)、一氯甲烷(CH_3Cl)、二氯甲烷(CH_2Cl_2)和溴氯甲烷(CH_2ClBr),分子中至少都有一个对称面,将分子对称地分割成能够相互重叠的两部分,因此它们是对称分子。凡是对称分子都没有手性,没有手性的化合物也就没有旋光性;而溴氯氟甲烷($CHFClBr$)分子中没有对称面,任意选择溴氯氟甲烷中的两个基团与中间碳原子形成的一个平面,这个平面将分子分割成的两部分都不能互相重叠,所以溴氯氟甲烷有手性,具有旋光性。

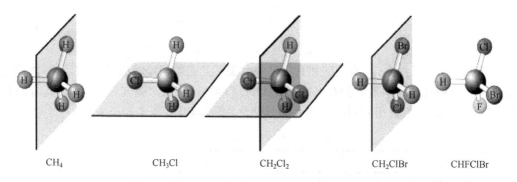

CH_4　　　　CH_3Cl　　　　CH_2Cl_2　　　　CH_2ClBr　　　　$CHFClBr$

图 4-7　甲烷、一氯甲烷、二氯甲烷、溴氯甲烷和溴氯氟甲烷的球棒模型

(2) 对称中心(i):当分子中的任一个原子或基团到某一假想点(i)的连线再延长到等距离处,遇到一个相同的原子或基团时,这个假想点就称为这个分子的对称中心(symmetric center,符号i)。下列化合物中均具有一个对称中心(图 4-8)。

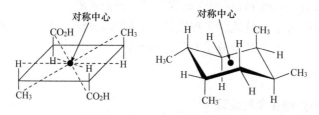

图 4-8　分子对称中心示意图

凡是有对称面或对称中心的分子一定是非手性的,既无对映异构体,也无旋光性。

(3) 对称轴(C):当分子环绕通过该分子中心的一个轴旋转一定的角度时,得到的分子结构与原来的完全重叠,此轴即称为该分子的对称轴(symmetric axis,符号C)。当旋转$360°/n$角度后,与原分子结构完全重叠,此轴即称为n重对称轴(符号C_n)。例如,篮球球面上通过球心的任意两点的连线就是篮球的对称轴,不难看出,篮球有无限多个对称轴。顺-2-丁烯分子中有一个 C_2 对称轴,而均六氯苯分子中有一个 C_6 对称轴(图 4-9)。

分子内存在对称面或对称中心,分子一定无手性。但分子内有对称轴存在时,分子可能是手性分子,也可能是非手性分子。例如,反-1,2-二溴环丙烷分子内虽然有一个二重对称轴 C_2,但其实物和镜像不能重叠,该分子为手性分子(图 4-10)。

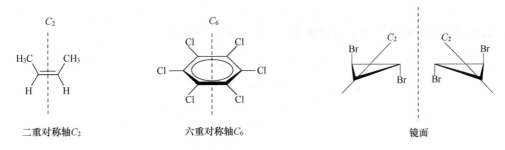

二重对称轴 C_2 六重对称轴 C_6 镜面

图 4-9　分子对称轴示意图　　　　图 4-10　反-1,2-二溴环丙烷分子与其镜像

4.2.3　不对称碳原子

从图 4-6 的例子可以看出,碳原子所连接的四个原子或基团中如果有两个是相同的,它就有对称面而没有手性;如果与碳原子直接相连的四个原子或基团互不相同($a\neq b\neq c\neq d$),它就没有对称面而具有手性(图 4-11),因此这种碳原子称为手性碳原子(chiral carbon atom)或不对称碳原子,常以 C^* 表示。

手性碳原子的存在使分子产生立体异构现象,手性碳原子也称立体中心(stereocenter)。例如,天然化合物毒芹碱和紫杉醇分别含有一个或多个手性碳原子,其分子中不存在对称面或对称中心,具有旋光性,是手性分子。

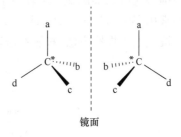

镜面

图 4-11　不对称碳原子示意图

毒芹碱　　　　　　紫杉醇

由此可见,一个化合物有无旋光性,主要看它的分子是否对称(包括对称面和对称中心)。若是对称分子,就不具有手性,也无旋光性;若是不对称分子,就有手性,也有旋光性。

问题与思考 4-1

　　指出下列具有对映异构体的化合物。

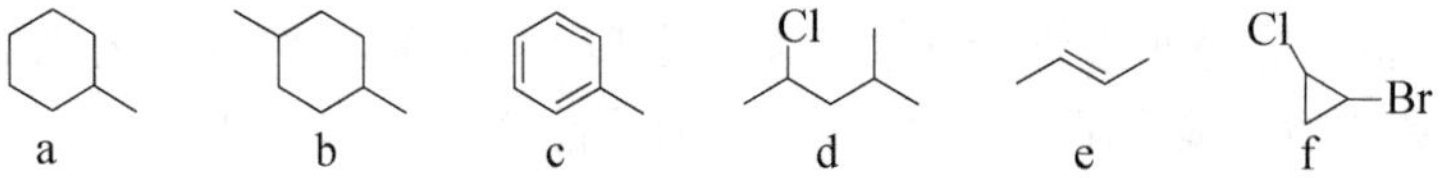

a　　b　　c　　d　　e　　f

问题与思考 4-2

　　指出下列化合物具有哪些对称因素。

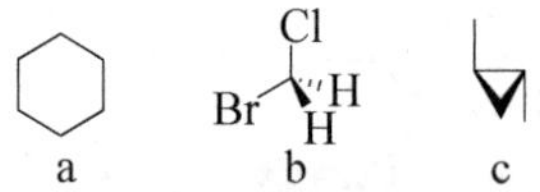

a　　b　　c

4.3　对映异构体的构型

4.3.1　费歇尔投影式

　　对映异构体的构造式相同,其原子或原子团在空间的排布不同(构型不同)。用图 4-6 的构型式可以准确地表示乳酸手性碳上各原子或原子团的空间排列,但书写不便。因此,通常用费歇尔投影式(Fischer projection)表示对映体的构型,也就是把图 4-6 的四面体构型按规定的投影方法,投影在纸面上(图 4-12)。

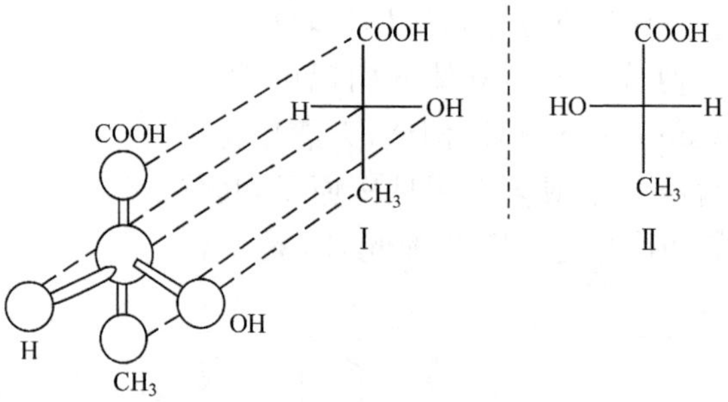

图 4-12　费歇尔投影式示意图

　　投影规则如下:把距离观察者较近的与手性碳原子结合的两个键靠近自己(即处于纸平面前方)画成实楔形线或横线;把距离观察者较远的两个键远离自己(即处于纸平面后方)画成虚楔形线或竖线,横线和竖线的垂直平分交叉点即代表手性碳原子,就得到费歇尔投影式。一般把含碳原子的基团放在竖线方向,把按照 IUPAC 命名规则编号最小的碳原子放在竖线上端,例如(＋)-和(－)-乳酸的费歇尔投影式如图 4-13 所示。

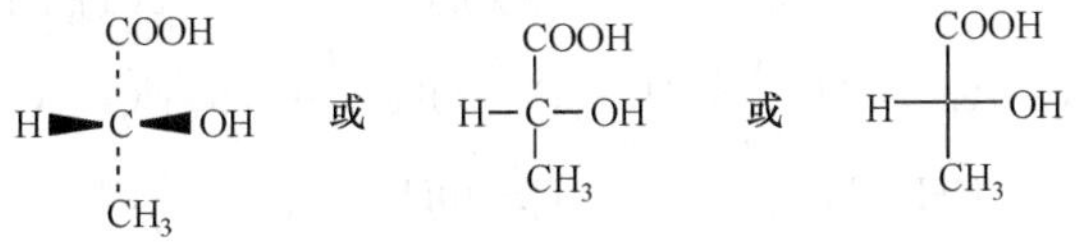

Ⅰ (+)-乳酸

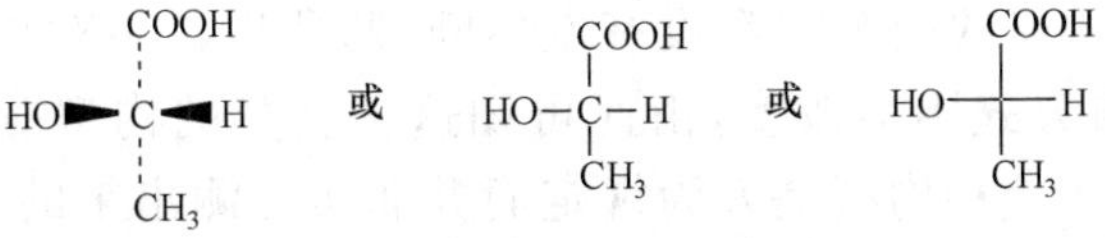

Ⅱ (−)-乳酸

图 4-13 (＋)-乳酸和(－)-乳酸的费歇尔投影式

在使用投影式时,要注意投影式中基团的前后关系,要经常与立体结构相联系。投影式不能离开纸面翻转,因为这会改变手性碳原子周围各原子或基团的前后关系。

若要知道两个投影式是否能够重叠,只能使它在纸面上转动,而且必须转动 180°,才不致改变基团的前后关系,获得的投影式构型与原来投影式的构型相同(图 4-14)。

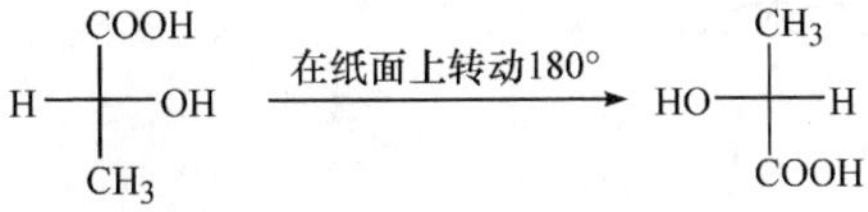

图 4-14 费歇尔投影式转动 180°

4.3.2 绝对构型和相对构型

物质分子中各原子或基团在空间的实际排布称为这种分子的绝对构型(absolute configuration)。1951 年以前,人们只知道旋光性不同的对映体分别代表着两种不同的空间排列,但无法确定旋光性物质的绝对构型。为了研究方便,曾以甘油醛为标准,作了人为的规定。甘油醛具有如下两种构型:

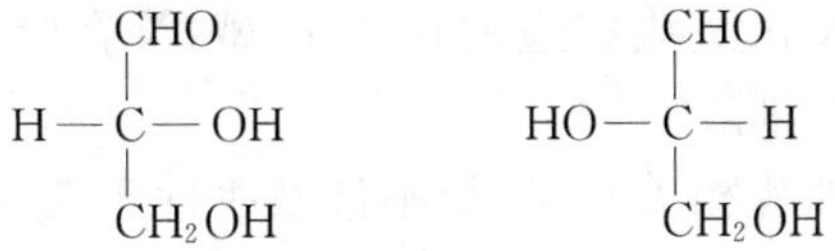

D-(＋)-甘油醛 L-(－)-甘油醛

Ⅲ Ⅳ

人为规定费歇尔投影式中,手性碳原子上—OH 在竖线右边的,为右旋甘油醛的构型(式Ⅲ),称为 D 构型;手性碳原子上—OH 在竖线左边的,为左旋甘油醛的构型(式Ⅳ),称为 L 构型。

标准物质的构型规定以后,其他旋光性物质的构型就可以通过化学转变的方法与标准物质关联起来得以确定。例如,将右旋甘油醛的醛基氧化成羧基,将羟甲基(CH_2OH)还原为甲基,就得到乳酸。

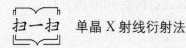

D-(＋)-甘油醛　　　D-(－)-甘油酸　　　D-(－)-乳酸

这样得到的乳酸,用旋光仪测定其旋光方向为左旋。由于上述氧化及还原的步骤中,与不对称碳原子相连的四个键都没有发生断裂,所以与不对称碳原子相连的原子或基团在空间的排布方式不会改变,由此可知这种乳酸的构型应该和右旋甘油醛相同,都是 D 构型。由于这种构型是人为规定而并非实际测出来的,所以称为相对构型(relative configuration)。

1951 年,魏沃德(Bijvoet)用单晶 X 射线衍射法成功地测定了右旋酒石酸铷钠的绝对构型,并由此推断出(＋)-甘油醛的绝对构型。有趣的是,实验测得的绝对构型正好与费歇尔任意指定的相对构型相同(这纯粹是一种巧合)。这样,与标准甘油醛关联而得到的旋光性物质的相对构型也就是绝对构型了。

扫一扫　单晶 X 射线衍射法

4.3.3　构型的表示方法

1. D/L 构型表示法

在具有
$$H-\overset{R}{\underset{R'}{\overset{|}{\underset{|}{C^*}}}}-X$$
 构型的化合物中(X 通常代表羟基、卤素及氨基等基团),按费歇尔投影规则投影,即将含碳原子的基团 R、R′放在竖线上,氧化态较高的基团放在上端,这时所得的费歇尔投影式中,X 在竖线右边的称为 D 型,X 在竖线左边的则称为 L 型,如 D-(＋)-甘油醛和 L-(－)-甘油醛。

其他手性化合物与甘油醛相关联时,如不涉及手性碳四条键的断裂,则构型保持不变。由此分别得到 D 和 L 构型的一系列化合物,如从 D-(＋)-甘油醛可获得 D-(－)-乳酸。需要指出的是,D 和 L 构型化合物的旋光方向与其本身构型无关,即 D 构型化合物的旋光方向可以是正的(即顺时针),也可以是负的(即逆时针),如 D-(＋)-甘油醛和 D-(－)-乳酸。

显然,D/L 标记法有其局限性,因为这种标记法只能准确知道与甘油醛相关联的手性碳的构型,对于含有多个手性碳的化合物,或不能与甘油醛相关联的一些化合物,这种标记法就无能为力了。因此,对于多个手性碳的化合物(除了糖和氨基酸等天然化合物外),逐渐采用了 R/S 构型表示法。

2. R/S 构型系统命名法

1970 年,国际上根据 IUPAC 的建议,采用了 R/S 构型系统命名法。这种命名法是根据化合物的实际构型,即绝对构型或费歇尔投影式命名的,所以它不需要与其他化合物联系比较。IUPAC 命名法的顺序规则在第 2 章(Z/E 命名法)中已经作了介绍。

含一个手性碳原子的分子*Cabcd(a≠b≠c≠d)命名时,首先把手性碳所连的四个原子或基团(a、b、c、d)按照 IUPAC 规定的顺序规则排列其优先顺序,如 a>b>c>d。其次,将此排列次序中排在最后的原子或基团(d,也称末优原子或基团)放在距离观察者最远的地方(图 4-15)。这个形象与汽车驾驶员面向方向盘的情况相似,末优原子或基团 d 在方向盘的连杆上。然后观察从最优先的 a 开始到 b 再到 c 的次序,如果是顺时针方向排列的[图 4-15(a)],这个分子的构型即用 R 表示(R 取自拉丁文 Rectus,"右"的意思);如果是逆时针方向排列的[图 4-15(b)],则此分子的构型用 S 表示(S 取自拉丁文 Sinister,"左"的意思)。甘油醛分子中基团的优先顺序是 OH→CHO→CH₂OH→H,其构型命名如图 4-16 所示。

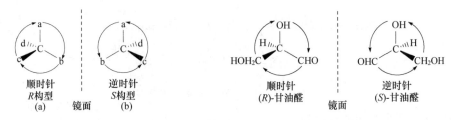

图 4-15 手性碳的 R 和 S 构型 图 4-16 甘油醛的 R 和 S 构型

若用投影式表示分子构型,也同样可以确定其 R 或 S 构型(图 4-17)。

图 4-17 通过费歇尔投影式判断手性碳原子构型

用费歇尔投影式表示分子构型时,可用下列简单的方法判断 R/S 构型:如果末优基团在竖线上(图 4-18),表示末优基团在纸平面后方,观察者从前面看,则末优基团离观察者最远,按 a→b→c 顺序,如果是逆时针方向转,即为 S,如果是顺时针方向转,即为 R。

如果末优基团在横线上(图 4-19),表示末优基团在纸平面前方,观察者从前面看时,则末优基团离观察者最近,按 a→b→c 顺序,如果是逆时针方向转,则手性碳的真实构型为 R,如果是顺时针方向转,则手性碳的真实构型为 S。

例如,1-苯基-2-甲基-1-丙胺的构型确定如图 4-20 所示。

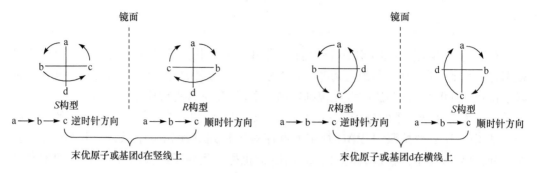

图 4-18　末优原子或基团 d 在竖线上的情况　　图 4-19　末优原子或基团 d 在横线上的情况

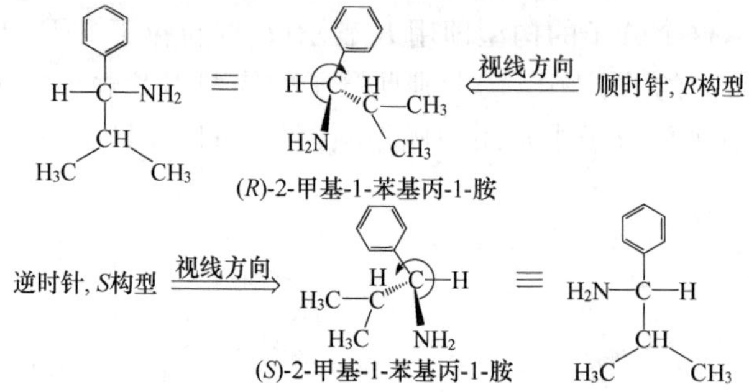

图 4-20　2-甲基-1-苯基丙-1-胺的构型确定

手性碳上四个基团的顺序为

$$NH_2 \rightarrow \bigcirc \rightarrow CH(CH_3)_2 \rightarrow H$$

需要指出的是，R/S 标记法仅表示手性分子中四个基团在空间的相对位置。对于一对对映体来说，一个异构体的构型为 R，另一个则必然是 S，但它们的旋光方向（"＋"或"－"）是不能通过构型来推断的，与 R/S 标记无关，而只能通过旋光仪测定得到。R 构型的分子，其旋光方向可能是左旋的，也可能是右旋的。因此，分子的构型与分子的旋光方向没有直接关系。

问题与思考 4-3

　　写出下列化合物的费歇尔投影式，并标明不对称碳原子的 R/S 构型。

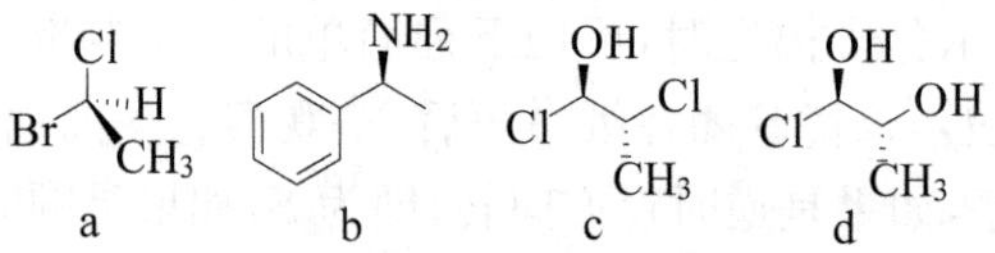

4.4　含多个手性碳原子的分子

4.4.1　非对映体

前面讨论的乳酸是仅含有一个手性碳原子的化合物,它有两个立体异构体(它们互为实物与镜像关系,是一对对映异构体)。当分子中含有两个不相同的手性碳原子时,与它们相连的原子或基团可有四种不同的空间排列,存在四个立体异构体,即两对对映异构体。例如,2,3,4-三羟基丁醛(赤藓糖)分子中,C_2 和 C_3 是两个不相同的手性碳原子,所以该化合物有四个立体异构体,如图 4-21 所示。

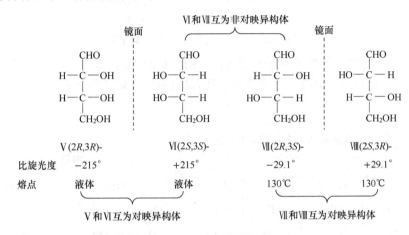

图 4-21　赤藓糖的四个立体异构体

可以看到,含两个不相同手性碳原子的分子存在两对对映体,其中 V 与 VI 是一对对映体,VII 与 VIII 是另一对对映体,V 与 VII 或 VI 与 VIII 虽然都是立体异构体,却不是对映体。这种互相不呈镜像对映关系的立体异构体称为非对映异构体,简称非对映体(diastereoisomer)。

当分子中含两个或两个以上手性中心时,就有非对映体存在。非对映体之间不仅旋光性不同,物理和化学性质也有差异。

4.4.2　外消旋体

除了上面讨论的肌肉乳酸和发酵乳酸外,还可从酸败的牛奶中,或用传统的合成方法制备乳酸。这样得到的乳酸其构造式相同,但都没有旋光性,即 $[\alpha]_D^{20}=0°$。这是因为这种乳酸是等量的右旋体和左旋体的混合物,它们对偏振光的作用相互抵消,所以没有旋光性。这种由等量的对映体组成的物质称为外消旋体(racemate),用(±)-或 dl-表示。外消旋体是混合物。

外消旋体和相应的左旋体或右旋体,除旋光性不同外,其他物理性质(熔点、溶解度等)也有差异。例如,左、右旋乳酸的熔点为 53℃,而外消旋体的熔点为 18℃。它们的化学性质也略有不同。外消旋体的化学性质与纯对映体相比,在非手性条件下无差别,但在手性环境中,两个对映体体现的性质不同。例如,在外消旋酒石酸培养液中放入青霉菌,右旋酒石酸被青霉菌消耗掉,左旋酒石酸却剩下来,溶液慢慢由没有旋光变成有旋光。在生理作用方面,外消旋体仍各自发挥其左旋体和右旋体的相应效能。

4.4.3　内消旋体

在酒石酸和2,3-二氯丁烷分子中,两个手性碳原子所连的四个基团完全相同。

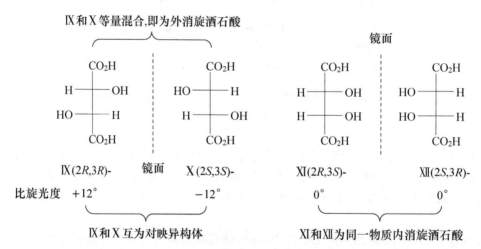

酒石酸分子中两个手性碳原子上所连接的四个基团相同,都是—H、—OH、—COOH和—CHOH。这种分子只有三种立体异构体,其费歇尔投影式如下:

IX和X是一对对映体,它们的等量混合物即为外消旋体。XI和XII看似对映体,但如将XI在纸面上旋转180°,即可与XII重合,所以XI和XII是同一种立体异构体。从投影式XI和XII的构型来看,它们都有一个对称面。

实验测得此化合物没有旋光性。像这种由于分子内含有相同的手性碳原子,分子的上半部分和下半部分互为实物与镜像的关系,从而使分子内部的旋光性相互抵消的化合物称为内消旋体(meso compound)。因此,酒石酸以及其他含两个相同手性碳原子的分子都只有三种立体异构体,即左旋体、右旋体和内消旋体。2,3-二氯丁烷与酒石酸类似,也只有三种立体异构体,一对对映体和一个内消旋体。需要注意的是,内消旋体是纯净物,而外消旋体是混合物。

由此可见,物质产生旋光性的根本原因在于分子的不对称性(手性),而不在于有无手性碳原子。

内消旋体和外消旋体虽然都不具有旋光性,但两者有着本质的不同:内消旋体是一种纯物质,它不像外消旋体那样可以分离成具有旋光性的两种物质。几种酒石酸的理化性质列于表 4-2 中。

表 4-2　几种酒石酸立体异构体的理化性质

酒石酸	熔点/℃	$[\alpha]_D^{25}(H_2O)$	溶解度(20 ℃)/[g·(100 mL H_2O)$^{-1}$]	密度(20 ℃)/(g·mL^{-1})	pK_{a_1}	pK_{a_2}
(+)	168~170	+12	139.0	1.7598	2.93	4.23
(−)	168~170	−12	139.0	1.7598	2.93	4.23
meso	146~148	0	125.0	1.6660	3.2	4.68
(±)	206	0	20.6	1.7880	2.96	4.24

4.4.4　含两个以上手性碳原子的分子

含有一个手性碳原子的化合物有两个立体异构体(一对对映体);当分子中有两个手性碳原子时最多会有四个立体异构体(两对对映体)。分子中手性碳原子的数目越多,其立体异构体的数目也就越多。一般来说,当分子中含有 n 个不相同的手性碳原子时,就有 2^n 个立体异构体、2^{n-1} 个对映体和非对映体。胆甾醇(cholesterol)含有 8 个手性碳原子(＊表示手性碳原子),理论上就会存在 2^8(256)个立体异构体或 2^{8-1}(128)个对映体,而实际上在自然界仅有一种胆甾醇,其结构如图 4-22 所示。

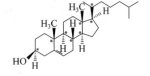

图 4-22　胆甾醇(含 8 个手性碳)

需要注意的是,如果分子中含有相同的手性碳原子时,由于存在内消旋体,所以立体异构体的数目少于 2^n 个。

4.4.5　不含手性碳原子的手性分子

手性碳原子是使分子产生手性的因素之一。有的分子不含手性碳原子,但却是手性分子。一些特殊的丙二烯、联芳香烃和螺环烃等就是这类化合物。

1. 丙二烯型化合物

丙二烯型化合物是累积二烯烃,含有 C=C=C 结构体系,即两个双键与同一个碳原子相连。分子中的三个碳原子,其中 C₁ 和 C₃ 是 sp² 杂化,C₂ 是 sp 杂化。C₂ 的两个相互垂直的 p 轨道与 C₁ 和 C₃ 的 p 轨道形成两个相互垂直的 π 键,C₁ 和 C₃ 上的两个C—H

键也分别处于两个相互垂直的平面上。此时,分子不具有手性(图 4-23)。

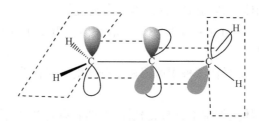

图 4-23　丙二烯分子的空间构型

如果 C_1 和 C_3 上的 H 原子被其他基团取代,分子中不存在对称面,因此就具有了手性,也有对映异构现象,如戊-2,3-二烯就有一对对映异构体(图 4-24)。

如果丙二烯两端的任何一个碳上连有两个相同的基团,整个分子不具有手性。例如,2-甲基-戊-2,3-二烯为非手性分子(图 4-25),因为其分子中有对称面。

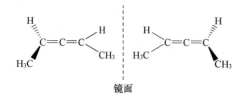

图 4-24　戊-2,3-二烯的一对对映异构体

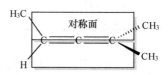

图 4-25　2-甲基-戊-2,3-二烯分子中的对称面

事实上,早在 1935 年米尔斯(Mills)就成功地合成了第一个光学活性的 1,3-二苯基-1,3-二(α-萘基)丙二烯(图 4-26)。

图 4-26　1,3-二苯基-1,3-二(α-萘基)丙二烯的一对对映异构体

2. 联芳香烃化合物

联芳香烃化合物是两个或多个苯环之间以单键相连所形成的一类多环芳烃。该类化合物中最简单的是两个苯环组成的联苯。

联苯　　　　　　　　对联三苯

在晶体中,联苯的两个苯环共平面,这样分子可排列得更紧密,具有较高的晶格能。但在溶液和气相中,不存在来自晶格能的稳定作用,由于 2,2'-位和 6,6'-位上两对氢之间

的相互排斥力,两个苯环不能处于同一平面,约成 45°。

两个苯环不能处于同一平面　　两个苯环成一定的角度

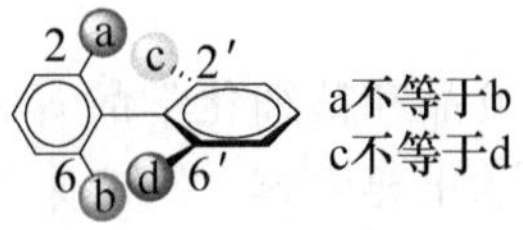

a 不等于 b
c 不等于 d

联苯本身两对邻位氢之间的空间作用,约为几千焦每摩,此能垒尚不足以阻碍两个苯环之间单键的自由旋转。但当这两对氢被大基团取代时,这种空间作用将增大。当取代基足够大时,两个苯环之间单键的自由旋转完全受阻,被迫呈互相垂直或成一定的角度。此时,若这两对取代基不相同(每个苯环上的两个取代基不同),分子就存在手性轴,有一对对映体,可拆分为光学纯的两个异构体,如 6,6'-二硝基联苯-2,2'-二甲酸(图 4-27)。

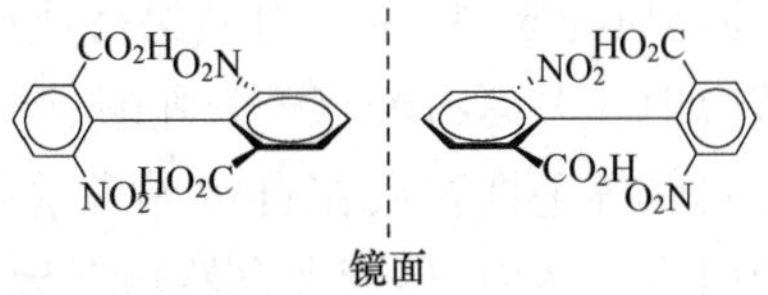

镜面

图 4-27　6,6'-二硝基联苯-2,2'-二甲酸的一对对映异构体

当某些分子中单键的自由旋转受到阻碍时,也可以产生对映异构体。例如,1,1'-联萘-2,2'-二酚就存在 (R)-(+)-和 (S)-(−)-两种异构体(图 4-28)。这种由单键的自由旋转受到阻碍而产生的异构体称为阻转异构体(atropisomer)。

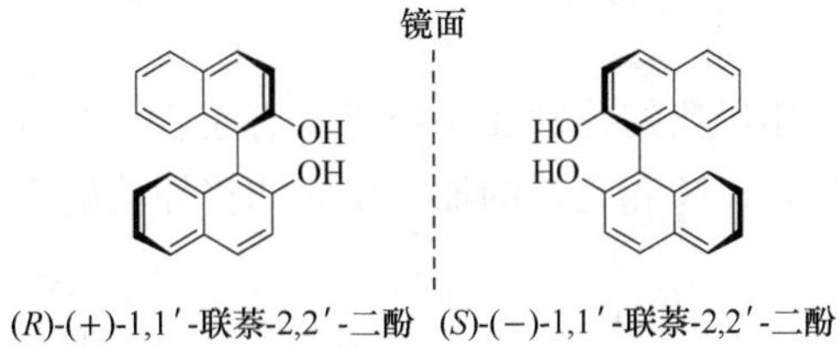

镜面

(R)-(+)-1,1'-联萘-2,2'-二酚　　(S)-(−)-1,1'-联萘-2,2'-二酚

图 4-28　1,1'-联萘-2,2'-二酚的一对对映异构体

3. 螺环化合物

手性螺环化合物是一类特殊的手性分子。当经由螺原子相连的两个环结构上的环相互垂直或形成一定角度的夹角时就会产生一对对映体(图 4-29)。

从上面的讨论可以看出,判断一个分子是否是手性分子,最好的办法就是看该分子是不是对称分子。如果它是不对称的(不含对称因素),它就是手性分子。也就是说,含一个手性碳原子的分子肯定是手性分子;含多个手性碳原子的分子不一定是手性分子(如内消旋酒石酸);手性分子不一定都含有手性碳原子。

镜面

(S)-螺[4.5]癸-1,6-二烯　　(R)-螺[4.5]癸-1,6-二烯

图 4-29　螺环化合物的一对对映体

问题与思考 4-4

举例说明什么是对映异构体、非对映异构体、外消旋体和内消旋体。

4.5   手性化合物的制备

手性化合物在药物、农药、食品和精细化学品等领域扮演着重要角色。因此,如何获得手性化合物就成为有机化学的重要内容。一般来说,可以通过化学或生物途径获得手性化合物。化学途径包括手性源合成、化学拆分和不对称合成;生物途径主要指酶催化合成。

4.5.1   通过化学途径获得手性化合物

1. 手性源合成

手性源合成是以天然手性物质为原料,通过构型保持或构型转化等化学反应合成新的手性化合物。糖类、有机酸[如(＋)-酒石酸、(＋)-乳酸、(－)-苹果酸和(＋)-抗坏血酸等]、氨基酸、萜类化合物和生物碱等手性物质在自然界含量丰富,光学纯度高,是常用的手性源,在有机合成中颇有吸引力。然而,尽管大自然巧夺天工的制造力为我们提供了众多的手性物质,但毕竟其品种和数量有限,与人类日益增长的需求相比仍然是杯水车薪。

2. 化学拆分法

用经典的化学反应合成含有手性碳原子的化合物时,得到的产物通常是外消旋体。例如,HCN 和乙醛的加成反应如将外消旋产物进一步水解,得到(±)-乳酸:

$$CH_3CHO \xrightarrow{HCN} \quad \underset{\substack{| \\ CH_3}}{\overset{\substack{CN \\ |}}{H-C-OH}} \quad + \quad \underset{\substack{| \\ CH_3}}{\overset{\substack{CN \\ |}}{HO-C-H}}$$

(R)-2-羟基丙腈(50%)   (S)-2-羟基丙腈(50%)

如果要获得其中的一个对映体,就需要将外消旋体分开为左旋体和右旋体。将外消旋体分离成单一对映体的过程称为外消旋体的拆分(resolution)。

化学拆分就是用等物质的量的手性物质(拆分剂)与外消旋体作用生成非对映体,利用它们性质上的差异将其分离。例如,(±)-乳酸与(R)-1-苯基乙胺反应,(R)-乳酸生成(R,R)-盐,而(S)-乳酸则生成(S,R)-盐。(R,R)-盐和(S,R)-盐是非对映体,这两种不同的化合物具有不同的化学性质和物理性质,可通过重结晶或其他方法进行分离,然后用盐酸酸化这两种盐,最终得到(R)-乳酸和(S)-乳酸。游离出来的手性拆分剂(手性胺)可回收再利用(图 4-30)。

外消旋体可通过物理方法(如分步结晶或晶种结晶法等)或生物法(酶具有手性识别能力)进行拆分。

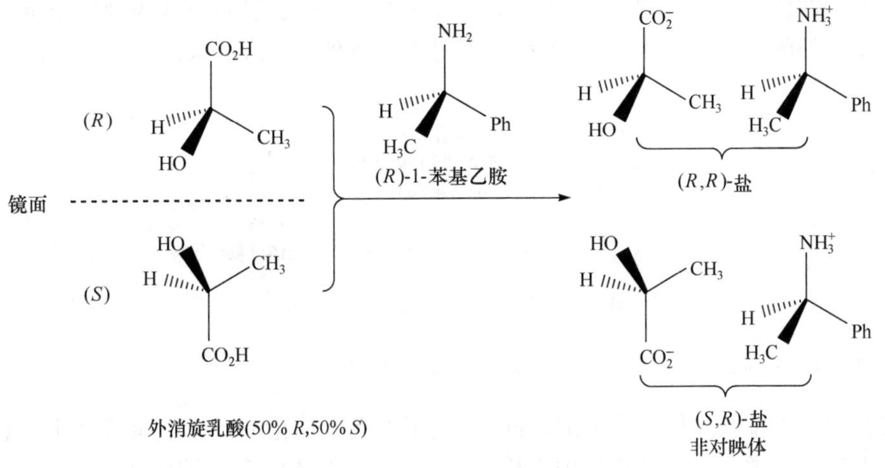

图 4-30　(±)-乳酸的拆分

3. 不对称合成

不对称合成(asymmetric synthesis)是指不具有手性的分子在手性因素的存在下,通过化学反应转化为手性分子的过程。前面已经讲到,用经典的化学反应合成具有手性碳原子的化合物时只能得到外消旋体;若反应在手性因素(如手性试剂、手性溶剂、手性催化剂或偏振光等因素)存在下进行,则两种对映体可按不同的比例生成,从而使产物具有旋光性。

不对称催化合成(asymmetric catalysis)是在少量手性催化剂存在下,通过手性增殖作用获得大量手性产物的合成方法。这种方法符合"高效、高选择性、排污少、副产物少"等绿色化学的要求。例如,治疗帕金森症的良药 L-多巴(L-Dopa)就是通过烯烃的不对称氢化反应制备出来的。L-多巴的工业化生产(图 4-31)是不对称催化合成的经典实例。

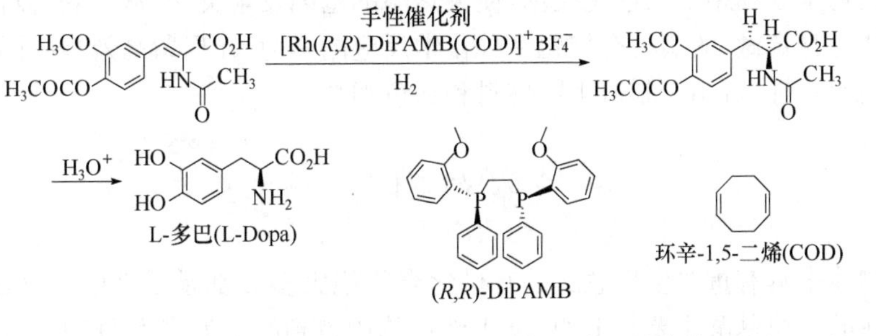

图 4-31　用手性催化反应工业生产 L-多巴的路线

在通过不对称催化氢化合成 L-多巴的过程中,使用的手性催化剂是由贵金属铑(Rh)充当中心原子,并与手性配体[chiral ligand,如(R,R)-DiPAMB]形成的金属配合物,虽然很高效,但毕竟使用了昂贵稀有金属,不仅成本高且易造成金属残留,具有一定的局限性。20 世纪 90 年代后期,合成化学家发现仅使用手性有机小分子(如 L-脯氨酸、奎宁等,图 4-32),

也可产生手性诱导,完成不对称催化反应。经过 20 多年的发展,已成为独立于金属催化、生物催化之外的第三种催化模式,被称为不对称有机催化(asymmetric organocatalysis)。

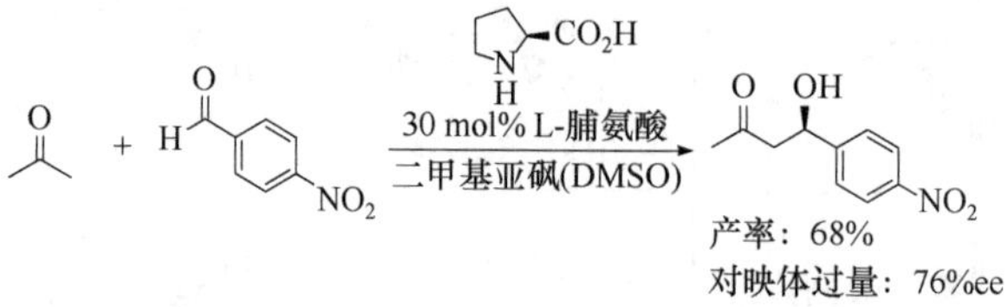

图 4-32 L-脯氨酸催化的不对称反应

4.5.2 通过生物途径获得手性化合物——酶催化合成

淀粉和纤维素在立体结构上的不同,造成了人类能消化淀粉而不能消化纤维素,一个重要原因就是人类和食草动物体内消化酶互不相同,人体内含有淀粉酶,可以消化淀粉;而食草动物体内含有纤维素酶,可以消化纤维素。这只是酶催化的一个实例,目前已知的可以被酶催化的反应超过 4000 种。

大多数酶是活性蛋白质,有的还含有金属离子如铁、锌、铜、钴等离子,称为金属酶。酶是一种生物催化剂,以其专一性(底物专一、立体专一和活性专一)、高效性著称。通常情况下,酶对其所催化的反应类型和底物种类具有高度的专一性。酶催化反应也是合成手性化合物的强有力的手段之一。例如,在假丝酵母脂肪酶 B(CALB)的存在下,以乙酸乙酯为乙酰化试剂,可同时分别获得光学纯的胺和乙酰化的胺(图 4-33)。

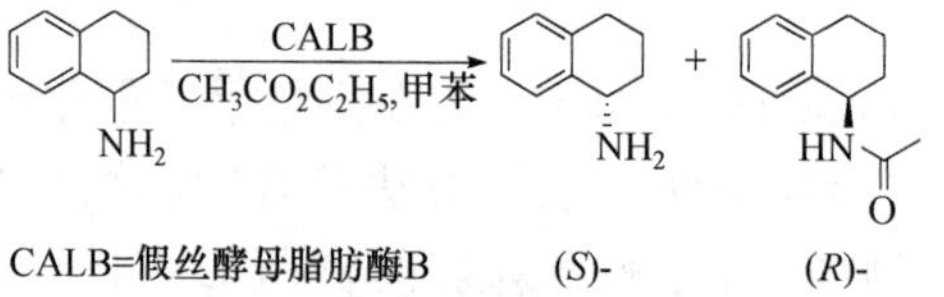

CALB=假丝酵母脂肪酶B　　(S)-　　(R)-

图 4-33 酶催化的反应

酶一般具有专一性,如果能突破酶催化反应的专一性,就可以利用酶催化多种化学反应。化学生物学家利用定向进化技术,使天然酶的基因发生突变,从而获得自然界不存在的酶,这些"量身定做"的酶具有催化多种化学反应的能力,在保留高效性的同时突破了酶催化反应的专一性,可用于制造生物燃料和绿色塑料。

4.6 立体异构体与生物活性

在生物体中具有重要生理意义的有机化合物绝大多数都是手性的。例如,在生物体中普遍存在的 α-氨基酸主要是 L 型,从天然产物中得到的糖类多为 D 型。机体代谢和调控过程所涉及的物质,如酶和受体等都具有手性。因此,含手性的药物,其对映体间的生物活性存在很大差异,往往只有其中的一个具有较强的生理效应,其对映体或者无活性,或者活性很低,有些甚至产生相反的生理作用。

为什么不同的立体异构体具有不同的生物活性呢?因为作为生命活动重要基础的生物大分子如蛋白质等都具有手性。很多药物的生物活性是通过与蛋白质之间的严格手性匹配与手性识别实现的。只有当药物分子与蛋白质完全匹配时,这种手性药物才能发挥作用,就像手套必须和手相匹配一样,我们不能把左手套戴在右手上,也不能把右手套戴在左手上。

一些旋光性物质的左、右旋体具有不同的生物活性,所以在临床上有不同的应用。例如,右旋四咪唑是抗抑郁药,而其左旋体则为治疗肿瘤的辅助药物;右旋苯丙胺是精神振奋药,其左旋体则具有抑制食欲的作用;作为血浆代用品的葡萄糖酐一定要用右旋糖酐,因为其左旋体对人体有较大的危害。

关　键　词

立体化学　stereo-chemistry　108
偏振光　polarized light　109
光学活性　optical activity　109
左旋体　laevoisomer　110
右旋体　dextroisomer　110
手性　chirality　110
对映异构体　optical isomer　111
对映体　enantiomer　111
对称面　plane of symmetry　112
对称轴　symmetric axis　112
对称中心　symmetric center　112
手性碳原子　chiral carbon atom　113

费歇尔投影式　Fischer projection　114
绝对构型　absolute configuration　115
相对构型　relative configuration　116
非对映体　diastereoisomer　119
外消旋体　racemate　119
内消旋体　meso compound　121
阻转异构体　atropisomer　123
拆分　resolution　124
不对称合成　asymmetric synthesis　125
酶催化　enzymic catalysis　126

小　结

立体化学是研究分子中原子或基团的空间排布、立体异构体的制备方法以及分子结构对化合物理化性质影响的一门学科。

1. 平面偏振光和分子的旋光现象

一些立体异构体能使偏振光的振动面旋转一定角度,这些化合物称为旋光性化合物或光学活性物质。使偏振光的振动面向右(顺时针)旋转的化合物称为右旋体,用"+"或"d"表示;使振动面向左(逆时针)旋转的化合物称为左旋体,用"—"或"l"表示。

2. 手性、对映体、非对映异构体、外消旋体和内消旋体

分子的实物与镜像不能重叠的现象称为手性,相对应的分子称为手性分子。手性分子中不含对称面;连接四个不同原子或基团的碳原子称为手性碳原子,也称立构中心。

一对实物与镜像的手性化合物的立体异构体称为对映体。它们就像人的左手和右手的关系,相互对映。一对对映体包含一个左旋体和一个右旋体,它们的比旋光度的绝对值相等,但旋光方向相反。等量的左旋体和右旋体的混合物称为外消旋体,用($\pm$)或 dl-表示。一对不呈镜像对映关系的立体异构体称为非对映体。外消旋体和单个非对映体的物理性质和生物活性不同。某些分子含有一个以上的立构中心。对映体的每个立构中心的构型都是相反的,而非对映体至少有一个立构中心的构型是相同的。一般来说,当分子中含有 n 个不相同的手性碳原子时,就有 2^n 个立体异构体、2^{n-1} 个对映体和非对映体。一些丙二烯、联芳香烃和螺环烃等是不含手性碳原子的手性化合物。

3. 手性化合物构型的表示方法和费歇尔投影式

手性碳原子的构型用 R/S 表示。首先把连接在手性碳原子的四个不同的原子或基团(a、b、c 和 d)按次序规则排列它们的优先顺序,如 a>b>c>d。其次,将此排列顺序中排在最末的 d 放在距离观察者最远的地方。然后从最优先的 a 到 b 再到 c 的次序观察,如果是顺时针方向排列的,这个手性碳的构型为 R;如果是逆时针方向排列的,则为 S 构型。费歇尔投影式可以用来表示对映体的构型,投影规则如下:把距离观察者较近的与手性碳原子结合的两个键,靠近自己(处于纸平面前方,画成实楔形线或横线),把距离观察者较远的两个键远离自己(处于纸平面后方,画成虚楔型线或竖线),投影到纸面上,就得到费歇尔投影式。投影式不能离开纸面翻转,因为这会改变手性碳原子周围各原子或基团的前后关系。

4. 手性化合物的制备方法

手性化合物的制备方法包括手性源合成、化学拆分法、不对称合成和酶催化合成。

5. 手性化合物的结构与生理活性

很多药物的生物活性是通过与生物大分子如蛋白质之间严格的手性匹配与手性识别而实现的。只有当药物分子完全与蛋白质匹配时,手性药物才能发挥作用。

习　题

1. 下列化合物中,可能具有旋光活性的为(　　)。

A.

B.

2. 考察下面的费歇尔投影式,这两种化合物互为( )。

A. 同一种化合物　　　　B. 对映体　　　　C. 非对映体　　　　D. 内消旋体

3. 画出化合物(2*E*,4*S*)-4-溴-3-乙基戊-2-烯的结构式,注意表示出正确的立体构型。

4. 画出(*S*)-1-氯-2-甲基-丁烷的结构式,其在光激发下与氯气反应,生成的产物中含有1,2-二氯-2-甲基-丁烷和1,4-二氯-2-甲基-丁烷,写出反应方程式,说明这两个产物有无光学活性,为什么?

5. 某物质溶于氯仿中,其浓度为 100 mL 溶液中溶解 6.15 g。将部分此溶液放入一个 5 cm 长的样品管中,在旋光仪中测得的旋光度为 $-1.2°$,计算它的比旋光度。

6. 一光学活性化合物 A,分子式为 C_8H_{12},A 用钯催化氢化,生成化合物 B(C_8H_{18}),B无光学活性,A 用林德拉(Lindlar)催化剂(Pd/BaSO$_4$)氢化,生成化合物 C(C_8H_{14}),C 为光学活性化合物。A 在液氨中与钠反应生成光学活性化合物 D(C_8H_{14})。试推测 A、B、C、D 的结构。

7. 用冷的 KMnO$_4$ 溶液处理顺-丁-2-烯生成一个熔点为 32 ℃ 的邻二醇 A,处理反-丁-2-烯却生成熔点为 19 ℃ 的邻二醇 B。A 和 B 都没有旋光性,但 B 可拆成两个旋光度相等、方向相反的邻二醇。写出 A、B 的结构式并用 *R/S* 标出它们的构型。

8. 下列化合物中哪个有旋光异构体? 如有手性碳,用星号标出,并指出可能有的旋光异构体的数目。

(1) $CH_3CH_2CHCH_3$
　　　　　　|
　　　　　　Cl

(2) $CH_3CH=C=CHCH_3$

(3)

(4)

(5)

(6) $CH_3CH-CH-COOH$
　　　　　|　　|
　　　　　OH　CH$_3$

(7) HO—〇—OH

(8)

(9)

(10)

9. 分子式 $C_5H_{10}O_2$ 的酸,有旋光性,写出它的一对对映体的费歇尔投影式,并用 *R/S* 标记法命名。

10. (＋)-麻黄碱的 Fischer 投影式如下,请判断其不对称碳原子的 *R/S* 构型。

$$
\begin{array}{c}
C_6H_5 \\
HO—H \\
H—CH_3 \\
NHCH_3
\end{array}
$$

(＋)-麻黄碱

11. 指出下列各对化合物间的相互关系(属于哪种异构体或是相同分子)。

(1)

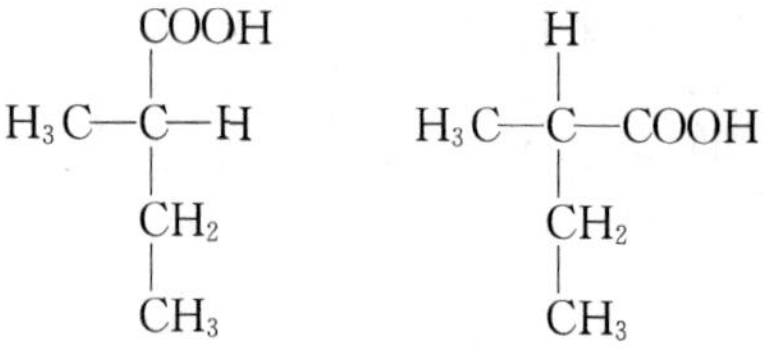

(2)

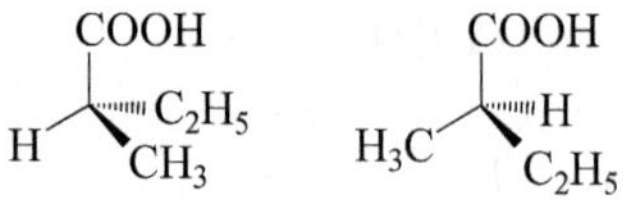

(3)

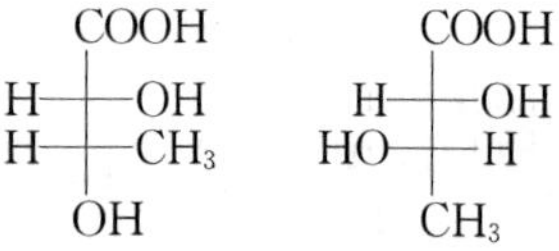

(4)

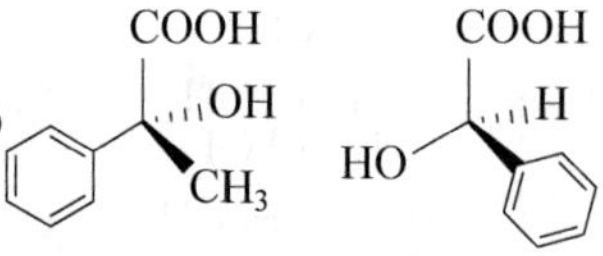

(5)

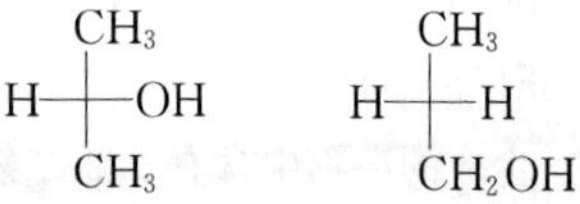

(6)

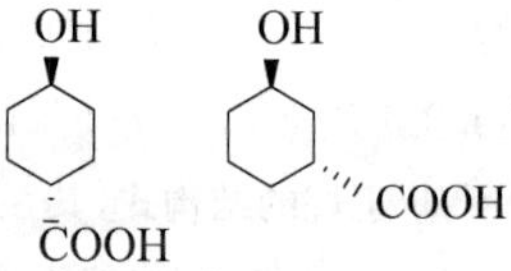

12. 将下述物质溶于非光学活性的溶剂中,哪种溶液具有旋光性?

(1) (2S,3R)-酒石酸;

(2) (2S,3S)-酒石酸;

(3) 化合物(1)与(2)的等量混合物;

(4) 化合物(2)与(2R,3R)-酒石酸的等量混合物。

第5章 卤 代 烃

烃分子中的一个或几个氢原子被卤素（F、Cl、Br、I）取代后生成的化合物称为卤代烃（halohydrocarbon），卤原子是卤代烃的官能团。最常见的卤代烃是烃的氯、溴和碘的取代物，氟代烃的制法和性质都比较特殊，与其他三种卤代烃不同，不在本章中讨论。

自然界中存在的卤代烃种类并不多，主要存在于海洋生物体内，如海藻、海绵及软体动物。海洋生物通常利用所含卤代烃的刺激性气味进行御敌和自身防护（如红海藻 *limu kohu* 体内的 $Br_2C=CHCHCl_2$ 和 $Br_2C=CHCHBr_2$）。近年来研究发现，从海洋生物体内分离得到的许多卤代烃结构特殊，且具有抗菌、抗真菌及抗肿瘤活性。我们熟悉的卤代烃大多是人工合成的，常用作制冷剂、杀虫剂、麻醉剂和绝缘材料等。一些化学性质活泼的卤代烃是有机合成中的重要原料，而化学性质稳定的卤代烃则常用作溶剂（如 CH_2Cl_2、$CHCl_3$）。

三氯甲烷　　　二氯二氟甲烷　　　双对氯苯基三氯乙烷　　　聚四氟乙烯
（氯仿，溶剂）　（氟利昂，制冷剂）　　（DDT，杀虫剂）　　（特氟龙，绝缘材料）

5.1　卤代烃的分类和命名

5.1.1　卤代烃的分类

卤代烃按卤原子的种类不同可分为氟代烃、氯代烃、溴代烃和碘代烃；按分子中卤原子数目不同分为一卤代烃和多卤代烃；但通常都是按烃基的不同将卤代烃分为卤代烷烃（通常简称卤代烷）、卤代烯烃和卤代芳烃。

1. 卤代烷烃

卤代烷中以一卤代烷较为重要，其中卤素所连的碳原子可以是伯、仲和叔碳原子，所以又将一卤代烷分为伯卤代烷、仲卤代烷和叔卤代烷（也可用 1°、2°、3°卤代烷表示）。例如

2. 卤代烯烃

根据碳-碳双键与卤原子的相对位置不同,又将卤代烯烃分为三类。

乙烯型卤代烯烃:卤原子与双键碳原子直接相连,如 1-氯丁-1-烯。

烯丙型卤代烯烃:卤原子连在双键的 α-碳原子上,如 3-氯丁-1-烯。

孤立型卤代烯烃:卤原子与双键相隔两个以上的碳原子,如 4-氯丁-1-烯。

$$ClCH{=}CHCH_2CH_3 \qquad CH_2{=}CHCHCH_3 \qquad CH_2{=}CHCH_2CH_2Cl$$
$$\underset{Cl}{|}$$

1-氯丁-1-烯　　　　　3-氯丁-1-烯　　　　　4-氯丁-1-烯

3. 卤代芳烃

与卤代烯烃类似,卤代芳烃也分三类。

苯型卤代芳烃:卤素和苯环碳直接相连,如氯苯。

苄型卤代芳烃:卤素连在苯环侧链的 α-碳原子上,如苄基氯。

孤立型卤代芳烃:卤素所连的碳与苯环不直接相连,如 2-溴-1-苯基丙烷。

氯苯　　　　苄基氯　　　　2-溴-1-苯基丙烷

在卤代烯烃和卤代芳烃中,由于卤原子与不饱和键的相对位置不同,卤原子的化学活性存在很大差异:烯丙型卤代烯烃及苄型卤代芳烃的卤原子活性最强;孤立型卤代烯烃及孤立型卤代芳烃的卤原子活性次之,基本与卤代烷相似;乙烯型卤代烯烃及苯型卤代芳烃中卤原子的活性最弱。

5.1.2　卤代烃的命名

简单的卤代烃用普通命名法,即将卤素取代基置于烃的名称前面,但少数化合物习惯将烃基的名称置于卤素之前。

$$CH_3I \qquad CH_2Cl_2 \qquad H_2C{=}CHCl \qquad H_3C{-}\underset{CH_3}{\overset{CH_3}{\underset{|}{\overset{|}{C}}}}{-}Cl$$

碘甲烷　　　二氯甲烷　　　乙烯基氯　　　叔丁基氯　　　　苄基溴

有些卤代烷常采用俗名,如 $CHCl_3$ 氯仿(三氯甲烷)、CHI_3 碘仿(三碘甲烷)。

复杂的卤代烃可用系统命名法命名。

选择最长碳链作为主链。若最长碳链有多种,则选含取代基最多的碳链作为主链,母体称为"某烷"。从最靠近取代基的一端开始编号。若有多个取代基,则按照"最低位次组"原则进行编号,即将不同位次组的编号由小到大进行比较,最先出现最小编号的位次组为最低位次组。若有两组编号完全相同,则按照取代基英文名称的首字母次序,最靠前的取代基最先编号。按照"m-X 取代基-n-Y 取代基某烷"的格式依次将取代基按英文字母顺序依次列在母体之前,标明取代基的位次(m、n)及数目(X、Y),数字与汉字之间以

"-"隔开。如分子有手性,需标记其构型。例如:

5-溴-2,4-二甲基庚烷   2-溴-4,5-二甲基庚烷

2-氯-3-甲基丁烷   1,2-二氯-3-甲基丁烷

2-溴-4-氯戊烷   (S)-2-氯丁烷

卤代烯的命名,选择最长的碳链作为主链,若主链包含不饱和键,从最靠近不饱和键或者取代基的一端开始,若二者编号相同,则优先从不饱和键的一端开始。依据主链碳原子数称为"-o-烯"(o 为 C═C 的编号)。

4-溴戊-2-烯   (E)-7-氯-6-甲基庚-3-烯

5-氯-3-乙基戊-1-炔   3-溴-4-甲基环戊-1-烯

卤代芳烃的命名以芳烃为母体,卤原子为取代基。

1-溴-2-甲基苯   (4-氯丁-2-基)苯

5.2 卤代烃的物理性质

除溴甲烷、两个碳以下的氯代烷和氯乙烯在室温下是气体外,一般的卤代烃多为液体。随着相对分子质量的增加,熔点升高,15 个碳以上的卤代烷为固体。

除氟代烃外,卤代烃中烃基相同而卤原子不同时,沸点随卤素原子序数的增加而升高,即碘代烃最高,溴代烃次之,氯代烃最低。同系列中卤代烃沸点随碳链增长而升高。同分异构体中,直链卤代烃沸点较高,支链越多,沸点越低。

除某些卤代烷外,卤代烃的密度一般比水大,分子中卤原子增多,密度增大。

卤代烃均不溶于水,但溶于大多数有机溶剂。许多有机化合物可溶于卤代烃溶剂,如氯仿、二氯甲烷等是常用的有机溶剂。但许多卤代烃的蒸气对肝脏有毒害作用,使用时应尽量避免吸入。一些卤代烃的物理常数见表 5-1。

表 5-1　一些卤代烃的物理常数

名称	构造式	熔点/℃	沸点/℃	相对密度(液态)
氯甲烷	CH_3Cl	−97.1	−24.2	0.9159
溴甲烷	CH_3Br	−93.6	3.6	1.6755
碘甲烷	CH_3I	−66.4	42.4	2.279
二氯甲烷	CH_2Cl_2	−95.1	40	1.3266
三氯甲烷	$CHCl_3$	−63.5	61.7	1.4832
四氯甲烷	CCl_4	−23	76.5	1.5940
三碘甲烷	CHI_3	120	升华	4.008
氯乙烷	CH_3CH_2Cl	−139	12.2	0.910
氯乙烯	$CH_2{=}CHCl$	−153.8	−13.4	0.9106
3-氯丙烯	$CH_2{=}CHCH_2Cl$	−136	44.6	0.938
氯苯	C_6H_5Cl	−45.6	132	1.1058
溴苯	C_6H_5Br	−30.0	155.5	1.495
碘苯	C_6H_5I	−29	188.5	1.832
苄基氯	$C_6H_5CH_2Cl$	−43	179	1.103
苄基溴	$C_6H_5CH_2Br$	−4	198	1.438

5.3　卤代烃的化学性质

卤代烃的官能团是卤原子,其化学性质与结构的关系以一卤代烷为例进行分析。

由于卤素的电负性比碳大,因此 C—X 键是极性共价键,卤素带部分负电荷,碳原子带部分正电荷。碳原子易受到亲核试剂的进攻,发生亲核取代反应。C—X 键的极性还可以通过诱导效应影响相邻 β-碳上的氢原子,使其活性增加,在碱作用下发生 β-消除反应。另外,卤代烃还可以与一些金属反应生成有机金属化合物。

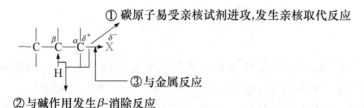

5.3.1　亲核取代反应

在卤代烷分子中,由于 C—X 键为极性共价键,带部分正电荷的碳原子易受到亲核试剂（:Nu⁻）的进攻，卤原子被亲核试剂所取代生成新的 C—Nu 键，故该反应又称亲核取代反应（nucleophilic substitution），用缩写字母 S_N 表示。

$$:Nu^- + R \overset{\frown}{} X \longrightarrow R—Nu + :X^-$$

亲核试剂可以是负离子（如 OH^-、OR^-、$RCOO^-$、ONO_2^-、CN^-、$^-C{\equiv}CH$、N_3^-、HS^-、RS^-、X^-），也可以是具有未共用电子对的中性分子[如 H_2O、ROH、NH_3、$(CH_3)_3N$、H_2S、RSH 等]。

1. 被羟基取代生成醇

$$R—X + H_2O \rightleftharpoons R—OH + HX$$
$$\text{醇}$$

卤代烷与水作用，卤原子被羟基取代生成醇，该反应又称卤代烷的水解反应。由于该反应是可逆的，常温下进行得很慢。通常将卤代烷与强碱（氢氧化钠、氢氧化钾）水溶液共热，OH^- 比 H_2O 的亲核性强，而且生成的 HX 能被碱中和，因此能加快反应速率，提高醇的产率。例如

$$R—X + OH^- \overset{\triangle}{\longrightarrow} R—OH + X^-$$

$$\diagdown\diagup\diagdown Br + KOH \overset{\triangle}{\longrightarrow} \diagdown\diagup\diagdown OH$$
$$\textbf{丁-1-醇}$$

2. 被烷氧基取代生成醚

$$RX + NaOR' \longrightarrow R—O—R' + NaX$$
$$\text{醚}$$

卤代烷与醇钠反应，卤原子被烷氧基取代生成醚。这是制取混合醚的一个重要的方法，称为威廉森（Williamson）醚合成法。例如

$$\diagdown\diagup Br + CH_3ONa \longrightarrow \diagdown\diagup\diagdown O\diagdown$$
$$\textbf{甲丙醚}$$

该反应使用的卤代烷通常为伯卤代烷，如果是仲卤代烷和叔卤代烷与醇钠反应，常发生消除反应，主产物为烯烃。

3. 被氰基取代生成腈

$$RX + NaCN \overset{\text{乙醇}}{\underset{\triangle}{\longrightarrow}} RCN + NaX$$
$$\text{腈}$$

卤代烷在乙醇溶液中与氰化钠或氰化钾共热时，卤原子被氰基（—CN）取代，生成腈（nitrile）。腈在酸或碱溶液中可水解为相应的羧酸或羧酸盐。

$$RCN + H_2O + HCl \longrightarrow RCOOH + NH_4Cl$$

$$RCN + H_2O + NaOH \longrightarrow RCOONa + NH_3$$

通过上述反应可以向分子中引入氰基而增加一个碳原子。例如

$$\text{丙基卤} \xrightarrow[\triangle]{X \ NaCN, C_2H_5OH} \text{CN} \xrightarrow{H_3O^+} \text{COOH 丁酸}$$

通常,此反应只适用于伯卤代烷,仲卤代烷和叔卤代烷会发生消除反应生成烯烃副产物。

4. 被硝酸根取代生成硝酸酯

$$RX + AgNO_3 (AgONO_2) \xrightarrow[\triangle]{乙醇} RONO_2 + AgX\downarrow$$
$$\text{硝酸酯}$$

卤代烷与硝酸银的醇溶液共热时,卤原子被硝酸根取代生成硝酸酯,同时产生卤化银沉淀,利用该反应可以鉴别不同类型的卤代烃。各种卤代烃的反应次序为

烯丙型卤代烃	>	叔卤代烃	>	仲卤代烃	>	伯卤代烃	>	乙烯型卤代烃
(室温下立即反应)		(需振荡)		(加热后反应)		(长时间加热反应)		(不反应)

烃基相同时,不同卤代烃活性顺序为

$$RI > RBr > RCl$$

5. 被氨基取代生成胺

$$RX + NH_3 \longrightarrow RNH_3^+ X^- (或 RNH_2 \cdot HX) \xrightarrow{NaOH} RNH_2 + NaX + H_2O$$
$$\text{伯胺的氢卤酸盐} \qquad\qquad \text{伯胺}$$

卤代烷与过量的氨反应生成伯胺的氢卤酸盐,从理论上讲,此反应可作为合成伯胺的一种方法。但实际上,伯胺能继续与卤代烷作用生成仲胺。这样继续反应下去,可以相继得到叔胺及最终产物季铵盐。故反应常得到一个混合产物。

$$RX \xrightarrow{NH_3} RNH_3^+ X^- \underset{}{\overset{NH_3}{\rightleftharpoons}} RNH_2 \xrightarrow{RX} R_2NH_2^+ X^- \overset{NH_3}{\rightleftharpoons}$$
$$\text{伯胺}$$

$$R_2NH \xrightarrow{RX} R_3NH^+ X^- \overset{NH_3}{\rightleftharpoons} R_3N \xrightarrow{RX} R_4N^+ X^-$$
$$\text{仲胺} \qquad\qquad \text{叔胺} \quad \text{季铵盐}$$

用过量的氨作原料可以使伯胺成为主要产物,但产物仍为混合物,难以分离提纯,故该反应在合成上有很大的局限性。

问题与思考 5-1

请写出下列反应的主要产物。

$$\text{C}_6\text{H}_5\text{CH}_2\text{Cl} + NaCN \longrightarrow \qquad \xrightarrow{H_3O^+}$$

$$\text{I} + N_3^- \longrightarrow \qquad \xrightarrow[Pd/C]{H_2}$$

问题与思考 5-2

氯化十六烷吡啶(cetylpyridinium chloride,CPC)是一种抗菌剂,能够杀死细菌和其他微生物,常作为牙膏、漱口剂、喷喉剂和呼吸喷剂等的成分,CPC 由以下反应制备,请写

出 CPC 的结构式。

$$\text{C}_5\text{H}_5\text{N}: + \quad\text{——————————Cl} \longrightarrow$$

5.3.2 β-消除反应

C—X 键的极性可以通过诱导效应影响相邻的 β-碳原子，使 β-碳上的氢活性增加，易受碱进攻，与 α-碳上的卤素一起脱去，生成烯烃。这种分子中脱去一个小分子（HX、H_2O、NH_3、CH_3OH 等）形成不饱和烃的反应称为消除反应（elimination），用 E 表示。

$$\text{R}\overset{\beta}{-}\text{CH}\overset{\alpha}{-}\text{CH}_2 + \text{KOH} \xrightarrow[\triangle]{\text{乙醇}} \text{RCH}=\text{CH}_2 + \text{KX} + \text{H}_2\text{O}$$
$$\boxed{\;\text{H}\qquad\text{X}\;}$$

消除反应所需的条件是较强的碱（如氢氧化钠、氢氧化钾、醇钠、醇钾等）和使用醇作为溶剂。

卤代烷分子中必须含有 β-H 时才有可能发生消除反应，故又称 β-消除反应。仲卤代烷和叔卤代烷分别含有两个和三个 β-碳原子，进行消除反应时可能得到不同的产物。例如

$$\xrightarrow[\triangle]{\text{KOH, C}_2\text{H}_5\text{OH}}$$

丁-2-烯　　＋　　丁-1-烯
81%　　　　　　19%

$$\xrightarrow[\triangle]{\text{KOH, C}_2\text{H}_5\text{OH}}$$

2-甲基-丁-2-烯　　＋　　2-甲基-丁-1-烯
71%　　　　　　　　29%

实验结果表明，主产物是双键碳原子上连有最多烃基的烯烃，此经验规律是俄国化学家札依采夫（Zaitsev）发现的，因此称为札依采夫规则。此规则表明当卤代烷脱卤化氢时，氢原子主要是从含氢较少的 β-碳原子上脱去。但也存在例外情况，如卤代烯烃和卤代芳烃发生消除反应时，生成的主要产物是共轭烯烃，不一定遵守札依采夫规则。例如

$$\xrightarrow{\text{CH}_3\text{O}^-}$$

5-甲基己-1,3-二烯　　＋　　5-甲基己-1,4-二烯
（主产物）

问题与思考 5-3
　　请标记出下列卤代烷结构中的 β-H，并画出其与 $\text{KOC(CH}_3)_3$ 反应的主要消除产物结构。

（1）　　　　　（2）　　　　　（3）　　　　　（4）

5.3.3　与金属反应生成有机金属化合物

卤代烃可与某些金属（如锂、钠、钾、镁、铝、铬等）反应，生成含有 C—M（M 代表金属原子）键的有机金属化合物。其中，以卤代烃与金属镁反应生成的有机镁化合物最为重要，在有机合成中应用非常广泛。该类化合物又称为格利雅（Grignard）试剂，简称**格氏试剂**，由卤代烷在无水乙醚或四氢呋喃中与金属镁反应得到。

$$RX + Mg \xrightarrow{\text{无水乙醚}} RMgX$$

生成格氏试剂的难易与卤代烷的结构及卤素的种类有关。卤素相同的卤代烷，反应速率为：伯卤代烷＞仲卤代烷＞叔卤代烷；烷基相同的卤代烷，反应速率为：碘代烷＞溴代烷＞氯代烷。因碘代烷价格贵，而氯代烷反应活性差，故通常采用溴代烷来制备格氏试剂。格氏试剂非常活泼，很容易与空气中的氧气、二氧化碳和水反应，因此制备时应保证在无水无氧条件下进行。

格氏试剂分子中的 C—Mg 键是极性键，碳原子带有部分负电荷，其化学性质非常活泼，是有机合成中一类重要的碳亲核试剂，与含有活泼氢的化合物如水、醇、卤代烃反应生成烃，与二氧化碳反应生成羧酸。格氏试剂与醛、酮、酯的反应将在后续章节中介绍。

$$RMgX \begin{cases} H_2O \longrightarrow \underset{\text{烃}}{RH} + Mg(OH)X \\ R'OH \longrightarrow \underset{\text{烃}}{RH} + R'O—MgX \\ R'X \longrightarrow \underset{\text{烃}}{R—R'} + MgX_2 \\ CO_2 \longrightarrow \underset{}{R—\overset{O}{\overset{\|}{C}}—OMg} \xrightarrow{H_3O^+} \underset{\text{羧酸}}{R—\overset{O}{\overset{\|}{C}}—OH} \end{cases}$$

 Victor Grignard(1871—1935)

5.4　亲核取代反应历程

卤代烷的亲核取代反应是一类重要反应，由于这类反应可用于各种官能团的转变以及碳-碳键的形成，在有机合成中应用广泛，因此对其反应历程的研究也就比较充分。

以卤代烷的水解为例，化学动力学研究及许多实验表明，卤代烷的亲核取代反应是按两种历程进行的,即双分子亲核取代反应(S_N2)和单分子亲核取代反应(S_N1)。

5.4.1 双分子亲核取代反应历程(S_N2)

$$CH_3\underset{\underset{Br}{|}}{C}HCH_2CH_3 + OH^- \longrightarrow CH_3\underset{\underset{OH}{|}}{C}HCH_2CH_3 + Br^-$$

$$反应速率 = k[CH_3CHBrCH_2CH_3][OH^-]$$

2-溴丁烷在碱溶液中的水解速率不仅与卤代烷的浓度成正比,还与碱的浓度成正比,在动力学上为二级反应。由于该取代反应的速率取决于两种反应物的浓度,故称为双分子亲核取代反应,用 S_N2 表示("2"代表双分子)。2-溴丁烷的水解反应历程可表示为

(S)-2-溴丁烷 　　　平面过渡态　　　　　　(R)-丁-2-醇

C—Br 键是极性共价键,碳原子带部分正电荷,溴原子带部分负电荷,亲核试剂 OH^- 从远离溴的一方向中心碳靠拢,C—O 键开始部分地形成,与此同时,溴原子带着共用电子对逐渐远离中心碳。与中心碳相连的其他原子及原子团由于 OH^- 的逐渐挤入也向溴原子一方逐渐偏转,这样就形成了一种平面过渡态。随着 OH^- 进一步接近中心碳,OH^- 与中心碳完全成键,溴原子则带着共用电子完全离去形成 Br^-,中心碳上的其他三个原子及原子团也完全翻转到另一边,中心碳原子的构型发生转化,这种构型翻转又称瓦尔登反转(Walden inversion)。但这里应该要注意的是构型的翻转不是简单的 S 构型变成 R 构型或者 R 构型变成 S 构型。例如,对于下面的反应,尽管发生了构型翻转,但其构型没有变化,依然为 S 构型。因为手性碳原子的 R 或 S 命名是基于取代基的优先顺序。

(S)-2-氨基-3-溴丁烷　　　　　　　　　　(S)-4-氨基-3-甲基戊-1-炔

S_N2 反应历程的特点是:①双分子反应,反应速率与卤代烷及亲核试剂的浓度均成正比;②反应一步完成,过渡态只是反应过程中的活化状态,旧键断裂和新键形成同时进行;③反应过程伴随有构型翻转。

在 S_N2 历程中,亲核试剂从离去基团的背面进攻中心碳,如果中心碳上连有多个烷基,由于空间位阻效应,阻碍亲核试剂接近中心碳原子。另外,烷基的 +I 效应使中心碳原子的电子云密度增加,也不利于亲核试剂的进攻。故卤代烷按 S_N2 历程进行反应的活性顺序为

$$CH_3X > 伯卤代烷 > 仲卤代烷 > 叔卤代烷$$

问题与思考 5-4

请画出下列卤代烷发生 S_N2 反应的主要产物。

(1) 2-溴丁烷与甲醇钠 　　　　　　(2) (*R*)- 2-溴丁烷与甲醇钠

(3) (*S*)-2-氯戊烷与氢氧化钠水溶液 　(4) 3-溴己烷与氢氧化钠水溶液

(5) *cis*-1-溴-4-甲基环己烷与氢氧化钠水溶液

问题与思考 5-5

请将下列卤代烷按照 S_N2 反应的活性由强到弱排序。

(1) 1-氯-2-甲基丁烷 　　　　　　(2) 1-氯-3-甲基丁烷

(3) 2-氯-2-甲基丁烷 　　　　　　(4) 1-氯丁烷

5.4.2　单分子亲核取代反应历程(S_N1)

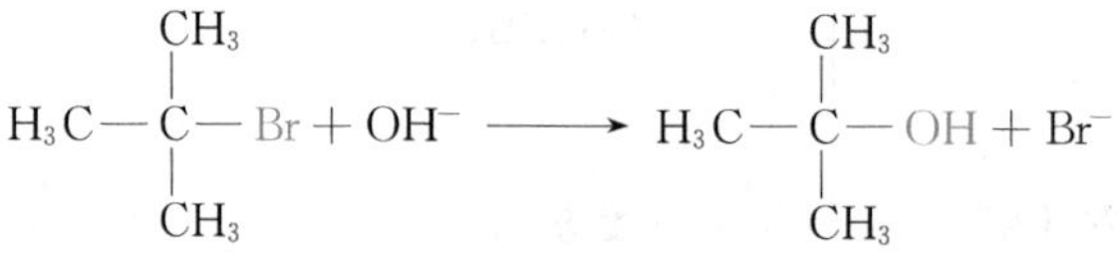

$$反应速率 = k[(CH_3)_3C\text{-}Br]$$

$(CH_3)_3CBr$ 在碱性溶液中的水解速率只与其本身浓度成正比,而与碱的浓度无关,动力学上为一级反应。这种只与一种反应物分子浓度有关的取代反应称为单分子亲核取代反应,以 S_N1 表示("1"代表单分子)。S_N1 反应历程是分步进行的:

第一步:

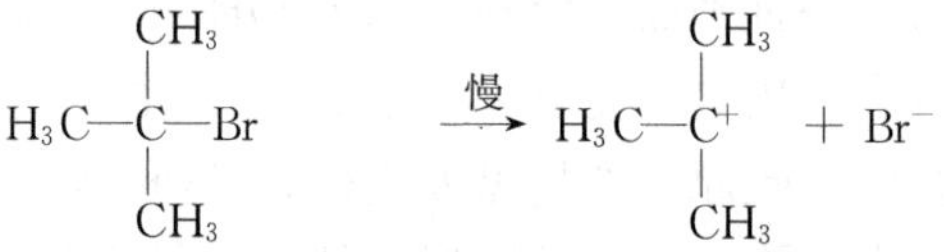

第二步:

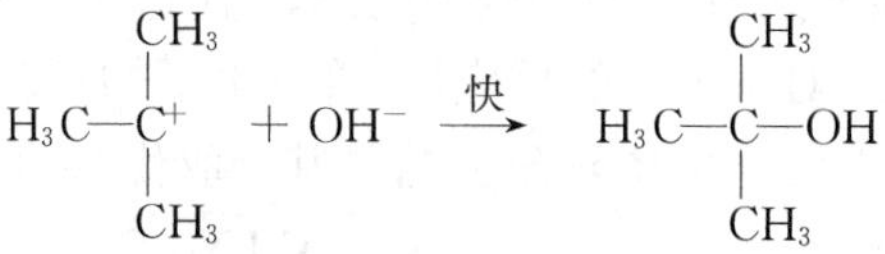

第一步叔丁基溴离解为叔丁基碳正离子,C—Br 极性键的异裂需要较高的能量,因而是慢反应。第二步叔丁基碳正离子与亲核试剂 OH^- 结合生成叔丁醇,这一步较快。决定整个反应速率的是第一步,而此步只有叔丁基溴一种底物参加,故为单分子反应历程。亲核试剂 OH^- 只参加快的第二步反应,与整个反应速率无关。

S_N1 反应历程的特点为:①单分子反应,反应速率仅与卤代烷的浓度有关;②反应分步进行;③有活泼中间体碳正离子生成。

能否生成相对稳定的碳正离子是 S_N1 历程中关键的一步,稳定性越高的碳正离子越容易生成,越易以 S_N1 历程进行反应。各种烷基碳正离子的稳定性顺序为 $3° > 2° > 1° > {}^+CH_3$,故不同卤代烷进行 S_N1 反应的活性顺序为叔卤代烷>仲卤代烷>伯卤代烷> CH_3X,此顺序恰好与 S_N2 相反。在通常情况下,这两种历程总是同时并存于同一反应中,而且是相互竞争的。一般来说,伯卤代烷主要按 S_N2 历程进行,叔卤代烷主要按 S_N1 历程进行,仲卤代烷则既按 S_N1 又按 S_N2 历程进行。除此之外,亲核试剂亲核性的强弱以及溶剂的极性等反应条件对卤代烷的亲核取代反应历程影响也较大。

问题与思考 5-6

请将下列化合物按照发生 S_N1 反应的活性由强到弱排序。

(1)

(2)

(3) $CH_3—CH=CH—CH_2—CH_2—Cl$ $CH_3—CH=CH—CH—CH_3$ $CH_3—CH=C—CH_2—CH_3$

5.4.3 卤代烃的类型与卤原子的种类对反应活性的影响

除卤代烷易发生亲核取代反应外,不同类型的卤代烃反应活性也不同。烯丙型卤代烃(如 3-氯丙烯)如果以 S_N1 历程进行反应,则反应的第一步生成烯丙基碳正离子,它是含三个碳原子和两个 π 电子的共轭体系,即 α-碳的空 p 轨道与相邻的 π 键形成 p-π 共轭,π 电子离域,分散了中心碳的正电荷,使碳正离子稳定。

$$CH_2=CH—CH_2Cl \longrightarrow CH_2=CH—\overset{+}{C}H_2 + Cl^-$$

$$(即 CH_2 \overset{+}{=\!=\!=} CH \overset{}{=\!=\!=} CH_2)$$

如果 3-氯丙烯的亲核取代反应以 S_N2 历程进行,生成的过渡状态中,π 电子云可以分别与正在形成的键(Nu⋯C)及正在断裂的键(C⋯Cl)的 σ 电子云相互重叠,使过渡态的能量降低。所以,烯丙型卤代烃按 S_N1 或 S_N2 历程进行反应都很容易,比一般卤代烷更易发生取代反应,能在室温下与硝酸银的乙醇溶液迅速反应生成卤化银沉淀。

$$Nu^- + \underset{\underset{CH_2}{\overset{\parallel}{CH}}}{CH_2Cl} \longrightarrow \underset{\underset{CH_2}{\overset{\parallel}{CH}}}{Nu \overset{\delta^-}{---} CH_2 \overset{\delta^-}{\cdots} Cl} \longrightarrow Nu—CH_2CH=CH_2 + Cl^-$$

过渡状态

苄型卤代烃的情况与烯丙型卤代烃相似。

乙烯型卤代烃和卤代苯不易发生取代反应,因为卤原子的未共用 p 电子对与 π 键(或大 π 键)形成 p-π 共轭体系,使电子云向碳原子方向移动,降低了碳-卤键的极性,使键较牢固,卤原子不易被取代。

孤立型卤代烯烃和孤立型卤代芳烃,因为 α-碳原子与不饱和体系距离较远,不饱和体系的影响可不考虑,因此它们的性质与一般卤代烷相似。例如,与硝酸银的醇溶液反应,需在加热条件下才有卤化银沉淀产生。

通过以上讨论可归纳出不同类型卤代烃反应活性顺序：烯丙型卤代烃(或苄型卤代芳烃)＞卤代烷、孤立型卤代烯烃(或孤立型卤代芳烃)＞乙烯型卤代烃(或卤代苯)。

卤代烃分子的烃基相同卤素不同时，卤代烃的取代反应活性也不同，其顺序为：碘代物＞溴代物＞氯代物，也就是卤原子半径由大到小的顺序。原子半径越大，对成键电子的约束力越小，碳-卤键在反应过程中易受外界电场影响，导致极化度增大，越容易被取代。

5.5　β-消除反应历程

研究卤代烷的β-消除反应时，同样发现有的反应速率仅与卤代烷的浓度有关，与碱的浓度无关，称为单分子消除反应，以 E1 表示；而有的反应速率与卤代烷和碱的浓度都有关，称为双分子消除反应，以 E2 表示。

5.5.1　双分子消除反应历程(E2)

$$反应速率=k[CH_3CH_2CH_2X][OH^-]$$

大多数卤代烃在碱(如 KOH 或 NaOH)的醇溶液中发生的消除反应是按 E2 历程进行的。例如，1-溴丙烷发生消除反应的速率与 1-溴丙烷的浓度以及碱的浓度均成正比。其反应历程表示为

$$OH^-+H-CH-CH_2-Br \longrightarrow \left[HO\cdots H\cdots \overset{\delta^-}{CH}=CH_2\cdots \overset{\delta^-}{Br} \right] \longrightarrow CH_3-CH=CH_2+Br^-$$

|CH₃ (1-溴丙烷)　　过渡态　　丙烯

亲核试剂 OH^- 进攻β-氢原子形成过渡态，这时α-碳与β-碳部分地形成双键，然后β-氢原子以质子的形式与 OH^- 结合成水分子脱去，而 X^- 则带着一对电子离去。同时，在α-碳与β-碳之间形成双键。此历程中，β-C—H 键和α-C—X 键的断裂与α-碳和β-碳之间双键的形成是同时进行的。由于亲核试剂进攻的是β-碳上的氢原子，而不像 S_N2 历程是从背面接近中心碳，所以一般的卤代烷发生消除反应不存在空间位阻。相反，中心碳上支链增多，即β-碳增多，氢原子也就会增多，为亲核试剂的进攻提供了更多的机会，按 E2 历程进行消除反应的速率更快。故 E2 反应活性顺序为叔卤代烷＞仲卤代烷＞伯卤代烷。

E2 与 S_N2 这两种反应历程的不同之处是亲核试剂 OH^- 在 E2 中进攻β-碳上的氢原子，而在 S_N2 中进攻α-碳原子。

$$\underset{H}{\overset{X}{-C^\beta-C^\alpha-}} \qquad \underset{H}{\overset{X}{-C^\beta-C^\alpha-}}$$

　　　　　　:B⁻　　　　　　　　　:Nu⁻

　　　　　　E2　　　　　　　　　　S_N2

因此,消除反应与取代反应是互相竞争的。例如

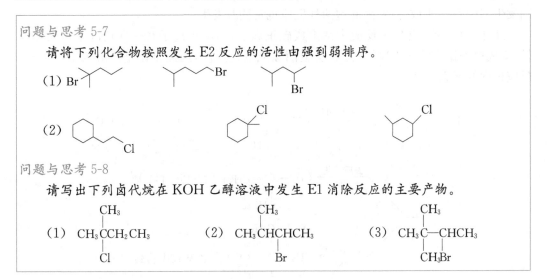

消除与取代何者为主,主要取决于卤代烷的类型以及反应条件。不同卤代烷发生 E2 反应的活性顺序为叔卤代烷＞仲卤代烷＞伯卤代烷,与发生 S_N2 反应的活性顺序刚好相反,发生 S_N2 反应的活性顺序为伯卤代烷＞仲卤代烷＞叔卤代烷。对于相同的卤代烷,碱性越强,温度越高,越有利于消除反应的进行。

问题与思考 5-7

请将下列化合物按照发生 E2 反应的活性由强到弱排序。

(1) ...

(2) ...

问题与思考 5-8

请写出下列卤代烷在 KOH 乙醇溶液中发生 E1 消除反应的主要产物。

(1) $CH_3CHCH_2CH_3$ （Cl）

(2) $CH_3CHCHCH_3$ （Br）

(3) $CH_3C-CHCH_3$ （CH_3, CH_3Br）

5.5.2　单分子消除反应历程(E1)

大多数卤代烷在碱的醇溶液中发生 E2 消除反应,但叔卤代烷在无碱存在下进行消除反应是 E1 历程,如叔丁基溴在无水乙醇中发生的消除反应,其速率仅与卤代烷的浓度有关。

$$CH_3-\underset{CH_3}{\overset{CH_3}{C}}-Br \xrightarrow{\text{乙醇溶液}} CH_2=\underset{}{\overset{CH_3}{C}}-CH_3 + HBr$$

反应速率 $=k[(CH_3)_3CBr]$

E1 反应历程也是分两步:首先是叔卤代烷异裂为碳正离子,为慢反应;然后在溶剂作用下,碳正离子消去 β-H(与乙醇中的氧结合),生成烯烃。

第一步：
$$H_3C-\underset{\underset{CH_3}{|}}{\overset{\overset{CH_3}{|}}{C}}-Br \quad \xrightarrow{\text{慢}} \quad H_3C-\underset{\underset{CH_3}{|}}{\overset{\overset{CH_3}{|}}{\overset{+}{C}}} \quad +Br^-$$

第二步：
$$\overset{C_2H_5OH}{\underset{\text{（箭头指向H）}}{\nearrow}}\; H-\underset{\underset{CH_3}{|}}{\overset{\overset{CH_3}{|}}{\overset{H_2}{C}-\overset{+}{C}}} \quad \xrightarrow{\text{快}} \quad H_2C=\underset{\underset{CH_3}{|}}{C}-CH_3 + C_2H_5\overset{+}{O}H_2$$

E1 和 S_N1 相似之处是：第一步都先离解成碳正离子。其区别在于第二步反应时，OH^- 进攻碳正离子则发生 S_N1 反应，生成醇；溶剂分子(醇或水)进攻 β-碳上的氢原子时，则发生 E1 反应，生成烯烃，因此这两种反应也常同时发生。

此外，由于 E1 或 S_N1 反应中都生成碳正离子，而碳正离子在一些情况下可发生重排，生成更加稳定的碳正离子，然后发生消除或取代反应，因此重排是反应为 E1 或 S_N1 反应机理的标志。例如

$$CH_3-\underset{\underset{CH_3}{|}}{\overset{\overset{CH_3}{|}}{C}}-CH_2Br \xrightarrow{C_2H_5OH} CH_3-\underset{\underset{CH_3}{|}}{\overset{\overset{CH_3}{|}}{C}}-\overset{+}{C}H_2 \xrightarrow{\text{重排}} CH_3-\overset{+}{C}-CH_2CH_3$$

$$\xrightarrow[\text{E1}]{\text{去质子化}} CH_3-\underset{\underset{CH_3}{|}}{C}=CHCH_3 \quad \textbf{2-甲基-丁-2-烯}$$

$$\xrightarrow[S_N1]{C_2H_5OH} CH_3-\underset{\underset{CH_3}{|}}{\overset{\overset{C_2H_5}{|}}{C}}-OC_2H_5 \quad \textbf{乙基叔戊基醚}$$

与 S_N1 反应相同，生成的碳正离子的稳定性决定了 E1 反应的活性顺序为叔卤代烷＞仲卤代烷＞伯卤代烷。由此可见，卤代烷无论是按 E2 还是按 E1 进行消除反应，其活性顺序是相同的。

5.5.3　消除反应与取代反应的竞争

取代反应与消除反应是卤代烷与亲核试剂反应时的两个竞争反应，在反应中可能通过四种不同的反应历程(S_N1、S_N2、E1、E2)得到取代与消除产物。反应究竟以何种历程为主，得到何种主要产物，是一个较为复杂的问题。除卤代烷的结构外，亲核试剂亲核性的大小与碱性的强弱以及反应条件都有较大的影响。

伯卤代烃与亲核试剂发生 S_N2 反应的速率较快，因此 E2 反应很少。只有在强碱作用下，而且反应条件较强烈时，E2 产物比例增加。

仲卤代烃及 β-碳上有侧链的伯卤代烃，由于空间位阻增加和 β-H 增多，S_N2 反应速率变慢。此时主要考虑试剂的亲核性，如果在强亲核试剂作用下，易发生 S_N2 反应，而在强碱作用下，则有利于 E2 反应。

叔卤代烃一般发生单分子反应,无强碱存在时,主要为 S_N1 和 E1 混合物。但是在强碱甚至弱碱存在时,则主要发生 E2 反应。

5.6　重要的卤代烃

5.6.1　三氯甲烷

三氯甲烷($CHCl_3$)俗称氯仿,是无色带有甜味的液体。沸点 61 ℃,不溶于水,能与常用的有机溶剂混溶。作为不燃性有机溶剂,可以溶解许多高分子化合物。由于对心、肝的毒性大,使用氯仿时注意通风。

氯仿遇光易被空气中的氧所氧化,生成有剧毒的光气,因此氯仿宜保存于棕色瓶中并密封以减少与光和空气的接触。也可加入 1% 的乙醇,用以破坏可能生成的光气。

5.6.2　二氯二氟甲烷

二氯二氟甲烷(CF_2Cl_2)俗称氟利昂,常温下为气体,沸点 −29.8 ℃,易压缩为液体,解除压力后立即气化,同时吸收大量的热。因其具有无臭、无腐蚀性、不燃烧和化学性质稳定等许多优点而用作制冷剂。研究表明,氟利昂的大量使用和废弃会导致大气臭氧层的破坏,产生全球性的环境污染问题。

5.6.3　氟烷

氟烷学名为 2-溴-2-氯-1,1,1-三氟乙烷,无色透明液体,沸点 49~51 ℃,有焦甜味,不能燃烧。氟烷是一种新麻醉剂,麻醉效果比乙醚高 4 倍,停药后很短时间即可苏醒。氟烷对皮肤和黏膜无刺激作用,对肝、肾机能无持续性损害,但对心血管系统有抑制作用,可降低血压。

 扫一扫　人工合成的麻醉剂——三氟溴氯乙烷

5.6.4　四氟乙烯

四氟乙烯($CF_2{=}CF_2$)为无色气体,沸点 −76.3 ℃,可聚合制得聚四氟乙烯:

$$nCF_2{=}CF_2 \longrightarrow \ce{-[CF_2-CF_2]_n}$$

聚四氟乙烯相对分子质量可达 50 万~200 万,耐高温、耐寒,可在 −269~250 ℃ 使用,加热至 415 ℃ 时才慢慢分解。其化学性质非常稳定,与强酸、强碱都不起反应,能耐其他一切化学药品。机械强度、电绝缘性都很好,适用于制造雷达、高频通信器材、医用材料和化工设备,也可作炊具用的"不粘"内衬。由于它具有这些特别优良的性质,因此聚四氟乙烯塑料有"塑料王"之称,商品名称为"特氟隆"(Teflon)。

5.6.5 三氯杀虫酯

三氯杀虫酯 $\left[\begin{array}{c}Cl-\underset{Cl}{\overset{}{\bigcirc}}-\underset{CCl_3}{\overset{}{CH}}-O-\underset{O}{\overset{CH_3}{\underset{\|}{C}}}\end{array}\right]$ 又名蚊蝇净,化学名为 2,2,2-三氯-1-(3,4-二氯苯基)乙酸乙酯。白色或微黄色粉粒固体,有少许的刺激性气味,溶于苯、丙酮等有机溶剂。三氯杀虫酯是一种高效低毒,对人畜安全的有机氯杀虫剂,对蚊蝇有极强的熏蒸触杀作用。主要应用于灭蚊片、灭蚊烟熏纸的配制,是一种理想的家用卫生杀虫剂。三氯杀虫酯原是德国拜耳公司产品,是国家目前许可生产的唯一有机氯类杀虫剂。

关 键 词

小　结

卤代烃的官能团是卤原子,由于 C—X 键为极性共价键,带部分正电荷的 C 易受亲核试剂的进攻,发生亲核取代反应,将卤原子转变为其他官能团。因此,卤代烃的亲核取代反应在有机合成中应用非常广泛。亲核取代反应包括 S_N2 和 S_N1 两种历程,其中 S_N2 反应是双分子协同反应,旧键断裂和新键形成同时进行,反应过程伴随有构型的转化,这一点对于手性卤代烃具有重要意义。S_N2 反应的活性顺序是 CH_3X >伯卤代烷>仲卤代烷>叔卤代烷。S_N1 反应为单分子反应,反应分两步进行,由于先生成碳正离子中间体,故得到构型相反的两种取代产物。S_N1 反应的活性顺序是叔卤代烷>仲卤代烷>伯卤代烷>CH_3X。烃基结构相同而卤素不同的卤代烃,不论发生 S_N2 还是 S_N1 反应,其活性顺序均为 RI>RBr>RCl。

　　此外,卤代烃在强碱的醇溶液中可发生 β-消除反应生成烯烃。当卤代烃含有多种 β-H 时,消除反应遵循札依采夫规则,即氢原子主要从含氢较少的 β-碳原子上脱去。消除反应也存在 E2 和 E1 两种反应历程,E2 反应为双分子协同反应,而 E1 反应为单分子反应,分两步进行。E2 反应和 E1 反应的活性顺序均为叔卤代烃＞仲卤代烃＞伯卤代烃。

　　卤代烃在无水乙醚中与金属镁反应生成格氏试剂,格氏试剂是有机合成中一类非常重要的亲核试剂。

主要反应总结

1. 亲核取代反应

$$R—X + :Nu^- \longrightarrow R—Nu + X^-$$

$$:Nu = OH^-,\ OR^-,\ CN^-,\ NO_3^-,\ NH_3$$

$$R—X +
\begin{cases}
NaOH \xrightarrow[\triangle]{水溶液} R—OH + NaX \quad(醇) \\
NaOR' \longrightarrow R—O—R' + NaX \quad(醚) \\
NaCN \xrightarrow[\triangle]{乙醇} R—CN + NaX \quad(腈) \\
AgNO_3 \xrightarrow[\triangle]{乙醇} R—ONO_2 + AgX \quad(硝酸酯) \\
NH_3 \longrightarrow RNH_2 + HX \quad(胺)
\end{cases}$$

2. 消除反应

$$\underset{\substack{|\ \ \ \ |\\ H\ \ \ X}}{R—CH—CH_2} + KOH \xrightarrow[\triangle]{乙醇} RCH\!=\!CH_2 + KX + H_2O$$

遵循札依采夫规则

3. 格氏试剂的制备及相关反应

$$RX + Mg \xrightarrow{无水乙醚} RMgX$$

$$RMgX
\begin{cases}
H_2O \longrightarrow RH + Mg(OH)X \quad(烃) \\
R'OH \longrightarrow RH + R'O—MgX \quad(烃) \\
R'X \longrightarrow R—R' + MgX_2 \quad(烃) \\
CO_2 \longrightarrow R—\overset{\displaystyle O}{\overset{\|}{C}}—OMg \xrightarrow{H_3O^+} R—\overset{\displaystyle O}{\overset{\|}{C}}—OH \quad(羧酸)
\end{cases}$$

习　题

1. 用系统命名法命名下列化合物。

(1)

$$CH_3-\overset{\overset{\displaystyle CH_3}{|}}{\underset{\underset{\displaystyle C_2H_5}{|}}{C}}-CH-CH_2-\overset{\overset{\displaystyle Cl}{|}}{C}H-CH_3$$

(2)

(3)

(4)

(5)

$$CH_3-\overset{\overset{\displaystyle CH_3}{|}}{\underset{\underset{\displaystyle CH_3}{|}}{C}}-CH_2CH_2C\equiv C\overset{\overset{}{}}{\underset{\underset{\displaystyle Br}{|}}{C}}HCH_3$$

(6)

2. 写出下列化合物的构造式。

(1) 二氯甲烷　　　　　(2) 1,3-二氯戊烷　　　　　(3) 氯仿

(4) 苄基溴　　　　　(5) (Z)-1-溴-3-苯基丁-2-烯　　　　　(6) (R)-3-溴-3-甲基己烷

(7) 烯丙基氯　　　　　(8) 3-氯-1-甲基环戊烯

3. 写出下列反应的主要产物。

(1) $CH_2=CHCH_2Br+NaOC_2H_5 \longrightarrow$

(2) $\xrightarrow{HI}$ $\xrightarrow{NaCN}$ $\xrightarrow{H^+/H_2O}$

(3) $+NaOH \longrightarrow$

(4) $\xrightarrow[C_2H_5OH]{KOH}$

(5) $+Mg \xrightarrow{}$ $\xrightarrow[H^+/H_2O]{CO_2}$

(6) $+NaOH \xrightarrow{S_N2}$

(7) $\xrightarrow[光]{Cl_2}$ $\xrightarrow[C_2H_5OH]{KOH}$ $\xrightarrow{稀、冷\ KMnO_4}$

(8) $\xrightarrow{NaCN}$

(9) $\xrightarrow[乙醇]{NaOH}$

(10)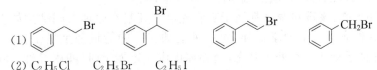

4. 卤代烷与氢氧化钠在乙醇水溶液中进行反应,从下列现象判断哪些属于 S_N2 历程,哪些属于 S_N1 历程。

　　(1) 产物的构型完全转变。

　　(2) 有重排产物。

　　(3) 增加氢氧化物的浓度,反应速率明显加快。

　　(4) 叔卤代烷反应速率明显大于仲卤代烷。

　　(5) 反应不分阶段一步完成。

　　(6) 具有旋光性的反应物水解后得到外消旋体。

5. 比较下列卤代烷在进行 S_N2 反应时的反应速率大小。

　　(1) 略

　　(2) C_2H_5Cl 　　　C_2H_5Br 　　　C_2H_5I

6. 比较下列卤代烷进行 S_N1 反应时的反应速率大小。

7. 用化学方法区别下列各组化合物。

　　(1) 正己烷和正丁基氯 　　　(2) 烯丙基氯和氯苄 　　　(3) 对溴甲苯和溴苄

8. 试写出氯苄与下列试剂反应的主要产物。

　　(1) NaCN 　　　(2) $(CH_3)_2NH$ 　　　(3) C_2H_5ONa 　　　(4) Cl_2,光

　　(5) Cl_2,Fe 　　　(6) $KMnO_4$,H^+ 　　　(7) C_6H_6,$AlCl_3$

9. 卤代烃 A(C_3H_7Br) 与氢氧化钠的乙醇溶液作用生成化合物 B(C_3H_6),氧化 B 得到两个碳的酸(C)、CO_2 和水。使 B 与氢溴酸作用得到 A 的异构体 D。推导 A、B、C、D 的构造式。

10. 化合物 A 的分子式为 $C_5H_{11}Br$,和 NaOH 水溶液共热后生成 B ($C_5H_{12}O$)。B 具有旋光性,能和钠作用放出氢气,和浓硫酸共热生成 C。C 在酸性条件下和 $KMnO_4$ 反应生成酮和羧酸的混合物。试推测 A、B、C 的结构。

第6章　有机波谱学

有机化合物的结构鉴定是有机化学的重要组成部分。近代波谱学知识的发展为阐明有机化合物的结构提供了有力的工具。其中以紫外-可见光谱法（ultraviolet-visible spectroscopy，UV-Vis）、红外光谱法（infrared spectroscopy，IR）、核磁共振波谱法（nuclear magnetic resonance spectroscopy，NMR）和质谱法（mass spectroscopy，MS）四种波谱法最为重要。本章将简单介绍这四种波谱法的基本原理及其应用。

紫外-可见光谱、红外光谱、核磁共振谱都属于吸收光谱。其基本原理可归纳为如下两点：①分子中各种运动都符合量子力学规律，每一种运动状态的能量都是量子化的；②一般情况下，分子中各种运动状态都处于基态，当外界提供一定能量时（如用各种不同频率 ν 的电磁波进行照射），若所提供的能量 $h\nu$ 恰好等于能级差 ΔE，则分子会吸收外界能量，其运动状态由基态跃迁到激发态，从而产生吸收光谱。

按波长顺序排列的电磁波与光谱区域、能量跃迁的关系如图 6-1 所示。

波数 $\bar{\nu}/cm^{-1}$							12 800　333				
						25 800	4000		33		
光谱区域	宇宙射线	γ射线	X射线	远紫外光	近紫外光	可见光	红外光			微波	无线电波
							近红外	中红外	远红外		
跃迁能级	核与内层电子			价电子			振动与转动			转动	核磁共振
波长 λ/nm $\lambda/\mu m$		0.1	4　200	400	800				2.5　30　300	500	

图 6-1　电磁波与光谱区域

质谱不属于吸收光谱，它是由高能粒子流轰击化合物分子，使分子产生裂解形成各种碎片离子，按照离子质量大小顺序排列（质量色散）而成的一种谱图。与光谱法中把不同波长或频率的辐射分别聚焦并分辨开（波长色散）的过程有些类似。它是未知物结构分析不可缺少的一环，因此经常与紫外-可见光谱、红外光谱、核磁共振谱等光谱法一起讨论，配合运用。

6.1　紫外-可见光谱

6.1.1　基本原理和基本概念

1. 朗伯-比尔定律

溶液对单色光的吸收遵循朗伯-比尔（Lambert-Beer）定律，其关系式为

$$A = \varepsilon c l = \lg \frac{1}{T}$$

式中，A 为吸光度；c 为溶液的物质的量浓度；l 为吸收池厚度（cm）；ε 为摩尔吸光系数（L·mol^{-1}·cm^{-1}）；T 为透光度。如果 c 的单位用百分比浓度%（g·mL^{-1}）表示，则相应的吸光系数用符号 $E_{1\,cm}^{1\%}$ 来表示。

在波长一定的条件下，吸光系数只与物质的结构有关，因此可用 ε 或 $E_{1\,cm}^{1\%}$ 来衡量物质对紫外光的吸收强度。

2. 紫外光谱的表示法

紫外光谱通常以波长 λ（单位 nm）为横坐标，以 A、$T(\%)$、ε、$\lg\varepsilon$ 或 $E_{1\,cm}^{1\%}$ 为纵坐标，如图 6-2 所示。

在紫外-可见光谱中，光谱曲线所描述的紫外吸收峰往往由于多峰重叠而形成吸收谱带（absorption band）。吸收带具有较大的波长范围，通常用最大吸收峰所对应的吸收波长（常称为最大吸收波长）λ_{max} 来表示吸收带的位置，它是特定结构的化合物紫外光谱的特征常数。在图 6-2 中，"1"和"5"为最大吸收峰；"3"为最小吸收，用 λ_{min} 表示；"2"和"4"为肩峰（shoulder peak），用 λ_{sh} 表示。

3. 电子跃迁与紫外光谱的产生

紫外光谱是由电子跃迁产生的。有机分子中有 σ 电子、π 电子、n 电子（即未成键的孤对电子），价电子跃迁类型有如下四种：n→π* 跃迁，π→π* 跃迁，n→σ* 跃迁，σ→σ* 跃迁，如图 6-3 所示。一般情况下 n→σ* 跃迁和 σ→σ* 跃迁所需的能量较大，其对应的吸收光波长处于远紫外区，波长小于 200 nm，所以紫外光谱实际涉及的电子跃迁主要是 n→π* 跃迁和 π→π* 跃迁两种类型。

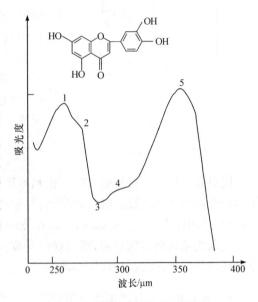

图 6-2　木樨草素的紫外光谱

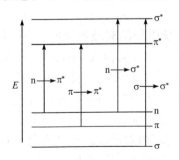

图 6-3　轨道能量及电子跃迁示意图

1）n→π* 跃迁

n→π* 跃迁所需的能量较小，吸收的紫外光波长一般都在 250 nm 以上。该跃迁所对应的紫外吸收很有特征，波长较长，而强度很弱（$\varepsilon < 100$）。分子中如果含有 C=O、—NO$_2$ 和—N=N—等基团时都会产生 n→π* 跃迁。由 n→π* 跃迁而产生的紫外吸收带称为 R 带。例如，丙酮的 R 带：$\lambda_{max} = 279$ nm（$\varepsilon = 15$）。

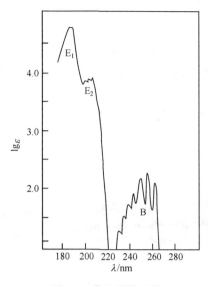

图 6-4　苯的紫外光谱

2) $\pi \rightarrow \pi^*$ 跃迁

$\pi \rightarrow \pi^*$ 跃迁所需的能量比 $n \rightarrow \pi^*$ 跃迁大，紫外吸收波长较短。孤立双键的紫外吸收带一般落在远紫外区，而共轭双键的紫外吸收带则出现在近紫外区，共轭体系中共轭链增长，紫外吸收向长波方向移动，且强度增大。通常将由 $\pi \rightarrow \pi^*$ 跃迁而产生的紫外吸收带称为 K 带。例如，乙烯的 K 带：$\lambda_{max} = 162$ nm($\varepsilon = 10^4$)；1,3-丁二烯的 K 带：$\lambda_{max} = 217$ nm ($\varepsilon = 2.1 \times 10^4$)。K 带的特点是对结构变化比较敏感，吸收强度很大。这是分析共轭体系结构时很有用的吸收带。芳香族化合物的共轭体系中，$\pi \rightarrow \pi^*$ 跃迁可能产生两个以上的吸收带。例如，苯的 $\pi \rightarrow \pi^*$ 跃迁有三个吸收带，E_1 带、E_2 带和 B 带，如图 6-4 所示。其中 E 带为乙烯型谱带，B 带为苯的特征谱带。

4. 紫外光谱的常用术语

能引起紫外光谱特征吸收的不饱和基团称为发色团（chromophore）。某些基团或原子本身在近紫外光区没有吸收，但当它与发色团相连时，能使吸收峰的波长和吸收强度增大，这些基团称为助色团（auxochrome），如—OH、—OR、—NH₂、—SR、卤素等。

受取代基或溶剂的影响，吸收峰向长波方向移动的现象称为红移（red shift）；向短波方向移动的现象称为蓝移（blue shift）。

6.1.2　紫外光谱在有机化合物结构分析中的应用

紫外光谱在解析一系列维生素、抗生素及天然产物的化学结构方面具有重要作用，如维生素 A_1、维生素 A_2、维生素 B_{12}、维生素 B_1、青霉素、链霉素、土霉素、萤火虫尾部的发光物质等。紫外光谱能够揭示有机化合物各特性基团之间的关系，主要是共轭关系，如两个或更多碳-碳双键（或三键）间的共轭；碳-碳双键和碳-氧双键间的共轭；双键与一个芳香环间的共轭；乃至一个芳香环本身的存在。此外，紫外光谱还能够揭示连接在共轭体系碳上的取代基的数目和位置。

有机化合物分子中，若有共轭体系存在，共轭效应使价电子的离域范围增大，跃迁能级差变小，使紫外吸收带发生红移。例如，共轭烯烃中，由于 π-π 共轭效应的影响，K 带的吸收波长随着共轭双键的增多而明显增大（表 6-1）。有些分子的吸收波长甚至红移至可见光区而使化合物产生颜色。又如，苯胺分子中，助色团—NH₂ 和苯环直接相连，产生 p-π 共轭，使 E 带、B 带都发生红移，而且 B 带吸收强度明显增大，$\lambda_{max} = 230$ nm(E_2，$\varepsilon = 8600$)，$\lambda_{max} = 280$ nm(B，$\varepsilon = 1430$)。另外，共轭体系中如有环内双键，λ_{max} 明显增大。共轭体系中有取代基，λ_{max} 也会增大，取代基不同，增加值也不尽相同，不能产生共轭效应的烷基取代基，增加值较小。

$$CH_2=CH-CH=CH_2 \qquad \lambda_{max}=217 \text{ nm}$$

$$CH_2=CH-CH=CH-CH_3 \qquad \lambda_{max}=222 \text{ nm}$$

表 6-1　在烯烃中共轭延伸对最大吸收位置的影响

H—(CH=CH—)$_n$H	λ_{max}/nm	ε_{max}/(L·mol^{-1}·cm^{-1})	颜色
$n=1$	162	10 000	无色
$n=2$	217	21 000	无色
$n=3$	258	35 000	无色
$n=4$	296	52 000	无色
$n=5$	335	118 000	淡黄
$n=8$	415	210 000	橙
$n=11$	470	185 000	红
$n=15$	547	150 000	紫

一定浓度范围内的溶液对紫外光的吸收遵循朗伯-比尔定律,利用紫外分光光度法可以对有机化合物样品中某组分进行定量分析。

问题与思考 6-1

下列三种环烯化合物,它们的 K 吸收带分别为 λ_{max1}、λ_{max2}、λ_{max3},其中 $\lambda_{max1} > \lambda_{max2} > \lambda_{max3}$。请找出它们对应的结构。

6.2　红 外 光 谱

6.2.1　分子振动和红外光谱的产生

分子内部除了电子绕核运动之外,还存在着原子核的振动和转动。就多原子分子而言,分子振动形式可分为伸缩振动(stretching vibration)和弯曲振动(bending vibration)两大类。伸缩振动又分为对称(symmetrical)伸缩振动(ν_s)和不对称(asymmetrical)伸缩振动(ν_{as})。弯曲振动又分为面内弯曲振动(in-plane bending vibration,β)和面外弯曲振动(out-of-plane bending vibration,γ)。具体的振动形式以—CH$_2$—为例,用图 6-5 表示。

红外光谱的产生必须满足以下两个条件:

(1) 红外光的频率与分子中某基团振动频率一致。分子内部每一种振动都符合量子力学规律,振动能级是量子化的。当外界提供的电磁波能量等于振动能级差时,分子就有可能吸收电磁波而发生能级跃迁。由于振动能级跃迁所吸收的光是红外光,故由此产生的光谱称为红外光谱(IR)。另外,由于分子转动能级差更小,转动能级跃迁能吸收远红外光及微波区的光而产生分子的纯转动光谱,因此在分子发生振动能级跃迁的同时,一定

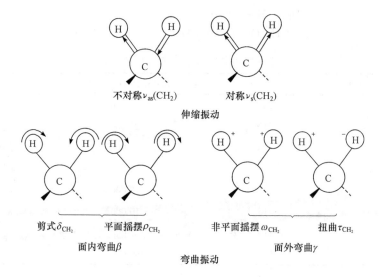

图 6-5　分子振动类型

伴随转动能级的跃迁。通常也将红外光谱称为振转光谱。

（2）分子振动引起瞬间偶极矩变化。完全对称的分子没有偶极矩变化，辐射不能引起共振，无红外活性，如 N_2、O_2、Cl_2 等；非对称分子有偶极矩，属红外活性，如 HCl。

6.2.2　红外光谱图

红外光谱法主要是研究分子结构与红外吸收曲线之间的关系。在实际工作中，可以根据红外吸收曲线的吸收峰位置（峰位）、吸收峰形状（峰形）和吸收峰强度（峰强）来推断有机化合物中是否存在某些特性基团，进而判断未知化合物的结构。

现在的红外光谱图，纵坐标多用百分透光度表示，横坐标多用波数（$\tilde{\nu}$，cm^{-1}）或波长（λ，μm）表示。红外吸收峰的强弱可定性地分为强（strong，s）、中（medium，m）、弱（weak，w）等，如图 6-6 所示。

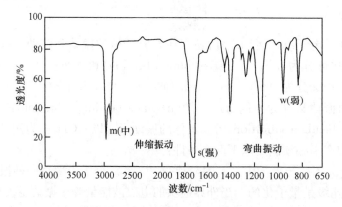

图 6-6　环戊酮的红外光谱（液膜）

红外光谱的波数范围一般为 $4000\sim400$ cm^{-1}，即所谓的中红外区。波数为 $4000\sim$

$1500~cm^{-1}$的红外吸收峰(带)都具有较明显的特征性。该区域的吸收峰主要是由分子内各种基团的伸缩振动引起的。不同的基团均具有其特定的吸收区域,而且谱带的形状及强度也各不相同。利用这一性质,可以鉴定分子中各种特性基团的存在。因此,常将$4000\sim1500~cm^{-1}$区域称为特征频率区(characteristic frequency region)。而波数在$1500\sim400~cm^{-1}$所出现的红外吸收大多数是由单键C—A(A=C,N,O,X)的伸缩振动和弯曲振动引起的。该区域的振动类型多,红外吸收峰不仅多,而且复杂,同时对分子结构的变化十分敏感,分子结构发生细微变化都会引起该区域红外光谱的改变。每个化合物在该区域的吸收位置、形状和强度都不尽相同,就像人的指纹各自不同一样。因此,将该区域称为指纹区(fingerprint region)。通过指纹区可以进一步佐证特征区确定的基团或化学键的存在,同时还可以确定化合物的精细结构。

6.2.3　某些特性基团在红外谱图中的位置

影响红外吸收峰位置的因素很多,但最主要的影响因素是特性基团的结构。在不同的化合物中,每一种基团的红外特征吸收位置大致相同,可以根据特征吸收峰的位置、形状和强度来推测化合物中所含的特性基团及分子结构。

除了特征频率区基团的伸缩振动的特征吸收峰之外,在指纹区还有许多单键的伸缩振动和弯曲振动的相关吸收峰,特征性也较强,可以作为推导化合物结构的佐证。例如,烷烃化合物除了ν_{C-H}吸收峰之外,还有两个面内弯曲振动的吸收峰β_{C-H}:$\sim1450~cm^{-1}$和$\sim1375~cm^{-1}$。酯类化合物除了$\nu_{C=O}$吸收峰之外,还能观察到C—O—C的伸缩振动吸收峰$\nu_{as(C-O-C)}$:$\sim1200~cm^{-1}$(s)。苯环上C—H键的面外弯曲振动在$900\sim690~cm^{-1}$区域有吸收。根据这个区域的吸收情况,可以判断苯环上的取代类型。常见特性基团的特征频率列于表6-2。

表 6-2　常见特性基团的特征频率

基团	波数/cm^{-1}	强度*
A. 烷基		
C—H	2853~2962	(m→s)
—CH(CH$_3$)$_2$	1380~1385　1365~1370	(s)和(s)
—C(CH$_3$)$_3$	1385~1395 和 1365	(m)和(s)
B. 烯基		
=C—H(伸缩)	3010~3095	(m)
C=C(伸缩)	1620~1680	(v)
R—CH=CH$_2$	985~1000 和 905~920	(s)和(s)
R$_2$C=CH$_2$	880~900	(s)
顺-RCH=CHR	675~730	(s)
反-RCH=CHR	960~975	(s)
C. 炔基		
≡C—H(伸缩)	3200~3300	(s)
C≡C(伸缩)	2100~2260	(v)

注:烯基部分中间标注 (C—H 面外弯曲)

续表

基团	波数/cm^{-1}	强度*
D. 芳香烃基		
Ar—H(伸缩)	~3030	
取代芳香化合物(C—H面外弯曲)		(v)
一取代物	690~710 和 730~770	(v,s)和(v,s)
邻位二取代物	735~770	(s)
间位二取代物	680~725 和 750~810	(s)
对位二取代物	790~840	(s)
E. 醇、酚和羧酸		
O—H(醇、酚)	3200~3600	(宽,s)
O—H(羧酸)	2500~3600	(宽,s)
F. 醛、酮、酯和羧酸		
C＝O(伸缩)	1690~1750	(s)
G. 胺		
N—H	3300~3500	(m)
H. 腈		
C≡N(伸缩)	2200~2260	(m)

* "s"表示强;"m"表示中;"v"表示不定。

问题与思考 6-2

利用红外光谱可鉴别下列哪几对化合物?

(1) a. $CH_3CHOHCH_3$　　b. $CH_3CH_2CH_2OH$

(2) a. $CH_3C≡CCH_3$　　b. $CH_3CH_2C≡CH$

(3) a. $CH_3CH_2OCH_2CH_3$　　b. $CH_3COCH_2CH_3$

(4) a. $(CH_3)_2C＝C(CH_3)_2$　　b. $(CH_3)_2C＝CH_2$

6.2.4　红外光谱的解析

　　与揭示化合物特性基团之间共轭关系的紫外光谱不同,红外光谱主要显示特性基团的存在。因此,在解析红外光谱时,一般先在特征频率区寻找最具特征性的红外吸收带,如 ν_{O-H}、ν_{N-H} 和 $\nu_{C=O}$ 的吸收峰,然后寻找对应的相关吸收峰,确定分子中存在的特性基团。参考被测样品的各种数据,如相对分子质量、分子式、沸点、熔点、折光率等,并通过分子式计算出化合物的不饱和度(Δ),初步判断出化合物的结构。最后查阅标准谱图进行对比和核实。

【例 6-1】 已知某化合物的分子式为 C_7H_6O,试根据红外光谱(图 6-7)推测该化合物的构造式。

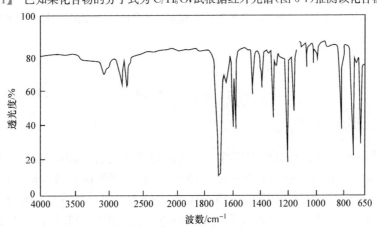

图 6-7　C_7H_6O 的红外光谱

解　化合物的不饱和度 $\Delta=1+n_4-\dfrac{n_1-n_3}{2}=1+7-\dfrac{6}{2}=5$。从表 6-2 可知,分子中应有芳香环或若干个双键。IR 谱中略大于 3000 cm^{-1} 处有吸收(尽管吸收弱,但很特征),属于 $\nu_{(sp^2)C-H}$ 的吸收峰,1600 cm^{-1} 和 1585 cm^{-1} 处有两个吸收峰,属于苯环的骨架伸缩振动吸收峰,由此判断化合物中含有苯环。1700 cm^{-1} 左右有很强的吸收峰,是 $\nu_{C=O}$ 的吸收峰。2820 cm^{-1} 和 2720 cm^{-1} 处有两个弱的吸收峰,是醛基的费米(Fermi)共振特征峰。因此化合物的构造式应为 ⬡—CHO。

【例 6-2】 化合物的红外光谱如图 6-8 所示,其分子为 $C_3H_6O_2$,试推测该化合物的构造式。

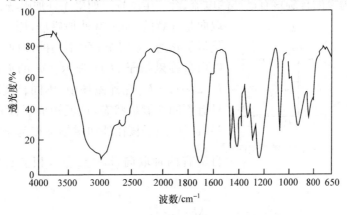

图 6-8　$C_3H_6O_2$ 的红外光谱

解　化合物的不饱和度 $\Delta=1+n_4-\dfrac{n_1-n_3}{2}=1+3-\dfrac{6}{2}=1$。从表 6-2 可知,分子中应有一个双键($C=C-O$ 或 $C-C=O$)或一个环($C \overset{\textstyle C}{\underset{\textstyle O}{\diagup}}$)。红外光谱中,3400~2500 cm^{-1} 处有一强而宽的吸收带,是 ν_{O-H} 的吸收带,1700 cm^{-1} 处有一稍宽的吸收峰,是 $\nu_{C=O}$ 的吸收峰,由此推测化合物中含有

—COOH(醇或酚的 ν_{O-H} 吸收带应出现在 $3700\sim3000\ cm^{-1}$)。由于分子间氢键的影响,ν_{O-H} 及 ν_{C-O} 的吸收带变宽且向低波数方向移动。再根据分子式及不饱和度综合分析,该化合物的构造式应为 CH_3CH_2COOH。

6.3　核磁共振谱

6.3.1　核磁共振基本原理

有些元素的原子核具有自旋的特性。不同的原子核具有不同的自旋运动,可用自旋量子数(spin quantum number)I 来描述,自旋量子数与核的质量数、原子序数之间有一定的关系(表 6-3)。当核的质量数和原子序数均为偶数时,$I=0$,这样的原子核可看成非自旋球体;当 $I=1/2$ 时,原子核可以看成是一种电荷分布均匀的球体;$I>1/2$ 时,原子核可看成是一种电荷分布不均匀的球体。

表 6-3　核的自旋与磁性

质量数	原子序数	自旋量子数	自旋形状	核磁共振信号	原子核
偶数	偶数	0	非自旋球体	无	^{12}C、^{16}O、^{32}S、^{28}Si、^{30}Si 等
奇数	奇或偶数	1/2	自旋球体	有	^{1}H、^{13}C、^{15}N、^{19}F、^{29}Si、^{31}P 等
奇数	奇或偶数	$3/2,5/2,\cdots$	自旋椭圆体	有	^{11}B、^{17}O、^{33}S、^{35}Cl、^{37}Cl、^{79}Br、^{81}Br、^{127}I 等
偶数	奇数	$1,2,3,\cdots$	自旋椭圆体	有	^{2}H、^{10}B、^{14}N 等

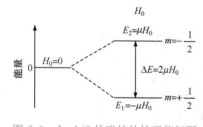

图 6-9　$I=1/2$ 的磁核的核磁能级图

一个 I 不为零的自旋核有循环的电流,会产生磁场。如果无外加磁场,它的自旋运动取向是任意的;如果有外加磁场,原子核的自旋取向是量子化的,有 $2I+1$ 种不同的取向,每一种取向可以由自旋磁量子数 m 表示。m 的取值为 $I,I-1,I-2,\cdots,-I$。在外磁场中,不同自旋取向的原子核具有不同的能量状态,这就构成了核磁能级。例如,$I=1/2$ 的原子核在外加磁场强度为 H_0 的磁场中,核自旋有两种取向 $\left(m=\pm\dfrac{1}{2}\right)$,相应有两种能量状态(图 6-9):

$$\Delta E=2\mu H_0$$

式中,μ 为核磁矩。

如果在垂直于 H_0 的方向上外加一个电磁场,当电磁波的能量 $h\nu$(h 为普朗克常量,ν 为电磁波的频率)与自旋核两种取向的能级差 ΔE 相等时,处于低能级的自旋核就会吸收电磁波能量而跃迁到高能级,这种现象称为核磁共振(nuclear magnetic resonance,NMR)。由于 ΔE 很小,核磁共振所吸收的电磁波是无线电波。

要获得核磁共振谱,可以采用两种方法:一种是固定射频 ν,不断改变外磁场强度 H_0 以达到共振条件,这种方法称为扫场法(field sweep);另一种是固定外磁场强度 H_0,不断

改变射频 ν,这种方法称为扫频法(frequency sweep)。一般仪器多采用扫场的方法。

自然界中,能够产生核磁共振的自旋核很多,但目前研究最广泛的是 ^{1}H 和 ^{13}C 的核磁共振谱,^{1}H 的核磁共振谱又称质子核磁共振谱(proton magnetic resonance),简称 ^{1}H NMR。本节只讨论 ^{1}H 的核磁共振谱。

6.3.2 屏蔽效应和化学位移

在上述共振条件式中,假设所有的自旋核都是完全裸露的核,即没有绕核运动的电子,这显然与实际情况不符。因为有机化合物分子中,质子核外存在着运动的电子,循环电子在外加磁场中会产生一个与外磁场方向相反的感应磁场(图 6-10),感应磁场会部分抵消外磁场的强度,使氢原子核所感受到的磁场强度略小于仪器提供的外磁场强度。这种现象称为电子的屏蔽效应(shielding effect)。假设外磁场强度为 H_0,屏蔽系数为 σ,那么质子实际感受到的磁场强度为

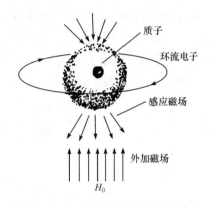

图 6-10　电子对核的屏蔽作用

$$H = H_0 - \sigma H_0 = (1 - \sigma)H_0$$

因此,实际的共振吸收条件式应为

$$h\nu = \Delta E = 2\mu H$$

$$\nu = \frac{2\mu H}{h} = \frac{2\mu}{h}(1 - \sigma)H_0$$

由于各种质子核外的化学环境并非完全一样,所以核所受到的屏蔽作用也不尽相同,各种质子发生核磁共振时所需的外磁场强度就有微小差别。氢原子核受到的屏蔽作用越大,所需的外磁场强度也越大;受到的屏蔽作用越小,所需的外磁场强度也越小。由此导致了不同类型的质子在核磁共振谱中吸收峰的位置差异,称为化学位移(chemical shift)。这正是核磁共振谱应用于有机化合物结构鉴定的基础。

在有机化合物分子中,氢原子核发生磁共振所需的磁场强度差别很小(只相当于外磁场强度的百万分之几),一般仪器很难准确地测量出它们的绝对值。通常是以某种标准物的核磁共振吸收峰为原点,测量出其他各吸收峰与原点之间的距离($\Delta\nu$),以此来表示各种质子的相对共振吸收位置。最常用的标准物是 $(CH_3)_4Si$(tetramethylsilane, TMS)。选用 TMS 为标准物是因为它的四个甲基对称分布,化学环境相同,只有一个尖锐的吸收峰。同时 TMS 的屏蔽效应很大,通常处在高场发生共振,而一般有机分子的质子在此区域不发生共振吸收。各种质子共振吸收峰与原点之间的相对距离称为相对化学位移,单位是赫兹(Hz)。但是,$\Delta\nu$ 并不是一个恒定值,它随着射频(ν)及外磁场强度(H_0)的改变而改变。例如,在 60 MHz 的 ^{1}H NMR 谱中,某吸收峰的 $\Delta\nu$ 为 60 Hz;在 100 MHz 的 ^{1}H NMR 谱中,则变为 100 Hz。为了避免混乱,让使用不同仪器的工作者具有对照谱图的共同标准,对化学位移进行重新定义,引进一个新的参量 δ 值。

$$\delta = \frac{\nu_{标准} - \nu_{样品}}{\nu_{仪器}} \times 10^6 = \frac{\Delta\nu}{\nu_{仪器}} \times 10^6$$

式中,$\nu_{标准}$为标准物共振频率;$\nu_{仪器}$为仪器的射频;δ值是以 ppm 为单位的参数。在 TMS 右边的 δ 值为负值,左边的 δ 值为正值。δ 值不随仪器的射频改变而改变。例如,60 MHz 仪器测得 $\Delta\nu = 60$ Hz,100 MHz 仪器测得 $\Delta\nu = 100$ Hz,它们的化学位移 δ 值均等于 1 ppm。

6.3.3　影响化学位移的因素

1. 电负性

电负性大的原子或基团吸电子能力强,使附近的 ^{1}H 周围的电子云密度下降,屏蔽作用变弱(去屏蔽作用增强),核磁共振所需的外磁场强度变小,即共振吸收峰向低磁场方向移动,化学位移 δ 值增大;给电子基团使 ^{1}H 周围的电子云密度升高,屏蔽效应大,共振信号出现在高场,δ 值减小(表 6-4)。

表 6-4　电负性对化学位移 δ 值的影响

化合物 CH_3A	CH_3F	CH_3OH	CH_3Cl	CH_3Br	CH_3I	CH_4	$(CH_3)_4Si$
元素 A	F	O	Cl	Br	I	H	Si
A 的电负性	4.0	3.5	3.1	2.8	2.5	2.1	1.8
δ/ppm	4.26	3.40	3.05	2.68	2.16	0.23	0

2. 各向异性效应

分子中基团的电子云分布不是球形对称的。在外磁场中,它们所产生的感应磁场在周围空间各个方向上的磁性并不完全相同,因此对邻近的不同方向上的氢核的化学位移将产生不同的影响,使 δ 值升高或降低,这种现象称为各向异性效应。各向异性效应有时对化学位移的影响相当大。例如,在苯环中,共轭大 π 键所形成的环电流在外磁场中会产生一个感应磁场(诱导磁场),由于磁力线的闭合性,在苯环中心及平面上下感应磁场的方向与 H_0 相反,起到屏蔽作用(shielding effect)。而在苯环周围侧面,感应磁场方向和 H_0 一致,起到去屏蔽作用(deshielding effect)。因此,苯环周围的空间划分为屏蔽区(+)和去屏蔽区(-)两个区域,如图 6-11 所示。

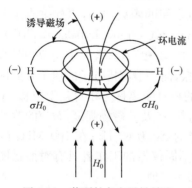

图 6-11　苯环的各向异性效应

苯环上的氢处于去屏蔽区,因此共振吸收峰向低磁场方向移动,化学位移 δ 值增大,约为 7.3 ppm。烯烃双键上的氢也处于去屏蔽区,故 δ 值较大,如乙烯的 $\delta = 4.60$ ppm。炔烃中三键上的氢则处于屏蔽区,故 δ 值较小,如乙炔的 $\delta = 2.35$ ppm。如图 6-12 所示,醛基$\left(\begin{array}{c}\diagdown\\C=O\\\diagup\\H\end{array}\right)$上的氢处于去屏蔽区,又加上羰基的吸电子作用,使其共振信号出现在很低的磁场位置($\delta = 9 \sim 10$ ppm),如图 6-12 所示。

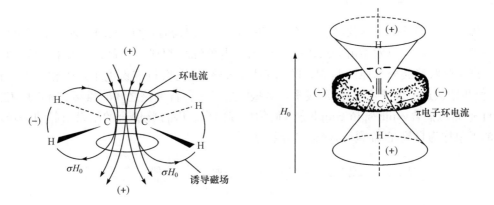

图 6-12　C═C 和 C≡C 的屏蔽区和去屏蔽区

除电负性和各向异性对 δ 有影响外,氢键、质子处在的空间位置对质子的 δ 也有影响。氢键的形成能使羟基或其他基团上的氢核的化学位移明显增大,氢键起到了相当于去屏蔽的作用。由于影响氢键形成的因素很多,所以羟基和氨基上的氢核 δ 值都有一个较大的变化范围。例如,醇 R—OH, δ＝0.5～5.0 ppm;酚 Ar—OH, δ＝4.0～7.0 ppm;羧酸 RCOOH, δ＝10.5～12.0 ppm,有时甚至到 18 ppm。

6.3.4　吸收峰的面积与氢原子数目

在核磁共振谱中,吸收峰的面积与产生信号的质子数成正比,因此可以由积分曲线的高度来计算各类质子数的比例关系。各峰的积分面积用阶梯曲线表示,曲线阶梯高度之比为不同化学位移的氢原子之比。

图 6-13 是乙酸苄酯的 ^{1}H NMR 谱,三个吸收峰的相对面积分别为 55.5 分值、22.0 分值、32.5 分值,对应三类质子的相对数目比值为 5∶2∶3。

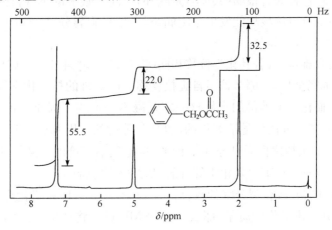

图 6-13　乙酸苄酯的 ^{1}H NMR 谱

6.3.5　自旋偶合与自旋裂分

用高分辨的核磁共振仪测量氯乙烷($ClCH_2CH_3$)结构时,谱图上却出现两组多重峰,即一组三重峰和一组四重峰,如图 6-14 所示。由单峰分裂成多重峰的现象称为峰的裂分。产生吸收峰裂分的原因是相邻的自旋核(氢核)之间通过成键电子发生相互干扰作用,使共振跃迁能级产生裂分,形成多重共振跃迁。这种自旋核之间的相互干扰作用就称为自旋-自旋偶合(spin-spin coupling),简称自旋偶合。因自旋偶合的结果引起的谱峰增多的现象称为自旋-自旋裂分,简称自旋裂分。

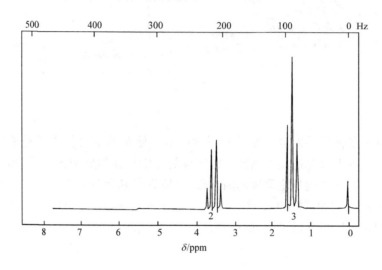

图 6-14　氯乙烷的 ^{1}H NMR 谱

自旋裂分的一般规律是:

(1) 自旋偶合一般发生在相隔三个单键的自旋核之间$\left[\begin{smallmatrix}H & H\\ | & |\\ C & —C\end{smallmatrix}\right]$。超过三个单键的偶合称为远程偶合,这种偶合很弱(共轭体系除外)。同一碳上磁不等价的自旋核也能发生自旋偶合,磁不等价自旋核均能发生自旋偶合,产生自旋裂分,磁等价的自旋核之间也有自旋偶合但不产生自旋裂分。

磁等价:一组自旋核中,若其化学位移相同(化学等价)并且各个自旋核与组外自旋核之间的自旋偶合也完全相同,那么该组自旋核就称为磁等价的核。化学等价的自旋核不一定是磁等价的,而化学不等价的自旋核一定是磁不等价的。例如,$ClCH_2CH_3$结构中,甲基(—CH_3)上的三个氢核是化学等价的,也是磁等价的。甲基(—CH_3)上的氢核与亚甲基(—CH_2—)上的氢核之间是化学不等价的,也是磁不等价的。又如,F_2C==CH_2结构中,同碳上的两个氢核(==CH_2)是化学等价的,却是磁不等价的。

(2) 对于简单的初级谱,裂分峰的数目符合($n+1$)规律,即有机化合物分子中,某质子的相邻碳上有 n 个磁等价的质子,那么在 ^{1}H NMR 谱中将产生一组($n+1$)重峰,并且各峰的强度之比为$(a+b)^n$展开式的系数之比。在核磁图谱中一般用 s、d、t、q、m 分别表示单峰、二重峰、三重峰、四重峰、多重峰。

一组多重峰的中心所对应的横坐标值即为化学位移,裂分峰之间共振吸收位置之差即为偶合常数(coupling constant,J),单位为 Hz。例如,图 6-15 所示的[1]H NMR 谱中,δ 值约为 1.5 ppm 处有一组三重峰,表明其基团邻位有两个质子;δ 值约为 3.6 ppm 处有一组四重峰,表明基团邻位有三个质子。由 δ 值和峰的数目便可推测化合物结构中含有—CH_2CH_3。又如,2-溴丙烷($CH_3CHBrCH_3$)分子中,两个甲基上的六个质子是磁等价的,其相邻的次甲基碳上只有一个质子,自旋偶合的结果在 NMR 谱中将会产生一组二重峰,

而次甲基$\left(-\overset{|}{\underset{|}{C}}-H\right)$相邻的两个碳上共有六个质子,^{1}H NMR 谱中将产生一组七重峰。

由于次甲基上连有电负性较大的溴原子,故七重峰出现在低场,δ 值较大。而二重峰出现在较高场,δ 值较小,如图 6-15 所示。图中 J_{ab} 和 J_{ba} 为偶合常数。

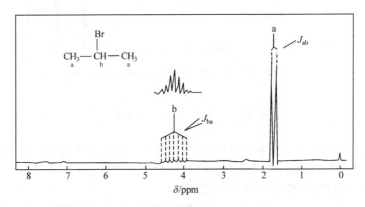

图 6-15　2-溴丙烷的[1]H NMR 谱

含羟基的化合物,羟基的质子有时能与邻近的质子发生偶合,产生自旋裂分。如果羟基的质子快速交换,有时又不会发生自旋裂分,所以在核磁共振谱图中,能快速交换的羟基质子吸收信号为单峰。

问题与思考 6-3

预测下列化合物的[1]H NMR 谱有几种核磁信号峰、各峰分裂情况、峰面积之比、化学位移的大小。

(1) $CH_3CH_2CH_2CH_3$　　　　(2) $CH_3CH_2CO_2CH_2CH_3$

(3) $CH_3CH_2OCH_3$　　　　(4) $(CH_3)_2CHCHClCH_3$

6.3.6　核磁共振谱的应用

^{1}H NMR 谱图的横坐标一般为化学位移,用 δ 表示,从右至左 δ 值增大。纵坐标为质子吸收峰的相对强度。与紫外光谱和红外光谱不同,核磁共振谱通过吸收峰的数目、位置、强度和峰的裂分情况能够为我们提供分子结构更多、更直接和更详细的信息。

(1) 吸收峰的数目,揭示分子中有几种不同"种类"的质子。

（2）吸收峰的位置，揭示每种质子的不同化学环境。

（3）吸收峰的强度，揭示每种质子的数目之比。

（4）自旋-自旋裂分，揭示质子附近的取代情况及空间排列。

【例 6-3】　已知某样品的分子式为 $C_3H_6O_2$，^1H NMR 谱如图 6-16 所示，试推测该化合物的构造式。

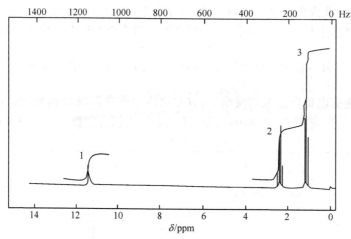

图 6-16　样品的 ^1H NMR 谱

解　^1H NNR 谱中共有三组峰，峰面积之比为 1∶2∶3，由此推测该化合物有三种质子，质子数分别为 1 个、2 个、3 个。

$\delta=11.4$ ppm 处有一单峰，是—COOH 吸收峰。

$\delta=2.4$ ppm 处有一组四重峰，$\delta=1.1$ ppm 处有一组三重峰，这是典型的—CH_2CH_3 吸收峰。

因此，可以推测该化合物的构造式为 CH_3CH_2COOH。

【例 6-4】　已知某酯类化合物的分子式为 $C_{10}H_{12}O_2$，试根据 ^1H NMR 谱（图 6-17）推测其分子结构。

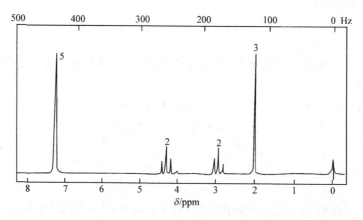

图 6-17　$C_{10}H_{12}O_2$ 的 ^1H NMR 谱

解 化合物的不饱和度 $\Delta=5$,说明可能有芳香环。^1H NMR 谱中共有四组峰,峰面积之比为 $5:2:2:3$。这说明化合物中共有四种质子,质子数分别为 5 个、2 个、2 个、3 个。

$\delta=7.3$ ppm 处有一吸收峰,对应有 5 个质子,是一元取代的苯环质子吸收峰。

$\delta=2.0$ ppm 左右有一单峰,对应有 3 个质子,是 $-\overset{\overset{\displaystyle O}{\|}}{C}-CH_3$ 吸收峰。

$\delta=4.3$ ppm 和 $\delta=2.9$ ppm 各有一组三重峰,对应的质子数都为 2 个,是 $-CH_2CH_2-$ 产生的吸收峰。因此,该化合物的构造式应为

$$\langle\text{苯环}\rangle-CH_2CH_2O\overset{\overset{\displaystyle O}{\|}}{C}CH_3$$

其中 $\delta=2.9$ ppm 的吸收峰为 $\langle\text{苯环}\rangle-CH_2-$ 产生的;$\delta=4.3$ ppm 的吸收峰是 $-CH_2O-$ 产生的。两个亚甲基上的质子自旋偶合,各自裂分为三重峰。

【**例 6-5**】 已知某化合物的分子式为 $C_5H_7O_2N$,试根据红外光谱(图 6-18)及 ^1H NMR 谱 (图 6-19)推测该化合物的构造式。

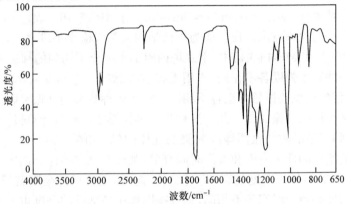

图 6-18 $C_5H_7O_2N$ 的红外光谱(液膜)

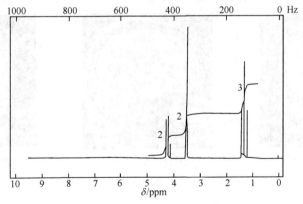

图 6-19 $C_5H_7O_2N$ 的 ^1H NMR 谱($CDCl_3$)

吸收峰的位置(ppm)分别为 1.25、1.32、1.39、3.51、4.15、4.23、4.30、4.37

解　化合物的不饱和度 $\Delta=3$。红外光谱中,略小于 3000 cm^{-1} 处有一中等强度的吸收带,是 $\nu_{(sp^3)C-H}$ 的吸收带;约 2250 cm^{-1} 处有一尖峰,是 $\nu_{C\equiv N}$ 的吸收峰;约 1725 cm^{-1} 处有一强的吸收峰,可能是酯的 $\nu_{C=O}$ 吸收峰。

^{1}H NMR 谱中,共有三组吸收峰,单峰对应有 2 个质子,是孤立的—CH$_2$—吸收峰;四重峰对应有 2 个质子,三重峰对应有 3 个质子,这两组峰说明有—CH$_2$CH$_3$ 存在。根据以上分析,该化合物的构造式可能是

$$\text{(A) CH}_3\text{CH}_2\text{OCCH}_2\text{CN} \quad \text{或} \quad \text{(B) CH}_3\text{CH}_2\text{COCH}_2\text{CN}$$

$$\overset{\displaystyle O}{\underset{\displaystyle \|}{}} \qquad\qquad \overset{\displaystyle O}{\underset{\displaystyle \|}{}}$$

由于 ^{1}H NMR 谱中,四重峰($\delta=4.26$ ppm)比单峰($\delta=3.51$ ppm)更处于低场,说明—CH$_2$CH$_3$ 基团上连接有电负性较强的原子或基团,因此可以判断该化合物的构造式应该是式(A)。式(B)的 ^{1}H NMR谱中,单峰应在四重峰的左边,其化学位移与图 6-19 不符合。

6.3.7　磁共振成像技术在临床医学中的应用

磁共振成像技术(magnetic resonance imaging,用 MR 或 MRI 表示)是医学诊断领域中一种重要而先进的检查技术。现已成为影像学四大常规检查手段之一。MR 的基本原理和 ^{1}H NMR 相同,在 MR 扫描机中,主磁场内附加了一个不均匀的梯度磁场,使被检查的人体各个部位的磁场强度各不相同,当用无线射频脉冲逐点诱发人体内氢原子产生核磁共振时,各部位的核磁共振频率也各不相同。收集各种频率的共振吸收信号,便能得到一条以频率为横坐标的共振曲线。此方法称为一维投影法。经过计算机图像重建法的处理,便可获得一幅二维的磁共振图像或三维的立体图像,如图 6-20 所示。由于图像像点的亮度和该点处组织的质子密度和弛豫时间有关(弛豫有纵向弛豫和横向弛豫两种,弛豫时间分别为 T_1 和 T_2),质子密度越高,T_1 越短,T_2 越长,图像局部亮度就越高。人体中各种组织的质子密度和弛豫时间各不相同,磁共振图像中各部位的亮度也各不相同。因此,可以利用磁共振图像来观察各种病变。

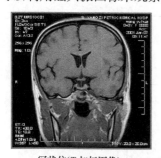 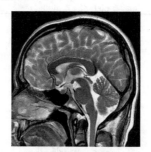 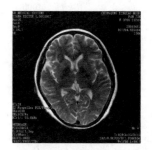

冠状位(T_1加权图像)　　　矢状位(T_2加权图像)　　　横轴位(T_2加权图像)

图 6-20　正常头部的二维磁共振图像

6.3.8　电子顺磁共振谱

含有未成对电子的物质(如过渡金属离子、自由基等),其电子自旋磁矩不为零,具有顺磁性。电子磁矩在外磁场中具有不同的取向。取向不同的磁矩具有不同的能量,这就

产生了不同的能级。当电磁波辐射的能量和磁能级差相等时,电子磁矩便会吸收电磁波而由低能级跃迁到高能级,由此产生的吸收谱称为电子顺磁共振谱(electron paramagnetic resonance,EPR)或电子自旋共振谱(electron spin resonance,ESR)。由于电子的磁矩比质子的核磁矩大得多,因此发生顺磁共振所需的能量较大。电子顺磁共振吸收的电磁波属于微波区域。像核磁共振谱一样,电子顺磁共振信号也会产生裂分。电子顺磁共振谱可以用来鉴定自由基、过渡金属离子等顺磁粒子的结构和测量它们的浓度。

 扫一扫　大可不必对核磁共振"谈核色变"　

6.4　质　谱

6.4.1　基本原理

有机化合物分子在高真空中受热气化,受到粒子流(电子束)轰击之后,会失去一个电子变成带正电荷的分子离子,分子离子其实是正离子自由基。分子离子在粒子流的进一步轰击下,又会发生键的断裂(裂解)而形成各种碎片离子。这些离子在电场和磁场的综合作用下,按照质荷比(质量和电荷之比 m/z)的大小顺序记录下来,所形成的谱图称为质谱(mass spectrum,MS)。

待测有机化合物在高真空中受热气化,通过漏孔进入电离室。在粒子流的轰击之下,产生了各种离子。这些离子在电场的加速之后,其动能与势能相等。

$$\frac{1}{2}mv^2 = eV \tag{1}$$

式中,m、v、e、V 分别为离子的质量、速度、电荷、离子的加速电位。

具有一定速度的离子束进入质量分析器。在磁场中运动的离子受到洛伦兹 (Lorentz)力的作用,运动方向发生偏转,做弧形运动,此时向心力 Hev 和离心力 $\frac{mv^2}{R}$ 相等,得式(2),整理式(2)得式(3)。

$$Hev = \frac{mv^2}{R} \tag{2}$$

$$v = \frac{RHe}{m} \tag{3}$$

将式(3)代入式(1)导出式(4)

$$\frac{m}{e} = \frac{H^2R^2}{2V} \tag{4}$$

式(4)表明,质谱仪的磁场强度不变改变加速电位,或加速电位不变改变磁场强度,对于质量不同的离子其弧形运动的曲率半径 R 各不相同,因此各种离子便可得到分离。各种离子按质荷比的大小顺序依次进入收集器,并在收集器中产生信号,经放大器放大之后,输给记录器,形成一张质谱图。

6.4.2　质谱图

质谱图以 m/z 值为横坐标,以离子峰的相对强度为纵坐标。为了更清楚地表示各主要的离子峰,质谱图一般都采用"条图"的形式,即以直线代表各离子峰,如图 6-21 所示。谱图中强度最大的离子峰称为基峰,并人为规定为 100%。其他离子峰的强度分别以它们对基峰的相对强度百分比来表示。例如,间二甲苯的质谱中,$m/z=91$ 峰为基峰,强度为 100%,而 $m/z=77$ 峰的相对强度为 20%,$m/z=106$ 峰的相对强度为 65%。离子峰的强度与对应离子的数量成正比。离子的数量越多,峰的强度越大。

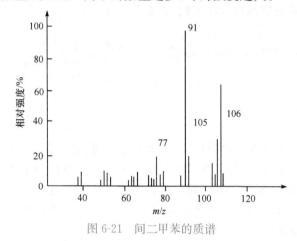

图 6-21　间二甲苯的质谱

6.4.3　有机化合物裂解的一般规律

有机分子中含有许多共价键,各个共价键产生裂解的概率并不相同,即裂解的部位具有一定的选择性。一般情况下,键的极化度越大越容易发生断裂;产生的碎片离子越稳定,也越有利于发生裂解。裂解的方式很多,大体上可分为单纯裂解和重排裂解两大类。

1. 单纯裂解

只发生共价键单纯断裂的裂解称为单纯裂解。每次单纯裂解都将产生一个碎片离子和一个中性碎片基团。各类化合物都有其特征的裂解过程,在质谱中产生特征的离子峰。例如,烯烃分子离子的裂解,优先发生的是产生稳定的烯丙基型碳正离子的裂解。

$$[R-CH=CH-CH_2\curvearrowright R']^{+} \xrightarrow{-\cdot R'} R-CH=CH-\overset{+}{C}H_2 \longleftrightarrow R-\overset{+}{C}H-CH=CH_2$$
$$m/z=41,55,69,\cdots$$

在烯烃的质谱中,基峰大多是烯丙基型离子峰。

带有侧链的芳香环化合物,容易发生如下的裂解过程:

$$\text{苯}-CH_2\curvearrowright R \xrightarrow{-\cdot R} \text{苯}-CH_2^{+} \xrightarrow{重排} \text{环庚三烯正离子}$$
$$m/z=91$$

在质谱中产生 $m/z=91$、强度很大的苄基离子峰。

含有杂原子的分子容易发生 α-裂解或 β-裂解。例如

酮

$$R - C = O^+ \xrightarrow{\alpha\text{-裂解}} R'C \equiv O^+ + \cdot R$$

$$m/z = 43, 57, 71, \cdots$$

醚

$$CH_3CH_2 - CH - \overset{+}{O} - CH_2CH_3 \xrightarrow[-\cdot CH_2CH_3]{\beta\text{-裂解}} CH_3CH = \overset{+}{O} - CH_2CH_3$$

$$m/z = 73$$

$$CH_3CH_2 - CH - \overset{+}{O} - CH_2CH_3 \xrightarrow[-\cdot CH_3]{\beta\text{-裂解}} CH_3CH_2CH = \overset{+}{O} - CH_2CH_3$$

$$m/z = 87$$

2. 重排裂解

如果在共价键断裂的过程中伴随有原子或基团的迁移重排,这种裂解就称为重排裂解。最常见的重排裂解是麦氏(Mclafferty)重排裂解。凡是具有 γ-H 的醛、酮、链烯、酰胺、酯、腈、芳香环化合物都能产生麦氏重排裂解。重排裂解离子峰的强度很大且具有特征性,谱图中容易识别。例如

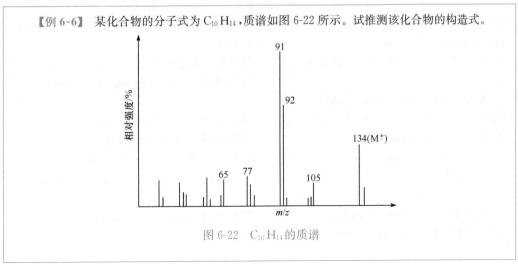

6.4.4 质谱的应用

根据质谱中主要离子峰的 m/z 值和相对强度以及主要离子峰之间的质量差,可以判断出主要的碎片离子结构以及裂解过程中可能丢失的中性碎片基团。根据裂解规律,分析可能的裂解过程,进而推测出有机化合物的结构。

【例 6-6】 某化合物的分子式为 $C_{10}H_{14}$,质谱如图 6-22 所示。试推测该化合物的构造式。

图 6-22 $C_{10}H_{14}$ 的质谱

解 不饱和度 $\Delta=4$。$m/z=91$ 为基峰,是苄基离子峰。$m/z=65$、$m/z=77$ 为苯环特征峰。$m/z=92$ 为重排裂解峰。推测该化合物的构造式为

具体的裂解过程如下:

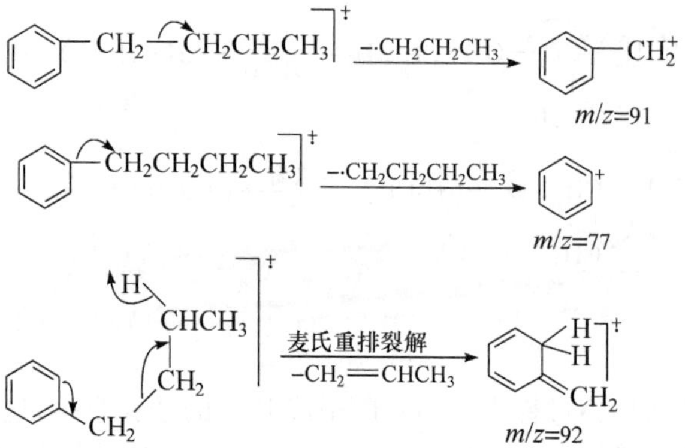

6.4.5 色谱-质谱联机

色谱是分离混合物的有效方法,但较难得到结构信息。质谱能提供丰富的结构信息,用样量又少,因此色谱-质谱的联用是分离和分析化合物的理想手段。目前,常用的色谱-质谱联机有气相色谱-质谱(GC-MS,简称气-质联用)和液相色谱-质谱(LC-MS,简称液-质联用)。

色谱-质谱联机分析具有灵敏度高,样品用量少,分析速度快,分离和鉴定同时进行等优点,色谱-质谱联机技术被广泛地应用于化学、化工、环境、能源、医药、运动医学、刑侦科学、生命科学和材料科学等各个领域。

关 键 词

紫外-可见光谱法 ultraviolet-visible spectroscopy,UV-vis 150

红外光谱法 infrared spectroscopy,IR 150

质谱法 mass spectroscopy,MS 150

吸收谱带 absorption band 151

发色团 chromophore 152

助色团 auxochrome 152

红移 red shift 152

蓝移 blue shift 152

伸缩振动 streching vibration 153

弯曲振动 bending vibration 153

特征频率区 characteristic frequency region 155

指纹区 fingerprint region 155

核磁共振 nuclear magnetic resonance 158

屏蔽效应 shielding effect 159

化学位移 chemical shift 159

去屏蔽作用 deshielding effect 160

自旋-自旋偶合 spin-spin coupling 162

偶合常数 coupling constant 163

基峰 basic peak 168

小　结

紫外-可见光谱法、红外光谱法、核磁共振谱、质谱是分析鉴定有机化合物结构最常用的方法。紫外-可见光谱、红外光谱、核磁共振谱属于吸收光谱,质谱不属于吸收光谱。

紫外-可见(UV-vis)光谱主要用于判断有机化合物是否存在共轭体系,利用紫外光谱谱带的位置、形状、强度辅助推测含有共轭体系的分子结构。常利用已知结构的紫外光谱进行定量分析。紫外光谱涉及的电子跃迁主要是 $n \rightarrow \pi^*$ 跃迁(R 带)和 $\pi \rightarrow \pi^*$ 跃迁(K 带)两种类型。紫外吸收带的位置及强度主要由分子结构所决定。共轭效应使紫外吸收带强度增强,吸收波长发生红移。根据紫外光谱的数据可以判断化合物分子中是否存在共轭体系,根据吸收带的波长可以推定连接在共轭体系碳上的取代基的数目及位置,进而推测出化合物的基本结构。

红外光谱(IR)谱图复杂,信息量大,主要用于推测化合物的某些特性基团的存在,进而鉴定有机化合物的结构。当外界提供的电磁波能量等于分子内部振动能级差时,分子就有可能吸收电磁波而发生能级跃迁。由于振动能级跃迁所吸收的光是红外光,故由此产生的光谱称为红外光谱(IR)。分子发生振动能级跃迁的同时,一定伴随转动能级的跃迁,所以红外光谱也称为振转光谱。红外光谱的波数范围一般在 $4000 \sim 400 \ cm^{-1}$ 之间,$4000 \sim 1500 \ cm^{-1}$ 区域称为特征频率区,$1500 \sim 400 \ cm^{-1}$ 区域称为指纹区。红外光谱主要揭示化合物中是否存在某种特性基团。

核磁共振谱(^1H NMR)主要利用不同类型的 ^1H 核在谱图中化学位移、峰的裂分数量、峰强度差异,推测有机化合物的基本骨架结构。具有自旋运动的核,置于外磁场(H_0)中,会产生自旋能级分裂。若在垂直于 H_0 的方向上外加一个电磁场,当电磁波的能量 $h\nu$ 和核磁能级差 ΔE 相等时,处于低能级的原子核就会吸收电磁波能量而跃迁到高能级,这种现象称为核磁共振。由于各种质子核外的化学环境不同,受到的屏蔽作用不同,在核磁共振谱中吸收峰的位置也不同,产生化学位移(δ)。^1H NMR 谱图通常以 δ 为横坐标,纵坐标为吸收信号的相对强度。δ 值的大小主要受基团的电负性、各向异性效应以及氢键的去屏蔽效应和溶剂效应等因素影响。

相邻碳原子的自旋质子之间会通过成键电子发生相互干扰作用,使共振跃迁能级产生裂分,形成多重共振跃迁。这种自旋核之间的相互干扰作用就称为自旋-自旋偶合,自旋偶合产生谱峰裂分,称为自旋裂分。对于简单初级谱而言,自旋裂分的位置之差即为偶合常数 J。初级谱自旋裂分的峰数目符合($n+1$)规则。

化学位移、峰面积以及自旋偶合裂分是 ^1H NMR 谱的三个基本参数。利用化学位移可以推测化合物中的各种质子以及相邻的结构环境;利用各组峰的面积之比,可以推算各种质子的数目之比。利用偶合常数可以推测化合物结构中各组质子的相互关系。利用($n+1$)规则,可以推测邻位质子的数目。总之,^1H NMR 谱的各种信息,能为推测有机化合物的结构提供更多的佐证。

　　质谱(MS)分析是一种鉴定技术,它能准确测定有机化合物的分子量。质谱是气态有机化合物分子在高真空中受到电子流轰击,产生了分子离子和各种碎片离子,这些离子在电场和磁场的综合作用下,按照质荷比 m/z 的大小顺序被记录下来,所形成的谱图。利用 MS 分子离子峰,可测定化合物的分子量;利用碎片离子峰及裂解规律,可推测化合物的结构。质谱与色谱等分离技术联用,可以对复杂的有机化合物进行定性、定量分析。

习　题

1. $CH_3CH{=}CH{-}CHO$ 分子中有几种类型的价电子? 哪一种电子跃迁的能量最高? 在紫外光谱中将产生哪些吸收带?

2. 排列下列各组化合物的紫外光谱 λ_{max} 的大小顺序。

    (1) $CH_2{=}CH{-}CH_2{-}CH{=}CHNH_2$　　　　　　$CH_3CH{=}CH{-}CH{=}CHNH_2$

    　　$CH_3CH_2CH_2CH_2CH_2NH_2$

    (2)

3. 有 A、B 两种环己二烯,A 的紫外-可见光谱的 λ_{max} 为 256 nm($\varepsilon{=}800$),B 在 210 nm 以上无吸收峰。试写出 A、B 的结构。

4. 红外光谱产生的条件是什么?

5. 排列下列各键收缩振动吸收波数的大小次序。

    (1) O—H　　　(2) C=C　　　(3) C—H　　　(4) C≡N　　　(5) C=O

6. 化合物 A($C_5H_3NO_2$),其红外光谱给出 1725 cm^{-1}、2210 cm^{-1}、2280 cm^{-1} 吸收峰,A 最可能的结构式是什么?

7. 试分析苯乙腈红外光谱(图 6-23)中各特征吸收峰的归属。

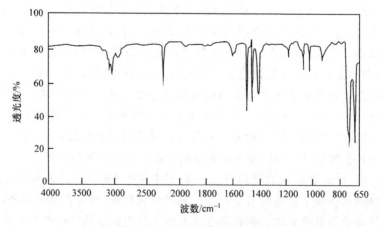

图 6-23　苯乙腈的红外光谱

8. 已知某化合物的构造式可能是

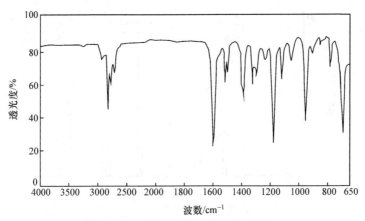

试根据红外光谱(图 6-24)确定该化合物的构造式,并指出各特征吸收峰的归属。

图 6-24　某化合物的红外光谱(液膜)

9. 为什么炔氢的化学位移位于烷烃和烯烃之间?

10. 某样品在 60 MHz 的 ^1H NMR 谱中有四个单峰,化学位移分别为 64 Hz、88 Hz、136 Hz、358 Hz。试计算该样品在 100 MHz 的 ^1H NMR 谱中四个吸收峰的化学位移,分别用 ppm 和 Hz 两种单位表示。

11. 试比较下列化合物中,各分子内不同质子 δ 值的大小。

(1)

$$\begin{array}{c} CH_3 \quad CH_3\,a \\ | \qquad | \\ H—C—O—C—H\,b \\ | \qquad | \\ CH_3 \quad CH_3 \end{array}$$

(2)

$$\begin{array}{c} H \quad H \\ | \quad | \\ Cl—C—C—Br \\ | \quad | \\ H \quad H \\ a \quad b \end{array}$$

(3) $CH_3CH_2CH_2NO_2$
　　　　a　b　c

12. 已知某化合物的分子式为 C_8H_9Br, ^1H NMR 谱如图 6-25 所示,其中峰面积之比为 5∶1∶3(从低场到高场的顺序)。试推测该化合物的构造式,并指出各组峰的归属。

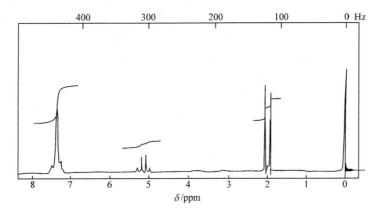

图 6-25　C_8H_9Br 的 ^1H NMR 谱

13. $C_8H_{18}O$ 的 $^1H\ NMR$ 谱图中只在 $\delta\ 1.0\ ppm$ 处出现一组峰,请推断此化合物的结构。

14. 试推测 2-戊烯($CH_3CH{=\!=}CH{-\!}CH_2CH_3$)的质谱中基峰的 m/z 值,并用式子表示其裂解过程。

15. 图 6-26 为
$$\underset{}{\bigcirc\!\!\!\!\bigcirc}-\overset{\overset{\textstyle CH_3}{|}}{C}HCH_2CH_3$$
的质谱。请指出哪个峰为 M 峰,哪个峰为基峰,并解释基峰产生的裂解过程。

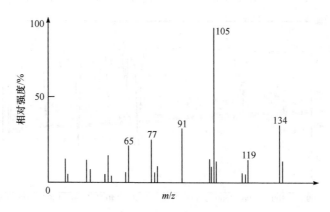

图 6-26　仲丁基苯的质谱

第7章 醇、酚和醚

醇、酚和醚都是烃的含氧衍生物。醇(alcohol)可看作是脂肪烃、脂环烃、芳香烃侧链上的氢被羟基(—OH,hydroxy)取代的化合物。酚(phenol)是芳环上的氢被羟基取代的化合物。醇和酚的特性基团都是羟基,其通式可表示为

$$R—OH \qquad Ar—OH$$
$$\text{醇} \qquad\qquad \text{酚}$$

醚(ether)是醇或酚的衍生物,可看作是醇或酚羟基上的氢被烃基(—R′ 或—Ar′)取代的化合物,特性基团$\left(—\overset{|}{C}—O—\overset{|}{C}—\right)$称为醚键。通式为

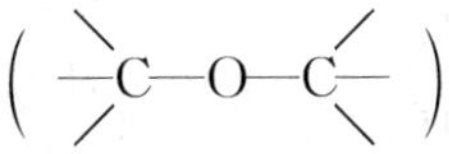

$$(Ar)R—O—R'(Ar')$$
$$\text{醚}$$

醇、酚和醚是三类重要的有机化合物,广泛存在于自然界中,可用作溶剂、燃料添加剂、食品添加剂及香料,许多药物也具有醇或酚的结构。例如

CH₃CH₂OH

乙醇
(溶剂、消毒剂及燃料添加剂)

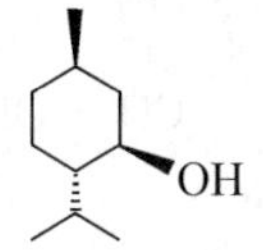

薄荷醇
(香料)

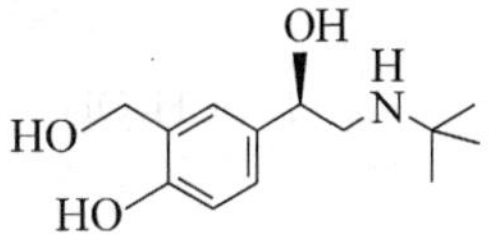

沙丁胺醇
(支气管扩张药)

CH₃CH₂OCH₂CH₃

乙醚
(溶剂、吸入型全身麻醉剂)

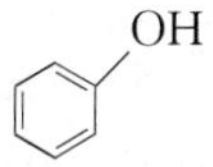

苯酚
(消毒剂)

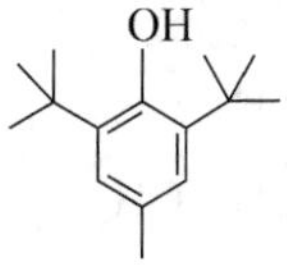

2,6-二叔丁基-4-甲基苯酚
(食品抗氧化剂,BHT)

7.1 醇

醇羟基通常只连接在 sp^3 杂化的饱和碳原子上。以甲醇(CH_3OH)为例,其氧原子为不等性 sp^3 杂化,两个 sp^3 杂化轨道为孤对电子所占据,余下两个轨道分别与碳原子以及氢原子形成碳-氧和氧-氢 σ 键,分子中氢-氧-碳键角为 108.9°,很接近正四面体角(109.5°)。

由于氧的电负性强于碳和氢,甲醇分子中的碳-氧键和氧-氢键的电子云均偏向于氧原子,为极性共价键,因此甲醇为极性分子,偶极矩为 $5.01×10^{-30}$ C·m(1.71D),偶极方

向指向羟基。

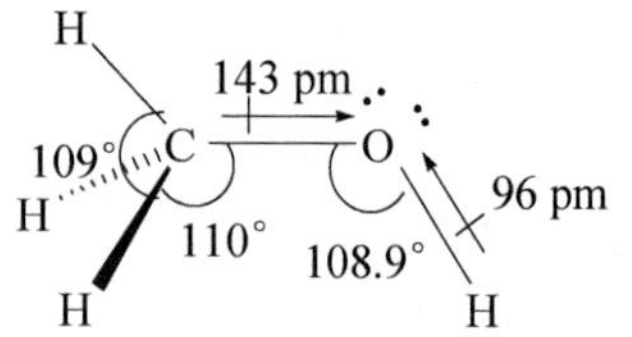

由于醇的羟基氧能提供未共用电子对,故在化学反应中醇既可被质子化,又可用作亲核试剂。

7.1.1 醇的分类和命名

1. 醇的分类

按羟基的数目,醇可分为一元醇、二元醇及多元醇(polyol)。

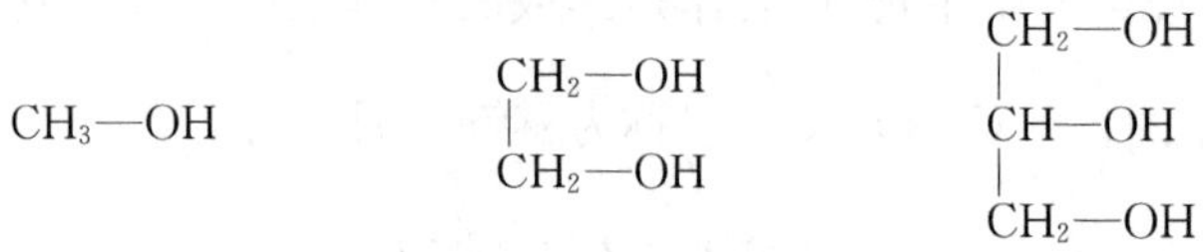

一元醇　　　　　二元醇　　　　　多元醇

按羟基所连碳原子的种类,可将醇分为伯醇(primary alcohol)、仲醇(secondary alcohol)和叔醇(tertiary alcohol)。

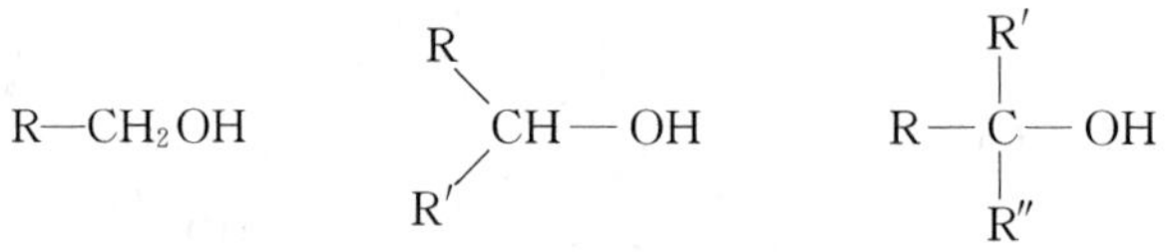

伯醇　　　　　仲醇　　　　　叔醇

按羟基连接的烃基种类,醇还可分为脂肪醇、脂环醇、芳香醇等。其中,脂肪醇又有饱和醇和不饱和醇之分。

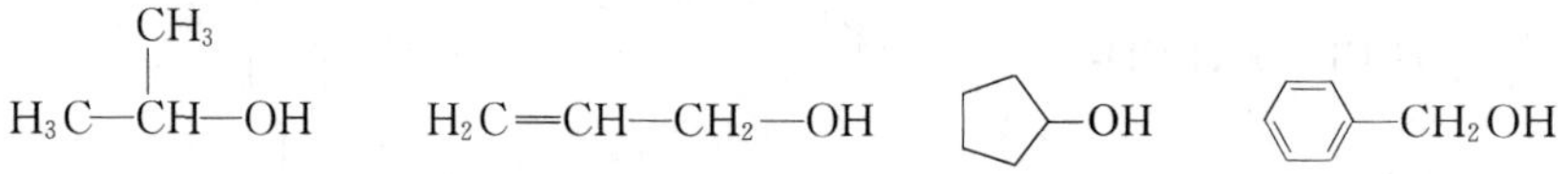

饱和醇　　　　不饱和醇　　　脂环醇　　　芳香醇

醇羟基连在双键碳原子上的醇称为烯醇(enol)。一般情况下,烯醇不稳定,容易异构化为稳定的醛或酮结构。

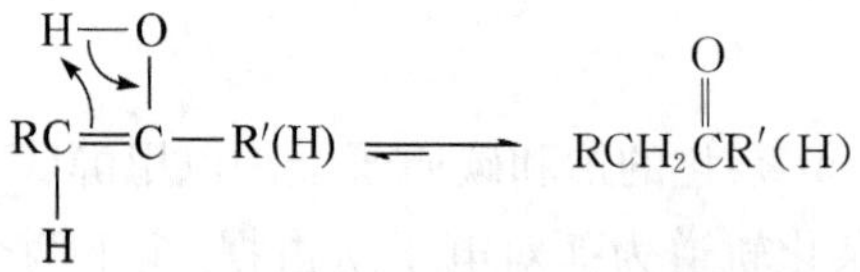

烯醇　　　　醛或酮

多元醇的羟基一般分别与不同的碳原子相连,同一碳原子上连接两个或三个羟基的结构不稳定,易自动脱水成稳定的醛、酮或羧酸。

$$R-\overset{\overset{\displaystyle OH}{|}}{\underset{\underset{\displaystyle R'}{|}}{C}}-OH \quad \underset{+H_2O}{\overset{-H_2O}{\rightleftharpoons}} \quad R-\overset{\overset{\displaystyle O}{\|}}{C}-R'$$
酮

$$R-\overset{\overset{\displaystyle OH}{|}}{\underset{\underset{\displaystyle OH}{|}}{C}}-OH \quad \underset{+H_2O}{\overset{-H_2O}{\rightleftharpoons}} \quad R-\overset{\overset{\displaystyle O}{\|}}{C}-OH$$
羧酸

2. 醇的命名

简单的一元醇多用普通命名法,通常是烃基名称后面加"醇"字,"基"字可省去。例如

CH₃OH   CH₃CH₂OH   CH₃CH₂CH₂CH₂OH

甲醇   乙醇   正丁醇

$$CH_3CHCH_2OH \qquad CH_3-\overset{\overset{\displaystyle CH_3}{|}}{\underset{\underset{\displaystyle CH_3}{|}}{C}}-OH \qquad \text{（苯环）}CH_2OH$$

异丁醇   叔丁醇   苄醇（苯甲醇）

结构复杂的醇多用系统命名法,命名原则是:选择连有羟基的最长碳链作为主链,并遵循羟基位次最低原则进行编号,按主链碳原子数称为某醇,并将羟基的位次置于"醇"字之前,其他取代基的位置、名称按照英文字母顺序先后写在某醇的前面。

对具有特定构型的醇,还需写出相应的构型符号。例如

$\overset{4}{C}H_3\overset{3}{C}H_2\overset{2}{C}H\overset{1}{C}H_3$ $\overset{4}{C}H_3\overset{3}{C}H_2\overset{2}{C}-OH$

丁-2-醇(仲丁醇)   2-甲基丁-2-醇

$\overset{6}{C}H_3\overset{5}{C}H\overset{4}{C}H_2\overset{3}{C}H_2\overset{2}{C}H\overset{1}{C}H_2OH$ $\overset{7}{C}H_3\overset{6}{C}H\overset{5}{C}H_2\overset{4}{C}H_2\overset{3}{C}H\overset{2}{C}H_2\overset{1}{C}H_3$

5-氯-2-甲基己-1-醇   6-甲基庚-3-醇

(1R,2R)-2-甲基环戊醇   (S)-丁-2-醇

不饱和醇的命名:选择既包括连接羟基的碳,又包括不饱和键在内的最长碳链作为主链,根据主链所含碳原子数目称为某烯醇或某炔醇(alkynol),编号时优先遵循羟基位次

最低原则,然后考虑重键位次最低原则,命名时以"烯醇"或"炔醇"为后缀,将羟基的位次插入"烯"或"炔"与"醇"之间。例如

$$\overset{5}{C}H_3\overset{4}{C}H=\overset{3}{C}H\overset{2}{C}H\overset{1}{C}H_3$$
$$|$$
$$OH$$

戊-3-烯-2-醇

$$\overset{6}{H}C\equiv\overset{5}{C}\overset{4}{C}H\overset{3}{C}H_2\overset{2}{C}H\overset{1}{C}H_3$$

4-甲基己-5-炔-2-醇

芳香醇的命名:通常把链醇作为母体,芳基作为取代基。例如

3-苯基丁-2-醇

2-苯基丙-2-醇

多元醇的命名:选择连有尽可能多的羟基的碳链作为主链,依羟基的数目称为某二醇或某三醇等,羟基的位次置于母体烃名与后缀之间。因为羟基是连在不同碳原子上的,所以当羟基数与主链碳原子数相同时,不必标明羟基的位次。例如

$$\overset{3}{C}H_3-\overset{2}{C}H-\overset{1}{C}H_2$$

丙-1,2-二醇

$$\overset{}{C}H_2-\overset{}{C}H-\overset{}{C}H_2$$

丙三醇(甘油)

$$\overset{5}{C}H_3-\overset{4}{C}H-\overset{3}{C}H-\overset{2}{C}H-\overset{1}{C}H_2$$

3-甲基戊-1,2,4-三醇

(2S,3R)-戊-2,3-二醇

另外,一些存在于天然物质中的醇还常用其俗名。例如

肌醇

叶醇

7.1.2 醇的物理性质

$C_1\sim C_5$的低级饱和一元醇是易挥发的液体,$C_6\sim C_{11}$的醇为油状黏稠液体,C_{12}以上的醇为蜡状固体。

直链饱和一元醇的沸点随碳原子数的增加而呈规律性的升高;碳原子数相同的醇,支链越多,沸点越低;多元醇的沸点则随着羟基数目的增多而升高。

低相对分子质量醇的沸点比与其相对分子质量相近的烷烃及卤代烃高得多。例如,甲醇的沸点比乙烷高153 ℃,乙醇的沸点比丙烷高120 ℃。原因是醇分子中含有羟基,在液态下醇分子间能通过"氢键"(hydrogen bond)发生缔合。要从液体变为气态,除克服普通分子间的作用力外,还需要更多的能量来破坏氢键,因此醇的沸点较高。但随着相对分

子质量的增大,烃基增大,阻碍了氢键的形成;同时羟基在分子中所占的比例降低,醇分子间的氢键缔合程度减弱,沸点与烷烃的差距就越来越小,如十六醇的沸点只比十六烷高57 ℃。

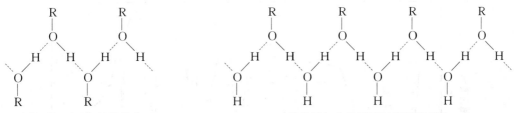

醇分子间通过氢键的缔合　　　　　　　　　　　醇分子与水分子通过氢键的缔合

由于醇羟基与水分子间也可形成氢键,因此低级醇能与水以任何比例混溶,而随着醇中烃基增大时,醇羟基与水形成氢键的能力相应减小,醇在水中的溶解度也随之降低。高级醇不溶于水而溶于有机溶剂。多元醇因羟基多,在水中的溶解度也随之增加。

常见醇的物理常数见表 7-1。

表 7-1　常见醇的物理常数

名称	构造式	熔点/℃	沸点/℃	相对密度 (液态)	溶解度(25 ℃) /[g·(100 g H$_2$O)$^{-1}$]
甲醇	CH$_3$OH	−98	64.5	0.792	∞
乙醇	CH$_3$CH$_2$OH	−117	78.3	0.789	∞
正丙醇	CH$_3$CH$_2$CH$_2$OH	−127	98	0.804	∞
异丙醇	(CH$_3$)$_2$CHOH	−86	82.5	0.789	∞
正丁醇	CH$_3$(CH$_2$)$_2$CH$_2$OH	−90	118	0.810	7.9
异丁醇	(CH$_3$)$_2$CHCH$_2$OH	−108	108	0.802	10.0
正戊醇	CH$_3$(CH$_2$)$_3$CH$_2$OH	−78.5	138	0.817	2.3
正己醇	CH$_3$(CH$_2$)$_4$CH$_2$OH	−52	156.5	0.819	0.6
正辛醇	CH$_3$(CH$_2$)$_6$CH$_2$OH	−15	195	0.827	0.05
正癸醇	CH$_3$(CH$_2$)$_8$CH$_2$OH	6	228	0.829	—
正十二醇	CH$_3$(CH$_2$)$_{10}$CH$_2$OH	24	259	0.831	—
苯甲醇	C$_6$H$_5$CH$_2$OH	−15	205	1.046	—
2-苯基乙醇	C$_6$H$_5$CH$_2$CH$_2$OH	−26	219	1.103	4
环己醇	⬡—OH	25	161	0.962	5.7
乙二醇	HOCH$_2$CH$_2$OH	−17.4	197.5	1.115	∞
丙三醇	CH$_2$OHCHOHCH$_2$OH	−17.9	290	1.260	∞

红外光谱:醇类中的游离羟基(未形成氢键)氧-氢键的伸缩振动在 3650~3500 cm^{-1}产生一个尖峰,强度不定。形成氢键后,羟基氧-氢键的伸缩振动吸收峰出现在 3500~3200 cm^{-1},峰形较宽。醇分子中的碳-氧伸缩振动吸收峰通常出现在 1260~1000 cm^{-1}。

图 7-1 为乙醇的红外光谱图,其中 3380 cm^{-1} 及 1070 cm^{-1} 处分别为氧-氢及碳-氧键的伸缩振动吸收峰。

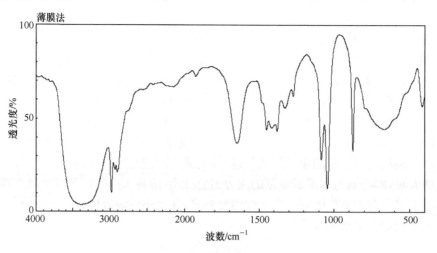

图 7-1　乙醇的红外光谱图

核磁共振氢谱:醇中羟基质子的化学位移,受温度、溶剂、浓度的影响,δ 可出现在 $0.5\sim 5.5$ ppm 的范围,这与氢键有关。氢键的形成能降低羟基质子周围的电子云密度,使质子的吸收向低场位移。当溶液被稀释(用非质子溶剂)或升高温度时,分子间形成氢键的程度减弱,质子化学位移将向高场位移。

7.1.3　醇的化学性质

化合物的结构决定其性质,性质是化合物结构的外在表现。下面分析一下醇的结构,预测它们的性质和主要化学反应。

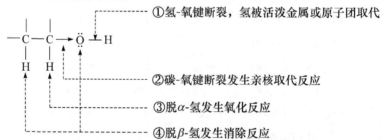

醇的化学性质主要由特性基团羟基决定。氧的电负性较大,与氧相连的共价键都有很强的极性。羟基氧上的未共用电子对能起到质子受体的作用(路易斯碱)并具有亲核性。因此,在化学反应中,碳-氧和氧-氢键都可以发生断裂,前者主要发生亲核取代反应和消除反应;后者主要表现出醇的酸性。受羟基的影响,羟基碳上的氢(α-氢)易脱去使醇发生氧化反应。

1. 氢-氧键断裂的反应

1)与活泼金属的反应
醇能够和钠、钾、镁、铝等活泼金属发生反应,羟基上的氢被金属取代,生成醇金属。

例如,乙醇和金属钠反应生成乙醇钠并放出氢气。

$$2ROH + 2Na \longrightarrow 2RONa + H_2 \uparrow$$
醇钠

$$2CH_3CH_2OH + 2Na \longrightarrow 2CH_3CH_2ONa + H_2 \uparrow$$
乙醇　　　　　　　　乙醇钠

　　这个反应与水和金属钠的反应极为相似,只是反应较温和。这是因为醇羟基与给电子的烃基相连,烃基的+I诱导效应使羟基中氧原子上的电子云密度增加,减弱了氧吸引氢氧间电子的能力,即降低了氢-氧键的极性,使醇羟基的氢不及水中的氢那样活泼,反应较为缓和。因此,烃基的给电子能力越强,醇羟基中氢原子的活性越低。不同结构的醇生成醇金属的速率为伯醇>仲醇>叔醇。叔醇与金属钠反应速率迟缓,要同金属钾反应才可使它们完全变成醇金属。

　　在实验室中常利用乙醇来消除残留无用的少量钠,使之变成乙醇钠后再用水洗去,这样可以避免金属钠与水接触引起燃烧和爆炸。醇钠(sodium alkoxide)是白色固体,遇水即水解,生成醇和氢氧化钠,因此醇钠的水溶液具有强碱性。在有机合成中,醇钠常作强碱使用,不同结构的醇钠碱性强弱顺序为 $R_3CONa > R_2CHONa > RCH_2ONa$。

$$RONa + H_2O \longrightarrow ROH + NaOH$$

　　醇与活泼金属反应说明醇具有弱酸性,其酸性($pK_a = 16 \sim 18$)比水($pK_a = 15.7$)还要弱,而其共轭碱醇钠的碱性比氢氧化钠还强。醇钠遇水甚至潮湿空气就能够分解成氢氧化钠和醇,所以醇钠需无水保存。

　　异丙醇和铝反应生成异丙醇铝,异丙醇铝可用于药物合成。

$$(CH_3)_2CHOH + Al \xrightarrow{HgCl_2} [(CH_3)_2CHO]_3Al + H_2 \uparrow$$

　　2) 与无机含氧酸的反应

　　醇可与硝酸、亚硝酸、硫酸和磷酸等无机含氧酸作用,脱去一分子水生成无机酸酯。

$$\underset{\text{异戊醇}}{CH_3CHCH_2CH_2OH} + \underset{\text{亚硝酸}}{HONO} \longrightarrow \underset{\text{亚硝酸异戊酯}}{CH_3CHCH_2CH_2ONO} + H_2O$$

（异戊醇、异硝酸异戊酯结构上均含 CH_3 支链）

甘油(glycerol)含有三个羟基,可与三分子硝酸发生酯化反应(esterification)。

$$\begin{array}{l} CH_2OH \\ | \\ CHOH \\ | \\ CH_2OH \\ \text{甘油} \end{array} + 3HONO_2 \longrightarrow \begin{array}{l} CH_2ONO_2 \\ | \\ CHONO_2 \\ | \\ CH_2ONO_2 \\ \text{甘油三硝酸酯(硝酸甘油)} \end{array} + 3H_2O$$

　　亚硝酸异戊酯和硝酸甘油(nitroglycerine)都是血管舒张剂,在临床上可用作缓解心绞痛的药物。亚硝酸异戊酯不稳定,储存和运输时必须加入分子筛等稳定剂。硝酸甘油也是一种炸药,极易发生爆炸,通常将它与惰性材料混合以提高其安全性,这就是诺贝尔(Nobel)发明的硝化甘油安全炸药。

　　硫酸是二元酸,可形成两种硫酸酯,即酸性酯和中性酯;磷酸是三元酸,可形成三种磷

酸酯,它们的通式分别表示如下:

$$RO{-}\overset{\overset{\textstyle O}{\uparrow}}{\underset{\underset{\textstyle O}{\downarrow}}{S}}{-}OH \qquad\qquad RO{-}\overset{\overset{\textstyle O}{\uparrow}}{\underset{\underset{\textstyle O}{\downarrow}}{S}}{-}OR$$

硫酸烷基氢酯　　　　　　　　硫酸二烷基酯

（酸性酯）　　　　　　　　　　（中性酯）

$$RO{-}\overset{\overset{\textstyle O}{\uparrow}}{\underset{\underset{\textstyle OH}{|}}{P}}{-}OH \qquad RO{-}\overset{\overset{\textstyle O}{\uparrow}}{\underset{\underset{\textstyle OH}{|}}{P}}{-}OR \qquad RO{-}\overset{\overset{\textstyle O}{\uparrow}}{\underset{\underset{\textstyle OR}{|}}{P}}{-}OR$$

磷酸烷基二氢酯　　　磷酸二烷基一氢酯　　　磷酸三烷基酯

（酸性酯）　　　　　　（酸性酯）　　　　　　（中性酯）

醇的无机酸酯具有多方面的用途,硫酸二甲酯是有机合成及药物合成中常用的甲基化试剂,但毒性较大。另外,高级醇($C_8 \sim C_{18}$的醇)的酸性硫酸酯的钠盐 $ROSO_2ONa$ 有去垢作用,可用作洗涤剂;在人体内,软骨中的硫酸软骨质就含有硫酸酯的结构。组成细胞的重要成分如核酸、磷脂中都含有磷酸酯的结构,而人体代谢过程中也会产生某些特殊的磷酸酯。

醇不仅能与无机酸作用生成无机酸酯,也能与有机羧酸作用生成羧酸酯(第10章)。

　扫一扫　　硝酸甘油的两面性　　　　　　　　　　　　　

2. 醇羟基被取代的反应

醇分子中的碳-氧键是极性共价键,在亲核试剂作用下发生与卤代烃类似的亲核取代反应。

1) 与氢卤酸的反应

醇与氢卤酸反应时,醇羟基被卤素取代生成卤代烃和水。

$$ROH + HX \rightleftharpoons RX + H_2O$$

这是卤代烃水解反应的逆反应。如果将其中一种反应物过量或移去一种产物,平衡向右移动,可提高卤代烃的收率。

醇与氢卤酸反应的活性与所用的氢卤酸及醇的类别有关。对于同一种醇来说,氢卤酸的相对活性次序为 $HI > HBr > HCl$(HF 一般不反应);而对于相同的氢卤酸,醇的活性次序为烯丙型或苄型醇>叔醇>仲醇>伯醇。卤代反应中,由于羟基不是一种良好的离去基团,且盐酸在该反应中活性较低,因此用浓盐酸时,需在无水氯化锌催化条件下,反应才能进行。

用浓盐酸和无水氯化锌配制成的试剂称为卢卡斯试剂(Lucas reagent)。该试剂与叔醇立即反应,由于生成的卤代烃在反应体系中不溶解,因此反应液立即变浑浊;与仲醇反应需几分钟;而与伯醇反应时,必须加热。利用上述反应速率的不同,可作为区别 6 个碳以下的一元伯、仲、叔醇的一种化学方法。

$$R_3C{-}OH \xrightleftharpoons[\text{室温}]{\text{卢卡斯试剂}} R_3C{-}Cl + H_2O \qquad \text{立即反应(反应液变浑浊)}$$
叔醇

$$R_2CH{-}OH \xrightleftharpoons[\text{室温}]{\text{卢卡斯试剂}} R_2CH{-}Cl + H_2O \qquad \text{若干分钟内反应(反应液变浑浊)}$$
仲醇

$$RCH_2{-}OH \xrightleftharpoons[\text{室温}]{\text{卢卡斯试剂}} \text{不反应} \qquad \text{(反应液保持清亮)}$$
伯醇

大多数伯醇的卤代反应按 S_N2(bimolecular nucleophilic substitution)历程进行反应,可表示如下:

$$RCH_2OH + HX \rightleftharpoons RCH_2\overset{+}{O}H_2 + X^-$$
质子化的醇

$$X^- + RCH_2{-}\overset{+}{O}H_2 \longrightarrow RCH_2X + H_2O$$

烯丙型醇、苄型醇、叔醇、大多数仲醇则按 S_N1(unimolecular nucleophilic substitution)历程进行反应。

$$R{-}\overset{..}{O}H + H^+ \rightleftharpoons R{-}\overset{+}{O}H_2 \xrightarrow{-H_2O} R^+ \xrightarrow{X^-} R{-}X$$

S_N1 历程中有碳正离子生成,易生成重排产物。例如

脱水后生成的(Ⅰ)是仲碳正离子,它的 α-氢可以带一对电子转移到带正电荷碳的空 p 轨道上,形成新的碳-氢键,同时产生一个新的叔碳正离子(Ⅱ),(Ⅱ)比(Ⅰ)稳定。因此,最后产物是 $(CH_3)_2CCH_2CH_3$ 与 $(CH_3)_2CHCHCH_3$ 的混合物。
（各含 X）

2) 与卤化磷或氯化亚砜的反应

在伯醇和仲醇的卤代反应中,为了避免重排的可能,常使用卤化磷或氯化亚砜($SOCl_2$,thionyl chloride,又称亚硫酰氯)作为卤化试剂。

卤化磷或氯化亚砜与醇反应时,可以控制条件避免发生重排。实验室中常采用这些

试剂由醇制备卤代烃。

$$3ROH + PX_3 \longrightarrow 3RX + H_3PO_3 \quad (X=Br、I)$$

$$ROH + SOCl_2 \longrightarrow RCl + SO_2\uparrow + HCl\uparrow$$

特别是用 $SOCl_2$ 时,副产物 SO_2 和 HCl 均为气体离去,故反应不可逆,收率高,产物较纯,但 $SOCl_2$ 较贵,腐蚀性也强。

手性醇与 $SOCl_2$ 反应时,其产物的构型与所使用的溶剂有关,在醚等非极性溶剂中反应,产物构型保持;采用吡啶为溶剂时,得到构型翻转的产物。例如

3. 消除反应

1) 醇的分子内脱水反应

醇与浓 H_2SO_4 共热发生分子内脱水反应(dehydrolysis)生成烯烃,该反应属于消除反应。例如

醇在酸催化下脱水生成烯烃的反应历程是通过碳正离子进行的 E1(unimolecular elimination)历程。首先醇与酸生成锌盐(oxonium salt),进而脱水为碳正离子,然后碳正离子消去 β-氢,生成烯烃。

伯、仲、叔醇脱水的难易程度是由形成的碳正离子的稳定性决定的,由于碳正离子的稳定顺序是

所以三种醇的分子内脱水反应的活性顺序是:叔醇>仲醇>伯醇。

与卤代烃的消除反应相似,醇进行分子内脱水时,同样遵从札依采夫规则,即主产物是碳-碳双键上烃基最多的烯烃。

$$CH_3CH_2CHCH_3 \xrightarrow[H_2SO_4(1:1)]{-H_2O} \begin{cases} CH_3CH_2CH=CH_2 \\ \text{丁-1-烯(19\%)} \\ CH_3CH=CHCH_3 \\ \text{丁-2-烯(81\%)} \end{cases}$$

烯丙型及苄型醇分子内脱水以形成含有稳定共轭体系的烯烃为主产物。

$$\begin{array}{c} CH_2-CH-CH_3 \\ | \quad | \\ \quad OH \end{array} \xrightarrow[\triangle]{H_2SO_4} \begin{array}{c} CH=CH-CH_3 \end{array}$$

醇的分子内脱水反应也常见于人体的代谢过程,某些含有醇羟基的化合物在酶的作用下,脱水形成含有双键的化合物。

2) 醇的分子间脱水反应

某些醇在适宜的反应条件下,还可分子间脱水形成醚。例如,乙醇与浓 H_2SO_4 共热至 140 ℃,发生分子间脱水生成醚。

$$CH_3CH_2-O\colon\!H + HO\colon\!-CH_2CH_3 \xrightarrow[140\,℃]{\text{浓 } H_2SO_4} CH_3CH_2-O-CH_2CH_3$$
$$\text{乙醚}$$

此反应实际上是一种亲核取代反应。伯醇分子间的脱水反应一般按 S_N2 机理进行:

$$R-\overset{\cdot\cdot}{O}H \xrightleftharpoons{H^+} R-\overset{+}{\overset{\cdot\cdot}{O}}H_2 \xrightarrow[-H_2O]{HOR} R-\overset{H}{\underset{+}{O}}-R \xrightarrow{-H^+} R-O-R$$

醇的分子内脱水和分子间脱水都是在酸的存在下进行的,二者是并存和相互竞争的,反应方向与醇的结构和反应条件有关。在一般情况下,伯醇易发生分子间脱水生成醚的反应,而叔醇易发生分子内脱水生成烯烃的反应。较低温度有利于成醚反应,高温条件下有利于消除反应。

4. 氧化反应

醇分子中的 α-氢由于受到羟基的影响,表现出一定的活性,使醇可以被多种氧化剂氧化。醇的结构不同、氧化剂不同,氧化产物也各异。

1) 强氧化剂氧化

在强氧化剂作用下,伯醇氧化成醛,醛继续氧化生成羧酸;仲醇氧化成酮;叔醇由于没有 α-氢,在一般条件下不被氧化。

$$RCH_2OH \xrightarrow[\text{或} -2H]{[O]} \overset{O}{\underset{}{RC-H}} \xrightarrow{[O]} \overset{O}{\underset{}{RC-OH}}$$

$$\overset{OH}{\underset{}{R-CH-R'}} \xrightarrow[\text{或} -2H]{[O]} \overset{O}{\underset{}{R-C-R'}}$$

常用的强氧化剂有铬酸、酸性重铬酸钾或高锰酸钾等。

$$CH_3CH_2OH \xrightarrow[H^+]{K_2Cr_2O_7} CH_3COOH$$

重铬酸钾氧化乙醇后,溶液由橙色变为蓝绿色。利用这一反应原理制作的呼吸分析仪可用于检验驾驶员是否酒后驾车。

2) 选择性氧化剂氧化

PCC($C_5H_5NH^+ClCrO_3^-$)、PDC$[(C_5H_5NH)_2^{2+}Cr_2O_7^{2-}]$以及沙瑞特(Sarrett)试剂$[CrO_3 \cdot (C_5H_5N)_2]$是高选择性氧化剂。这些试剂的特点是活性较低,具有选择性,可由伯醇制备醛,由不饱和醇制备不饱和醛、酮。例如

$$CH_2=CHCH_2OH \xrightarrow[CH_2Cl_2]{沙瑞特试剂} CH_2=CHCHO$$

烯丙醇　　　　　　丙烯醛

此反应以沙瑞特试剂为氧化剂,在CH_2Cl_2溶剂中常温下氧化烯丙醇,氧化反应只停留在醛的阶段,双键不受影响。

3) 催化脱氢

将伯、仲醇的蒸气在高温下通过活性铜或银催化剂,经高温脱氢生成相应的醛和酮,此法主要用于工业生产。

醇的氧化实质上是脱去两个氢原子,其中一个是羟基氢,另一个是α-氢。

在有机反应中,通常把分子中脱去氢原子或引进氧原子看作是氧化反应;反之,把引进氢原子或脱去氧原子看作是还原反应。这类反应也常见于人体的代谢过程中,与体外反应的差别在于这类生物氧化需要酶催化。例如,乙醇的代谢主要在肝脏内,在酶及辅酶的作用下乙醇被氧化成乙醛,乙醛又进一步氧化成可被机体细胞所同化的乙酸根离子。如果是酗酒,摄入乙醇的速度大大超过其氧化的速度,结果造成了乙醇及乙醛在血液内的滞留,从而使人体正常的新陈代谢遭到破坏。

5. 邻二醇的特殊性质

多元醇的化学性质大多与饱和一元醇类似,能够发生一元醇的所有反应。但由于多元醇所含的羟基比一元醇多,因此又有某些特殊的性质,在此只讨论邻二醇(vicinal diol)的一些特殊性质。

1) 与氢氧化铜的反应

邻二醇具有弱酸性及配位能力,可与重金属的氢氧化物反应。例如,把甘油加到氢氧

化铜沉淀中,沉淀立即消失,生成一种深蓝色的甘油铜(cupric glycerinate)溶液。

$$
\begin{array}{c}
\text{CH}_2\text{—OH} \\
| \\
\text{CH—OH} \\
| \\
\text{CH}_2\text{—OH}
\end{array}
+
\begin{array}{c}
\text{HO} \\
\quad\text{Cu} \\
\text{HO}
\end{array}
\longrightarrow
\begin{array}{c}
\text{CH}_2\text{—O} \\
| \qquad\quad \text{Cu} \\
\text{CH—O} \\
| \\
\text{CH}_2\text{—OH}
\end{array}
+ 2\text{H}_2\text{O}
$$

甘油铜(深蓝色)

实验室中可利用此反应来鉴定具有相邻羟基的多元醇。

2) 被高碘酸或四乙酸铅氧化

一分子邻二醇被高碘酸或四乙酸铅氧化时,发生碳-碳键断裂,生成两分子羰基化合物。

$$
\underset{\overset{|}{\text{OH}}}{\text{RCH}}\!-\!\underset{\overset{|}{\text{OH}}}{\text{CHR}'}
\xrightarrow{\text{HIO}_4}
\underset{\overset{\|}{\text{O}}}{\text{R—C—H}}
+
\underset{\overset{\|}{\text{O}}}{\text{R}'\text{—C—H}}
+ \text{HIO}_3 + \text{H}_2\text{O}
$$

醛　　　　　　醛

该反应是定量进行的,每断裂一个碳-碳键需要一分子 HIO_4,故可根据消耗 HIO_4 的物质的量及氧化产物推测邻二醇的结构。

问题与思考 7-1

　　一种化合物被高碘酸氧化后,生成丙酮、乙醛和甲酸,试推断它的结构。

---

3) 频哪醇重排

化合物 2,3-二甲基丁-2,3-二醇俗称频哪醇(pinacol)。频哪醇在酸性试剂(如硫酸)作用下脱去一分子水生成碳正离子后,碳骨架会发生重排,生成的化合物称为频哪酮(pinacolone)。这类反应称为频哪醇重排。例如

$$
\underset{\overset{|}{\text{OH}}\ \overset{|}{\text{OH}}}{\overset{\overset{\text{CH}_3}{|}\ \overset{\text{CH}_3}{|}}{\text{H}_3\text{C—C——C—CH}_3}}
\xrightarrow{\text{H}_2\text{SO}_4}
\underset{\overset{|}{\text{CH}_3}\ \overset{\|}{\text{O}}}{\overset{\overset{\text{CH}_3}{|}}{\text{H}_3\text{C—C——C—CH}_3}}
$$

频哪醇　　　　　　　　　频哪酮

反应是通过碳正离子进行的,其机理如下:

$$
\underset{\overset{|}{\text{OH}}\ \overset{|}{\text{OH}}}{\overset{\overset{\text{CH}_3}{|}\ \overset{\text{CH}_3}{|}}{\text{H}_3\text{C—C——C—CH}_3}}
\underset{}{\overset{\text{H}^+}{\rightleftharpoons}}
\underset{\overset{|}{\overset{+}{\text{OH}_2}}\ \overset{|}{\text{OH}}}{\overset{\overset{\text{CH}_3}{|}\ \overset{\text{CH}_3}{|}}{\text{H}_3\text{C—C——C—CH}_3}}
\underset{}{\overset{-\text{H}_2\text{O}}{\rightleftharpoons}}
\underset{\overset{+}{}\ \overset{|}{\text{OH}}}{\overset{\overset{\text{CH}_3}{|}\ \overset{\text{CH}_3}{|}}{\text{H}_3\text{C—C——C—CH}_3}}
$$

$$
\rightleftharpoons
\left[
\underset{\overset{|}{\text{CH}_3}\ \overset{\cdot\cdot}{\overset{|}{\text{OH}}}}{\overset{\overset{\text{CH}_3}{|}}{\text{H}_3\text{C—C——}\overset{+}{\text{C}}\text{—CH}_3}}
\longleftrightarrow
\underset{\overset{|}{\text{CH}_3}\ \overset{|}{\overset{+}{\text{OH}}}}{\overset{\overset{\text{CH}_3}{|}}{\text{H}_3\text{C—C——C—CH}_3}}
\right]
\xrightarrow{-\text{H}^+}
\underset{\overset{|}{\text{CH}_3}\ \overset{\|}{\text{O}}}{\overset{\overset{\text{CH}_3}{|}}{\text{H}_3\text{C—C——C—CH}_3}}
$$

从重排后碳正离子的极限式可看出:碳上的正电荷可分散到氧原子上,正电荷的离域范围增大,较稳定,这是频哪醇重排的动力。

两个羟基都连在叔碳原子上的邻二醇称为频哪醇类化合物,都可以发生类似的频哪醇重排反应。当叔碳原子上连接的烃基不相同,生成碳正离子时哪一个羟基会失去? 生成碳正离子后哪一个基团会迁移到缺电子的碳上呢? 这是有一定规律的,重排所得的产物取决于:

① 优先生成较稳定的碳正离子。例如

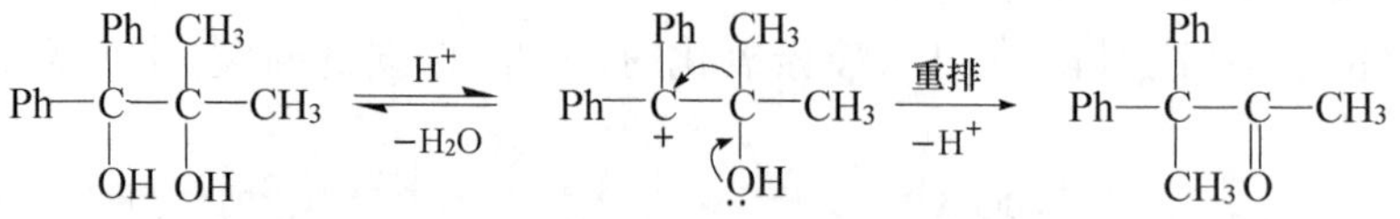

② 基团的迁移能力,一般是芳基＞烷基＞氢。例如

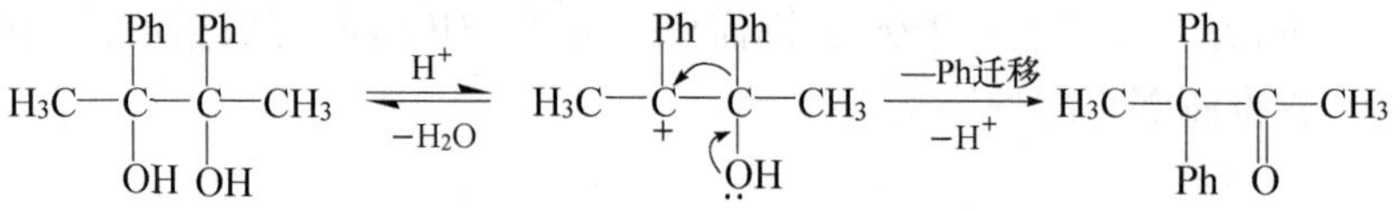

7.1.4　重要的醇

1. 甲醇

甲醇(methanol,CH_3OH)最初由木材干馏制得,故俗称木精。甲醇为无色透明液体,沸点 64.5 ℃,能与水或大多数有机溶剂混溶。甲醇有毒,误服 10 mL 可导致失明,30 mL 可使人中毒死亡。这是因为甲醇被肝脏的脱氢酶氧化成甲醛,甲醛对视网膜有毒,其进一步氧化产物甲酸又不能被机体很快利用而滞留于血液中,使 pH 下降,导致酸中毒而致命。

甲醇是重要的工业原料。另外,含 20％甲醇的汽油混合物是一种优良的发动机燃料。

2. 乙醇

乙醇(alcohol,C_2H_5OH)是酒的主要成分,又称酒精,为无色透明液体,沸点 78.3 ℃,发酵法或合成法制得的乙醇经分馏可得 95％的乙醇,即普通乙醇。因其为共沸液,故欲制取无水乙醇不能使用蒸馏法,实验室可用乙醇与氧化钙回流来除去水分。乙醇用途广泛,是一种重要的合成原料。临床上使用 70％～75％的乙醇作为外用消毒剂,长期卧床患者用 50％乙醇溶液涂擦皮肤,有收敛作用,并能促进血液循环,可预防褥疮。医药上使用乙醇配制成酊剂,如碘酊(俗称碘酒)就是碘和碘化钾的乙醇溶液。乙醇也常用于提取中草药的有效成分。

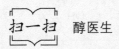 扫一扫　醇医生

3. 丙三醇

丙三醇[glycerol,$CH_2OHCH(OH)CH_2OH$]俗称甘油,为带有甜味的无色黏稠液体,沸点 290 ℃,能与水或乙醇混溶。无水甘油有吸湿性,能吸收空气中的水分(当含水 20% 时,即不再吸水),所以甘油在轻工业或化妆品中常用作吸湿剂。在医药上甘油又可用作溶剂,如酚甘油、碘甘油等。对便秘者,常用甘油栓剂或 50% 甘油溶液灌肠,它既有润滑作用,又由于能产生高渗压,可引起排便反射。甘油在药剂学中用作赋形剂和润滑剂。

4. 山梨醇和甘露醇

山梨醇(sorbol)和甘露醇(mannitol)都是六元醇,二者互为异构体,其构型式为

$$
\begin{array}{cc}
CH_2OH & CH_2OH \\
H{-}OH & HO{-}H \\
HO{-}H & HO{-}H \\
H{-}OH & H{-}OH \\
H{-}OH & H{-}OH \\
CH_2OH & CH_2OH \\
山梨醇 & 甘露醇
\end{array}
$$

它们均为白色结晶粉末,味甜,广泛存在于水果和蔬菜等植物中。

山梨醇和甘露醇均易溶于水,它们的 20% 或 25% 的高渗溶液在临床上用作渗透性利尿药,能降低脑内压,消除脑水肿。

5. 苯甲醇

苯甲醇(benzyl alcohol,$C_6H_5CH_2OH$)又称苄醇,为无色液体,沸点 205 ℃,具有芳香气味,存在于植物的香精油中。苯甲醇微溶于水,可与乙醇、乙醚混溶,具有微弱的麻醉作用和防腐功能,故将含有苯甲醇的注射用水称为无痛水,常作为青霉素钾盐的溶剂,可减轻注射时的疼痛。10% 的苯甲醇软膏或其洗剂为局部止痒剂。

7.2　酚

酚和醇虽然都含有羟基特性基团,但酚羟基直接与芳环 sp^2 杂化碳原子相连,而醇羟基一般连在 sp^3 杂化的碳原子上,这一结构特点决定了酚的性质与醇不完全相同而自成一类。

7.2.1　酚的分类和命名

根据酚羟基所连接的芳基种类不同,可将酚分为苯酚、萘酚等;根据分子中所含酚羟基的数目,可以把酚分为一元酚、二元酚、三元酚等,含有两个以上酚羟基的酚称为

多元酚（polyatomic phenol）。例如

苯酚　　　　萘-1-酚（α-萘酚）　　邻苯二酚（苯-1,2-二酚，儿茶酚）　　连苯三酚（苯-1,2,3-三酚）

（一元酚）　　（一元酚）　　　　　　（二元酚）　　　　　　　　　　（三元酚）

　　酚的命名一般是在"酚"字前面加上芳环的名称，以此作为母体，再加上其他取代基的位次、数目和名称；有些酚类化合物还习惯用其俗名。例如

2-甲基-4-硝基苯酚　　　2,4,6-三硝基苯酚（苦味酸）　　苯-1,4-二酚（对苯二酚）　　萘-1,4-二酚

百里酚　　　　　　　　丁香酚

7.2.2　酚的物理性质

　　大多数酚类化合物在室温下均为固体，一般没有颜色，但往往由于氧化而带黄色或红色。由于酚分子间以及酚与水分子间可以形成氢键，所以熔点、沸点和水溶性均比相应的烃高，其相对密度都大于 1。酚类能溶于乙醇、乙醚等有机溶剂，但微溶于水，多元酚随着分子中羟基数目的增多，水溶性相应增大。常见酚的物理常数见表 7-2。

表 7-2　常见酚的物理常数

名称	构造式	熔点/℃	沸点/℃	溶解度(25 ℃)/[g·(100 g H$_2$O)$^{-1}$]
苯酚	C$_6$H$_5$OH	43	182	9.3
邻甲酚	o-CH$_3$C$_6$H$_4$OH	30	191	2.5
间甲酚	m-CH$_3$C$_6$H$_4$OH	11	201	2.6
对甲酚	p-CH$_3$C$_6$H$_4$OH	35.5	201	2.3
邻苯二酚	o-HOC$_6$H$_4$OH	105	245	45.1
间苯二酚	m-HOC$_6$H$_4$OH	110	281	123
对苯二酚	p-HOC$_6$H$_4$OH	170	286	8
α-萘酚		94	279	难溶
β-萘酚		123	286	0.1

红外光谱：酚类化合物的结构中既有羟基，又含有苯环结构，因此酚类的红外光谱除有羟基的特征吸收外还有苯环的特征吸收。游离酚羟基的氧-氢键的伸缩振动在 $3650\sim3590\ \text{cm}^{-1}$，缔合的氧-氢键伸缩振动在 $3550\sim3200\ \text{cm}^{-1}$ 出现宽峰，酚的碳-氧键伸缩振动在 $1250\sim1220\ \text{cm}^{-1}$，苯环的碳-碳键伸缩振动在 $1600\ \text{cm}^{-1}$ 左右，苯环的碳-氢键伸缩振动在 $3100\ \text{cm}^{-1}$ 左右。

图 7-2 为苯酚的红外光谱图，其中 $3250\ \text{cm}^{-1}$ 及 $1230\ \text{cm}^{-1}$ 处分别为氧-氢键及碳-氧键的伸缩振动吸收峰。

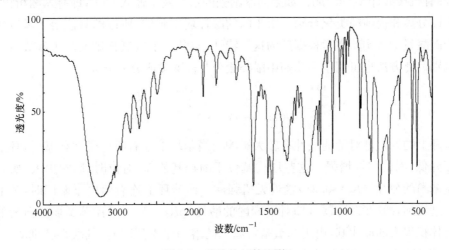

图 7-2　苯酚的红外光谱

核磁共振氢谱：酚羟基质子的化学位移值随溶剂、温度和浓度的不同有很大的变化，一般 δ 值为 $4.5\sim7.7$ ppm。

7.2.3　酚的化学性质

在酚的分子中，芳环的 π 键与酚羟基中氧原子的一对未共用电子对发生 p-π 共轭，其作用超过了羟基的 $-$I 诱导效应，使氧的电子云移向苯环，在化学性质上表现出：

(1) 碳-氧键的极性降低，键更牢固，不易发生羟基的取代和消除反应。

(2) 氧-氢键极性增大，容易断裂，故酚羟基的氢较醇羟基的氢更活泼，易离解成 H^+，使酚具有酸性。

(3) 苯环上的亲电取代反应更容易进行。

1. 酸性

苯酚(phenol)具有弱酸性，酚羟基上的氢除能被活泼金属取代外，还能与强碱溶液作用生成盐和水。

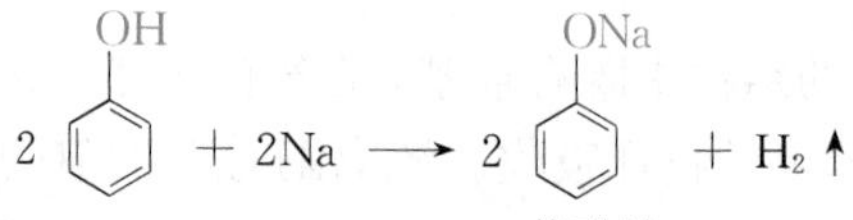

苯酚钠

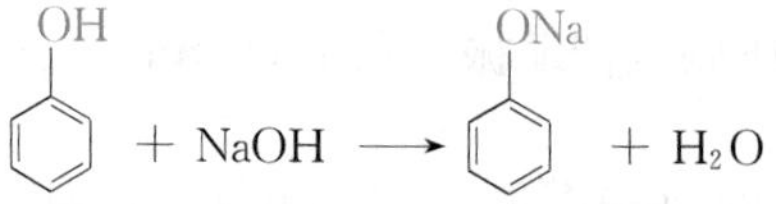

苯酚的酸性($pK_a=10$)比水($pK_a=15.7$)和醇($pK_a=16\sim20$)强,但比碳酸($pK_a=6.37$)和有机羧酸($pK_a\approx5$)弱。如果向苯酚钠的水溶液中通入 CO_2,即有苯酚析出,用该方法可以分离和提纯酚类化合物。由于酚的酸性弱于碳酸,所以酚只能溶于氢氧化钠而不溶于碳酸氢钠。实验室常根据酚的这一特性,与既溶于氢氧化钠又溶于碳酸氢钠的羧酸相区别。此方法也可用于中草药中酚类成分与羧酸类成分的分离。

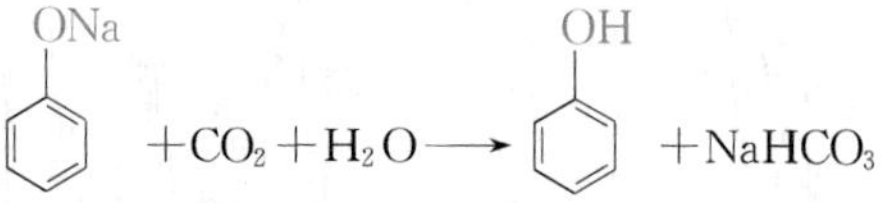

苯环上的取代基对酚的酸性有较大影响。当苯环上连有吸电子取代基时,环上电子云密度降低,酚的酸性增强。这些取代基位于酚羟基的邻、对位时,影响更大,如 2,4,6-三硝基苯酚的酸性($pK_a=0.38$)接近无机强酸。而苯环上连有给电子基团时,环上的电子云密度增加,酚的酸性减弱,如对甲苯酚的酸性($pK_a=10.17$)比苯酚弱。但酚的邻位上如有体积很大的取代基,由于苯氧基负离子的溶剂化受到阻碍,其酸性特别弱。例如,2,4,6-三新戊基苯酚在液氨中与金属钠也不起反应。

> 问题与思考 7-2
>
> 某一有机混合物由环己烷、环己醇和苯酚组成,试用简单的方法将它们分离成单一的物质。

2. 酚羟基的烷基化和酰基化

1) 酚酯的生成

酚与醇不同,不能直接与酸反应成酯,一般需要用酰氯或酸酐与其反应。

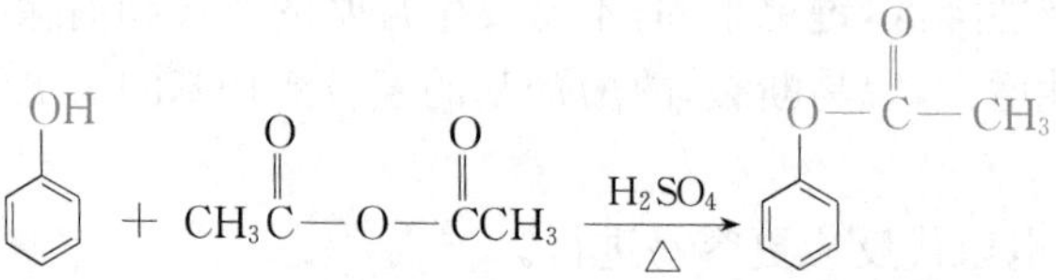

乙酸酐　　　　乙酸苯酯

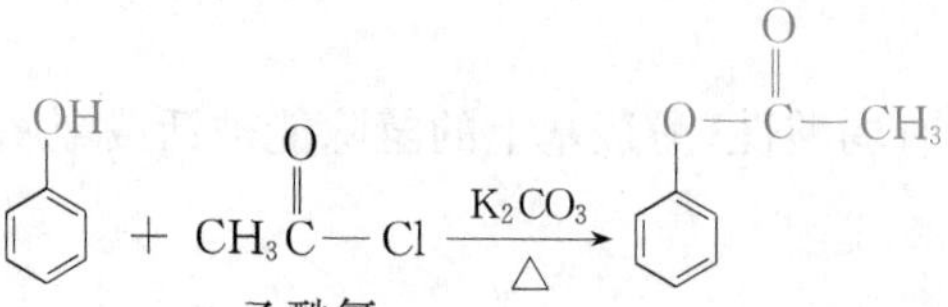

乙酰氯

消炎、解热镇痛药阿司匹林(aspirin)就是利用该反应合成的。

$$\underset{\text{水杨酸}}{\text{(OH, COOH)}} + \underset{\text{乙酸酐}}{CH_3C-O-CCH_3} \xrightarrow{H_2SO_4} \underset{\text{阿司匹林}}{\text{(OCCH_3, COOH)}} + CH_3COOH$$

2) 酚醚的生成

由于酚羟基的碳-氧键极性降低,故酚醚的合成不能像醇那样通过分子间脱水进行。通常采用威廉森反应来制备。

$$\text{(ONa)} + R-X \longrightarrow \text{(OR)}$$

$$\text{(OH)} + CH_3I \longrightarrow \underset{\text{甲基苯基醚(茴香醚)}}{\text{(OCH_3)}}$$

$$\text{(OH)} + (CH_3)_2SO_4 \xrightarrow[H_2O]{NaOH} \text{(OCH_3)}$$

由于苯酚易被氧化,在有机合成中经常将酚制备成酚醚以保护酚羟基。

3. 氧化反应

酚类易被氧化,但过程复杂。酚类化合物在空气中放置被氧气缓慢氧化的过程称为酚的自氧化反应(auto-oxidation)。所以,某些酚类化合物在食品、橡胶、塑料等工业上用作抗氧化剂。例如,食品添加剂 2,6-二叔丁基-4-甲基苯酚(BHT)就是具有酚结构的抗氧化剂。

在酸性重铬酸钾条件下,苯酚被氧化为对苯醌。

$$\underset{}{\text{(OH)}} + 2[O] \longrightarrow \underset{\text{对苯醌}}{\text{(O=,=O)}} + H_2O$$

多元酚更容易被氧化,特别是邻位和对位异构体更是如此,如邻苯二酚和对苯二酚在室温下即可被弱氧化剂(如氧化银)氧化成相应的醌,冲洗照相底片时常用多元酚作显影剂,就是利用其可将底片上的银离子还原成金属银的性质。但间苯二酚不能被氧化为相应的醌(自然界不存在间苯醌)。

$$\text{(OH, OH)} \underset{[H]}{\overset{[O]}{\rightleftharpoons}} \underset{\text{邻苯醌}}{\text{(O, O)}}$$

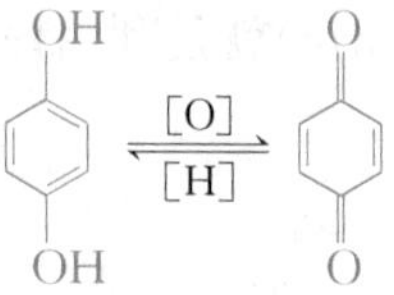

对苯醌

4. 亲电取代反应

羟基是邻、对位定位取代基,由于酚羟基氧原子上的电子部分向苯环转移,酚易发生芳环上的亲电取代反应。

1) 卤代反应

苯酚的水溶液与溴水在室温下作用,立即生成 2,4,6-三溴苯酚白色沉淀。该反应十分灵敏,现象明显,可用于苯酚的定性检验。

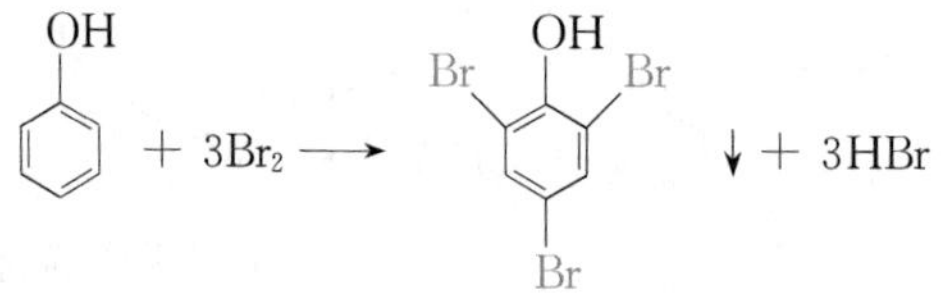

2,4,6-三溴苯酚

2) 硝化反应

在室温下,苯酚与稀硝酸即可发生硝化反应(nitration),生成邻硝基苯酚和对硝基苯酚。

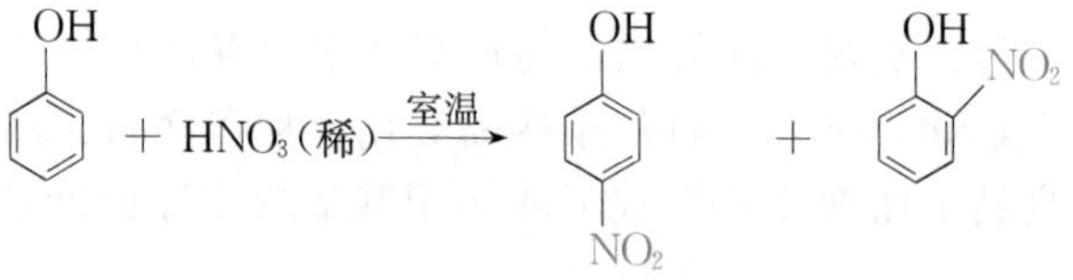

对硝基苯酚   邻硝基苯酚

邻硝基苯酚由于形成分子内氢键,不能再与其他分子形成氢键。而对硝基苯酚不但能形成分子间氢键,也可与水分子形成氢键。因此,邻硝基苯酚的沸点及其在水中的溶解度都比对硝基苯酚低,可用水蒸气蒸馏法将这两种异构体分离开。

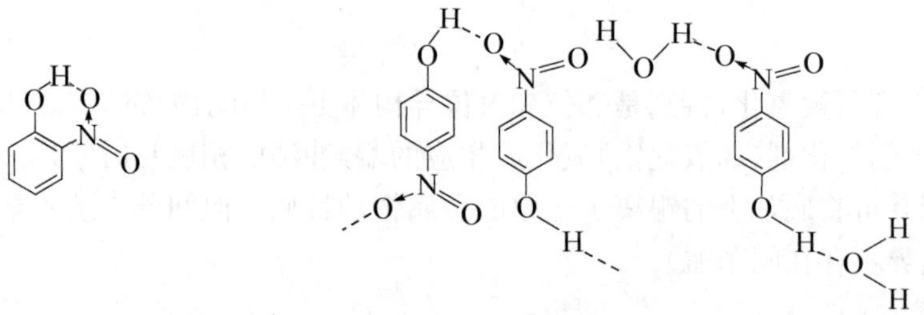

3) 磺化反应

浓硫酸容易使苯酚磺化。室温下反应,主产物为邻羟基苯磺酸(动力学控制产物);在

100 ℃时反应,主产物是对羟基苯磺酸(热力学控制产物)。

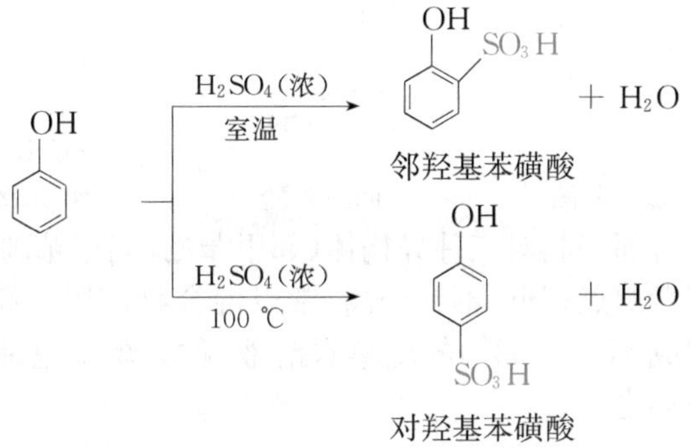

邻羟基苯磺酸

对羟基苯磺酸

磺化反应(sulfonation)是可逆的,生成的磺化产物与稀酸共热,可脱去磺酸基。故在有机合成中常利用磺酸基对芳环上某位置进行保护,从而将取代基引入指定的位置。

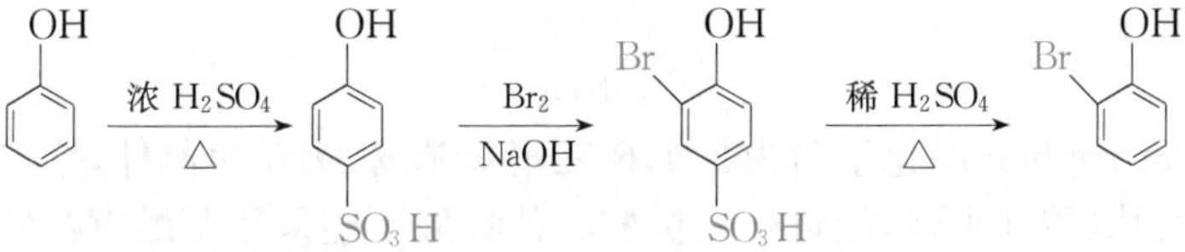

5. 酚与三氯化铁的反应

大多数酚能与三氯化铁水溶液发生显色反应。不同的酚产生的颜色各不相同。例如,苯酚、间苯二酚、苯-1,3,5-三酚均显紫色,甲苯酚呈蓝色,邻苯二酚、对苯二酚呈绿色,苯-1,2,3-三酚呈红色。α-萘酚产生紫色沉淀,β-萘酚产生绿色沉淀。一般认为酚与三氯化铁水溶液反应可能是生成了带有颜色的配合物。

$$6ArOH + FeCl_3 \rightleftharpoons [Fe(OAr)_6]^{3-} + 6H^+ + 3Cl^-$$

除酚以外,凡具有 $\left(-\overset{|}{C}=\overset{|}{C}-OH\right)$ 结构的烯醇型化合物也能与三氯化铁溶液发生显色反应。故常用三氯化铁水溶液来鉴别酚类和烯醇的结构。

7.2.4 重要的酚

1. 苯酚

苯酚(C_6H_5OH)俗称石炭酸,是 1834 年龙格(Lunge)在煤焦油中发现的,为无色固体,有特殊气味,熔点 43 ℃,沸点 182 ℃,室温下微溶于水,在 68 ℃以上可以与水混溶,易溶于乙醇、乙醚等有机溶剂。苯酚能凝固蛋白质,有杀菌能力,医药上用作消毒剂,其 3%～5%溶液用于消毒手术器具,苯酚浓溶液对皮肤有腐蚀性。苯酚易被氧化,故应避光储存于棕色瓶内。

2. 甲苯酚

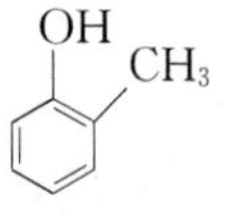

邻甲苯酚 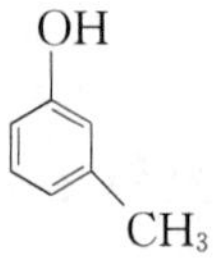　　　　间甲苯酚 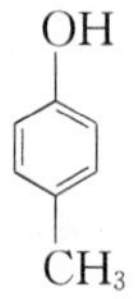　　　　对甲苯酚

甲苯酚(tricresol)有邻、间、对三种异构体(邻甲苯酚、间甲苯酚、对甲苯酚),因来源于煤焦油,又称煤酚。三者沸点相近,不易分离,常以混合物使用。煤酚的杀菌能力比苯酚强,医药上常将其配制成 $47\% \sim 53\%$ 的肥皂水溶液,称为煤酚皂液,又称来苏尔(lysol),使用时加水稀释,供消毒之用。

3. 苦味酸

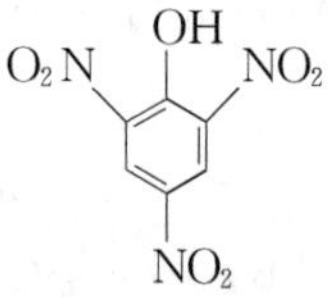

苦味酸(trinitrophenol)化学名为 2,4,6-三硝基苯酚,为黄色晶体,熔点 123 ℃。因分子中存在三个硝基,酸性很强,接近于无机酸。苦味酸不能采用苯酚直接硝化的方法来制取,因浓硝酸易使苯酚氧化,故工业上将苯酚在 100 ℃下与浓硫酸作用,生成二磺酸产物,然后加入硝酸,经硝化反应制得苦味酸。苦味酸是常用的蛋白质及生物碱的沉淀剂,故它的饱和水溶液或含有苦味酸的油膏可外用于皮肤的轻微烫伤。

4. 苯二酚

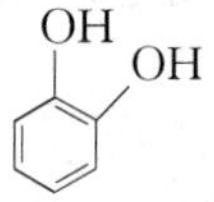

邻苯二酚 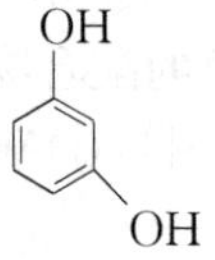　　　　间苯二酚 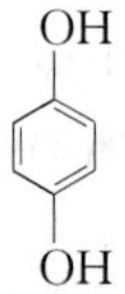　　　　对苯二酚

苯二酚有邻苯二酚(catechol)、间苯二酚(resorcinol)、对苯二酚(hydroquinone)三种异构体,它们都是无色结晶,邻苯二酚又称儿茶酚,存在于许多植物中,它的一个重要衍生物是肾上腺素,有升高血压和止喘的作用。间苯二酚又称树脂酚或雷琐辛,由人工合成,具有杀细菌和真菌的作用,刺激性较小,在医药上用于治疗皮肤病,如湿疹、癣病等。对苯二酚俗称氢醌,存在于植物中,因其具有很强的还原性,常用作显影剂。

7.3 醚

7.3.1 醚的分类和命名

1. 醚的分类

在醚分子中,若 R 与 R′(或 Ar 与 Ar′)相同,称为简单醚(simple ether);若 R 与 R′

（或 Ar 与 Ar′）不同，则称为混合醚(complex ether)。烃基与氧原子形成环状结构的醚称为环醚(epoxide)。还有一类特殊的大环多醚，因分子中含有多个氧原子，其结构像王冠，称为冠醚(crown ether)。

簡单醚　　　　　　　混合醚　　　　　　　环醚　　　　　　　冠醚

2. 醚的命名

简单醚的命名可称为"二某基醚"，如果氧原子两端连接的是烷基，"二"字常省略。混合醚的名称可称为"某某醚"，烃基按照英文名称字母顺序先后列出。例如

乙醚　　　　　　　　乙基甲基醚　　　　　　　甲基苯基醚

结构比较复杂的醚，常将较小基团烷氧基(RO—,alkyloxy)或芳氧基(ArO—,aryloxy)作为取代基，利用系统命名法来命名。例如

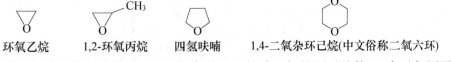

2-甲氧基丁烷　　　　　　　　　　　　　1,2-二甲氧基乙烷

环醚命名时可以称为"环氧某烷"，也可当作杂环化合物的衍生物来命名。例如

环氧乙烷　　　1,2-环氧丙烷　　　四氢呋喃　　　1,4-二氧杂环己烷(中文俗称二氧六环)

冠醚的名称可表示为"X-冠-Y"，X 表示环上的碳和氧的原子总数，Y 表示氧原子数。

12-冠-4　　　　　　　18-冠-6　　　　　　苯并-15-冠-5

7.3.2　醚的物理性质

常温下，除甲醚和乙基甲基醚为气体外，大多数醚在室温下为液体，有特殊气味。醚分子间不能形成氢键，故其沸点和密度都比相对分子质量相同的醇低得多。低级醚易挥发，所形成的蒸气易燃，使用时要特别注意安全。

醚能与水分子形成氢键，因此醚在水中的溶解度与相对分子质量相同的醇接近。例如，20 ℃时，乙醚和正丁醇在水中的溶解度均为 80 g·L^{-1}。四氢呋喃和 1,4-二氧六环等环状醚，由于氧原子成环后裸露于分子外，更易与水形成氢键，因此它们能与水以任意比例互溶，是常用的溶剂。常见醚的物理常数见表 7-3。

表 7-3　常见醚的部分物理常数

名称	沸点/℃	密度/(g·mL^{-1})	名称	沸点/℃	密度/(g·mL^{-1})
甲醚	−24.9	0.66	二苯醚	259	1.075
乙基甲基醚	7.9	0.69	甲基苯基醚	155.5	0.994
乙醚	34.5	0.714	四氢呋喃	66	0.889
丙醚	90.5	0.736	1,4-二氧六环	101	1.034
异丙醚	69	0.735	环氧乙烷	14	0.882(10 ℃)
正丁醚	143	0.769	1,2-环氧丙烷	34	0.83

醚的红外光谱:在 1300～1000 cm^{-1}有碳-氧键的伸缩振动吸收峰。但要注意,其他含氧化合物如醇、羧酸和酯等,在此区间也有相应的伸缩振动吸收峰。

醚的核磁共振氢谱:与氧直接相连的碳上的质子化学位移 δ 一般在 3.3～3.9 ppm 处;β-氢的信号在 0.8～1.4 ppm 处。

7.3.3　醚的化学性质

醚的化学性质与醇或酚有很大不同,除少数环醚外,醚是比较稳定的化合物,其稳定性仅次于烷烃。在碱性或弱酸性条件下,醚通常不发生反应,因此常用作有机反应的溶剂。它的一些反应与醚氧原子上的孤对电子有关。

1. 鲜盐的生成

醚键上的氧原子具有未共用电子对,能与强酸或路易斯酸生成鲜盐。

$$R—\overset{..}{\underset{..}{O}}—R + HCl \longrightarrow [R—\overset{\overset{H}{|}}{O}—R]^+ Cl^-$$
鲜盐

$$R—\overset{..}{\underset{..}{O}}—R + BF_3 \longrightarrow R—\overset{\overset{BF_3}{\uparrow}}{O}—R$$
鲜盐

醚因可以形成鲜盐而溶于浓盐酸和浓硫酸中,烷烃不与浓酸反应也不溶于其中,故用此反应区别烷烃和醚。

醚的鲜盐不稳定,遇水即分解,释放出原来的醚,利用此性质可以将醚从烷烃中分离出来,从而达到纯化的目的。

2. 醚键的断裂

醚与氢卤酸加热,醚键发生断裂,生成醇和卤代烃。在过量的氢卤酸存在下,所生成的醇可进一步反应生成卤代烃。氢卤酸使醚键断裂的能力为 HI＞HBr＞HCl。HI 是最有效的断裂醚键的反应试剂。例如

$$CH_3OCH_3 + HI \xrightarrow{\triangle} CH_3I + CH_3OH \xrightarrow[\quad]{HI} CH_3I + H_2O$$

醚键上连有两个不同伯烷基的混醚与氢卤酸反应时,亲核试剂卤负离子优先进攻空间

位阻较小的烷基的 α-碳原子,反应的结果一般是较小的烷基生成卤代烃,较大的烷基生成醇。

$$CH_3CH_2CH_2CH_2OCH_3 + HI \xrightarrow{\triangle} CH_3CH_2CH_2CH_2OH + CH_3I$$

这说明一般情况下,这个反应是按 S_N2 历程进行的。由于亲核试剂(X^-)倾向于进攻空间位阻小的碳原子,较小的烃基与卤负离子结合成为卤代烃。

烷基苯基醚与氢卤酸反应时,由于苯与醚键氧形成 p-π 共轭,苯基碳-氧键结合得较牢,故醚键的断裂总是发生在烷基与氧之间,从而生成卤代烃和酚。例如

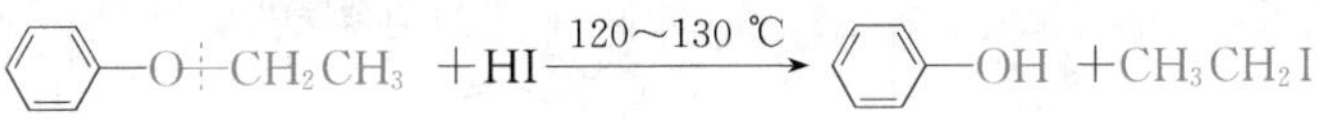

3. 烷基醚的氧化

醚对化学氧化剂一般比较稳定,但含有 α-氢的烷基醚受烃氧基的影响,在空气中放置时会被氧气氧化,生成过氧化物(peroxide)。乙醚的氧化反应可表示如下:

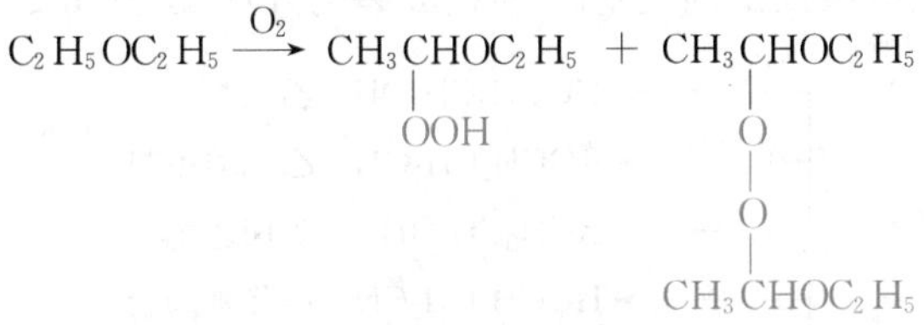

过氧化物遇热易发生爆炸。因此,久置的乙醚在使用前应进行检查。检查方法是将待查的醚与 KI 的乙酸溶液共同振摇,如有过氧化物存在,则 I^- 被过氧化物氧化为碘,游离碘在乙醚中可显黄色或棕色,还可进一步用湿的淀粉-碘化钾试纸确证。除去过氧化物的方法是用饱和硫酸亚铁、碘化钾或亚硫酸钠等溶液充分洗涤醚,然后进行蒸馏。需注意的是蒸馏醚时应避免蒸干,以防发生爆炸事故。

4. 克莱森重排

将烯丙基苯基醚加热至 200 ℃时,会发生分子内的重排反应,生成 2-烯丙基苯酚,这一反应称为克莱森(Claisen)重排。重排时烯丙基进入酚羟基的邻位。当两个邻位均有取代基时,则进入对位,邻、对位都有取代基时,不能发生重排反应。

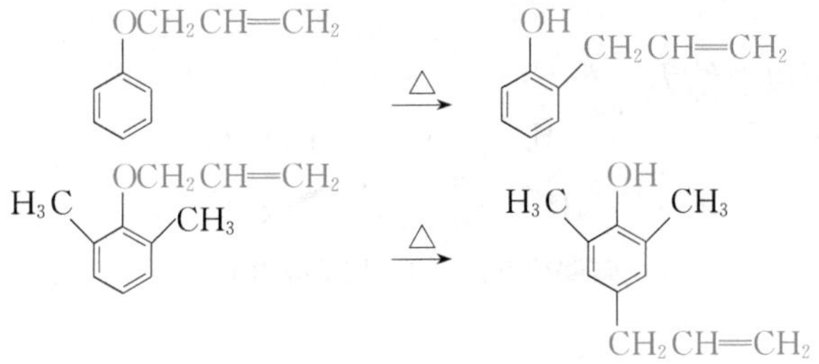

克莱森重排是经过六元环过渡态进行的一种协同反应。

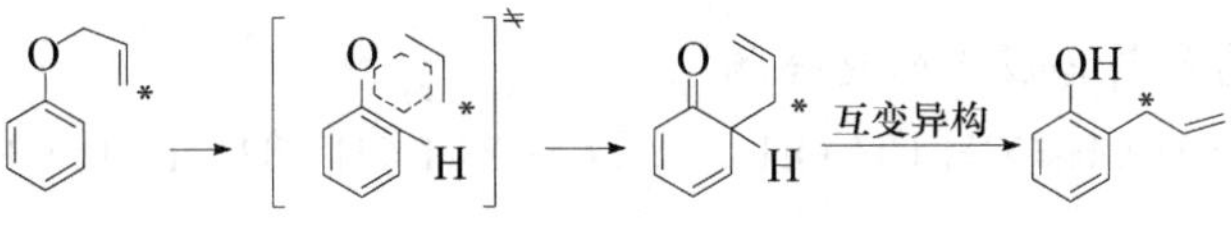

邻位被占据时重排到对位的反应,实际上是经历了两次环状过渡态而完成的。

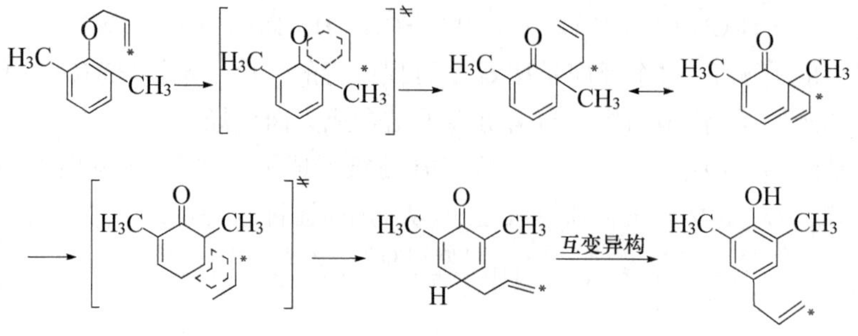

5. 环氧化合物的开环反应

环氧乙烷(ethylene oxide)是有机合成中的重要中间体,在酸或碱催化下极易与多种含活泼氢的化合物以及某些亲核试剂发生碳-氧键断裂的开环反应(ring-opening reaction)。

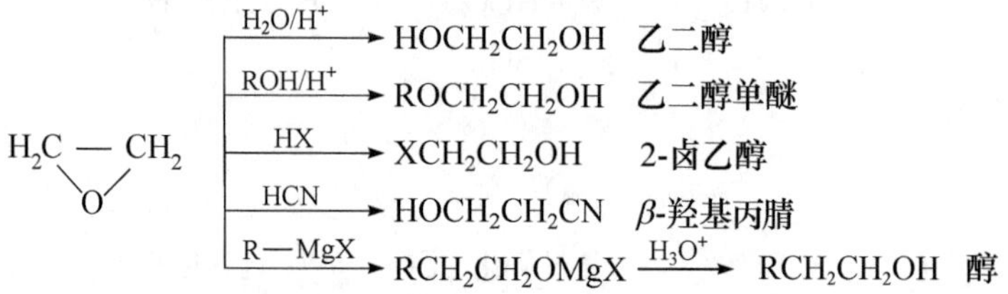

环氧乙烷为对称分子,如果是不对称结构的环氧化合物发生开环反应时,存在两种情况:

(1) 不对称环氧乙烷在酸性条件下的开环反应,亲核试剂优先进攻取代基较多的环碳原子。例如

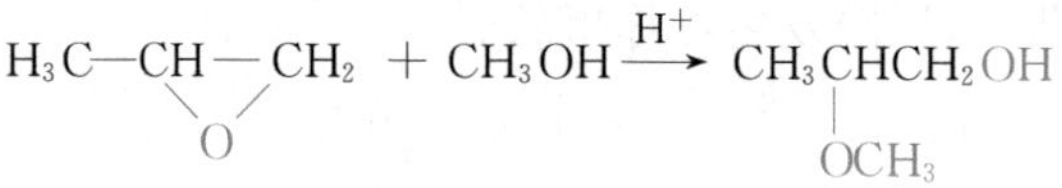

$$H_3C—CH—CH_2 + CH_3OH \xrightarrow{H^+} CH_3CHCH_2OH$$
$$\underset{O}{} \qquad\qquad \underset{OCH_3}{}$$

(2) 不对称环氧乙烷在碱性条件或强亲核试剂作用下的开环反应,亲核试剂主要进攻取代基较少的环碳原子。例如

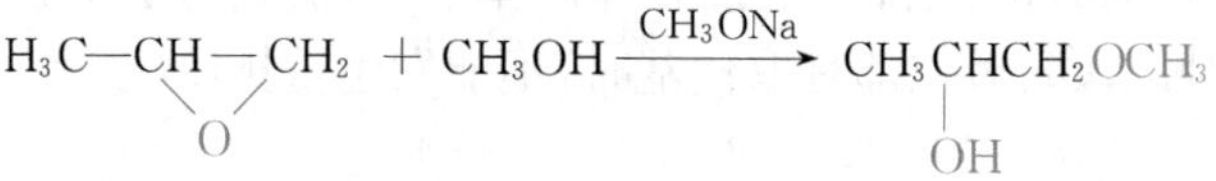

$$H_3C—CH—CH_2 + CH_3OH \xrightarrow{CH_3ONa} CH_3CHCH_2OCH_3$$
$$\underset{O}{} \qquad\qquad \underset{OH}{}$$

上述开环方向可以总结为

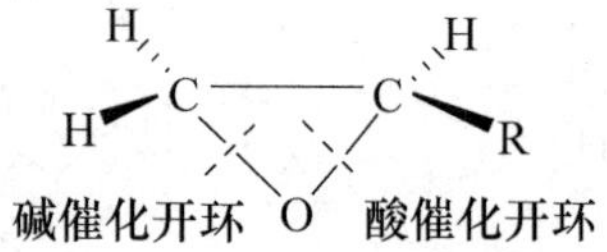

碱催化开环　　酸催化开环

问题与思考 7-3

以环氧乙烷为原料合成下列化合物。

(1) $CH_3CH_2OCH_2CH_2OCH_2CH_2OH$　　(2) $HOCH_2CH_2NHCH_2CH_2OH$

7.3.4 重要的醚

1. 乙醚

乙醚常温下为易挥发的液体,沸点 34.5 ℃,属于化学惰性的物质。乙醚的蒸气会导致人体失去知觉,具有麻醉作用,在医药上可用作局部或全身的麻醉剂。

乙醚微溶于水,但能溶解许多有机化合物,是常用的有机溶剂和萃取剂。但乙醚的沸点低,很容易着火,当它的蒸气和空气混合到一定比例时,遇火能引起猛烈的爆炸,故乙醚应放置在阴冷处,使用时尤其要避开明火。乙醚的蒸气比空气重,在进行与乙醚相关的实验时,为了安全可将反应中逸出的乙醚及时引向外界地面。

2. 冠醚

冠醚是 20 世纪 70 年代发展起来的一类重要的化合物,它是一类含有多个氧原子的大环醚,因其立体结构像王冠,故称冠醚,其结构特点是具有—O—CH$_2$—CH$_2$—的重复单元。例如

18-冠-6   18-冠-6与K$^+$配合物

大分子冠醚的一个重要特点是和金属阳离子形成配合物,不同的冠醚,其分子孔穴的大小各异,可选择不同的金属阳离子形成配合物,如 18-冠-6 与 K$^+$ 配合,24-冠-8 与 Rb$^+$、Cs$^+$ 配合等,利用冠醚这一特性可分离不同的金属离子。

冠醚还作为相转移催化剂用于加快有机反应速率。例如,氰化钾和卤代烷在有机溶剂中很难反应,若加入 18-冠-6,冠醚与 K$^+$ 形成配合物,由于离子对之间的吸引,$^-$CN 进入有机相,从而加快了反应速率。

3. 多醚类抗生素

多醚类抗生素(polyether antibiotics)是一类分子中含有多个环状醚结构单元的化合物,如莫能菌素(monensin)多醚类抗生素是 20 世纪 70 年代以来发展最快的一类畜禽专用抗生素,用于防止球虫感染和提高反刍动物饲料转化率。

莫能菌素

多醚类抗生素与冠醚类似,都能与金属离子形成稳定的配合物。其作用机制是通过特异性地与某些金属离子(特别是 K$^+$、Na$^+$、Ca^{2+}、Mg^{2+} 等)形成脂溶性配合物,运输离

子通过细胞膜，使球虫体细胞内、外离子的浓度失去平衡，代谢紊乱，细胞储备能耗尽或细胞破裂，从而杀死球虫，或抑制球虫的发育。因此，多醚抗生素又称离子载体抗生素。目前已用作饲料添加剂的多醚类离子载体抗生素有莫能菌素、盐霉菌素（salinomycin）、拉沙里菌素（lasalocid）、那拉菌素（narasin）和马杜拉霉素（maduramicin）。为了提高稳定性和结晶性能，多醚类抗生素多以钠盐形式应用于饲料。

关 键 词

小 结

醇、酚、醚是烃的含氧衍生物，其特性基团分别为醇羟基、酚羟基、醚键。

醇和酚分子间可以通过氢键缔合，因此具有较高的沸点，因能够和水分子形成氢键，低级醇和多元醇有较好的水溶性。

醇能够和活泼金属反应生成醇的金属化合物；与无机含氧酸反应生成酯；醇羟基能够被卤原子取代生成卤代烃，根据与卢卡斯试剂反应的速率不同，可区分伯、仲、叔醇；醇还能发生脱水反应，分子间脱水生成醚，分子内脱水生成烯烃，醇分子内脱水生成烯烃遵从札依采夫规则。受醇羟基的影响,醇分子中的 α-氢也具有一定的活性,在强氧化剂存在下,伯醇被氧化成羧酸,仲醇被氧化成酮,叔醇不被氧化;使用 PCC、PDC 及沙瑞特试剂作为氧化剂可将伯醇氧化生成醛,仲醇氧化成酮,且不饱和键不受影响;伯醇、仲醇在高温、金属催化下可发生脱氢反应。

多元醇除具有一元醇的性质外,还具有特殊的性质。邻二醇与氢氧化铜反应生成深蓝色溶液,可鉴定具有两个相邻羟基的多元醇。邻二醇被高碘酸或四乙酸铅氧化生成两分子羰基化合物的反应是定量进行的,可根据消耗 HIO_4 的物质的量及氧化产物推测邻二醇的结构。两个羟基都连在叔碳原子上的邻二醇称为频哪醇类化合物,可以发生频哪醇重排反应。

在酚分子中,羟基与芳环直接相连,使酚分子中的氧-氢键易断裂而碳-氧键不易断裂,表现出不同于醇的性质。酚的酸性比醇强,能够和活泼金属以及强碱溶液作用生成酚盐;酚羟基与酰氯或酸酐反应生成酚酯;通常采用威廉森反应获得酚醚。酚比苯更易发生苯环上的亲电取代反应,且取代基进入羟基的邻位或对位;酚极易被氧化,常用作抗氧化剂;酚与 $FeCl_3$ 的水溶液发生显色反应,用以鉴别酚羟基的存在。

醚的性质与醇和酚有很大不同,醚分子间不能形成氢键,但醚与水分子可形成氢键,因而在水中有一定的溶解度。醚对大多数化学试剂是稳定的,但遇到强酸生成锌盐;醚与氢卤酸加热,醚键发生断裂,生成醇和卤代烃;醚在空气中久置会氧化为过氧化物。加热至 200 ℃时,烯丙基苯基醚会发生克莱森重排生成 2-烯丙基苯酚。1,2-环氧化合物由于三元环的张力,化学性质非常活泼,在酸或碱催化下极易与多种亲核试剂发生开环反应。

主要反应总结

1. 醇的反应
    (1) 与活泼金属反应
$$2ROH + 2Na \longrightarrow 2RONa + H_2\uparrow$$
    (2) 与无机含氧酸的反应
$$ROH + HNO_2 \longrightarrow \underset{酯}{RONO} + H_2O$$
    (3) 醇羟基被取代的反应
$$ROH + PX_3 \longrightarrow \underset{卤代烃}{3RX} + H_3PO_3 \quad (X=Br,I)$$
$$ROH + SOCl_2 \longrightarrow RCl + SO_2\uparrow + HCl\uparrow$$
    (4) 消除反应
$$RCH_2CH_2OH \xrightarrow[\triangle]{浓硫酸} \underset{醚}{RCH_2CH_2OCH_2CH_2R} \quad 分子间脱水$$
$$RCH_2CH_2OH \xrightarrow[\triangle]{浓硫酸} \underset{烯烃}{RCH=CH_2} \quad 分子内脱水$$

(5) 氧化反应

$$RCH_2OH \xrightarrow[H^+]{K_2Cr_2O_7} \underset{\text{酸}}{RCOOH}$$

$$R_2CHOH \xrightarrow[H^+]{K_2Cr_2O_7} \underset{\text{酮}}{R-\overset{\overset{\displaystyle O}{\|}}{C}-R}$$

$$RCH_2OH \xrightarrow{\text{选择性氧化剂}} \underset{\text{醛}}{RCHO}$$

$$RCH_2OH \xrightarrow[300\ ℃]{Cu} \underset{\text{醛}}{RCHO} + H_2\uparrow$$

$$R_2CHOH \xrightarrow[300\ ℃]{Cu} \underset{\text{酮}}{R-\overset{\overset{\displaystyle O}{\|}}{C}-R} + H_2\uparrow$$

(6) 邻二醇的特殊性质

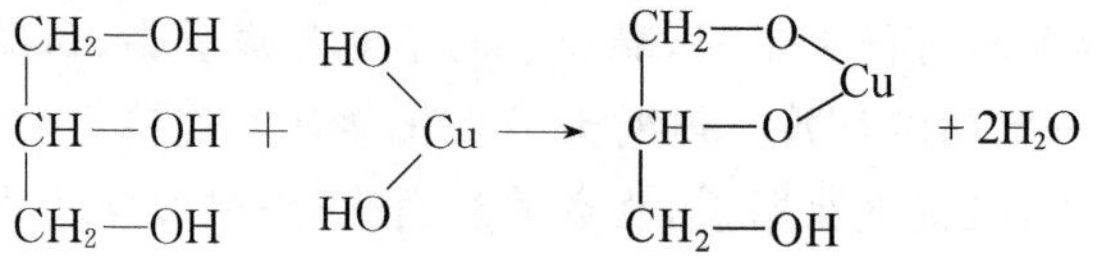

甘油铜(深蓝色)

$$\underset{\ \ OH\ \ \ \ \ OH}{RCH-CHR'} \xrightarrow{HIO_4} \underset{\text{醛}}{R-\underset{\underset{\displaystyle O}{\|}}{C}-H} + \underset{\text{醛}}{R'-\underset{\underset{\displaystyle O}{\|}}{C}-H} + HIO_3 + H_2O$$

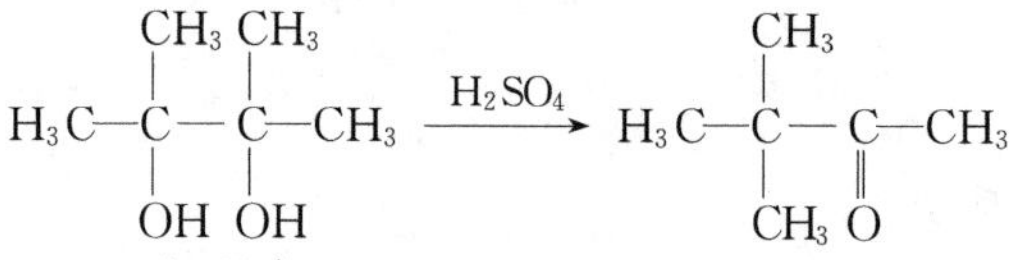

频哪醇　　　　频哪酮

2. 酚的反应

(1) 酸性

$$ArOH + NaOH \longrightarrow \underset{\text{酚钠}}{Ar-ONa} + H_2O$$

(2) 酚羟基的烷基化和酰基化

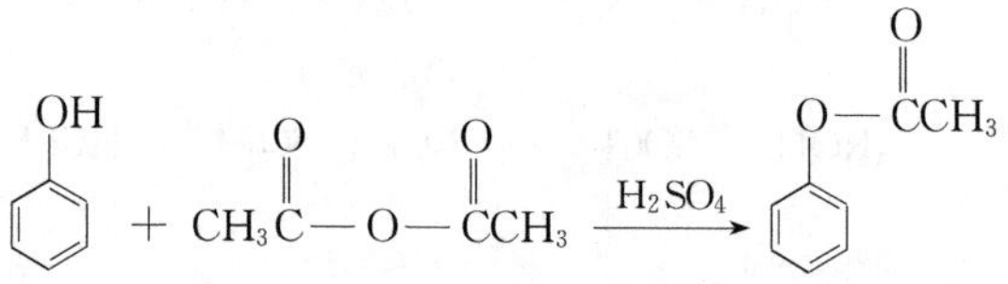

酚酯

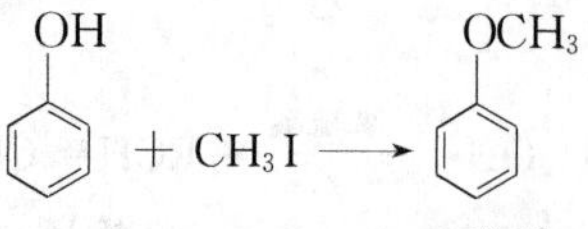

酚醚

(3) 氧化反应

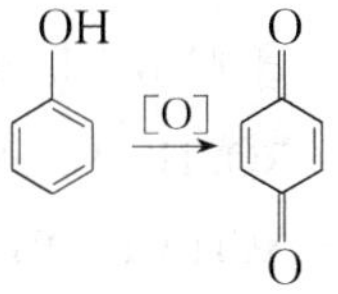
OH
[O]
O
O

醌

(4) 亲电取代反应

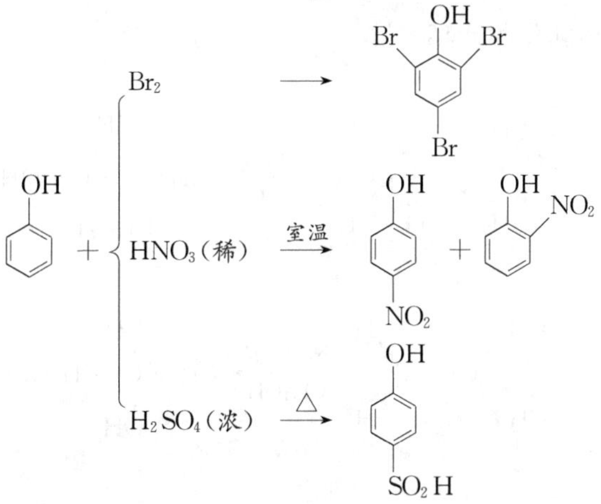
OH
Br₂
HNO₃(稀)
室温
H₂SO₄(浓)
△
Br
OH
Br
Br
NO₂
OH
NO₂
SO₂H

(5) 酚与三氯化铁的反应

$$6ArOH+FeCl_3 \rightleftharpoons [Fe(OAr)_6]^{3-}+6H^{+}+3Cl^{-}$$

3. 醚的反应

(1) 锌盐的生成

$$R-\ddot{O}-R + HCl \longrightarrow [\,R-\overset{H}{\overset{\uparrow}{O}}-R\,]^{+}Cl^{-}$$

锌盐

(2) 醚键的断裂

$$R-O-R \xrightarrow[\triangle]{57\%\ HI} \underset{醇}{R-OH} + \underset{碘代烃}{RI}$$

(3) 烷基醚的氧化

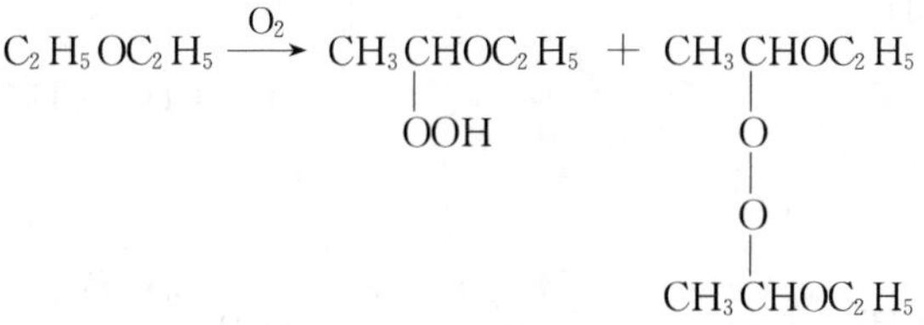
C₂H₅OC₂H₅
O₂
CH₃CHOC₂H₅
OOH
CH₃CHOC₂H₅
O
O
CH₃CHOC₂H₅

氢过氧化乙醚　　过氧化乙醚

(4) 克莱森重排

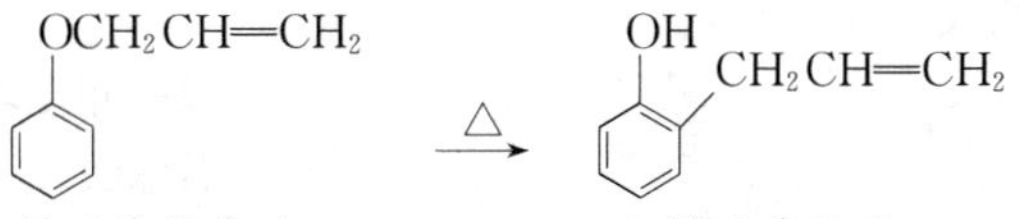
OCH₂CH═CH₂
△
OH
CH₂CH═CH₂

烯丙基苯基醚　　2-烯丙基苯酚

（5）环氧乙烷的开环反应

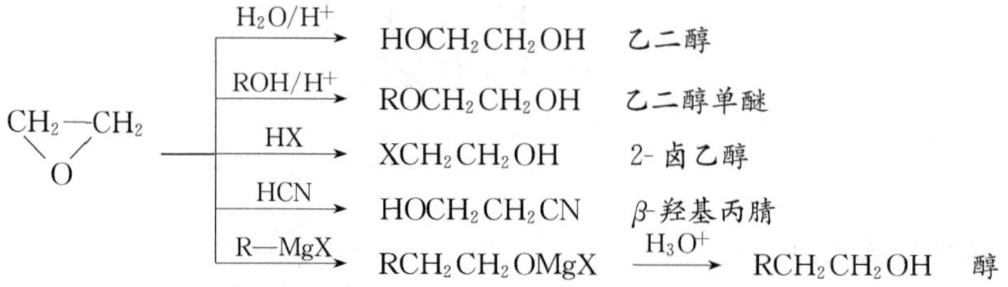

不对称结构的环氧化物开环

酸性开环

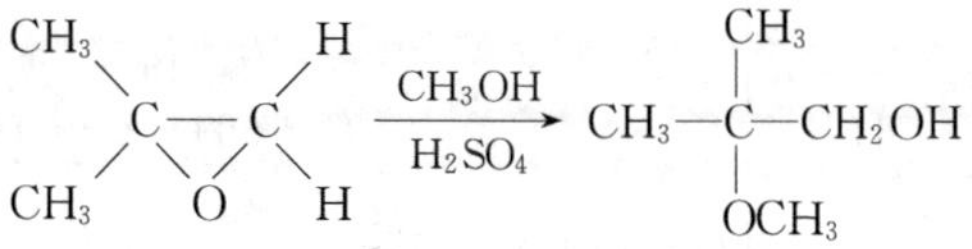

碱性或中性开环

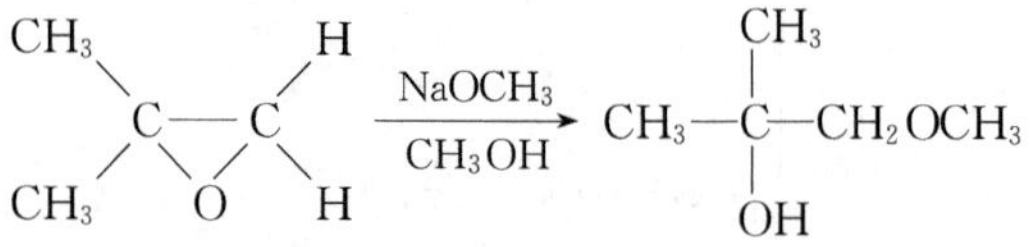

习　题

1. 用系统命名法命名下列化合物。

(1) 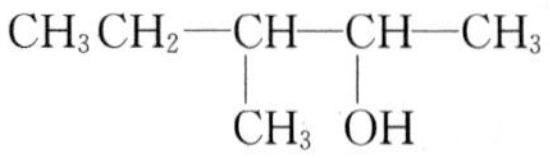 $CH_3CH_2-CH-CH-CH_3$
　　　　　　 $|$　 $|$
　　　　　 CH_3 OH

(2)

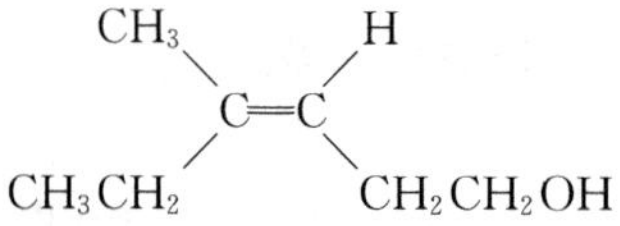

(3)

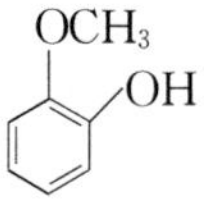

(4) 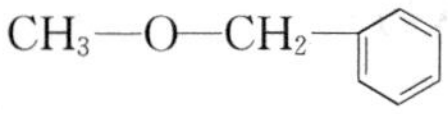 CH_3-O-CH_2-

(5) 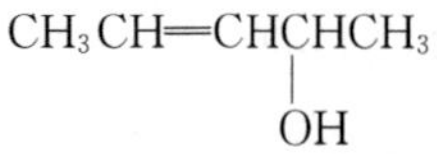 $CH_3CH=CHCHCH_3$
　　　　　　　　 $|$
　　　　　　　 OH

(6)

(7)

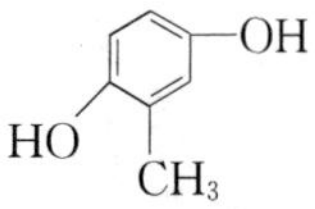

(8) $(CH_3)_2CH-O-C_2H_5$

(9) 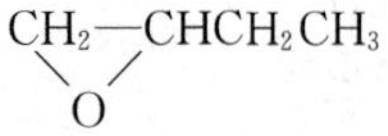 $CH_2-CHCH_2CH_3$
　　 $\backslash$ $/$
　　 O

(10)

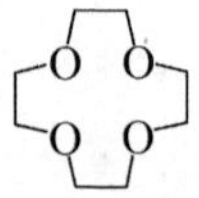

2. 写出下列化合物的结构式。

(1) 异丙醇

(2) 反-4-甲基环己-1-醇（优势构象）

(3) 4-甲氧基萘-1-酚

(4) 苦味酸

(5) 四氢呋喃

(6) 苯并-15-冠-5

(7) 甲基苯基醚(茴香醚)　　　　　　　　　(8) 2-甲基-2,3-环氧丁烷

3. 将下列化合物按沸点高低排列次序。

(1) 丙-2-醇　　　　　(2) 丙三醇　　　　　(3) 乙醚

(4) 丙-1,2-二醇　　　(5) 乙醇　　　　　　(6) 甲醇

4. 将下列化合物按酸性大小排列次序。

(1) 对硝基苯酚　　　(2) 间甲基苯酚　　　(3) 环己醇　　　(4) 2,4-二硝基苯酚

5. 写出下列反应的主要产物。

(1)
$$H_3CH_2C-\overset{\overset{\displaystyle CH_3}{|}}{\underset{\underset{\displaystyle OH}{|}}{C}}-CH_3 \ +HCl(浓) \longrightarrow$$

(2) $(CH_3)_2CHCH_2CH_2OH+HNO_3 \longrightarrow$

(3)
$$CH_3\overset{\overset{\displaystyle CH_3}{|}}{\underset{\underset{\displaystyle OH}{|}}{CH}}CHCH_3 \ +H_2SO_4(浓) \xrightarrow[170\ ℃]{\triangle}$$

(4) $H_3C-\langle\!\!\!\bigcirc\!\!\!\rangle-OCH_3 \xrightarrow[\triangle]{HI}$

(5)
$$CH_3-\underset{\underset{\displaystyle O}{\diagdown\diagup}}{CH}-CH_2 \ +CH_3OH \xrightarrow{H_2SO_4}$$

(6)
（环己烷结构，带 CH₃、OH、OH）$+HIO_4 \longrightarrow$

(7)
（对甲基苯酚 OH、CH₃）$+Br_2 \longrightarrow$

(8)
（苯环连 $CH=CHCH_2OH$）$\xrightarrow{沙瑞特试剂}$

(9)
（苯环连 $OCH_2CH=CH_2$、H_3C、Cl）$\xrightarrow{\triangle}$

(10)
$$H_3C-\overset{\overset{\displaystyle Ph}{|}}{\underset{\underset{\displaystyle OH}{|}}{C}}-\overset{\overset{\displaystyle Ph}{|}}{\underset{\underset{\displaystyle OH}{|}}{C}}-CH_3 \xrightarrow{H^+}$$

6. 用简单的化学方法鉴别下列各组化合物。

(1) 丁烷、丁烯、丁醇

(2) 2-甲基丙-2-醇、丁-2-醇、异丁醇

(3) 苯酚、苄醇、甲基苯基醚

(4) 丁烷、乙醚、正丁醇

7. 利用威廉森法制备苄基异丙基醚和乙基苯基醚时,应如何选原料? 写出反应方程式。

8. 某化合物 A 分子式为 C_7H_8O,不溶于水及稀盐酸,也不溶于 $NaHCO_3$ 溶液,但溶于 NaOH 溶液。A 用溴水处理后,迅速生成 $B(C_7H_5OBr_3)$,请写出 A 的结构式。若 A 不溶于 NaOH,但溶于浓盐酸中,则 A 的结构式又如何呢?

9. 分子式为 $C_5H_{12}O$ 的化合物 A 能与金属钠反应放出氢气,与卢卡斯试剂作用时几分钟后出现浑浊。A 与浓硫酸共热可得 $B(C_5H_{10})$,用稀、冷的高锰酸钾水溶液处理 B 可以得到产物 $C(C_5H_{12}O_2)$,C 在高碘酸的作用下最终生成乙醛和丙酮。试推测 A 的结构,写出相关反应式。

10. A、B 两种化合物的分子式均为 C_7H_8O,都不与三氯化铁溶液发生显色反应。A 可与金属钠反应,B 不反应。B 在浓氢碘酸的作用下得到 C 和 D。C 与三氯化铁溶液作用呈紫色,D 可以与硝酸银的乙醇溶液产生黄色沉淀。试写出 A、B、C、D 的可能结构式,写出相关反应式。

第8章 醛、酮和醌

醛(aldehyde)、酮(ketone)和醌(quinone)都是含羰基(carbonyl group)的化合物。酮是羰基的碳原子上连两个烃基的化合物,特性基团为酮基。醛是羰基的碳原子上连一个烃基和一个氢原子的化合物,特性基团为醛基($\overset{\textstyle}{\underset{\textstyle H}{C}}{=}O$ 或写为—CHO,但不能写为 —COH)。甲醛分子中的羰基碳上连两个氢,这是一种结构特殊的醛。

羰基　　　　酮　　　　醛　　　　甲醛

醌是分子中含有共轭环己二烯二酮基本结构的一类化合物。例如

对苯醌　　　　　　邻苯醌

8.1 醛 和 酮

8.1.1 醛和酮的结构及分类

羰基中,碳和氧以双键相结合,成键情况与碳-碳双键有相似之处,也有不同之处。碳-氧双键的碳原子是 sp^2 杂化,它的三个 sp^2 杂化轨道形成三个 σ 键,其中一个和氧形成一个 σ 键,这三个键在同一平面上,彼此间键角约为 $120°$(图 8-1)。碳原子的一个未参与杂化的 p 轨道与氧原子的一个 p 轨道的对称轴垂直于三个 σ 键所在的平面,它们的电子云互相重叠,形成 C—O π 键[图 8-2(a)]。因此, $\overset{\textstyle}{\underset{\textstyle}{C}}{=}O$ 与 $\overset{\textstyle}{\underset{\textstyle}{C}}{=}C$ 都是由一个 σ 键和一个 π 键组成的。两者的不同之处在于羰基中氧的电负性较大,导致碳-氧双键的电子云特别是 π 电子云偏向于氧[图 8-2(b)]。所以,羰基是强极性共价键,其中氧带部分负电荷,碳带部分正电荷[图 8-2(c)]。同时,羰基的平面结构位阻较小,有利于亲核试剂从平面的两侧进攻。

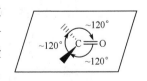

图 8-1　羰基的结构
示意图

醛和酮可以按照它们的分子中含有的醛基或酮基的数目,分

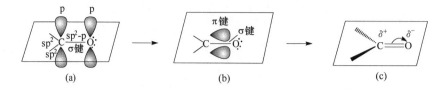

图 8-2　(a) 碳和氧的 p 轨道间重叠形成 C—O π 键；(b) 形成极性 π 键，在接近氧的一边
电子云密度较大；(c) C=O 键中氧带部分负电荷，碳带部分正电荷

为一元及多元醛或酮；如果以烃基的类型分类，则可分为脂肪、脂环及芳香醛、酮；还可以根据分子中是否含有碳-碳双键，分为饱和及不饱和醛、酮。此外，根据酮分子中的两个烃基是否相同，分为简单酮（RCOR）和混合酮（RCOR′）或对称酮（RCOR）和不对称酮（RCOR′）。

碳原子数相同的链状饱和一元醛及饱和一元酮是同分异构体。

8.1.2　醛和酮的命名

简单的酮常用习惯命名法。依据羰基两侧烃基命名，依照英文首字母顺序前后排列，最后加"甲酮"后缀即可。含有芳烃基的酮的命名，可把芳烃基作为取代基，命名时习惯把芳烃基放在名称的前面。

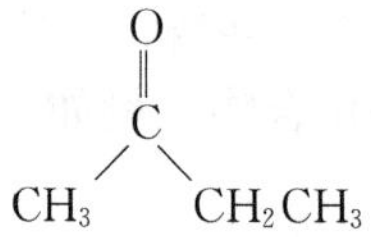

乙(基)甲(基)甲酮 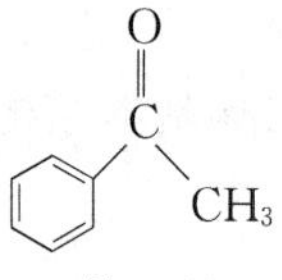　　　　苯乙酮 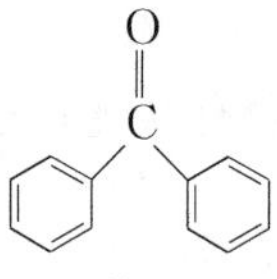　　　　二苯甲酮

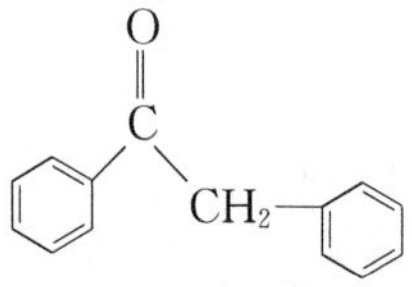

1,2-二苯基乙酮 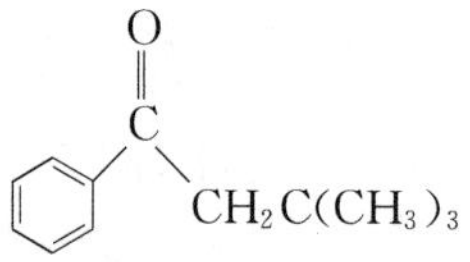　　　　3,3-二甲基-1-苯基-丁-1-酮

结构比较复杂的醛或酮，多采用系统命名法命名。醛（酮）命名时，选择包括羰基碳原子在内的最长碳链作主链，称为某醛或某酮。从醛基的碳或酮分子中靠近酮基的一端开始，对主链上的碳原子依次编号。由于醛基总是在碳链的 1-位碳上，命名时不必指出它的位置。除不可能有异构体的酮外，酮基的位置都需标出。例如：

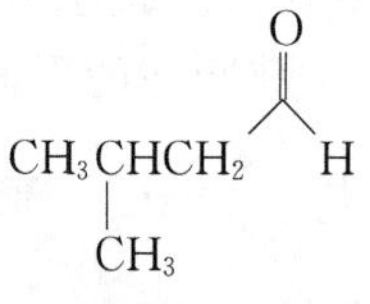

3-甲基丁醛 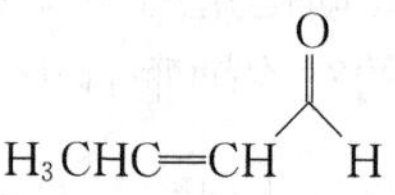　　　　丁-2-烯醛 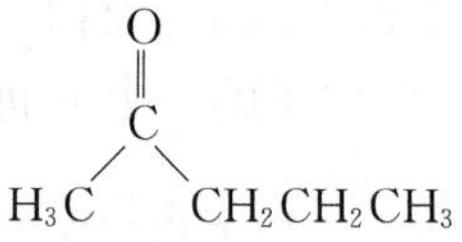　　　　戊-2-酮

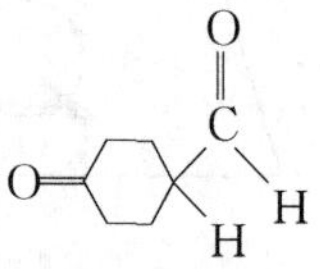

4-氧亚基环己基甲醛 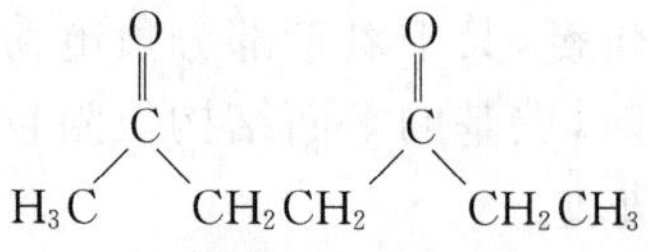　　　　庚-2,5-二酮 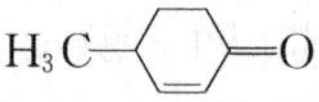　　　　4-甲基环己-2-烯-1-酮

链状醛(酮)的另一种命名法是把母体碳链用希腊字母依次编号,与特性基团直接相

连的碳的位次为 α,以后次序为 $\beta,\gamma,\delta,\cdots,\omega$, $\overset{\omega}{C}—C—C—C—\overset{\delta}{C}—\overset{\gamma}{C}—\overset{\beta}{C}—C—CHO$

(注意:不管母体碳链有多长,总把最后一个 C 称为 ω-C)。酮与醛相似,也可把与羰基直

接相连的碳称为 α-碳,其余类推。例如:

α-甲基丁醛 β-苯基丙烯醛   甲基-β-氯乙基酮

脂环酮的酮基在环上时,按照环上的碳原子数称为环某酮。从酮基碳原子开始,把环

上的碳依次编号。例如:

环己酮   2,4-二甲基环戊酮

许多天然醛或酮还有俗名,如肉桂醛、茴香醛、麝香酮等。

肉桂醛   茴香醛   麝香酮

8.1.3 醛和酮的物理性质

1. 醛和酮的熔点、沸点及溶解度

常温下,甲醛是气体,低级的醛和酮是液体,高级的是固体。低级醛有刺激气味。由

于羰基的极性强,所以醛、酮的沸点比相对分子质量相近的烷烃要高。但醛或酮的分子间

不能以氢键缔合,故其沸点低于相应的醇(表 8-1)。

表 8-1　几种醛、酮与烷烃及醇的沸点的比较

化合物		相对分子质量	沸点/℃
甲醛	HCHO	30	−21
乙烷	CH_3CH_3	30	−88.6
甲醇	CH_3OH	32	65.0
乙醛	CH_3CHO	44	21
丙烷	$CH_3CH_2CH_3$	44	−42
乙醇	CH_3CH_2OH	46	78.5

化合物	相对分子质量	沸点/℃
丙醛　CH_3CH_2CHO	58	49
丙酮　CH_3COCH_3	58	56
正丁烷　$CH_3CH_2CH_2CH_3$	58	-0.5
异丁烷　$(CH_3)_3CH$	58	-12
正丙醇　$CH_3CH_2CH_2OH$	60	97.4
异丙醇　$(CH_3)_2CHOH$	60	82.4

醛及酮能与水形成氢键,因此甲醛、乙醛、丙酮等低级的醛和酮能与水混溶。随着相对分子质量的增大,醛或酮在水中的溶解度迅速减小。

$$
\begin{array}{c}
R \\
\underset{(R')H}{C}=O\cdots H-O \qquad\qquad R \\
\qquad\qquad H\cdots O=\underset{H(R')}{C}
\end{array}
$$

醛和酮能溶于有机溶剂中。有的酮如丙酮、丁酮等能溶解许多有机化合物,常用作溶剂。表 8-2 列举了一些醛和酮的物理常数。

表 8-2　一些醛、酮的物理常数

化合物	相对分子质量	熔点/℃	沸点/℃	在水中溶解性
甲醛　HCHO	30	-92	-21	混溶
乙醛　CH_3CHO	44	-121	21	混溶
丙醛　CH_3CH_2CHO	58	-81	49	溶
丙烯醛　$CH_2{=}CHCHO$	56	-87	52	溶
丁醛　$CH_3CH_2CH_2CHO$	72	-99	76	微溶
苯甲醛　〈〉—CHO	106	-26	179	微溶
丙酮　CH_3COCH_3	58	-94	56	混溶
丁酮　$CH_3COCH_2CH_3$	72	-86	80	溶
丁-3-烯-2-酮　$CH_2{=}CHCOCH_3$	70	7	80	溶
环丁酮	70	46	99	溶
环戊酮	84	-58.2	130	溶
环己酮	98	-45	155	溶
苯乙酮　〈〉—$COCH_3$	120	20.5	202	难溶

2. 醛和酮的光谱特性

1) 红外光谱

在红外光谱中,羰基的伸缩振动吸收峰发生在 $1800\sim1650\ cm^{-1}$,酮羰基的特征伸缩振动吸收峰在 $1710\ cm^{-1}$,醛羰基的特征伸缩振动吸收峰在 $1725\ cm^{-1}$。由于羰基是极性共价键,偶极矩较大,所以这些羰基吸收峰强度大。此外,醛基中 C—H 键在 $2700\ cm^{-1}$ 和 $2810\ cm^{-1}$ 有两个特征低频伸缩吸收峰,可用于区别醛和酮。

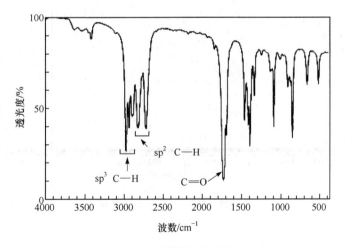

当羰基与双键或苯环共轭时,羰基吸收峰向低波数位移降至 $1685\ cm^{-1}$ 左右;环酮的羰基吸收峰随碳环数减小而向高波数位移,如环己酮为 $1715\ cm^{-1}$,环戊酮为 $1745\ cm^{-1}$,环丁酮为 $1780\ cm^{-1}$,环丙酮为 $1850\ cm^{-1}$。

丙醛的红外光谱如图 8-3 所示。

图 8-3 丙醛的红外光谱

2) ^{1}H 核磁共振谱

在 ^{1}H 核磁共振谱中,醛基中氢的化学位移 δ 为 $9\sim10$ ppm;醛、酮 α-H 的化学位移

δ 为 2.1~2.4 ppm,甲基酮中甲基氢的化学位移 δ 为 2.1 ppm;一般来说,离羰基越远,化学位移越小。

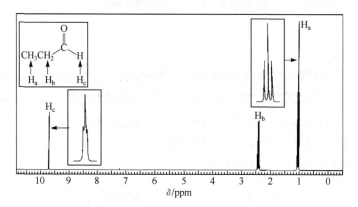

丙醛的 ^{1}H 核磁共振谱如图 8-4 所示。

图 8-4　丙醛的 ^{1}H 核磁共振谱

3) ^{13}C 核磁共振谱

在 ^{13}C 核磁共振谱中,醛和酮的羰基碳的化学位移约为 200 ppm,α-C 的化学位移为 30 ppm(甲基)到 40 ppm(亚甲基)。丙醛的 ^{13}C 核磁共振谱如图 8-5 所示。

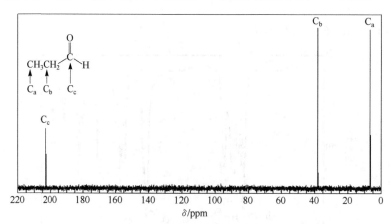

图 8-5　丙醛的 ^{13}C 核磁共振谱

4) 质谱

在质谱中,醛、酮的主要裂解方式为 α-裂解,产生酰基阳离子。醛基氢裂解后,产生 M-1 的特征峰,可用于区别醛和酮。

$$\left[\begin{matrix} O \\ \| \\ R-C-H \end{matrix} \right]^{\cdot +} \xrightarrow{\alpha\text{-裂解}} R-C\equiv \overset{+}{O} + \cdot H$$

(M−1)

$$\left[\begin{matrix}O\\\parallel\\R-C-H\end{matrix}\right]^{+\cdot} \xrightarrow{\alpha\text{-裂解}} H-C\overset{+}{\equiv}O + \cdot R$$

$$\left[\begin{matrix}O\\\parallel\\R-C-R'\end{matrix}\right]^{+\cdot} \xrightarrow{\alpha\text{-裂解}} \begin{matrix} R-C\overset{+}{\equiv}O + \cdot R' \\ \\ \cdot R + \overset{+}{O}\equiv C-R' \end{matrix}$$

如果长链醛和酮的羰基 γ-位有氢存在时，除发生 α-裂解外，还容易进行麦氏重排。在辛-2-酮的质谱中，存在分子离子峰 m/z 128，经 α-裂解产生的 m/z 为 43 和 113 的两个阳离子峰和通过麦氏重排所产生的 m/z 58 峰(图 8-6)。

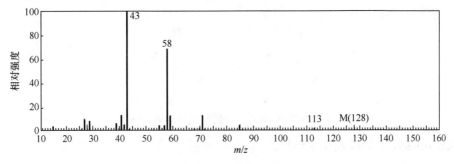

图 8-6 丙醛的质谱

其裂解方式为

$$\left[H_3C-\overset{O}{\overset{\parallel}{C}}-CH_2CH_2CH_2CH_2CH_3\right]^{+} \xrightarrow{\alpha\text{-裂解}} \begin{matrix} H_3C-C\overset{+}{\equiv}O + \cdot CH_2CH_2CH_2CH_2CH_3 \quad m/z\ 43 \\ \\ H_3CH_2CH_2CH_2CH_2C-C\overset{+}{\equiv}O + \cdot CH_3 \quad m/z\ 113 \end{matrix}$$

m/z 128

（麦氏重排图示） m/z 128 → m/z 58

8.1.4 醛和酮的化学性质

醛和酮的分子中含有反应活性很强的羰基，因此它们的化学性质主要与羰基有关。其结构与化学性质的关系可以分析如下：

1. 亲核加成
4. 氢化还原
2. α-活泼氢的反应
 1) 烯醇式
 2) α-H的卤化反应
 3) 羟醛缩合
3. 醛的氧化

（1）羰基的氧原子有未共用电子对，作为路易斯碱，可被酸 HA 质子化，羰基或质子化的羰基都能发生加成反应。由于羰基是极性共价键，其反应与烯烃的亲电加成截然不同。羰基碳原子带有部分正电荷（与质子化的羰基碳的情况类似）。O^{δ^-} 虽能受亲电试剂攻击，但由于 C^{δ^+} 的活性大于 O^{δ^-}，所以羰基容易与亲核试剂发生加成反应。与之反应的试剂、反应历程及主产物都与碳-碳双键不一样。

（2）在羰基的影响下，α-H 具有酸性。它们在碱（B：）或酸的作用下生成烯醇盐或烯醇，进一步发生其他反应。

酮式互变异构体   烯醇式互变异构体

碱催化的酮式-烯醇式互变异构：

酸催化的酮式-烯醇式互变异构：

（3）醛基的氢可被氧化，甚至能被弱氧化剂氧化，同时也能发生歧化反应。

（4）羰基还能加氢或被还原。

下面分别讨论它们的化学反应。

1. 亲核加成反应

醛或酮能与多种亲核试剂发生加成反应。这些试剂包括氢氰酸（HCN）、亚硫酸氢钠

（NaHSO₃）、水、醇、氨及其衍生物（用通式 $H_2N\text{—}G$ 表示）等，许多加成反应是可逆的。

$$Nu^- = CN^-, HSO_3^-, HO^-, RO^-, H_2N^- \text{ 或 } RHN^-$$

1）加氢氰酸

醛或酮与氢氰酸加成得到 α-羟基腈。

α-羟基腈

此反应是可逆的。由于 HCN 是易挥发的剧毒物质，在实验室中常用氰化钠（NaCN）或氰化钾（KCN）与硫酸作为试剂。

2-羟基丙腈

腈（nitrile，$R\text{—}CN$）是一类含有基团—CN 的有机化合物。α-羟基腈（α-cyanohydrin）比原来的醛或酮多一个碳原子，因此这个反应可用于增长碳链。

不同的醛或酮与 HCN 发生加成反应的活性不一样，其活性顺序如下：

甲醛＞脂肪醛＞芳香醛＞甲基脂肪酮及八个碳以下的脂环酮＞非甲基脂肪酮＞芳香酮

醛、脂肪族甲基酮及含八个碳原子以下的脂环酮与 HCN 的反应，平衡有利于生成加成产物。而余下的酮与 HCN 反应的平衡常数很小，加成产物的收率很低。一些醛、酮与 HCN 反应的平衡常数值列于表 8-3。

表 8-3　一些醛、酮与 HCN 反应的 K 值

化合物	乙醛	苯甲醛	丁酮	苯乙酮
K	$>10^4$	210	38	0.77

醛或酮与 HCN 的加成反应是亲核加成。

（1）实验事实：少量的碱对这个反应的影响很大。例如，丙酮与 HCN 在无碱存在下，3～4 h 后，只有一半的丙酮发生了反应。若加入一滴 KOH 溶液，则反应可在 2 min 内完成。加酸则使反应速率变慢；如加入大量的酸，则几个星期也不反应。

（2）反应历程：以上的事实表明氰根离子（CN^-）是进攻试剂。因为少量的碱性使 HCN 的电离平衡右移，增大了 CN^- 的浓度，有利于加成反应；而酸使 HCN 的电离平衡

左移,减小了 CN⁻ 的浓度,不利于加成的进行。

$$HCN \Longrightarrow H^+ + CN^-$$

CN⁻ 是路易斯碱,这个亲核试剂的进攻目标是羰基的碳原子。以丙酮与 HCN 的反应为例,其反应历程表示如下:

第一步

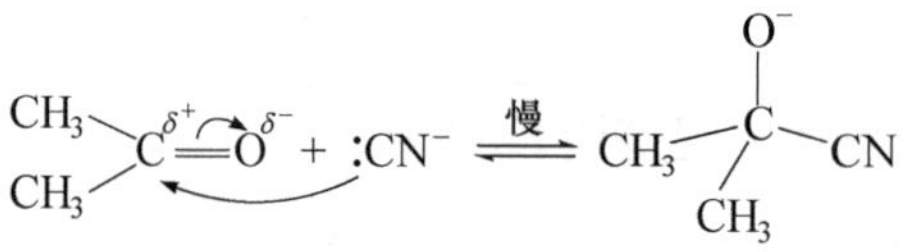

第二步

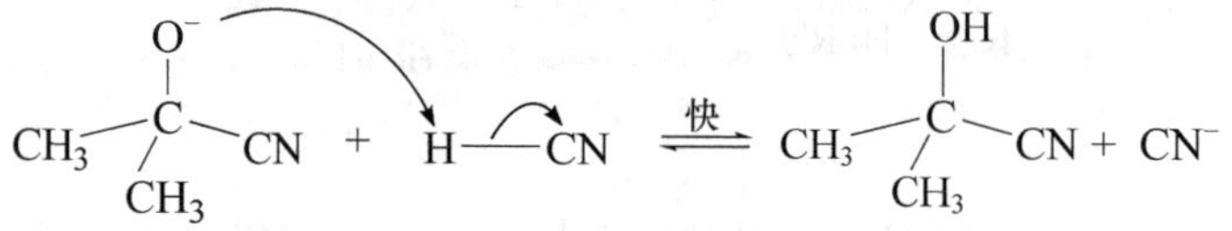

第一步反应是可逆的。CN⁻ 是活性较强的亲核试剂,它可以直接进攻羰基的碳原子,这是反应的决速步。亲核加成反应的影响因素主要有:

a. 立体位阻效应。羰基与亲核试剂(:Nu⁻)加成时,经过过渡态变成反应中间体。在这个过程中,羰基碳的构型发生了变化,即从反应物中的平面三角形转变为中间体的四面体构型。

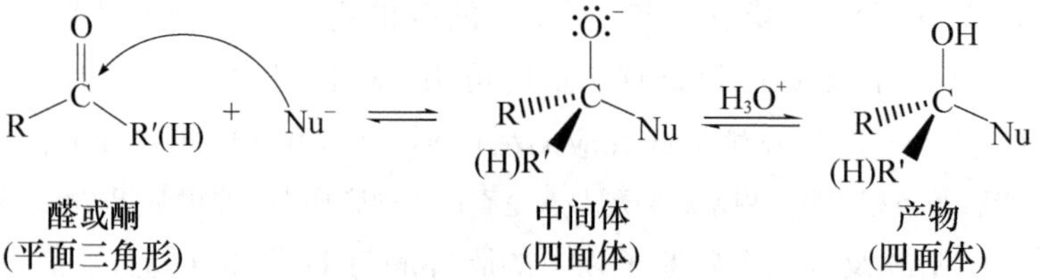

当平衡向右移动时,碳原子的构型转变,因而在碳原子的周围产生了位阻,使平衡左移。可以想象,羰基碳上连接的基团越小,位阻效应也越小。甲醛的羰基碳上连两个 H,其他的醛连一个 H 和一个烃基,酮的羰基碳上连两个烃基。因此,醛比酮易于反应,而甲醛的反应活性最强。烃基越大,位阻越大。如果链状酮中的一个烃基是甲基,则比非甲基酮的位阻小,反应还可以进行。

b. 电子效应。醛或酮发生的是亲核加成反应。当反应中心的羰基碳所带的部分正电荷越多时,反应越易进行。羰基所连的烷基是给电子基团,将使羰基碳的正电荷减少,反应较难进行,所以甲醛比其他链状醛易于反应。苯甲醛的羰基连接苯环,构成了 π-π 共轭体系,使羰基碳上的电子云密度增加,不利于亲核加成,因而反应速率比脂肪醛慢。酮分子中,在羰基碳上连有两个烃基,反应速率更慢。

综合上述两种因素,醛、酮羰基的活性次序为

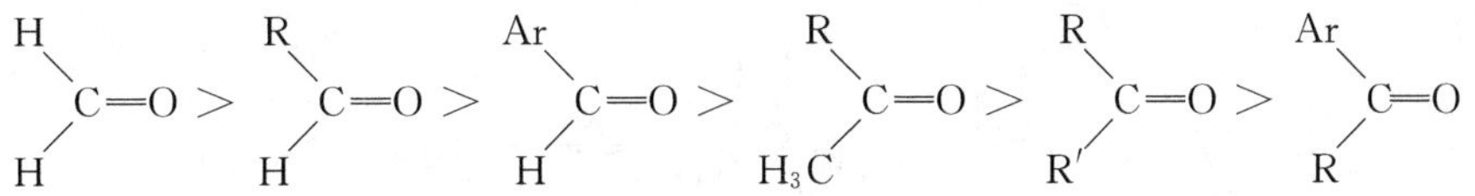

甲醛　　　脂肪醛　　　芳香醛　　　甲基脂肪酮　　　酮　　　芳香酮

醛或酮与 HCN 的加成产物 α-羟基腈在酸或碱存在下可以继续反应。根据反应条件的不同,可生成 α-羟基酸或 α,β-不饱和酸。

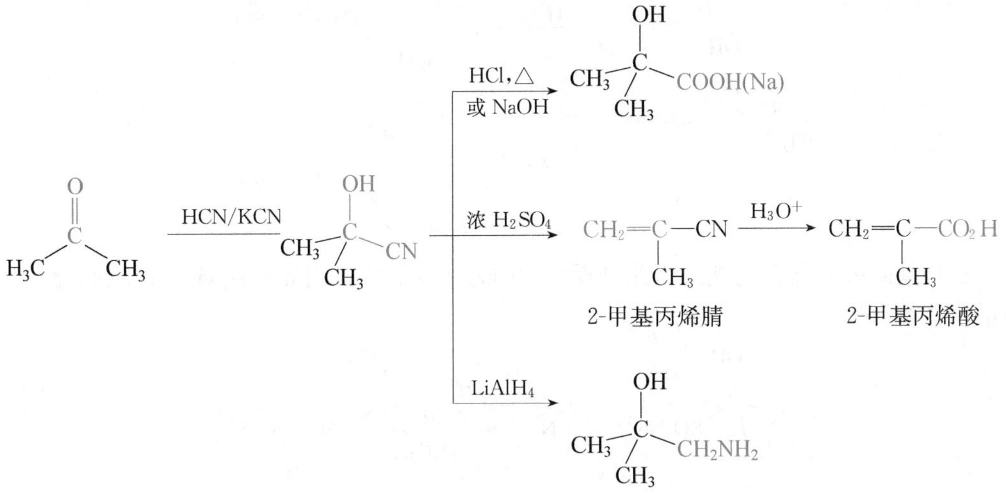

2-甲基丙烯腈　　　　　　2-甲基丙烯酸

2) 加亚硫酸氢钠

大多数醛、脂肪族甲基酮及小于等于八个碳的环酮能与亚硫酸氢钠饱和溶液(40%)发生亲核加成反应,生成 α-羟基磺酸钠(α-hydroxy sodium bisulfite)加成产物。α-羟基磺酸钠溶于水而不溶于 40% $NaHSO_3$,可很快从有机相中沉淀出来。

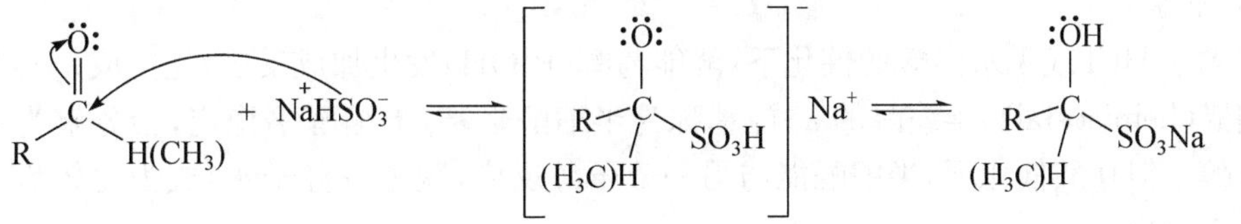

α-羟基磺酸钠(溶于水)

其反应历程可表示如下:

第一步

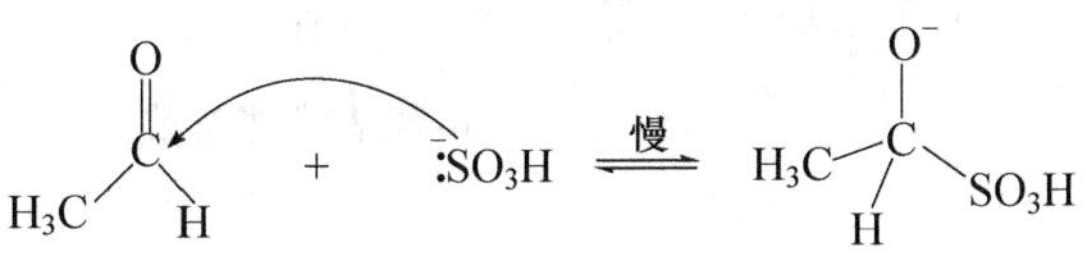

第二步

$$H_3C-\underset{\underset{H}{|}}{\overset{\overset{O^-}{|}}{C}}-SO_3H \underset{}{\overset{快}{\rightleftharpoons}} H_3C-\underset{\underset{H}{|}}{\overset{\overset{OH}{|}}{C}}-SO_3^- \xrightarrow{Na^+,快} H_3C-\underset{\underset{H}{|}}{\overset{\overset{OH}{|}}{C}}-SO_3^+Na$$

α-羟基磺酸钠与酸(如稀盐酸)或碱性溶液(如 Na_2CO_3)反应,分解为原来的醛或甲基酮。所以,该反应可以用于分离提纯醛或甲基酮。

$$\underset{(H_3C)H}{\overset{R}{\underset{|}{\overset{|}{C}}}}-\underset{\underset{SO_3Na}{}}{\overset{OH}{}} \begin{cases} \xrightarrow{H_3O^+} \underset{H(CH_3)}{\overset{R}{\underset{}{}}}C=O + SO_2 \\ \\ \xrightarrow{OH^-} \underset{H(CH_3)}{\overset{R}{\underset{}{}}}C=O + SO_3^{2-} \end{cases}$$

α-羟基磺酸钠与氰化钠或氰化钾反应,生成α-羟基腈。用此法制备α-羟基腈比用氢氰酸(HCN)安全。

$$\underset{(H_3C)H}{\overset{R}{\underset{|}{\overset{|}{C}}}}\overset{OH}{\underset{}{}}SO_3Na + NaCN \longrightarrow \underset{(H_3C)H}{\overset{R}{\underset{|}{\overset{|}{C}}}}\overset{OH}{\underset{}{}}CN + Na_2SO_3$$

问题与思考 8-1

下列化合物中,与亚硫酸氢钠可以发生反应的是哪几个?哪一个反应速率最快?
(1) 环己酮 (2) 苯乙酮 (3) 丙醛 (4) 苯甲醛 (5) 二苯酮

3) 加醇

在无水 HCl 或无水强酸的催化下,醛能与醇($R'OH$)发生加成反应,先生成α-羟基醚即半缩醛(hemiacetal),半缩醛的 α-羟基称为半缩醛羟基,半缩醛不稳定,会分解为原来的醛及醇。但在酸催化下,半缩醛能与另一分子醇反应,脱去一分子水,成为比较稳定的缩醛(acetal)。

$$\underset{R}{\overset{O}{\underset{}{\parallel}}}\overset{}{\underset{H}{C}} + R'OH \underset{}{\overset{H^+}{\rightleftharpoons}} \underset{H}{\overset{R}{\underset{|}{\overset{|}{C}}}}\begin{matrix}OH\\ \\ OR'\end{matrix}$$

α-羟基醚(半缩醛)

$$\underset{H}{\overset{R}{\underset{|}{\overset{|}{C}}}}\begin{matrix}OH\\ \\ OR'\end{matrix} + R'OH \underset{}{\overset{H^+}{\rightleftharpoons}} \underset{H}{\overset{R}{\underset{|}{\overset{|}{C}}}}\begin{matrix}OR'\\ \\ OR'\end{matrix} + H_2O$$

偕二醚(缩醛)

缩醛是偕二醚,即两个醚基连在同一个碳原子上。它对碱、氧化剂、还原剂稳定,但能被酸水解为原来的醛和醇,有时在室温下用稀酸就能使它水解。因此,醛与醇生成缩醛的反应在有机合成上可以用作保护醛基。

例如,要想从戊-4-烯醛转变成戊醛不能通过直接的催化氢化,因为在此情况下,碳-碳双键及醛基将同时被还原。

$$CH_2{=}CHCH_2CH_2CHO \xrightarrow[\text{催化剂}]{H_2} CH_3CH_2CH_2CH_2CH_2OH$$

如果先将不饱和醛转变为缩醛,然后催化氢化,最后以酸水解,即可得戊醛。

$$CH_2{=}CHCH_2CH_2CHO \underset{}{\overset{CH_3OH, H^+}{\rightleftharpoons}} CH_2{=}CHCH_2CH_2CH(OCH_3)_2 \xrightarrow[\text{催化剂}]{H_2}$$

$$CH_3CH_2CH_2CH_2CH(OCH_3)_2 \xrightarrow{H^+} CH_3CH_2CH_2CH_2CHO$$

酮与醇生成缩酮(ketal)的反应比醛与醇的反应慢得多,因此需采取一定的方法脱水,或用其他试剂。

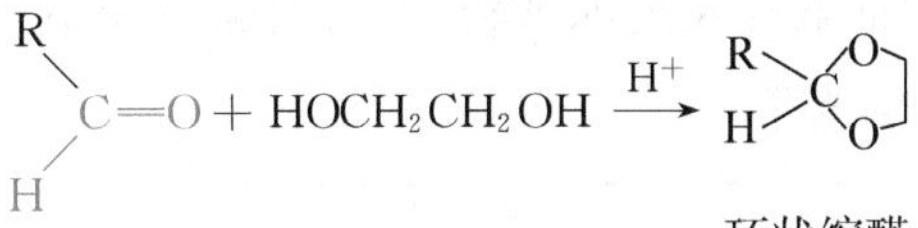

环状缩醛

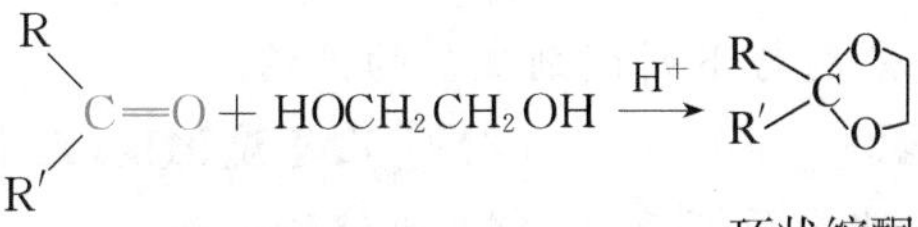

环状缩酮

由于形成的缩醛和缩酮是稳定的五元环,所以该反应较易进行。在有机合成中,常用乙二醇或乙二硫醇($HSCH_2CH_2SH$)保护羰基,然后在酸性条件下水解为原来的醛(酮)。醛(酮)与醇发生亲核加成反应生成半缩醛(酮)。醇是较弱的亲核试剂,它不能与醛(酮)直接反应,而是与质子化的醛(酮)反应生成半缩醛,半缩醛不稳定,继续反应生成缩醛。反应历程如下:

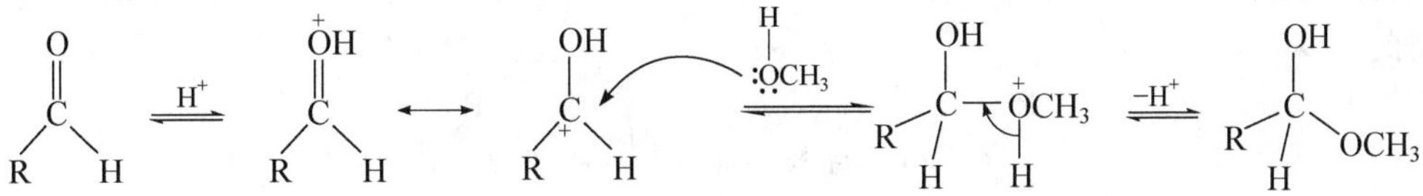

半缩醛

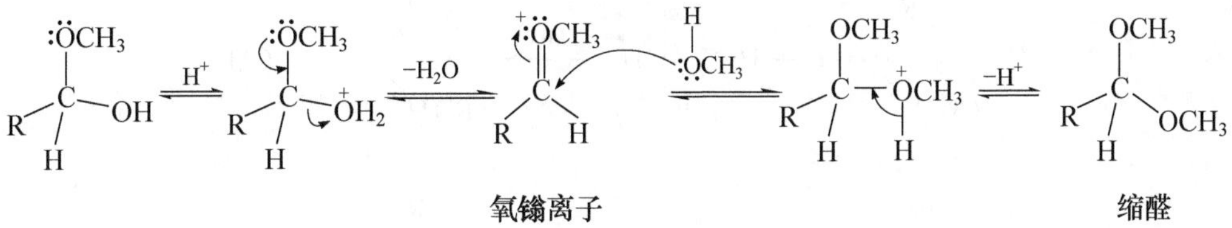

氧鎓离子   缩醛

4) 水合

醛或酮与水的反应是可逆反应,生成物是偕二醇(gem diol)。除甲醛及少数低级醛外,平衡不利于偕二醇的生成,这些产物都不能从水溶液中分离出来。

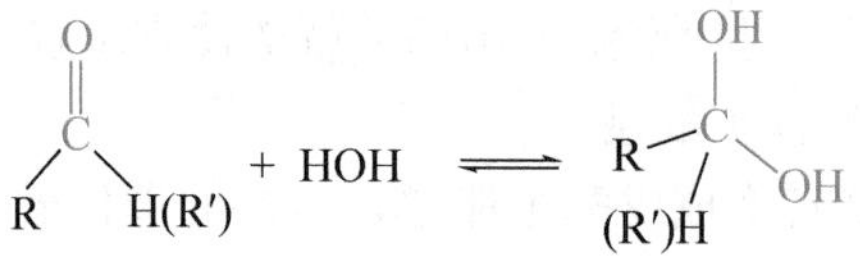

$$偕二醇$$

当羰基碳上连有很强的吸电子基时,如三氯乙醛的 α-碳上有三个氯原子,则其水合物稳定,可以从溶液中分离。

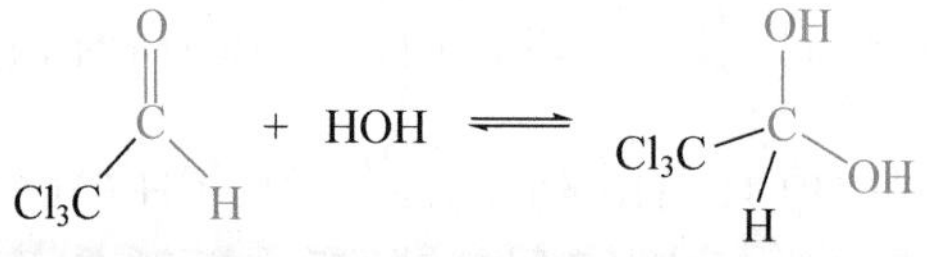

三氯乙醛(氯醛)   水合氯醛

水合氯醛是较安全的催眠药及抗惊厥药,不易引起蓄积中毒,但对胃有刺激性,且味道不好。此外,长期服用能成瘾。

问题与思考 8-2

写出 1-丁酮、苯甲醛分别与下列试剂反应的产物。

(1) 乙二醇/干氯化氢   (2) ①乙基溴化镁/无水乙醚;②水合氢正离子

(3) ①乙炔钠;②水/水合氢正离子   (4) 亚硫酸氢钠

---

5) 与氨及氨的衍生物的反应

醛或酮都能与氨(NH_3)或氨的衍生物(如伯胺,$H_2N—G$)发生亲核加成-消去反应,生成 N-取代亚胺。常用的氨的衍生物包括羟胺(NH_2OH)、肼(NH_2NH_2)、苯肼($C_6H_5NHNH_2$)、2,4-二硝基苯肼及氨基脲($H_2NHNCONH_2$)等。它们与醛(酮)反应的产物分别是肟(oxime)、腙、苯腙、2,4-二硝基苯腙(2,4-dinitrophenylhydrazone)及缩氨基脲。

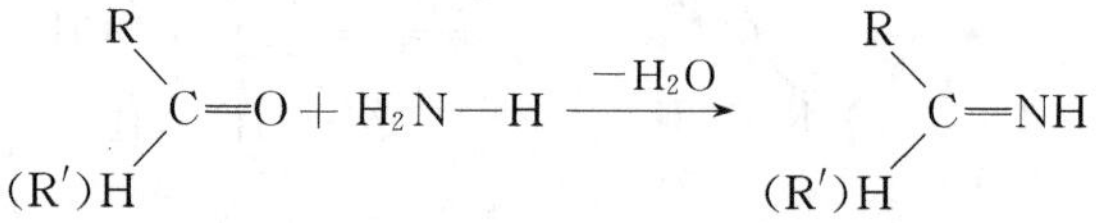

亚胺(不稳定)

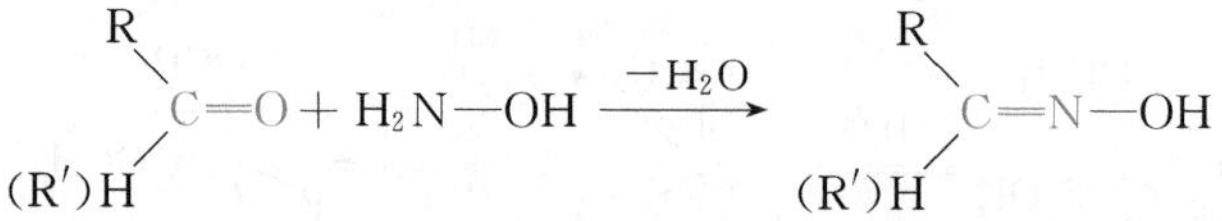

肟

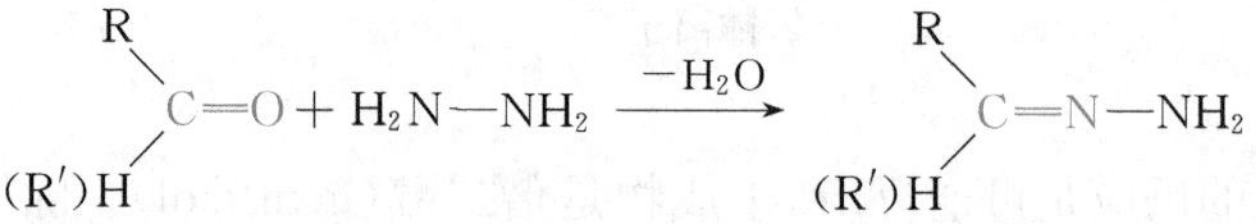

腙

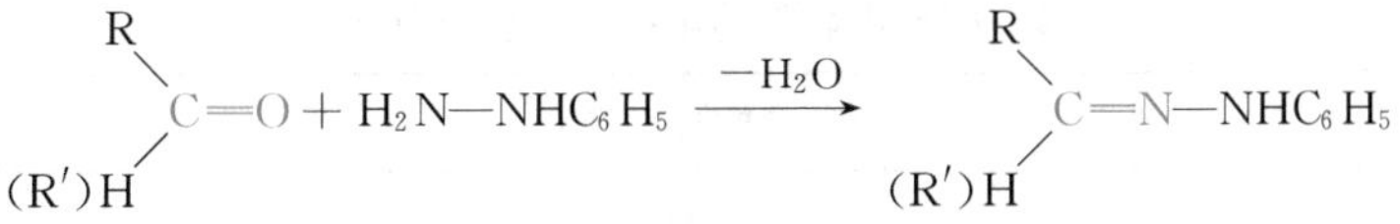

$$\underset{(R')H}{\overset{R}{>}}C=O + H_2N-NHC_6H_5 \xrightarrow{-H_2O} \underset{(R')H}{\overset{R}{>}}C=N-NHC_6H_5$$

苯腙

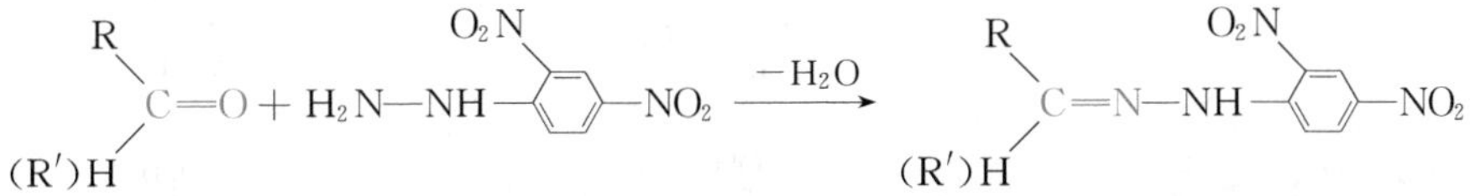

$$\underset{(R')H}{\overset{R}{>}}C=O + H_2N-NH-\underset{}{} \xrightarrow{-H_2O} \underset{(R')H}{\overset{R}{>}}C=N-NH-$$

2,4-二硝基苯腙

$$\underset{(R')H}{\overset{R}{>}}C=O + H_2N-NH-\overset{O}{\overset{\|}{C}}NH_2 \xrightarrow{-H_2O} \underset{(R')H}{\overset{R}{>}}C=N-NH-\overset{O}{\overset{\|}{C}}NH_2$$

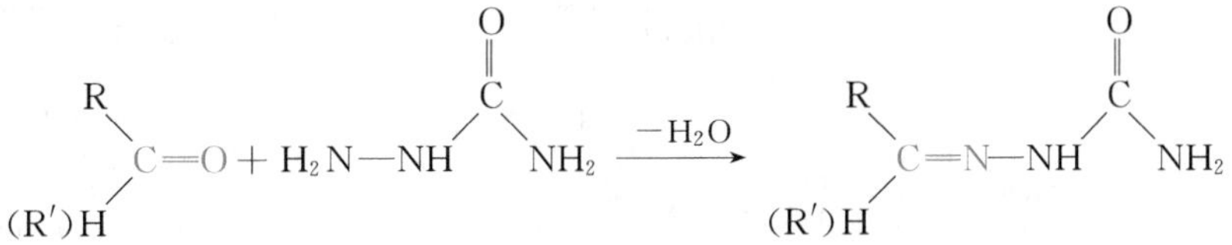

缩氨基脲

这些生成物一般是很好的结晶体,并且有一定的熔点,因此可以用来鉴别醛和酮。这些氨的衍生物称为羰基试剂(carbonyl reagent)。

氨及其衍生物都是亲核性较弱的亲核试剂,与之反应的醛或酮往往需要先质子化。反应历程包括以下两步:

第一步,羰基的亲核加成反应

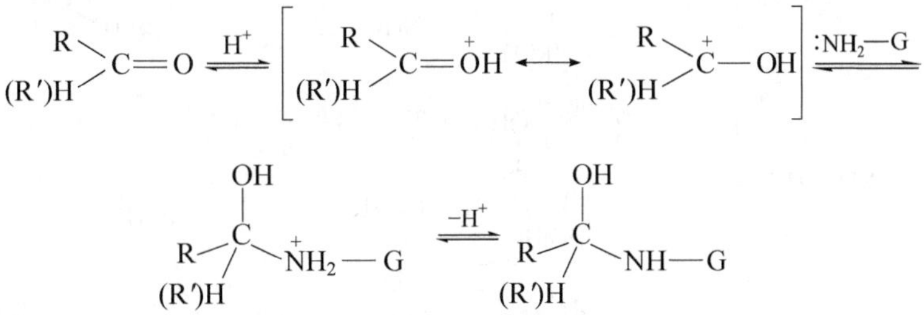

第二步,消除反应

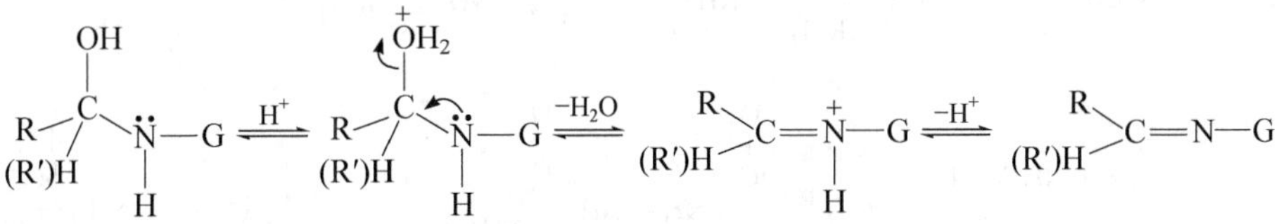

因此,整个反应过程是亲核加成-消除反应。

上述反应、格氏试剂的反应和用金属氢化物的还原反应等都是羰基的亲核加成反应。亲核试剂中亲核能力较强者(CN^-、HSO_3^-)直接进攻羰基碳原子;亲核能力较弱的亲核试剂(醇、氨及其衍生物)则进攻质子化的羰基碳原子。在后面的这些反应中,反应往往不停留在亲核加成阶段,加成产物还能继续反应(取代或消除)(表8-4)。

表 8-4　羰基化合物的亲核加成反应及最终产物

羰基化合物	亲核试剂	亲核加成产物	最终产物
$\underset{(R')H}{\overset{R}{>}}C=O$	HCN	$\underset{(R')H}{\overset{R}{>}}\underset{OH}{\overset{\|}{C}}\text{—CN}$	$\underset{(R')H}{\overset{R}{>}}\underset{OH}{\overset{\|}{C}}\text{—CN}$
	$NaHSO_3$	$\underset{(R')H}{\overset{R}{>}}\underset{OH}{\overset{\|}{C}}\text{—}SO_3Na$	$\underset{(R')H}{\overset{R}{>}}\underset{OH}{\overset{\|}{C}}\text{—}SO_3Na$
	HOR''	$\underset{(R')H}{\overset{R}{>}}\underset{OH}{\overset{\|}{C}}\text{—}OR''$	$\underset{(R')H}{\overset{R}{>}}\underset{OR''}{\overset{\|}{C}}\text{—}OR''$
	NH_2OH	$\underset{(R')H}{\overset{R}{>}}\underset{OH}{\overset{\|}{C}}\text{—NHOH}$	$\underset{(R')H}{\overset{R}{>}}C=N\text{—OH}$
	NH_2NH_2	$\underset{(R')H}{\overset{R}{>}}\underset{OH}{\overset{\|}{C}}\text{—}NHNH_2$	$\underset{(R')H}{\overset{R}{>}}C=N\text{—}NH_2$
	$NH_2NHC_6H_5$	$\underset{(R')H}{\overset{R}{>}}\underset{OH}{\overset{\|}{C}}\text{—}NHNHC_6H_5$	$\underset{(R')H}{\overset{R}{>}}C=N\text{—}NHC_6H_5$
	$NH_2NH\text{-}(2,4\text{-dinitrophenyl})$	$\underset{(R')H}{\overset{R}{>}}\underset{OH}{\overset{\|}{C}}\text{—}NH\text{—}NH\text{-}(2,4\text{-dinitrophenyl})$	$\underset{(R')H}{\overset{R}{>}}C=N\text{—}NH\text{-}(2,4\text{-dinitrophenyl})$
	$NH_2NHCONH_2$	$\underset{(R')H}{\overset{R}{>}}\underset{OH}{\overset{\|}{C}}\text{—}NH\text{—}NH\text{—}CONH_2$	$\underset{(R')H}{\overset{R}{>}}C=N\text{—}NH\text{—}CONH_2$

6）与格氏试剂的反应

格氏试剂与醛或酮反应，水解后反应生成醇。

$$\underset{醛或酮}{\overset{O}{\underset{\|}{C}}} + \underset{格氏试剂}{RMgX} \rightleftharpoons \left[\underset{R}{\overset{OMgX}{\underset{\|}{C}}}\right] \xrightarrow{H_3O^+} \underset{R}{\overset{OH}{\underset{\|}{C}}}$$

格氏试剂中的碳-镁键是极性键,带负电荷的碳原子具有亲核性,可以与醛或酮起亲核加成反应,该反应是不可逆的。

格氏试剂与醛或酮的反应分两步进行。首先形成四面体型的烃基氧化镁中间体,然后酸性水解生成醇。

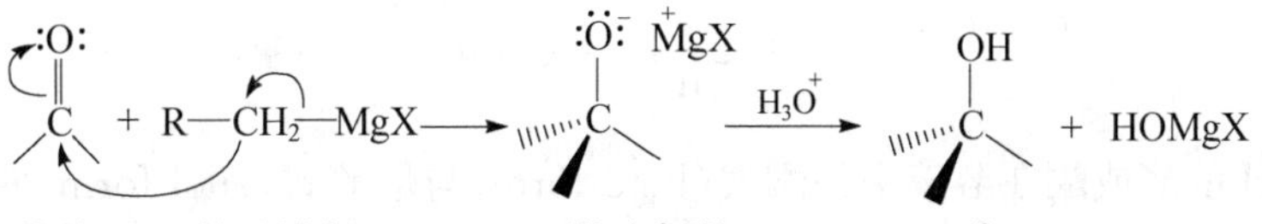

通过格氏反应得到的醇的种类取决于所用的羰基化合物的类型,与甲醛($HCHO$)生成伯醇,与其他的醛($RCHO$)生成仲醇,与酮(R_2CO)则生成叔醇。

与甲醛反应:

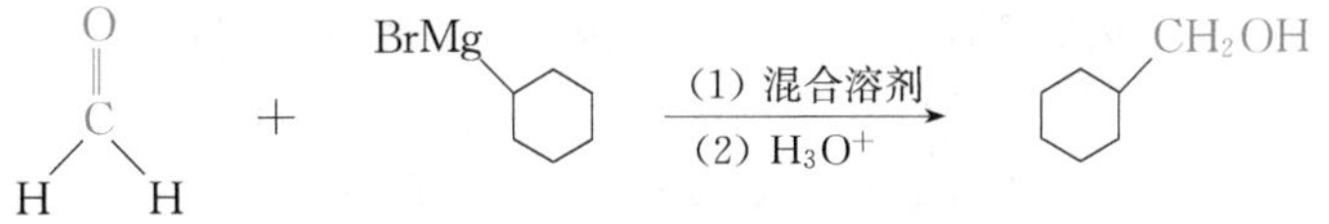

与其他醛反应:

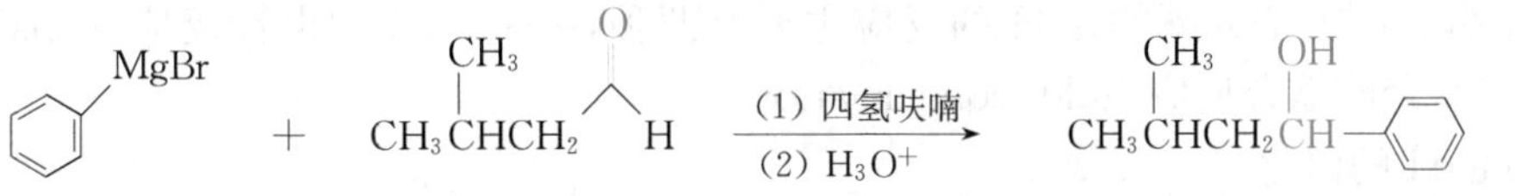

与酮反应:

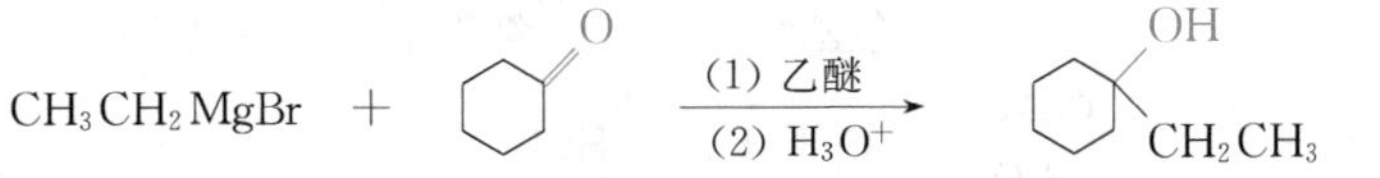

格氏反应虽然有一定的局限性,但它依然是最有价值的合成手段之一,尤其在合成复杂结构的醇时非常有用。

2. α-H 的反应

1) 烯醇化

含 α-H 的醛或酮,受羰基的影响,α-H 有离去成质子的趋势。

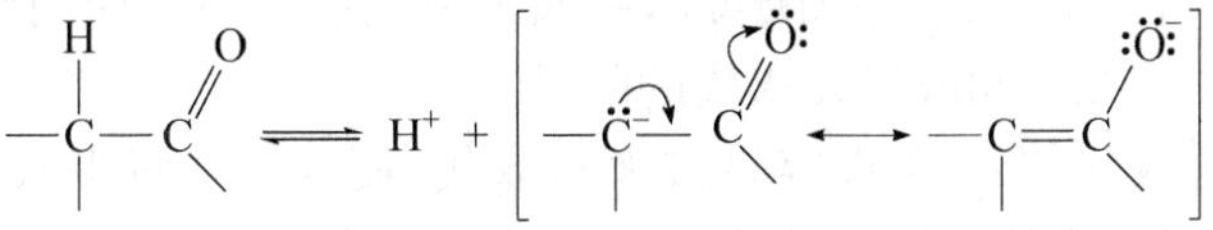

这些醛或酮所生成的共轭碱(碳负离子)由于 α-C 上的一对未共用电子的离域,负电荷通过 p-π 分散到羰基碳和氧上而比较稳定。如有碱存在,可以加速形成烯醇盐;而在酸催化下,则加速生成烯醇。烯醇不稳定,能迅速转变为它的互变异构体,即原来的醛或酮。

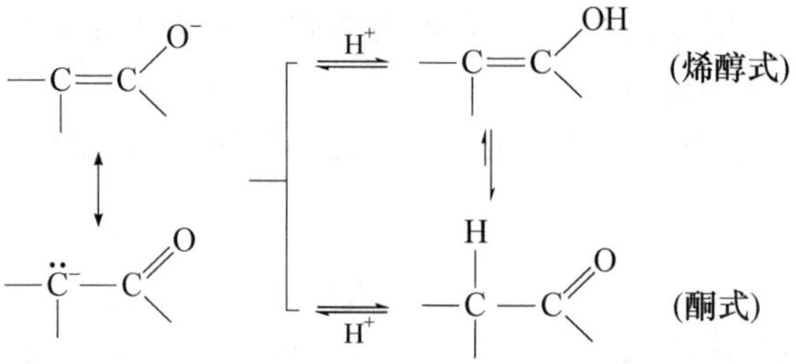

含有 α-H 的醛或酮在溶液中是酮式（keto form）与烯醇式（enol form）两种异构体的平衡混合物。一般情况下，平衡有利于酮式。

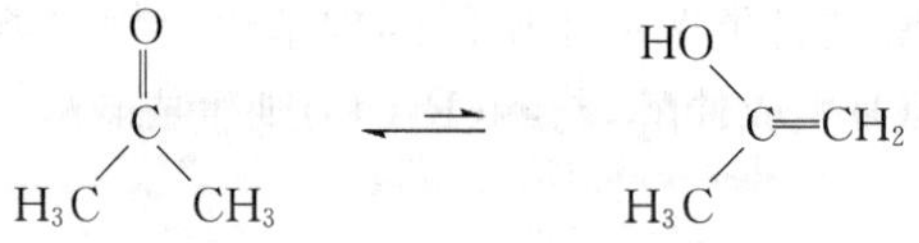

丙酮（酮式）　　　　丙-1-烯-2-醇（烯醇式）

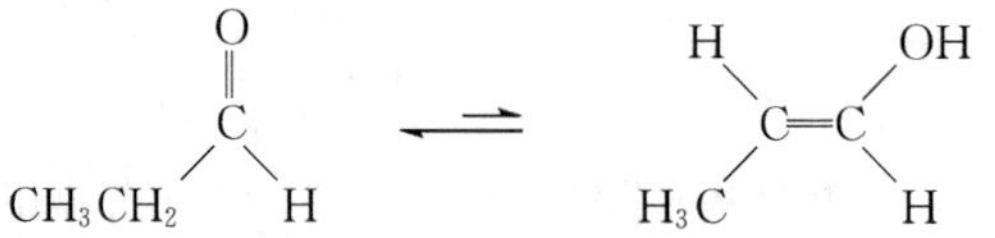

丙醛（酮式）　　　　丙-1-烯-1-醇（烯醇式）

除烯醇化外，醛或酮的 α-H 的反应主要有两种，一是 α-H 的卤代反应（α-halogenation）；二是羟醛缩合反应（aldol condensation）。

2）α-H 的卤化

含 α-H 的饱和醛或酮能与卤素反应，生成 α-卤代醛（酮）。

$$CH_3CHO + Cl_2 \xrightarrow{\text{常温}} CH_2ClCHO + CHCl_2CHO + CCl_3CHO + HCl$$
氯乙醛　　　　二氯乙醛　　　三氯乙醛

$$CH_3COCH_3 + Cl_2 \xrightarrow[H_2O]{CaCO_3} CH_3COCH_2Cl + HCl$$
氯丙酮

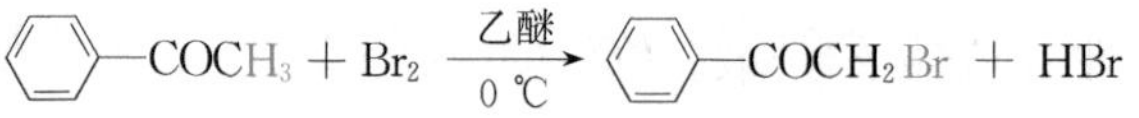

α-溴苯乙酮

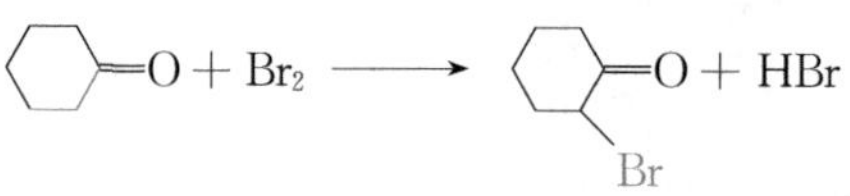

2-溴环己酮

含两个或两个以上 α-H 的醛或酮可以生成多卤代物。如果控制卤素的用量或反应条件，可以使反应停止在一元或二元取代的阶段。

在碱存在下，醛或酮的 α-H 很容易被卤素取代，而且一般都取代在同一个 α-C 上。反应速率仅取决于醛或酮的浓度及碱的浓度，而与卤素的浓度无关。其反应历程如下：

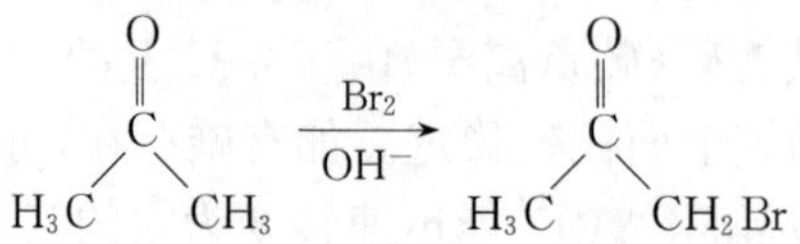

第一步

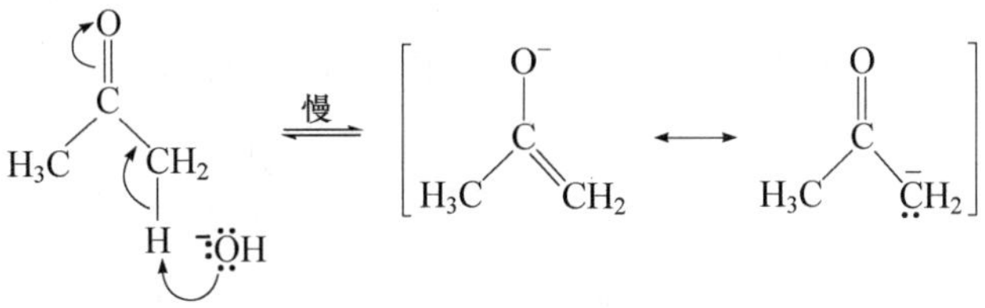

或写为

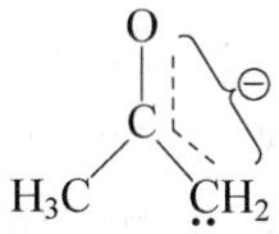

第二步

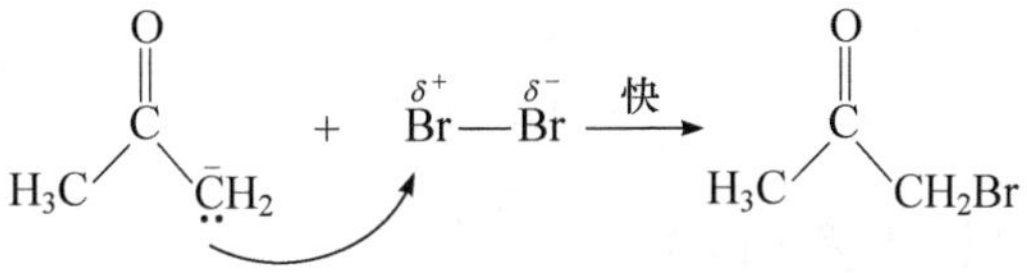

由于决定反应速率的是第一步,故反应的快慢仅与丙酮及碱的浓度有关。这与烷烃的卤化有明显的不同。另外,不仅是氯或溴,而且碘也可以与醛或酮进行 α-碘化反应,但烷烃却不与碘反应。

乙醛及甲基酮在同一个 α-C 上有三个氢,它们与卤素的 NaOH 溶液作用时,反应往往不能停止在卤化阶段,即所得产物并不是 α-三卤化醛(酮),而是 α-三卤化醛(酮)在碱存在下发生C—C—键断裂,生成卤仿(haloform)及羧酸盐。这种反应称为卤仿反应。

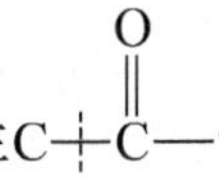

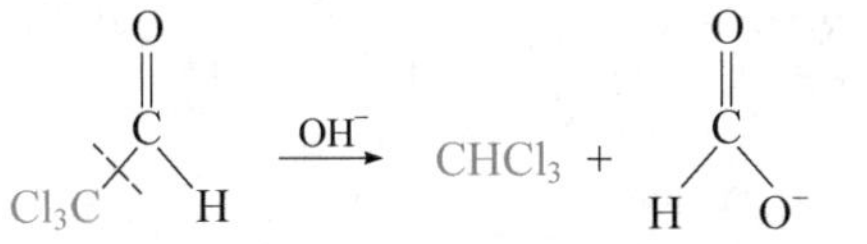

三氯乙醛　　　氯仿　甲酸根离子

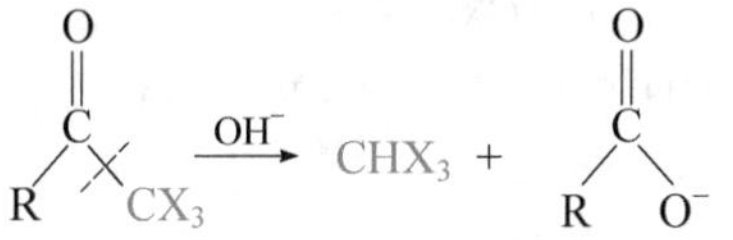

卤仿　羧酸根离子

如用 I₂-NaOH 与乙醛或甲基酮反应,则生成碘仿(CHI₃, iodoform),它是难溶于水的黄色固体,具有特殊的气味。所以,卤仿反应特别是碘仿反应(iodoform reaction)可用于区分乙醛、甲基酮与其他的醛、酮。

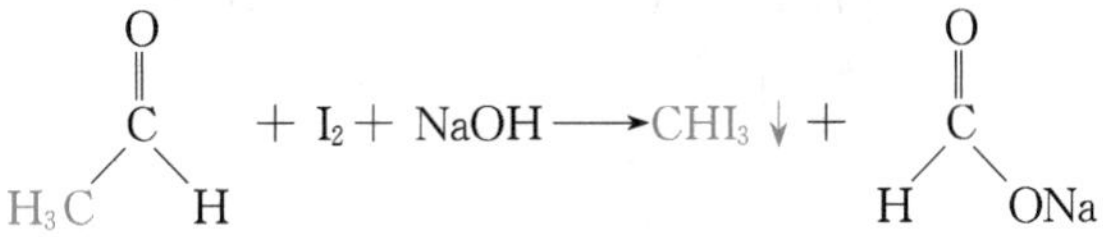

卤仿反应也用于从甲基酮合成比它少一个碳原子的羧酸。例如

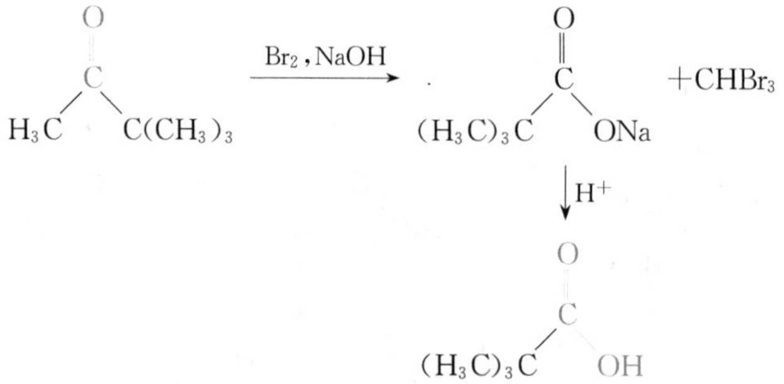

卤仿反应所用的试剂是 X_2＋NaOH 或次卤酸钠（NaOX）。它们都是氧化剂,因而凡能被它们氧化为乙醛或甲基酮的物质如乙醇和甲基仲醇（ CH_3CHR ）等都能发生卤仿
　　　　　　　　　　　　　　　　　　　　　　　　　　　　 $|$
　　　　　　　　　　　　　　　　　　　　　　　　　　　　 OH
反应。

卤仿反应的可能的反应历程如下:

第一步

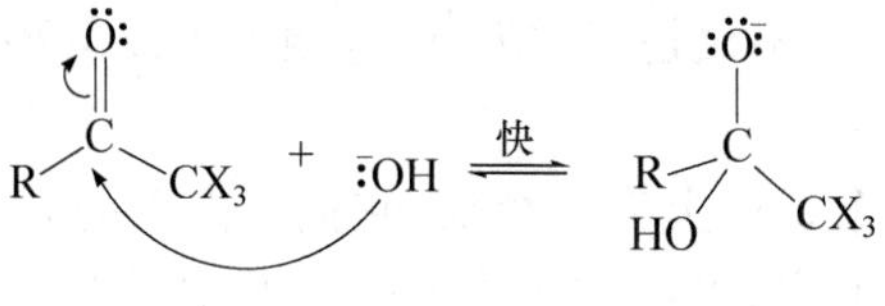

第二步

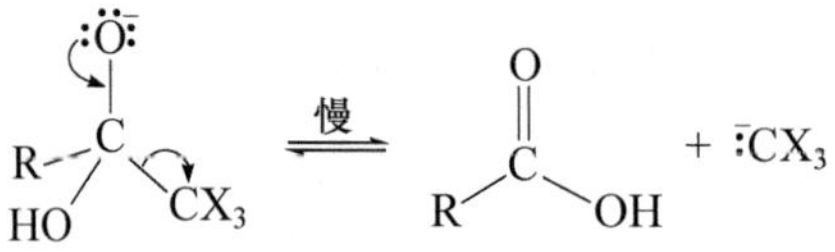

第三步

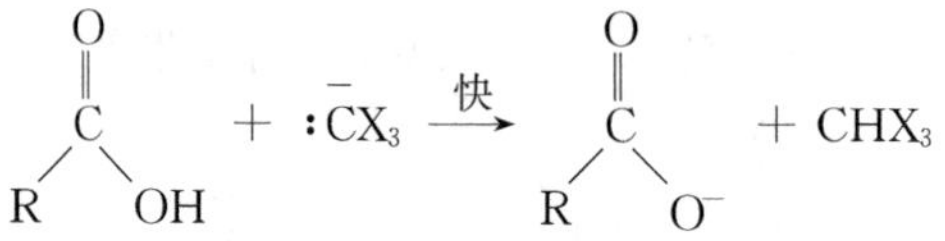

3) 羟醛缩合反应

在稀碱的催化下,两分子醛(其中最少有一个含 α-H)发生加成反应,得到一分子 β-羟基醛。这种反应称为羟醛缩合反应(aldol condensation reaction)。

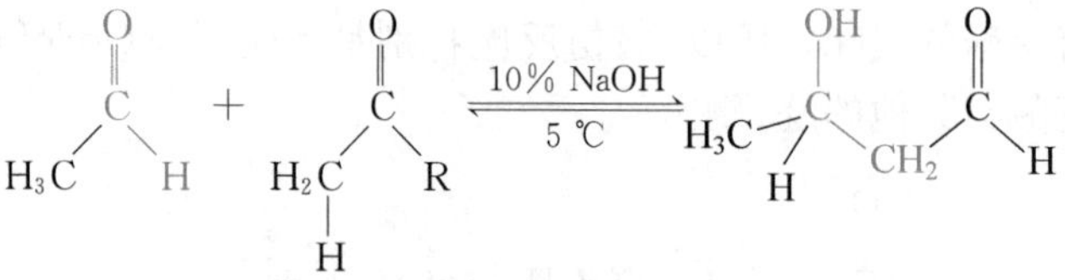

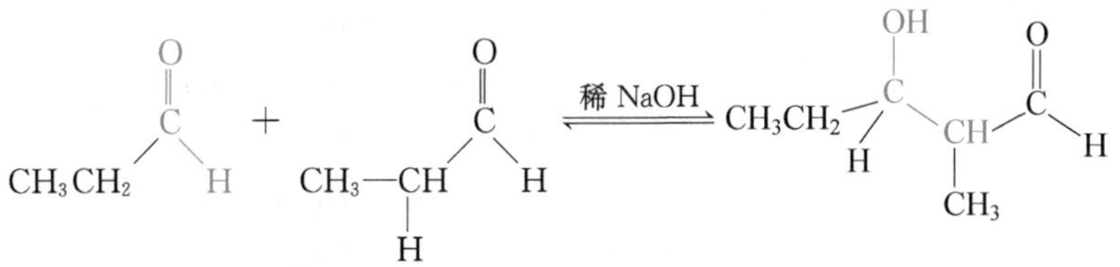

酮在稀碱存在下也可以发生羟醛缩合反应，生成 β-羟基酮，但平衡明显偏向于反应物的一方。例如，在丙酮发生羟醛缩合的平衡混合物中，缩合产物只占 5%。要想得到较好的收率，须采用一定的装置使生成物与催化剂（碱）脱离接触。因为碱也能催化产物的水解，生成反应物。

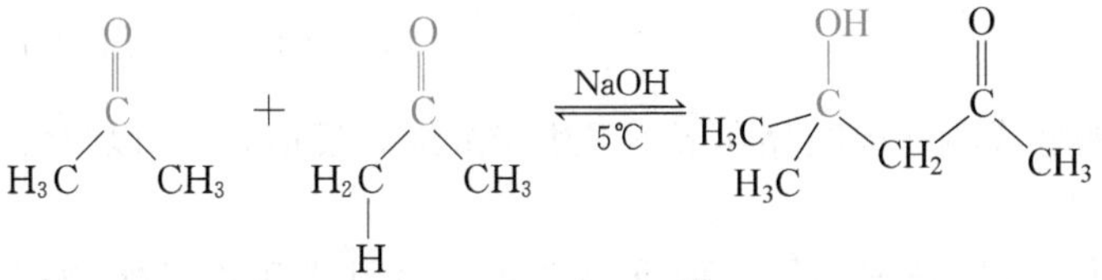

碱催化下的羟醛缩合反应是以醛或酮的共轭碱作为亲核试剂，进攻另一分子醛（酮）的羰基碳原子。其反应历程如下：

第一步

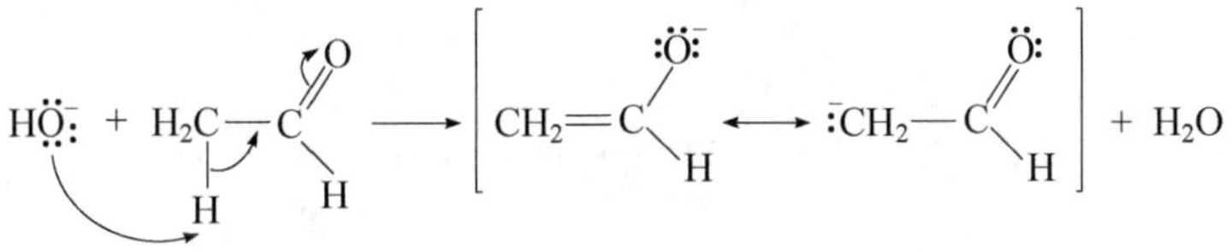

第二步

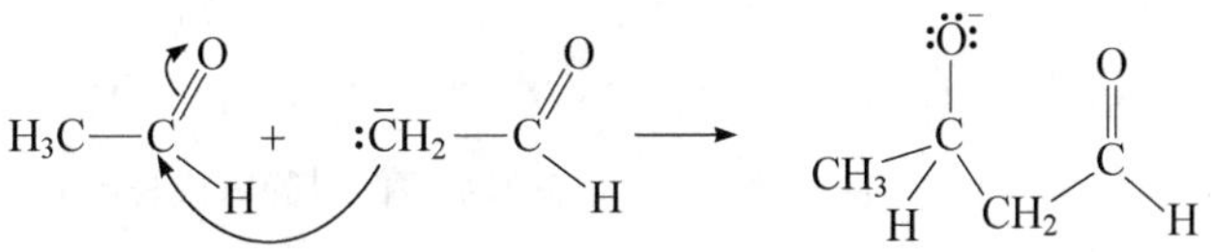

第三步

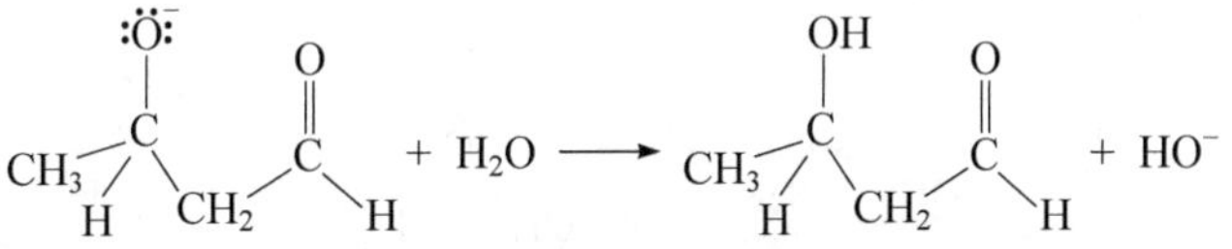

两种不同的醛或酮分子之间可以发生交叉的羟醛缩合反应。例如，乙醛与丙醛在稀碱存在下反应，得到四种缩合产物。这种反应在有机合成中没有实用意义。

$$
CH_3CHO + CH_3CH_2CHO \xrightarrow{OH^-}
\begin{cases}
\underset{\displaystyle \text{OH}}{CH_3CHCH_2CHO} \\[2mm]
\underset{\displaystyle \substack{\text{OH} \\ }}{CH_3CHCHCHO} \\ \quad\quad\quad CH_3 \\[2mm]
\underset{\displaystyle \text{OH}}{CH_3CH_2CHCHCHO} \\ \quad\quad\quad\quad CH_3 \\[2mm]
\underset{\displaystyle \text{OH}}{CH_3CH_2CHCH_2CHO}
\end{cases}
$$

不含 α-H 的醛或酮在稀碱存在下不发生羟醛缩合反应,但可以与含 α-H 的醛或酮发生交叉羟醛缩合反应。

羟醛缩合反应是增长碳链的一种重要方法。除甲醛和乙醛外,缩合产物都有侧链。所得的 β-羟基醛(酮)还能转变为多种产物。含 α-H 的 β-羟基醛(酮)受热时很易脱水形成具有稳定共轭结构的 α,β-不饱和醛(酮)。但若羟基同时受苯基和醛基的作用,含 α-H 的 β-羟基醛(酮)常温即可失水得到 α,β-不饱和醛(酮),如肉桂醛。

丁-2-烯醛

3-苯基-丙-2-烯醛(肉桂醛)

芳香醛与含 α-H 的醛、酮在碱性条件下发生交叉羟醛缩合反应,失水后得到 α,β-不饱和的醛或酮的反应称为克莱森-施密特(Claisen-Schmidt)缩合反应。例如

4) 曼尼希反应

含有 α-H 的醛(酮)与甲醛和胺(伯胺或仲胺)之间发生缩合反应,可以在羰基的 α-位引入一个胺甲基,此反应称为曼尼希(Mannich)反应。例如

该反应一般在酸性条件下进行,可用甲醛、三聚甲醛或多聚甲醛溶液,胺多为仲胺的盐酸盐。其反应历程为

利用曼尼希反应,可以制备复杂的胺。由于生成物一般是以盐的形式存在,因此产物又称曼尼希碱。

3. 歧化反应

在浓碱存在下,不含 α-H 的醛可以发生两个分子间的氧化-还原反应,其中一分子醛被氧化为相应的羧酸,另一分子醛被还原为醇。这种反应称为歧化反应(disproportionation reaction)或康尼查罗反应(Cannizzaro reaction)。

其反应历程为

如将甲醛与苯甲醛在浓碱中共热,则还原性强的甲醛被氧化为甲酸盐,苯甲醛被还原为苯甲醇。

$$\text{PhCHO} + \text{HCHO} \xrightarrow[\triangle]{\text{浓 NaOH}} \text{PhCH}_2\text{OH} + \text{HCOONa}$$

4. 维悌希反应

醛、酮和磷叶立德(phosphorus ylide,烃代亚甲基三苯基磷)试剂作用,羰基氧被亚甲基取代生成相应烯烃和三苯基氧磷的反应称为维悌希(Wittig)反应。磷叶立德又称维悌希试剂。

$$\underset{\text{磷叶立德}}{\overset{\displaystyle H}{Ph_3\overset{+}{P}-\overset{|}{\underset{|}{C^-}}}} + \underset{R''}{\overset{\displaystyle O}{\underset{R'}{C}}} \longrightarrow \underset{\text{烯烃}}{\overset{H\quad R'}{\underset{R\quad R''}{C=C}}} + Ph_3P=O$$

磷叶立德由三苯基磷和一级或二级卤代烃通过 S_N2 反应生成磷盐,磷盐的 α-H 受带正电荷磷的影响而显酸性,再经烃基锂或醇钠等强碱作用脱卤化氢而制得。

$$Ph_3P: + CH_3-Br \xrightarrow{S_N2} Ph_3\overset{+}{P}-CH_3 \ Br^- \xrightarrow[\text{THF}]{\text{BuLi}} Ph_3\overset{+}{P}-\overset{-}{C}H_2$$

磷叶立德分子中存在一个缺电子的磷原子(带正电荷)和一个富电子的碳原子(带负电荷),碳负离子亲核性很强,易与醛、酮的羰基发生亲核加成反应生成一种磷内盐,由于磷内盐稳定性小,很快转变为四元氧磷杂环过渡态,进一步分解为烯烃和三苯基氧磷。反应历程如下:

第一步,亲核加成

$$Ph_3\overset{+}{P}-\overset{H}{\underset{R}{C^{:-}}} + \overset{\ddot{O}:}{\underset{R''}{\underset{R'}{C}}} \longrightarrow H-\overset{Ph_3\overset{+}{P}}{\underset{R}{C}}-\overset{:\overset{..}{O}:^-}{\underset{R''}{C}}-R'$$

第二步,形成四元氧磷杂环过渡态

$$H-\overset{Ph_3\overset{+}{P}}{\underset{R}{C}}-\overset{:\overset{..}{O}:^-}{\underset{R''}{C}}-R' \longrightarrow H-\overset{Ph_3P-\overset{..}{O}:}{\underset{R}{C}}-\overset{}{\underset{R''}{C}}-R'$$

第三步,过渡态分解生成产物

维悌希反应产物可以是 Z 型,也可以是 E 型。一般来说,如果磷叶立德分子中带有能使碳负离子稳定的取代基,其产物为 E 型;反之,则为 Z 型。例如

(E)-4-苯基丁-2-烯酸乙酯
100%

(Z)-1-苯基丁-2-烯　(E)-1-苯基丁-2-烯
87%　　　　　13%

5. 还原反应

醛及酮都能在一定条件下被还原。所用试剂及反应条件不同,可以得到不同的还原产物。

1) 还原为醇

(1) H_2/催化剂:羰基化合物在加热条件下可催化氢化为相应的醇(1°或2°)。

(2) 金属氢化物:氢化铝锂($LiAlH_4$)、硼氢化钠($NaBH_4$)等很容易把醛或酮还原为相应的醇。如果分子中还含有碳-碳双键或碳-碳三键时,在此条件下不被还原。因此,不饱和醛、酮能被这些金属氢化物还原为相应的不饱和醇。

$$CH_3-CH=CH \overset{\overset{\displaystyle O}{\parallel}}{\underset{}{C}} H \xrightarrow{NaBH_4} CH_3-CH=CH-CH_2-OH$$

丁-2-烯醛(巴豆醛)   丁-2-烯-1-醇

肉桂醛   肉桂醇

用 $NaBH_4$ 和 $LiAlH_4$ 等金属氢化物还原醛可以高收率地得到醇。从本质上讲这也是亲核加成反应,这时的亲核试剂是氢负离子(H^-)。

$$\underset{}{>}C=O + H-LiAlH_3^+ \longrightarrow \underset{H}{\overset{\overset{\displaystyle OLiAlH_3}{\mid}}{C}} \xrightarrow{3>C=O} \left[\underset{H}{\overset{\overset{\displaystyle O}{\mid}}{C}} \right]_4 AlLi$$

$$4 \underset{R'}{\overset{R}{C}}=O + LiAlH_4 \longrightarrow (R_2CHO)_4AlLi \xrightarrow{H_2O} 4R_2CHOH + LiOH + Al(OH)_3$$

2) 还原为烃

(1) 克莱门森(Clemmensen)还原法:醛或酮与锌汞齐(Zn-Hg)及浓盐酸共热时,羰基被还原成亚甲基,得到相应的烃。这称为克莱门森还原法。例如

$$\underset{}{\overset{\overset{\displaystyle O}{\parallel}}{C}}CH_3 \xrightarrow{Zn-Hg, HCl} CH_2CH_3$$

克莱门森还原法用于对酸稳定的醛或酮的还原。

(2) 沃尔夫-凯惜纳-黄鸣龙还原:有些醛或酮对酸不稳定而对碱稳定,这时可用沃尔夫-凯惜纳-黄鸣龙(Wolff-Kishner-Huang)还原法,即在高沸点溶剂如二甘醇 $[(HOCH_2CH_2)_2O,沸点 245\ ℃]$中,于 KOH 或 NaOH 存在下,用肼还原。

$$\underset{R\quad R'}{\overset{\overset{\displaystyle O}{\parallel}}{C}} + H_2NNH_2 \xrightarrow[(HOCH_2CH_2)_2O]{KOH, 180\ ℃} RCH_2R' + N_2$$

沃尔夫-凯惜纳-黄鸣龙还原反应历程如下:

（反应机理图示）

扫一扫　　生物催化不对称合成手性醇

6. 氧化

在化学性质上，醛与酮的最大差别是还原性不同。这是由于醛基上的 H 很易被氧化，使醛基变为羧基。不仅常用的氧化剂如 $KMnO_4$、铬酸等可以把醛氧化为相应的羧酸，就是一些弱氧化剂如 Ag_2O、托伦试剂（Tollens' reagent）[①]、费林试剂（Fehling's reagent）、本尼迪克特试剂（Benedict's reagent）等也能把醛氧化。在同样条件下，酮不发生反应。因此，用上述试剂可以区分醛与酮。但费林试剂不能氧化芳香醛，所以利用这种试剂可以把脂肪醛和芳香醛区别开。

（反应式图）

---

① 托伦试剂是硝酸银-氨水溶液[$Ag(NH_3)_2OH$]。费林试剂包括甲、乙两种溶液。甲是 $CuSO_4$ 溶液，乙是 NaOH 与酒石酸钾钠的溶液。使用时，将二者等体积混合，即得深蓝色的 $Cu(OH)_2$ 与酒石酸盐的配合物溶液。本尼迪克特试剂是用 Na_2CO_3 和柠檬酸盐分别代替费林试剂中的 NaOH 和酒石酸钾钠，成为 $Cu(OH)_2$ 与柠檬酸盐混合物的蓝色溶液。它比费林试剂稳定，使用也方便。

$$R-\overset{O}{\underset{}{C}}-R' \xrightarrow{\text{托伦试剂}} \text{不反应}$$

$$C_6H_5-\overset{O}{\underset{}{C}}-H \xrightarrow{\text{费林试剂}} \text{不反应}$$

在剧烈反应条件下,如用强氧化剂在较高温度或较长时间的作用下,酮也可以被氧化,同时发生碳链的断裂,生成较小分子的氧化产物。在通常情况下,产物比较复杂,实际用途不大。而环酮的氧化产物比较单纯。例如,将环己酮氧化可以制备己二酸。后者是一种聚酰胺合成纤维——尼龙的原料。

$$\xrightarrow[\text{铜钒催化剂}]{60\%\,HNO_3} \begin{array}{l} CH_2CH_2COOH \\ | \\ CH_2CH_2COOH \end{array}$$
己二酸

因为醛易被氧化,以致一些醛特别是芳香醛在储存过程中能被空气氧化,即自氧化(auto-oxidation)。

如果在芳香醛中加入少量的抗氧化剂,如0.001%的对苯二酚,就能防止自氧化。

问题与思考8-3

化合物 $A(C_6H_{12}O_3)$ 有碘仿反应,但不与托伦试剂反应。将 A 与稀硫酸一起煮沸,得到 B,B 可与托伦试剂反应。A 的红外光谱图在 $1710\ cm^{-1}$ 处有强吸收,其氢核磁共振谱的化学位移为 2.1 ppm(s,3H),2.6 ppm(d, 2H),3.6 ppm(s,6H),4.1 ppm(t,1H)。试推导 A 的结构。

8.1.5 α,β-不饱和醛、酮

α,β-不饱和醛、酮是最重要的不饱和醛、酮化合物,含有碳-碳双键和羰基两个特性基团。分子中碳-碳双键和羰基双键之间能形成 π-π 共轭体系,因此它表现出普通烯烃和羰基化合物所不具有的一些特殊化学反应。

1. 亲核加成反应

α,β-不饱和醛、酮能发生亲核加成反应,而且具有羰基碳-氧双键加成(1,2-加成)和碳-碳双键共轭加成(1,4-加成)两种加成方式。

当 α,β-不饱和醛、酮与亲核试剂 RNH_2、$NaHSO_3$ 和 HCN 加成时，以 1,4-加成产物为主。

如果用二乙基铝氰作活化亲核试剂，与 α,β-不饱和醛、酮发生 1,4-加成时，收率更好，同时没有 1,2-加成。例如

当 α,β-不饱和醛、酮与格氏试剂、有机锂加成时，以 1,2-加成产物为主。

如果使用烃基铜锂试剂，以 1,4-加成产物为主。尽管反应历程还不清楚，但具有共轭加成的独有特性。

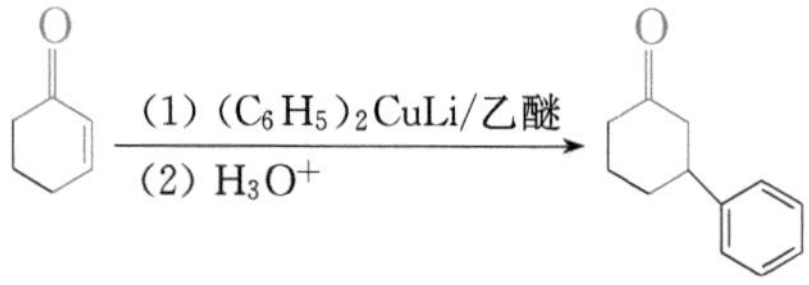

2. 迈克尔加成反应

α,β-不饱和醛、酮与碳负离子进行的 1,4-共轭加成反应,称为迈克尔加成反应(Michael addition reaction)。碳负离子加到 β-碳上,导致碳碳键形成。

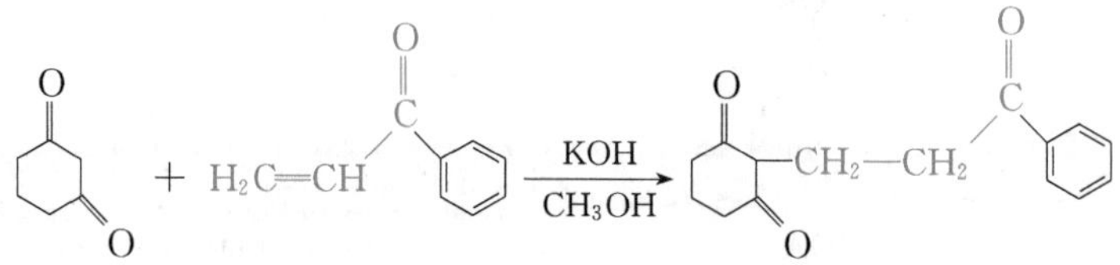

迈克尔加成反应的反应历程如下:

第一步,碱催化,形成碳负离子

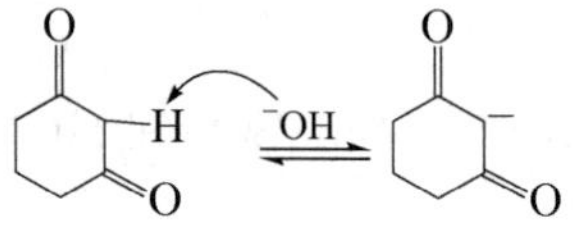

第二步,碳负离子与 α,β-不饱和醛、酮发生 1,4-共轭加成,形成烯醇

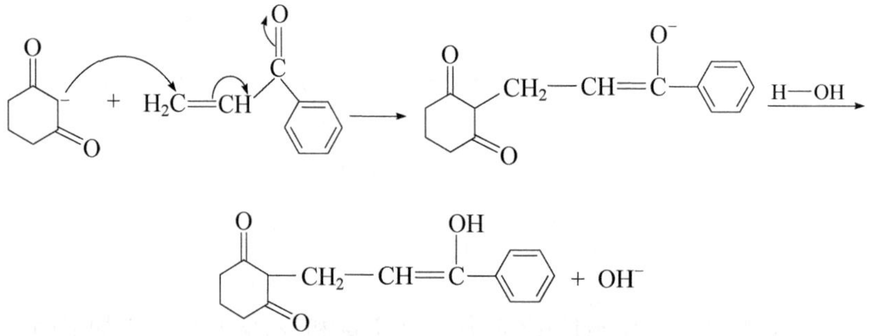

第三步,烯醇互变为醛、酮,获得最终产物

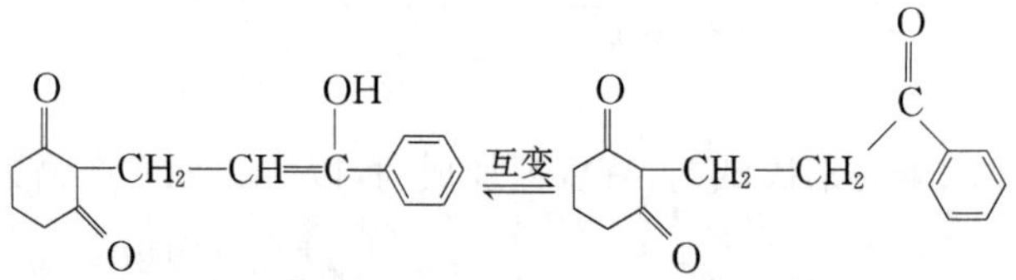

除 β-二酮外,氰基乙酸乙酯、硝基化合物、乙酰乙酸乙酯和丙二酸二乙酯等在碱性条件下也可以形成碳负离子,作为亲核试剂进攻 β-碳,发生 1,4-共轭加成反应。同时,α,β-不饱和酸酯或丙烯腈等也可作为受体共轭二烯与碳负离子发生 1,4-共轭加成反应。所有这些反应统称迈克尔加成反应。例如

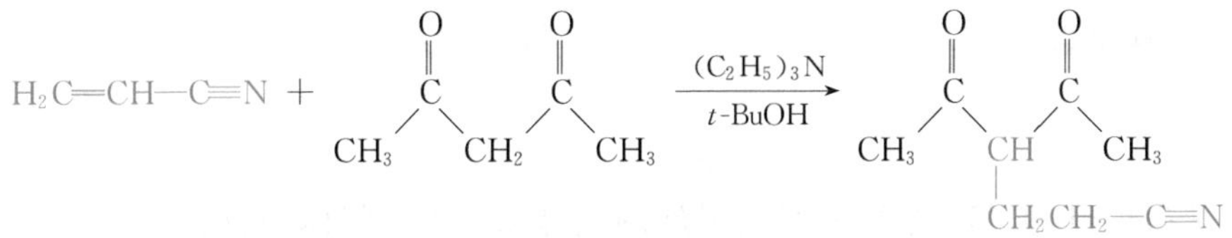

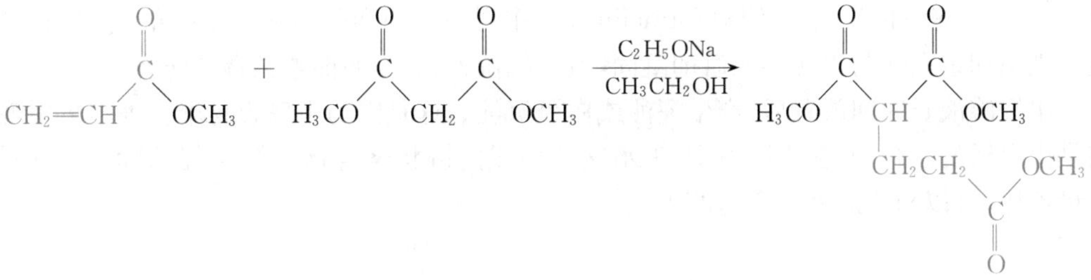

（图：丙烯腈与戊二酮-3在 $(C_2H_5)_3N$ / t-BuOH 条件下的反应）

（图：丙烯酸甲酯与丙二酸二甲酯在 C_2H_5ONa / CH_3CH_2OH 条件下的反应）

3. 插烯规则

2-丁烯醛的甲基氢具有羰基 α-H 的活性，在稀碱作用下，2-丁烯醛可发生羟醛缩合：

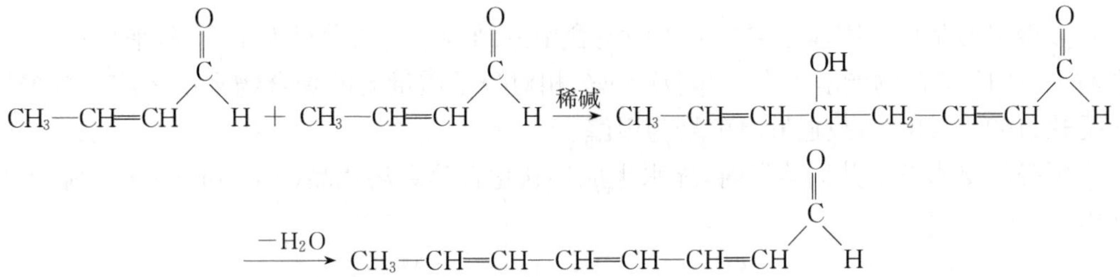

（反应式：$CH_3-CH=CH$ 的醛 + $CH_3-CH=CH$ 的醛 在稀碱作用下生成产物，再经 $-H_2O$ 生成 $CH_3-CH=CH-CH=CH-CH=CH$ 的醛）

2-丁烯醛可以看成是在乙醛分子中的甲基和醛基之间加入了一个—CH=CH—，由于甲基和醛基之间的相互影响依然存在，甲基上的氢依然是活泼的，即使插入多个—CH=CH—后，这种影响仍然存在，称为插烯规则。

4. 还原反应

α,β-不饱和醛、酮含有碳-碳双键和羰基碳-氧双键两个可被还原的特性基团，选择不同的还原剂，可实现选择性还原。若用 $LiAlH_4$ 和 $NaBH_4$ 为催化剂，可选择性地还原羰基，而不影响碳-碳双键；若用拉尼镍（Raney Ni）为催化剂，可将 α,β-不饱和醛、酮还原为饱和醇；若用 Pd/C 为催化剂，控制氢的用量，可选择性地还原双键，而不影响羰基。

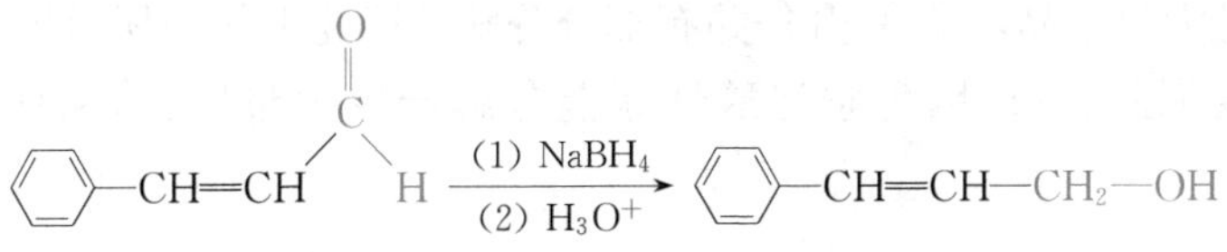

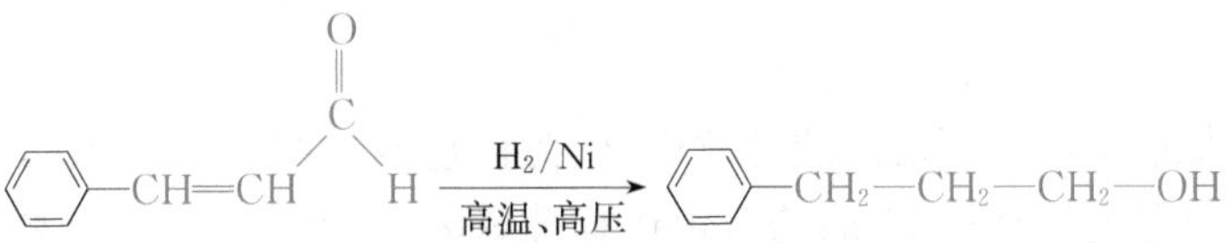

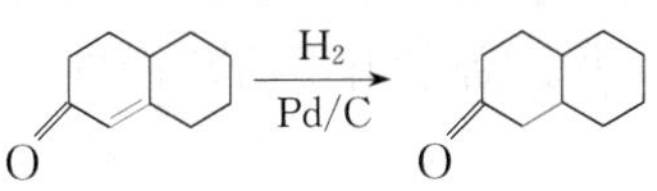

（反应式：苯基—CH=CH—CHO 经 (1) $NaBH_4$ (2) H_3O^+ 生成 苯基—CH=CH—CH_2—OH）

（反应式：苯基—CH=CH—CHO 经 H_2/Ni，高温、高压 生成 苯基—CH_2—CH_2—CH_2—OH）

（反应式：双环烯酮 经 H_2/Pd/C 生成 双环酮）

8.1.6 重要的醛和酮

1. 甲醛

甲醛（HCHO）又称蚁醛，是具有强烈刺激臭味的无色气体，沸点 $-21\ ℃$，易溶于水。其 40% 的水溶液称为福尔马林（formalin），可作为消毒剂和防腐剂。甲醛能使蛋白质变性。细菌和蛋白质与甲醛接触后即凝固，致使细菌死亡，因而能够消毒和防腐。

甲醛溶液长时间放置后，产生浑浊或白色沉淀。这是因为甲醛容易聚合为多聚甲醛，它是由甲醛的水合物（在水溶液中）失水缩合而成的链状聚合物。例如，在福尔马林中加少量乙醇，可以防止此种聚合物的生成。

$$HOCH_2OH + nHOCH_2OH + HOCH_2OH \longrightarrow HOCH_2O(CH_2O)_nCH_2OH + (n+1)H_2O$$

多聚甲醛是白色固体。它的分子中所含甲醛结构单位的数目大小不等，平均在 30 个左右。$n<12$ 的产物能溶于水、丙酮及乙醚；相对分子质量大的聚合物则不溶解。多聚甲醛受热（160～200 ℃）或遇酸时解聚为甲醛。

甲醛与氨水溶液共同蒸发时，缩水生成环状化合物乌洛托品（urotropine，环六亚甲基四胺）。

$$6\ HCHO + 4NH_3 \longrightarrow (CH_2)_6N_4 + 6H_2O$$

乌洛托品是无色结晶，263 ℃升华并有部分分解。医药上作为尿道消毒剂，口服或静脉注射用于轻度尿路感染，因为它遇酸性尿能分解产生少量甲醛，从而杀死尿道中的细菌。

2. 鱼腥草素

鱼腥草素是蕺菜所含挥发油的有效成分，为白色鳞片状或针状结晶，能溶于水，易溶于乙醇。鱼腥草素对流感杆菌、耐药金黄色葡萄球菌、白色念珠菌及结核杆菌等有一定的抑制作用，并能增强机体的免疫力。临床用于治疗慢性支气管炎、慢性宫颈炎及小儿肺炎等。

$$CH_3(CH_2)_8 \overset{\overset{\displaystyle O}{\|}}{C} CH_2CHSO_3Na$$
$$\underset{OH}{|}$$

癸酰乙醛的亚硫酸氢钠加成物(鱼腥草素)

3. 丙酮

丙酮是无色具特殊香味的液体,沸点 56.5 ℃,能与水及几乎一切有机溶剂混溶,也能溶解油脂、蜡、树脂及某些塑料等,故广泛用作溶剂。丙酮易燃烧,使用时应注意。丙酮也可用于制备异丁烯酸甲酯,它是合成有机玻璃的原料。

$$\overset{\overset{\displaystyle O}{\|}}{\underset{H_3C}{C}\underset{CH_3}{}} \xrightarrow{HCN} \overset{OH}{\underset{H_3C}{\overset{|}{\underset{H_3C}{C}}\underset{CN}{}}} \xrightarrow{H_2SO_4} H_2C=\overset{\overset{\displaystyle O}{\|}}{\underset{CH_3}{C}}\underset{}{C-OH} \xrightarrow[H_2SO_4]{CH_3OH} H_2C=\overset{\overset{\displaystyle O}{\|}}{\underset{CH_3}{C}}\underset{}{C-OCH_3}$$

糖尿病患者由于新陈代谢紊乱,体内有过量的丙酮生成,可由尿排出或随呼吸呼出。

4. 樟脑

樟脑(2-莰酮,) 是一种脂环酮。它是无色半透明的块状结晶,具有穿透性的特异芳香气味和清凉感。熔点 176~177 ℃,易升华,在常温下即可以慢慢挥发。不溶于水,能溶于醇、油脂中。点火易燃烧,产生浓烟。樟脑为一种有机合成原料,可以从樟树皮中得到,是我国的特产,仅台湾省的产量约占世界总产量的 70%。

樟脑用于制造赛璐珞和摄影胶片;无烟火药制造中用作稳定剂;医药方面用于制备中枢神经兴奋剂(如十滴水、人丹)和复方樟脑酊等。能防虫、防腐、除臭,具馨香气息,是衣物、书籍、标本、档案的防护珍品。天然樟脑纯度高、比旋光度大,在医药等方面的特殊用途难以被合成樟脑完全代替。

5. 麝香酮

麝香酮[muscone,3-甲基环十五烷酮,] 是大环脂环酮,它是麝香的主要成分,现可由人工合成。麝香酮是微黄色油状液体,有特殊香味。沸点 328 ℃,微溶于水,能与乙醇混溶。

麝香是非常名贵的中药。麝香酮具有扩张冠状动脉及增加其血流量的作用,对心绞痛有一定的疗效。

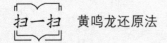
扫一扫　黄鸣龙还原法

8.2 醌

醌(quinone)是分子中含有共轭环己烯二酮基本结构的一类化合物。例如

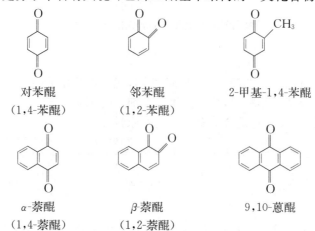

对苯醌   邻苯醌   2-甲基-1,4-苯醌

(1,4-苯醌)   (1,2-苯醌)

α-萘醌   β-萘醌   9,10-蒽醌

(1,4-萘醌)   (1,2-萘醌)

8.2.1 醌的结构

苯醌的环经物理方法及化学方法证明不是苯环。例如,X 射线衍射分析表明,对苯醌中碳-碳键的键长分别为 0.149 nm 及 0.132 nm,即接近 C—C 及 C=C 的长度,表明不存在苯环。它们的化学性质也表现出 α,β-不饱和酮的特点。按照碳四价的原则,苯醌应该有两种异构体,即邻苯醌和对苯醌,不可能有间苯醌。实际上间苯醌也不存在。

8.2.2 醌的性质

醌是结晶固体,一般都有颜色。具有醌型结构的化合物往往也有颜色。

对苯醌   邻苯醌

醌具有 α,β-不饱和酮的性质,容易发生化学反应。

1. 还原

醌易还原为相应的酚。例如

2. 加成

醌类含有羰基,故能发生羰基上的加成(缩合)反应。

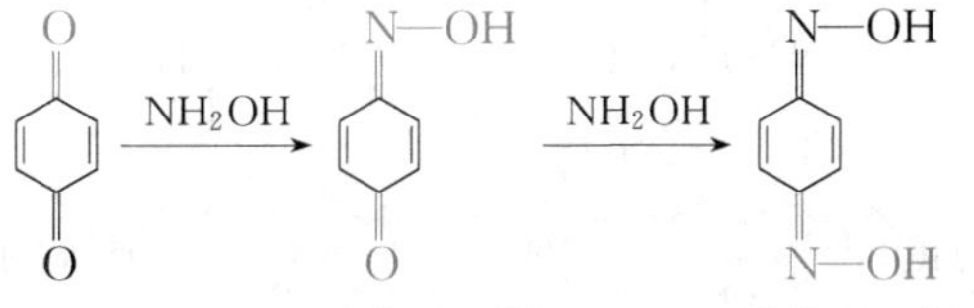

对苯醌一肟　　　对苯醌二肟

醌的碳-碳双键也可以发生加成反应。例如,对苯醌能加一分子或两分子 Br_2,生成二溴或四溴化合物。

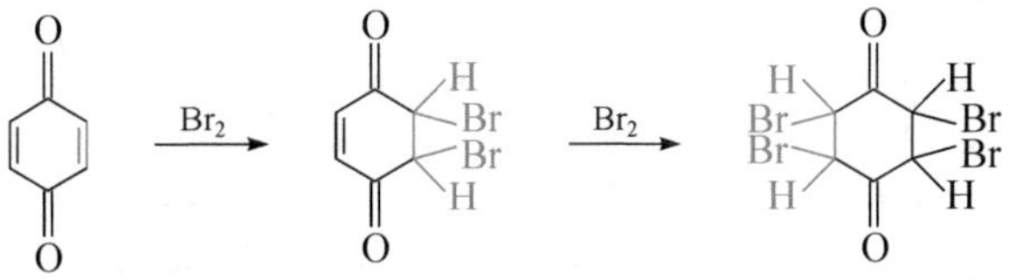

对苯醌分子中的碳-碳双键由于受相邻的两个吸电子基团羰基的影响,成为一个典型的亲双烯体,能与共轭二烯烃发生第尔斯-阿尔德反应。

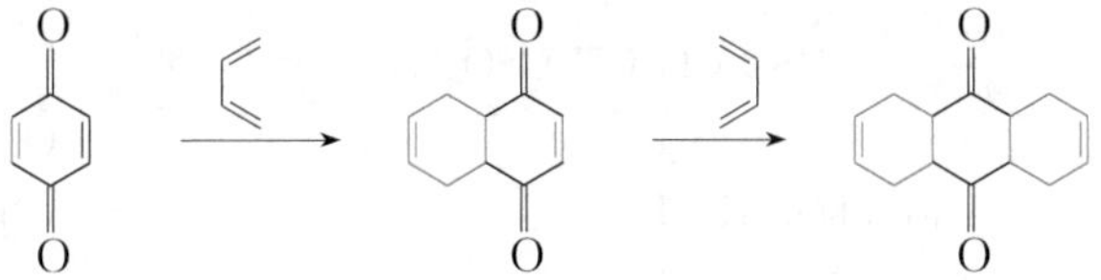

醌是 α,β-不饱和酮,存在碳-碳双键和碳-氧双键共轭体系,能与氯化氢、溴化氢等发生 1,4-加成反应。

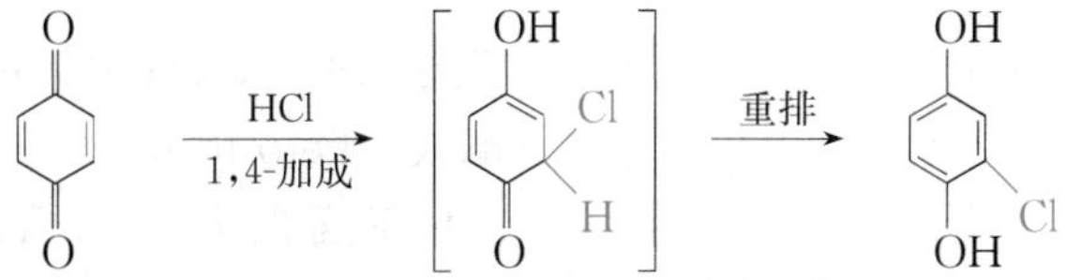

8.2.3　α-萘醌

α-萘醌是黄色结晶,熔点 125 ℃,可升华。它微溶于水,可溶于乙醇和乙醚,有刺鼻的气味。一些天然的植物色素含有 α-萘醌的结构,如紫草素(shikonin)、胡桃醌(juglone)等。

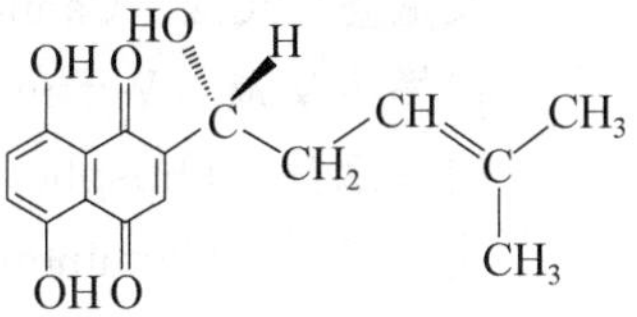

紫草素 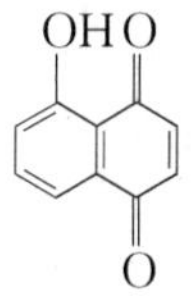　　　　　胡桃醌

紫草素是中药紫草的有效成分,具有止血、抗菌及抗肿瘤作用。

胡桃醌存在于胡桃叶及未成熟的果实中,具有抗菌、抗肿瘤及镇静中枢神经的作用。

8.2.4 蒽醌

9,10-蒽醌是最重要的蒽醌类化合物。许多天然蒽醌具有泻下、抗菌和抗肿瘤作用,如中药的有效成分大黄素和大黄酸等。

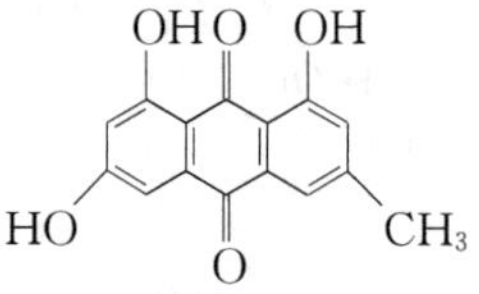

大黄素 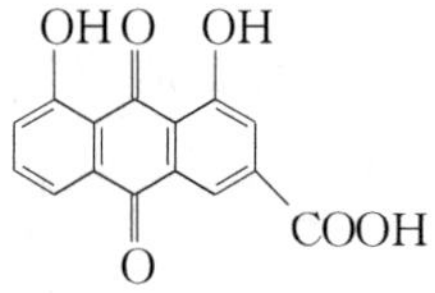　　　　　　　　大黄酸

蒽醌是合成多种活性染料的原料,目前蒽醌类活性染料已达 400 多种,这些染料具有颜色鲜艳、亲和力低、扩散性能好和耐日晒牢度较好等特点,是一类重要的染料。

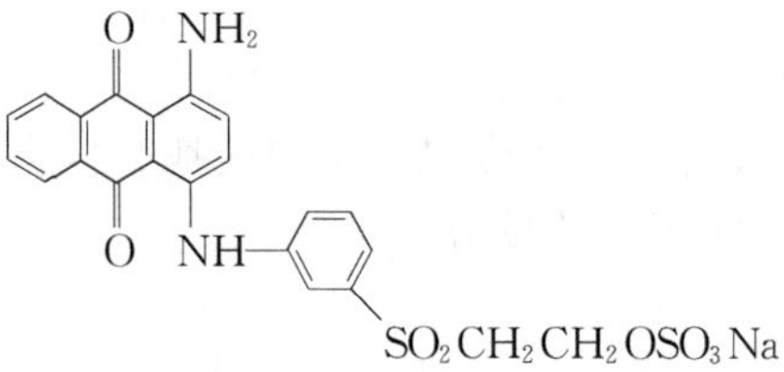

活性艳蓝 KN-R 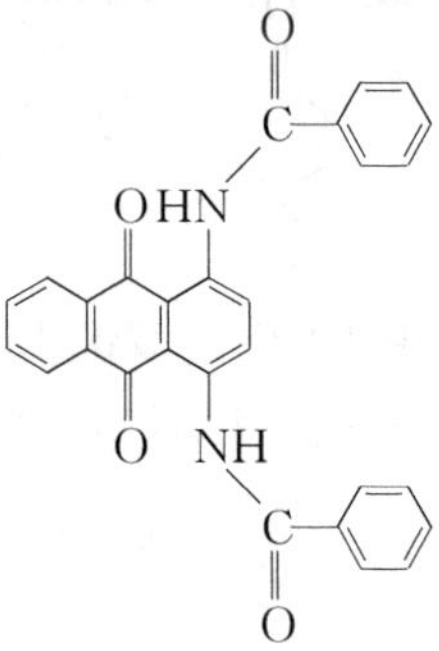　　　　　　　　还原红 5GK

关 键 词

羰基　carbonyl group　209

烯醇　enol　216

腈　nitrile　217

α-羟基腈　α-cyanohydrin　217

α-羟基磺酸钠　α-hydroxy sodium bisulfite　219

半缩醛　hemiacetal　220

缩醛　acetal　220

缩酮　ketal　221

偕二醇　gem diol　221

肟　oxime　222

2,4-二硝基苯腙　2,4-dinitrophenyl-hydrazone　222

羰基试剂　carbonyl reagent　223

酮式　keto form　226

α-H 的卤代反应　α-halogenation　226

羟醛缩合反应　aldol condensation　226

碘仿反应　iodoform reaction　227

曼尼希反应　Mannich reaction　230

歧化反应　disproportionation reaction　231

康尼查罗反应　Cannizzaro reaction　231

维悌希反应　Wittig reaction　232

磷叶立德　phosphorus ylide　232

克莱门森　Clemmensen　234

沃尔夫-凯惜纳-黄鸣龙　Wolff-Kishner-Huang　234

小　结

　　醛和酮都是含羰基的化合物。羰基碳原子上连接两个烃基的化合物是酮,连接一个烃基和一个氢原子的化合物是醛。醛和酮最典型的化学性质是亲核加成反应,它们可与 CN^-、HSO_3^-、OH^-、RO^-、格氏试剂和氨及其衍生物等亲核试剂作用,分别生成 α-羟基腈、α-羟基磺酸钠、偕二醇、缩醛、醇、亚胺、肟和腙等。

　　含 α-H 的醛或酮,受羰基吸电子诱导效应的影响,α-H 具有酸性,存在酮式与烯醇式两种异构体,能发生羟醛缩合反应。同时,含 α-H 的醛或酮可进行 α-H 的卤化反应,乙醛和甲基酮可发生碘仿反应。含 α-H 的醛、酮与甲醛和胺(伯胺或仲胺)发生曼尼希反应。不含 α-H 的醛则发生歧化反应(也称康尼查罗反应)。

　　醛、酮和磷叶立德试剂作用,发生维悌希反应,生成相应的烯烃,是选择性合成烯烃的有效方法。

　　通过催化氢化或用金属氢化物能够把醛和酮的羰基还原为羟基,分别得到伯醇和仲醇。用锌汞齐或肼可以把羰基还原为亚甲基,得到相应的烃,前者称为克莱门森还原法,后者称为沃尔夫-凯惜纳-黄鸣龙还原法。醛容易被氧化,甚至像托伦试剂和费林试剂等弱的氧化剂也能把醛(芳香醛除外)氧化成相应的羧酸。

　　α,β-不饱和醛、酮可发生 1,2-或 1,4-位的亲核加成反应或迈克尔加成反应。选择不同的还原剂,可实现羰基和双键选择性地还原。

　　醌分子中含有共轭环己二烯二酮的基本结构,它们既像烯烃一样能发生亲电加成反应,也像酮一样能发生亲核加成反应。

主要反应总结

1. 亲核加成反应

(1) 与氰化物的加成反应生成 α-羟基腈

$$\underset{R\quad H(R')}{\overset{O}{\underset{\|}{C}}} + CN^- \longrightarrow \underset{(R')H}{\overset{OH}{\underset{|}{R-C-CN}}}$$

(2) 与亚硫酸氢钠的加成反应生成亚硫酸盐加成物——常用于分离提纯

$$\underset{R\quad H(CH_3)}{\overset{O}{\underset{\|}{C}}} + Na^+HSO_3^- \longrightarrow \underset{(H_3C)H}{\overset{OH}{\underset{|}{R-C-SO_3Na}}}$$

（3）与醇的加成反应生成缩醛——用于保护羰基

$$\underset{R}{\overset{O}{\underset{H(R')}{\|}}} C + 2R''OH \overset{H^+}{\rightleftharpoons} \left[\underset{R}{\overset{OH}{\underset{H(R')}{|}}} C-OR'' \right] \rightleftharpoons \underset{R}{\overset{OR''}{\underset{H(R')}{|}}} C-OR''$$

半缩醛   缩醛

（4）与氨的衍生物的加成反应——用于鉴别

$$\underset{}{C=O} + H_2N-G \longrightarrow \left[\underset{NH-G}{\overset{OH}{|}} C \right] \longrightarrow C=N-G + H_2O$$

H_2N-G 产物

H_2N-OH 羟胺 $C=N-OH$ 肟

H_2N-NH_2 肼 $C=N-NH_2$ 腙

$H_2N-NH-\!\!\!\!\bigcirc\!\!\!\!-NO_2$ 2,4-二硝基苯肼 $C=N-NH-\!\!\!\!\bigcirc\!\!\!\!-NO_2$ 2,4-二硝基苯腙
    NO_2 NO_2

（5）与格氏试剂——用于制备醇

$$\underset{H}{\overset{O}{\underset{H}{\|}}}C + CH_3CH_2CH_2MgBr \xrightarrow{乙醚} CH_3CH_2CH_2-\underset{H}{\overset{OMgBr}{\underset{H}{|}}}C-H \xrightarrow{H_3O^+} CH_3CH_2CH_2CH_2OH$$

正丙基溴化镁   正丁醇（伯醇）

$$\underset{H_3C}{\overset{O}{\underset{H}{\|}}}C + \bigcirc\!\!-MgBr \xrightarrow{四氢呋喃} H_3C-\underset{H}{\overset{OMgBr}{\underset{}{|}}}C-\bigcirc \xrightarrow{H_3O^+} H_3C-\underset{H}{\overset{OH}{\underset{}{|}}}C-\bigcirc$$

苯基溴化镁 α-苯乙醇（仲醇）

$$CH_3CH_2MgBr + \bigcirc\!\!\!=\!O \xrightarrow[(2)\ H_3O^+]{(1)\ 乙醚} \bigcirc\!\!\!\overset{OH}{\underset{CH_2CH_3}{<}}$$

乙基溴化镁   环己酮   1-乙基环己醇
             （叔醇）

2. α-H 的反应

（1）α-H 的卤化和碘仿反应

$$\underset{H_3C}{\overset{O}{\underset{H}{\|}}}C + Cl_2 \xrightarrow{常温} \underset{ClH_2C}{\overset{O}{\underset{H}{\|}}}C + \underset{Cl_2HC}{\overset{O}{\underset{H}{\|}}}C + \underset{Cl_3C}{\overset{O}{\underset{H}{\|}}}C + HCl \quad 卤化反应$$

        氯乙醛   二氯乙醛   三氯乙醛

$$\underset{R}{\overset{O}{\underset{CX_3}{\|}}}C \xrightarrow{OH^-} CHX_3 + RCOO^- \quad 卤仿反应$$

卤仿

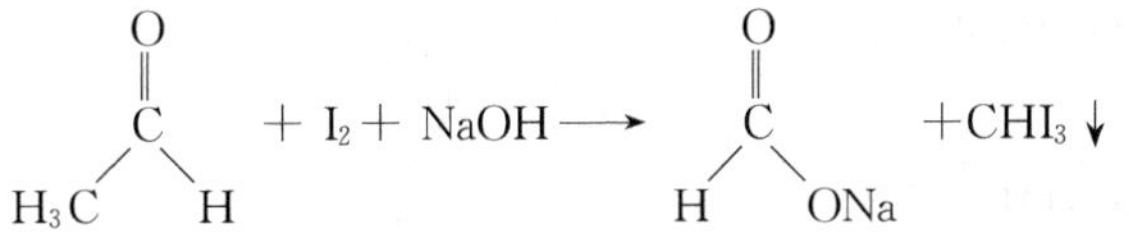

碘仿反应

碘仿

碘仿反应用于鉴别乙醛、甲基酮、乙醇和甲基仲醇 $CH_3CH(OH)R$ 等化合物。

（2）羟醛缩合反应

含 α-H 的醛、酮羟醛缩合反应

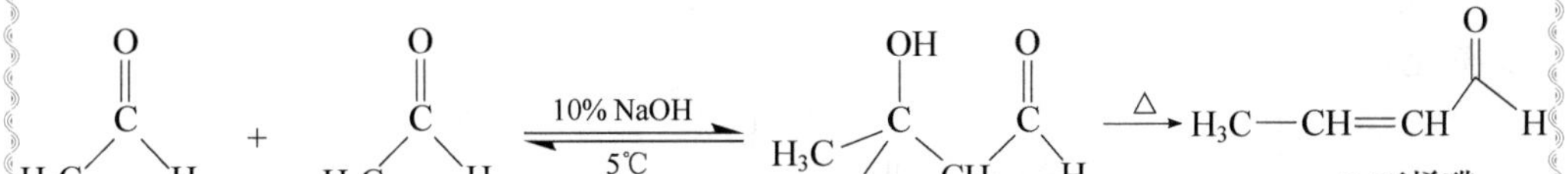

2-丁烯醛

芳香醛与含 α-H 的醛、酮的克莱森-施密特缩合反应

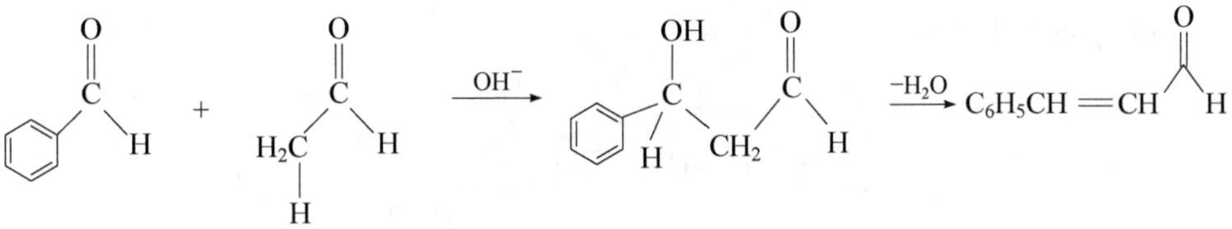

（3）曼尼希反应

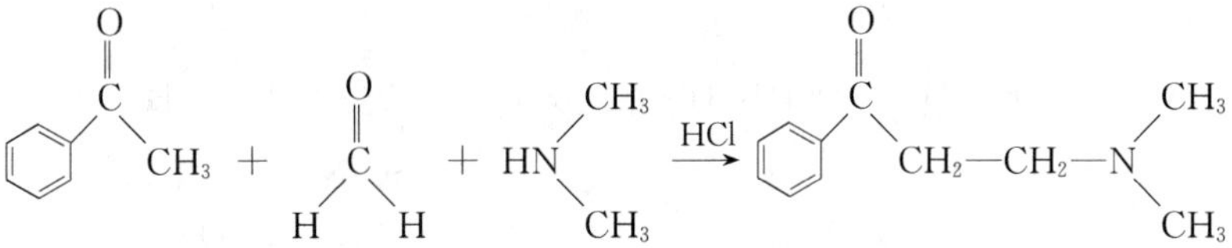

3. 歧化反应

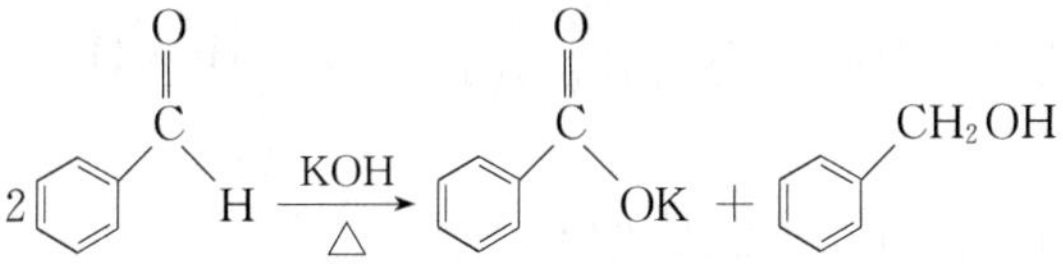

4. 维悌希反应

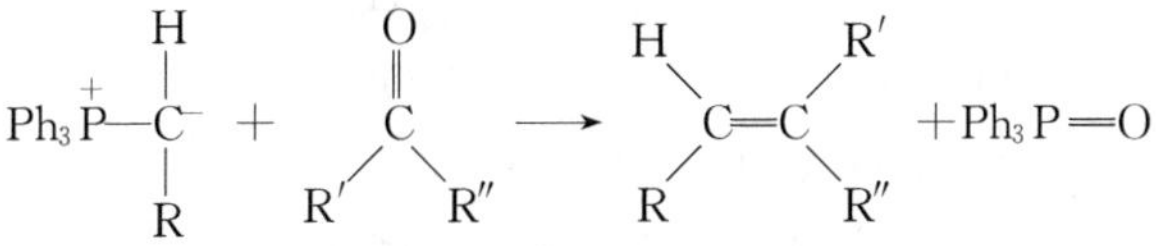

磷叶立德　　　　烯烃

5. 还原反应

（1）还原成醇（通过催化氢化或用金属氢化物还原）

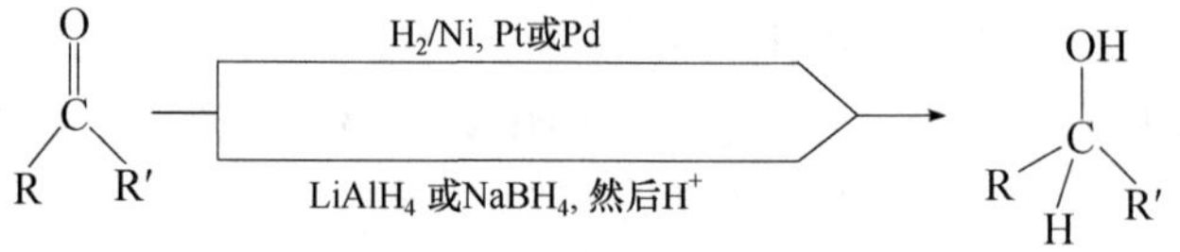

（2）还原成烃

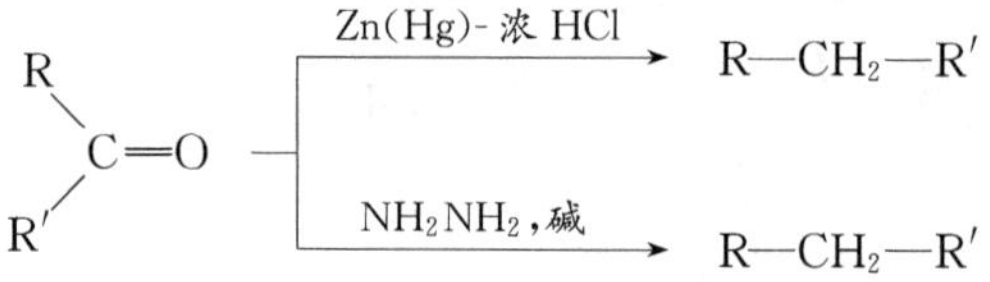

Zn(Hg)-浓 HCl ——→ R—CH₂—R′　克莱门森还原法（用于对碱敏感的醛、酮）

NH₂NH₂,碱 ——→ R—CH₂—R′　沃尔夫-凯惜纳-黄鸣龙还原法（用于对酸敏感的醛、酮）

6. 氧化反应

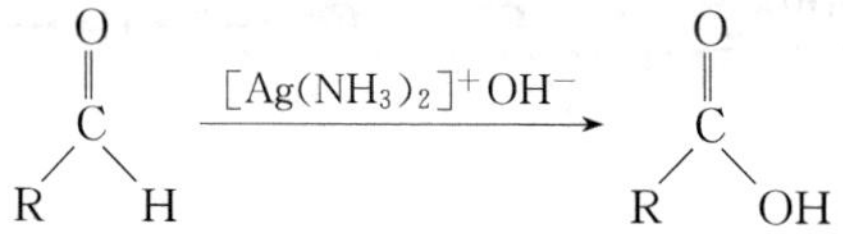

主要用于鉴定醛

7. α,β-不饱和醛、酮

（1）亲核加成反应

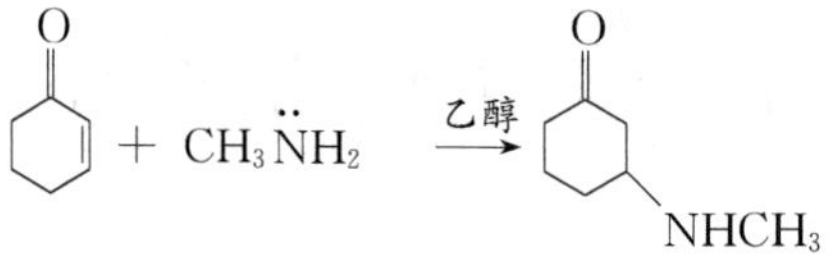

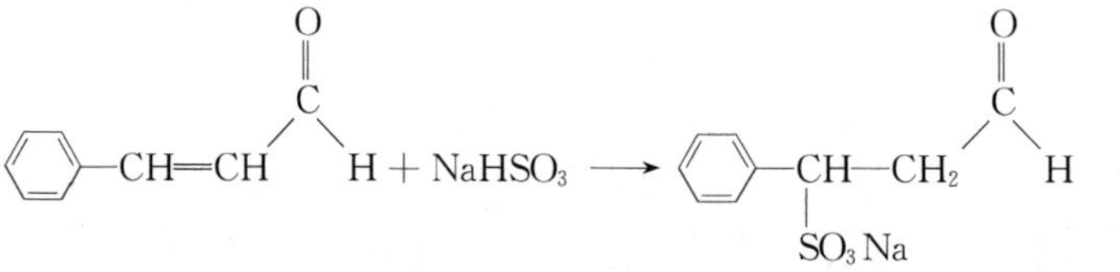

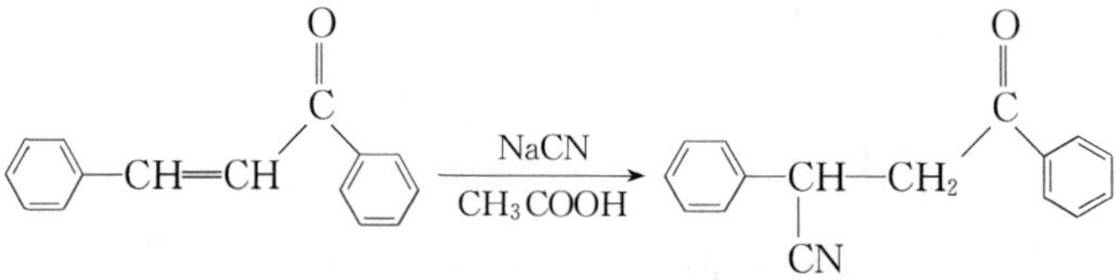

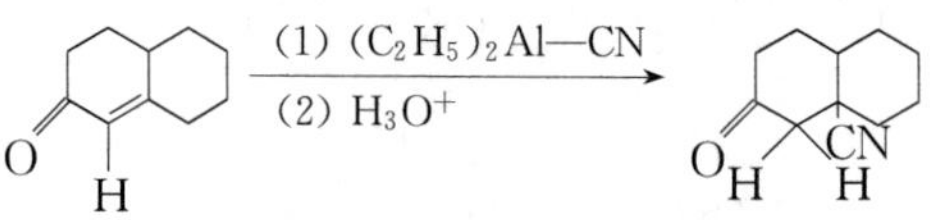

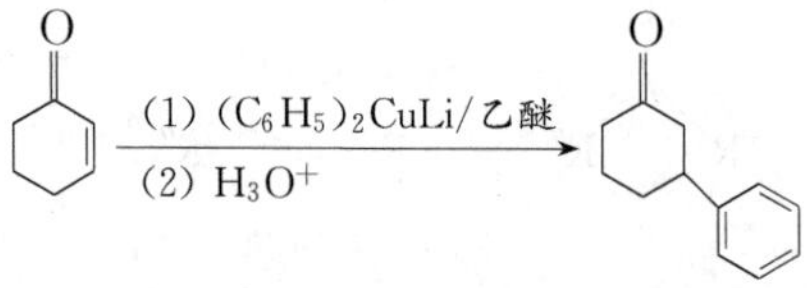

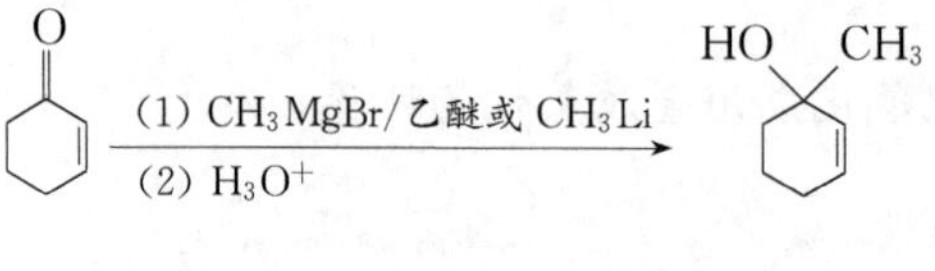

（2）迈克尔加成反应

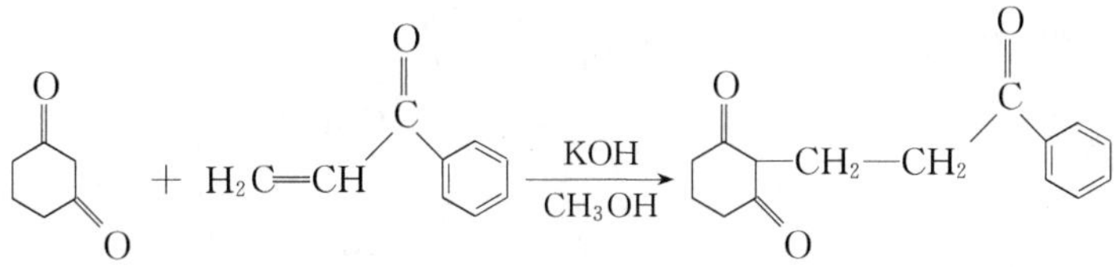

（3）插烯规则

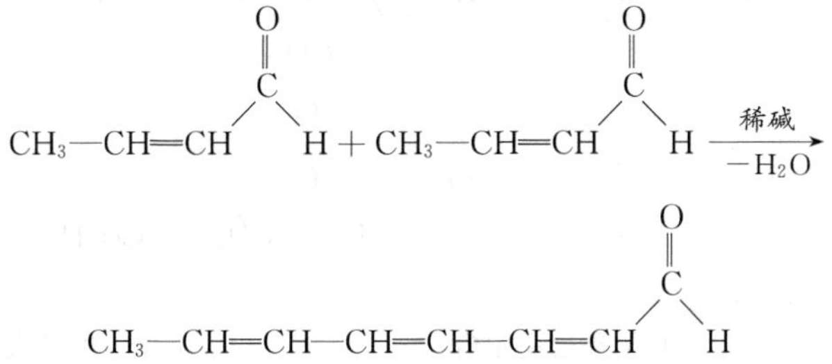

$$CH_3-CH=CH-CHO + CH_3-CH=CH-CHO \xrightarrow[-H_2O]{稀碱}$$

$$CH_3-CH=CH-CH=CH-CH=CH-CHO$$

（4）还原反应

$$\text{PhCH=CH-CHO} \xrightarrow[(2) H_3O^+]{(1) LiAlH_4} \text{PhCH=CH-CH_2OH}$$

$$\text{PhCH=CH-CHO} \xrightarrow[高温、高压]{H_2/Ni} \text{Ph-CH_2-CH_2-CH_2-OH}$$

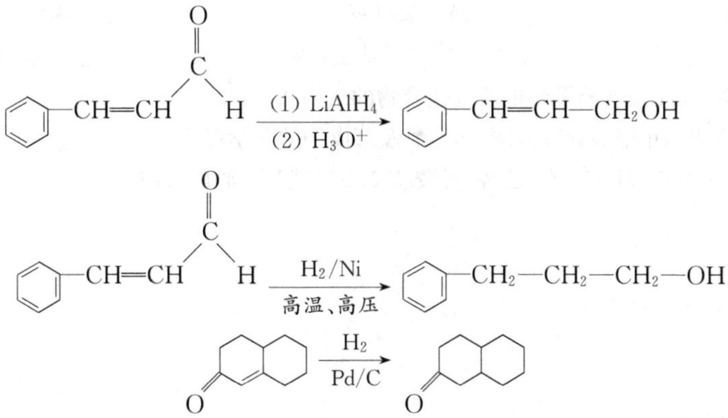

习 题

1. 写出分子式为 $C_5H_{10}O$ 的所有醛及酮的构造式并命名。

2. 将下列化合物命名。

（1）$(CH_3)_2CH-CHO$

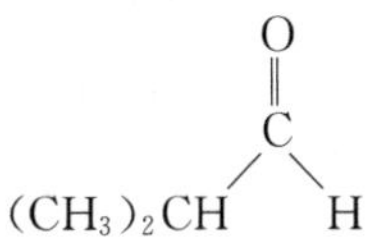

（2）CH_3CHCH_2-CHO
　　　　$|$
　　　C_2H_5

（3）$(CH_3)_2CH-CO-CH_2CH_3$

（4）$CH_3O-C_6H_4-CHO$

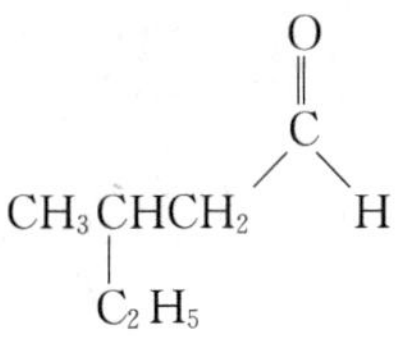

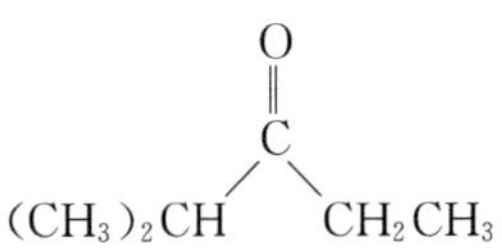

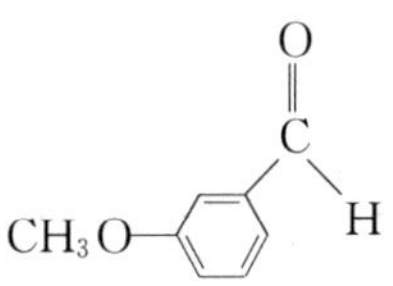

（5）

（6）

（7）$CH_2=CH-\overset{\displaystyle O}{\overset{\|}{C}}-C_2H_5$

（8）

（9）

（10）

3. 写出下列化合物的构造式。

　（1）丙烯醛 　　　　　　（2）环己基甲醛 　　　　　　（3）4-甲基戊-2-酮

　（4）3-甲基环己酮 　　　　（5）1,1,3-三溴丙酮 　　　　 （6）4-溴-1-苯基戊-2-酮

　（7）二苯甲酮 　　　　　　（8）邻羟基苯甲醛 　　　　　　（9）戊-3-烯醛

　（10）丁二醛 　　　　　　 （11）3,3'-二甲基二苯甲酮 　 （12）6-甲氧基-萘-2-甲醛

4. 写出分子式为 C_8H_8O 含有苯环的羰基化合物的结构和名称。

5. 用反应式分别表示甲醛、乙醛、丙酮、苯乙酮及环戊酮的化学反应。

　（1）分别与 HCN、$NaHSO_3$、水、乙醇、羟胺及 2,4-二硝基苯肼的反应

　（2）α-卤代

　（3）羟醛缩合

　（4）醛的氧化及醛和酮的还原

　（5）碘仿反应

6. 完成下列反应。

　（1）丙酮＋氨基脲 ⟶

　（2）2,2-二甲基丙醛＋甲醛 $\xrightarrow{\text{浓 OH}^-}$

　（3）2,2-二甲基丙醛＋2,4-二硝基苯肼 ⟶

　（4）丁-1-炔＋水 $\xrightarrow{\text{Hg}^{2+}/\text{H}^+}$

　（5）丙烯醛＋托伦试剂 ⟶

　（6）环丁酮＋羟胺 ⟶

　（7）二叔丁酮＋$NaHSO_3$ ⟶

　（8）丙醛 $\xrightarrow{\text{OH}^-}$

　（9）丁-2-醇＋I_2 $\xrightarrow{\text{OH}^-}$

　（10）环己酮＋Br_2 ⟶

　（11）对甲基苯甲醛＋乙醛 $\xrightarrow{\text{OH}^-}$

　（12）对甲基苯甲醛 $\xrightarrow{\text{浓 OH}^-}$

　（13）对甲基苯甲醛＋$KMnO_4$ ⟶

7. 将下列化合物按羰基的活性由大到小排列。

　　2,2,4,4-四甲基戊-3-酮,丙醛,丁酮,乙醛,萘-2-甲醛

8. 下列化合物中哪些能与饱和 $NaHSO_3$ 加成？哪些能发生碘仿反应？分别写出反应产物。

(1) 丁酮	(2) 丁醛	(3) 乙醇	(4) 苯甲醛
(5) 戊-3-酮	(6) 苯乙酮	(7) 丁-2-醇	(8) 2,2-二甲基丙醛
(9) 2-甲基环戊酮	(10) 乙醛	(11) 己-2,5-二酮	

9. 完成下列反应。

(1)

$$\xrightarrow[H^+]{CH_3OH(过量)}$$

(2)

$$\xrightarrow[H^+]{HOCH_2CH_2OH}$$

(3)

$$\xrightarrow[(2)\ H_3O^+]{(1)\ CH_3MgBr}$$

(4)

$$\xrightarrow[(2)\ H_3O^+]{(1)\ CH_3MgBr}$$

(5)

$$\xrightarrow{H_3O^+}$$

(6)

$$\xrightarrow{NaOH}$$

(7)

$$\xrightarrow[\triangle]{NH,C_6H_6}$$

10. 用简单的化学方法区别下列各组化合物。

(1) $C_6H_5-CH=CHCH_2OH$ 和 $C_6H_5-CH=CH-\overset{\overset{\displaystyle O}{\|}}{C}-H$

(2) $CH_3CH_2CH_2CH_2-\overset{\overset{\displaystyle O}{\|}}{C}-H$ 和 $CH_3CH_2-\overset{\overset{\displaystyle O}{\|}}{C}-CH_2CH_3$

(3) $C_6H_5-CH_2-\overset{\overset{\displaystyle O}{\|}}{C}-CH_2CH_3$ 和 $C_6H_5-\overset{\overset{\displaystyle OH}{|}}{C}HCH_2CH_2CH_3$

(4) $C_6H_5-CH_2-\overset{\overset{\displaystyle O}{\|}}{C}-H$ 和 $C_6H_5-\overset{\overset{\displaystyle O}{\|}}{C}-CH_3$

(5) $C_6H_5-\overset{\overset{\displaystyle O}{\|}}{C}-CH_2CH_2CH_3$ 和 $CH_3CH_2-\overset{\overset{\displaystyle O}{\|}}{C}-CH_2CH_3$ 和 $CH_3\overset{\overset{\displaystyle OH}{|}}{CH}CH_2CH_2CH_3$

(6) 乙醛和戊醛   (7) 丙醛、苯乙酮和环己酮

(8) 苯甲醇、对甲苯酚、苯乙酮和苯甲醛   (9) 丁-3-炔-1-醇与戊-1-烯-3-酮

11. 以丙醛为例,说明羰基化合物的下列各反应的反应历程。

   (1) 与 HCN   (2) 与 $NaHSO_3$

   (3) 羟醛缩合   (4) 与 C_2H_5OH

   (5) 与苯肼   (6) α-卤代

12. 用反应式表示如何完成以下的转变。

   (1) 乙炔——乙醇   (2) 丙烯——丙酮

   (3) 丙醛——2-羟基丁酸   (4) 2-甲基丁-2-醇——2-甲基丙酸

   (5) 丁醛——2-乙基-3-羟基己醛   (6) 苯——丙苯

   (7) 戊醛——4-甲基壬烷

13. 化合物 A 的相对分子质量为 86,^{1}H 核磁共振谱中,δ 9.7 ppm(1H,s),δ 1.2 ppm(9H,s)。红外光谱中,在 1730 cm^{-1} 有强吸收峰。A 无碘仿反应,但能与 $NaHSO_3$ 加成。试写出 A 的构造式。

14. 化合物 A(C_8H_8O)与托伦试剂无作用,但与 2,4-二硝基苯肼生成相应的苯腙,也有碘仿反应。A 经克莱门森还原得乙苯。推导 A 的构造式。

15. 某烃 A(C_5H_{10})能使 Br_2/CCl_4 迅速褪色。A 溶于冷的浓 H_2SO_4 中,再与水共热得 B($C_5H_{12}O$)。B 与 $CrO_3 \cdot HOAc$ 反应得 C($C_5H_{10}O$)。B 及 C 都有碘仿反应,同时生成异丁酸盐。推导 A、B、C 可能的构造式。

16. 化合物 A($C_6H_{12}O$)与托伦试剂及 $NaHSO_3$ 均无反应,但能与羟胺成肟。A 催化氢化为 B($C_6H_{14}O$)。B 以浓 H_2SO_4 处理得 C(C_6H_{12})。C 臭氧化后再用 Zn/H_2O 处理得两个异构体 D 及 E(C_3H_6O)。D 与托伦试剂无作用,但有碘仿反应;E 能与托伦试剂作用,但无碘仿反应。推导 A、B、C、D、E 可能的构造式,并写出相关反应式。

17. A(C_4H_6)在 Hg^{2+} 及 H_2SO_4 存在下与水反应,转变为 B(C_4H_8O)。B 与 I_2-KOH 生成 C($C_3H_6O_2$)的钾盐。A 氧化后得 D($C_2H_4O_2$)。推导 A、B、C、D 可能的构造式。

18. 化合物 A($C_9H_{10}O_2$)能溶于 NaOH,并能分别与溴水、羟胺及氨基脲发生作用,但不能还原托伦试剂。如用 $LiAlH_4$ 将 A 还原,则生成 B($C_9H_{12}O_2$)。A 及 B 都能发生卤仿反应。A 以 Zn-Hg/HCl 还原得 C($C_9H_{12}O$)。C 与 NaOH 反应后再与 CH_3I 共热得 D($C_{10}H_{14}O$)。以 $KMnO_4$ 将 D 氧化生成对甲氧基苯甲酸。推导 A、B、C、D 可能的构造式。

19. 化合物 A($C_{12}H_{14}O_2$)可由一个芳香醛与丙酮在碱存在下生成。A 催化氢化时,吸收 2 mol H_2 得 B。A 及 B 分别以 I_2-KOH 处理得碘仿及 C($C_{11}H_{12}O_3$)或 D($C_{11}H_{14}O_3$)。C 或 D 以 $KMnO_4$ 氧化均可得酸 E($C_9H_{10}O_3$)。E 以浓 HI 处理得另一个酸 F($C_7H_6O_3$)。推导 A、B、C、D、E、F 可能的构造式。

第9章 羧酸及取代羧酸

羧酸(carboxylic acid)是分子中具有羧基(carboxyl group)的化合物,俗称有机酸。羧酸的特性基团是羧基,常用下述结构式表示。

$$-COOH \quad 或 \quad \overset{\overset{\textstyle O}{\|}}{-C}-OH$$

羧酸分子中烃基上的氢被其他原子或基团取代后的化合物称为取代羧酸(substituted carboxylic acid)。根据取代原子或基团的不同,取代羧酸可分为卤代酸、羟基酸、羰基酸和氨基酸。羧酸及取代羧酸广泛存在于自然界中,许多物质在生命过程中起着重要作用。例如,荷尔蒙、维生素、氨基酸、药物以及调味剂等羧酸类化合物每天影响着我们的生活。

9.1 羧 酸

9.1.1 羧酸的分类与来源

1. 分类

根据与羧基相连烃基的不同,可把羧酸分为脂肪酸和芳香酸。

脂肪酸

$$CH_3(CH_2)_{10}COOH \qquad CH_3CHCOOH \qquad CH_3(CH_2)_7CH=CH(CH_2)_7COOH$$
$$\qquad\qquad\qquad\qquad | $$
$$\qquad\qquad\qquad CH_3$$

十二酸(月桂酸)   2-甲基丙酸   十八碳-9-烯酸(油酸)

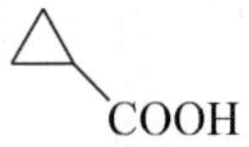

环丙基甲酸 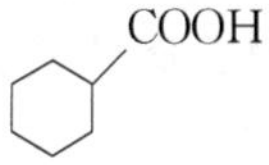   环己基甲酸

芳香酸

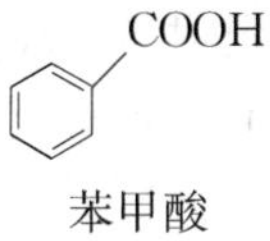

苯甲酸 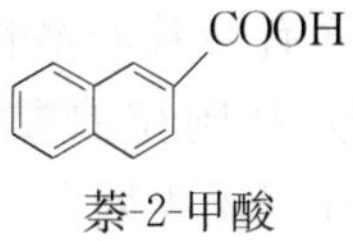   萘-2-甲酸

根据羧酸分子中所含羧基数目的不同,可把羧酸分为一元酸、二元酸及多元酸(含三个及三个以上羧基)。例如,草酸、丙二酸、琥珀酸和苹果酸等都是二元酸;柠檬酸为多元酸。

COOH COOH	COOH CH₂ COOH	CH₂COOH CH₂COOH	COOH CH—OH CH₂COOH
乙二酸(草酸)	丙二酸	丁二酸(琥珀酸)	2-羟基丁二酸(苹果酸)

COOH COOH	COOH HOOC	COOH COOH	CH₂COOH HO—C—COOH CH₂COOH
顺丁烯二酸(马来酸)	反丁烯二酸(富马酸)	邻苯二甲酸(酞酸)	3-2-羟基丙烷-1,2,3-三甲酸

2. 来源

羧酸在生物体内是性质比较稳定的一类化合物。在自然界中它们以游离态、盐或羧酸酯的形式广泛存在。例如,乙酸存在于食醋中;椰子油中含有高达近50%的月桂酸;猪油和牛油等动物脂肪中含有大量的软脂酸和硬脂酸;橄榄油中含有高达83%的油酸;花生油酸存在于花生鲜油中;人的胆汁中含有胆酸等。

羧酸也可以通过人工合成。例如,布洛芬(ibuprofen)、萘普生(naproxen)和吲哚洛芬(indoprofen)等一系列人工合成的芳基丙酸类化合物已成为优秀的非甾体类抗炎镇痛药,广泛应用于临床。

布洛芬	萘普生	吲哚洛芬

9.1.2 羧酸的命名

1. 俗名

羧酸的名称多根据其来源而命名。例如,甲酸是从一种红蚂蚁蒸馏液中分离得到,故称作蚁酸;乙酸是食醋的主要成分,俗称醋酸;肉桂酸、巴豆酸和琥珀酸等都是根据它们最初的来源而得名的。

2. 系统命名法

羧酸的系统命名法与醛相似。选择含有羧基的最长碳链作主链,根据主链所含碳原子数目称为某酸,从羧基碳原子开始编号,用阿拉伯数字标明取代基、不饱和键的位次。有多个取代基时,按次序规则排列,不优先基团先列出。

CH₃CHCOOH CH₃	CH₃CHCH₂COOH Br	CH₃CH=CHCOOH
2-甲基丙酸	3-溴丁酸	丁-2-烯酸

$$CH_3CHCH_2CH_2COOH$$
$$\quad\ \ |$$
$$\quad\ \ CH_3$$

$$HOCH_2CH_2CHCH_2COOH$$
$$\qquad\qquad\ |$$
$$\qquad\qquad\ Br$$

4-甲基戊酸 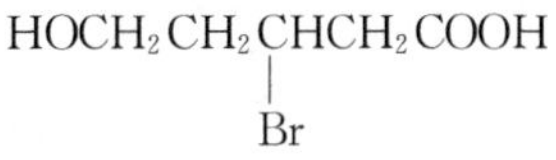   3-溴-5-羟基-戊酸

简单的羧酸,也可以用希腊字母进行编号,与羧基依次相连的碳分别编号为 α、β、γ、δ 等,α 位相当于碳链的 2 号位。

$$CH_3CH = CHCH_2COOH$$

$$CH_3CH_2CH_2CH_2CHCOOH$$
$$\qquad\qquad\qquad |$$
$$\qquad\qquad\qquad CH_3$$

β-戊烯酸(戊-3-烯酸) α-甲基己酸(2-甲基己酸)

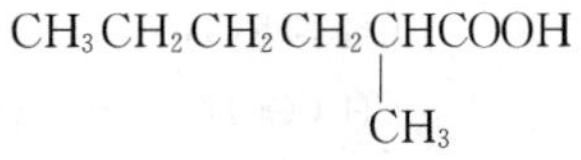

二元酸的命名与一元羧酸类似,不同之处在于选择含有两个羧基的碳链作主链,称为某二酸。

$$COOH$$
$$|$$
$$COOH$$

$$CH_2COOH$$
$$|$$
$$CH_2COOH$$

$$HOOC\quad COOH$$
$$\ \ \diagdown C=C\diagup$$
$$\ \ \diagup\qquad\diagdown$$
$$\ \ H\qquad\quad H$$

乙二酸 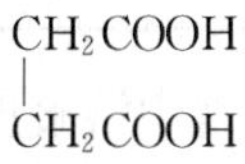   丁二酸 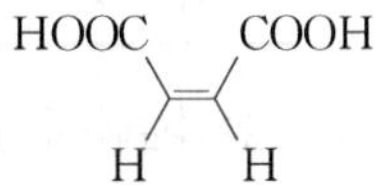   顺丁烯二酸

羧基直接连在脂环上,或连在芳环的侧链上,可将脂环和芳环作为取代基命名。羧基直接连在苯环上,命名时以苯甲酸为母体。

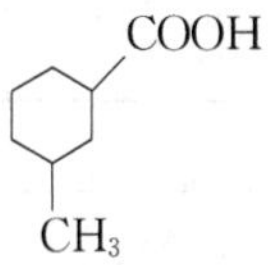

3-甲基环己基甲酸 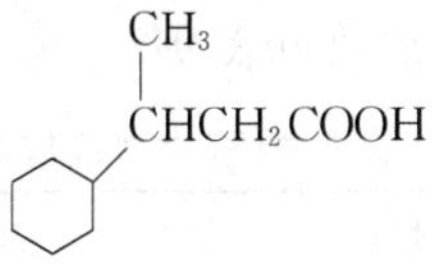   3-环己基丁酸 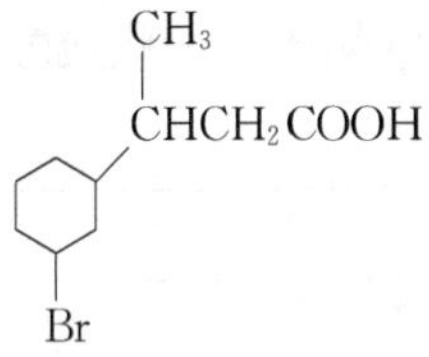   3-(3-溴环己基)丁酸

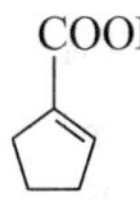

环戊-1-烯基甲酸 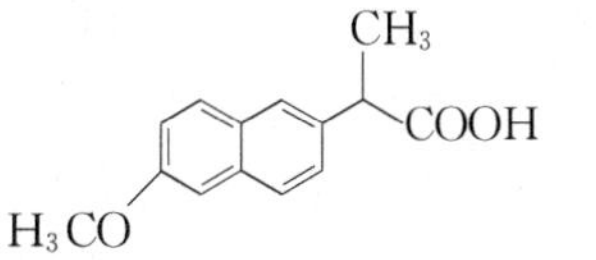   2-(6-甲氧基萘-2-基)丙酸

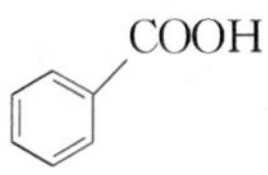

苯甲酸 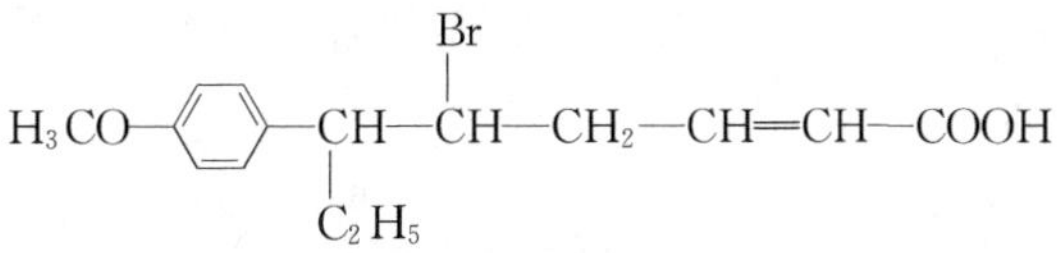   5-溴-6-(4-甲氧基苯基)-辛-2-烯酸

9.1.3 羧酸的物理性质

含 1~9 个碳原子的直链饱和一元羧酸常温下为液体。如图 9-1 所示,羧酸分子间能通过氢键形成双分子缔合体,这导致羧酸比相对分子质量相近的烃和醇具有更高的沸点。这种双分子缔合体不仅存在于固态和液态羧酸中,甚至在气态时也存在。例如,甲酸和乙酸的沸点分别为 101 ℃ 和 118 ℃,而与它们相对分子质量相同的乙醇和甲酸甲酯的沸点却为 78.5 ℃ 和 32.0 ℃。一些常见化合物的沸点

图 9-1 乙酸分子二聚体

见表 9-1。

表 9-1　常见化合物沸点的比较

化合物	分子式	相对分子质量	沸点/℃
丁烷	$CH_3CH_2CH_2CH_3$	58	−0.5
甲乙醚	$CH_3OC_2H_5$	60	10.8
丙醛	CH_3CH_2CHO	58	49
丙酮	CH_3COCH_3	58	56
丙-1-醇	$CH_3CH_2CH_2OH$	60	97.4
丙-2-醇	$CH_3CHOHCH_3$	60	92.4
甲酸甲酯	$HCOOCH_3$	60	32
乙酸	CH_3COOH	60	118

　　低级羧酸可与水互溶,随碳原子数增加,水中溶解度降低。多元酸的水溶性大于相同碳原子的一元酸。

　　饱和脂肪酸的熔点呈特殊规律性变化,即含偶数碳的羧酸的熔点高于与它前后相邻的两个含奇数碳的羧酸的熔点。低级饱和脂肪酸常为具有刺鼻气味的液体。例如,$C_4 \sim C_9$的羧酸为具有难闻气味的液体,而 C_{10} 以上的羧酸一般为无味蜡状固体。二元酸和芳香酸常为无色晶体。一些羧酸的物理常数见表 9-2。

表 9-2　常见羧酸的物理常数

羧酸	熔点/℃	沸点/℃	溶解度*
甲酸(蚁酸)	8.4	101	∞
乙酸(醋酸)	16.6	118	∞
丙酸	−21	141	∞
丁酸(酪酸)	−5	164	∞
戊酸	−34	186	4.97
庚酸	−8	223	0.244
壬酸	15	255	0.026
十二烷酸(月桂酸)	44	299	0.005 5
十六烷酸(棕榈酸)	458	251(100 mmHg)	0.000 72
十七烷酸	63	227(100 mmHg)	0.000 42
十八烷酸(硬脂酸)	72	160(1 mmHg)	0.000 29
十八碳-9-烯酸(油酸)	16	223(10 mmHg)	不溶
十八碳-9,12-二烯酸(亚油酸)	−5	236(46 mmHg)	不溶
十八碳-9,12,15-三烯酸(亚麻酸)	−11	232(17 mmHg)	不溶
二十碳-5,8,11,14-四烯酸(花生四烯酸)	31	233	0.20
苯甲酸(安息香酸)	106	259	0.12

＊指 20 ℃时 100 g 水中溶解羧酸的质量(g)。

1. 红外光谱

　　羧基是羧酸的特征特性基团,由羰基和羟基组成,因此在羧酸的红外光谱中可观察到羰基和羟基的特征吸收峰。由于羧酸一般以氢键缔合成二聚体,其红外光谱是二聚体的图谱。1730 cm^{-1}附近是羰基强的伸缩振动特征吸收峰;羧酸二聚体在 3300~2500 cm^{-1}会出现 O—H 强而宽的伸缩振动特征吸收峰;同时在 1250 cm^{-1}附近会出现羧基 C—O 键的吸收峰。图 9-2 为 3-甲基丁酸的红外光谱。

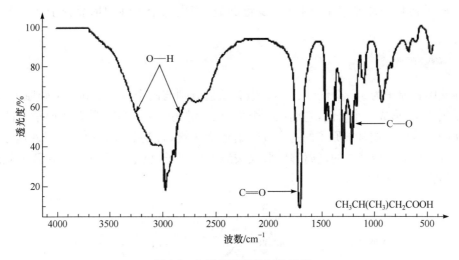

图 9-2　3-甲基丁酸的红外光谱

2. 核磁共振氢谱

羧酸中羧基的质子受到氧原子的诱导效应及羰基和羟基间共轭效应等因素的影响,屏蔽作用大大降低,化学位移出现在低场,δ 值为 10~13 ppm。羧酸分子中 α-H 受羧基强吸电子作用的影响,其化学位移向低场移动,δ 值为 2~3 ppm。图 9-3 为 3-苯基丁酸的核磁共振氢谱(以氘代氯仿为溶剂)。

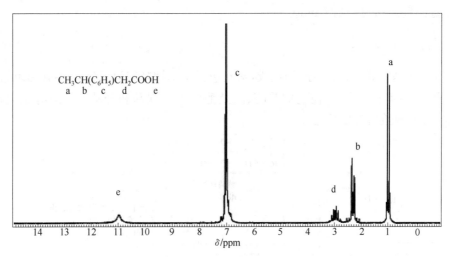

图 9-3　3-苯基丁酸的核磁共振氢谱

3. 质谱

羧酸的质谱中大多可出现分子离子峰。主要的特征离子为由羰基引发的 α-裂解或 i-裂解碎片。一元羧酸还有一种重要的裂解方式——麦氏重排。在麦氏重排中,羰基 γ-位上的氢原子转移到羰基氧上,同时 α,β-键断裂,产生一个中性的烯烃分子和一个碎片离子。

9.1.4 羧酸的结构

羧基中碳原子为 sp^2 杂化,三个 sp^2 杂化轨道分别与两个氧原子和一个碳原子(在甲酸中是氢原子)形成三个 σ 键,它们在一个平面上,键角约为 $120°$。羰基碳原子上的未参与杂化的 p 轨道与羧基氧原子的一个 p 轨道形成 π 键,羟基氧 p 轨道上的孤对电子与 π 键形成 p-π 共轭。羧基上的氢离解后形成羧酸根负离子,负电荷平均分配在两个氧原子上。其结构如图 9-4 所示。

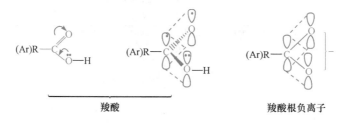

羧酸   羧酸根负离子

图 9-4　羧酸及羧酸根的结构

共轭效应导致游离羧酸的羧基中碳-氧双键与碳-氧单键的键长趋向平均化。羧基上的氢离解形成羧酸根后,p-π 共轭效应更强,碳-氧键完全平均化。例如,在甲酸中,羧基碳-氧双键和碳-氧单键的键长分别为 0.123 nm 和 0.136 nm;在甲酸钠中,碳-氧双键和碳-氧单键的键长均为 0.127 nm。

9.1.5 羧酸的化学性质

羧酸由羧基和烃基(或氢原子)组成,羧基包括羰基和羟基两部分,具有羰基和羟基的双重性质,但两者相互影响,使它们与醛、酮及醇中单个羰基和羟基的性质有重大差别。图 9-5 给出了羧酸的常见反应。

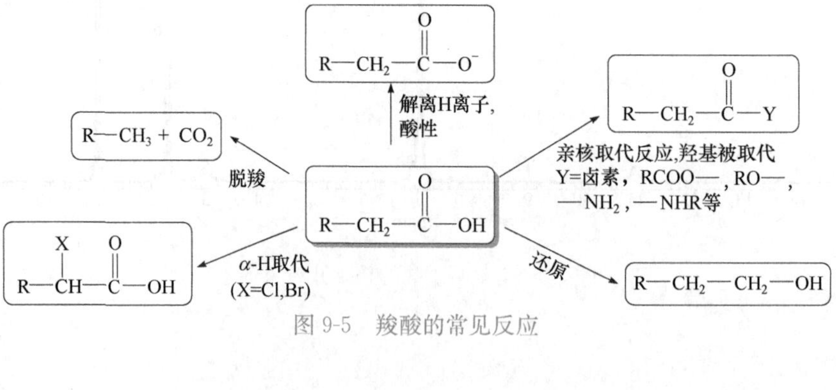

图 9-5　羧酸的常见反应

1. 酸性与成盐

羧酸是具有酸性的一类有机物,绝大多数羧酸的酸解离常数 K_a 都在 10^{-5} 左右,是弱酸。例如乙酸的 $K_a = 1.76 \times 10^{-5}$($pK_a = 4.75$),这意味着在 $0.10\ mol \cdot L^{-1}$ 的乙酸水溶液中,只有 1% 左右的乙酸分子发生离解,释放出 H^+。表 9-3 给出了一些羧酸类物质的 K_a 及 pK_a 数值。

表 9-3　一些羧酸类物质和乙醇的 K_a 及 pK_a

羧酸类物质和乙醇	K_a	pK_a
CCl_3CO_2H	0.23	0.64
$CHCl_2CO_2H$	3.3×10^{-2}	1.48
CH_2ClCO_2H	1.4×10^{-3}	2.85
HCO_2H	1.77×10^{-4}	3.75
$C_6H_5CO_2H$	6.46×10^{-5}	4.19
$CH_2=CHCO_2H$	5.6×10^{-5}	4.25
CH_3CO_2H	1.76×10^{-5}	4.75
CH_3CH_2OH	10^{-16}	16

从表 9-3 中可以看出,烃基上的取代基对羧酸酸性的影响很大,一般情况为吸电子基团使羧酸的酸性增强,给电子基团使羧酸的酸性减弱。另外,任何能使羧酸根离子稳定存在的因素均能加大羧酸的离解,增强其酸性。例如:

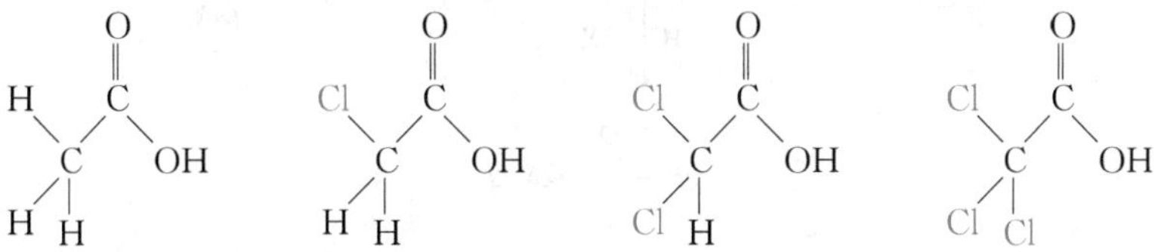

$pK_a = 4.75$　　　$pK_a = 2.85$　　　$pK_a = 1.48$　　　$pK_a = 0.64$

羧酸和醇分子中都有羟基(—OH),它们失去氢离子后分别形成了羧酸根负离子($RCOO^-$)和烷氧基负离子(RO^-)。在烷氧基负离子中,负电荷集中在一个氧原子上,而在羧酸根中,负电荷则离域在两个氧原子上(图 9-6),负电荷的分散使得羧酸根负离子更稳定,因此羧酸比醇具有更强的酸性。

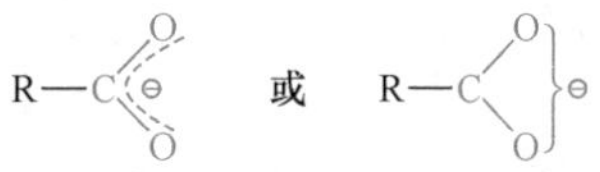

图 9-6　羧酸根负离子的离域表示

二元羧酸分两步解离,第一步电离受另一个羧基吸电子诱导效应(—I)的影响,因此二元羧酸的酸性大于相同碳数的一元羧酸,且两个羧基距离越近这种影响越明显;电离后的羧酸根负离子对第二个羧基有给电子诱导效应(+I),因此第二个羧基比较难电离,导致 K_{a_1} 比 K_{a_2} 大得多。例如,草酸的 $K_{a_1} = 5.4 \times 10^{-2}$,$K_{a_2} = 5.2 \times 10^{-5}$,$K_{a_1}$ 比 K_{a_2} 大了 1000 多倍。

羧酸可以和无机强碱如 NaOH 等反应生成羧酸盐。含六个碳原子以上的羧酸一般很难溶于水,但如果把它们制备成羧酸盐,则在水中溶解度明显增加。利用此性质可以提纯羧酸，例如，将含有杂质的羧酸化合物与碱液反应，生成羧酸盐水溶液，而不溶于水的其它有机物等杂质可通过过滤除去，然后将收集的滤液用盐酸等强酸酸化后析出固体，再次过滤收集有机酸类固体，则可以得到较纯的羧酸类化合物。在药物制备中常将含有羧基的难溶性药物制成羧酸盐，以提高其水溶性。例如：青霉素 G 制成青霉素 G 钾盐或钠盐，其水溶性增加，可作注射剂使用。

$$RCOOH + NaOH \xrightarrow{H_2O} RCOO^- Na^+ + H_2O$$

> 问题与思考 9-1
>
> 比较苯甲酸、对硝基苯甲酸、对甲基苯甲酸和对甲氧基苯甲酸的酸性强弱。

2. 羧基碳上的亲核取代反应

分子中羧基上的羟基可以被其他原子或基团取代，形成羧酸衍生物(derivatives of carboxylic acid)。图 9-7 给出了羧基中羟基常见的取代反应。

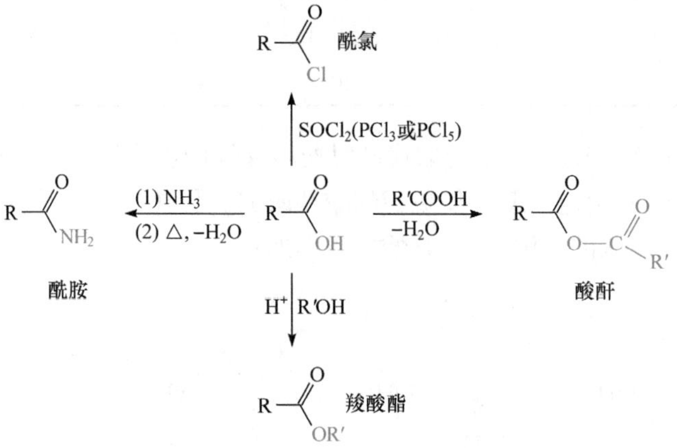

图 9-7 羧基中羟基被其他原子或原子团取代，形成羧酸衍生物

1) 生成酰卤

羧酸可以和 PCl_3、PCl_5、PBr_3 或 $SOCl_2$（二氯亚砜）等反应，羧基中的羟基被卤原子取代生成酰卤。

$$CH_3-\overset{O}{\overset{\|}{C}}-OH + PCl_3 \xrightarrow{回流} CH_3-\overset{O}{\overset{\|}{C}}-Cl + H_3PO_3$$

乙酰氯

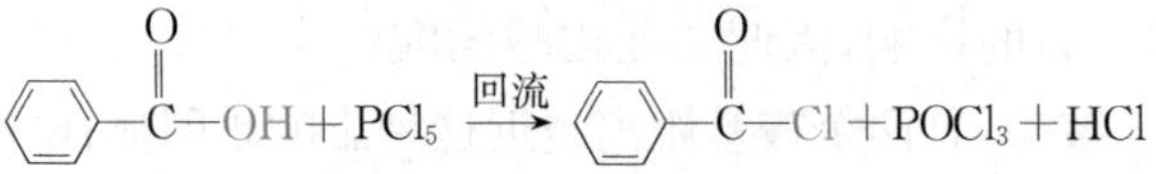

苯甲酰氯

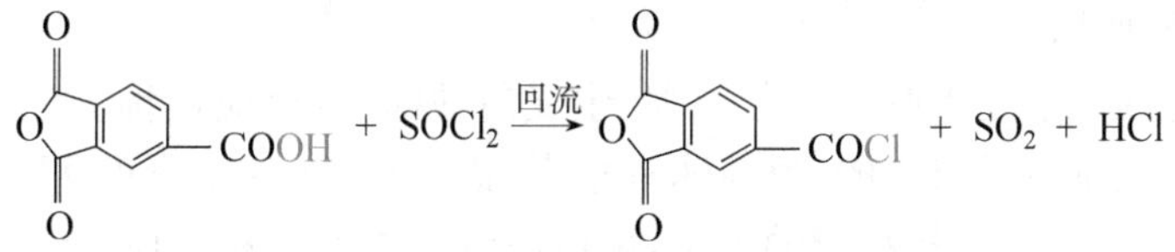

偏苯三酸酐酰氯(90%～98%)

$SOCl_2$是制备酰氯常用的试剂，因为该反应中除产物酰氯外，副产物都是气体，很易从反应体系中除去，过量的 $SOCl_2$ 也由于其低沸点而可以通过蒸馏除去，得到较纯的酰氯产物。到底选用 PX_3 还是 PX_5 作为卤代试剂，取决于产物与反应物、副产物是否便于分离。例如，制备苯甲酰氯时不建议采用 PCl_3 为卤代试剂，因为苯甲酰氯的沸点与 PCl_3 的水解产物亚磷酸的沸点相近。

2）生成酸酐

除甲酸外，一元羧酸在加热或与脱水剂(如 P_2O_5 等)作用下，两分子羧酸可以脱去一分子水，生成酸酐。

$$CH_3\overset{O}{\overset{\|}{C}}-O\boxed{H+HO}-\overset{O}{\overset{\|}{C}}CH_3 \xrightarrow[\triangle]{P_2O_5} CH_3\overset{O}{\overset{\|}{C}}O\overset{O}{\overset{\|}{C}}CH_3 + H_2O$$

乙酸酐(乙酐)

在制备高沸点的酸酐时，常用低沸点的酸酐作为脱水剂。例如，在制备苯甲酸酐时，就可以用低沸点的乙酸酐作为脱水剂。

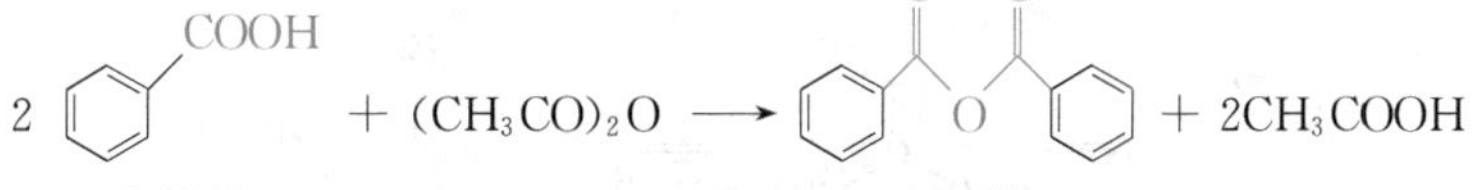

苯甲酸　　　　苯酐

实验室也常用干燥的羧酸钠盐与酰氯反应来制备混合酸酐。

$$CH_3COONa + CH_3CH_2COCl \longrightarrow CH_3\overset{O}{\overset{\|}{C}}O\overset{O}{\overset{\|}{C}}CH_2CH_3$$

丙酰氯　　　　乙丙酸酐(乙丙酐)

丁二酸和戊二酸及其衍生物(如马来酸、邻苯二甲酸等)受热或与脱水剂共热时，能够生成五元或六元的环状酸酐。但富马酸(反丁烯二酸)则不能生成相应的环状酸酐，因为其两个羧基处于双键的反式位置，不利于成环。

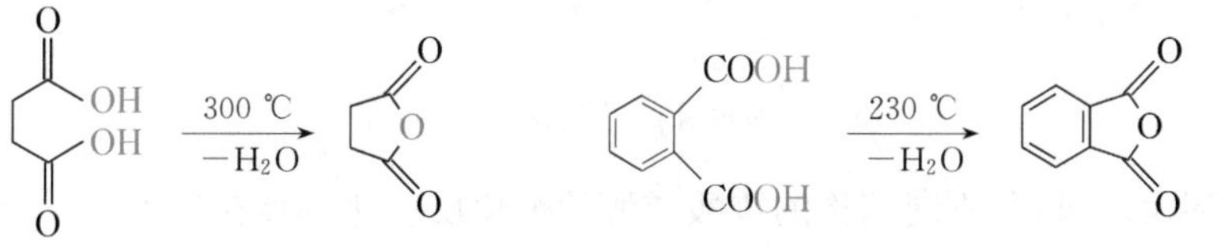

丁二酸　　丁二酸酐　　邻苯二甲酸　　邻苯二甲酸酐

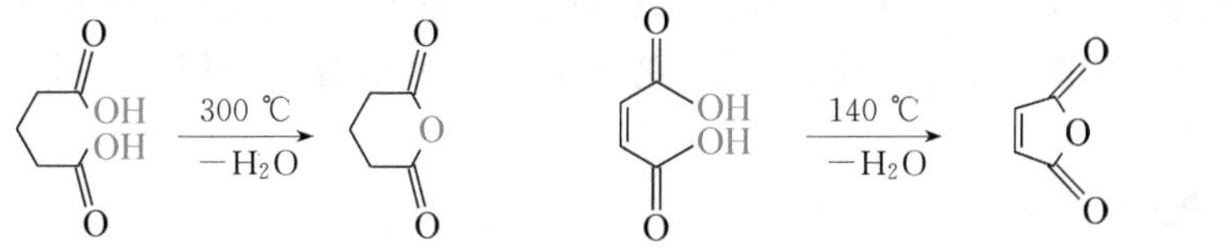

戊二酸　　戊二酸酐　　顺丁烯二酸　　顺丁烯二酸酐

3）生成羧酸酯

羧酸与醇在酸催化下脱去一分子水,生成羧酸酯,该反应被称为酯化(esterification)反应。酯化反应本身是可逆的,反应速率很慢,需要用酸(如干燥的 HCl、浓 H_2SO_4 或苯磺酸等)作催化剂。为了提高酯的收率,可设法将生成的水从反应体系中除去(如采取醇带水或加入干燥剂等方法),或将生成的酯从反应液中蒸馏出来。

$$RCOOH + R'OH \underset{}{\overset{H^+}{\rightleftharpoons}} RCOOR' + H_2O$$

同位素示踪实验证明,在酯化反应中,通常是羧酸分子中的羟基与醇羟基的氢结合脱水成酯。

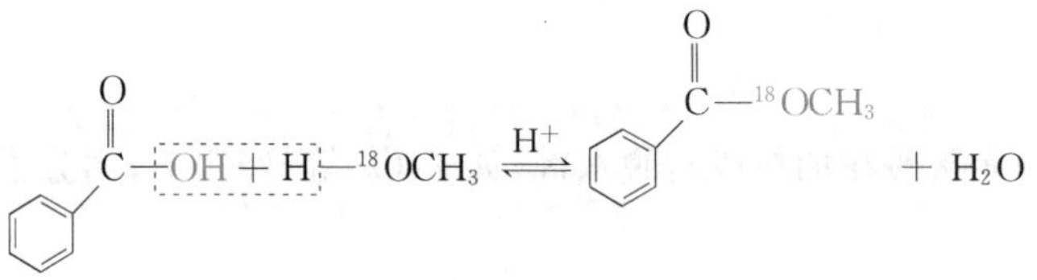

酸催化酯化反应通过"质子化-加成-消除"机理进行,如图 9-8 所示。第一步,羧酸的羰基氧接受一个质子(H^+),进一步增大羰基碳的正电性,有利于亲核试剂(醇)的进攻;第二步,亲核试剂醇进攻羧酸羰基碳,形成四面体的中间产物;第三步,质子转移,羟基被质子化,变为离去基团;第四步,失去一分子水,形成质子化的酯;第五步,失去质子,得到产物酯。

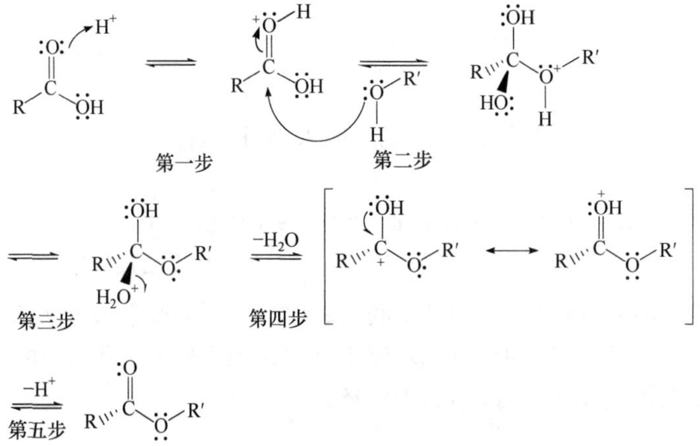

图 9-8　酸催化酯化反应的反应历程

按照上述反应机理,不同结构的羧酸或醇的酯化反应速率存在较大差异,在反应基团附近有较大空间位阻的烃基存在时,产生的位阻效应(steric hindrance)会阻碍酯键的形成,使酯化速率减慢,甚至不发生反应。例如,同一羧酸与不同的醇反应时,反应速率的大小次序为甲醇>伯醇>仲醇。同样,同一醇与不同羧酸成酯时,羧酸 α-碳上空间位阻越大,成酯反应越慢。

4）生成酰胺

羧酸与氨反应先生成羧酸的铵盐,再加热失水得到酰胺。

$$RCOOH \xrightarrow{NH_3} RCOO^- NH_4^+ \xrightarrow[-H_2O]{\triangle} RCONH_2$$

由羧酸直接制备酰胺比较困难,一般用酰氯、酸酐和酯与氨或胺反应来制备酰胺。例如

$$(CH_3)_2CHCCl \overset{O}{\|} + 2NH_3 \longrightarrow (CH_3)_2CHCNH_2 \overset{O}{\|} + NH_4Cl$$

2-甲基丙酰氯   2-甲基丙酰胺

邻羟基苯甲酸乙酯   邻甲基苯胺   2-羟基-N-(2-甲基苯基)苯甲酰胺

3. 脱羧

羧酸的羧基脱去 CO_2 的反应称为脱羧反应(decarboxylation)。

$$RCOOH \xrightarrow{-CO_2} RH$$

脂肪酸直接加热脱羧很困难,且收率低,可用其钠盐与碱($NaOH + CaO$)共热脱羧。实验室制备甲烷采用的就是这种方法。

$$CH_3COONa \xrightarrow[\triangle]{NaOH+CaO} CH_4\uparrow + Na_2CO_3$$

芳香酸以及 α-位带有吸电子基团如—NO_2、—X、酮基、—CN 等的脂肪酸更容易脱羧。

2,4,6-三硝基苯甲酸   1,3,5-三硝基苯 $+ CO_2\uparrow$

$$Cl_3CCOOH \xrightarrow[500\ ℃]{H_2O} Cl_3CH + CO_2\uparrow$$

亨斯狄克(Hunsdiecker)反应和柯齐(Kochi)反应是有机合成中非常有用的脱羧反应。这两个反应均可从羧酸制备得卤代烷。亨斯狄克反应是用羧酸的银盐在无水的惰性溶剂(如四氯化碳)中与一分子溴反应,脱羧后生成少一个碳原子的溴代烷。

3-(1-甲基环己基)丙酸银   1-(2-溴乙基)-1-甲基环己烷(90%)

柯齐反应是羧酸在四乙酸铅和氯化锂(或氯化钾、氯化钙等)作用下脱羧生成氯代烷。

$$CH_3CH_2-\overset{\overset{\displaystyle CH_3}{|}}{\underset{\underset{\displaystyle CH_3}{|}}{C}}-COOH + Pb(OAc)_4 + LiCl \xrightarrow[\text{回流}]{\text{苯}} CH_3CH_2-\overset{\overset{\displaystyle CH_3}{|}}{\underset{\underset{\displaystyle CH_3}{|}}{C}}-Cl + CO_2$$

2,2-二甲基丁酸　　　　　　　　　　　　　2-氯-2-甲基丁烷

某些二元羧酸比一元羧酸更容易脱羧,如乙二酸和丙二酸加热至其熔点以上容易脱羧变成少一个碳原子的一元酸。

$$\overset{\overset{\displaystyle COOH}{|}}{\underset{\underset{\displaystyle COOH}{}}{}} \xrightarrow{160\sim180\ ℃} HCOOH + CO_2 \uparrow$$

乙二酸　　　　　　　　　　甲酸

$$HOOCCH_2COOH \xrightarrow{140\sim160\ ℃} CH_3COOH + CO_2 \uparrow$$

丙二酸　　　　　　　　　　乙酸

有些二元酸(如己二酸、庚二酸以及它们的烷基衍生物)受热时,同时发生脱羧和脱水反应,生成五元或六元的环酮。

己二酸 $\xrightarrow[-CO_2,\ -H_2O]{300\ ℃}$ 环戊酮

庚二酸 $\xrightarrow[-CO_2,\ -H_2O]{300\ ℃}$ 环己酮

问题与思考 9-2

完成如下转变:

---

4. 羧基的还原

羧基中的羰基较单独的羰基难还原,不能用催化氢化的方法或一般的还原剂(如 Na-C_2H_5OH、CaH_2 等)还原,但可用氢化铝锂($LiAlH_4$,LAH)将羧酸还原为伯醇,如果羧酸的烃基中有碳碳不饱和键,还原时碳碳不饱和键不受影响。

$$CH_2{=}CHCH_2COOH \xrightarrow{LiAlH_4} CH_2{=}CHCH_2CH_2OH$$

丁-3-烯酸　　　　　　　　　　　　丁-3-烯-1-醇

虽然羧酸很难被还原成醛,但将羧酸制备成羧酸衍生物如酯或酰氯后,其更容易被还原为伯醇或醛。

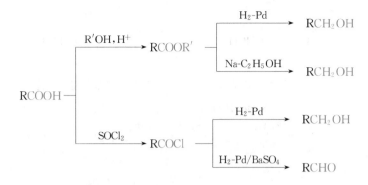

5. 烃基上的反应

羧酸烃基上的反应主要包括 α-H 的卤代反应和烯键等不饱和键的加成反应等。烯键的加成反应与烯烃类似。而 α-H 的卤代反应是指在磷、三氯化磷或三溴化磷等催化剂的存在下，羧酸的 α-H 可被卤素（Cl、Br）取代，生成 α-卤代羧酸。

$$CH_3CH_2CH_2CH_2COOH + Br_2 \xrightarrow[70\,℃]{PBr_3} CH_3CH_2CH_2\underset{\underset{Br}{|}}{C}HCOOH + HBr$$

　　　　　戊酸　　　　　　　　　　　　　　　2-溴戊酸

氯代乙酸是乙酸和氯气在微量碘的作用下，通过控制氯气的用量得到的一氯乙酸、二氯乙酸及三氯乙酸。

9.1.6　羧酸的制备

1. 实验室制法

实验室制备羧酸的方法很多，常见的有四种：醇、醛和芳烃侧链的氧化，格氏试剂与 CO_2 反应，羧酸衍生物的水解以及腈的水解。例如

$$CH_3(CH_2)_8CH_2OH \xrightarrow[H_2O,H_2SO_4]{CrO_3} CH_3(CH_2)_8COOH$$

　　　　癸-1-醇　　　　　　　　　　　　　癸酸

$$CH_3(CH_2)_3CHO \xrightarrow[NH_4OH]{AgNO_3} CH_3(CH_2)_3COOH$$

　　　　戊醛　　　　　　　　　　　　戊酸

$$O_2N-\!\!\!\left\langle\!\!\!\bigcirc\!\!\!\right\rangle\!\!\!-CH_3 \xrightarrow[H_2O,95\,℃]{KMnO_4} O_2N-\!\!\!\left\langle\!\!\!\bigcirc\!\!\!\right\rangle\!\!\!-COOH$$

　　　对硝基甲苯　　　　　　　　　　　对硝基苯甲酸

对硝基甲苯 $\xrightarrow{Mg,THF}$ α-萘基溴化镁 $\xrightarrow[(2)\ H_2O,H^+]{(1)\ CO_2}$ α-萘甲酸

　　α-溴萘　　　　　α-萘基溴化镁　　　　　　α-萘甲酸

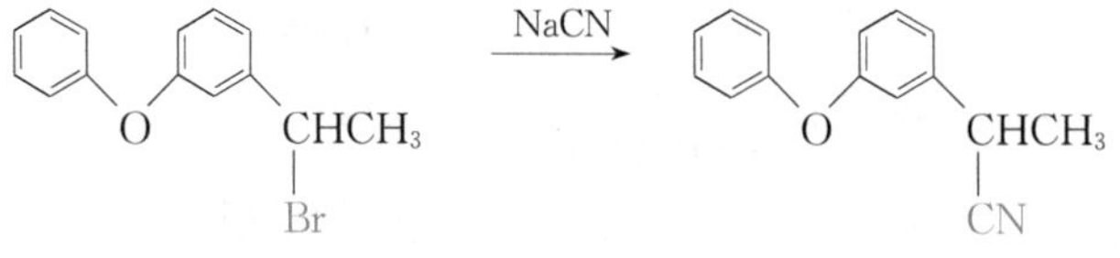

3-(1-溴乙基)苯基苯基醚　　　　2-(3-苯氧基苯基)-丙腈

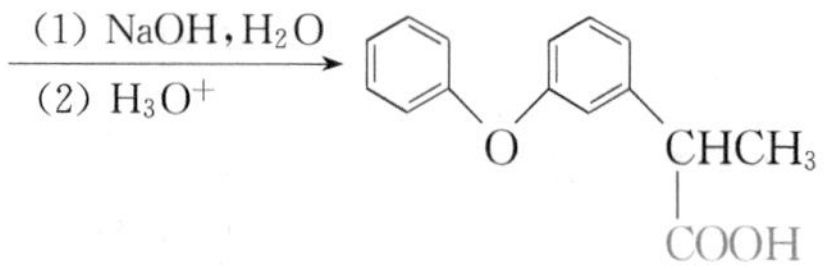

2-(3-苯氧基苯基)-丙酸

2. 工业制法

工业上以易得的原料来合成羧酸,大多采用氧化法。例如,采用乙醛氧化法制得乙酸。

$$CH_3CHO + O_2 \xrightarrow{\text{乙酸锰}} CH_3COOH$$

甲醇和一氧化碳在金属催化剂作用下,可直接合成乙酸,这种方法也称孟山都(Monsanto)制乙酸法,它是美国孟山都公司发明的。在这个反应中我们可以看到所有的反应物完全转化成产物,没有浪费一个原子,这种反应称为原子经济性反应(atom economy reaction)。

$$CH_3OH + CO \xrightarrow{\text{Rh 催化剂}} CH_3COOH$$

以芳烃(如苯、甲苯、邻二甲苯或萘)为原料,通过氧化反应也可以制备羧酸。其中己二酸是生产尼龙 66 的原料。

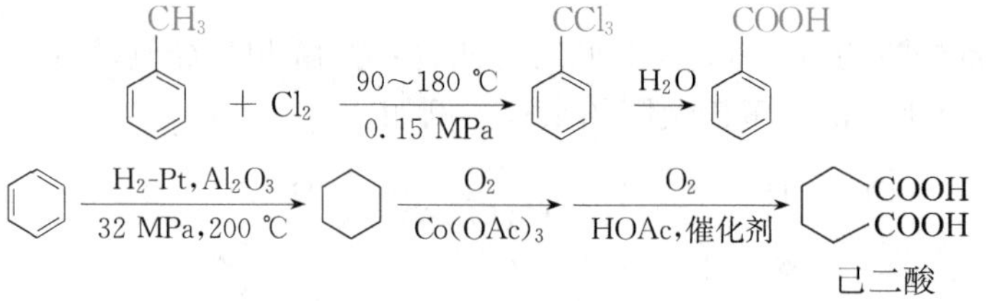

己二酸

9.1.7 重要的羧酸

甲酸和乙酸都是重要的工业原料。甲酸俗称蚁酸,最初是从红蚂蚁体内发现的。它是无色有刺激性气味的液体,沸点 101 ℃,易溶于水。甲酸的腐蚀性很强,能使皮肤起泡。甲酸分子中的羧基与氢原子相连,同时具有羧基和醛基的结构,因而既具有酸性又有还原性,能发生银镜反应,也能使高锰酸钾溶液褪色,这些特性经常被用于物质的鉴别。乙酸在 16.6 ℃以下能凝结成冰状固体,所以常把无水乙酸称为冰醋酸。乙二酸和丁二酸是最常见的二元酸,二者在制药等化工领域有着重要的用途。乙二酸具有还原性,在分析化学中常用来标定高锰酸钾溶液的浓度。苯甲酸是最简单的芳香酸,其钠盐即苯甲酸钠是一种广泛使用的防腐剂。

芳基丙酸类化合物是人工合成的非甾体类消炎镇痛药,其通式如下:

$$
\begin{array}{c}
Ar{-}CH{-}COOH \\
| \\
CH_3
\end{array}
$$

代表化合物有布洛芬和萘普生等，它们都是手性分子，α-碳原子是手性中心。实验表明萘普生的右旋体消炎作用是其对映体的 28 倍，现在临床上趋向应用其单旋体。它们都具有解热镇痛及消炎作用，用于治疗扭伤、劳损、下腰疼痛、肩周炎、滑囊炎、腱鞘炎以及类风湿性关节炎等疾病。

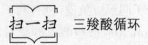 三羧酸循环　　

9.2　羟　基　酸

9.2.1　羟基酸的结构及分类

羧酸分子中烃基上的氢被羟基取代所得化合物称为羟基酸(hydroxy acid)。羟基酸可分为醇酸和酚酸两类。羟基连接在脂肪烃基上的羟基酸称为醇酸，羟基连接在芳环上的羟基酸称为酚酸。例如：

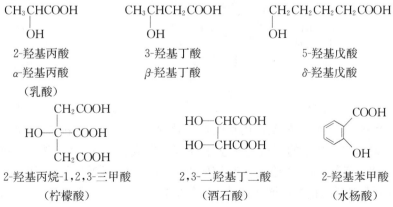

9.2.2　羟基酸的命名

羟基酸的系统命名以羧酸为母体，羟基作为取代基。例如

$$
\begin{array}{ccc}
CH_3CHCOOH & CH_3CHCH_2COOH & CH_2CH_2CH_2CH_2COOH \\
| & | & | \\
OH & OH & OH \\
\text{2-羟基丙酸} & \text{3-羟基丁酸} & \text{5-羟基戊酸} \\
\alpha\text{-羟基丙酸} & \beta\text{-羟基丁酸} & \delta\text{-羟基戊酸} \\
\text{(乳酸)} & &
\end{array}
$$

$$
\begin{array}{ccc}
CH_2COOH & HO{-}CHCOOH & COOH \\
| & | & \\
HO{-}C{-}COOH & HO{-}CHCOOH & OH \\
| & & \\
CH_2COOH & & \\
\text{2-羟基丙烷-1,2,3-三甲酸} & \text{2,3-二羟基丁二酸} & \text{2-羟基苯甲酸} \\
\text{(柠檬酸)} & \text{(酒石酸)} & \text{(水杨酸)}
\end{array}
$$

　　羟基酸也可以采用俗名进行命名,许多羟基酸可以从天然产物中提取而得,因此常根据其来源而命名。例如苹果酸、柠檬酸等来源于苹果和柠檬而得名。部分羟基酸(如水杨酸)能加快皮肤角质层细胞的更新速度,对色素沉着、粉刺、老年斑等多种皮肤症状有改善作用,是保湿、防皱、美白、抗衰老护肤品的重要成分,也是很好的皮肤剥脱剂,目前作为原料被普遍使用于化妆品。

9.2.3　羟基酸的物理性质

　　醇酸分子中同时含有羟基和羧基,不仅有利于同种物质分子间形成氢键,也有利于与水形成氢键。因此,醇酸一般是黏稠的液体或晶体,不易挥发,比相应的羧酸或醇更易溶于水。

　　酚酸大多为晶体,其熔点比相应的芳香酸高。有些酚酸易溶于水(如没食子酸),而有些却微溶于水(如水杨酸)。

9.2.4　羟基酸的化学性质

　　羟基酸具有羟基和羧基的典型反应,由于羟基和羧基的相互影响,羟基酸还具有一些特殊性质,这些特殊性质又因羟基和羧基的相对位置不同而有所差异。

1. 酸性

　　羟基的吸电子诱导(-I)效应通常会增强羧基的酸性,因此一般醇酸的酸性比相应羧酸的酸性强,但随着羟基与羧基距离的增长,羟基诱导效应迅速减弱,羟基酸的酸性也随之减弱。

	CH_3COOH	$\underset{\underset{OH}{\mid}}{CH_2COOH}$	
pK_a	4.76	3.83	
	CH_3CH_2COOH	$\underset{\underset{OH}{\mid}}{CH_3CHCOOH}$	$\underset{\underset{OH}{\mid}}{CH_3CHCH_2COOH}$
pK_a	4.88	3.87	4.51

　　酚酸的酸性与羟基诱导效应、共轭效应和邻位效应有关,其酸性随羟基的相对位置不同而表现出明显的差异。

	COOH(邻-OH)	COOH(间-OH)	COOH	COOH(对-OH)
pK_a	2.98	4.12	4.17	4.45

　　邻羟基苯甲酸(水杨酸)的酸性比其他两个异构体以及苯甲酸都强,主要是分子中存在邻位效应,即邻位羟基中的氢可与羧基中羰基氧形成分子内氢键,从而增强了羧基中O—H键的极性,有利于羧基中氢原子离解成质子,并且形成的酸根负离子的负电荷也被分散而稳定,从而导致羧酸的酸性增强;另外,因存在空间位阻,邻位羟基使羧基不能与苯环共

平面,减少了苯环的 π 电子云向羧基偏移而利于其氢原子离解,也导致羧酸的酸性增强。

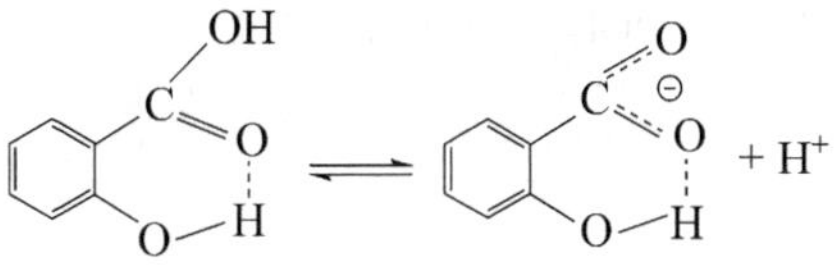

水杨酸　　　　　　　　水杨酸负离子

对羟基苯甲酸的酸性比苯甲酸弱,其原因是羟基给电子共轭效应大于吸电子诱导效应,使羧基解离出质子变难,导致羧酸的酸性减弱。间羟基苯甲酸中主要是羟基的吸电子诱导效应起作用,但因间隔三个碳原子,诱导效应作用较弱,导致间羟基苯甲酸的酸性比苯甲酸略强。

2. 醇酸的氧化反应

醇酸分子中的羟基因受羧基吸电子诱导效应的影响,比醇分子中的羟基更容易被氧化。托伦试剂和稀硝酸一般不能氧化醇,但能将 α-醇酸氧化生成 α-羰基酸。

$$\underset{\underset{OH}{|}}{RCHCOOH} + Ag(NH_3)_2^+ + OH^- \longrightarrow \underset{\underset{O}{\|}}{RCCOO^-} + Ag\downarrow + NH_3 + H_2O$$

醇酸在体内的氧化通常在酶催化下进行。

3. 羟基酸的受热反应

由于羟基和羧基的相互影响,羟基酸的热稳定性较差,受热时易发生脱水反应,其脱水的方式和生成的产物因羟基和羧基的相对位置而不同。

1) α-羟基酸

α-羟基酸受热后主要发生双分子间的脱水反应,即它们的羧基和羟基之间交叉酯化,生成较稳定的六元环交酯(lactide)。

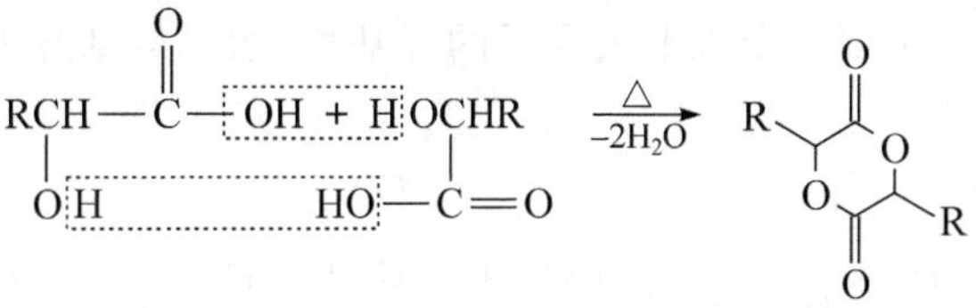

交酯

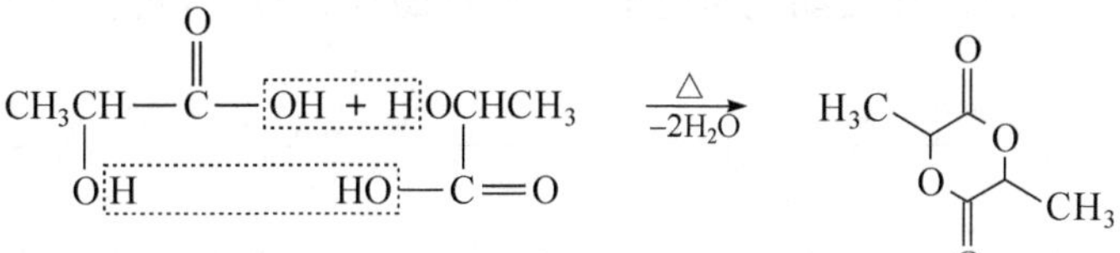

丙交酯

2) β-羟基酸

β-羟基与羧基的共同作用使 β-羟基酸的 α-H 原子很活泼,受热时易与 β-羟基脱水,生成 α,β-不饱和酸。

$$CH_3-\underset{\boxed{OH}}{CH}-\underset{\boxed{H}}{CH}-COOH \xrightarrow{\triangle} CH_3-CH=CH-COOH + H_2O$$
$$\text{丁-2-烯酸}$$

$$\underset{CH_2COOH}{HOCHCOOH} \xrightarrow[-H_2O]{\triangle} \underset{HOOC}{\overset{H}{\underset{}{}}}C=C\underset{COOH}{\overset{H}{\underset{}{}}}$$
$$\text{马来酸}$$

$$HO-\underset{CH_2COOH}{\overset{CH_2COOH}{\underset{}{C}}}-COOH \xrightarrow[-H_2O]{\triangle} \underset{CH_2COOH}{\overset{CHCOOH}{\underset{}{C}}}-COOH$$
$$\text{顺乌头酸}$$

3）γ-羟基酸与 δ-羟基酸

γ-羟基酸或 δ-羟基酸受热后，分子内的羟基与羧基发生酯化反应，生成稳定的五元或六元环状内酯（lactone）。

$$\overset{CH_2-CH_2-CH_2}{\underset{O\boxed{H\ HO}C=O}{}} \xrightarrow[-H_2O]{\triangle} \text{（环状内酯）}$$
$$\gamma\text{-丁内酯}$$

$$\overset{CH_2-CH_2-CH_2-CH_2-\overset{O}{\overset{\|}{C}}\boxed{OH}}{\underset{O\boxed{H}}{}} \xrightarrow[-H_2O]{\triangle} \text{（环状内酯）}$$
$$\delta\text{-戊内酯}$$

γ-内酯比 δ-内酯更容易生成。

4）ε-及其以上的羟基酸

羟基与羧基相隔 4 个或 4 个以上碳原子的羟基酸，如 ε-羟基酸等，受热时可脱水为烯酸或分子间酯化为聚酯。

$$n HO(CH_2)_5COH \xrightarrow[-(n-1)H_2O]{\triangle} HO(CH_2)_5\overset{O}{\overset{\|}{C}}\boxed{O(CH_2)_5\overset{O}{\overset{\|}{C}}}_{n-2}O(CH_2)_5COOH$$

交酯及内酯与一般的羧酸酯化学性质相似，在碱性条件下，可被水解为原来羟基酸的盐。

问题与思考 9-3

1997 年，聚乳酸被美国食品药品监督管理局（FDA）批准为药用辅料，广泛应用于药物控制释放系统、手术缝合线、骨固定以及骨组织再生等生物医学领域。请用有机化学理论解释聚乳酸的这些生物医学应用依据和优越性。

4. 酚酸的脱羧反应

羟基在羧基的邻位或对位的酚酸加热至熔点以上时,易分解脱羧而生成相应的酚。

没食子酸　　　　　　　　　　　　焦性没食子酸

9.2.5　重要的羟基酸

1. 乳酸

乳酸$\left(\text{lactic acid},\ \underset{\ }{CH_3}\overset{OH}{\underset{|}{CH}}COOH\right)$,纯品为无色液体,熔点 18 ℃,有很强的吸湿性,能溶于水、乙醇和乙醚。因最初从酸牛奶中获得而得名,工业上由葡萄糖发酵制得。乳酸分子中含有一个手性碳,故有一对对映异构体,它们可以用不同的方法取得。

乳酸在人体中是糖原的代谢产物,人在剧烈活动时,糖原经糖酵解生成乳酸,同时放出供给肌肉所需的能量,此时肌肉中乳酸含量增多,肌肉出现"酸胀"现象。休息后,一部分乳酸经血液循环输送至肝脏再转变成糖原,另一部分经肾脏由尿液排出,酸胀现象消失。

乳酸在医药上有着广泛的用途,常被用作防腐蚀剂及 pH 调节剂,乳酸蒸气常用于病房、手术室和实验室消毒,乳酸的钙盐是治疗佝偻病、肺结核等补充钙质的药物,其钠盐可用于治疗酸中毒。

乳酸可聚合得到聚乳酸,以聚乳酸为原料的制品具有良好的生物相容性、生物可吸收性及生物可降解性,可制成手术用免拆缝线、药物微囊化的载体材料等,有着良好的市场应用前景。

2. β-羟基丁酸

β-羟基丁酸$\left(\beta\text{-hydroxybutyric acid},\ CH_3\overset{OH}{\underset{|}{CH}}CH_2COOH\right)$,无色晶体,熔点 49～50 ℃,吸湿性很强,易溶于水、乙醇和乙醚中,不溶于苯。β-羟基丁酸是人体脂肪代谢的中间产物,在酶的催化下能脱氢(氧化)生成 β-丁酮酸。

3. 酒石酸

酒石酸$\left(\text{tartaric acid},\ \begin{array}{l}HO—CHCOOH\\ |\\ HO—CHCOOH\end{array}\right)$,无色晶体,熔点 170 ℃,易溶于水。酒石

酸存在于各种水果中,在葡萄中含量较多,主要以酒石酸氢钾(酒石)存在。酒石难溶于水,与氢氧化钠作用生成的酒石酸钾钠易溶于水,用于配制费林试剂。从酒石制得的酒石酸锑钾又称吐酒石,医药上用作催吐剂,也可用作治疗血吸虫病。天然存在的酒石酸为右旋酒石酸。

4. 柠檬酸

$$柠檬酸\left(citric\ acid,\ \begin{matrix} CH_2COOH \\ | \\ HO—C—COOH \\ | \\ CH_2COOH \end{matrix}\right),$$ 又称枸橼酸,无色透明晶体,熔点 137 ℃,

易溶于水、乙醇和乙醚,有酸味。存在于柑橘类果实中,尤以柠檬中含量最高,占 6%～10%。柠檬酸在食品工业中常用作配制饮料。柠檬酸也是糖、脂肪、蛋白质代谢的中间产物。柠檬酸铁铵是常用的补血剂。

5. 水杨酸

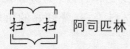

$$水杨酸\left(salicylic\ acid,\ \right.$$ 又称柳酸,白色针状晶体,熔点 159 ℃,难溶

于水,能溶于乙醇和乙醚中。水杨酸存在于柳树、水杨树皮及其他许多植物中,本身有消毒、防腐、解热、镇痛和抗风湿等作用,因它对胃肠道有较大刺激作用,不能内服,多作为外用药物用于治疗皮肤病。作为医药中间体,水杨酸用于合成多种可内服的临床药物,如乙酰水杨酸(阿司匹林)、对氨基水杨酸和水杨酸甲酯。阿司匹林有解热、镇痛、消炎和抗风湿作用,也可抗血小板凝结。对氨基水杨酸的钠盐(PAS-Na)有抑制结核杆菌的作用。水杨酸甲酯又称冬青油,可作扭伤时的外擦药,也用于配制肥皂、牙膏、糖果等的香精。

扫一扫　阿司匹林

9.3 羰基酸

羰基酸可以看成是羧酸分子中烃基上的两个氢原子被氧原子取代后的产物,包括醛酸(aldehydic acid)和酮酸(keto acid)两类。

9.3.1 羰基酸的结构及命名

分子中含有醛基或酮基的羧酸分别称为醛酸或酮酸。最简单的醛酸是乙醛酸,最简单的酮酸是丙酮酸。

醛酸和酮酸的系统命名法是以羧酸为母体,羰基作为取代基,命名为"氧亚基"。例如

$$\underset{\substack{\|\\O}}{OHCCOOH} \qquad \underset{\substack{\|\\O}}{CH_3CCOOH} \qquad \underset{\substack{\|\\O}}{CH_3CH_2CCOOH}$$

2-氧亚基乙酸　　　　2-氧亚基丙酸　　　　2-氧亚基丁酸
（乙醛酸）　　　　　（丙酮酸）　　　　　（α-丁酮酸）

$$\underset{\substack{\|\\O}}{CH_3CCH_2COOH} \qquad \underset{\substack{\|\\O}}{HOOCCCH_2COOH} \qquad \underset{\substack{\|\\O}}{HOOCCCH_2CH_2COOH}$$

3-氧亚基丁酸　　　　2-氧亚基丁二酸　　　　2-氧亚基戊二酸
（β-丁酮酸,乙酰乙酸）　（草酰乙酸）　　　　　（α-酮戊二酸）

有些酮酸还有医学上的习惯名称,如丙酮酸、乙酰乙酸、草酰乙酸及 α-酮戊二酸等,它们都是与人体代谢有关的重要化合物。

9.3.2　羰基酸的化学性质

羰基酸中含有醛基或酮基,具有醛、酮的基本性质。它们能与氢气、饱和亚硫酸氢钠溶液发生加成反应,与羟胺或苯肼生成肟或苯腙。醛酸和酮酸都含有羧基,具有羧基的基本性质,如酸性、成盐、成酯及生成酰卤等。由于羰基和羧基能相互影响,且相互影响受羰基和羧基的相对位置的不同而有差异,因此不同的羰基酸又具有一些特殊化学性质。醛酸实际存在较少,下面重点讨论酮酸的化学性质。

1. α-酮酸

α-酮酸能与托伦试剂反应生成银镜,α-酮酸被氧化脱羧为羧酸。

$$CH_3COCOOH \xrightarrow{\text{托伦试剂}} CH_3COOH + Ag\downarrow + CO_2\uparrow$$

α-酮酸与稀硫酸加热至 150 ℃,发生脱羧反应,生成醛;与浓硫酸共热时,则不发生脱羧反应,而是脱去一分子 CO,主产物是羧酸。

$$\underset{\substack{\|\\O}}{CH_3CCOOH} \xrightarrow[\triangle]{\text{稀 } H_2SO_4} CH_3CHO + CO_2\uparrow$$

$$RCOCOOH \xrightarrow[\triangle]{\text{浓 } H_2SO_4} RCOOH + CO\uparrow$$

2. β-酮酸

β-酮酸只在低温下稳定,在室温以上易脱羧生成酮,这是 β-酮酸的共性。

$$\underset{\substack{\|\\O}}{CH_3CH_2CCH_2COOH} \xrightarrow{\triangle} \underset{\substack{\|\\O}}{CH_3CH_2CCH_3} + CO_2\uparrow$$

β-酮酸受热时比 α-酮酸易于脱羧,原因在于 β-酮酸的酮羰基上的氧有吸电子诱导效应,同时酮羰基氧与羧基上的氢能形成分子内氢键,通过一个六元环过渡态,实现电子转移和结构重排,得到产物酮,其过程如下:

β-酮酸　　　　　　　　　　　　　　　　　　　　　　　丙酮

β-酮酸在生物体内酶的催化下,也可以发生脱羧反应。

$$HOOC-CH_2-\overset{\overset{\displaystyle O}{\|}}{C}-CH_2-CH_2-COOH \xrightarrow[\text{氧化脱羧酶}]{[O]} CH_3-\overset{\overset{\displaystyle O}{\|}}{C}-CH_2CH_2COOH$$

9.3.3 互变异构现象

具有 α-H 的羰基化合物存在一对互变异构体:酮式(keto form)和烯醇式(enol form),它们共同存在于一个平衡体系中,可简单地看作是氢原子在 α-碳和羰基氧之间的来回移动。通常,单羰基化合物在平衡状态下,其烯醇式异构体因不稳定而含量很少。例如,在丙酮的酮式和烯醇式异构体中,烯醇式仅有 0.000 15%。

$$H_3C-\overset{\overset{\displaystyle O}{\|}}{C}-CH_3 \rightleftharpoons H_3C-\overset{\overset{\displaystyle OH}{|}}{C}=CH_2$$

酮式   烯醇式(0.00015%)

具有 β-二羰基结构的化合物在平衡状态下,烯醇式异构体含量明显增多且能相对稳定地存在,其代表物为乙酰乙酸乙酯。

乙酰乙酸乙酯是由甘瑟(Geuther)于 1863 年发现的,并给出其结构为 β-羟基巴豆酸乙酯。1865 年,弗兰克兰(Frankland)和杜拜(Duppa)也得到了乙酰乙酸乙酯,给出的结构是 β-丁酮酸乙酯,当时的化学界为其"正确"结构展开了争论,并形成了两个学派,每一个学派都提出了大量的实验事实。一方发现乙酰乙酸乙酯能与溴的四氯化碳溶液反应而使其褪色、与金属钠反应放出氢气、与三氯化铁反应显紫色,表明有烯醇式结构存在,支持了甘瑟的结构;另一方则发现乙酰乙酸乙酯能与羟胺、2,4-二硝基苯肼等羰基试剂反应,与氢氰酸、亚硫酸氢钠发生加成反应,显示其具有甲基酮的结构,证明弗兰克兰-杜拜结构也是正确的。此争论持续了近半个世纪,直到 1911 年,诺尔(Knorr)将乙酰乙酸乙酯的醚溶液冷却到 -78 ℃得到一种晶体,熔点为 39 ℃,此晶体不与三氯化铁发生显色反应,确定为酮酸酯;向乙酰乙酸乙酯钠盐的醚溶液中通入干燥氯化氢,分离出的油状物被确定为烯醇酯。因此,诺尔提出乙酰乙酸乙酯是以酮式和烯醇式两种形式存在,它们之间可以相互转化,即存在酮式-烯醇式互变异构现象(tautomerism),在室温条件下保持动态平衡。

$$CH_3-\overset{\overset{\displaystyle O}{\|}}{C}-\overset{\overset{\displaystyle H}{|}}{\underset{\displaystyle H}{C}}-\overset{\overset{\displaystyle O}{\|}}{C}-OC_2H_5 \rightleftharpoons CH_3-\overset{\overset{\displaystyle OH}{|}}{C}=CH-\overset{\overset{\displaystyle O}{\|}}{C}-OC_2H_5$$

酮式(92.5%)   烯醇式(7.5%)

乙酰乙酸乙酯的烯醇式异构体之所以具有较大的稳定性,其原因在于:通过分子内氢键形成了一个较稳定的六元闭合环系;同时,烯醇式的羟基氧原子上的未共用电子对与碳-碳双键和碳-氧双键形成共轭体系,发生了电子离域,使分子热力学能降低。

$$CH_3-C=CH-C-OC_2H_5 \rightleftharpoons$$

酮式-烯醇式互变异构现象在含羰基的化合物中普遍存在,酮式和烯醇式共同存在于一个平衡体系中,多数情况下酮式是主要的存在形式。但随着 α-H 的活性增强,氢原子离解后形成的碳负离子的稳定性增大,烯醇式在平衡体系中的含量也随之增加。表 9-4 列出了一些化合物的烯醇式结构及含量,从表中可以看出结构对形成烯醇式异构体稳定性的影响。

表 9-4　一些化合物的酮式-烯醇式互变及烯醇式的含量

化合物	酮式-烯醇式互变异构	烯醇式含量/%
丙酮	$H_3C-\overset{O}{\overset{\|}{C}}-CH_3 \rightleftharpoons H_3C-\overset{OH}{\overset{\|}{C}}=CH_2$	0.000 15
丙二酸二乙酯	$C_2H_5OCCH_2COC_2H_5 \rightleftharpoons C_2H_5OC=CHCOC_2H_5$	0.1
乙酰乙酸乙酯	$CH_3-\overset{O}{C}-\overset{H}{CH}-\overset{O}{C}-OC_2H_5 \rightleftharpoons CH_3-\overset{OH}{C}=\overset{}{CH}-\overset{O}{C}-OC_2H_5$	7.5
戊-2,4-二酮	$CH_3CCH_2CCH_3 \rightleftharpoons CH_3C=CHCCH_3$	76.0
1-苯基丁-1,3-二酮	$C_6H_5CCH_2CCH_3 \rightleftharpoons C_6H_5C=CHCCH_3$	90.0

当分子中含有 $-\overset{O}{\overset{\|}{C}}-\underset{R}{\overset{H}{\overset{\|}{C}}}-\overset{O}{\overset{\|}{C}}-$（R 可以是 H）结构并且其中至少有一个是酮基的化合物,烯醇式异构体的比例就较大,能与三氯化铁发生显色反应。

互变异构现象不仅存在于含氧化合物中,也存在于含氮化合物和糖类化合物中,如嘧啶和嘌呤的衍生物均有酮式和烯醇式的互变异构现象。

9.3.4　重要的羰基酸

1. 丙酮酸

丙酮酸$\left(\text{pyruvic acid，}CH_3\underset{O}{\overset{\|}{C}}COOH\right)$,无色有刺激性臭味的液体,沸点 165 ℃,易溶于水,酸性($pK_a=3.3$)比丙酮及乳酸都强。丙酮酸及它的烯醇式是动植物体内糖、脂肪和蛋白质代谢的一个重要的中间产物。在体内酶的催化下,丙酮酸可以转化为乳酸、氨基酸等,因此在机体代谢过程中起着重要的作用。

2. 草酰乙酸

草酰乙酸$\left(\text{oxaloacetic acid，}HOOC\underset{O}{\overset{\|}{C}}CH_2COOH\right)$,是能溶于水的晶体,水溶液中有

酮式-烯醇式互变异构现象,能与三氯化铁发生显色反应。草酰乙酸是体内糖代谢的中间产物,在酶作用下能进行脱羧反应,生成丙酮酸和二氧化碳。

$$\begin{array}{c} H_2C-COOH \\ | \\ O=C-COOH \end{array} \rightleftharpoons CH_3\overset{\displaystyle O}{\overset{\|}{C}}COOH + CO_2\uparrow$$

3. 乙酰乙酸

乙酰乙酸$\left(acetoacetic\ acid,\ CH_3\overset{\displaystyle O}{\overset{\|}{C}}CH_2COOH\right)$,又称$\beta$-丁酮酸,无色黏稠液体。不稳定,易脱羧为丙酮,也能还原为β-羟基丁酸。β-羟基丁酸、乙酰乙酸和丙酮在医学上总称为酮体(ketone body)。酮体是脂肪在体内不能完全被氧化成二氧化碳和水时的中间产物。健康人血液中酮体含量为 $0.8\sim5\ mg\cdot(100\ mL)^{-1}$,而糖尿病患者由于代谢发生障碍,靠消耗脂肪提供能量,其血液中酮体含量在每 100 mL 血液中高达 $300\sim400\ mg$。由于β-羟基丁酸、乙酰乙酸均具有较强的酸性,所以酮体含量过高的晚期糖尿病患者易发生酸中毒。

4. α-酮戊二酸

α-酮戊二酸$\left(\alpha\text{-}ketoglutaric\ acid,\ HOOC\overset{\displaystyle O}{\overset{\|}{C}}CH_2CH_2COOH\right)$室温下为晶体,熔点 $109\sim$ 111 ℃,溶于水。它具有α-酮酸的一般性质,是人体内糖代谢的中间产物。

关　键　词

羧酸　carboxylic acid　253　　　　亨斯狄克反应　Hunsdiecker reaction　263
羧基 carboxyl　group　253　　　　羟基酸　hydroxy acid　267
酯化　esterification　262　　　　　酮酸　keto acid　272
柯齐反应　Kochi reaction　263　　　互变异构现象　tautomerism　274

小　结

　　羧酸是分子中含有羧基的化合物,羧酸的特性基团是羧基。除甲酸和草酸外,羧酸也可以看作是烃分子中的氢原子被羧基取代后的衍生物。羧酸是一类重要的有机化合物,是合成其他复杂有机化合物的重要原料。

　　羧酸具有弱酸性,其 pK_a 值一般接近 5,能与中等强度的碱反应生成盐;羧酸羧基上能发生亲核取代反应,可生成酰卤、酸酐、羧酸酯和酰胺;在加热等条件下,羧酸能发生脱羧反应;羧基不能被催化氢化法还原,但可被氢化铝锂还原为伯醇。

羧酸分子中烃基上的氢被羟基或氧原子取代后分别形成羟基酸(醇酸和酚酸)和羰基酸(醛酸和酮酸)。羟基酸和羰基酸是含有双特性基团的化合物,它们的化学性质除具有各特性基团的基本化学性质以外,还受各特性基团相互作用的影响表现出一些特殊的化学性质。

例如,α-醇酸的羟基受羧基影响能被稀硝酸和托伦试剂氧化;羧基受羟基影响而酸性增强;醇酸在受热时会发生分子内或分子间脱水反应而生成不同的产物。α-酮酸能被弱氧化剂氧化成少一个碳的羧酸,在稀硫酸作用下能发生脱羧反应生成醛,在浓硫酸作用下发生脱羰基反应生成少一个碳的羧酸;β-酮酸在室温以上易发生脱羧反应生成酮。

具有 α-H 的羰基化合物存在酮式和烯醇式互变异构体,它们共同存在于一个平衡体系中,可以相互转化,称为酮式-烯醇式互变异构。具有 β-二羰基结构的化合物(如乙酰乙酸乙酯)在平衡状态下,烯醇式异构体含量明显增加且能相对稳定地存在,因为 $\overset{\displaystyle |}{\underset{\displaystyle |}{C}}\!\!=\!\!\overset{\displaystyle |}{\underset{\displaystyle |}{C}}$ 与羧酸酯基中的 $C\!\!=\!\!O$ 形成共轭体系,降低了体系的热力学能,此外烯醇结构可形成分子内氢键,从而具有较稳定的六元环体系结构。

主要反应总结

1. 羧酸的反应

　(1) 生成酰卤

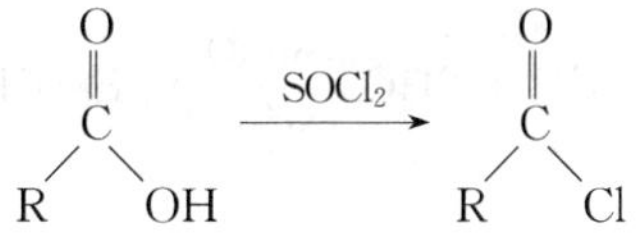

　(2) 生成酸酐

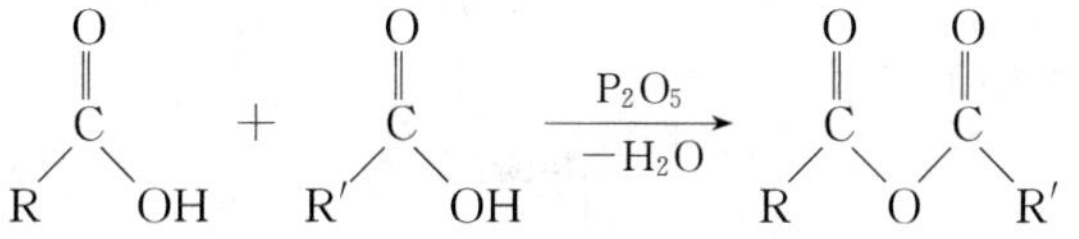

　(3) 生成酯

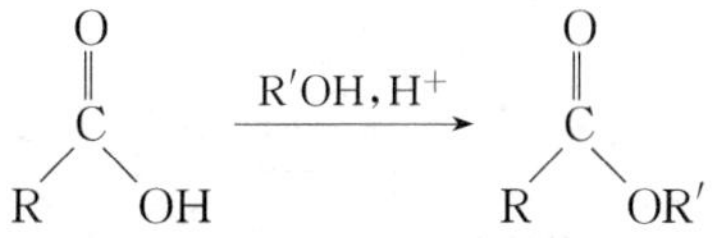

　(4) 生成酰胺

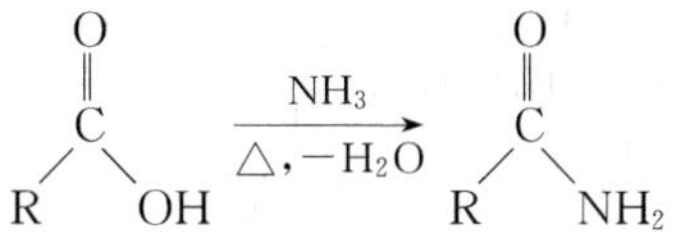

　(5) 脱羧反应

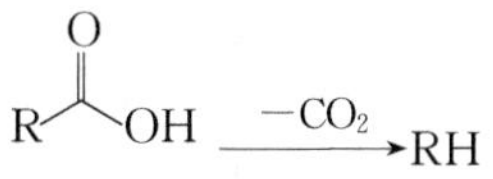

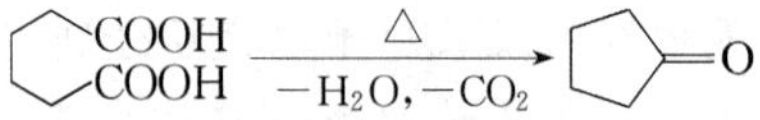

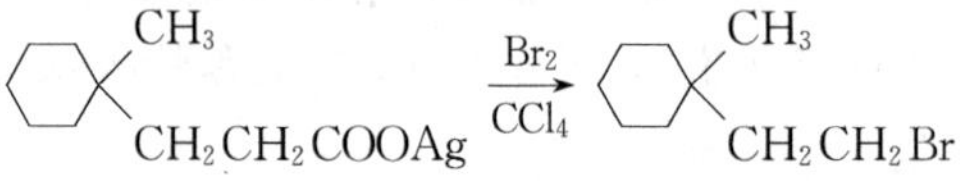

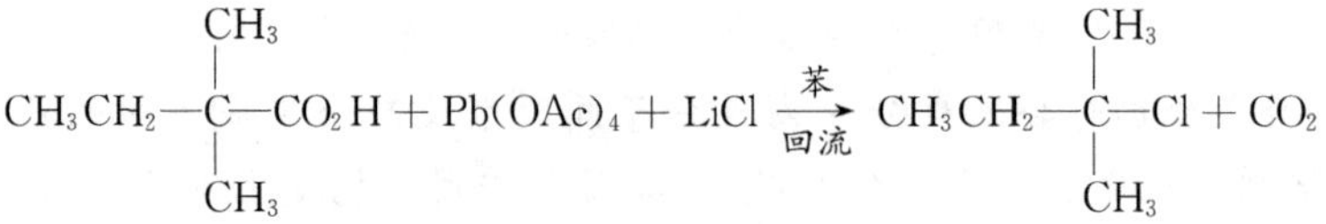

$$\text{环戊烷-1,1-二甲酸} \xrightarrow[-H_2O, -CO_2]{\triangle} \text{环戊酮}$$

$$CH_3CH_2-\underset{\underset{CH_3}{|}}{\overset{\overset{CH_3}{|}}{C}}-CO_2H + Pb(OAc)_4 + LiCl \xrightarrow[\text{回流}]{\text{苯}} CH_3CH_2-\underset{\underset{CH_3}{|}}{\overset{\overset{CH_3}{|}}{C}}-Cl + CO_2$$

（6）还原

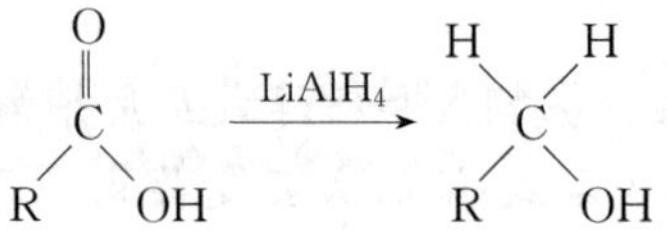

（7）烃基上的卤代反应

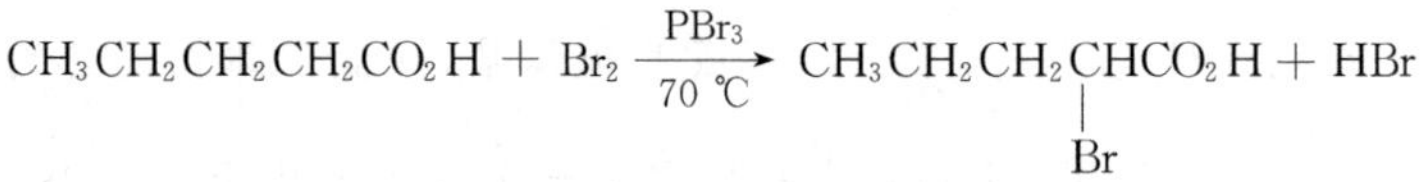

$$CH_3CH_2CH_2CH_2CO_2H + Br_2 \xrightarrow[70\ ℃]{PBr_3} CH_3CH_2CH_2\underset{\underset{Br}{|}}{CH}CO_2H + HBr$$

2. 羧酸的制备

（1）醇的氧化

$$CH_3(CH_2)_8CH_2OH \xrightarrow[H_2O, H_2SO_4]{CrO_3} CH_3(CH_2)_8CO_2H$$

（2）醛的氧化

$$CH_3(CH_2)_3CHO \xrightarrow[NH_4OH]{AgNO_3} CH_3(CH_2)_3CO_2H$$

（3）芳烃侧链氧化

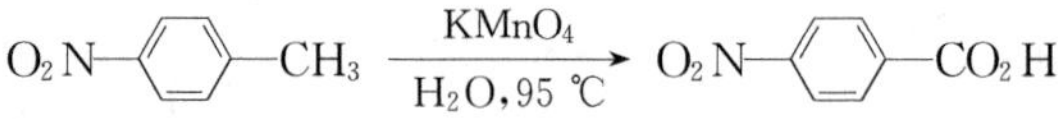

（4）格氏试剂与 CO_2 反应

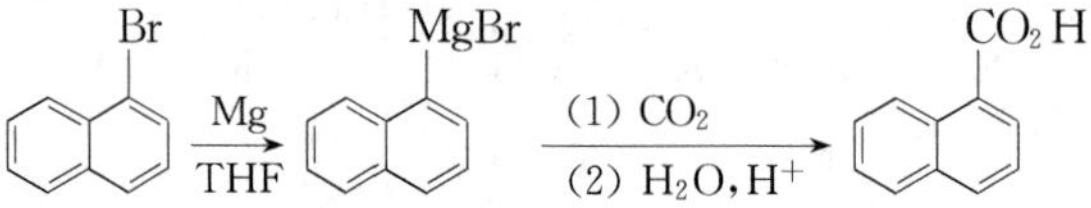

（5）腈的水解

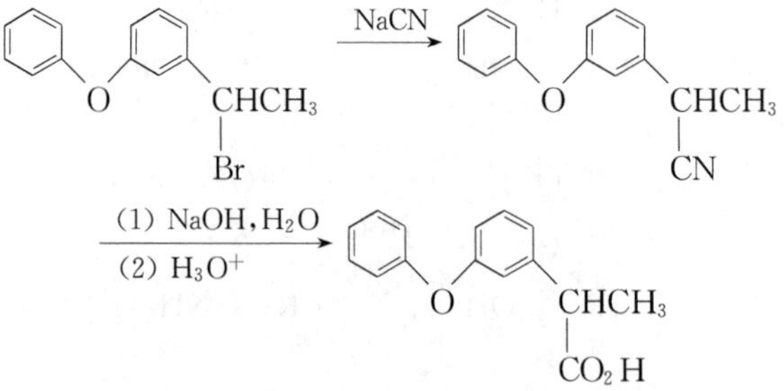

　　(6) 工业制法

$$CH_3CHO + O_2 \xrightarrow{\text{乙酸锰}} CH_3CO_2H$$

3. 醇酸的特殊反应

(1) α-羟基酸中羟基容易被弱氧化剂氧化,生成 α-羰基酸。

$$\overset{OH}{\underset{|}{R}CHCOOH} + 2Ag(NH_3)_2^+ + 3OH^- \longrightarrow \overset{O}{\underset{\|}{R}CCOO^-} + 2Ag\downarrow + 2NH_3\uparrow + 3H_2O$$

(2) α-羟基酸受热后发生双分子间的脱水反应,生成交酯。

(3) β-羟基酸受热生成 α,β-不饱和酸。

$$CH_3\underset{\underset{OH}{|}}{CH}CH_2COOH \xrightarrow[-H_2O]{\triangle} CH_3CH{=}CHCOOH$$

(4) γ-羟基酸与 δ-羟基酸受热生成五元或六元的环状内酯。

(5) ε-及其以上的羟基酸受热时脱水为烯酸或分子间酯化为聚酯。

$$n\mathrm{HO(CH_2)_5COOH} \xrightarrow[-(n-1)H_2O]{\triangle} \mathrm{HO(CH_2)_5} \overset{O}{\underset{\|}{C}} \left[O(CH_2)_5 \overset{O}{\underset{\|}{C}} \right]_{n-2} O(CH_2)_5COOH$$

4. 酚酸的特殊反应

　　羟基在羧基的邻或对位的酚酸在加热至熔点以上时,易分解脱羧而生成相应的酚。

5. 酮酸的特殊反应

(1) α-酮酸与托伦试剂的反应。

$$CH_3COCOOH \xrightarrow{\text{托伦试剂}} CH_3COOH + Ag\downarrow + CO_2\uparrow$$

(2) α-酮酸与稀硫酸加热至 150 ℃,发生脱羧反应,生成醛;与浓硫酸共热时,不发生脱羧反应,而是脱去一分子 CO,主产物是羧酸。

$$\overset{\displaystyle O}{\underset{\displaystyle \|}{R}}CCOOH \xrightarrow[\triangle]{\text{稀 } H_2SO_4} RCHO + CO_2\uparrow$$

$$RCOCOOH \xrightarrow[\triangle]{\text{浓 } H_2SO_4} RCOOH + CO\uparrow$$

(3) β-酮酸的特殊反应

$$CH_3CH_2\overset{\displaystyle O}{\underset{\displaystyle \|}{C}}CH_2COOH \xrightarrow{\triangle} CH_3CH_2\overset{\displaystyle O}{\underset{\displaystyle \|}{C}}CH_3 + CO_2\uparrow$$

习 题

1. 命名下列化合物或根据名称写出化合物结构式。

(1) $CH_3\underset{\underset{\displaystyle CH_3}{|}}{CH}CH_2COOH$

(2) $CH_3\underset{\underset{\displaystyle Br}{|}}{CH}CH_2CH_2COOH$

(3) $CH_3CH_2\underset{\underset{\displaystyle COOH}{|}}{CH}CH_2CH_3$

(4)

(5)

(6) $\underset{\displaystyle H}{\overset{\displaystyle HOOC}{\diagdown}}C=C\underset{\displaystyle H}{\overset{\displaystyle COOH}{\diagup}}$

(7) 邻羟基苯甲酸

(8) 酒石酸

(9) 柠檬酸

(10) 水杨酸

(11) 乙酰乙酸

(12) 丙酮酸

2. 写出分子式为 $C_6H_{12}O_2$ 的羧酸异构体的构造式并命名。

3. 写出分子式为 $C_5H_6O_4$ 的不饱和二元酸的各异构体(包括顺反异构体)的构造式(构型式)并命名。

4. 下列化合物中,哪些能与 $FeCl_3$ 发生显色反应?

(1) $CH_3COCH_2COOC_2H_5$

(2) $CH_3COCH_2CH_2COOC_2H_5$

(3) $CH_3CO\underset{\underset{\displaystyle CH_3}{|}}{\overset{\overset{\displaystyle CH_3}{|}}{C}}COOC_2H_5$

(4) $CH_3COCHCOOC_2H_5$ $\underset{\displaystyle CH(CH_3)_2}{|}$

5. 按酸性由弱到强的顺序排列下列化合物。

(1) 乙酸,三氯乙酸,二氯乙酸

(2) 苯甲酸,对硝基苯甲酸,邻硝基苯甲酸,2,4-二硝基苯甲酸

(3) 乙酸,苯酚,对硝基苯酚,环己醇

6. 分别写出异丁酸与下列试剂作用的反应式。

(1) Br_2/P,△   (2) $SOCl_2$ (3) C_2H_5OH,H_2SO_4

(4) $NaHCO_3$ (5) $LiAlH_4$ (6) $(CH_3CO)_2O$

7. 下列物质受热后的主要产物是什么?

    (1) 2-乙基-2-甲基丙二酸   (2) 3,4-二甲基己二酸

    (3) 丁酸   (4) 乙二酸

8. 如何从丁酸出发制备下列化合物?

    (1) 丁-1-醇   (2) 丁醛   (3) 1-溴丁烷

    (4) 正戊腈   (5) 丁-1-烯   (6) 丁胺

9. 写出对甲基苯甲酸与下列试剂反应的方程式。

    (1) $LiAlH_4$ (2) CH_3OH,HCl (3) $SOCl_2$

10. 用简单的化学方法区分下列各组化合物。

    (1) 乙醇,乙醛,乙酸   (2) CH_3COBr,$CH_2BrCOOH$

    (3) $HCOOH$,CH_3COOH (4) 苯甲醇,水杨酸,苯甲酸

11. 化合物 A($C_6H_{12}O_3$)脱水得 B($C_6H_{10}O_2$)。B 无对映异构体,但有两个顺反异构体。B 加 1 mol H_2 得 C($C_6H_{12}O_2$),C 可拆分为两个对映体。在一定条件下,C 与 1 mol Cl_2 反应得 D。D 与 KOH-乙醇溶液反应生成 B 的钾盐。B 氧化时得 E(C_4H_8O)及草酸。E 无银镜反应,但能生成碘仿。推导 A 可能的构造式。

12. 二元酸 A($C_8H_{14}O_4$)加热时转变为非酸的化合物 B($C_7H_{12}O$)。B 以浓 HNO_3 氧化得二元酸 C ($C_7H_{12}O_4$)。C 加热时生成酸酐 D($C_7H_{10}O_3$)。A 以 $LiAlH_4$ 还原时可得 E($C_8H_{18}O_2$)。E 脱水生成 3,4-二甲基己-1,5-二烯。推导 A 可能的构造式,并写出相应的 B、C、D、E 的结构式。

13. 化合物 A($C_7H_6O_3$)溶于 $NaHCO_3$ 溶液,与 $FeCl_3$ 有显色反应。将 A 用($CH_3CO)_2O$ 处理后生成 $C_9H_8O_4$,A 与甲醇反应可得 $C_8H_8O_3$,后者硝化后主要生成两种一硝基化合物。推导 A 可能的构造式。

第 10 章　羧酸衍生物

羧酸分子羧基上的羟基(—OH)被—X(—Cl、—Br)、—OCOR、—OR、—NH₂(或—NHR、—NR′R″)取代后所形成的化合物,分别称为酰卤(acyl halide)、酸酐(acid anhydride)、羧酸酯(acid ester)和酰胺(amide),总称为羧酸衍生物(derivatives of carboxylic acid)。结构通式分别如下:

酰卤　　　　酸酐　　　　羧酸酯　　　　酰胺

腈(R—C≡N,nitrile)可以水解生成羧酸,具有与其它羧酸衍生物类似的化学性质,在本章一并讨论。

10.1　羧酸衍生物的命名

酰卤的名称由酰基和卤素两部分组成,酰基的名称在前,卤素的名称在后,称为某酰卤。例如:

乙酰氯　　　苯甲酰氯　　　丙烯酰溴　　　草酰氯　　　2-氯丙酰溴

酸酐根据水解所得的羧酸情况分为单酐和混合酐。二分子相同一元酸所得的酐叫单酐,命名为某(酸)酐。例如:

乙(酸)酐　　　　　　　苯甲(酸)酐

由两种不同的羧酸形成的酸酐叫做混合酐。混合酐的命名与混醚相似,简单或低级酸在前,复杂或高级酸在后,再加上"酐"字。例如:

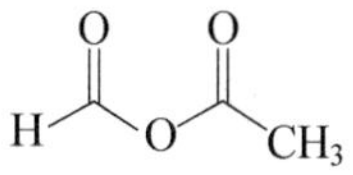

甲(酸)乙(酸)酐

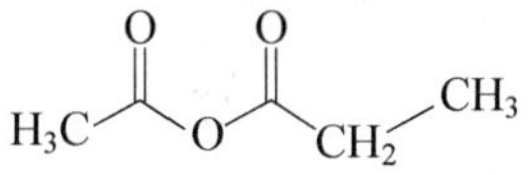

乙(酸)丙(酸)酐

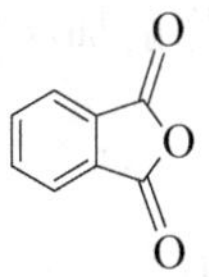

邻苯二甲酸酐

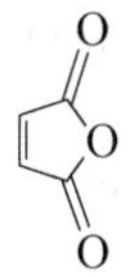

顺丁烯二酸酐(马来酸酐)

酯根据水解后生成的羧酸和醇来命名。一元醇的羧酸酯叫做某酸某酯(省略“醇”字)。多元醇的羧酸酯,醇的名称在前,羧酸的名称在后,称某醇某酸酯。

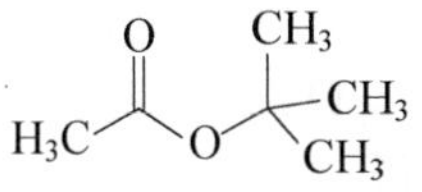

乙酸叔丁酯

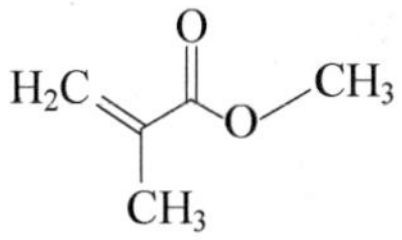

2-甲基丙烯酸甲酯

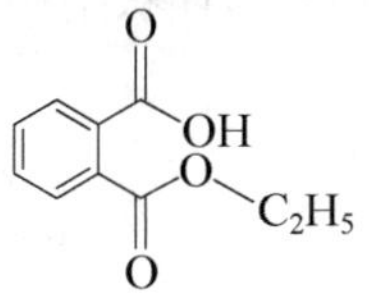

邻苯二甲酸单乙酯

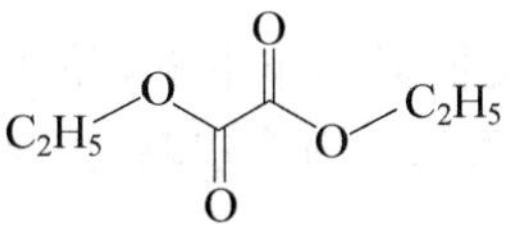

草酸二乙酯

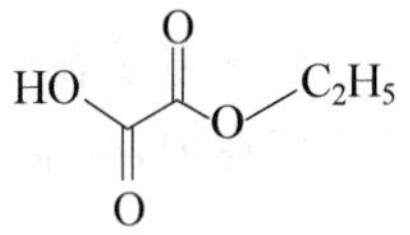

草酸单乙酯

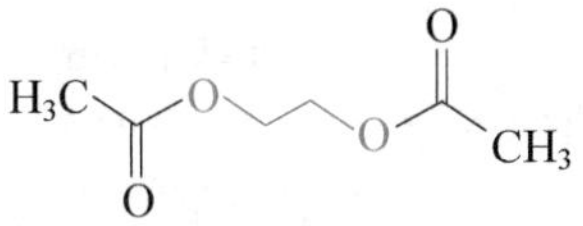

乙二醇二乙酸酯

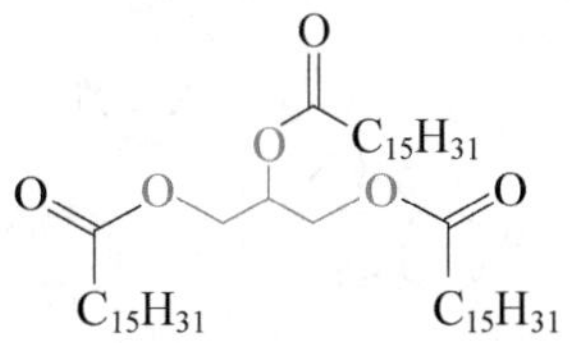

三棕榈酸甘油酯

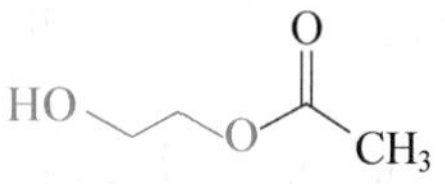

乙二醇单乙酸酯

由同一个分子内部的羟基和羧基缩合形成的酯叫做“内酯”(lactone)。内酯命名时,用内酯二字代替酸字,并标明羟基的位置。例如

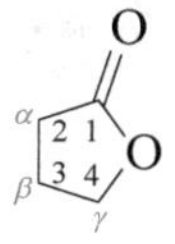

γ-丁内酯(4-丁内酯)

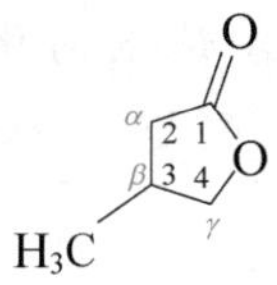

3-甲基-γ-丁内酯

酰胺——由相应酸的酰基和“胺”的名称。例如:

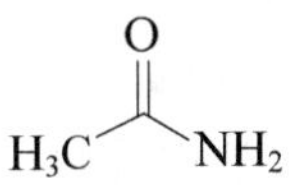

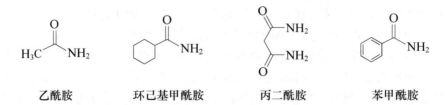

乙酰胺

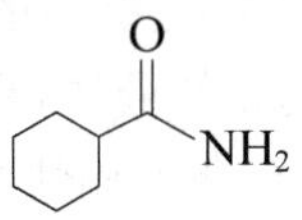

环己基甲酰胺

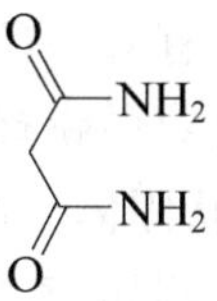

丙二酰胺

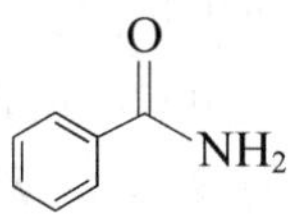

苯甲酰胺

若氮上有取代基,在基名称前加斜体 N-标出。例如:

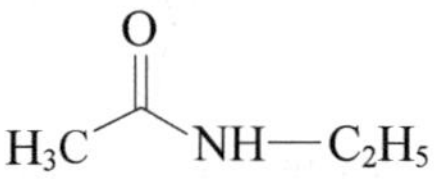

N-乙基乙酰胺 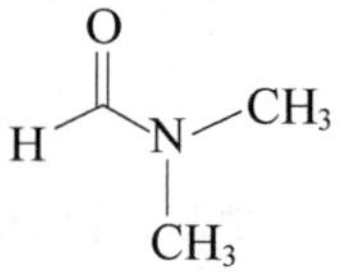   N,N-二甲基甲酰胺 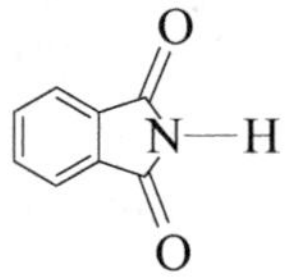   邻苯二甲酰亚胺 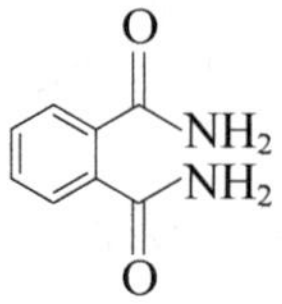   邻苯二甲酰胺

含有—CONH₂ 环状结构的酰胺称为"内酰胺"(lactam)。

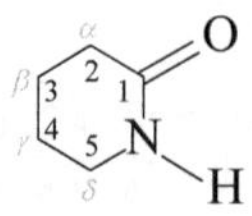

δ-戊内酰胺 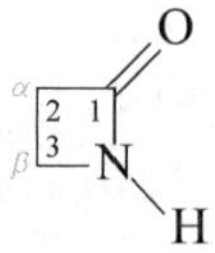   β-丙内酰胺

腈的命名方法是:选包含氰基碳在内的最长碳链作主链,并从氰基中的碳开始编号,将氰基(—CN)的碳原子计算在内,称某腈。氰基作为取代基时,氰基碳原子不计算在内。例如:

CH₃CN   CH₃CH₂CHCH₂CN   NCCH₂CH₂CH₂CN   CH₃CH₂CHCH₂OH
　　　　　　　|CH₃　　　　　　　　　　　　　　　　　　|CN

乙腈   3-甲基戊腈   戊二腈   2-氰基丁-1-醇

CH₃CH₂CHCH₂COOH
　　　　|CN

3-氰基戊酸   苯甲腈 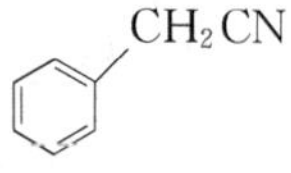   苯乙腈 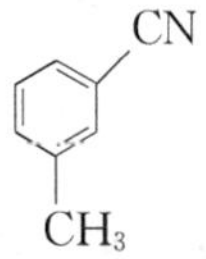   间甲基苯甲腈

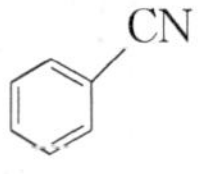

> **问题与思考 10-1**
> 请写出下列常用化学试剂的化学结构:乙酸乙酯,醋酐,N,N-二甲基甲酰胺(DMF),甲磺酰氯(MsCl),对甲苯磺酰氯(TsCl)

10.2 羧酸衍生物的物理性质

10.2.1 羧酸衍生物的熔点、沸点和溶解度

羧酸衍生物的分子中都含有 C=O,因此它们都是极性的化合物。

低级酰卤和酸酐都是具有对黏膜有刺激性臭味的液体,高级的为固体。

酯多为液体,高级酯为蜡状固体。低级酯具有令人愉快的香味,常作香料。许多花、果的香味是由羧酸酯产生的。例如,乙酸戊酯有梨香,乙酸异戊酯有香蕉味,正丁酸正丁酯有菠萝香,戊酸异戊酯有苹果香,苯甲酸甲酯有茉莉花香等。低级的腈是无色略带气味的液体,高级的腈是白色蜡状固体。

　　酰卤、酯各自分子之间不能生成氢键,所以沸点比相应的羧酸低得多;酸酐的沸点比相对分子质量相近的羧酸低。

　　在常温下,除甲酰胺外,其他 $RCONH_2$ 型酰胺都为固体。由于酰胺分子之间可以通过氢键缔合,所以它的熔点和沸点比相应的羧酸高。

　　氮原子上的氢被烃基取代,缔合程度减小,沸点降低;若两个氢都被取代形成叔酰胺,分子间不能形成氢键,沸点降低得更多,如甲酰胺(210.5 ℃,分解)、N-甲基甲酰胺(180 ℃)、N,N-二甲基甲酰胺(153 ℃)。

　　腈分子中,$C{\equiv}N$ 键的极性大,沸点比酰氯和酯高,但由于分子间不能形成氢键,沸点较羧酸低。

　　低级的酰氯遇水发生强烈水解;低级的酸酐遇水也会发生水解,但反应稍缓;低级的酰胺易溶于水。低级的腈能溶于水。随着相对分子质量的增大,各羧酸衍生物溶解度逐渐减小。

　　酰氯、酸酐、酯、酰胺和腈均能溶于有机溶剂,有些本身也是良好的溶剂,如乙酸乙酯、N,N-二甲基甲酰胺(DMF)和乙腈等。一些羧酸衍生物的物理常数列于表 10-1。

表 10-1　一些羧酸衍生物的物理常数

化合物	熔点/℃	沸点/℃	化合物	熔点/℃	沸点/℃
乙酰氯	−112	51	苯甲酐	42	360
乙酰溴	−96	80	邻苯二甲酐	132	284.5
丙酰氯	−94	80	甲酸甲酯	−99	32
丁酰氯	−89	102	甲酸乙酯	−80	54
苯甲酰氯	−1	197	乙酸乙酯	−83	77
乙酸酐	−73	140	乙酸异戊酯	−78	142
丙酸酐	−45	168	戊酸乙酯	−91	146
丁二酸酐	120	261	苯甲酸乙酯	−35	213

10.2.2　羧酸衍生物的光谱学特征

　　羧酸衍生物的红外光谱特征:除腈外,羧酸衍生物的红外光谱在 $1850\sim1630$ cm^{-1} 有强吸收峰,这是羰基的伸缩振动引起的。通常,羰基吸收峰的频率为酰卤＞酸酐＞酯＞酰胺(图 10-1～图 10-3)。

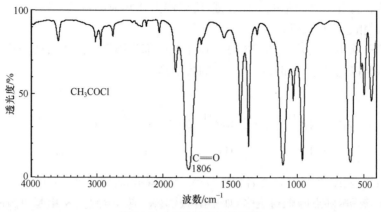

图 10-1　乙酰氯的红外光谱

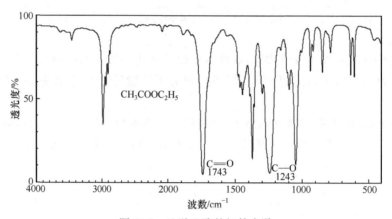

图 10-2　乙酸乙酯的红外光谱

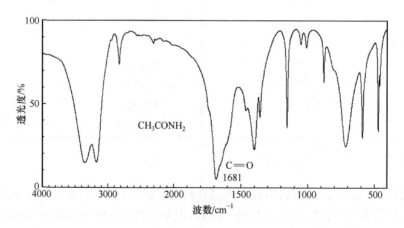

图 10-3　乙酰胺的红外光谱

羧酸衍生物的 ^{1}H 核磁共振谱：羧酸衍生物的羰基是拉电子基团，能有效降低其相邻碳上氢原子核的外围电子云密度，使得该 H 原子的屏蔽效应随之降低，核磁共振吸收峰移向低场，因此，羧酸衍生物 α 碳上 H 的化学位移较烷基 H 的位移值大，一般在 2.0～

3.0 ppm。另外，羧酸衍生物中的氧、氮原子电负性也较大，使得与它们相连接的碳上 H 的位移值也变大，一般在 3.0～4.5 ppm。例如，乙酸乙酯的 ^{1}H NMR 谱图中，有三种类型的 H，它们的位移值和峰形如图 10-4 所示。

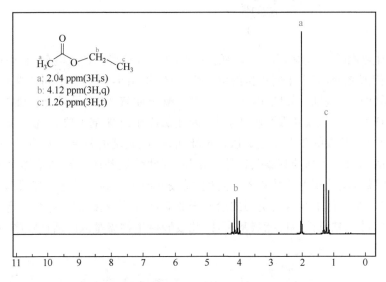

图 10-4 乙酸乙酯的 ^{1}H NMR 谱图（CDCl$_3$ 溶液）

羧酸衍生物的 ^{13}C 核磁共振谱：羧酸衍生物中，羰基的 ^{13}C NMR 化学位移值酰氯＞酯＞酰胺，其中酯羰基的 ^{13}C NMR 化学位移值一般在 160～180 ppm。例如，乙酸乙酯的 ^{13}C NMR 谱图中，有四种类型的 C，它们的位移值如图 10-5 所示。

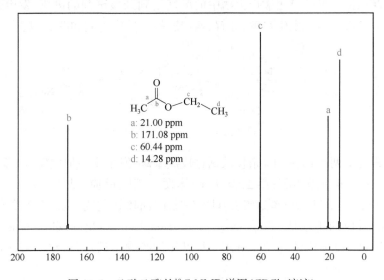

图 10-5 乙酸乙酯的 ^{13}C NMR 谱图（CDCl$_3$ 溶液）

10.3　羧酸衍生物的化学性质

10.3.1　酰基亲核取代反应

羧酸衍生物都含有酰基（$R-\overset{\overset{O}{\|}}{C}-$）的共同结构，羰基碳都带正电荷，它们在化学性质方面有很多相似之处，但由于所连接的电负性基团的不同，而具有不同的性质，对于同一种反应，其活性也有差别。如图 10-6 所示，对于酰氯而言，氯原子具有较强的电负性，而氯原子上的孤对电子与羰基碳共轭效应弱，因此氯原子对羰基主要表现为较强的吸电子诱导效应，使得羰基碳的正电荷性更强。对酯而言，烷氧基的氧原子具有较强的电负性，但氧原子上的孤对电子与羰基碳共轭效应较强，因此烷氧基团对羰基整体上表现为给电子效应，使得羰基碳的正电荷性减弱。同理，酰胺氮原子上的孤对电子与羰基碳的共轭效应则更强，对羰基整体上表现为更强的给电子效应，使得羰基碳的正电荷稳定性更弱。酸酐的羰基碳活性比酰氯低但比酯羰基高，因此羧酸衍生物羰基碳的活性顺序为：酰氯＞酸酐＞酯＞酰胺。

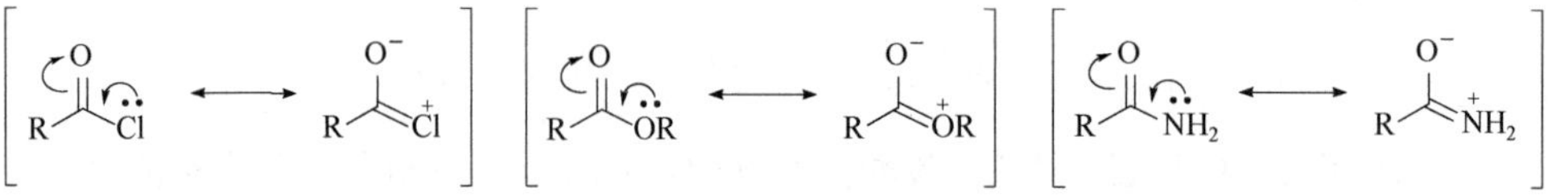

图 10-6　羧酸衍生物的共振式

酰卤、酸酐、酯和酰胺等羧酸衍生物中的酰基受到亲核试剂的进攻，发生亲核取代反应，如与水、醇和胺或氨等发生水解、醇解、氨（胺）解。反应机制如图 10-7 所示。

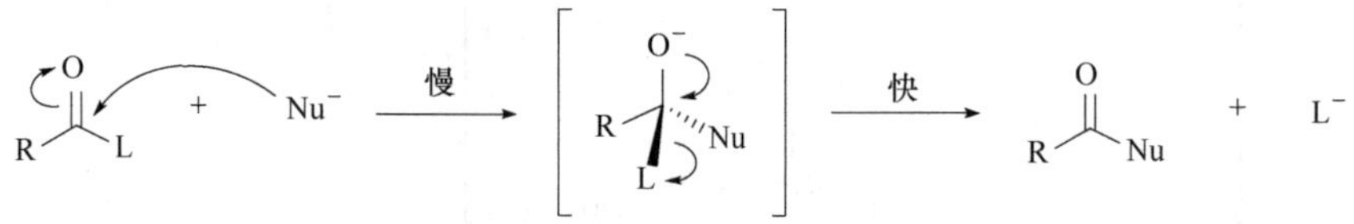

图 10-7　羧酸衍生物与亲核试剂的取代反应

反应过程经历两步：第一步，亲核试剂进攻羰基碳，发生亲核加成反应，形成四面体结构的中间体，这一步为慢步骤；第二步，中间体发生消除反应，基团 L（L＝—OH，—X，—O₂CR′，—OR′，—NH₂ 等）作为离去基团离去，四面体转化为平面三角形，恢复羰基碳氧双键结构。反应的历程是亲核加成-消除（nucleophilic addition-elimination）。反应结果是离去基团（L）被亲核试剂（Nu）取代，所以又称酰基亲核取代反应（acyl nucleophilic substitution reaction）。

1）水解——形成羧酸

酰卤、酸酐、酯、酰胺和腈水解（hydrolysis）后均可形成羧酸，其中酰卤水解最快，低碳酰卤与空气中的水蒸气即可反应；酸酐反应活泼性比酰卤稍差，在热水中比在冷水中反应快；酯较稳定，需要在无机酸或碱存在下并加热才能进行反应；酰胺比酯稳定，一般需浓度较大的强碱存在,并长时间加热才能反应。

$$CH_3\overset{O}{\underset{||}{C}}Cl + H_2O \longrightarrow CH_3COOH + HCl$$

乙酰氯   乙酸

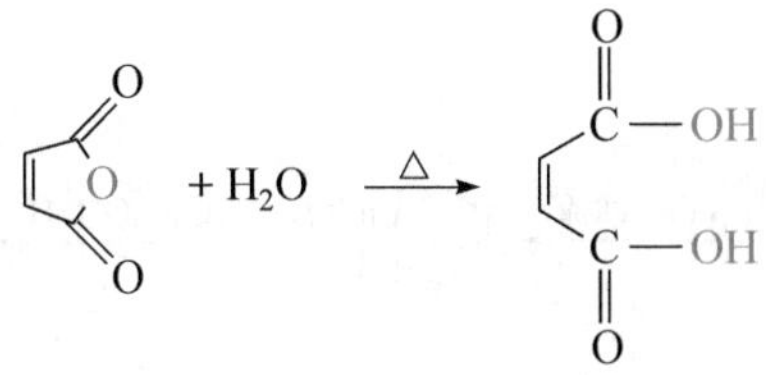

顺丁烯二酸酐 $+ H_2O \xrightarrow{\Delta}$ 顺丁烯二酸

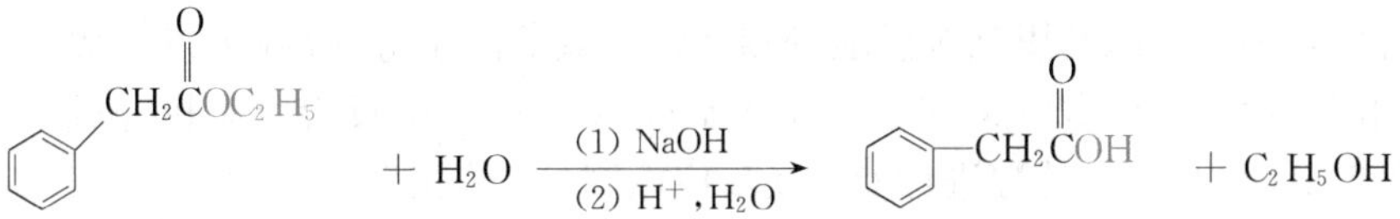

苯乙酸乙酯 $+ H_2O \xrightarrow[(2)\ H^+,H_2O]{(1)\ NaOH}$ 苯乙酸 $+ C_2H_5OH$

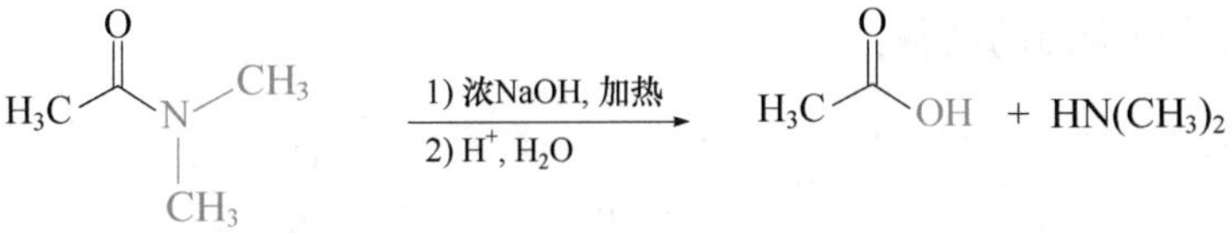

N,N-二甲基乙酰胺 $\xrightarrow[2)\ H^+,H_2O]{1)\ 浓NaOH,加热}$ $H_3C\overset{O}{\underset{||}{C}}OH + HN(CH_3)_2$

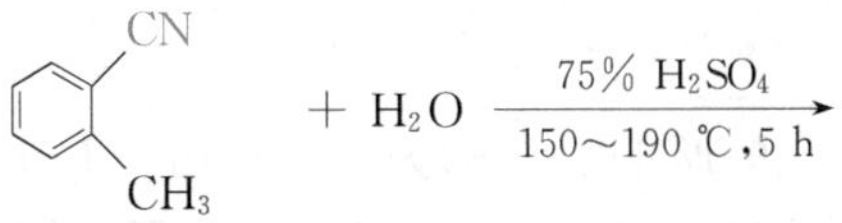

邻甲基苯甲腈 $+ H_2O \xrightarrow[150\sim190\ ℃,5\ h]{75\%\ H_2SO_4}$ 邻甲基苯甲酸

2) 醇解——形成酯

酰卤和酸酐容易与醇发生醇解(alcoholysis)反应生成酯。酰卤的醇解通常加入碳酸盐或吡啶、三乙胺等碱,中和反应生成的卤化氢,促进反应顺利进行。例如:

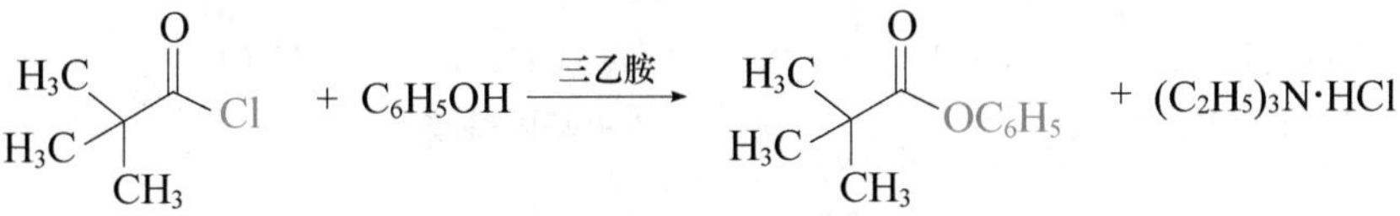

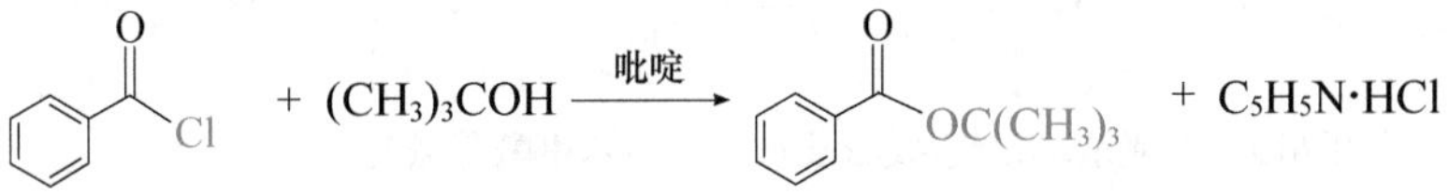

$+ C_6H_5OH \xrightarrow{三乙胺}$ $+ (C_2H_5)_3N\cdot HCl$

$+ (CH_3)_3COH \xrightarrow{吡啶}$ $+ C_5H_5N\cdot HCl$

苯甲酰氯   叔丁醇   苯甲酸叔丁酯

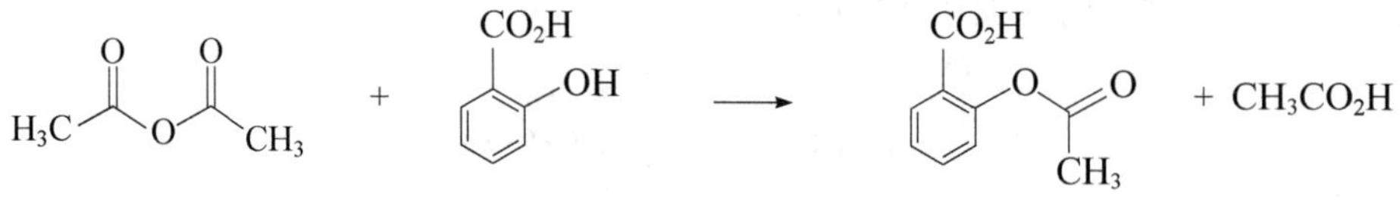

乙酐　　水杨酸　　乙酰水杨酸(阿司匹林)

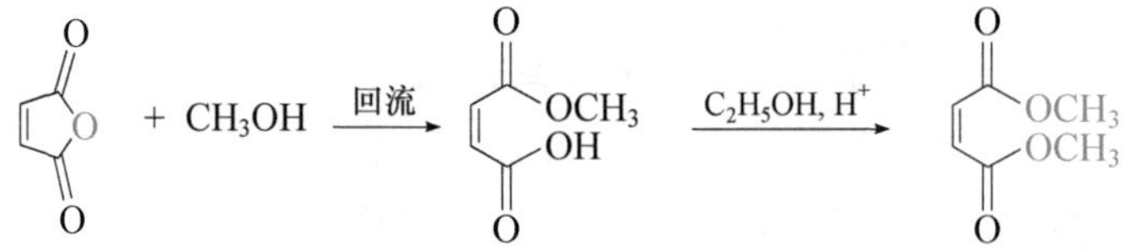

顺丁烯二酸酐　　顺丁烯二酸二甲酯

酯在酸(盐酸、硫酸、对甲基苯磺酸等)或碱(烷氧负离子等)存在下发生醇解反应，生成新的酯和醇，所以酯的醇解又称酯交换(transesterification)反应。有机合成中，常利用羧酸甲酯或乙酯与高沸点的醇进行酯交换反应以制备复杂醇的酯。

$$RCOOR' + R''OH \xrightleftharpoons{H^+ 或 R''O^-} RCOOR'' + R'OH$$

如局部麻醉药普鲁卡因的制备：

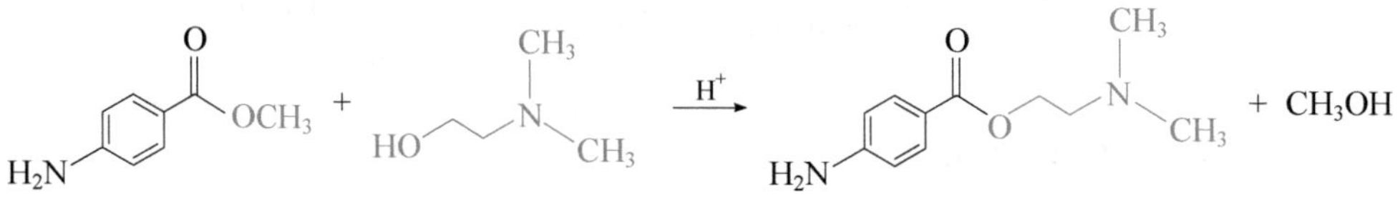

3) 氨(胺)解——形成酰胺

酰卤、酸酐、酯和酰胺与氨(或胺)生成酰胺的反应称为氨解(aminolysis)反应。由于氨(或胺)的亲核性比水强，因此氨解比水解反应容易进行。酰卤、酸酐在较低温度下慢慢反应，可氨解成酰胺，在碱性条件下(如 NaOH、吡啶、三乙胺等)可加速氨解反应的进行；酯的氨解比水解反应容易进行，只需加热而不需酸或碱存在就能生成酰胺；酰胺的氨解很难，必须用大量且亲核性更强的胺，才能缓慢发生反应。

$$(CH_3)_2CH\overset{O}{\overset{\|}{C}}Cl + 2NH_3 \longrightarrow (CH_3)_2CH\overset{O}{\overset{\|}{C}}NH_2 + NH_4Cl$$

2-甲基丙酰氯　　2-甲基丙酰胺

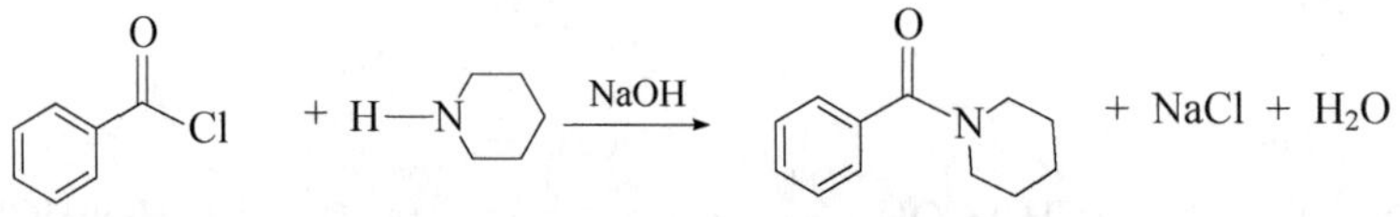

苯甲酰氯　　氮杂环己烷(或哌啶)　　*N*-苯甲酰基哌啶

$$(CH_3CO)_2O + H_2NCH_2COOH \xrightarrow{H_2O} CH_3\overset{O}{\overset{\|}{C}}NHCH_2COOH + CH_3COOH$$

乙酸酐　　甘氨酸　　乙酰氨基乙酸

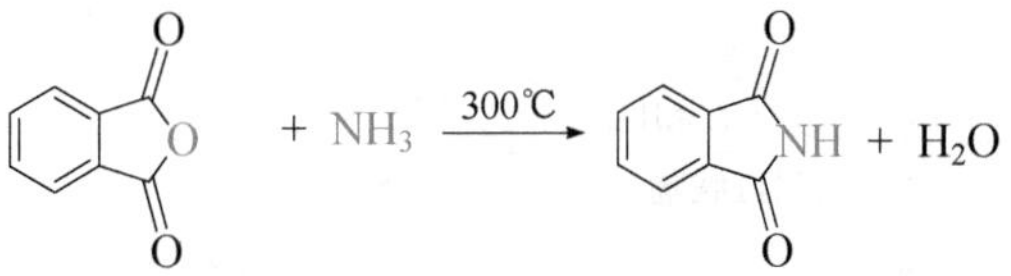

邻苯二甲酸酐　　　　　邻苯二甲酰亚胺

$(CH_3CO)_2O$ + H_2N—〈〉—OH ⟶ CH_3CONH—〈〉—OH

1 mol　　对氨基苯酚　　　对乙酰氨基苯酚（扑热息痛）

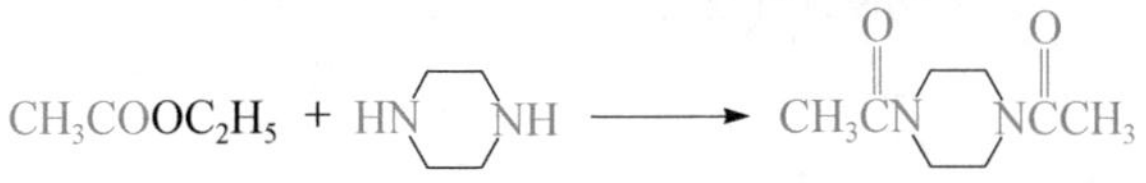

$CH_3COOC_2H_5$ + HN〈〉NH ⟶ CH_3CN〈〉NCCH_3

乙酸乙酯　　　　哌嗪　　　　　N,N-二乙酰基哌嗪

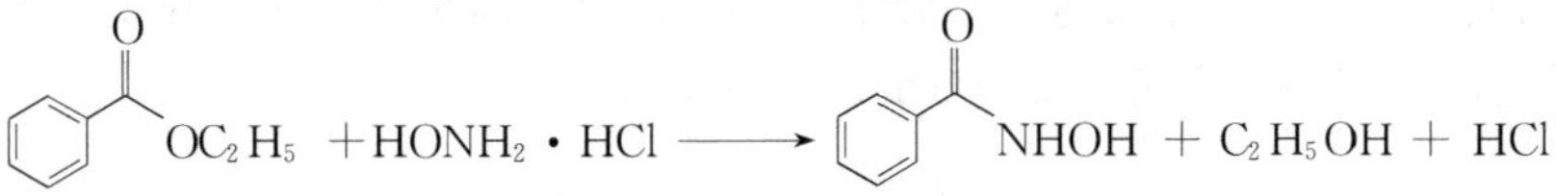

苯甲酸乙酯 + $HONH_2·HCl$ ⟶ NHOH + C_2H_5OH + HCl
盐酸羟胺　　　　　N-苯甲酰羟胺

问题与思考 10-2
　　请解释为什么羧酸衍生物反应的活性顺序是酰卤＞酸酐＞酯＞酰胺。

　　按照反应活性顺序:酰卤＞酸酐＞酯＞酰胺,通常活性高的羧酸衍生物可以转化成活性低的羧酸衍生物,反之则困难(图 10-8)。

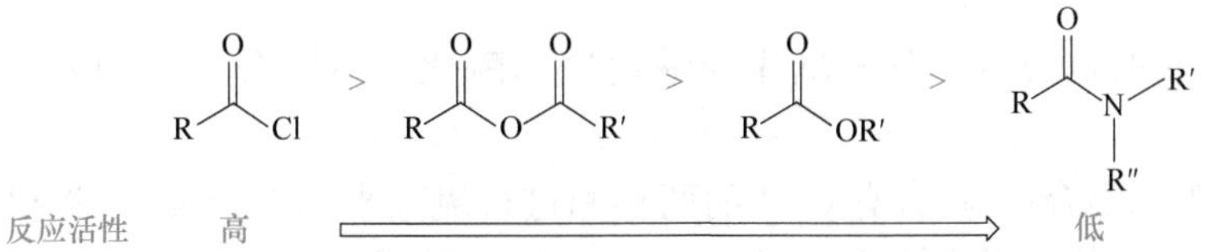

反应活性　高 ⟹ 低

图 10-8　羧酸衍生物的相互转化

10.3.2　还原反应

　　羧酸衍生物比羧酸容易还原,其中酰卤、酸酐和酯都能被氢化铝锂($LiAlH_4$)还原为伯醇,如果这些羧酸衍生物的烃基上含有双键,则不受影响。酯还可用催化氢化法或 Na-C_2H_5OH 还原,催化氢化时酯烃基上的双键同时被还原,Na-C_2H_5OH 还原不影响双键。腈在 $LiAlH_4$ 或催化氢化下还原为伯胺。

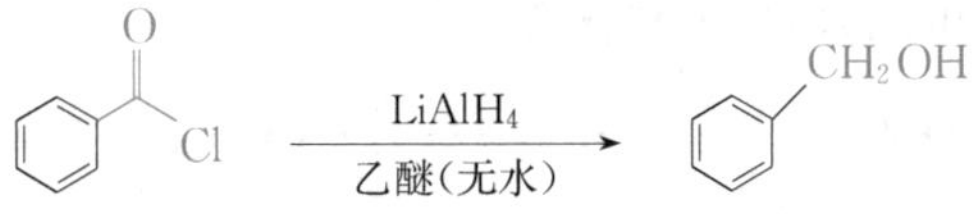

苯甲酰氯 —$LiAlH_4$/乙醚（无水）→ CH_2OH 苯甲醇

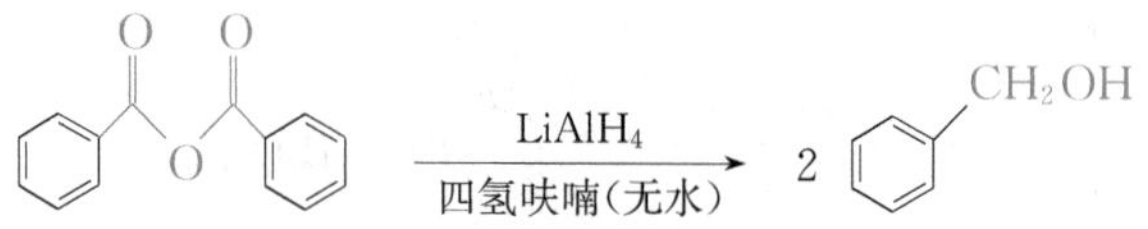

苯甲酸酐 → 苯甲醇

$CH_2=CHCOOC_2H_5$ 丙烯酸乙酯 $\xrightarrow{LiAlH_4 \text{ 或 } Na-C_2H_5OH}$ $CH_2=CHCH_2OH + C_2H_5OH$ 丙-2-烯-1-醇(或烯丙醇)

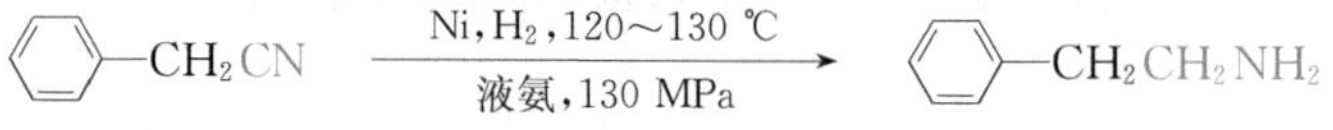

苯乙腈 $\xrightarrow[\text{液氨},130\text{ MPa}]{Ni,H_2,120\sim130\ ℃}$ 苯乙胺

10.3.3 克莱森酯缩合反应

酯分子中 α-C 上的氢(α-H)具有一定的酸性,在强碱(如醇钠)的作用下会生成烯醇负离子,该碳负离子中间体会与另一分子酯发生缩合反应失去一分子醇,得到 β-酮酸酯,该缩合反应称为克莱森酯缩合反应(Claisen ester condensation)。

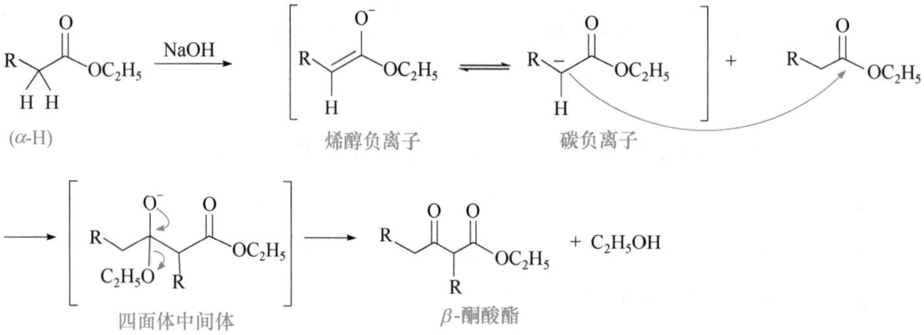

这个反应的特点是:一分子酯作为酰化试剂酰化了另一分子酯的 α-C,得到"酰基酯"。

交叉克莱森缩合反应:含有 α-H 的两种酯进行克莱森酯缩合反应,将得到比例相当的四种缩合产物,使得反应缺乏应用价值。但是,如果不具有 α-H 的酯(如苯甲酸酯、甲酸酯、草酸酯等)与具有 α-H 的酯起缩合反应,前者作为酰化试剂,后者提供 α-C,则反应具备合成价值。例如:

$HCOOC_2H_5 + CH_3COOC_2H_5 \xrightarrow{C_2H_5ONa}$ $\begin{cases} HCOCH_2COOC_2H_5 & \text{主} \quad (79\%) \\ CH_3COCH_2COOC_2H_5 & \text{次} \end{cases}$

克莱森酯缩合反应是制备 1,3-二羰基化合物的好方法,该类化合物在有机合成中具有重要用途。在两个羰基的吸电子性质影响下,1,3-二羰基化合物两个羰基之间的碳原子上的氢具有较高酸性,因此在碱性条件下,1,3-二羰基化合物可与卤代烃、酰卤等试剂发生亲核取代反应,形成新的 1,3-二羰基化合物。

$$CH_3COCH_2COOC_2H_5 + C_2H_5Br \xrightarrow{C_2H_5ONa} CH_3COCHCOOC_2H_5$$
$$\underset{\quad\quad\quad\quad\quad C_2H_5}{|}$$

乙酰乙酸乙酯   2-乙基-3-氧代丁酸乙酯

$$CH_3CCH_2COC_2H_5 + C_6H_5COCl \xrightarrow{NaH} CH_3CCHCOC_2H_5$$

乙酰乙酸乙酯　　　　　　　　　　　　2-苯甲酰基-3-氧代丁酸乙酯

10.4　碳酸衍生物

碳酸是一个羰基上连接两个羟基的二元酸,很不稳定,容易分解为 H_2O 和 CO_2。碳酸分子中两个羟基被取代形成酰卤、酯、酰胺等中性衍生物比较稳定,它们具有和羧酸衍生物类似的性质。下面介绍几种代表性的碳酸衍生物。

10.4.1　光气

$COCl_2$:光气(phosgene),即碳酸的二酰氯,无色气体。光气是一种窒息性毒气,具有高于普通酰卤的化学活性,容易与水、醇、氨或碱相互作用而分解。

$$ClCCl \xrightarrow{Nu^-} NuCNu$$

$Nu^- = OH^-, ^-OR, ^-NHR$ 等

10.4.2　脲

$CO(NH_2)_2$:脲(urea),是哺乳动物蛋白质代谢的含氮化合物,主要通过尿排泄,所以又叫做尿素。成人每天排出 $25\sim30$ g。尿素有弱碱性,易溶于水和乙醇。尿素具有软化皮肤角质层的作用,可以促进药物的渗透,如做成经皮给药制剂——尿素软膏。尿素含氮量高达 46.6%,是农业上广泛使用的氮肥。

尿素具有酰胺的一般性质,在酸或碱催化下可以发生水解反应,在脲酶的作用下分解。

$$H_2NCNH_2 + H_2O \longrightarrow \begin{array}{l} \xrightarrow{HCl} CO_2 + NH_4Cl \\ \xrightarrow{NaOH} Na_2CO_3 + NH_3 \\ \xrightarrow{脲酶} CO_2 + NH_3 \end{array}$$

土壤里的微生物能够产生脲酶,尿素被脲酶水解释放出氨气被植物吸收利用,从而起到施加氮肥的作用。

脲加热到 $150\sim160$ ℃,发生分子间脱氨形成缩二脲:

$$H_2NCNH_2 + H_2NCNH_2 \xrightarrow{-NH_3} H_2NCNHCNH_2$$

缩二脲在碱性的硫酸铜溶液中反应显紫红色,称为缩二脲反应。含有两个或两个以上酰胺键(—CONH—)即肽键者均可以发生这个反应,可以用它来鉴别多肽和蛋白质。

10.4.3 　胍

尿素分子中的羰基氧被亚氨基(═NH)取代形成胍(guanidine)，又称亚氨脲。胍有强碱性($pK_b=0.52$)，与氢氧化钾相当。胍分子中的氨基去掉一个氢称为胍基，去掉一个氨基得到脒基。

$$\underset{\text{胍}}{\overset{\displaystyle\overset{NH}{\|}}{H_2NCNH_2}} \qquad \underset{\text{胍基}}{\overset{\displaystyle\overset{NH}{\|}}{-HNCNH_2}} \qquad \underset{\text{脒基}}{\overset{\displaystyle\overset{NH}{\|}}{-CNH_2}}$$

有些胍的衍生物具有生理活性，如降血糖药二甲双胍、降血压药胍乙啶、抗菌药链霉素、抗病毒药吗啉胍、抗胃溃疡药物西咪替丁等。此外，天然的氨基酸(如精氨酸)，动物体内的肌酸也都含有胍的结构。

 扫一扫　布洛芬及其发明人背后的故事

关 键 词

酰卤　acyl halide　282

酸酐　acid anhydride　282

羧酸酯　acid ester　282

酰胺　amide　282

腈　nitrile　282

羧酸衍生物　derivatives of carboxylic acid　282

酰基亲核取代反应　acyl nucleophilic substitution reaction　288

亲核加成-消除　nucleophilic addition-limination　288

水解　hydrolysis　288

醇解　alcoholysis　289

氨解　aminolysis　290

克莱森酯缩合反应　Claisen ester condensation　292

小 结

羧酸衍生物具有一系列重要性质，是合成其他有机化合物的重要原料。羧酸衍生物均可与水、醇和氨(胺)等亲核试剂发生水解、醇解和氨(胺)解等亲核取代反应，分别生成羧酸、酯和酰胺；羧酸衍生物发生亲核取代反应的活性顺序为酰卤 ＞ 酸酐 ＞ 酯 ＞ 酰胺；羧酸衍生物通过催化氢化或氢化铝锂还原，可转化为伯醇、胺、醛或酮；酯可以进行克莱森缩合反应，生成1,3-二羰基化合物。

主要反应总结

1. 羧酸衍生物的反应

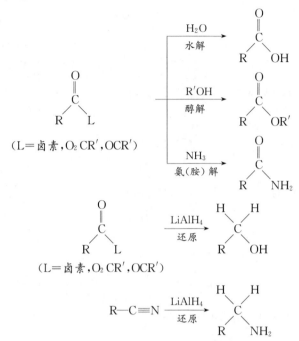

2. 还原反应

苯甲酰氯 $\xrightarrow[\text{乙醚(无水)}]{\text{LiAlH}_4}$ 苯甲醇

苯甲酸酐 $\xrightarrow[\text{四氢呋喃(无水)}]{\text{LiAlH}_4}$ 2 苯甲醇

$CH_2=CHCOOC_2H_5$ (丙烯酸乙酯) $\xrightarrow{\text{LiAlH}_4 \text{ 或 Na-C}_2\text{H}_5\text{OH}}$ $CH_2=CHCH_2OH + C_2H_5OH$ 丙-2-烯-1-醇(或烯丙醇)

苯乙腈 (CH_2CN) $\xrightarrow[\text{液氨,130 MPa}]{\text{Ni,H}_2,120\sim130\ ℃}$ 苯乙胺 ($\text{CH}_2\text{CH}_2\text{NH}_2$)

3. 酯的 Claisen 缩合

$H_3C-\overset{O}{\underset{}{C}}-OC_2H_5$ $\xrightarrow[\text{(2) H}_3\text{O}^+]{\text{(1) C}_2\text{H}_5\text{ONa}}$ $H_3C-\overset{O}{\underset{}{C}}-CH_2-\overset{O}{\underset{}{C}}-OC_2H_5 + C_2H_5OH$

习　题

1. 命名下列化合物或根据名称写出化合物结构式。

(1) $CH_3CH_2C\overset{O}{\underset{\|}{}}O$—⬡

(2) ⬡$\overset{CO}{\underset{CO}{}}$O

(3) $CH_3CHCH_2CH_2CCl$ $\underset{CH_3}{}$ $\underset{O}{}$

(4) $(CH_3CH_2)_2CHCH=CHCN$

(5) 乙酰苯胺

(6) $\underset{H_3C}{\overset{H_3C}{}}$⬠$\overset{O}{\underset{O}{}}$

(7) 2,2-二甲基丙酰氯

(8) 丁二酸酐

(9) NO_2—⬡—$COCl$

(10) $CH_2=CHCOOC_2H_5$

(11) ⬠N-Br

(12) ⬡$COOC_2H_5$

2. 完成下列反应。

(1) ⬡$\overset{COOH}{\underset{COOH}{}}$ $\xrightarrow[\triangle]{P_2O_5}$

(2) ⬡$COCl$ + $CH_3CH_2CH_2\underset{OH}{CH}CH_3$ ⟶

(3) ⬠$\overset{O}{\underset{O}{}}$ + $CH_3CH_2CH_2CH_2OH$ ⟶

(4) $CH_3CH_2COOC_2H_5$ $\xrightarrow[\triangle]{H_3O^+}$

(5) $(CH_3CH_2\overset{O}{\overset{\|}{C}})_2O$ $\xrightarrow{NH_3}$

(6) ⬡$COOCH_2CH_3$ + $\underset{COOCH_2CH_3}{\overset{COOCH_2CH_3}{CH_2}}$ $\xrightarrow{EtONa}$? $\xrightarrow[\triangle]{H_3O^+}$? $\xrightarrow{\triangle}$?

(7) ⬡$\overset{O}{\overset{\|}{C}}Cl$ $\xrightarrow[Et_3N]{CH_3OH}$

(8) $CH_3CH_2COOC_2H_5$ $\xrightarrow{LiAlH_4}$

(9) ⬡⬡$COCl$ $\xrightarrow[硫-喹啉]{H_2/Pd-BaSO_4}$

(10)

$$NC-C_6H_4-COCl \xrightarrow{LiAlH(OBu\text{-}t)_3}$$

(11) $CH_3CH_2CH=CH-\underset{\underset{O}{\|}}{C}OC_2H_5 \xrightarrow{LiAlH_4}$

(12) $CH_3CH_2CH=CHCOOC_2H_5 \xrightarrow{Na\text{-}C_2H_5OH}$

(13)

$$\xrightarrow[300\ ℃]{NH_3}$$

(14) $CH_3COOC_2H_5 + NH_2NH_2 \longrightarrow$

(15) $H_2N-C_6H_4-OH \xrightarrow{1\ mol\ (CH_3CO)_2O}$

3. 按要求排序。

(1) 排出下列羧酸衍生物的醇解活性顺序：

① $C_6H_5CH_2COOCH_3$　② $C_6H_5CH_2COBr$

③ $C_6H_5CH_2CONH_2$

④

(2) 排出下列化合物的氨解活性顺序：

① 对Cl-C_6H_4-COCl　② 对H_3C-C_6H_4-COCl　③ C_6H_5-COCl　④ 对O_2N-C_6H_4-COCl

(3) 排出下列酯的水解活性顺序：

① $CH_3COOC(CH_3)_3$　② $CH_3COOCH_2CH_3$

③ $CH_3COOCH(CH_3)_2$　④ $CH_3COOCH_2CH(CH_3)_2$

4. 分子式为 $C_4H_8O_3$ 的两种同分异构体 A 和 B，A 酸性条件下水解得到分子式为 $C_3H_8O_2$ 的化合物 C 和另一种化合物 D，C 不能发生碘仿反应，用酸性高锰酸钾氧化得到丙二酸，D 与托伦试剂反应产生银镜。B 加热脱水生成分子式为 $C_4H_6O_2$ 的化合物 E，E 能够使溴的四氯化碳溶液褪色，并经过催化氢化生成分子式为 $C_4H_8O_2$ 的直链羧酸 F。试写出 A、B、C、D、E、F 的结构式。

5. 化合物 A(C_9H_8) 能与 $CuCl_2$-NH_3 生成红色沉淀。A 与 H_2/Pt 反应生成 B(C_9H_{12})。B 氧化为一酸性物质，它受热后生成一个酸酐 C($C_8H_4O_3$)。推导 A 可能的构造式。

6. 化合物 A，分子式为 $C_4H_6O_4$，加热后得到分子式为 $C_4H_4O_3$ 的化合物 B，将 A 与过量甲醇及少量硫酸一起加热得分子式为 $C_6H_{10}O_4$ 的化合物 C。B 与过量甲醇作用也得到 C。A 与 $LiAlH_4$ 作用后得分子式为 $C_4H_{10}O_2$ 的化合物 D。写出 A、B、C、D 的结构式以及它们相互转化的反应式。

第 11 章 含氮有机化合物

分子中含有碳-氮键的有机化合物称为含氮有机化合物。含氮有机化合物种类繁多，分布范围广，在有机合成化学、天然有机化学和生命科学中占有重要地位。本章将简单讨论硝基化合物，重点讨论胺、季铵盐、季铵碱、重氮化合物及偶氮化合物。

11.1 硝基化合物

烃分子中的氢原子被硝基（—NO_2）取代形成的化合物称为硝基化合物（nitro compound），一元硝基化合物一般写为 R—NO_2、Ar—NO_2，不能写成 R—ONO（R—ONO 表示硝酸酯）。

11.1.1 硝基化合物的分类、命名、结构

1. 分类

硝基化合物包括脂肪族、芳香族和脂环族硝基化合物；根据分子中所连硝基数目的多少可分为一硝基化合物和多硝基化合物。

2. 命名

硝基化合物的命名与卤代烃相似，以烃为母体，硝基作为取代基。

CH_3NO_2
硝基甲烷

H_3C———NO_2
对硝基甲苯

3. 结构

硝基一般表示为 （由一个 N═O 和一个 N→O 配位键组成）。

硝基化合物中的 N 原子是以 sp^2 杂化成键，其中两个 sp^2 杂化轨道与氧原子形成 σ 键，另一个 sp^2 杂化轨道与碳原子形成 σ 键。未参与杂化的 p 轨道与两个氧原子的 p 轨道形成共轭体系。物理测试表明，氮原子到两个氧原子的距离均为 121 pm，这说明硝基的结构式对称的。其结构表示如下：

共振结构式：

氮带一个正电荷，每个氧各带 1/2 负电荷，这与硝基化合物高的偶极矩相联系。根据 R 的不同，偶极矩为 3.5～4.0 deb，由于硝基化合物的偶极特征，结果比相同相对分子质量的酮沸点高（挥发慢）。例如，硝基甲烷的沸点是 101 ℃，而相对分子质量与之接近的丙酮的沸点却是 56 ℃。在水中溶解度低，如硝基甲烷的饱和水溶液，以质量计少于 10%，而丙酮完全溶于水。

11.1.2　硝基化合物的性质

1. 光谱性质

红外光谱：硝基化合物 N—O 有两个强伸缩振动吸收峰。

对称伸缩振动(1385～1255 cm^{-1})　　　不对称伸缩振动(1655～1510 cm^{-1})

脂肪族硝基化合物红外光谱中有对称伸缩振动和不对称伸缩振动两个强吸收峰，分别位于～1560 cm^{-1} 和～1350 cm^{-1}，其中不对称伸缩振动峰比对称伸缩振动峰强。这两个峰的位置将受 α-碳原子上取代基电负性和 α,β-不饱和键共轭效应的影响。例如，脂肪族的 1° 和 2° 硝基化合物 N—O 伸缩振动在 1565～1545 cm^{-1} 和 1385～1360 cm^{-1}，3° 硝基化合物 1545～1530 cm^{-1} 和 1360～1340 cm^{-1}；芳香族硝基化合物的 N—O 不对称伸缩振动峰和对称伸缩振动峰分别在 1550～1510 cm^{-1} 和 1365～1335 cm^{-1} 处，与脂肪族硝基化合物相反，其对称伸缩振动峰较不对称伸缩振动峰强些，并且吸收峰位置受苯环上取代基的影响。若硝基的邻位或对位有给电子基，则不对称伸缩振动向低波数方向移动。大多数芳香族硝基化合物在 850 cm^{-1} 或 750 cm^{-1} 附近出现吸收谱带。图 11-1 为硝基苯的红外光谱。

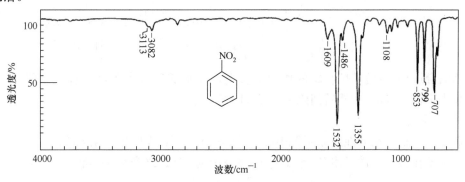

图 11-1　硝基苯的红外光谱

核磁共振谱：直接和硝基相连的亚甲基，因受硝基强吸电性的影响，信号在较低场，一般 δ 为 $4.28\sim4.34$ ppm，随着与硝基的距离拉长，信号逐渐向较高场移动（图 11-2）。

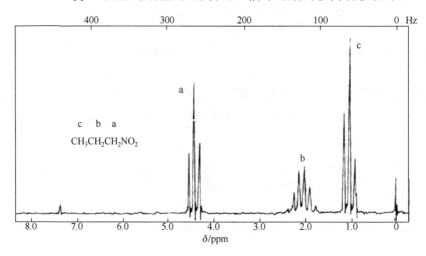

图 11-2　硝基丙烷的氢核磁共振谱

2. 脂肪族硝基化合物的化学性质

1）酸性

R—CH₂—N⁺(O)(O⁻) ⇌ R—CH=N⁺(OH)(O⁻) →(NaOH) [R—CH=N⁺(O)(O⁻)]⁻Na⁺

假酸式（主）　　　　酸式（较少）

硝基为强吸电子基，能激活 $\alpha\text{-H}$，所以有 $\alpha\text{-H}$ 的硝基化合物能产生假酸式-酸式互变异构，从而具有一定的酸性。

例如，硝基甲烷、硝基乙烷、硝基丙烷的 pK_a 值分别为 10.2、8.5、7.8。

2）与羰基化合物缩合

具有 $\alpha\text{-H}$ 的硝基化合物在碱性条件下能与羰基化合物起缩合反应。

R—CH₂—NO₂ + R′—C(O)H(R″) →(OH⁻) R′—C(HO)(H,R″)—C(H,R′)—NO₂ →(−H₂O, △) R′—C(H,R″)=C(H,R′)—NO₂

其缩合过程是：硝基烷在碱的作用下脱去 $\alpha\text{-H}$ 形成碳负离子，碳负离子再与羰基化合物发生亲核加成反应，然后消除一分子 H_2O。

3）还原反应

硝基化合物可在酸性还原系统中（Fe、Zn、Sn 和 HCl）或催化氢化为胺。

硝基苯在酸性条件下用 Zn 或 Fe 为还原剂还原，其最终产物是伯胺。

C₆H₅—NO₂ →(Fe 或 Zn / HCl) C₆H₅—NH₂

若选用适当的还原剂,在不同的条件下可以使硝基苯生成各种不同的还原产物。

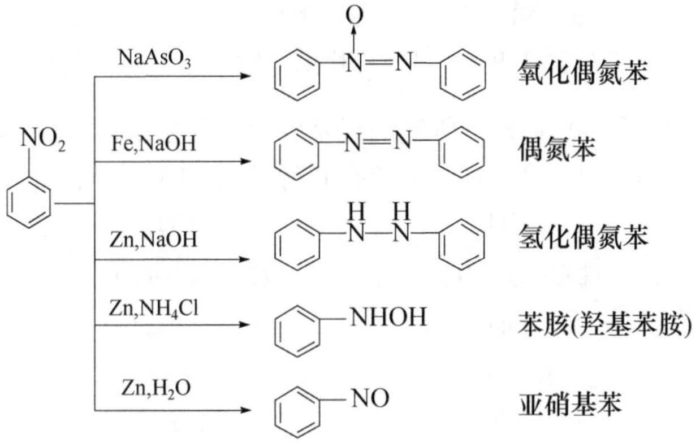

4) 硝基对苯环上其他基团的影响

硝基同苯环相连后,对苯环呈现出强的吸电子诱导效应和吸电子共轭效应,使苯环上的电子云密度大为降低,亲电取代反应变得困难,但硝基可使邻、对位基团的反应活性(亲核取代)增加。

(1) 使卤苯易水解、氨解、烷基化。例如

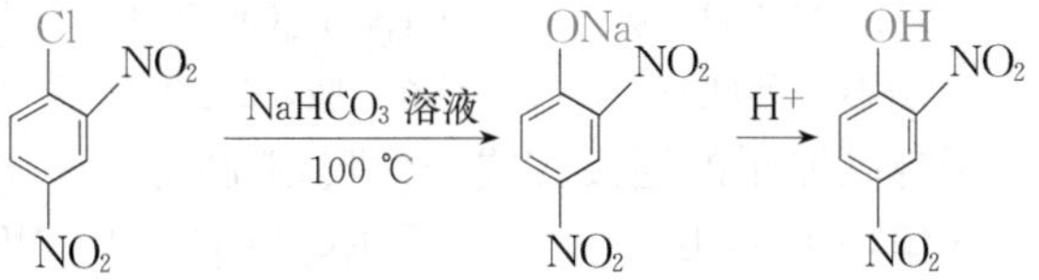

卤素直接连接在苯环上很难被氨基、烷氧基取代,当苯环上有硝基存在时,则卤代苯的氨化、烷基化在没有催化剂条件下即可发生。

(2) 使酚的酸性增强。例如

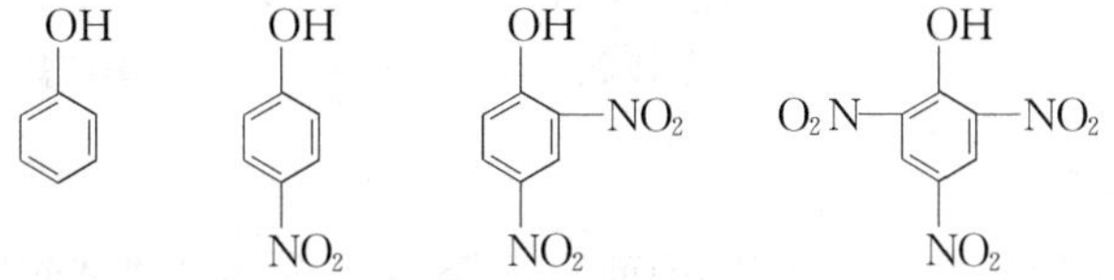

| pK_a | 9.89 | 7.15 | 4.09 | 0.38 |

11.2　胺

胺(amine)是氨(ammonia)分子中的氢原子被烃基取代的产物。许多药物分子中含有氨基。

11.2.1　胺的分类和命名

1. 胺的分类

氮原子上依次连有 1 个、2 个、3 个烃基的胺分别称为伯胺(1°胺,primary amine)、仲胺(2°胺,secondary amine)、叔胺(3°胺,tertiary amine)。

$$NH_3 \qquad R—NH_2 \qquad R^1—NH—R^2 \qquad \overset{\displaystyle R^3}{\underset{\displaystyle |}{R^1—N—R^2}}$$

氨　　　　　伯胺(1°胺)　　　仲胺(2°胺)　　　叔胺(3°胺)

注意:伯、仲、叔胺是依据氮原子所连的烃基的数目而定的,与连接氨基的碳原子是否为伯、仲、叔碳原子没有关系。例如,叔丁醇是叔醇,而叔丁胺是伯胺。

$$\overset{\displaystyle CH_3}{\underset{\displaystyle OH}{H_3C—\overset{|}{\underset{|}{C}}—CH_3}} \qquad\qquad \overset{\displaystyle CH_3}{\underset{\displaystyle NH_2}{H_3C—\overset{|}{\underset{|}{C}}—CH_3}}$$

叔丁醇　　　　　　　　　叔丁胺

（叔醇）　　　　　　　　　（伯胺）

胺根据胺分子连接烃基的不同分为脂肪胺和芳香胺。分子中的氮原子与脂肪烃基相连的为脂肪胺(aliphatic amine),与芳环相连的为芳香胺(aromatic amine)。

苯胺(脂肪胺)　　　　　　苯胺(芳香胺)

〈苄胺(脂肪胺)　　　　　　苯胺(芳香胺)〉

根据胺分子中氨基的数目可分为一元胺、二元胺等。

$$CH_3CH_2NH_2 \qquad\qquad H_2NCH_2CH_2NH_2$$

乙胺(一元胺)　　　　　乙二胺(二元胺)

根据胺分子中氮原子与碳原子的连接方式分为胺、亚胺等。

$$CH_3CH_2CH_2CH_2NH_2 \qquad\qquad CH_3CH_2CH_2CH=\!\!=NH$$

丁胺(胺)　　　　　　丁烷-1-亚胺(或丁-1-亚胺)

氢氧化铵(NH_4OH)和铵盐分子中氮原子上的四个氢原子都被烃基取代,分别生成季铵碱(quaternary ammonium base)和季铵盐(quaternary ammonium salt)。

$$R_4N^+OH^- \qquad\qquad R_4N^+X^-$$

季铵碱　　　　　　　　季铵盐

2. 胺的命名

简单胺的命名:在"胺"字前面写上烃基名称,称为"某胺"。烃基相同合并,冠以中文数字表示烃基的数目;不同的烃基按照其英文名称的首字母排列。例如:

$$CH_3NH_2 \qquad CH_3NHCH_2CH_3 \qquad CH_3CH_2NHCH_2CH_3 \qquad H_2NCH_2CH_2NH_2$$

甲胺　　　　　乙甲胺　　　　　　二乙胺　　　　　　乙二胺

苯胺　　　　　　　苯甲胺(苄胺)

芳香仲胺、叔胺的命名:以芳胺为母体,以脂肪烃基作为取代基写在母体名称前,并冠以"N"字表示脂肪烃基连接的位置是氮原子而不是苯环。例如:

N-甲基苯胺　　　　　N-乙基-N-甲基苯胺　　　　　N,N-二甲基苯胺

复杂胺的命名:将氨基作为取代基来命名。例如:

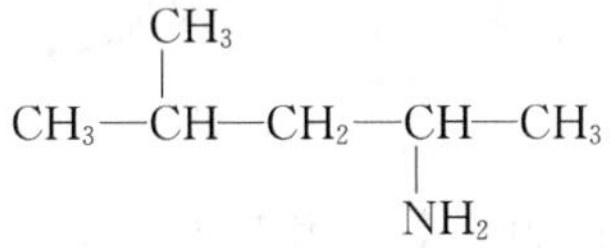

$$CH_3-CH-CH_2-CH-CH_3$$

2-氨基-4-甲基戊烷

季铵类化合物的命名:与无机铵盐的命名类似。例如:

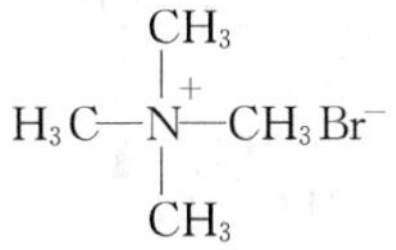

溴化四甲铵 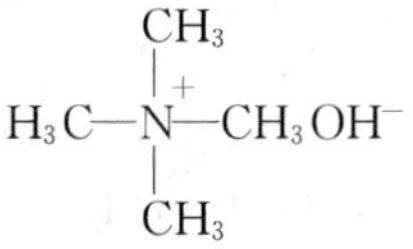　　　　　氢氧化四甲铵

$$[(CH_3)_3NCH_2CH_2OH]^+OH^-$$

氢氧化-β-羟乙基三甲基铵(胆碱)

伯胺、仲胺和叔胺的无机盐可按无机盐命名,也可直接称为"某酸某胺"。例如:

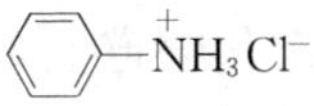

氯化苯铵 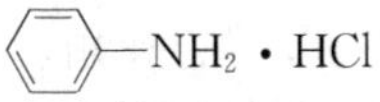　　　盐酸苯胺或苯胺盐酸盐

问题与思考 11-1

请归纳氨、胺、铵的读法和用法。

11.2.2　胺的结构

胺的立体结构和氨一样,为棱锥体,键角在 109°左右,氮原子是不等性的 sp^3 杂化,其中有一个 sp^3 轨道被一对未共用电子对占据。

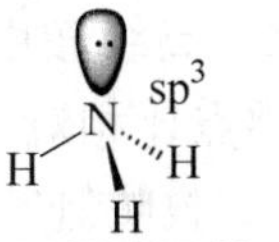

$\angle HNH\ 107.3°$ 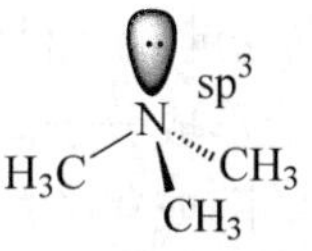　　　$\angle CNC\ 108°$　　棱锥体

当氮上连有三个不同的基团时,这种胺具有手性,有对映体。但对于简单的仲胺和叔胺,却未分离出对映体。原因是它们具有较低的转化活化能,一般为 25.10～37.66 kJ·mol^{-1},在室温时可以 $10^3～10^5$ 次·s^{-1} 的速率互相转化,因此目前尚无法分离互变速度如此快的对映体,如同 C—C 的 σ 键自由旋转一样,无法分离得到它们的构象异构体。

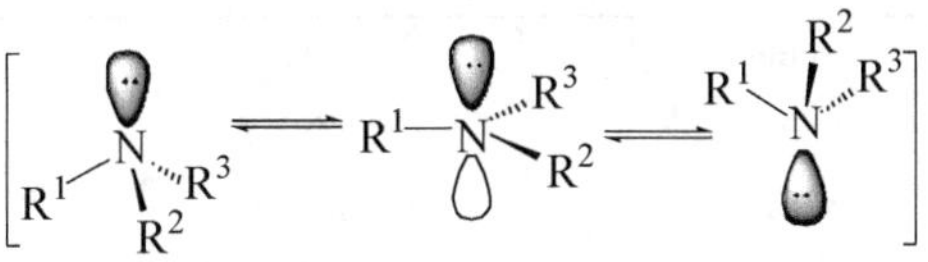

个别环状叔胺可拆分为稳定的对映体,因为 N 原子均为桥头 N 原子,受结构的牵制无法翻转。例如,下列结构的两者为一对对映体。

在季铵盐中,如果氮原子所连的 4 个基团不同,氮原子是手性原子。有一个手性原子的分子一定有一对旋光性的对映体。事实上,确实分离得到了这种异构体。

芳香胺的结构有些不同,N 原子上未成键的电子对与芳环的共轭大 π 键发生共轭,使氮原子的 sp^3 轨道的未成键电子对的 p 轨道的性质增加,使氮原子由 sp^3 杂化趋向于 sp^2 杂化。例如,苯胺分子虽为棱锥体,但趋向于平面化,∠HNH＝114°,H—N—H 所处的平面与苯环平面存在一个 39.4°的夹角。氮的杂化轨道上未共用电子对与苯环上的 p 轨道虽然不平行,但可以共平面,并不妨碍与苯环产生共轭,使得氮原子上的未共用电子对与苯环的大 π 键有相当程度的共轭。

11.2.3 胺的物理性质

相对分子质量较小的胺,如甲胺、二甲胺、三甲胺和乙胺是气体,其余的胺为液体或固体。低级胺由于能与水分子形成氢键,因而易溶于水。高级胺由于烃基碳数的增多是固体,不溶于水。伯胺和仲胺由于能形成分子间氢键,沸点比相对分子质量相近的非极性化合物高,但比相对分子质量相近的醇或羧酸的沸点低。叔胺氮原子上没有氢原子,不能形成氢键,因此沸点比其异构体的伯胺、仲胺低。芳香族胺是无色液体或固体,具有特殊的气味,一般均难溶于水,易溶于有机溶剂。芳香胺具有一定的毒性。常见胺的物理常数列于表 11-1。

表 11-1　常见胺的物理常数

化合物名称	英文名称	结构式	熔点/℃	沸点/℃
氨	amine	NH_3	−77.7	−33.3
甲胺	methylamine	CH_3NH_2	−93.5	−6.3
乙胺	ethylamine	$C_2H_5NH_2$	−81	16.6
丙胺	propylamine	$CH_3CH_2CH_2NH_2$	−83	49
二甲胺	dimethylamine	$(CH_3)_2NH$	−93	7.4
二乙胺	diethylamine	$(C_2H_5)_2NH$	−48	56.3

续表

化合物名称	英文名称	结构式	熔点/℃	沸点/℃
三甲胺	trimethylamine	$(CH_3)_3N$	−117.2	3.5
三乙胺	triethylamine	$(C_2H_5)_3N$	−114.7	89.8
苯胺	aniline	$C_6H_5NH_2$	−6.3	184
N-甲基苯胺	N-methylaniline	$C_6H_5NHCH_3$	−57	196.3
N,N-二甲基苯胺	N,N-dimethylaniline	$C_6H_5N(CH_3)_2$	2.5	194
二苯胺	diphenylamine	$(C_6H_5)_2NH$	54	302
三苯胺	triphenylamine	$(C_6H_5)_3N$	127	365

　　红外光谱：在稀的非极性溶剂中，游离伯胺在 $3500\sim3300$ cm^{-1} 有两个吸收峰，这是由 N 上的两个 H 原子对称或不对称的伸缩振动而引起的；缔合的 N—H 伸缩振动向低波数移动，但因 N—H···N 氢键较弱，移动一般不超过 100 cm^{-1}。仲胺在这一频区只有一个吸收峰，而叔胺因无 N—H 键，在此频区无吸收峰。伯胺的 N—H 键弯曲振动在 $1650\sim$ 1590 cm^{-1}，可用于鉴定。仲胺的 N—H 弯曲振动很弱，不能用于鉴定。脂肪胺的 C—N 伸缩振动在 $1250\sim1020$ cm^{-1}，由于在此区域还包含许多其他化合物的吸收峰，不易识别，因此不能作为脂肪胺的定性鉴定。芳香伯胺的 C—N 伸缩振动在 $1340\sim1250$ cm^{-1}，芳香仲胺在 $1350\sim1250$ cm^{-1}，芳香叔胺在 $1380\sim1310$ cm^{-1}。

　　图 11-3 为戊胺的红外光谱，3300 cm^{-1}、3370 cm^{-1} 为伯胺的两个吸收峰，1613 cm^{-1} 为伯胺的 N—H 键弯曲振动；图 11-4 为二己胺的红外光谱，3310 cm^{-1} 为仲胺的一个吸收峰，但在 $1650\sim1590$ cm^{-1} 的 N—H 的弯曲振动弱，无吸收峰。

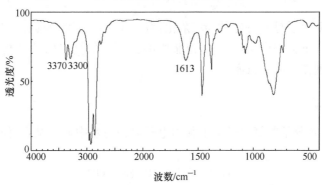

图 11-3　戊胺的红外光谱

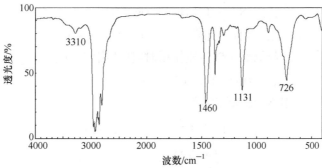

图 11-4　二己胺的红外光谱

核磁共振谱:在氢的核磁共振中,与氮原子直接相连的质子的化学位移变化较大,一般脂肪胺 δ 为 1.0~2.6 ppm,芳香胺 δ 为 2.6~4.7 ppm,不易鉴定。胺分子中,α-碳原子上质子的化学位移有下列三种情况:

$$CH_3NR_2 \qquad R'CH_2NR_2 \qquad R'_2CHNR_2$$
$$\delta/ppm \qquad 2.2 \qquad\qquad 2.4 \qquad\qquad 2.8$$

胺分子中,β-质子受氮的影响较小,通常其化学位移 δ 为 1.1~1.7 ppm。

图 11-5 异丙胺的氢核磁共振谱中,N—H δ:2.149 ppm,α-H δ:3.077 ppm,β-H δ:1.053 ppm。

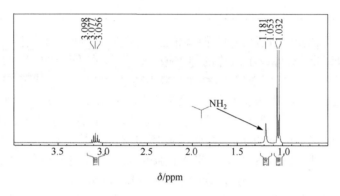

图 11-5   异丙胺的氢核磁共振谱

11.2.4   胺的化学性质

由于胺中的氮原子是不等性的 sp^3 杂化,有一个 sp^3 轨道中具有一对未共用电子对,因此在一定的条件下会提供这对电子,使胺中的氮原子既具有碱性又具有亲核性。胺的化学性质主要体现在这两个方面。

1. 碱性和成盐

胺与氨相似,胺分子中氮原子上未共用电子对易与水中质子结合,使 OH^- 浓度增加,水溶液中显碱性。

$$RNH_2 + HOH \Longrightarrow RNH_3^+ + OH^-$$

多数胺可与强酸形成较稳定的盐而易溶于水。

$$R-\overset{..}{N}H_2 + HCl \longrightarrow R-\overset{+}{N}H_3Cl^-$$

$$R-\overset{..}{N}H_2 + HOSO_3H \longrightarrow R-\overset{+}{N}H_3^-OSO_3H$$

胺的碱性较弱,其盐与氢氧化钠溶液作用时,释放出游离胺。

$$R-\overset{+}{N}H_3Cl^- + NaOH \longrightarrow RNH_2 + NaCl + H_2O$$

胺的碱性强弱,可用 K_b 或 pK_b 表示。

$$R-\overset{..}{N}H_2 + H_2O \overset{K_b}{\Longrightarrow} R-\overset{+}{N}H_3 + OH^-$$

$$K_b = \frac{[R-\overset{+}{N}H_3][OH^-]}{[RNH_2]} \qquad pK_b = -\lg K_b$$

若一个胺的 K_b 值越大或 pK_b 值越小,则胺的碱性越强;若一个胺的共轭酸的 K_a 值越大或 pK_a 值越小,则胺的碱性越弱。

从表 11-2 中的数据可以看出胺的碱性强弱有如下关系:

碱性　脂肪胺　＞　氨　＞　芳香胺

pK_b 　＜4.70　　4.76　　＞8.40

表 11-2　胺的碱性

胺	pK_b(25 ℃)	共轭酸	pK_a(25 ℃)
NH_3	4.76	NH_4^+	9.24
CH_3NH_2	3.38	$CH_3NH_3^+$	10.62
$(CH_3)_2NH$	3.27	$(CH_3)_2NH_2^+$	10.73
$(CH_3)_3N$	4.21	$(CH_3)_3NH^+$	9.79
$C_6H_5NH_2$	9.40	$C_6H_5NH_3^+$	4.60
$(C_6H_5)_2NH$	13.21	$(C_6H_5)_2NH_2^+$	0.79

脂肪胺的碱性:在气态时碱性顺序为

$$(CH_3)_3N > (CH_3)_2NH > CH_3NH_2 > NH_3$$

水溶液中碱性顺序为

$$(CH_3)_2NH > CH_3NH_2 > (CH_3)_3N > NH_3$$

产生上述现象的原因是在气态时,仅有烷基的给电子效应,烷基越多,给电子效应越大,碱性越大。而在水溶液中,碱性的强弱不仅取决于电子效应,还取决于溶剂化效应、空间效应等。

溶剂化效应:铵正离子与水的溶剂化作用(胺的氮原子上氢与水形成氢键的作用)。胺的氮原子上的氢越多,溶剂化作用越大,铵正离子越稳定,胺的碱性越强。

所以只考虑溶剂化效应,胺的碱性顺序为:甲胺＞二甲胺＞三甲胺。

空间效应:空间阻碍对胺的碱性强弱也有影响。只考虑空间效应,氮原子上烃基数目增多或体积增大,都将使质子不易接近中心氮原子,胺的碱性相对减弱。胺的碱性顺序为:甲胺＞二甲胺＞三甲胺。

电子效应:烷基越多,给电子效应越大,碱性越大。只考虑电子效应,胺的碱性顺序为:三甲胺＞二甲胺＞甲胺。

总之,胺的碱性强弱是电子效应、溶剂化效应和空间效应综合作用的结果,不能从单一方面推测。综合作用的结果,依据 pK_b 值,胺的碱性顺序:二甲胺＞甲胺＞三甲胺。一般来说,多数仲胺的碱性大于伯胺和叔胺。

芳胺的碱性比氨的碱性弱,这是由于氮原子上未共用电子对所在的 p 轨道与苯环的大 π 键形成 p-π 共轭体系,氮原子周围的电子云密度降低,与质子结合的能力降低,碱性减弱。

芳胺的碱性：$\qquad ArNH_2 > Ar_2NH > Ar_3N$

例如

	NH_3	$PhNH_2$	Ph_2NH	Ph_3N
pK_b	4.76	9.40	13.21	中性

可以看出，胺的碱性强弱与其结构密切相关。大多数脂肪胺的碱性比氨强，而芳香胺的碱性比氨弱。

对取代芳胺，苯环上连有给电子基时，碱性略有增强；连有吸电子基时，碱性则降低（表11-3）。

表 11-3　苯环上取代基对苯胺碱性的影响

名称	结构式	pK_b	名称	结构式	pK_b
苯胺	⬡—NH₂	9.40	间氯苯胺	Cl—⬡—NH₂	10.48
对羟基苯胺	HO—⬡—NH₂	8.50	对氯苯胺	Cl—⬡—NH₂	10.02
对甲氧基苯胺	CH₃O—⬡—NH₂	8.66	邻硝基苯胺	NO₂-⬡—NH₂	14.26
对甲苯胺	CH₃—⬡—NH₂	8.90	间硝基苯胺	O₂N—⬡—NH₂	11.53
邻氯苯胺	Cl-⬡—NH₂	11.35	对硝基苯胺	O₂N—⬡—NH₂	13.00

胺具有碱性，易与核酸及蛋白质的酸性基团发生作用。在生理条件下，胺易形成铵离子，氮原子又能参与氢键的形成，因此易与多种受体部位结合而显示出多种生理活性。

2. 烷基化反应

胺作为亲核试剂与卤代烃发生反应，反应按照 S_N2 历程进行，生成仲胺、叔胺和季铵盐。此反应可用于工业上生产胺类。

$$CH_3\overset{..}{N}H_2 + R-Br \longrightarrow CH_3\overset{+}{N}H_2R + Br^-$$
伯胺　　　　　　　　　　　　　　$\downarrow CH_3NH_2$ → CH_3NHR 仲胺

$$CH_3\overset{..}{N}HR + R-Br \longrightarrow CH_3\overset{+}{N}HR_2 + Br^-$$
仲胺　　　　　　　　　　　　　　$\downarrow CH_3NH_2$ → CH_3NR_2 叔胺

$$R_3N + R'X \longrightarrow \left[\begin{array}{c} R \\ R-\overset{|}{\underset{|}{N}}-R' \\ R \end{array} \right]^+ X^-$$

叔胺

但往往得到的是混合物。如果调整原料的物质的量比及控制反应条件,可得某一主产物。例如,氨过量,则主产物为伯胺;RX 过量,则主产物是季铵盐。

胺与卤代芳烃在一般条件下不发生此反应。

3. 酰基化反应和磺酰化反应

1) 酰基化反应

伯胺或仲胺与酰化试剂(如酰卤、酸酐)发生酰化反应,氨基上的氢原子被酰基取代,生成 N-取代酰胺。

$$\underset{(Ar)}{RNH_2} \xrightarrow[\text{或}(R'CO)_2O]{R'COCl} \underset{(Ar)}{RNHCOR'}$$

$$R_2NH \xrightarrow{R'COCl} R_2NCOR'$$

$$\text{⟨⟩}-NHCH_3 \xrightarrow{CH_3COCl} \text{⟨⟩}-\overset{|}{\underset{CH_3}{N}}COCH_3$$

$$\underset{(Ar)_3N}{R_3N} \xrightarrow[\text{或}(R'CO)_2O]{R'COCl} \times$$

酰胺是具有一定熔点的固体,在强酸或强碱的水溶液中加热易水解生成胺。因此,此反应在有机合成上常用来保护氨基(先把芳胺酰化,把氨基保护起来,再进行其他反应,然后使酰胺水解再变为胺)。

胺的酰化反应是胺分子中氮原子上的氢被酰基取代,在反应中 RNH_2 作为亲核试剂向羰基进攻,反应的难易取决于胺的氮原子上电子云密度的高低。胺的碱性越强,进攻能力越强,反应速率越快。芳胺比脂肪胺的碱性弱得多,所以反应速率也慢得多,且芳胺不能与酯发生酰化反应,但能被酰氯或酸酐所酰化。例如,苯胺与乙酸酐作用生成乙酰苯胺。

$$\text{⟨⟩}-NH_2 + (CH_3CO)_2O \longrightarrow \text{⟨⟩}-NHCOCH_3 + CH_3COOH$$

酰胺是中性化合物,均有固定的熔点,可用于胺的鉴定。

酰化反应对于药物的修饰具有重要的意义。在胺类药物分子中引入酰基后,常可增加药物的脂溶性,有利于体内的吸收,以便提高或延长其疗效,并可降低药物的毒性。例如,对氨基苯酚具有解热镇痛作用,但因毒副作用强,不宜用于临床。若乙酰化生成对羟基乙酰苯胺(扑热息痛,paracetamol)后,则降低了毒副作用,增强了疗效。

$$HO-\text{⟨⟩}-NH_2 \xrightarrow{\text{乙酰化}} HO-\text{⟨⟩}-NHCOCH_3$$

伯胺氮上虽有两个氢,酰化以后,生成的酰胺又由于羰基与氮原子形成共轭,氮原子的亲核性大大降低,所以伯胺一般只能引入一个酰基。

2）磺酰化反应

胺与磺酰化试剂反应生成磺酰胺的反应称为磺酰化反应，也称为兴斯堡（Hinsberg）反应。

常用的磺酰化试剂是苯磺酰氯和对甲基苯磺酰氯。

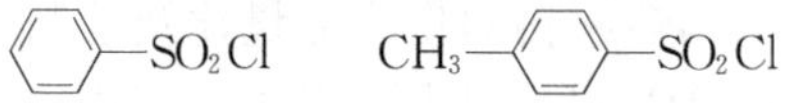

苯磺酰氯　　对甲基苯磺酰氯（TsCl）

伯、仲、叔胺与磺酰化试剂反应如下：

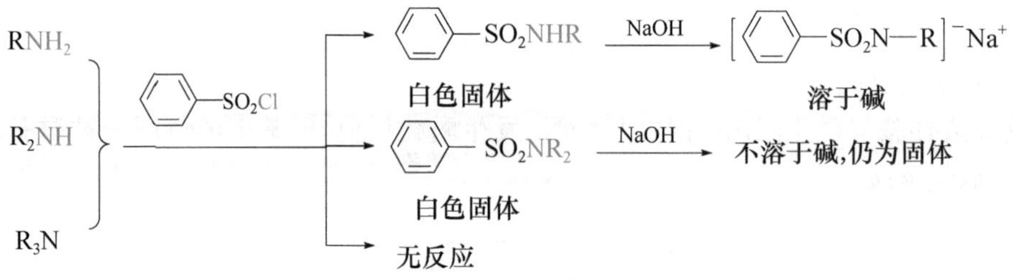

所以，兴斯堡反应可用于鉴别伯、仲、叔胺，也可分离纯化伯、仲、叔胺。

4. 与醛、酮的反应

伯胺与羰基化合物缩合生成含 C═N 键的化合物，称为席夫（Schiff）碱，该反应是以氮原子为亲核中心对羰基进行的亲核加成反应，然后消除一分子水。

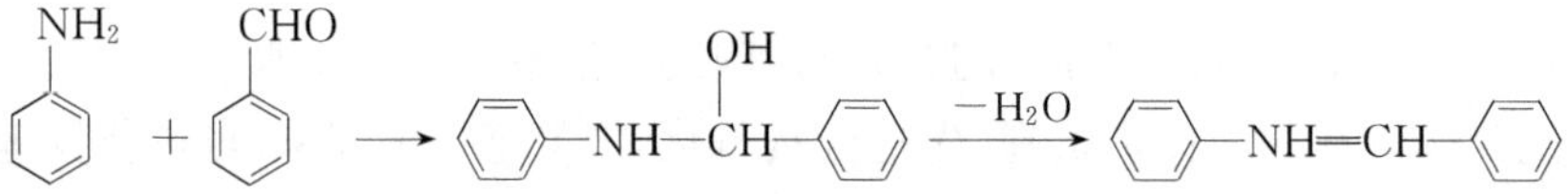

席夫碱属亚胺类化合物，水解又可得到原来的胺和醛，所以可用来保护氨基和醛基。

当一个仲胺与一个有 α-氢的醛、酮反应时，因加成产物的氮上已无可消除的氢原子，则不能形成席夫碱，而是以另一种方式失水，生成烯胺。

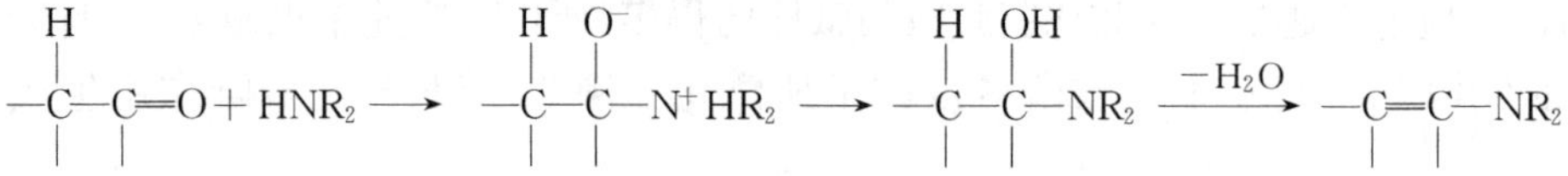

5. 与亚硝酸反应

亚硝酸（HNO_2）是一种很不稳定的酸，通常由亚硝酸钠和强酸作用产生。

$$NaNO_2 + HCl \longrightarrow HNO_2 + NaCl$$

1）脂肪胺与亚硝酸反应

伯胺：与亚硝酸反应先生成重氮盐。这种重氮盐极不稳定，一旦生成立即分解，定量地放出氮气。

$$RCH_2CH_2NH_2 \xrightarrow[\text{低温}]{NaNO_2 + HCl} \underset{\text{重氮盐}}{RCH_2CH_2\overset{+}{N_2}Cl^-} \xrightarrow{\text{分解}} RCH_2\overset{+}{C}H_2 + N_2\uparrow + Cl^-$$

生成的碳正离子可以发生各种不同的反应生成烯烃、醇和卤代烃等混合物。例如

$$\text{（结构式反应：} CH_2NH_2 \xrightarrow{HNO_2} OH + \begin{array}{c}CH_3\\OH\end{array} + =CH_2 + CH_3\text{）}$$

所以，伯胺与亚硝酸的反应在有机合成上用途不大。但由于放出的氮气是定量的，因此可定量地测定伯胺。

仲胺：与 HNO_2 反应，生成黄色油状或固体的 N-亚硝基化合物。

$$\begin{array}{c}R\\ \diagdown\\ NH\\ \diagup\\ R\end{array} \xrightarrow{NaNO_2 + HCl} \begin{array}{c}R\\ \diagdown\\ N-N=O\\ \diagup\\ R\end{array} + H_2O$$

N-亚硝基胺（黄色油状物）

叔胺：脂肪族叔胺因氮上没有氢，在同样条件下，与 HNO_2 不发生类似的反应。与亚硝酸作用时只能生成不稳定的亚硝酸盐。

$$R_3N + HNO_2 \longrightarrow R_3\overset{+}{N}HNO_2^-$$

因而，胺与亚硝酸的反应可以区别伯、仲、叔胺。

2）芳香胺与亚硝酸反应

（1）伯胺与亚硝酸的反应。在低温和强酸的水溶液中反应，生成重氮盐（diazonium salt），这个反应称为重氮化反应（diazotization）。芳香重氮盐比脂肪族重氮盐稳定，在低温下可以稳定存在而不分解；但温度升高，便会分解放出氮气，同时生成酚类化合物。芳香重氮盐在合成上用途很广，将在下一节详细讨论。

$$\text{—}NH_2 \xrightarrow[0\sim5\ \text{℃}]{NaNO_2 + H_2SO_4(\text{稀})} \text{—}\overset{+}{N_2}HS\overset{-}{O}_4 + 2H_2O + Na_2SO_4$$

硫酸氢盐

不稳定（故要在低温下反应）

$$\xrightarrow{\triangle} \text{—}OH + N_2\uparrow$$

（2）仲胺与亚硝酸的反应。与脂肪族仲胺和亚硝酸作用一样，不放出 N_2，也不生成重氮盐，而生成性质较稳定的 N-亚硝基胺。

$$\begin{array}{c}\text{—}NH\\ |\\ CH_3\end{array} + NaNO_2 + HCl \longrightarrow \begin{array}{c}\text{—}N-N=O\\ |\\ CH_3\end{array} + H_2O$$

N-甲基-N-亚硝基苯胺

N-亚硝基胺为黄色的中性油状液体或固体，有特殊的气味，不溶于水，与稀酸共热则分解为原来的仲胺。可用这种方法鉴别、分离或提纯仲胺。

N-亚硝基化合物毒性很大，一系列动物实验证明，其有强烈的致癌作用。人体摄入亚硝酸盐后可在体内合成亚硝胺，在胃、口腔、肺及膀胱中最易合成，因此要严控亚硝酸盐的摄入量。亚硝酸盐可使血中低铁血红蛋白氧化成高铁血红蛋白，失去运氧功能，致使组织缺氧，重则死亡，长期食用可引起食管癌、胃癌、肝癌和大肠癌等疾病。

（3）叔胺与亚硝酸的反应。芳香族叔胺与亚硝酸作用，氮上没有氢，反应不能发生在氮上。由于 R_2N— 是强的活化基团，亚硝化发生在芳环上，一般生成对亚硝基化合物；若对位上已有取代基，则亚硝基取代在邻位。许多芳香族叔胺的亚硝基化合物都有明显的颜色,可用于鉴别芳香族叔胺。

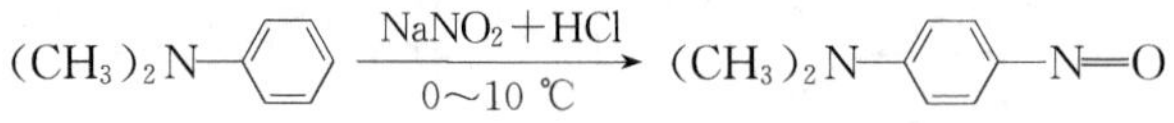

N,N-二甲基-4-亚硝基苯胺(绿色)

芳胺与亚硝酸的反应也可用来区别芳香族伯、仲、叔胺。

6. 芳香胺苯环上的取代反应

—NH_2、—NHR、—NR_2 与苯环相连,通过共轭给电子效应,苯环上电子云密度增大,因此在亲电取代反应中活性很高。

1) 卤代反应

苯胺很容易发生卤代反应,但难控制在一元阶段。

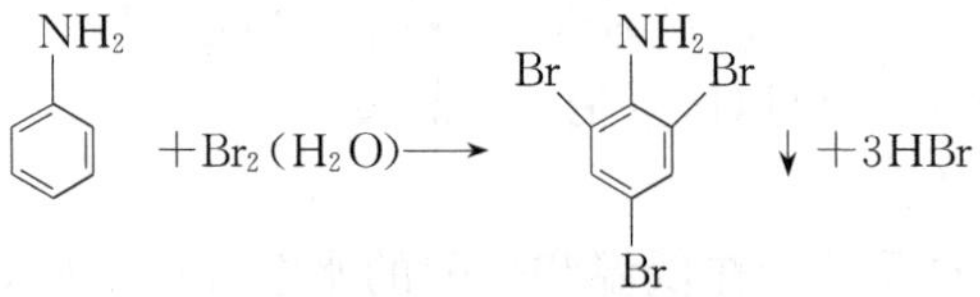

2,4,6-三溴苯胺(可用于鉴别苯胺)

如要制取一溴苯胺,则应先降低苯胺的活性,再进行溴代,其方法有两种。

方法一:

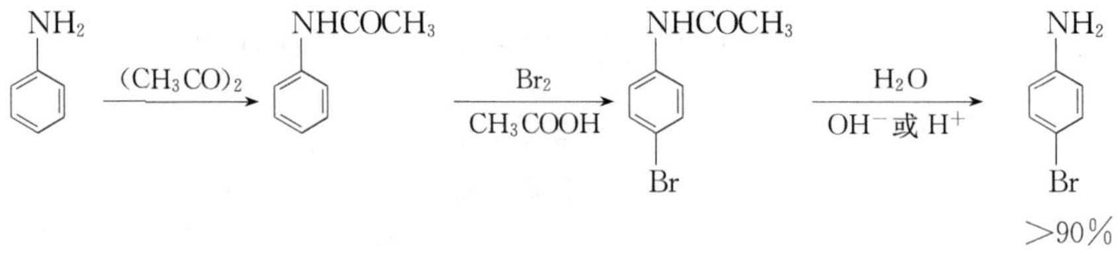

方法二:

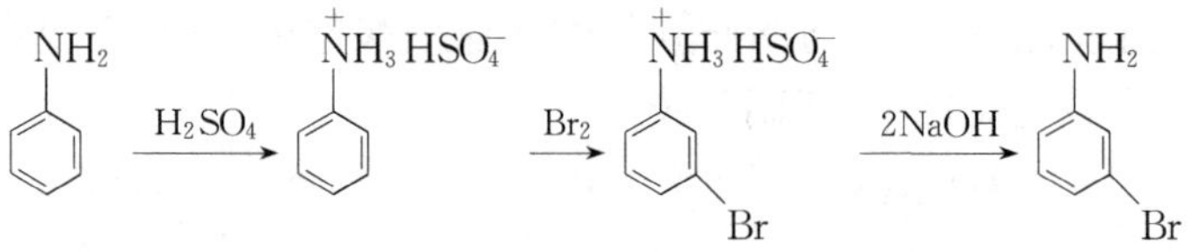

2) 磺化反应

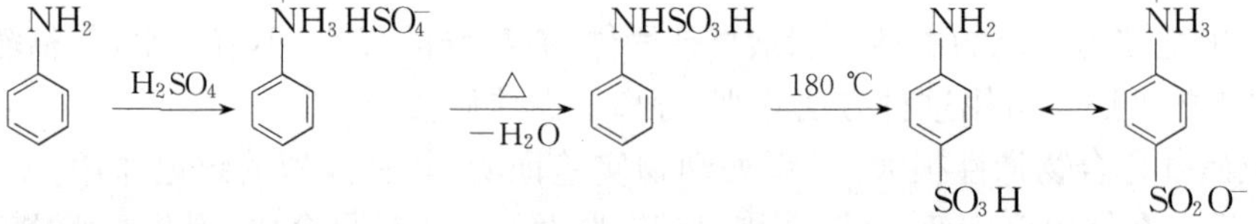

对氨基苯磺酸是两性离子,以内盐形式存在,其熔点高,可溶于水。

3) 硝化反应

芳伯胺直接硝化易被硝酸氧化,必须先把氨基保护起来(乙酰化或成盐),然后再进行硝化。

$$\text{苯胺} \xrightarrow{(CH_3CO)_2O} \text{乙酰苯胺}$$

在乙酸中：$\xrightarrow{HNO_3}$ 对硝基乙酰苯胺（主要产物）$\xrightarrow{OH^-/H_2O}$ 对硝基苯胺

在乙酸酐中：$\xrightarrow{HNO_3}$ 邻硝基乙酰苯胺（主要产物）$\xrightarrow{OH^-/H_2O}$ 邻硝基苯胺

$$\text{苯胺} \xrightarrow{H_2SO_4} C_6H_5NH_3^+HSO_4^- \xrightarrow{HNO_3} \text{间硝基衍生物} \xrightarrow[H_2O]{2NaOH} \text{间硝基苯胺}$$

扫一扫　让人快乐的多巴胺

11.3　季铵盐和季铵碱

11.3.1　季铵盐

1. 制法

叔胺与卤代烷作用生成季铵盐。

$$R_3N + R'X \longrightarrow R_3N^+R'X^-$$

季铵盐是结晶固体,它具有盐的性质,能溶于水。

2. 主要用途

(1) 表面活性剂、抗静电剂、柔软剂、杀菌剂。

含有长碳链的季铵盐可作为阳离子表面活性剂。例如,溴化苄基(十二烷基)二甲基铵是具有去污能力的表面活性剂,也是具有强杀菌能力的消毒剂。

$$[(CH_3)_2N-C_{12}H_{25}]^+ Br^-$$
$$|$$
$$CH_2$$
$$|$$
$$C_6H_5$$

(2) 动植物激素。例如:

$$ClCH_2CH_2N^+(CH_3)_3Cl^-$$

矮壮素

$$\left[CH_3-\overset{\overset{\displaystyle CH_3}{|}}{\underset{\underset{\displaystyle CH_3}{|}}{N^+}}-CH_2CH_2O\overset{\overset{\displaystyle O}{\|}}{C}CH_3 \right] OH^-$$

乙酰胆碱

乙酰胆碱是人体神经刺激传导中的重要物质,与神经分裂症的神经紊乱有关。

（3）有机合成中的相转移催化剂。长链的季铵盐还常用作相转移催化剂（phase transfer catalyst，PTC）。常用的相转移催化剂有$(C_2H_5)_3\overset{+}{N}-CH_2C_6H_5Cl^-$（TEBA）和$(C_4H_9)_4N^+X^-$（TBA）等。相转移反应具有反应快、操作简便、收率高的优点，近年逐渐成为研究热点。

11.3.2 季铵碱

1. 制法

将季铵盐与氢氧化银作用就得到季铵碱。

$$R_4\overset{+}{N}Cl^- + AgOH \longrightarrow R_4\overset{+}{N}OH^- + AgBr\downarrow$$

大量制备季铵碱，可用强碱性离子交换树脂与季铵盐作用，但一般难以制成固体，而是用其溶液。

2. 性质

（1）强碱性。其碱性与 NaOH 相近。易潮解，易溶于水。

（2）化学特性反应——加热分解反应。

a. 当季铵碱中没有 β-氢原子时，如氢氧化四甲基铵受热分解得到三甲胺及甲醇，此反应可看作 S_N2 反应，羟基负离子为亲核试剂。例如

$$(CH_3)_4\overset{+}{N}OH^- \overset{\triangle}{\longrightarrow} (CH_3)_3N + CH_3OH$$

b. 当季铵碱中只有一种 β-氢原子时，则 OH^- 进攻并夺取 β-氢，同时 C—N 键断裂，发生消除反应，称为霍夫曼（Hofmann）消除。

$$\left[CH_3\overset{\overset{\displaystyle CH_3}{|}}{\underset{\underset{\displaystyle CH_3}{|}}{\overset{+}{N}}}-CH_2CH_2CH_3 \right] OH^- \overset{\triangle}{\longrightarrow} (CH_3)_3N + CH_3CH=CH_2 + H_2O$$

c. 当季铵碱中有两种或两种以上不同的 β-氢原子时，在加热时消除反应就有几种可能，主要被消除的是酸性较强的氢，也就是主要产物是双键上有较少取代基的烯烃，这一规律称为霍夫曼规则。

$$\underset{\underset{\displaystyle +N(CH_3)_3OH^-}{|}}{CH_3CH_2CHCH_3} \longrightarrow \underset{95\%}{CH_3CH_2CH=CH_2} + \underset{5\%}{CH_3CH=CHCH_3} + (CH_3)_3N$$

但如果 β-碳上有可产生吸电子共轭效应的基团，如苯基、乙烯基、羰基等，则 β-碳上氢的酸性较强，易消除，从而得到与霍夫曼规则预期不同的主产物。例如

$$PhCH_2CH_2\overset{\overset{\displaystyle CH_3}{|}}{\underset{\underset{\displaystyle CH_3}{|}}{N^+}}CH_2CH_3OH^- \longrightarrow \underset{93\%}{PhCH=CH_2} + \underset{0.4\%}{CH_2=CH_2}$$

季铵碱的霍夫曼消除反应可用于合成一些烯烃，也可用于判断某些胺的结构。测定胺的结构时，常用足量的碘甲烷处理胺，使氮上的氢均被甲基取代，称为彻底甲基化。然后用湿的氧化银处理，得季铵碱，将干燥的季铵碱加热分解为三甲胺及烯烃。根据产物可

判断原胺的结构。

问题与思考 11-2

某胺的分子式为 $C_6H_{13}N$,制成季铵盐时,只消耗 1 mol 碘甲烷,经两次霍夫曼消除,生成戊-1,4-二烯和三甲胺,判断原胺的结构。

11.4　重氮和偶氮化合物

重氮化合物和偶氮化合物分子中都含有—N＝N—特性基团,特性基团两端都与烃基相连的称为偶氮化合物(azo compound);只有一端与烃基相连,而另一端与其他基团相连的称为重氮化合物(diazo compound)。

11.4.1　芳香族重氮盐的制备——重氮化反应

芳香伯胺与亚硝酸在 0～5 ℃时反应生成芳香重氮盐。

$$ArNH_2 + NaNO_2 + \underset{(H_2SO_4)}{HCl} \xrightarrow{0\sim5\ ℃} ArN_2^+\ Cl^- + NaCl + H_2O$$

$$\text{⬡—NH}_2 \xrightarrow[0\sim5\ ℃]{NaNO_2 + HCl} \text{⬡—N}_2^+\ Cl^- + NaCl + H_2O$$

11.4.2　芳香族重氮盐的性质

重氮盐是非常活泼的化合物,可发生多种反应,生成多种化合物,在有机合成上非常有用。归纳起来,主要反应为两类:

$$\text{⬡—N}_2^+\text{Cl}^- \longrightarrow \begin{cases} \text{去氮反应(取代反应)} \\ \text{保留氮的反应} \begin{cases} \text{还原反应} \\ \text{偶联反应} \end{cases} \end{cases}$$

1. 取代反应

1) 被羟基取代(水解反应)

当重氮盐和酸液共热时发生水解生成酚并放出氮气。

$$\text{⬡—NH}_2 \xrightarrow[0\sim5\ ℃]{NaNO_2 + H_2SO_4} \text{⬡—N}_2\text{SO}_4\text{H} \xrightarrow[H^+,\ \triangle]{H_2O} \text{⬡—OH} + N_2\uparrow + H_2SO_4$$

重氮盐水解成酚时只能用硫酸盐,不用盐酸盐,因盐酸盐水解易发生副反应。

2) 被卤素、氰基取代

$$\text{⬡—N}_2\text{Cl} + KI \xrightarrow{\triangle} \text{⬡—I} + N_2\uparrow + KCl$$

此反应是将碘原子引入苯环的好方法,但此法不能用来引入氯原子或溴原子。氯、溴、氰基的引入用桑德迈尔(Sandmeyer)反应。

$$\text{—N}_2\text{Cl} \xrightarrow{\text{CuCl}+\text{HCl}} \text{—Cl} + \text{N}_2 \uparrow$$

$$\text{—N}_2\text{Br} \xrightarrow{\text{CuBr}+\text{HBr}} \text{—Br} + \text{N}_2 \uparrow$$

$$\text{—N}_2\text{Cl} \xrightarrow{\text{CuCN}+\text{KCN}} \text{—CN} + \text{N}_2 \uparrow$$

桑德迈尔反应

3) 被氢原子取代（去氨基反应）

$$\text{—N}_2\text{Cl} + \text{H}_3\text{PO}_2 + \text{H}_2\text{O} \longrightarrow \bigcirc + \text{H}_3\text{PO}_3 + \text{N}_2 \uparrow + \text{HCl}$$

$$\text{—N}_2\text{Cl} + \text{HCHO} + 2\text{HaOH} \longrightarrow \bigcirc + \text{N}_2 \uparrow + \text{HCOONa} + \text{NaCl} + \text{H}_2\text{O}$$

上述重氮基被其他基团取代的反应可用来制备一般不能用直接方法来制取的化合物。

2. 还原反应

重氮盐可被氯化亚锡、锡和盐酸、锌和乙酸、亚硫酸钠、亚硫酸氢钠等还原成苯肼。

$$\left[\bigcirc \overset{+}{\text{N}} \equiv \text{N} \right] \text{Cl}^- \xrightarrow[0\ \text{℃}]{\text{SnCl}_2,\ \text{HCl}} \bigcirc \text{—NHNH}_2 \cdot \text{HCl} \xrightarrow[\text{H}_2\text{O}]{\text{NaOH}} \bigcirc \text{—NHNH}_2$$

例如,苯胺的重氮盐在低温下用氯化亚锡和盐酸还原,生成苯肼的盐酸盐,碱化即得苯肼。

3. 偶联反应

重氮盐与芳伯胺或酚类化合物作用,生成颜色鲜艳的偶氮化合物的反应称为偶联反应。

偶联反应是亲电取代反应,是重氮正离子(弱的亲电试剂)与苯环上电子云密度较大的碳原子而发生的苯环上的亲电取代反应。

1) 与胺偶联

$$\bigcirc \overset{+}{\text{N}} \equiv \text{N}: \quad \ddot{\text{N}}(\text{CH}_3)_2 \xrightarrow{\text{pH 5~6}} \bigcirc \text{—N} = \text{N} - \bigcirc \text{—N}(\text{CH}_3)_2$$

反应要在中性或弱酸性溶液中进行。偶联反应总是优先发生在对位,若对位被占,则在邻位上反应,间位不能发生偶联反应。

2) 与酚偶联

$$\bigcirc \text{—N}_2\text{Cl} + \bigcirc \text{—OH} \xrightarrow[\text{低温}]{\text{OH}^-\ (\text{pH}=8)} \bigcirc \text{—N} = \text{N} - \bigcirc \text{—OH}$$

$$\bigcirc \text{—N}_2\text{Cl} + \overset{\text{OH}}{\underset{\text{CH}_3}{\bigcirc}} \xrightarrow[\text{低温}]{\text{弱 OH}^-} \bigcirc \text{—N} = \text{N} - \overset{\text{OH}}{\underset{\text{CH}_3}{\bigcirc}}$$

2-羟基-5-甲基偶氮苯(黄色)

　　反应要在弱碱性条件下进行,因在弱碱性条件下酚生成酚盐负离子,使苯环活化,有利于与亲电试剂重氮正离子反应。

　　重氮盐与萘酚和萘胺也能发生偶联反应。与 α-萘酚偶联时,反应发生在 4-位;若 4-位上已有取代基,则发生在 2-位。

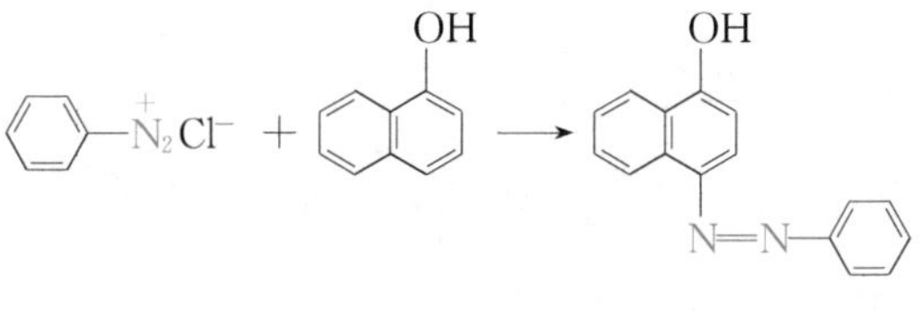

4-苯基偶氮萘-1-酚(橙红色)

　　重氮盐与 β-萘酚偶联时,反应发生在 1-位;若 1-位上已有取代基,则不发生反应。

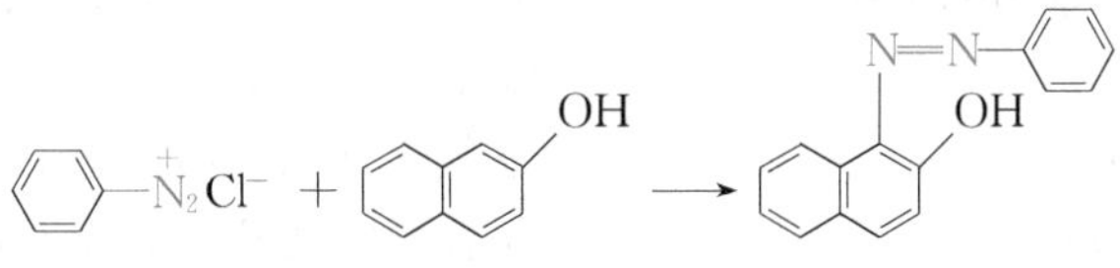

1-苯基偶氮萘-2-酚(橙红色)

11.4.3　偶氮化合物

　　偶氮化合物分子中的氮原子是 sp^2 杂化,与 C=C 键一样,N=N 键也存在顺反异构,如偶氮苯。

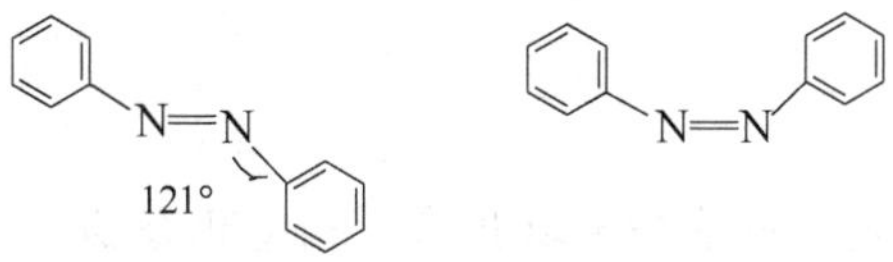

反式　　　　　　　顺式
熔点68 ℃　　　　熔点71.4 ℃

　　偶氮化合物有鲜明的颜色,许多偶氮化合物可用作染料,称为偶氮染料(azo dye),常用于棉、毛、丝织品以及塑料、印刷、食品、皮革和橡胶等产品的染色。在医学上,偶氮染料可用于组织和细菌的染色。有些偶氮化合物的颜色可随溶液的酸碱性的不同而改变,常用作酸碱指示剂,如甲基橙(4′-二甲氨基偶氮苯-4-磺酸钠)、刚果红等就是常用的酸碱指示剂。

　　甲基橙在中性或碱性溶液中以苯型结构存在,显黄色;在酸性溶液中转化为醌型,显红色。变色范围的 pH 为 3.0~4.4。

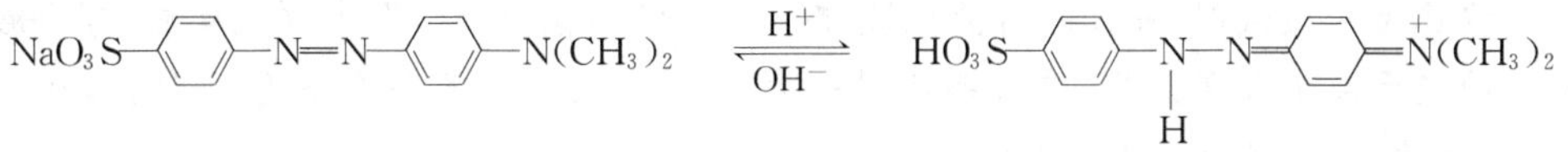

苯型(黄色)　　　　　　　　　　　　　醌型(红色)

　　虽然偶氮苯本身不致癌,但它的许多衍生物是致癌物,特别是偶氮染料,除少数无致癌作用外,大部分是致癌物。当苯环对位有氨基,并且氨基至少连有一个甲基时,偶氮苯有较强的致癌作用。苯环上的其他取代基对致癌作用的影响较为复杂,一般来说有氨基的苯环上 3-、5-位可以有取代基,没有氨基的苯环上 $3'$-、$4'$-可以有—OCH_3、—F 等取代基,这些取代基可使偶氮基致癌性增加。

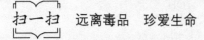 扫一扫　远离毒品　珍爱生命

关 键 词

小　结

硝基化合物的命名是将硝基作为取代基。硝基化合物还原可用来制备胺。硝基是强的吸电子基,使苯环上的亲电取代反应不容易进行。

胺是氨的有机衍生物,按照 IUPAC 规则,它们或是以烃基为母体,胺作为后缀,或是以更复杂的分子为母体,胺作为取代基来命名。

胺分子是四面体结构。氮原子在四面体的中心,一对孤对电子处于四面体的一个顶角上,其余三个顶角被三个取代基占据。氮原子分别连有一个、两个、三个、四个烃基的胺称为伯胺、仲胺、叔胺、季铵盐($R_4N^+X^-$),季铵盐用氢氧化银处理可得季铵碱($R_4N^+OH^-$)。

由于氮原子上有孤对电子,因而胺具有碱性和亲核性。由于氨基氮原子上的孤对电子与芳环上的 π 电子发生离域,因此芳香胺的碱性比脂肪胺弱。

胺作为亲核试剂,可分别与卤代烷、酰化试剂(酰氯、酸酐)发生取代反应;芳香胺与亚硝酸反应生成重氮盐,重氮基团进一步被羟基、卤素、氰基或氢原子取代,生成酚、卤代物、腈等多种芳香化合物。

芳香重氮盐与芳胺或酚类物质发生偶联反应生成偶氮化合物。

季铵碱是强碱,具有 β-H 的季铵碱受热时得到霍夫曼消除产物。

主要反应总结

1. 胺的反应

(1) 成盐

$$R\overset{..}{-}NH_2 + HCl \longrightarrow R\overset{+}{-}NH_3 Cl^-$$

$$R\overset{..}{-}NH_2 + HOSO_3H \longrightarrow R\overset{+}{-}NH_3^- OSO_3H$$

(2) 烷基化反应

$$CH_3\overset{..}{N}H_2 + R{-}Br \longrightarrow CH_3\overset{+}{N}H_2R + Br^-$$
伯胺

$$\xrightarrow{CH_3NH_2} CH_3NHR$$
仲胺

$$CH_3\overset{..}{N}HR + R{-}Br \longrightarrow CH_3\overset{+}{N}HR_2 + Br^-$$
仲胺

$$\xrightarrow{CH_3NH_2} CH_3NR_2$$
叔胺

(3) 酰化反应

$$RNH_2 \xrightarrow[\text{或}(R'CO)_2O]{R'COCl} RNHCOR'$$

(4) 磺酰化反应

$$RNH_2 + \text{⬡}{-}SO_2Cl \longrightarrow \text{⬡}{-}SO_2NHR$$

(5) 与醛、酮的反应

$$\text{⬡-}NH_2 + \text{⬡-}CHO \longrightarrow \text{⬡-}NH-CH(OH)-\text{⬡} \xrightarrow{-H_2O} \text{⬡-}NH=CH-\text{⬡}$$

(6) 与亚硝酸反应

伯胺

$$RNH_2 + NaNO_2 + HCl \longrightarrow R\overset{+}{N}_2Cl^- \longrightarrow N_2\uparrow + 醇、烯烃、卤代烃的混合物$$

仲胺

$$\begin{matrix} R^1 \\ \diagdown \\ NH \\ \diagup \\ R^2 \end{matrix} + NaNO_2 + HCl \longrightarrow \begin{matrix} R^1 \\ \diagdown \\ N-N=O \\ \diagup \\ R^2 \end{matrix} + H_2O$$

叔胺

$$R_3N + HNO_2 \longrightarrow R_3\overset{+}{N}HNO_2^-$$

2. 季铵碱和季铵盐

（1）季铵碱的霍夫曼消除

$$CH_3CH_2\overset{\underset{\displaystyle +N(CH_3)_3OH^-}{|}}{C}HCH_3 \longrightarrow CH_3CH_2CH=CH_2 + CH_3CH=CHCH_3 + (CH_3)_3N$$

$$95\% \qquad\qquad 5\%$$

（2）重氮盐的生成

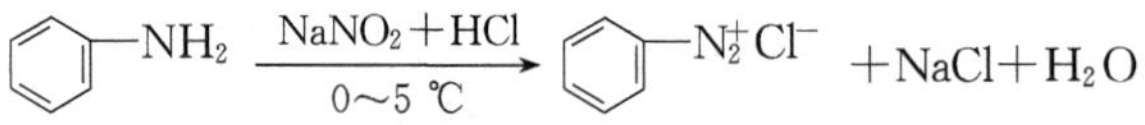

（3）重氮盐反应

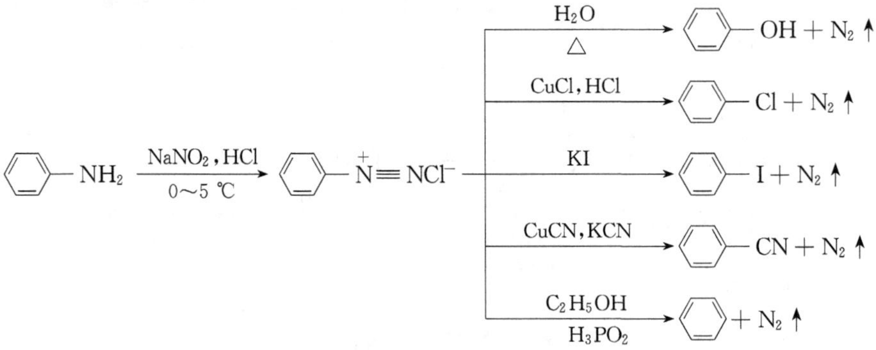

（4）偶联反应

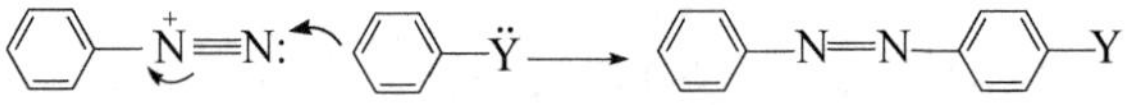

$$Y=OH, OR, NH_2, NHR, NR_1R_2$$

习　题

1. 命名下列化合物。

(1) 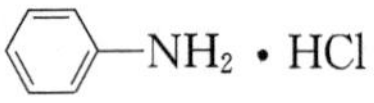 $NH_2 \cdot HCl$

(2) $CH_3NHC_2H_5$

(3) $(CH_3)_4\overset{+}{N}Br^-$

(4) 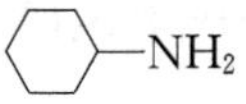 NH_2

(5) $C_6H_5N\overset{\underset{\displaystyle C_2H_5}{|}}{\overset{\displaystyle CH_3}{|}}$

(6) 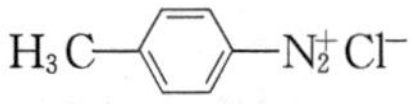 H_3C——$\overset{+}{N_2}Cl^-$

(7) $H_3C-\underset{\underset{\displaystyle CH_3}{|}}{C}H-\underset{\underset{\displaystyle NH_2}{|}}{C}H-CH_2CH_2CH_3$

(8) $[(CH_3)_3NCH_2CH_2OH]^+OH^-$

(9) 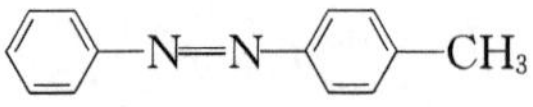 —$N=N$——CH_3

2. 写出下列化合物的结构式。

(1) 环己基(乙基)甲基胺　　　(2) α-萘甲胺　　　(3) 三乙胺

(4) 乙二胺　　　(5) 二乙胺　　　(6) 胆碱　　　(7) 苯磺酰氯

3. 完成反应式。

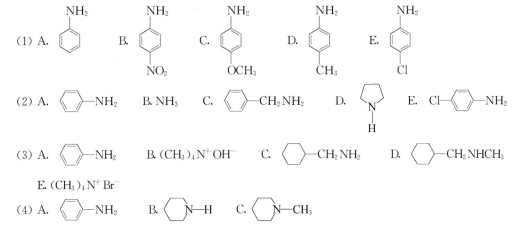

(1) HO——NH₂ ＋ CH₃—C(=O)—Cl (1 mol) ——→

(2) H₂N—CH₂CH₂CH₂CH₂Br ——→

(3) （吡咯烷 N—H） →(CH₃I) →(AgOH) →(△) →(CH₃I) →(AgOH) →(△)

(4) C₆H₅CH₂CHCH₃ （下有 ⁺N(CH₃)₃OH⁻） →(△)

(5) H₃C——NH₂ →(NaNO₂＋HCl, 0~5 ℃) →(——OH / NaOH,H₂O,0~5 ℃)

(6) （——SO₂Cl） ＋ （——NH₂） ——→ →(NaOH)

(7) （吡咯烷 N—H） ＋NaNO₂＋HCl ——→

(8) H₃C——N₂⁺Cl⁻ →(CuCl / HCl)

4. 将下列化合物按其碱性由强到弱排序。

(1) A. （——NH₂）　B. （NH₂——NO₂）　C. （NH₂——OCH₃）　D. （NH₂——CH₃）　E. （NH₂——Cl）

(2) A. （——NH₂）　B. NH₃　C. （——CH₂NH₂）　D. （吡咯烷 N—H）　E. Cl——NH₂

(3) A. （——NH₂）　B. (CH₃)₄N⁺OH⁻　C. （——CH₂NH₂）　D. （——CH₂NHCH₃）

E. (CH₃)₄N⁺Br⁻

(4) A. （——NH₂）　B. （N—H）　C. （N—CH₃）

5. 用化学方法鉴别下列各组化合物。

(1) 苯甲醛,苯甲胺,苯酚

(2) 对甲基苯胺,N-甲基苯胺,N,N-二甲基苯胺

6. 把相对分子质量相近的化合物乙酸、丁烷、三甲胺、丙醇按沸点由高到低的顺序排列,并予以解释。

7. 为什么化合物

（曲马多）在临床应用上将其制成盐酸曲马多使用？

8. 化合物 A 的分子式为 $C_6H_{13}N$，与苯磺酰氯作用无明显变化，也不能催化加氢，A 与 CH_3I 反应后用 AgOH 处理得 $B(C_7H_{17}NO)$，B 经加热分解成叔胺与乙烯。试写出 A、B 的结构式。

9. 有一化合物 A 含 C、H、O、N、Cl。A 与酸的热水溶液反应可得到化合物 B 和醋酸。B 经还原可生成 2-氯苯-1,4-二胺。B 与亚硝酸作用后生成的产物与 Cu_2Br_2 反应生成 C。C 是一氯一溴代硝基苯。试根据上述事实推断 A 可能的结构并写出反应式。

下篇
生物活性化合物

第12章 杂环化合物及生物碱

有机化合物中包含的非碳原子统称杂原子(hetero-atom)。杂环化合物(heterocyclic compound)是指成环原子中除碳原子外还有杂原子的一类环状有机化合物,最常见的杂原子是N、O、S等。杂环化合物分为脂杂环和芳杂环两大类,其中多数为芳杂环(aromatic heterocycles),它们具有不同程度的芳香性。

杂环化合物广泛分布于自然界中,种类繁多,数量巨大,约占已知有机化合物的三分之一。自然界中具有强生物活性的天然有机化合物绝大多数都属于杂环化合物。例如,对核酸的活性起决定作用的嘌呤、嘧啶及其衍生物,植物中的叶绿素、动物血液中的血红素、组成蛋白质的某些氨基酸、维生素B、生物碱等都含有杂环,它们在生命的生长、发育、遗传和衰亡过程中起着关键作用。

在现有药物中,杂环化合物占了相当大的比例。它们应用于各种疾病和医疗领域,其数量之大和种类之多,是难以想象的。例如,我们非常熟悉的抗生素青霉素、头孢菌素、喹喏酮类,治疗肿瘤的紫杉醇、多烯紫杉醇、卡巴他赛、喜树碱、长春碱以及抗溃疡药洛赛克、埃索美拉唑等都是含有杂环的化合物。

对于内酯、交酯、环状酸酐和内酰胺等,虽然也都含有杂环,但由于它们的环不稳定,容易与其他试剂反应,在性质上更类似于相应的链状化合物,所以一般不属于杂环化合物的范畴。

12.1 杂环化合物

12.1.1 杂环化合物的分类

杂环化合物一般按环的数目不同而分为单杂环和稠杂环。单杂环按环的大小又可分为五元杂环和六元杂环;稠杂环又可分为由苯环与单杂环稠合而成的苯稠杂环和由单杂环稠合而成的杂稠杂环。常见杂环化合物的分类和名称列于表12-1。

表12-1 常见杂环化合物的分类和名称

分类			名称				
单杂环	五元杂环	单杂原子杂环	呋喃 furan	噻吩 thiophene	吡咯 pyrrole		
		双杂原子杂环	噻唑 thiazole	吡唑 pyrazole	咪唑 imidazole	噁唑 oxazole	异噁唑 isoxazole

续表

分类			名称				
单杂环	六元杂环	单杂原子杂环	吡啶 pyridine	2H-吡喃 2H-pyran	4H-吡喃 4H-pyran	二氢吡喃(DHP) dihydropyran	四氢吡喃(THP) tetrahydropyran
		双杂原子杂环	哒嗪 pyridazine	嘧啶 pyrimidine	吡嗪 pyrazine		
稠杂环		苯稠杂环	喹啉 quinoline	异喹啉 isoquinoline	吲哚 indole		
		杂稠杂环	嘌呤 purine	蝶啶 pteridine			

12.1.2 杂环化合物的命名

杂环化合物的命名包括特定名称的杂环及其衍生物的命名和无特定名称的稠杂环的命名两部分。

1. 特定名称的杂环及其衍生物的命名

在 IUPAC 命名法中,以特定的 45 个杂环化合物作为母核,以其俗名或半俗名作为命名基础,采用"音译法",即把这 45 个杂环化合物的英文名称中 2 或 3 个音节的汉字译音加上"口"字偏旁来表示杂环化合物,如呋喃(furan)、噻吩(thiophene)、吡咯(pyrrole)等。

在杂环化合物的中文名称中,口字旁表明其为杂环,右边文字通常表明杂原子的种类。例如,喃、噻表示其杂原子分别为氧、硫;而咯、唑、嗪、啶、啉则表示它们为含氮的杂环,这些字是根据英文单词的尾音创造的,其中咯、唑表示为五元含氮杂环,其余的指六元含氮杂环。

当杂环母核上连有取代基时,要先将取代基的名称放在杂环母核名称前面,并标明其位置编号。含一个杂原子的杂环,从杂原子开始编号并保证取代基位次最小;也可采用希腊字母编号原则,即从与杂原子相邻的碳原子开始,用希腊字母依次编为 α、β、γ、…。

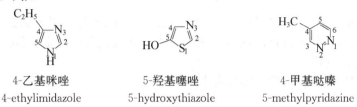

2-甲基呋喃
或 α-甲基呋喃
2-methylfuran

2-氨基噻吩
或 α-氨基噻吩
2-aminothiophene

吡啶-3-甲酸
或 β-吡啶甲酸
pyridin-3-carboxylic acid

环上有两个或两个以上相同杂原子时,应从连有氢或取代基的杂原子开始编号,并使这些杂原子所在位次遵循最低系列原则。若环上有不同杂原子时,则按 O、S、N—H、N—R、N 的顺序编号。例如

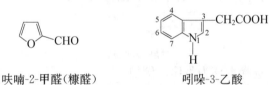

4-乙基咪唑
4-ethylimidazole

5-羟基噻唑
5-hydroxythiazole

4-甲基哒嗪
5-methylpyridazine

少数稠杂环有特定的编号顺序,如异喹啉、嘌呤、蝶啶等(表 12-1)。

若环上连有醛基、羧基、磺酸基等原子团时,则将这些基团作为母体,杂环作为取代基命名。例如

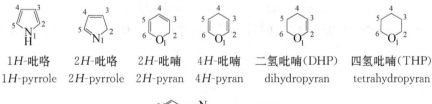

呋喃-2-甲醛(糠醛)　　　　吲哚-3-乙酸

上述具有特定名称的杂环化合物,其结构表明该杂环已包含最多的非聚集双键,若此时仍存在多种异构体,则需在名称前用阿拉伯数字标明该环上饱和原子所连接的氢原子的位置,并用斜体的大写字母"H"表示该氢原子的存在,该氢称为"标氢"或"指示氢"。吡喃是带有两个双键的六元含氧杂环类化合物。它们的命名有点奇怪,含有两个双键的分别称为 $2H$-吡喃和 $4H$-吡喃,仅含有一个双键的则称为二氢吡喃(DHP),没有双键的称为四氢吡喃(THP)。与其他大多数杂环化合物不同,吡喃没有芳香性。

1*H*-吡咯　2*H*-吡咯　2*H*-吡喃　4*H*-吡喃　二氢吡喃(DHP)　四氢吡喃(THP)
1*H*-pyrrole　2*H*-pyrrole　2*H*-pyran　4*H*-pyran　dihydropyran　tetrahydropyran

9*H*-嘌呤　7*H*-嘌呤
9*H*-purine　7*H*-purine

若杂环化合物中不含有最多的非聚集双键时,则将环上的饱和原子所连接的氢原子称为外加氢,命名时需在名称中用阿拉伯数字及中文数字分别标出外加氢的位置和数目,当成环原子均为饱和原子时,可省略其位置编号。

2,5-二氢吡咯   四氢呋喃(THF)   四氢吡喃(THP)

2,5-dihydropyrrole   tetrahydrofuran   tetrahydropyran

问题与思考 12-1

    试总结吡喃类化合物的结构及命名。

2. 无特定名称的稠杂环的命名

命名时根据下列原则选出环系中已有俗名或半系统名称的组分为此环系名称的主体，其余部分的环系作为拼合体，中间加连缀字"并"构成此母体环系的名称。

1）主体环的选择

苯环与杂环并合时，选择杂环作为主体。例如

苯并呋喃

杂环与杂环并合时，按 N、O、S 顺序选择主体。例如

噻吩并吡咯

当杂原子相同时，选择大环为主体。例如

呋喃并 2H-吡喃

杂原子数目及种类多者作为主体。例如

吡啶并嘧啶   吡唑并噁唑

当环的大小相同，杂原子种类和数目相等时，选择并合前杂原子编号较低者为主体。例如

吡嗪并哒嗪

2）并合边的标示

主体环和拼合体环确定后，接下来需要对它们并合时的共有键（稠合边）进行标识。

主体环的周边编号是由该环中编号最低的原子开始依次以斜体小写的拉丁字母进行标记，即以 a、b、c、…分别标记边 12、23、34、…。

拼合体环的周边则由该边的原子编号数字来标记。标识并合的共有键用该键在拼合体中的数字编号，再以短线连以在主体中的字母标记，外加方括号，数字编号间用逗号隔

开,数字的前后次序按两环并合时主体环的编号方向一致的顺序标示。

噻吩并[2,3-b]呋喃　　噻吩并[3,2-b]吡咯　　咪唑并[5,4-d]噻唑
thieno[2,3-b]furan　　thieno[3,2-b]pyrrole　　imidazolo[5,4-d]thiazole

3）环系周边的编号

当环上有取代基时,还需要对环系周边进行编号,以标示取代基的位置。周边的编号方法与稠环芳烃相似,稠合边的碳原子不编号,稠合边的杂原子需要编号,且保证杂原子的编号尽可能最小。

5-甲基咪唑并[2,1-b]噻唑　　6H-吡唑并[4,5-d]噁唑
5-methylimidazolo[2,1-b]thiazole　　6H-pyrazolo[4,5-d]oxazole

12.1.3 五元杂环化合物

1. 五元杂环化合物的结构

在常见的五元杂环中,呋喃、噻吩和吡咯(图 12-1)比较重要。它们环上的杂原子氧、硫和氮均为 sp^2 杂化,环上的四个碳原子与杂原子相互以 sp^2 杂化轨道构成 σ 键。环上的五个原子各有一个未参与杂化的 p 轨道,其中四个碳原子的 p 轨道上各有一个电子,杂原子的 p 轨道上有两个未成键电子。这五个 p 轨道都垂直于环所在的平面,"肩并肩"地相互重叠,形成一个由五个原子及六个电子构成的闭合共轭体系。由于环上五个原子共平面,形成稳定的闭壳层电子结构,π 电子总数符合休克尔"4n+2"规则,所以呋喃、噻吩和吡咯都具有芳香性。

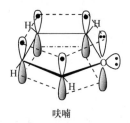 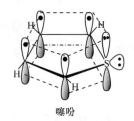 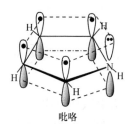

呋喃　　　　　　噻吩　　　　　　吡咯

图 12-1　呋喃、噻吩和吡咯的结构

由于杂原子参与环系共轭的 p 轨道有两个未成键电子,其环上电子云密度较苯环上的电子云密度有所增加,因此其参与环上亲电取代反应都比苯更容易。但又因杂原子的电负性都大于碳原子,其吸电子诱导效应(-I)使得呋喃、噻吩和吡咯环上电子云密度不均匀,杂原子周围的电子云密度较大,因此当发生亲电取代反应时,主要发生在电子云密度较大的 α-位。

在上面三种杂环化合物中,吡咯最易发生亲电取代反应,噻吩最困难,其原因与杂原子的吸电子诱导效应和给电子共轭效应的强弱有关。

$$\delta^- \boxed{} \delta^- \qquad \boxed{} \qquad \boxed{}$$

呋喃　　　　噻吩　　　　吡咯

2. 五元杂环化合物的物理性质

吡咯于 1858 年第一次从骨焦油中分馏出来，是一种无色至带黄色的液体。吡咯的沸点为 131 ℃，难溶于水，易溶于稀酸以及乙醇、乙醚等有机溶剂。用浓盐酸浸过的松木片遇吡咯蒸气显红色，可用来鉴定吡咯的存在。

呋喃主要存在于松木焦油中，无色液体，沸点 32 ℃，难溶于水，易溶于有机溶剂。其蒸气遇被盐酸浸湿过的松木片时呈现绿色，可用于鉴定呋喃的存在。呋喃具有麻醉和弱刺激作用，人体吸入后会引起头晕、头痛、恶心、呼吸衰竭等症状。

噻吩存在于煤焦油和页岩油中，是一种无色并具有难闻臭味的液体，沸点 84.2 ℃，不溶于水，可溶于乙醇、乙醚等有机溶剂。噻吩易燃，有毒，可经皮肤吸收或吸入蒸气导致人体中毒。

3. 五元杂环化合物的化学性质

1）酸碱性

含氮化合物碱性的强弱取决于氮原子上未共用电子对与 H^+ 结合的能力。吡咯虽有类似仲胺的结构，但由于氮原子上的未共用电子对参与了环系的共轭，因而与 H^+ 结合的能力减弱，故吡咯的碱性很弱（$pK_b=13.6$）。同时，这种共轭使氮原子上电子云密度相对降低，从而氮上的氢能以 H^+ 的形式离解，所以吡咯又显弱酸性，可与金属钠、钾、固体氢氧化钾、氢氧化钠，甚至浓氢氧化钾、氢氧化钠溶液作用生成盐。

$$\boxed{}_{N-H} + K \longrightarrow \boxed{}_{N-K} + \frac{1}{2}H_2\uparrow$$

吡咯钾盐

$$\boxed{}_{N-H} + KOH(s) \xrightarrow{\triangle} \boxed{}_{N-K} + H_2O$$

2）亲电取代反应

吡咯、呋喃和噻吩由于杂原子上的未共用电子对参与环系的共轭，且属于多 π 电子的芳杂环，其环上电子云密度较苯环大，所以它们比苯更容易发生亲电取代反应，取代基主要进入 α 位。它们的亲电取代反应活性顺序为

吡咯＞呋喃＞噻吩＞苯

三个杂原子产生的吸电子诱导效应强弱顺序为氧原子最强，氮原子次之，硫原子最弱，而其产生的给电子共轭效应是氮原子最强，氧原子次之，硫原子最弱，最终的综合影响结果是氮原子贡献电子最多，硫原子最少，但给电子的结果仍然使环上的电子云密度高于苯。

噻吩、吡咯的芳香性较强，容易发生取代反应而不易加成。呋喃的芳香性较弱，虽然

也能与大多数亲电试剂发生亲电取代,但在强亲核试剂存在下也能发生亲核加成反应。

因为五元杂环亲电取代的活性较高,故与氯或溴反应时,大多得到多取代的产物。为了得到一取代的产物,常采用溶剂稀释或在较低温度下进行。

吡咯的活性与苯胺相近,即使在上述条件下也极易生成多取代产物。

呋喃、噻吩和吡咯易与氧化剂和强酸作用,所以一般不用硝酸直接硝化,通常选用一些比较温和的非质子硝化试剂,如硝酸乙酰酯在较低温度下进行。

吡咯和呋喃不稳定,磺化时需要使用温和的非质子性磺化试剂。常用的磺化试剂是 N-磺酸吡啶(吡啶与三氧化硫的加合化合物)。

噻吩比较稳定,可以用温和的磺化试剂磺化,也可以直接磺化,但收率较低。

问题与思考 12-2

试解释为什么吡咯、呋喃、噻吩的亲电取代反应在 α-位更容易发生。

12.1.4　六元杂环化合物

1. 六元杂环化合物的结构

六元芳杂环中最简单且有代表性的化合物是吡啶,其结构如图 12-2 所示。

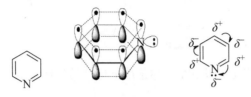

图 12-2　吡啶的结构

吡啶环与苯环相似,环上的五个碳原子和氮原子都是 sp^2 杂化,相互以 σ 键连接成环状结构。成环的六个原子在同一平面上,每个原子各有一个电子在 p 轨道上,它们的对称轴与环平面垂直,彼此"肩并肩"重叠,形成一个包括六个原子在内的、与苯相似的闭合共轭体系。氮原子上的未共用电子对在 sp^2 杂化轨道上,它与环共平面,因而不能参与环系的共轭。

吡啶的结构符合休克尔规则,具有芳香性。但由于氮的电负性大于碳,环上的电子云密度不像苯那样均匀分布,芳香性较差。吡啶氮原子的吸电子诱导效应使其周围的电子云密度升高,环上的电子云密度降低。因此,吡啶与五元杂环和苯有所不同,较难发生亲电取代反应。若反应条件较剧烈时,取代反应可发生在 β 位(图 12-2)。

2. 六元杂环化合物的物理性质

吡啶在自然界存在于煤焦油或骨焦油中。它是一种无色或微黄色具有特殊臭味的液体,沸点 115.3 ℃。吡啶能与水、乙醇、乙醚等混溶,也容易吸收空气中的水分。吡啶是优良的有机溶剂。吡啶具有很高的水溶性,除了因为分子中杂原子的吸电子诱导效应和吸电子共轭效应的方向一致导致分子极性较大之外,氮原子上的未共用电子对可以与水形成氢键也是重要的原因。

3. 六元杂环化合物的化学性质

1) 酸碱性

吡啶不同于吡咯,其环上氮原子的未共用电子对未参与环系的共轭,可与质子结合成盐而显弱碱性。它的碱性($pK_b = 8.8$)比苯胺强,但比脂肪族胺甚至比氨还要弱,只能与强酸作用生成盐,如吡啶盐酸盐、吡啶硫酸盐等。

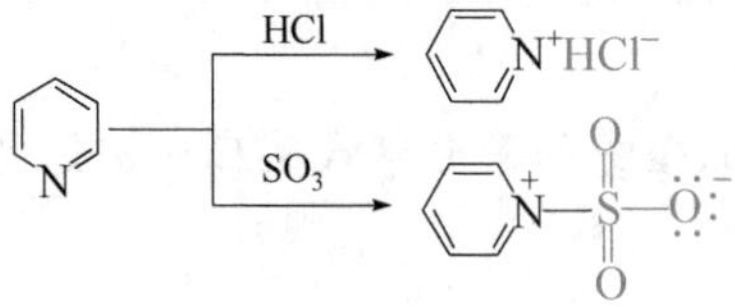

2) 亲电取代反应

吡啶环上氮原子为吸电子基,故吡啶环属于缺 π 电子的芳杂环,其亲电取代反应的活性很低,和硝基苯近似,不能发生傅-克烷基化和酰基化反应,其卤代、磺化、硝化等反应要在剧烈的条件下才能进行。亲电试剂主要进攻 β 位。

问题与思考 12-3

　　试解释为什么吡啶的亲电取代反应在 β 位更容易发生。

12.1.5　稠杂环化合物

1. 喹啉和异喹啉

喹啉和异喹啉都是由苯环和吡啶环并合而成的化合物。它们都存在于煤焦油和骨焦油中。喹啉衍生物在医药领域具有重要的作用,很多天然药物或合成药物都具有喹啉的环系结构,如奎宁、喜树碱等。而天然存在的一些生物碱,如吗啡碱、罂粟碱、小檗碱等,都是异喹啉的衍生物。

喹啉　　　　　　　异喹啉

喹啉又称苯并[b]吡啶,是一种无色油状液体,具有类似吡啶的特殊臭味。喹啉易溶于热水,并能与醇、醚、苯及二硫化碳等有机溶剂混溶,熔点 $-15.6\ ℃$,沸点 $238\ ℃$,$pK_a=4.9$,具有碱性。

异喹啉又称苯并[c]吡啶,是一种无色片状结晶或液体,有类似苯甲醛的气味。熔点 $26.5\ ℃$,沸点 $243\ ℃$,不溶于水,易溶于有机溶剂。其 $pK_a=5.4$,碱性比喹啉略强。

2. 吲哚

吲哚

吲哚是苯与吡咯并合的化合物,又称苯并[b]吡咯。存在于煤焦油及一些天然花油中,是一种白色片状晶体,熔点 $52\ ℃$,沸点 $253\ ℃$,呈弱碱性,$pK_a=-3.5$。高浓度的吲哚具有强烈的粪臭味,但极度稀释后的溶液则有花香气味,可用于制作香料。吲哚的衍生物在自然界分布很广,很多具有生理活性的天然生物碱的结构中都含有吲哚环,如长春碱、利血平等。许多药物分子中也包含吲哚环的结构,如治疗偏头痛的那拉曲坦(naratriptan)等。

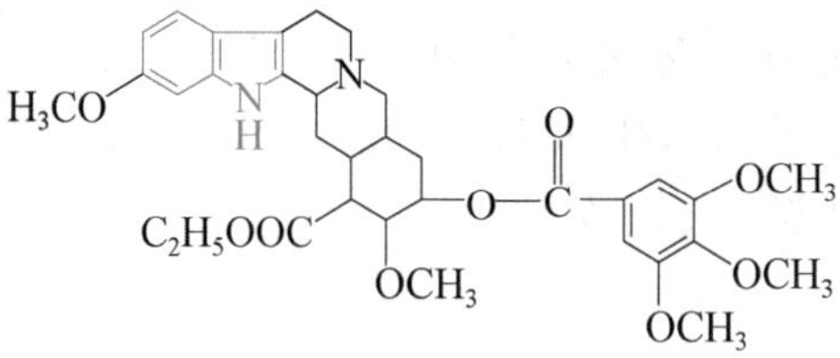

利血平 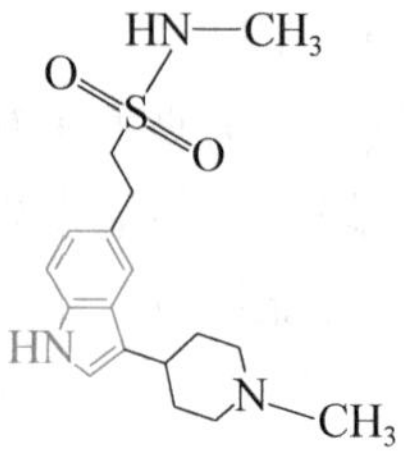　　　　　　　　那拉曲坦

3. 嘌呤及其衍生物

嘌呤是无色结晶,熔点 216~217 ℃,易溶于水,难溶于有机溶剂,可与强酸或强碱成盐。嘌呤是由一个嘧啶环与一个咪唑环并合而成的稠杂环,分子中的咪唑环可以互变,存在两种互变异构体(9H-嘌呤和7H-嘌呤),晶体状态下主要以 7H-嘌呤的形式存在,在生物体内多以 9H-嘌呤的形式存在。

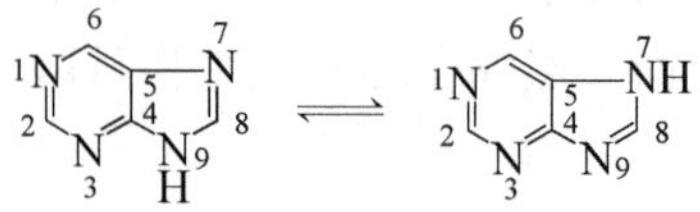

9H-嘌呤　　　　　7H-嘌呤

尿酸(uric acid)为白色结晶,难溶于水,具有弱酸性,可以成盐。具有酮式和烯醇式互变异构现象,在平衡混合物中以酮式占优势。尿酸是蛋白质在动物体内代谢的最终产物之一。在正常情况下,尿中仅含少量尿酸。如果嘌呤代谢紊乱而致尿中尿酸量过多时,可能沉积形成尿结石。血液中尿酸含量过多时,可能沉积在皮下、关节等处,导致痛风病。

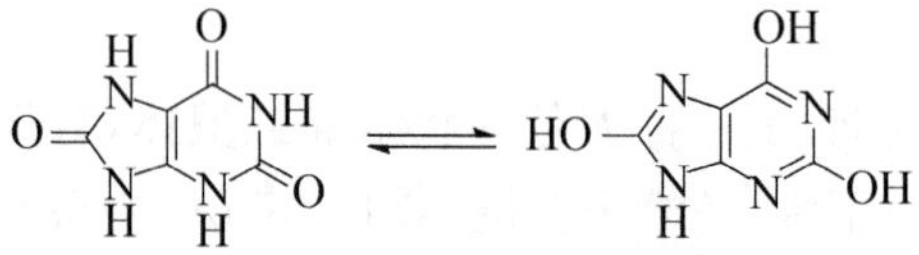

尿酸（酮型）　　　　　尿酸（烯醇型）

12.1.6　重要的含氮杂环化合物及其衍生物

1. 吡咯衍生物

吡咯的衍生物广泛存在于动植物体中,如叶绿素、血红素、维生素 B$_{12}$以及许多有重要生理作用的生物碱均含有吡咯环。

四个吡咯环的 α-碳原子通过四个次甲基(—CH ═)相连而成卟吩(porphin)。卟吩具有平面结构,有 18 个 π 电子,具有芳香性,其分子中四个氮原子可以分别以共价键及配价键与不同的金属离子结合,形成叶绿素、血红素、维生素 B$_{12}$等各种化合物。

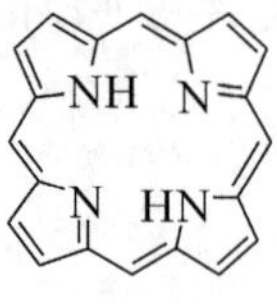

卟吩

卟吩在自然界并不存在。卟吩环的外围全部或局部被侧链取代的衍生物称为卟啉（porphyrin），它们广泛存在于自然界。卟啉环与金属离子结合时才有生理活性。例如，在血红素（haem）中结合的是亚铁离子，在叶绿素（chlorophyll）中结合的是镁离子，在维生素 B_{12} 中结合的是钴离子。

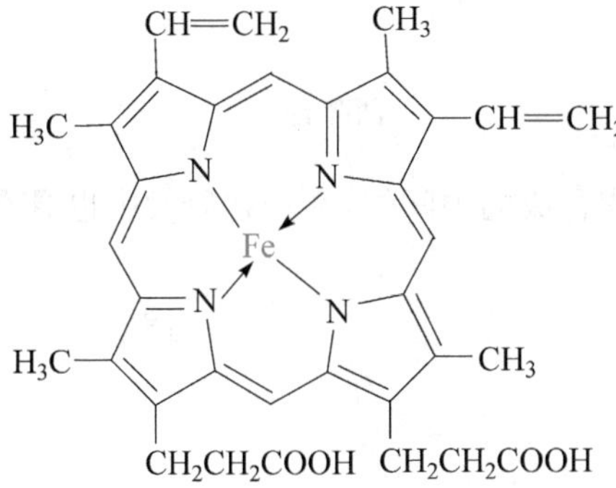

血红素

血红素存在于哺乳动物的红细胞中，与蛋白质结合成血红蛋白（hemoglobin），是运输氧气及二氧化碳的载体。

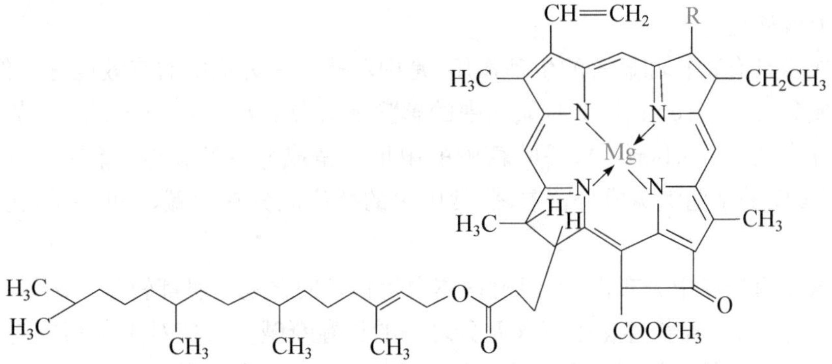

叶绿素（R=CH₃，叶绿素 a；R=CHO，叶绿素 b）

叶绿素是存在于植物的叶和茎中的绿色色素，是植物进行光合作用的催化剂，由叶绿素 a 和叶绿素 b 混合组成，两者的比例为 3∶1。

2. 吡啶衍生物

吡啶的重要衍生物有维生素 PP（参见第 18 章）、异烟肼等。异烟肼（isoniazide）又称雷米封（rimifon），是抗结核药物，对维生素 PP 有拮抗作用，长期服用应补充维生素 PP。

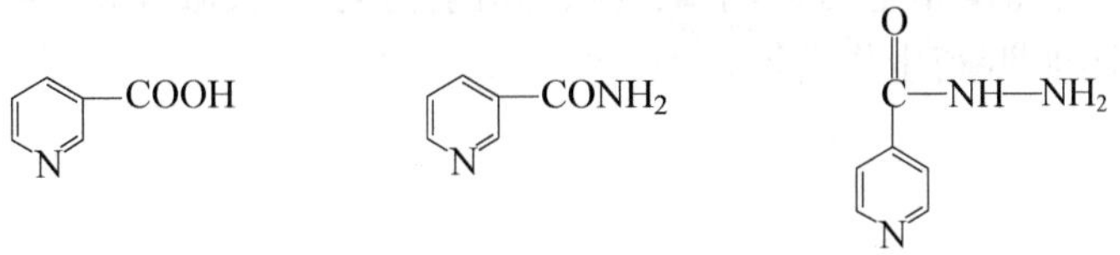

烟酸　　　　　　　　　烟酰胺　　　　　　　异烟肼（雷米封）

(nicotinic acid)　　　(nicotinic acid amide)

咪唑广泛存在于许多生物分子和药物分子中，如用于消化性溃疡治疗的可选择性

H2 受体拮抗剂西咪替丁(cimetidine,甲氰咪胍)就含有咪唑结构。

西咪替丁

吡唑则可作为某些药物合成的中间体,在药物研发中也具有非常重要的地位。

12.2　生　物　碱

12.2.1　生物碱的概念

　　除氨基酸、多肽、蛋白质和 B 族维生素等含氮有机化合物外,生物碱(alkaloid)是另一类存在于生物体内含氮的碱性有机化合物。由于它们主要存在于植物中,所以也常称为植物碱。从结构上看,大多数生物碱都有含氮杂环,多数是胺类或季铵类杂环化合物,氮原子在环上或侧链上。

　　生物碱多具有特殊和显著的生理作用,是中草药中一类重要的有效成分。例如,麻黄中的平喘成分麻黄碱(ephedrine),颠茄中的解痉成分莨菪碱(hyoscyamine),黄连中的抗菌消炎成分小檗碱(berberine),一叶萩中的中枢兴奋成分一叶萩碱,喜树中的抗癌成分喜树碱,苦参中的杀菌消炎成分苦参碱,常山中的抗疟成分常山碱,茶叶中的利尿成分茶碱等。

　　生物碱在植物界中分布极广,但植物体内生物碱的含量一般都较低。例如,三棵针中含小檗碱 1‰～2‰,而长春花中仅含万分之一的长春新碱。人们对中草药中有效成分研究得最早最多的就是生物碱。迄今从各种植物中分离出来的生物碱已有 2000 多种,其中近百种已应用于临床。

12.2.2　生物碱的分类和命名

1. 分类

　　生物碱的分类方法很多,最常见的是根据它所含的杂环分类。例如,麻黄碱属有机胺类,烟碱、一叶萩碱和苦参碱属吡啶衍生物类,莨菪碱属莨菪烷衍生物类,喜树碱属喹啉衍生物类,常山碱属喹唑酮衍生物类,茶碱属嘌呤衍生物类,小檗碱属异喹啉衍生物类,长春碱和长春新碱属于吲哚衍生物类等。

2. 命名

　　生物碱多根据其来源的植物而命名。例如,麻黄碱存在于麻黄中,烟碱存在于烟草中,乌头碱是由乌头中提取得到而得名。另外,生物碱的名称又可采用国际通用名称的译音,如烟碱又称尼古丁。

12.2.3　生物碱的性质

1) 一般性状

生物碱一般为结晶固体,无色、味苦。在生物碱中也有无晶形的(如山豆根碱),还有少数生物碱(如烟碱等)在常温下呈液体状态,并具有挥发性,能在常压下随水蒸气蒸馏出来而不被破坏。大多数生物碱无色,但也有少数例外,如小檗碱和一叶萩碱为黄色。多数生物碱分子为手性分子,有旋光性,其对映体的生理活性常有显著的差别,一般左旋体有较强的生理活性。

2) 碱性

由于生物碱的分子中含有氮原子,而氮原子有一对未成键电子,能与质子结合生成盐,所以大多数生物碱具有碱性。各种生物碱的分子结构不同,特别是氮原子在分子中存在的状态不同,碱性强弱也不一样。生物碱碱性强弱的顺序一般为:季铵碱最强,仲胺碱、叔胺碱次之。例如,小檗碱为季铵碱,其碱性很强。若分子中氮原子以酰胺形式存在(如茶碱),则由于氮原子邻近的是吸电子基,减弱了氮上电子云密度,碱性几乎消失,近于中性,不能与酸结合成盐。另外,有些生物碱分子中除含碱性氮原子外,还含有酚羟基或羧基,又可显酸性。

3) 溶解性

游离生物碱极性较小,一般不溶或难溶于水,能溶于氯仿、二氯乙烷、乙醚、乙醇、丙酮和苯等有机溶剂。季铵碱如小檗碱、酰胺型生物碱和一些含极性基团较多的生物碱一般能溶于水,习惯上常将能溶于水的生物碱称为水溶性生物碱。多数生物碱可溶解于稀酸溶液而生成盐。中性生物碱一般难溶于酸。含酚羟基、羧基或含内酯环的生物碱能溶于稀碱溶液中。

生物碱的盐类极性较大,大多易溶于水和醇,不溶或难溶于苯、氯仿和乙醚等有机溶剂。生物碱的盐溶于水时生成生物碱阳离子和酸根阴离子,但生物碱及其盐类的溶解性也有例外情况。某些生物碱的盐,如盐酸小檗碱较难溶于水,少数生物碱的中性盐能溶于氯仿,如硫酸奎宁。

生物碱的溶解性质十分重要,在提取、分离、精制生物碱时都要应用。生物碱与酸结合成盐的性质,可用于生物碱含量的测定。

4) 沉淀反应

大多数生物碱在酸性水溶液或酸性稀醇溶液中,能与一些生物碱沉淀试剂作用,生成难溶性沉淀。常用的生物碱沉淀试剂有碘-碘化钾(碘试液)、碘化铋钾($BiI_3 \cdot KI$)、碘化汞钾($HgI_2 \cdot 2KI$)、硅钨酸($SiO_2 \cdot 12WO_3 \cdot 4H_2O$)、氯化铂($PtCl_4$)、磷钨酸($H_3PO_4 \cdot 12WO_3 \cdot 2H_2O$)、磷钼酸($H_3PO_4 \cdot 12MoO_3 \cdot 12H_2O$)、苦味酸等。

沉淀反应是生物碱的一个重要性质,常用于生物碱的鉴别,有的可用于生物碱的精制或定量。

5) 颜色反应

生物碱能与一些试剂反应产生不同的颜色,可用于生物碱的鉴定。这些试剂称为生物碱显色试剂。常用的生物碱显色剂有浓硫酸、浓硫酸浓硝酸、浓硫酸甲醛溶液(Macquis 试剂)、钒酸铵的浓硫酸溶液(Mandelin 试剂)、钼酸铵的浓硫酸溶液(Frohde 试剂)等。例如,浓硫酸甲醛溶液与吗啡呈紫红色,与可待因显蓝色;钒酸铵-浓硫酸溶液能使莨菪碱显红色,奎宁显淡橙色,吗啡显棕色等。

12.2.4 重要的生物碱

1) 烟碱

烟碱俗称尼古丁(nicotine),是一种存在于茄属植物的生物碱,也是烟草的重要成分,为无色或淡黄色的油状液体,具有旋光性,能溶于水和有机溶剂。

尼古丁具有使人上瘾或产生依赖性(最难戒除的毒瘾之一)的特征,致使许多吸烟者无法彻底戒掉烟瘾。尼古丁的重复使用会导致心跳加速、血压升高并降低食欲。大剂量的尼古丁会引起呕吐以及恶心,严重时会致人死亡。

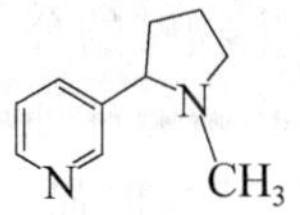

烟碱

2) 莨菪碱、阿托品

莨菪碱和阿托品(atropine)等生物碱存在于许多茄科植物(如颠茄、莨菪、曼陀罗、洋金花等)中,总称为颠茄生物碱。

莨菪碱是由莨菪醇和莨菪酸所形成的酯。

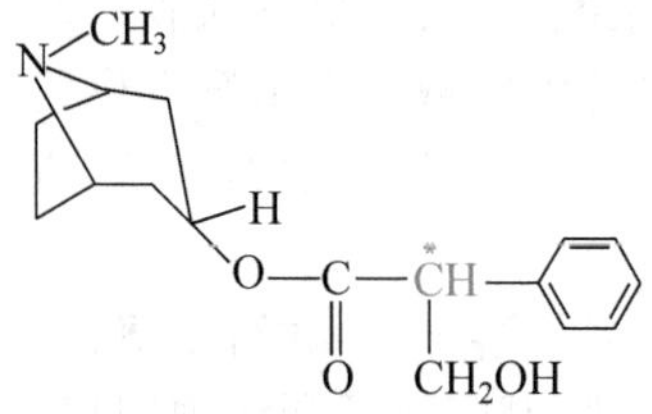

莨菪碱

由于分子结构中所含的氮杂环是莨菪烷(托烷),故属于托烷生物碱。

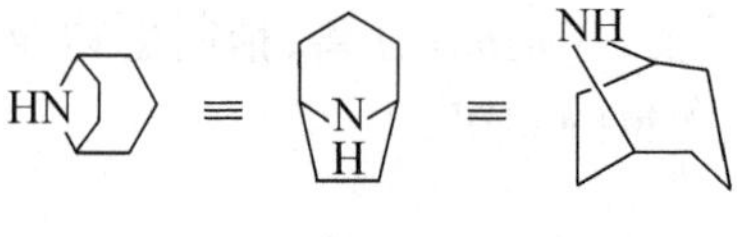

莨菪烷(托烷)

莨菪碱呈左旋性。由于结构中莨菪酸部分的手性碳原子处于羰基和苯基的 α-位,容易发生互变异构,因此莨菪碱在碱性条件下或受热时易消旋化,形成消旋的莨菪碱即阿托品。

阿托品为白色针状结晶,熔点 118 ℃,味苦,性极毒,无旋光性,难溶于水,易溶于乙醇。在医药上,阿托品用作抗胆碱药,能抑制腺体分泌,能解除平滑肌的痉挛,治疗胃肠痉挛引起的疼痛、胃及十二指肠溃疡等。眼科常用其硫酸盐作散瞳剂。古代的麻沸汤(麻醉药)中含有阿托品。阿托品也用作有机磷及锑剂中毒的解毒剂。

3) 吗啡及可待因

罂粟是一种一年生或两年生的草本植物,其带籽的蒴果含有一种浆液,在空气中干燥后形成棕黑色黏性团块,这就是中药阿片(opium),旧称鸦片。阿片中含有 20 多种生物碱,其中比较重要的有吗啡(morphine)、可待因(codeine)和罂粟碱(papaverine)等。

吗啡及其重要衍生物一般具有以下结构通式:

	R	R′
吗啡	—H	—H
可待因	—CH₃	—H
海洛因	—COCH₃	—COCH₃

吗啡属异喹啉衍生物类生物碱,是阿片中最重要、含量最多的有效成分。其纯品为无色六面短棱锥状结晶,熔点 254 ℃(分解),微溶于水。吗啡水溶液味苦,左旋性。不溶于水的游离吗啡可溶于氢氧化钠溶液。吗啡分子中由于酚羟基的存在,可与三氯化铁作用呈紫蓝色。另外,吗啡遇甲醛的浓硫酸溶液呈现紫红色。

吗啡有极快的强镇痛效力,能持续 6 h,也能镇咳,但容易成瘾。临床用药一般为吗啡的盐酸盐及其制剂。此外,吗啡还有抑制呼吸的缺点。

可待因是无色斜方锥状结晶,味苦、无臭。微溶于水,溶于沸水、乙醇等。可待因是吗啡的甲基醚,因其结构中不具有酚羟基而无两性。临床应用的制剂一般是其磷酸盐,主要作为镇咳剂。其镇痛作用较小,强度为吗啡的 1/4,成瘾倾向也较小。

海洛因即二乙酰吗啡,纯品为白色柱状结晶或结晶性粉末,光照或久置易变为淡棕黄色,难溶于水,易溶于氯仿、苯和热醇。海洛因成瘾性为吗啡的 3～5 倍,是对人类危害最大的毒品之一,严禁作为药用。

4) 小檗碱

小檗碱又称黄连素,是存在于黄连、黄柏、三棵针等小檗科植物中的一种生物碱。小檗碱属于异喹啉衍生物类生物碱,游离的小檗碱主要以季铵碱的形式存在。

小檗碱

小檗碱为黄色结晶,味极苦,能溶于热水和乙醇中,难溶于其他有机溶剂。小檗碱的无机酸盐类在水中的溶解度比较小,如它的盐酸盐只微溶于水。

小檗碱具有强力、广谱的抗菌作用,能抗痢疾杆菌、布氏杆菌、葡萄球菌及链球菌等。我国中医很早就有使用黄连的经验,并一直用作健胃和杀菌的药物。在临床上小檗碱常用于治疗菌痢、胃肠炎等疾病。

5) 麻黄碱

麻黄碱又称麻黄素(ephedrine),是中药麻黄中含量最多的一种生物碱。中药麻黄植物中含有较多的是(一)-麻黄碱和(＋)-伪麻黄碱,它们是非对映体。

麻黄碱为无色结晶,熔点36 ℃,其溶解性与一般生物碱不同,溶于水及乙醇、氯仿、乙醚等有机溶剂中,与生物碱沉淀试剂一般不易生成沉淀。临床上,常用盐酸麻黄碱治疗支气管炎、过敏性反应、鼻黏膜肿胀以及低血压等病症。盐酸麻黄碱对中枢神经有兴奋作用,也有散瞳作用。脱氧麻黄碱俗称"冰毒",是一种毒品。

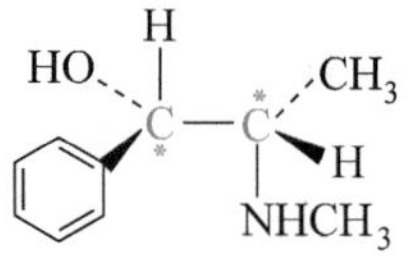

（一）-麻黄碱 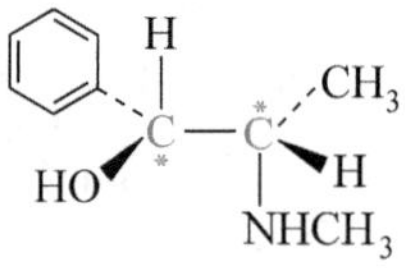　　　　　　　　（＋）-伪麻黄碱

6）长春碱

长春碱(vinblastine)是从夹竹桃科植物长春花中提取的生物碱。在甲醇溶液中重结晶时析出针状结晶,熔点211～216 ℃。溶于乙醇、丙酮和氯仿等有机溶剂。长春碱类化合物自被证实具有抗肿瘤活性以来,现已正式用于临床的有长春碱、长春新碱、长春地辛及长春瑞滨。处于临床研究的还有长春氟宁、长春甘酯及脱水长春碱。研究表明长春碱类药物可抑制微管聚合,妨碍纺锤体微管的形成,从而使分裂中期停止,阻止癌细胞分裂增殖。长春碱硫酸盐常被用于治疗霍奇金淋巴瘤、绒毛膜上皮癌及恶性淋巴瘤等,且显效较快,同时对肺癌、乳腺癌、卵巢癌、皮肤癌、肾母细胞瘤及单核细胞白血病也有一定疗效。

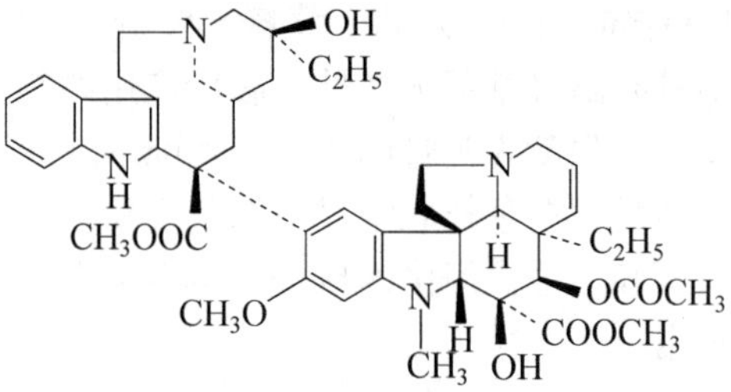

长春碱

7）秋水仙碱

秋水仙碱(acetamide)是鲜黄花菜中的一种化学物质,它本身并无毒性,但是当它进入人体并在组织中被氧化后,会迅速生成二秋水仙碱,这是一种剧毒物质。后者对人体胃肠道、泌尿系统具有毒性并产生强烈的刺激作用,对神经系统有抑制作用。成年人如果一次食入0.1～0.2 mg秋水仙碱,即可引起中毒;一次摄入3～20 mg,可导致死亡。秋水仙碱引起的中毒,短者12～30 min,长者4～8 h。主要症状是头痛、头晕、嗓子发干、恶心、心慌胸闷、呕吐及腹痛、腹泻,重者还会出现血尿、血便、尿闭与昏迷等。

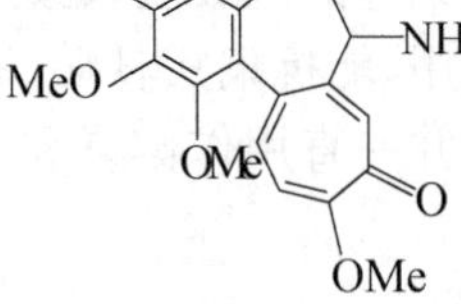

秋水仙碱

扫一扫 生物碱奎宁
　　　　生物碱类抗肿瘤药物

小 结

　　由碳原子和杂原子所构成的环状有机化合物称为杂环化合物。最常见的杂原子有 O、N 和 S。按照环的数目可将杂环化合物分为单杂环和稠杂环，最重要的是五元杂环和六元杂环。

　　杂环化合物的命名多采用"音译法",即把杂环化合物的英文名称的汉字译音加上"口"字偏旁。单杂环的命名,首先要确定它的基本名称,然后给"环"上原子编号,并使杂原子处于最小号数位置。当环上有两个或两个以上相同杂原子时,应从连有氢或取代基的杂原子开始编号,并使这些杂原子所在位次编号符合最低系列原则。若环上有不同杂原子时,则按氧、硫、氮的顺序编号。无特定名称的稠杂环命名时,需选择主体和拼合体,中间加"并"字连接,同时需要标明稠合边,若环上有取代基还需要进行周边编号。五元单杂环呋喃、噻吩和吡咯,它们均能组成一个由五个原子及六个 π 电子构成的闭合共轭体系。由于环上五个原子共平面,π 电子总数符合休克尔"$4n+2$"规则,所以呋喃、噻吩、吡咯都具有一定程度的芳香性。五元杂环发生亲电取代反应的难易程度顺序是:吡咯 ＞ 呋喃 ＞ 噻吩,且亲电取代反应主要发生在 α-位。

　　吡咯显弱酸性,但吡啶因其环上氮原子的未共用电子对未参与环系的共轭,可与质子结合成盐而显弱碱性。吡咯由于氮原子上的未共用电子对参与环系共轭,表现出给电子的性能,所以比苯更容易发生亲电取代反应。吡啶比苯难发生亲电取代,其卤代、磺化等反应需要在剧烈的条件下才能进行,并且取代基主要进入 β-位。

　　血红素、叶绿素和维生素 B_{12} 等都是具有重要生理作用的吡咯衍生物,它们都含有卟吩结构,环中都有一个金属离子。维生素 PP 和异烟肼等是重要的吡啶衍生物。

　　嘌呤是由一个嘧啶环与一个咪唑环稠合而成的稠杂环。自然界中并不存在嘌呤,但其衍生物腺嘌呤和鸟嘌呤等却是核酸的组成部分。

　　生物碱是一类存在于生物体内的含氮碱性有机化合物。其碱性强弱的顺序一般为季铵碱最强,仲胺碱、叔胺碱次之。

　　游离生物碱极性较小,一般不溶或难溶于水,能溶于有机溶剂;在稀酸水溶液中溶解而生成盐。大多数生物碱在酸性水溶液或酸性稀醇溶液中,能与一些生物碱沉淀试剂作用,生成难溶性沉淀。生物碱可与某些试剂产生特殊的颜色,可用作生物碱的鉴定。

习　题

1. 命名下列化合物。

(1)　(2)　(3)　(4)

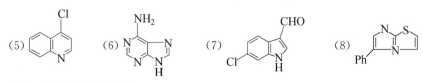

2. 写出下列化合物的结构式。

(1) 四氢呋喃　　　　　　　　(2) 糠醛

(3) 8-溴异喹啉　　　　　　　(4) 溴化 N,N-二甲基吡咯

(5) β-吡啶甲酰胺　　　　　(6) α-甲基-5-乙烯基吡啶

(7) 6-巯基嘌呤　　　　　　　(8) 烟酸

(9) 6-溴吲哚-3-甲酸　　　　(10) 7-氯-1-甲基异喹啉

3. 试比较吡咯与吡啶的结构特点及主要化学性质。

4. 为什么吡啶的碱性比六氢吡啶弱?

5. 写出下列反应的主产物。

(1) 吡咯 $+4I_2+NaOH\longrightarrow$

(2) 吡啶 $\xrightarrow[\triangle]{浓\ H_2SO_4/HgSO_4}$

(3) 喹啉 $\xrightarrow[\triangle]{HNO_3/H_2SO_4}$

(4) 糠醛 $\xrightarrow{[Ag(NH_3)_2]^+}$

(5) 3-甲基吡啶 $\xrightarrow[\triangle]{KMnO_4}\xrightarrow[\triangle]{NH_3}$

(6) 噻吩 $+(CH_3CO)_2O\longrightarrow$

(7) 咪唑 $\xrightarrow{CH_3Br}$

(8) 3-甲基喹啉 $\xrightarrow[100\ ℃]{KMnO_4/H_2O}$

(9) N-苯基咪唑 $\xrightarrow{Br/CCl_4}$

6. 比较下列各组化合物碱性强弱。

(1) 乙胺、氨、苯胺、吡啶和吡咯;

(2) 六氢吡啶、吡啶、嘧啶和吡咯。

7. 为什么用吡咯钾盐与酰氯反应,得到的产物是 N-酰基吡咯而不是 C-酰基吡咯?

8. 生物碱大多属于哪一类化合物? 其主要性质有哪些?

第 13 章　含硫、含磷及含砷有机化合物

含硫、含磷及含砷有机化合物称为杂原子有机化合物(heteroatom organic compound)或元素有机化合物(element organic compound)。它们与同族的第二周期元素形成的有机化合物性质有相似之处,同时也存在差别。它们在有机合成和生命科学中具有重要的用途。

13.1　含硫有机化合物

硫和氧在元素周期表中同为ⅥA族元素,其最外电子层结构都是 s^2p^4。含氧有机化合物中的氧被硫替代之后,可形成一些在结构和性质上与含氧化合物相类似的含硫有机化合物,见表 13-1。

表 13-1　一些含氧有机化合物及对应的含硫有机化合物

	含氧有机化合物		含硫有机化合物
醇	ROH	硫醇	RSH
酚	ArOH	硫酚	ArSH
醚	R—O—R′	硫醚	R—S—R′
醛	R—C—H（＝O）	硫醛	R—C—H（＝S）
酮	R—C—R′（＝O）	硫酮	R—C—R′（＝S）
过氧化物	R—O—O—R′	二硫化物	R—S—S—R′

含硫有机化合物与含氧有机化合物在结构和性质方面有相似之处,但也有不同之处:

(1)二者成键电子不相同。例如,用 sp^3 杂化轨道与其他原子成键时,氧原子为2s与2p轨道杂化,硫原子为3s与3p轨道杂化。又如,C＝O 的 π 键与 C＝S 的 π 键也有差别,前者是 2p 与 2p 轨道成键,后者是 2p 与 3p 轨道成键,2p 和 3p 轨道的匹配性较差,故后面的 π 键较弱,活性更高。

(2)氧的电负性比硫大。

(3)醇和酚容易形成氢键缔合,而硫醇和硫酚不能形成氢键。

(4)硫能形成高价化合物,而氧不能。

13.1.1　硫醇

1. 结构和命名

醇分子中的氧原子被硫原子替代形成的化合物称为硫醇(mercaptan),通式为 R—SH,

特性基团—SH 称为巯基(mercapto group)(巯,读音 qiú),又称氢硫基。硫醇中的硫原子是用第三层的 s 轨道与 p 轨道进行的不等性 sp^3 杂化。硫原子的 sp^3 杂化轨道与氢原子 1s 轨道重叠程度较差,因而 S—H 键比 O—H 更易离解。

硫醇的命名方法与醇相似,只是把"醇"改为"硫醇"即可。例如

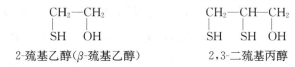

$$CH_3CH_2SH \qquad CH_2{=}CHCH_2SH \qquad \underset{\textstyle CH_3}{H_3C-CH-CH_2-CH_2-SH}$$

乙硫醇　　　　　烯丙硫醇　　　　3-甲基丁-1-硫醇(异戊硫醇)

当分子中同时含有羟基和巯基时,以醇为母体,把巯基作为取代基。例如

$$\underset{\textstyle SH \quad OH}{CH_2-CH_2} \qquad\qquad \underset{\textstyle SH \quad SH \quad OH}{CH_2-CH-CH_2}$$

2-巯基乙醇(β-巯基乙醇)　　　　　2,3-二巯基丙醇

2. 物理性质

硫的电负性比氧小,原子半径比氧大。与醇分子不同,硫醇分子之间,以及硫醇与水分子之间形成的氢键较弱,因此低级硫醇的沸点及在水中的溶解度均比相应的醇低得多。例如,乙醇的沸点为 78.5 ℃,而乙硫醇为 36 ℃;乙醇能与水混溶,而乙硫醇在水中微溶。而高级硫醇的沸点和相应的高级醇的沸点很接近。高级硫醇难溶于水,但易溶于有机溶剂。

低级硫醇具有难闻的臭味,即使量很少,气味也很明显。例如,乙硫醇在空气中的浓度为 10^{-10} mol·L^{-1} 时即能嗅出它的味道,因此工业上向天然气中添加少量的叔丁硫醇作为臭味剂,以便及时发现燃气泄漏。臭鼬用作防御武器的分泌液中就含多种硫醇,散发出恶臭气味,以防外敌接近。硫醇的臭味随相对分子质量的增加而逐渐减弱,壬硫醇($C_9H_{19}SH$)反而具有香味。

3. 化学性质

1) 弱酸性

由于硫的原子半径大于氧,其原子核对核外电子束缚作用较弱,外层电子的可极化性大,因此硫醇分子中 S—H 键比醇分子中的 O—H 键容易离解,即硫醇的酸性比醇强,如 C_2H_5SH 的 $pK_a=10.5$,而 C_2H_5OH 的 $pK_a=15.9$。硫醇可以与碱金属反应,放出氢气。

$$R-SH+Na \longrightarrow R-SNa + 1/2\ H_2 \uparrow$$

硫醇能溶于氢氧化钠或氢氧化钾的乙醇溶液,生成相应的硫醇盐。在石油的炼制过程中常用氢氧化钠洗涤法除去所含的硫醇。

$$R-SH+NaOH \longrightarrow R-\overset{+}{\overline{S}}Na+H_2O$$

硫醇的弱酸性还表现在能与重金属(Pb、Hg、Cu、Ag、Cd 等)的氧化物或盐作用,生成不溶于水的硫醇盐。

$$2C_2H_5SH+HgO \longrightarrow (C_2H_5S)_2Hg \downarrow (白)+H_2O$$

二乙硫醇汞

$$2RSH + (CH_3COO)_2Pb \longrightarrow (RS)_2Pb\downarrow(黄) + 2CH_3COOH$$

硫醇铅

许多重金属盐能引起人畜中毒,这是由于这些重金属能与机体内某些酶中的巯基结合,从而使酶丧失其正常的生理作用。

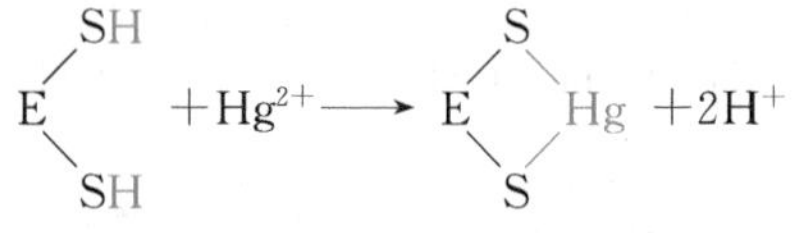

活性酶　　　　　　中毒酶

利用硫醇与重金属能形成稳定不溶性盐的性质,某些含有巯基的化合物可作为重金属中毒的解毒剂,如2,3-二巯基丙醇、2,3-二巯基丙磺酸钠、2,3-二巯基丁二酸钠等。

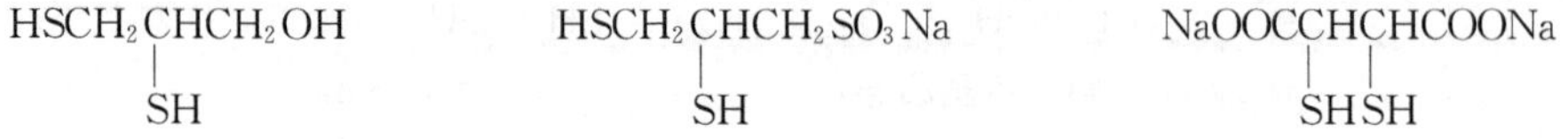

2,3-二巯基丙醇　　　　2,3-二巯基丙磺酸钠　　　　2,3-二巯基丁二酸钠

这些分子中均含有两个相邻的巯基,能与汞、砷等重金属离子作用,生成稳定、无毒的环状化合物,从而夺取已和酶结合的重金属离子,使酶复活,达到解毒作用。如果酶的巯基与重金属离子结合过久,酶已失活则难以恢复,所以重金属中毒应尽早用药治疗。

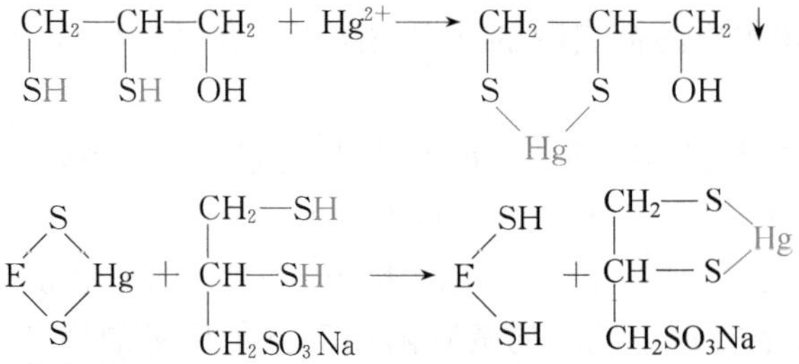

中毒酶　　　　　　　　　　　　　活性酶

2) 氧化

硫醇可被弱氧化剂(如 O_2、H_2O_2、I_2 和 NaOI 等)氧化成二硫化物(disulfide);二硫化物在弱还原剂(如 $NaHSO_3$、Zn 与酸等)作用下被还原成硫醇。在强氧化剂(如 $KMnO_4$、HNO_3 等)作用下,硫醇可被氧化为亚磺酸,进一步氧化即生成磺酸。

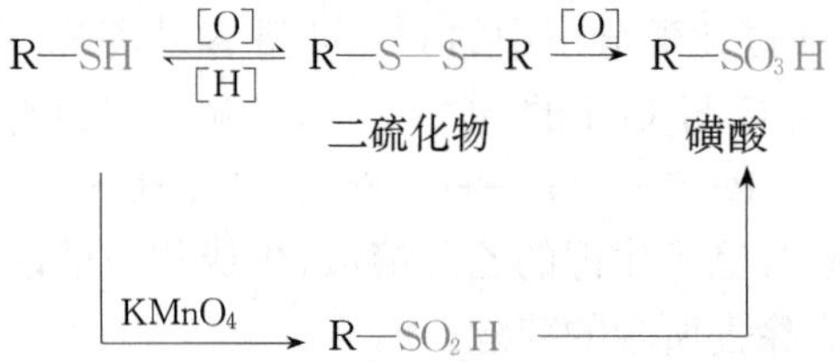

二硫化物中含有二硫键(—S—S—)。二硫键存在于蛋白质和激素类物质中,对维系蛋白质分子的构型起着重要的作用。在一定条件下二硫键可被还原为硫醇。硫醇与二硫化物之间的相互转变在生物体内起着重要作用。例如,半胱氨酸(硫醇)在氧化酶的作用下可氧化为胱氨酸(二硫化物),后者又可还原为半胱氨酸(硫醇)。

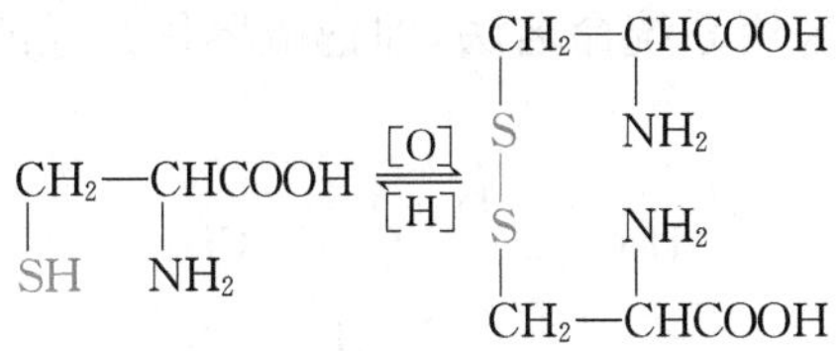

$$CH_2-CHCOOH \xrightarrow[\text{[H]}]{\text{[O]}}$$

半胱氨酸　　　　　　　胱氨酸

3）酯化

与醇相似，硫醇可以与羧酸作用生成羧酸硫醇酯。

$$RCOOH+R'SH \longrightarrow RCOSR'+H_2O$$

人体中含有巯基的辅酶 A(CoA—SH)，在酶的作用下与乙酸反应生成的乙酰辅酶 A 就是一种硫醇酯。

$$CH_3COOH+HSCoA \xrightleftharpoons{\text{酶}} CH_3C-SCoA$$

辅酶A　　　　乙酰辅酶A

问题与思考 13-1

（1）为什么乙醇的酸性比乙硫醇弱？

（2）硫醇和二硫化合物间的氧化还原反应在生物学上有何意义？

---

4. 制备

硫醇可以由卤代烃与硫氢化钾通过亲核取代反应制备，也可以用硫脲与卤代烃反应，然后和氢氧化钠溶液作用，最后酸化制得。

$$RX + KSH \longrightarrow RSH + KX$$

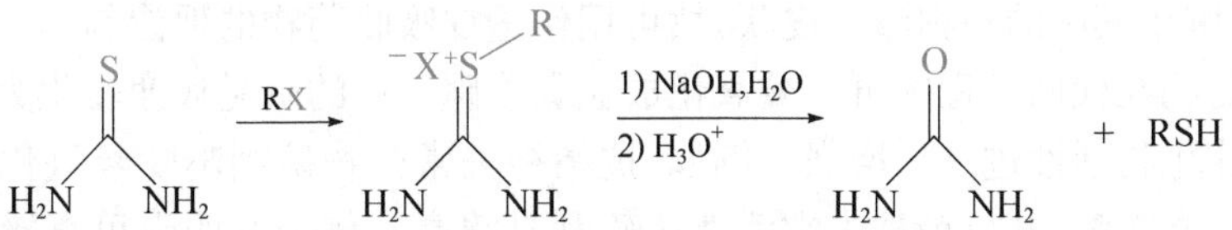

13.1.2　硫醚

1. 结构和命名

醚分子中的氧原子被硫原子替代所形成的化合物称为硫醚(thio-ether)，通式为 $(Ar)R-S-R'(Ar')$。特性基团是硫醚基($C-S-C$)。硫醚的命名方法与醚相似，只是把"醚"字改为"硫醚"即可。例如

$$CH_3SCH_3 \qquad CH_3CH_2SCH_2CH_3$$

（二）甲硫醚　　　　　（二）乙硫醚

$$H_3C-S-CH_2CH_3 \qquad H_3C-S-CH-CH_3$$

乙基甲基硫醚　　　　　甲异丙硫醚

结构较复杂的硫醚可采用系统命名法,即把硫醚作为烃的衍生物,烃硫基作为取代基。例如

$$H_3C-S-\underset{H_2}{C}-\underset{H}{C}-\underset{H_2}{C}-CH_3$$
$$\qquad\qquad\quad CH_3$$

2-甲基-1-甲硫基丁烷

2. 硫醚的性质

1) 物理性质

除甲硫醚外,低级硫醚都是无色液体,有臭味,但不如硫醇那样强烈,如大蒜头和葱头中含有乙硫醚和烯丙硫醚等。硫醚不能与水形成氢键而不溶于水,易溶于有机溶剂,沸点比相应的醚高。

2) 化学性质

硫醚的化学性质较为稳定,但容易被氧化,氧化产物随氧化剂和氧化条件不同而不同。弱氧化剂(间氯过氧苯甲酸,m-CPBA)可将硫醚氧化为亚砜(sulfoxide);强氧化剂(如高锰酸钾,$KMnO_4$)可将硫醚氧化为砜(sulfone)。

$$CH_3-S-CH_3 \xrightarrow{[O]} CH_3-\overset{O}{\underset{}{S}}-CH_3 \xrightarrow{[O]} CH_3-\overset{O}{\underset{O}{S}}-CH_3$$

二甲亚砜(DMSO)　　　二甲砜

二甲亚砜(DMSO)是无色液体,沸点189 ℃,毒性低,极性强,可与水以任意比例互溶。另外,两个甲基又使其具有良好的脂溶性。因此,DMSO既能溶解有机化合物,又对一些无机物有一定溶解性,是一种优良的非质子型溶剂。二甲亚砜对皮肤有很强的穿透力,可促使溶解于其中的药物渗入皮肤,故可用作透皮吸收药物的促渗剂。

硫醚类药物在代谢过程中可以被氧化成亚砜或砜。有的硫醚代谢转化为亚砜后才具有生物活性或生物活性进一步增强。例如,抗精神失常药物硫利哒嗪经氧化代谢后生成亚砜化合物美索哒嗪,其抗精神失常活性比硫利哒嗪高一倍。有的砜可直接作为药物使用,如常用于治疗麻风病的4,4'-二氨基二苯砜。

硫利哒嗪　　　　　美索哒嗪

4,4'-二氨基二苯砜

3. 硫醚类毒剂——芥子气

芥子气(β,β'-二氯二乙硫醚,mustard gas),无色油状液体,沸点 217 ℃,熔点 14 ℃,不溶于水,易溶于乙醇、苯等有机溶剂。芥子气可由乙烯和二氯化二硫(S_2Cl_2)反应制得,粗制品呈黄褐色,具有芥末的气味,所以称为芥子气。

$$2\,CH_2{=\!\!=}CH_2 + S_2Cl_2 \longrightarrow \underset{\text{芥子气}}{\begin{array}{c}Cl \\ S + H_2S \\ Cl\end{array}}$$

芥子气是很强的烷基化毒剂,极易与生物大分子中的 S、N、O 等具有亲核能力的原子发生烷基化反应,形成不可逆的烷基化产物。

$$\text{芥子气烷基化反应}$$

芥子气对皮肤有腐蚀作用,沾在皮肤上可引起难以治愈的溃疡。它的蒸气能透过衣服,会损害人的黏膜组织及呼吸器官。空气中浓度为 3 mg·L^{-1}时,5 min 可致人死亡,0.001 mg·L^{-1}时,3 h 可使士兵失去战斗能力,故称为"毒剂之王"。

在热水及碱性介质中,芥子气可以水解为二乙烯基硫醚。漂白粉能与芥子气发生氧化和氯化反应,使芥子气变为毒性较小的产物。

$$\underset{Cl}{\overset{Cl}{\diagup}}S \xrightarrow[\triangle]{2NaOH} \underset{H_2C}{\overset{H_2C}{\diagup}}S + 2NaCl + 2H_2O$$
$$\text{二乙烯基硫醚}$$

$$\underset{Cl}{\overset{Cl}{\diagup}}S \xrightarrow{[O]} \underset{Cl}{\overset{Cl}{\diagup}}S{=}O \xrightarrow{[O]} \underset{Cl}{\overset{Cl}{\diagup}}\overset{O}{\underset{O}{S}}$$
$$\text{亚砜类(无毒)} \qquad \text{砜类(有毒)}$$

$$\underset{Cl}{\overset{Cl\;H\;H}{\diagup}}C\,S \xrightarrow{Cl_2} \underset{Cl}{\overset{Cl\;H\;Cl}{\diagup}}C\,S \quad + \quad HCl$$
$$\text{(2-氯乙基)(1,2-二氯乙基)硫醚}$$
$$(\alpha,\beta,\beta'\text{-三氯二乙硫醚})$$

4. 制备

简单硫醚可由卤代烃与硫化钠或硫化钾制备,混合硫醚的合成则与威廉姆逊(Williamson)醚的合成法类似。

$$2CH_3CH_2Br + K_2S \longrightarrow CH_3CH_2SCH_2CH_3 + 2KBr$$

$$CH_3CH_2SNa + CH_2=CHCH_2Cl \longrightarrow CH_3CH_2SCH_2CH=CH_2$$

问题与思考 13-2

完成下列反应。

(1) [环戊基]S $\xrightarrow{H_2O_2}$

(2) [苯基]SH $\xrightarrow{NaOH}$? $\xrightarrow{CH_3CH_2Br}$? $\xrightarrow{KMnO_4}$?

13.1.3 磺酸及其衍生物

1. 磺酸的结构、命名和制备

烃分子中的氢原子被磺酸基(—SO$_3$H)取代而成的化合物称为磺酸(sulfonic acid)，它也可看成是硫酸分子中的羟基被烃基取代后得到的化合物。磺酸的特性基团是磺酸基(—SO$_3$H)，其中芳香磺酸用途最广。

HO—SO$_2$—OH   R—SO$_2$—OH   Ar—SO$_2$—OH

硫酸   磺酸   芳磺酸

通常以磺酸基为母体命名磺酸。例如：

$C_2H_5SO_3H$ H_3C—$CH(CH_3)$—CH_2SO_3H 4-甲基苯磺酸   苄基甲磺酸   5-羟基萘-1-磺酸

乙磺酸   2-甲基丙-1-磺酸

磺酸可由芳烃磺化直接生成，也可由硫醇氧化得到。羰基化合物与 NaHSO$_3$ 的加成产物为 α-羟基磺酸盐。

2. 磺酸的性质

1) 物理性质

磺酸多为无色结晶，极易溶于水。芳磺酸及其钾、钠、钙、钡、铅盐均溶于水，因此在有机化合物中引入磺酸基可大大提高其水溶性。这在染料、制药工业以及表面活性剂的合成中十分重要。

2) 化学性质

磺酸是强酸，化学性质与羧酸类似，能生成盐、酯、磺酰卤和磺酰胺等。例如

[苯]—SO$_3$H + NaOH ⟶ [苯]—SO$_3$Na + H$_2$O

苯磺酸钠

[苯]—SO$_3$H + CH$_3$OH ⟶ [苯]—SO$_2$OCH$_3$ + H$_2$O

苯磺酸甲酯

$$\bigcirc\!\!-SO_3H + PCl_5 \longrightarrow \bigcirc\!\!-SO_2Cl + POCl_3 + H_2O$$

苯磺酰氯

$$\bigcirc\!\!-SO_2Cl \begin{cases} \xrightarrow{NH_3} \bigcirc\!\!-SO_2NH_2 + HCl \\ \xrightarrow{RNH_2} \bigcirc\!\!-SO_2NHR + HCl \end{cases}$$

3. 磺胺类药物

磺胺类药物(sulfonamide drug)是一类具有对氨基苯磺酰胺基本结构的药物。对氨基苯磺酰胺(p-aminobenzene sulfonamide,SN)简称磺胺(sulfanilamide),其分子结构中有两个氨基,磺酰氨基中的氮原子称为 N^1,对氨基中的氮原子称为 N^4。

$$H_2\overset{4}{N}\!\!-\!\!\bigcirc\!\!-SO_2\overset{1}{N}H_2$$

对氨基苯磺酰胺

磺胺是白色晶体,熔点163 ℃,味微苦,微溶于水。由于磺胺苯环上连有氨基,因此能与酸作用生成盐;结合在磺酰基上的氨基受磺酰基的影响而呈酸性,故又能与碱作用,磺胺是两性物质。

$$H_2N\!\!-\!\!\bigcirc\!\!-SO_2NH_2 \xrightarrow{HCl} [H_3\overset{+}{N}\!\!-\!\!\bigcirc\!\!-SO_2NH_2]Cl^-$$

$$H_2N\!\!-\!\!\bigcirc\!\!-SO_2NH_2 \xrightarrow{NaOH} H_2N\!\!-\!\!\bigcirc\!\!-SO_2NHNa + H_2O$$

细菌的繁殖过程需要合成叶酸,而人体不需合成叶酸。合成叶酸的成分之一是对氨基苯甲酸,由于对氨基苯磺酸的分子尺寸、形状与对氨基苯甲酸相似,对氨基苯磺酸就能干扰细菌合成叶酸,从而起到抗菌的作用。

磺胺类药物均为白色结晶或白色粉末,有固定的熔点,微溶于水,能溶于酸或碱。常见的磺胺类药物见表13-2。

表 13-2 常见的磺胺类药物

名称	构造式	代号
磺胺噻唑	$H_2N\!\!-\!\!\bigcirc\!\!-SO_2\!\!-NH\!\!-\!\!\langle噻唑\rangle$	ST
磺胺嘧啶	$H_2N\!\!-\!\!\bigcirc\!\!-SO_2\!\!-NH\!\!-\!\!\langle嘧啶\rangle$	SD
磺胺二甲嘧啶	$H_2N\!\!-\!\!\bigcirc\!\!-SO_2\!\!-NH\!\!-\!\!\langle二甲嘧啶\rangle$	SM$_2$

续表

名称	构造式	代号
磺胺咪（胍）	$H_2N-\bigcirc-SO_2-NH-\underset{\underset{NH}{\|}}{C}-NH_2$	SG
磺胺甲氧哒嗪（长效磺胺）	$H_2N-\bigcirc-SO_2-NH-\bigcirc-OCH_3$（N-N）	SMP
磺胺甲基异噁唑（新诺明）	$H_2N-\bigcirc-SO_2-NH-\bigcirc-CH_3$（异噁唑环）	SMZ
磺胺二甲基异噁唑（甘特里辛）	$H_2N-\bigcirc-SO_2-NH-\bigcirc$（H₃C, CH₃异噁唑环）	SLZ

现在使用的磺胺类药物的抗菌谱广，性质稳定，口服吸收良好，使用方便。在有多种抗生素存在的今天，磺胺类药物在治疗细菌感染的疾病方面仍占重要位置。

甲氧苄氨嘧啶（TMP）不但能加强磺胺药的药效作用，也能增强多种抗生素的疗效，称为磺胺增效剂，它常与磺胺类药物或抗生素配合使用。

$$H_2N-\bigcirc_{N}^{NH_2}-CH_2-\bigcirc\begin{smallmatrix}OCH_3\\OCH_3\\CH_3\end{smallmatrix}$$

TMP

4. 氯胺类药物

磺酰胺分子中，氨基的氢被氯原子取代的化合物称为氯胺类化合物。例如

$H_3C-SO_2-N\begin{smallmatrix}Na\\Cl\end{smallmatrix}$　$\bigcirc-SO_2-N\begin{smallmatrix}Na\\Cl\end{smallmatrix}$　$H_3C-\bigcirc-SO_2-N\begin{smallmatrix}Na\\Cl\end{smallmatrix}$　$HOOC-\bigcirc-SO_2-N\begin{smallmatrix}Cl\\Cl\end{smallmatrix}$

　氯胺M　　　　　氯胺B　　　　　　氯胺T　　　　　　氯胺宗

氯胺类药物是白色或黄色结晶性粉末，微具氯气味，能溶于水及乙醇，通常难溶于乙醚等有机溶剂。氯胺类药物都是氧化剂，它们与水反应生成次氯酸或次氯酸钠，从而有杀菌和对化学毒剂的消毒作用，故在军事医学上有重要用途。例如：

$$\bigcirc-SO_2-N\begin{smallmatrix}Na\\Cl\end{smallmatrix}+H_2O\longrightarrow\bigcirc-SO_2NH_2+NaClHO$$

　　氯胺B　　　　　　　　　　　　　　　　　　　次氯酸钠

$$HOOC-\bigcirc-SO_2-N\begin{smallmatrix}Cl\\Cl\end{smallmatrix}+2H_2O\longrightarrow HOOC-\bigcirc-SO_2NH_2+2HClO$$

　　氯胺宗　　　　　　　　　　　　　　　　　　　次氯酸

氯胺T和氯胺M近年来被广泛用作沙普利斯（Sharpless）不对称氨羟化反应的氧化供氮试剂。氨羟化反应是指在氧化锇-金鸡纳生物碱衍生物原位生成的络合物催化剂存

在下把烯烃直接转变为手性 β-氨基醇的反应。

5. 大蒜素

大蒜素（garlicin，二烯丙基硫代亚磺酸酯）存在于大蒜、葱的鳞茎中，为淡黄色粉末或淡黄色油状液体，具有强烈的大蒜臭味，溶于乙醇、氯仿或乙醚，水中溶解度为 2.5%（10 ℃）。临床研究发现大蒜素对多种革兰氏阳性和阴性菌均有抗菌作用，在农业、食品、医药上有广泛的应用。

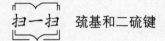

大蒜素

扫一扫　巯基和二硫键

13.2　含磷、含砷有机化合物

磷、砷和氮同是周期表中ⅤA 族元素，性质相近，所以磷和砷均能形成和胺类似的有机化合物，见表 13-3。

表 13-3　氮、磷、砷的一些类似有机化合物

氮		磷		砷	
氨	NH_3	磷化氢	PH_3	砷化氢	AsH_3
伯胺	RNH_2	伯膦	RPH_2	伯胂	$RAsH_2$
仲胺	R_2NH	仲膦	R_2PH	仲胂	R_2AsH
叔胺	R_3N	叔膦	R_3P	叔胂	R_3As
季铵盐	R_4NX	季鏻盐	R_4PX	季钾盐	R_4AsX

"膦"表示含有 C—P 键的化合物。季鏻化合物相当于季铵类化合物，如季鏻盐。"胂"、"钾"两字的用法与"膦"、"鏻"相同。

13.2.1　含磷有机化合物

烷基膦与胺相似，磷原子为不等性 sp^3 杂化，一对未成键电子占据一个 sp^3 杂化轨道，具有四面体结构，分子呈棱锥形。但是由于磷原子的未成键电子对受到原子核的约束小，轨道体积大，压迫另外三个 σ 键，致使烷基膦分子中的 C—P—C 键角小于胺分子中的 C—N—C 键角。

三甲胺　　　　　三甲膦

亚磷酸(H₃PO₃)和磷酸(H₃PO₄)分子中的—OH 被烃基取代后分别得到亚膦酸(phosphonous acid)和膦酸(phosphonic acid)。亚膦酸不稳定,易氧化成膦酸。

亚磷酸　　甲基亚膦酸

磷酸　　二乙基膦酸

膦酸与醇或酚脱水也能形成相应的膦酸酯。

膦酸酯　　O,O-二乙基苯基膦酸酯

含磷有机化合物种类较多,不少含磷有机物在生物体内具有重要的生理功能,如核酸(如核苷酸)、磷脂、葡萄糖磷酸酯(如 D-葡萄糖-3-磷酸酯),环磷酸腺苷(cAMP)与环磷酸鸟苷(cGMP)等,但这些分子不含 P—C 键,而是含有 P—O 键。

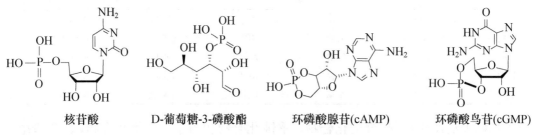

核苷酸　　D-葡萄糖-3-磷酸酯　　环磷酸腺苷(cAMP)　　环磷酸鸟苷(cGMP)

问题与思考 13-3

命名下列化合物。

(1) (2) (3) (4)

许多含 P—C 键的有机膦类化合物有毒或剧毒,多为油状液体,有大蒜味,挥发性强,微溶于水,遇碱破坏,可作为农用或环境卫生用杀虫剂用于防治植物病、虫、草害,如敌百虫、1605(对硫磷)、敌敌畏等。有机膦类化合物中毒的主要机理是强烈地抑制生物体内乙酰胆碱酯酶的活性,使神经传导物质乙酰胆碱代谢紊乱,从而麻痹神经导致死亡。这些破坏神经系统正常传导功能的有机磷毒剂又称为神经麻痹性毒剂,如塔崩(tabun)、沙林(sarin)、索曼(soman)、维埃克斯(VX)等。这些有机磷毒剂均为无色油状液体,无刺激性,仅有微弱臭味,是一类剧毒、高效、连杀性致死剂,可装填于多种弹药和导弹战斗部中使用,经呼吸道、皮肤等多种途径使人员中毒,抑制体内生物活性物质胆碱酯酶,破坏乙酰胆碱对神经冲动的传导。主要中毒症状有瞳孔缩小、流涎、恶心、呕吐、肌颤、痉挛和神经麻痹、大小便失禁及死亡。

1. 敌百虫

敌百虫的化学名称是 2,2,2-三氯-1-羟基乙基膦酸二甲酯。纯品为白色结晶,熔点81 ℃,易溶于水和多种有机溶剂(如乙醇、乙醚、苯等)。在中性或酸性溶液中比较稳定,在碱性溶液中可以转化为敌敌畏,继而水解失效。

敌百虫对昆虫有较强的胃毒作用,也兼有触杀作用,是应用范围较广泛的有机磷杀虫剂,对人、畜毒性极低,比较安全。

敌百虫
(2,2,2-三氯-1-羟基乙基膦酸二甲酯)

2. 对硫磷(1605)

对硫磷(1605),又称 O-(4-硝基苯基)硫代磷酸二乙酯,属硫代磷酸酯类化合物,为淡黄色油状液体。工业品呈红棕色或暗褐色,有大蒜气味,难溶于水,易溶于多种有机溶剂。在碱性溶液中极容易水解而失效。

对硫磷(1605)
[O-(4-硝基苯基)硫代磷酸二乙酯]

1605 是强力的杀虫剂,具有胃毒、触杀等作用,是我国目前广泛应用的杀虫药之一。乳剂用于杀灭介壳虫、红蜘蛛、蚜虫之类的害虫。1605 杀虫范围广,作用较快,但对人、畜毒性很高,故使用时必须十分小心。若在使用时不小心引起中毒,可用阿托品或托巴青治疗。

3. 塔崩

塔崩的化学名称是氰基二甲氨基磷酸乙酯、O-乙基二甲氨基磷酰氰、二甲氨基氰磷酸乙酯或简称氨氰磷酯,是无色易流动的液体,有苦杏仁味,粗品为红棕色,蒸气无色。凝固点为 −48 ℃,沸点为 220 ℃(分解),稍溶于水,易溶于乙醇、苯等有机溶剂。

$$(CH_3)_2N-\overset{\overset{\displaystyle O}{\|}}{\underset{\underset{\displaystyle CN}{|}}{P}}-OC_2H_5$$

塔崩

（氰基二甲氨基磷酸乙酯）

塔崩在潮湿的空气中能缓慢地水解为无毒物质,但在常温下水解很慢,因此能污染水源。温度升高时,水解速度加快。碱性物质[如 $NaOH$、Na_2CO_3、$Ca(OH)_2$、氨水等]或无机酸都能加速其水解。碱性较强时,可完全水解。

4. 沙林

沙林的化学名称是甲基异丙氧基磷酰氟、O-异丙基甲膦酰氟、甲氟膦酸异丙酯或简称氟膦酸酯。沙林是无色容易流动的液体,蒸气无色,无臭,凝固点为 $-54\ ℃$,沸点为 $151\ ℃$(分解),毒性比塔崩强。沙林极易溶于水,能与水及许多有机溶剂任意混合。它在常温下水解很慢,有碱存在时,水解速度增加,生成无毒物质。

$$CH_3CHO-\overset{\overset{\displaystyle CH_3}{|}}{\underset{\underset{\displaystyle CH_3}{|}}{\overset{+}{P}}}\overset{O^-}{-}F$$

沙林

（甲基异丙氧基磷酰氟）

5. 索曼

索曼的化学名称是 O-频哪基甲膦酰氟,或称甲氟膦酸异己酯,是无色液体,粗制品有樟脑味,沸点为 $167.7\ ℃$,凝固点为 $-70\ ℃$,是目前防治比较困难的一种毒剂。它的毒性是沙林的 3 倍。索曼容易水解为无毒物质,在碱性溶液中水解更快。

$$H_3C-\overset{\overset{\displaystyle O}{\|}}{\underset{\underset{\displaystyle F}{|}}{P}}-O\overset{}{\underset{\underset{\displaystyle CH_3}{|}}{C}}HC(CH_3)_3$$

索曼

（O-频哪基甲膦酰氟）

6. 维埃克斯

维埃克斯又称 S-(2-二异丙基氨乙基)-O-乙基甲基膦酸酯,是无色或褐色油状液体,纯品无臭味,不纯的制品有硫醇的臭味。凝固点为 $-39\ ℃$,挥发性小,毒性很强,故为持久性毒剂。它微溶于水,易溶于有机溶剂。它的水解速度很慢,碱水消毒效果不好,通常用次氯酸钙催化水解以破坏维埃克斯。

 扫一扫　有机磷神经麻痹性化学战剂

$$O$$

$$H_3C-\overset{\overset{O}{\|}}{P}-OC_2H_5$$

$$S-CH_2CH_2N-CH(CH_3)_2$$

$$CH(CH_3)_2$$

维埃克斯

[S-(2-二异丙基氨乙基)-O-乙基甲基膦酸酯]

13.2.2 含砷有机化合物

与氮和磷的氢化物相似,三价砷化氢(AsH_3)分子中的氢原子被烃基取代后得到的有机物称为胂(arsine),如甲胂(CH_3AsH_2)、二甲胂[$(CH_3)_2AsH$]、三甲胂[$(CH_3)_3As$]等。可参照胺的命名来命名胂。

胂与胺不同之处是它没有碱性。一般含砷的有机化合物都有毒性。例如,路易斯气(Lewisite,2-氯乙烯二氯化胂)是一种含砷的化学毒剂,它与芥子气同属于糜烂性毒剂。

$$Cl-CH=CH-As\overset{Cl}{\underset{Cl}{\big\langle}}$$

路易斯气

(2-氯乙烯二氯化胂)

路易斯气是无色油状液体,粗品呈暗褐色,有刺激气味。沸点为 190 ℃,凝固点为 −13 ℃,挥发性比芥子气大,微溶于水,易溶于有机溶剂。它的穿透能力比芥子气更强,容易透过皮肤、服装及防毒器材等。它作为毒剂,对所有组织细胞都有损伤,损伤作用与芥子气相似,引起皮肤糜烂、黏膜发炎,并能由各种途径吸收引起全身中毒。路易斯气还可和芥子气混合以降低凝固点,以便在冷天使用。

路易斯气分子中的砷原子上连有两个比较活泼的氯原子,并含有不饱和键,所以它不如芥子气稳定,容易和一些化学物质起作用。

1. 水解

路易斯气比芥子气容易水解,在常温下也能迅速水解生成微溶于水的 2-氯乙烯氧胂。后者对皮肤也有糜烂作用,但不能透过服装、鞋等使人中毒。

$$Cl-CH=CH-As\overset{Cl}{\underset{Cl}{\big\langle}} + H_2O \longrightarrow Cl-CH=CH-As=O+2HCl$$

2. 与碱性物质作用

路易斯气在常温下能被很多碱性物质破坏而失去糜烂性。例如,与氢氧化钠、碳酸钠等碱性溶液作用时,则完全水解,生成乙炔和亚砷酸钠等没有糜烂性的物质。但亚砷酸钠有剧毒。

$$Cl-CH=CH-As \overset{Cl}{\underset{Cl}{\big<}} +6NaOH \longrightarrow HC\equiv CH\uparrow +Na_3AsO_3+3H_2O+3NaCl$$

亚砷酸钠

3. 氧化作用

路易斯气容易与漂白粉、次氯酸钙、高锰酸钾、硝酸、氯胺等氧化剂发生作用,氧化生成没有糜烂性的 2-氯乙烯胂酸。

$$Cl-CH=CH-As\overset{Cl}{\underset{Cl}{\big<}} +H_2O \xrightarrow{[O]} Cl-CH=CH-As\overset{OH}{\underset{OH}{\big<}}=O+2HCl$$

2-氯乙烯胂酸

4. 与二巯基丙醇作用

路易斯气与二巯基丙醇能够迅速反应生成无毒物质,所以二巯基丙醇又称 BAL,是英国抗路易斯气(British anti-Lewisite)的缩写。

$$Cl-CH=CH-As\overset{Cl}{\underset{Cl}{\big<}} + \begin{matrix} CH_2-SH \\ CH-SH \\ CH_2-OH \end{matrix} \longrightarrow \begin{matrix} CH_2-S \\ CH-S \\ CH_2-OH \end{matrix} \hspace{-4pt} \big\rangle As-CH=CHCl + 2HCl$$

关 键 词

硫醇　mercaptan　344

巯基　mercapto group　345

二硫化物　disulfide　346

硫醚　thio-ether　347

亚砜　sulfoxide　348

砜　sulfone　348

芥子气　mustard gas　349

磺酸　sulfonic acid　350

磺胺类药物　sulfonamide drug　351

对氨基苯磺酰胺　*p*-aminobenzene sulfonamide　351

磺胺　sulfanilamide　351

大蒜素　garlicin　353

亚膦酸　phosphonous acid　354

膦酸　phosphonic acid　354

塔崩　tabun　355

沙林　sarin　355

索曼　soman　355

维埃克斯　VX　355

胂　arsine　357

路易斯气　Lewisite　357

二巯基丙醇　BAL　358

小　结

醇分子中的氧原子被硫原子代替所形成的化合物称为硫醇,通式为 R—SH。

低级硫醇的沸点及在水中的溶解度均比相应的醇低得多并具有难闻的臭味。

硫醇具有弱酸性,可与氢氧化钠作用生成硫醇钠,还能与重金属(Hg^{2+}、Pb^{2+}、Ag^+、Cd^{2+} 等)的氧化物或盐作用,生成不溶于水的硫醇盐。某些含有巯基的化合物可作为重金属中毒的解毒剂,如 2,3-二巯基丙醇、2,3-二巯基丙磺酸钠、2,3-二巯基丁二酸钠等。硫醇能与强、弱氧化剂作用,生成二硫化物或亚磺酸、磺酸。硫醇可以与羧酸作用生成羧酸硫醇酯。

醚分子中的氧原子被硫原子代替所形成的化合物称为硫醚,通式为 $(Ar)R—S—R'(Ar')$。

硫醚可被氧化为亚砜或砜。糜烂性毒剂芥子气是硫醚类化合物。

烃分子中的氢原子被磺酸基($—SO_3H$)取代而成的化合物称为磺酸,其中芳香磺酸用途最广。

磺酸的化学性质与羧酸类似,能生成盐和磺酸的衍生物酯、磺酰卤和磺酰胺等。

磺胺类药物是一类具有对氨基苯磺酰胺基本结构的药物。磺胺药是一类抗菌广泛、性质稳定的化学合成药。

磺酰胺分子中,氨基的氢被氯原子取代的化合物称为氯胺类药物。氯胺类药物都是氧化剂,具有杀菌和消毒作用;在烯烃的氨羟化反应中,可用作氧化供氮试剂。

磷酸分子中的—OH 被烃基取代的衍生物称为膦酸。杀虫剂敌百虫、1605(对硫磷)、敌敌畏以及神经麻痹性毒剂塔崩、沙林、索曼、维埃克斯等均为磷酸酯或膦酸酯化合物。

与胺相似的含砷有机化合物称为胂。路易斯气是一种含砷的糜烂性化学毒剂,它能与碱性物质作用,容易水解和氧化,能与二巯基丙醇作用生成无毒物质。

习　题

1. 命名下列化合物。

(1) $(CH_3)_3CSH$

(2) $CH_3SCH_2CH_3$

(3) $CH_3CH_2CH_2SO_3H$

(4) $CH_3CH_2SO_2CH_2CH_3$

(5) $(CH_3)_2CHCH_2CHCH_3$
　　　　　　　　　　|
　　　　　　　　　　SH

(6) ⟨benzene⟩—CH_2SH

(7) $(CH_3)_3C-S-CH_3$

(8) 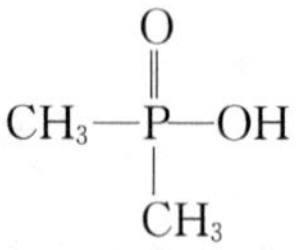
$$CH_3-\overset{\displaystyle O}{\underset{\displaystyle CH_3}{P}}-OH$$

2. 写出下列化合物的构造式。

(1) β-巯基丙醇   (2) 对甲氧基苯基甲基硫醚

(3) 三苯基膦   (4) 苯基膦酸

(5) 甲基亚磺酸   (6) 二苯亚砜

(7) 甲基磺酰氯   (8) 二乙肼

3. 完成下列反应。

(1) 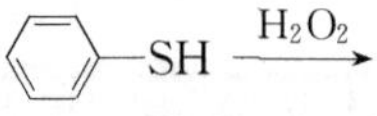 ⟨ ⟩—SH $\xrightarrow{H_2O_2}$

(2) CH_3—⟨ ⟩—SCH_2CH_3 $\xrightarrow{H_2O_2}$

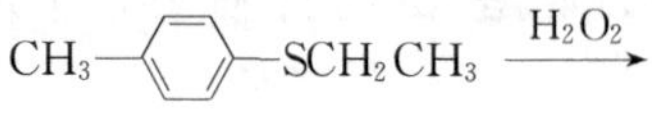

(3) 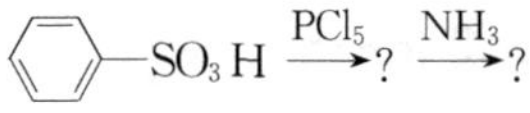 ⟨ ⟩—SO_3H $\xrightarrow{PCl_5}$? $\xrightarrow{NH_3}$?

(4)
$$\begin{array}{l} CH_2-SH \\ | \\ CH-SH \quad + HgO \longrightarrow \\ | \\ CH_2SO_3Na \end{array}$$

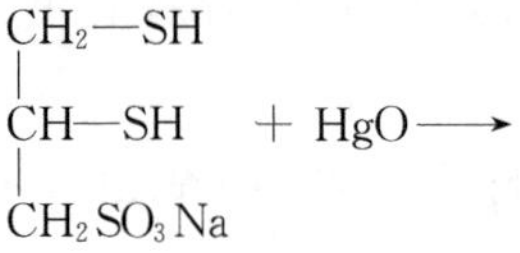

(5)
$$Cl-CH=CH-As\begin{array}{c} Cl \\ \\ Cl \end{array} + \begin{array}{l} CH_2SH \\ | \\ CH_2SH \end{array} \longrightarrow$$

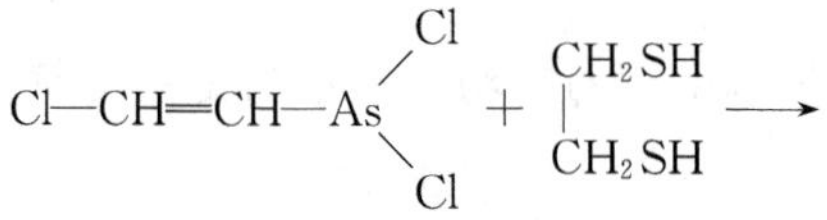

4. 磺酸有哪些化学性质？它在结构上和硫酸氢乙酯有什么不同？

5. 列举你所知道的神经性毒剂的名称(用俗名)。

6. 举例说明可作为重金属或路易斯气中毒的解毒剂属于什么化合物。试写出重金属或路易斯气与此化合物的反应式。

第 14 章 脂类、甾族和萜类化合物

脂类(lipid)是天然存在的一大类有机化合物,它包括油脂和类脂(lipoid)。油脂是甘油与脂肪酸(fatty acid)生成的酯,包括油和脂肪。类脂是一个不很严格的术语,通常是指结构或理化性质类似油脂的物质,主要有磷脂、糖脂、蜡、甾族和萜类化合物等。脂类化合物在组成、结构和化学性质上有较大差异,但它们大多可用非极性溶剂通过萃取法从组织与细胞中分离得到,都具有酯的结构或有成酯的可能,都不溶于水而易溶于乙醚、石油醚、氯仿、四氯化碳及苯等极性小的有机溶剂(油脂溶剂)。

脂类化合物在生理上具有非常重要的意义,是生物维持正常生命活动不可缺少的物质之一。油脂在人体内存在于皮下结缔组织、腹腔、大网膜及肠系膜等脂肪组织中,其含量随着个体的不同及其所处的状态有很大的差异。油脂既能在体内氧化供给能量,作为能源的储备物,又能在皮下起保温作用和在脏器周围起保护内脏免受磨损及外力撞伤的作用;同时,还是脂溶性维生素 A、维生素 D、维生素 E 和维生素 K 等许多生物活性物质的良好溶剂。类脂是细胞原生质的必要成分,称为原生质脂,它在细胞内与蛋白质结合在一起形成脂蛋白,构成细胞膜、核膜、线粒体膜等。原生质脂在人体组织中的成分和含量较为恒定,即使在饥饿或病理状态时,变化也不大。

甾族化合物(steroid)广泛地存在于动植物体内,如动物体内的胆固醇、胆汁酸、肾上腺皮质激素和性激素等,植物(中草药)中的强心苷及甾族生物碱等。其含量虽少,但在生命活动中都起着十分重要的作用。

萜类化合物(terpenoid)是指由两个或两个以上异戊二烯分子首尾相连而成的聚合物及其含氧衍生物,广泛存在于自然界,是许多植物挥发油的主要成分,具有一定的生理和药理活性。

14.1 油　脂

14.1.1 油脂的组成、结构与命名

油脂是油(oil)和脂肪(fat)的总称,通常把在常温下呈液态的称为油,呈固态或半固态的称为脂肪。在组成上,油脂是各种高级脂肪酸甘油酯(甘油三酯)的混合物,其结构通式如下:

$$
\begin{array}{l}
\text{H}_2\text{C}-\text{O}-\overset{\displaystyle\overset{O}{\|}}{\text{C}}-\text{R} \\
\text{HC}-\text{O}-\overset{\displaystyle\overset{O}{\|}}{\text{C}}-\text{R}' \\
\text{H}_2\text{C}-\text{O}-\overset{\displaystyle\overset{O}{\|}}{\text{C}}-\text{R}''
\end{array}
$$

式中，R、R′、R″完全相同时，该油脂属于单甘油酯，称为单三酰甘油；R、R′、R″不完全相同时，该油脂属于混甘油酯，称为混三酰甘油。天然油脂多为混甘油酯，且为多种混甘油酯与其他组分形成的复杂混合物。

组成油脂的脂肪酸种类很多，天然油脂中已发现的脂肪酸有八九十种，其在组成和结构上的共同特点是：①绝大多数是直链的含偶数碳的高级脂肪酸，一般为 $C_{12}\sim C_{20}$，尤以 C_{16} 和 C_{18} 的脂肪酸为最多；②有不少脂肪酸是不饱和脂肪酸，以含 $1\sim3$ 个碳-碳双键的 C_{18} 脂肪酸为主，多个双键一般不构成共轭体系，且双键多为顺式构型；③结构中不饱和键越多，其熔点越低。常见油脂中的重要脂肪酸见表 14-1。

表 14-1　常见油脂中的重要脂肪酸

类别	名称	结构式	熔点/℃
饱和脂肪酸	月桂酸(十二酸，lauric acid)	$CH_3(CH_2)_{10}COOH$	44
	肉豆蔻酸(十四酸，myristic acid)	$CH_3(CH_2)_{12}COOH$	58
	软脂酸(十六酸，palmitic acid)	$CH_3(CH_2)_{14}COOH$	63
	硬脂酸(十八酸，stearic acid)	$CH_3(CH_2)_{16}COOH$	70
	花生酸(二十酸，arachidic acid)	$CH_3(CH_2)_{18}COOH$	75
不饱和脂肪酸	棕榈油酸(十六碳-9-烯酸，palmitoleic acid)	$CH_3(CH_2)_5CH=CH(CH_2)_7COOH$	33
	油酸(十八碳-9-烯酸，oleic acid)	$CH_3(CH_2)_7CH=CH(CH_2)_7COOH$	16
	蓖麻油酸(12-羟基-十八碳-9-烯酸，castoleic acid)	$CH_3(CH_2)_5CH(OH)CH_2CH=CH(CH_2)_7COOH$	6
	亚油酸(十八碳-9,12-二烯酸，linoleic acid)	$CH_3(CH_2)_4(CH=CHCH_2)_2(CH_2)_6COOH$	−5
	α-亚麻酸(十八碳-9,12,15-三烯酸，linolenic acid)	$CH_3CH_2(CH=CHCH_2)_3(CH_2)_6COOH$	−11
	α-桐油酸(十八碳-9,11,13-三烯酸，eleostearic acid)	$CH_3(CH_2)_3(CH=CH)_3(CH_2)_7COOH$	49
	花生四烯酸(二十碳-5,8,11,14-四烯酸，arachidonic acid)	$CH_3(CH_2)_4(CH=CHCH_2)_4(CH_2)_2COOH$	−49

多数天然脂肪酸可在体内合成，但也有少数不饱和脂肪酸(如亚油酸、亚麻酸)不能在体内合成，花生四烯酸虽然在体内可以合成，但数量不足以满足生命活动需求。这些人体不能合成或合成数量不足、且必须由食物供给的不饱和脂肪酸称为必需脂肪酸(essential fatty acid)。从食物中获得这些必需脂肪酸后，人体才能合成同族的其他不饱和脂肪酸。必需脂肪酸供应不足或过多被氧化时，可导致细胞膜和线粒体结构的异变，甚至引起癌变，因此必需脂肪酸对人体非常重要。

脂肪酸的命名多采用俗名，如软脂酸、硬脂酸、油酸等。

甘油酯的命名可按多元醇酯的命名法称为"甘油三某脂酸酯"。有时也将脂肪酸的名称放在前面,醇名放在后面,称为"三-*O*-某脂酰基甘油"。如果是混酸甘油酯,则需要将脂肪酸的位次标明。例如

$$
\begin{array}{l}
H_2C\!-\!O\!-\!\overset{\displaystyle O}{C}\!-\!C_{15}H_{31}\\[4pt]
HC\!-\!O\!-\!\overset{\displaystyle O}{C}\!-\!C_{15}H_{31}\\[4pt]
H_2C\!-\!O\!-\!\overset{\displaystyle O}{C}\!-\!C_{15}H_{31}
\end{array}
$$

甘油三软脂酸酯
(三-*O*-软脂酰基甘油)

$$
\begin{array}{l}
\overset{1}{H_2C}\!-\!O\!-\!\overset{\displaystyle O}{C}\!-\!C_{15}H_{31}\\[4pt]
\overset{2}{HC}\!-\!O\!-\!\overset{\displaystyle O}{C}\!-\!C_{17}H_{35}\\[4pt]
\overset{3}{H_2C}\!-\!O\!-\!\overset{\displaystyle O}{C}\!-\!(CH_2)_7CH\!=\!CH(CH_2)_7CH_3
\end{array}
$$

甘油-3-油酸-1-软脂酸-2-硬脂酸酯
(3-*O*-油酰基-1-*O*-软脂酰基-2-*O*-硬脂酰基甘油)

一些常见油脂的脂肪酸组成见表 14-2。

表 14-2　一些常见油脂的脂肪酸组成

油脂	脂肪酸质量分数/%						
	月桂酸	肉豆蔻酸	棕榈酸	硬脂酸	油酸	亚油酸	亚麻酸
猪油		1～2	25～30	12～16	40～50	5～10	1
奶油[1]	2～5	8～14		9～12	25～35	2～5	
牛油		3～5		20～30	40～50	1～5	
椰子油[2]	45～48	16～18	8～10	2～4	5～8	1～2	
橄榄油			8～16	2～3	70～85	5～15	
豆油			10	3	25～30	50～55	4～8
棉籽油		1	20～25	1～2	20～30	45～50	
红花油			6	3	13～15	75～78	
亚麻籽油					20～35	15～25	40～60

1) 尚含有 3%～4%丁酸及 C_6、C_8 和 C_{10} 酸各 13%。

2) 尚含有 C_8 和 C_{10} 酸各 5%～9%。

医学上将血液中的油脂统称甘油三酯(triglyceride)。

14.1.2　油脂的物理性质

纯净的油脂无色、无臭、无味。但一般的油脂(尤其是植物性油脂)常带有香味或特殊气味,并有颜色,这是因为一般油脂中往往溶有维生素和色素。相对分子质量小的油脂是较易挥发的液体,相对分子质量大的油脂是油状液体或熔点较低的固体。油脂的相对密度小于 1 g/mL,一般难溶于水和冷乙醇,但能溶于热乙醇,易溶于油脂溶剂。利用某些脂溶性溶剂可从动植物组织中提取油脂。油脂的熔点和沸点与组成甘油酯的脂肪酸的结构有关,脂肪酸的碳链越长越饱和,油脂的熔点越高;脂肪酸的碳链越短越不饱和,油脂的熔点越低。天然油脂是混合物,没有恒定的熔点和沸点。

14.1.3 油脂的化学性质

1. 水解

油脂能在酸、碱或酶(如胰脂酶)的作用下水解,生成一分子甘油和三分子脂肪酸。

如果用碱(如氢氧化钠、氢氧化钾)进行水解,得到的产物是甘油和高级脂肪酸盐(钠盐或钾盐),这些盐俗称为肥皂,因而油脂在碱性溶液中的水解又称皂化反应(saponification)。普通肥皂是各种高级脂肪酸钠盐的混合物。油脂用氢氧化钾皂化所得的高级脂肪酸钾盐,质软,称为软肥皂,医药上常用以洗净皮肤。

使 1 g 油脂完全皂化所需要的氢氧化钾的质量(mg)称为皂化值(saponification number)。根据皂化值的大小,可以判断油脂中所含甘油酯的平均相对分子质量。皂化值大,表示油脂中所含甘油酯的平均相对分子质量小,油脂含有较低级脂肪酸的甘油酯较多;反之,则表示油脂中所含甘油酯的平均相对分子质量大。

$$
\begin{array}{c}
H_2C\!-\!O\!-\!\overset{\displaystyle O}{\overset{\|}{C}}\!-\!R \\
HC\!-\!O\!-\!\overset{\displaystyle O}{\overset{\|}{C}}\!-\!R' \;+3NaOH \;\xrightarrow{\triangle}\; \\
H_2C\!-\!O\!-\!\overset{\displaystyle O}{\overset{\|}{C}}\!-\!R''
\end{array}
\quad
\begin{array}{c}
H_2C\!-\!OH \\
HC\!-\!OH \\
H_2C\!-\!OH
\end{array}
\;+\;
\begin{array}{c}
R\!-\!\overset{\displaystyle O}{\overset{\|}{C}}\!-\!ONa \\
R'\!-\!\overset{\displaystyle O}{\overset{\|}{C}}\!-\!ONa \\
R''\!-\!\overset{\displaystyle O}{\overset{\|}{C}}\!-\!ONa
\end{array}
$$

油脂是混合物,除甘油酯外,还混有其他物质,包括一些甾族化合物、维生素(A、D、E、K)以及难以皂化的蜡(高级脂肪酸与高级一元醇的酯)等。所以,油脂在皂化时,还有少部分(1‰~3‰)不能皂化,即与碱无作用,不溶于水。人体食进的油脂主要在小肠内催化水解,此过程称为油脂的消化。水解产物透过肠壁被吸收(少量油脂微粒同时被吸收),进一步合成人体自身的脂肪。这种吸收后的脂肪除一部分氧化供给能量(脂肪在体内完全氧化放出的热量为 28.9 kJ·g^{-1})外,大部分储存在皮下、肠系膜等处的组织中。

2. 加成

油脂中不饱和脂肪酸的 C=C 键可以和氢、卤素等发生加成反应。

1) 氢化

油脂在金属催化下可发生催化加氢反应,使油脂分子中不饱和键变为饱和键,这样得到的油脂称为氢化油。由于加氢后提高了油脂饱和度,原来液态的油变为半固态或固态的脂肪,所以油脂的氢化又称为油脂的硬化。

$$
\begin{array}{c}
H_2C\!-\!O\!-\!\overset{\displaystyle O}{\overset{\|}{C}}\!-\!C_{17}H_{33} \\
HC\!-\!O\!-\!\overset{\displaystyle O}{\overset{\|}{C}}\!-\!C_{17}H_{33} \;+3H_2 \;\xrightarrow[250\,℃]{Ni}\; \\
H_2C\!-\!O\!-\!\overset{\displaystyle O}{\overset{\|}{C}}\!-\!C_{17}H_{33}
\end{array}
\qquad
\begin{array}{c}
H_2C\!-\!O\!-\!\overset{\displaystyle O}{\overset{\|}{C}}\!-\!C_{17}H_{35} \\
HC\!-\!O\!-\!\overset{\displaystyle O}{\overset{\|}{C}}\!-\!C_{17}H_{35} \\
H_2C\!-\!O\!-\!\overset{\displaystyle O}{\overset{\|}{C}}\!-\!C_{17}H_{35}
\end{array}
$$

甘油三油酸酯   甘油三硬脂酸酯

硬化后的油脂不仅熔点升高,且不容易变质,有利于保存和运输。另外,油脂硬化时不仅是碳-碳双键加氢变成单键,而且在较高温度及催化剂的作用下,还可能发生某些结构上的改变,如将不稳定的顺式异构体转变为较稳定的反式异构体。人造黄油的主要成分就是氢化植物油。

2) 加碘

含不饱和脂肪酸的油脂可以与碘发生加成反应。100 g 油脂所能吸收碘的质量(g)称为碘值(iodine number)。碘值可用来判断油脂的不饱和程度,碘值越大,表示油脂的不饱和程度越高。由于碘和碳-碳双键的加成反应较慢,实际测定时常用氯化碘(ICl)或溴化碘(IBr)的冰醋酸溶液代替碘,其中的氯或溴能使碘活化。

3. 酸败

天然油脂在空气中放置过久会变质,产生难闻的气味,这个过程称为酸败(rancidity,或称哈喇)。酸败的主要原因是油脂中不饱和脂肪酸的双键在空气中的氧、水分和微生物的作用下发生氧化,生成过氧化物,这些过氧化物继续分解或氧化生成有臭味的低级醛和酸等。

$$\cdots CH_2{-}CH{=}CH{-}CH_2\cdots + O_2 \longrightarrow \cdots CH_2\overset{H}{\underset{O-O}{C}}{-}\overset{H}{\underset{}{C}}CH_2\cdots$$

$$\xrightarrow{\text{霉菌}} \cdots CH_2{-}\overset{O}{\underset{}{C}}{-}H + H{-}\overset{O}{\underset{}{C}}{-}CH_2\cdots \xrightarrow{O_2} \cdots CH_2{-}\overset{O}{\underset{}{C}}{-}OH$$

油脂酸败的另一个原因是油脂在微生物或酶的作用下发生 β-氧化,生成 β-酮酸,β-酮酸经酮式和酸式分解生成酮或羧酸。

$$R{-}CH_2CH_2CH_2CH_2COOH \xrightarrow[-2H]{\text{脱氢酶}} R{-}CH_2CH_2CH{=}CHCOOH$$

$$R{-}CH_2CH_2CH{=}CHCOOH \xrightarrow[+H_2O]{\text{水化酶}} R{-}CH_2CH_2\overset{OH}{\underset{}{C}}HCH_2COOH$$

$$R{-}CH_2CH_2\overset{OH}{\underset{}{C}}HCH_2COOH \xrightarrow[-2H]{\text{脱氢酶}} R{-}CH_2CH_2\overset{O}{\underset{}{C}}CH_2COOH$$

$$R{-}CH_2CH_2\overset{O}{\underset{}{C}}CH_2COOH \begin{cases} \xrightarrow{\text{酮式分解}} R{-}CH_2CH_2\overset{O}{\underset{}{C}}CH_3 + CO_2 \\ \xrightarrow{\text{酸式分解}} R{-}CH_2CH_2COOH + CH_3COOH \end{cases}$$

油脂酸败的程度常用酸值来表示。中和 1 g 油脂中的游离脂肪酸所需氢氧化钾的质量(mg)称为油脂的酸值(acid number)。光、热或潮湿等条件可加速油脂的酸败,因此油脂应储存在密闭的容器中并放置在阴凉避光的地方,或加入抗氧化剂。一般酸值大于 6.0 的油脂不能食用。

问题与思考 14-1

　　人造黄油(也称人造奶油)可通过油脂氢化制得,人造黄油中为什么反式脂肪酸 (TFAs)含量会升高? TFAs 对人类健康有什么影响?

扫一扫　脂肪酸及其生理作用

14.2　磷脂和糖脂

　　生物体内除油脂外,还含有许多结构或理化性质类似油脂的化合物,它们通称类脂。类脂包括磷脂、糖脂、蜡及甾族化合物。磷脂(phospholipid)是含有磷酸酯类结构的类脂。根据与磷酸成脂的成分不同,磷脂分为甘油磷脂(phosphoglyceride)和鞘磷脂(sphingomyelin),由甘油构成的磷脂称为甘油磷脂,由鞘氨醇构成的磷脂称为鞘磷脂。磷脂广泛存在于动植物组织中,具有特殊的功能。

　　糖脂(glycolipid)由糖、脂肪酸和鞘氨醇构成,常与磷脂复合共存,它是细胞结构(包括神经髓鞘)的组成部分,也是构成血型物质及细胞抗原的重要组成成分。

14.2.1　磷脂

1. 甘油磷脂

　　甘油磷脂又称磷酸甘油酯。它是油脂分子中一个酰基被磷酰基取代后生成的二酰化甘油磷酸酯,其母体是磷脂酸,结构式如下:

$$
\begin{array}{l}
\alpha\quad CH_2{-}O{-}\overset{\displaystyle O}{\overset{\|}{C}}{-}R \\[2mm]
\beta\quad CH{-}O{-}\overset{\displaystyle O}{\overset{\|}{C}}{-}R' \\[2mm]
\alpha'\quad CH_2{-}O{-}\overset{\displaystyle O}{\overset{\|}{P}}{-}OH \\[2mm]
\qquad\qquad\qquad\ \ OH
\end{array}
$$

磷脂酸

　　通常,C_1 上的氧与饱和脂肪酰基相连,C_2 上的氧与不饱和酰基形成酯键,C_3 的氧与磷酸成酯。磷脂酸的第二个碳原子(β 碳原子)是手性碳原子,有一对对映体。天然存在的甘油磷酸酯都属于 L 构型。

　　磷脂酸中的磷酸与其他物质结合,可得到各种不同的甘油磷脂,最常见的是卵磷脂 (lecithin)和脑磷脂(cephalin)。

1) 卵磷脂

卵磷脂是分布最广的一种磷脂,存在于各种动物组织与器官中。脑、神经组织、心、肝、肾上腺及红细胞中含量较多,蛋黄中含量更多,占 $8\%\sim10\%$,故称卵磷脂。卵磷脂分子结构中磷酸与胆碱结合,其结构式如下:

$$\underbrace{\begin{array}{c} O \\ \| \\ R-C-O-CH_2 \\ O \\ \| \\ R'-C-O-CH \end{array}}_{\text{脂肪酸部分}} \quad \underbrace{\begin{array}{c} O \\ \uparrow \\ H_2C-O-P-O-CH_2-CH_2-\overset{+}{N}(CH_3)_3 \\ O^- \end{array}}_{\text{甘油部分}\quad\text{磷酸部分}\quad\text{胆碱部分}}$$

L-α-卵磷脂

胆碱磷酸酰基可连在甘油基的 α-或 β-位上,故有 α 和 β 两种异构体。自然界的卵磷脂是 α-卵磷脂。天然卵磷脂含有手性碳原子,有旋光性,都是 L 构型,且 β-位所连的脂肪酸常是不饱和脂肪酸。用酶水解卵磷脂时,可以得到具有旋光性的 α-磷酸甘油。

$$\begin{array}{c} CH_2-OH \\ | \\ HO-C^*-H \qquad O \\ | \qquad\qquad \uparrow \\ CH_2-O-P-OH \\ | \\ OH \end{array}$$

α-磷酸甘油

纯粹的卵磷脂是吸水性较强的白色蜡状固体,在空气中易被氧化而迅速变为黄色,久置则呈褐色。这可能是卵磷脂分子中不饱和脂肪酸的不饱和键易被氧化的结果。卵磷脂不溶于水和丙酮,易溶于乙醚、乙醇和氯仿。故可用乙醚从蛋黄中提取卵磷脂,再用丙酮沉淀,这时脑磷脂也沉淀,但脑磷脂在冷乙醇中不溶,借此可将二者分离。

卵磷脂完全水解后,分别得到一分子的甘油、磷酸、胆碱和两分子脂肪酸。天然卵磷脂是混合物,水解得到的脂肪酸有软脂酸、硬脂酸、油酸、亚油酸、亚麻酸及花生四烯酸等。有些毒蛇的毒汁中含有一种脂酶,它能催化水解磷脂,使 β-位的不饱和脂肪酸脱落,从而破坏细胞膜,在血液中引起溶血。

胆碱在肝脏热力学能促使脂肪很快地转变为磷脂,并由血液运走,因此可以防止脂肪在肝内大量蓄积。

2) 脑磷脂

脑磷脂与卵磷脂同时存在于机体各组织及器官中,在脑组织中含量较多,因而得名。它的结构和理化性质均与卵磷脂相似,只是脑磷脂结构中磷酸上的羟基与胆胺形成酯。例如

$$
\begin{array}{c}
\underset{\text{脂肪酸部分}}{\underbrace{\begin{array}{l} R-\overset{\overset{\displaystyle O}{\|}}{C}-O-CH_2 \\ R'-\overset{\overset{\displaystyle O}{\|}}{C}-O-CH \end{array}}} \quad \underset{\text{甘油部分}}{\underbrace{H_2C-O}}-\underset{\substack{\text{磷酸部分}}}{\overset{\overset{\displaystyle O}{\uparrow}}{\underset{\underset{O^-}{\|}}{P}}}-O-\underset{\text{胆胺部分}}{\underbrace{CH_2-CH_2-\overset{+}{N}H_3}}
\end{array}
$$

$$
HO-CH_2-CH_2-NH_2
$$
胆胺(2-氨基乙醇,乙醇胺)

α-脑磷脂

　　脑磷脂也有 α 和 β 两种异构体,自然界的脑磷脂也是 L 型的 α-异构体。脑磷脂水解后生成甘油、脂肪酸、磷酸与胆胺。组成脑磷脂的脂肪酸通常有棕榈酸、硬脂酸、油酸及少量花生四烯酸。脑磷脂的性质与卵磷脂很相似,也是白色蜡状固体,吸水性强,不稳定,在空气中易氧化而呈棕黑色。它能溶于乙醚,不溶于丙酮,难溶于冷乙醇,这是与卵磷脂在溶解性方面的不同。脑磷脂与血液的凝固有关,能促使血液凝固的凝血激活酶,就是由脑磷脂与蛋白质所组成的。

　　磷脂中的磷酸部分还有一个羟基具有较强的酸性,可与含氮的碱性基团形成离子偶极键,故磷脂的分子结构就可分为两个部分:一部分是长链的非极性的烃基,是疏水部分;另一部分是偶极离子 $\left[-O-\overset{\overset{\displaystyle O}{\uparrow}}{\underset{\underset{O^-}{\|}}{P}}-O-CH_2-CH_2-N(CH_3)_3^+ \right]$,是亲水部分。

　　由于分子中同时存在极性的亲水基和非极性的疏水基,因此磷脂是体内的良好乳化剂,能使油脂、胆固醇等乳化,从而有助于脂肪的消化和吸收。

　　如果将磷脂放入水中,它的极性基团指向水面,而疏水性基团因受水的排斥而由范德华力聚集在一起,尾尾相连,与水隔开,形成磷脂双分子层(图 14-1)。磷脂的这种结构和特性在它们与蛋白质结合成脂蛋白并构成细胞膜时起着重要的作用。

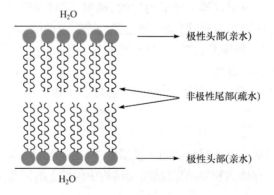

图 14-1　磷脂双分子层

2. 鞘磷脂

鞘磷脂又称神经磷脂,其组成、结构与卵磷脂、脑磷脂不同,它的主链是鞘氨醇(sphingosine,神经氨基醇)而不是甘油。

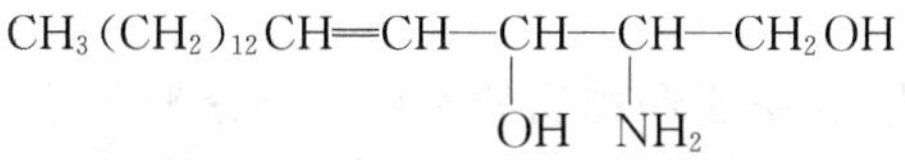

$$CH_3(CH_2)_{12}CH=CH-CH-CH-CH_2OH$$
$$\qquad\qquad\qquad\quad OH\quad NH_2$$

鞘氨醇(2-氨基十八碳-4-烯-1,3-二醇)

鞘氨醇的氨基与脂肪酸以酰胺键相连接,鞘氨醇 1-位上的羟基与磷酸成酯,磷酸又与胆碱以酯的形式相结合而形成鞘磷脂。

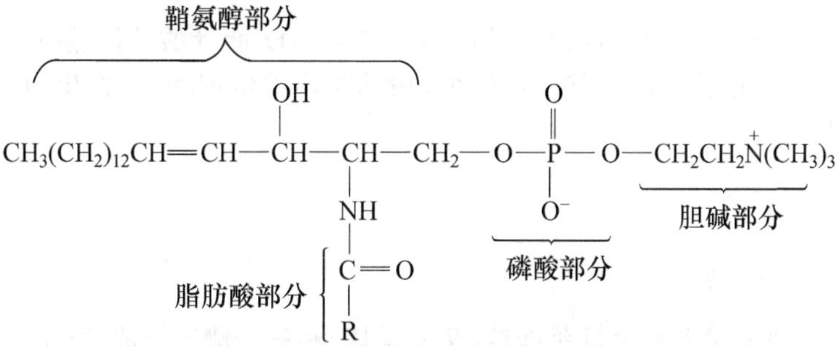

鞘磷脂是白色结晶,在光的作用下或空气中不易氧化,比较稳定,不溶于丙酮及乙醚,而溶于热乙醇中。鞘磷脂大量存在于脑和神经组织,是神经鞘的主要成分,也是细胞膜的重要成分之一。在机体不同组织中所发现的鞘磷脂的成分不同,水解产物也不尽相同,在通常情况下水解鞘磷脂可得鞘氨醇、脂肪酸、磷酸和胆碱等,其中脂肪酸有棕榈酸、硬脂酸、二十四酸、神经酸(二十四碳-15-烯酸)等。

14.2.2　糖脂

糖脂由糖、脂肪酸和鞘氨醇构成,不含磷酸而含糖,故称为糖脂。它是细胞结构(包括神经髓鞘)的组成部分,也是构成血型物质及细胞抗原的重要组成成分,在脑和神经髓鞘中含量最多,近年来很受重视。重要的糖脂有脑苷脂、神经节苷脂等。

糖脂水解后可得己糖(半乳糖、葡萄糖等)、鞘氨醇(有的为二氢鞘氨醇)和脂肪酸(主要有二十四酸、神经酸、α-羟基二十四酸、α-羟基神经酸等)。

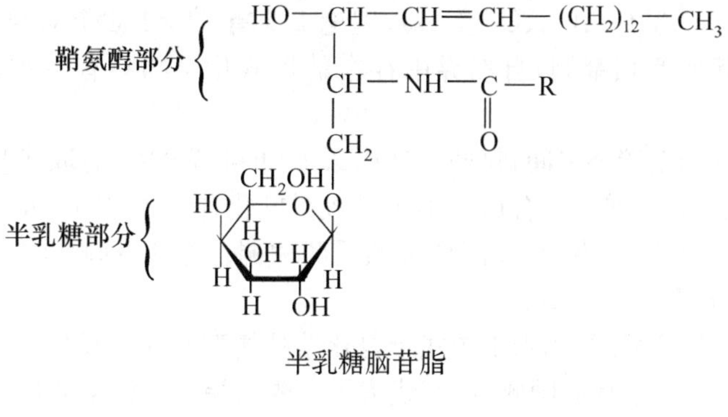

半乳糖脑苷脂

糖脂为白色蜡状物,溶于热乙醇、丙酮、苯和氯仿,而不溶于乙醚和冷乙醇。在酸性条件下煮沸可使脑苷脂分解。人体内各种糖脂的分解均需要各自专一的水解酶,酶的缺乏可引起糖脂在组织中的沉积而患病。

问题与思考 14-2

油脂、脑磷脂、卵磷脂、鞘磷脂和糖脂的水解产物分别是什么?

14.3　甾族化合物

甾族化合物又称类固醇化合物,包括甾醇、维生素 D、胆汁酸、肾上腺皮质激素及性激素等,广泛存在于动植物体内。其含量虽少,却具有特殊生理功能,在生命活动中起着十分重要的作用。

14.3.1　甾族化合物的结构

1. 甾族化合物的基本骨架

甾族化合物由环戊烷并全氢菲母核(又称甾核)和三个侧链组成,其基本骨架为

环戊烷并全氢菲

甾族化合物的基本骨架

基本骨架中四个环分别用字母 A、B、C 及 D 表示,四个环上的 17 个碳原子按上图中的顺序编号。各种甾族化合物除具有此共同骨架外,绝大多数都带有三个侧链:在 C_{10} 及 C_{13} 上常连有甲基,称为角甲基,在 C_{17} 上连有一个不同碳原子数的碳链或取代基。甾族化合物的结构特点可通过"甾"字形象地表示出来,"田"表示 4 个环,"巛"表示两个角甲基和 C_{17} 位上的取代基。

2. 甾族化合物的构型和构象

甾族化合物的立体结构比较复杂,它们分子中含有多个手性碳原子,仅在基本骨架上就有 7 个,即 C_5、C_8、C_9、C_{10}、C_{13}、C_{14} 及 C_{17},理论上应有 $2^7 = 128$ 个对映异构体。但由于几个环并联在一起而互相牵制,自然界中存在的甾族化合物只有少数较稳定的构型异构体。

甾族化合物的四个碳环之间,每两个环以碳-碳单键稠合时,对取代基而言,可能是顺式,也可能是反式。天然或人工合成的绝大多数甾族化合物中,B、C 两环总是反式的,C、D 两环也几乎都是反式,只有 A、B 两环有顺反两种稠合方式,即顺式稠合(称正系或 5β-型),反式稠合(称别系或 5α-型)。

正系(5β-型):A/B 顺式(相当于顺式十氢化萘的构型),B/C 反式,C/D 反式,C_5 上的 H 和 C_{10} 上的—CH_3 处于环的同侧,用实线表示。粪甾烷为此构型的代表。

别系(5α-型)：A/B 反式(相当于反式十氢化萘的构型)，B/C 反式，C/D 反式，C_5 上的 H 和 C_{10} 上的—CH_3 处于环的异侧，用虚线表示。胆甾烷为此构型的代表。

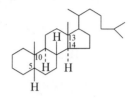

正系：5β-型，A/B(顺)，B/C(反)，C/D(反)　　　　粪甾烷(A/B 顺式，B/C 反式，C/D 反式)

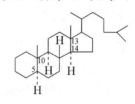

别系：5α-型，A/B(反)，B/C(反)，C/D(反)　　　　胆甾烷(A/B 反式，B/C 反式，C/D 反式)

正系和别系的构象式如下：

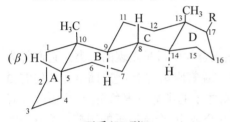

正系(5β-型)

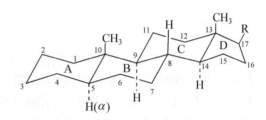

别系(5α-型)

当甾族化合物分子中 C_4、C_5 和 C_5、C_6 间有不饱和键存在时，就无正系和别系之分。

甾族化合物除基本骨架稠合的环有顺反异构关系外，四个环上的其他取代基，其立体化学标识分别采用 α-和 β-表达其取代基与角甲基相反侧或相同侧的相对构型。侧链上手性中心的标识仍按一般的 R/S 体系规则进行。例如，A，B 反式胆甾醇(胆固醇)的 3-羟基属于 β-构型；A，B 顺式胆甾酸(胆酸)的 C_3、C_7、C_{12} 三个羟基则属于 α-构型。

胆甾醇(3β-)

胆酸(3α,7α,12α-)

胆甾醇(3β-构型)和胆酸(3α,7α,12α-)的构象式如下：

胆甾醇(3β-)

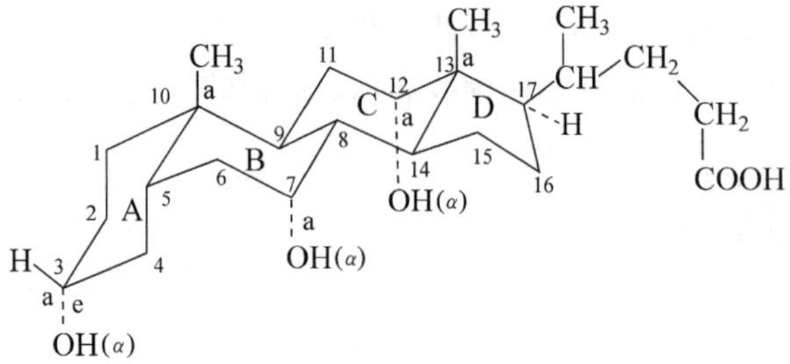

胆酸（$3\alpha, 7\alpha, 12\alpha$-）

14.3.2　重要的甾族化合物

在一般情况下,甾族化合物中 C_{10}、C_{13} 的两个角甲基不变,C_{17} 上的 R 可以是不同基团。分子中所含双键、羟基及其他取代基的数目及位置可以不同,骨架环和取代基的立体构型也有不同的类型。因此,甾族化合物的种类很多。天然存在的甾族化合物按其来源及生理作用不同,一般分为甾醇、胆酸、甾类激素（性激素和肾上腺皮质激素）和强心苷等。

1. 甾醇

甾醇（sterol）广泛存在于动植物体内,它是甾族化合物中最早发现的一类。它们都为结晶体,故俗称固醇。动物体中的甾醇有胆甾醇和 7-脱氢胆甾醇等,它们是 C_{27} 系列的甾族化合物,C_{17} 上连着含 8 个碳原子的侧链烃基;植物体中的甾醇有麦角甾醇、豆甾醇和谷甾醇等,它们是 C_{28} 及 C_{29} 的甾族化合物,C_{17} 上是含 9 个或 10 个碳原子的侧链。所有甾醇都含有 3β 羟基,大多数甾醇有一至若干个碳-碳双键,双键出现的位置通常在是 C_5,其次是在 C_7 及 C_{22}。

1）胆甾醇

胆甾醇（cholesterol）又称胆固醇,是一种重要的动物甾醇,广泛存在于动物细胞中,尤以脑和神经组织中含量较多。因它是在胆石中发现的固体状醇,故得此名,其构造式如下：

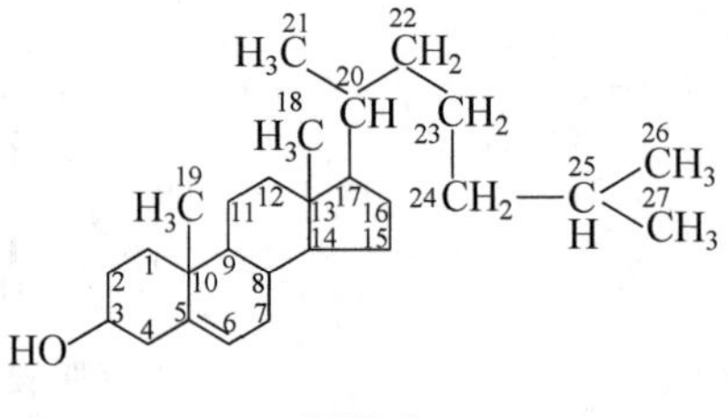

胆甾醇

胆甾醇为无色或带黄色的结晶,熔点 148 ℃,比旋光度 $[\alpha]_D^{20}=-39.5°$（氯仿）,难溶于水,易溶于有机溶剂。它是油脂中不皂化成分之一。

人体中的胆甾醇一部分来自食物,一部分由组织细胞合成。胆甾醇的 3β 羟基可与脂肪酸结合成胆甾醇酯,体内的胆甾醇以游离状态和酯（主要是不饱和脂肪酸酯）两种形式存在。在体内,胆甾醇又是合成其他甾族化合物的原料。例如,胆甾醇在肝脏中可合成胆酸等;在肾上腺皮质中转变成肾上腺皮质激素;在性腺(睾丸和卵巢)中则转变为性激素;在肠黏膜中转变为 7-脱氢胆甾醇,后者在皮下经紫外线照射后可转变为维生素 D_3。

血液中的胆甾醇约有 65% 以酯的形式存在,它是血液运输不饱和脂肪酸的途径之一。正常人每 100 mL 血清中含总胆固醇(游离胆固醇和胆固醇的酯)约 200 mg。当胆甾醇代谢发生障碍时,血液中胆甾醇及其酯的含量增加,并从血浆中析出,沉积于动脉血管壁,引起动脉粥样硬化和胆结石等症。然而,近年也有文献报道,人体内胆固醇长期偏低会诱发癌症。

胆甾醇的氯仿溶液中加入乙酸酐和浓硫酸会发生颜色变化,先呈浅红,再变为蓝紫,最后转变为绿色,这个反应称为利伯曼-伯查德(Lieberman-Burchard)反应。该反应常用来定性检查甾族化合物。

7-脱氢胆甾醇也是一种动物甾醇,存在于人体的皮下,经太阳的紫外线照射,B 环开环而转化为维生素 D_3。

7-脱氢胆甾醇　　紫外光　　维生素 D_3

2) 麦角甾醇

麦角甾醇存在于酵母及某些植物中,属于植物甾醇,它的 C_{17} 侧链比 7-脱氢胆甾醇多一个甲基和一个双键。麦角甾醇在紫外线照射下,B 环开环形成维生素 D_2。

麦角甾醇　　紫外光　　维生素 D_2

维生素 D 有几种类似物,以维生素 D_2 和维生素 D_3 的生理作用较强。它们能促进肠道对钙及磷的吸收,所以能防治佝偻病和软骨病。

2. 胆酸

人和动物的胆汁成分比较复杂,其中的甾族化合物除少量是胆甾醇外,主要是几种结构与胆甾醇类似的酸,称为胆汁酸(bile acid),包括胆酸、脱氧胆酸、鹅胆酸和石胆酸等。它们的结构特点是:含有 24 个碳原子,在甾环骨架上除 C_{10}、C_{13} 有两个角甲基外,C_{17} 上的侧链都为 5 个碳的羧酸,环上所连的羟基均为 α-构型(在环平面下方);环上均无双键,只是环上羟基数的多少和位置不同而已。

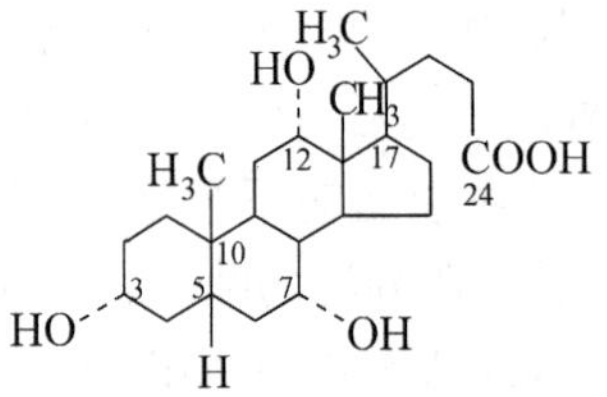

胆酸

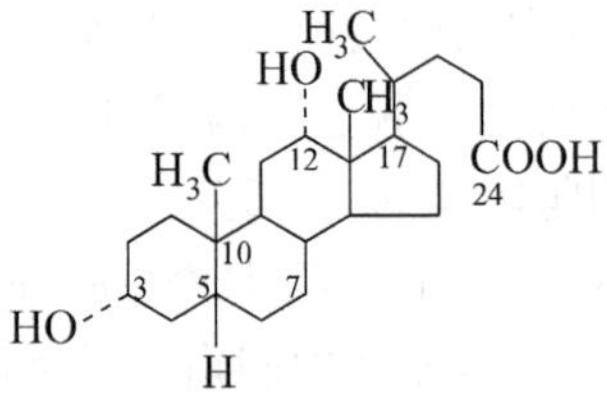

脱氧胆酸

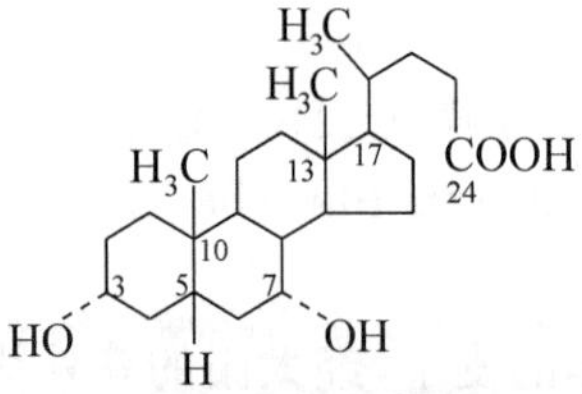

鹅脱氧胆酸

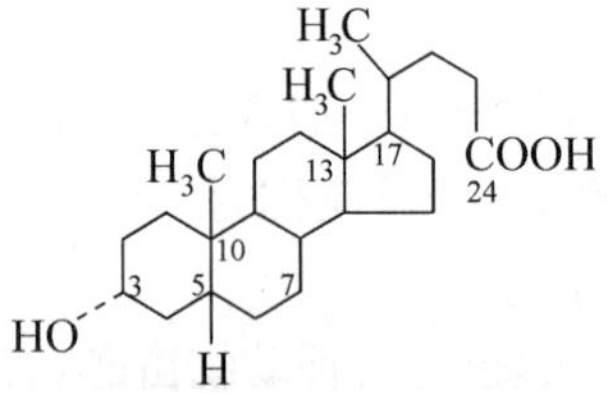

石胆酸

胆汁中游离状态的天然胆酸很少,大多数与甘氨酸(H_2NCH_2COOH)或牛磺酸($H_2NCH_2CH_2SO_3H$)中的氨基以酰胺键结合形成胆甾酸。例如

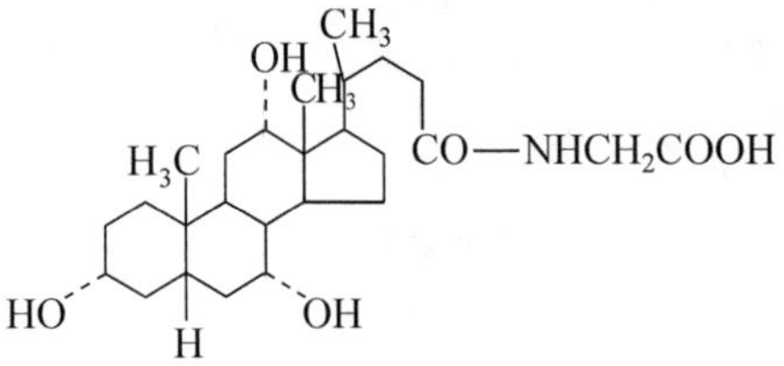

甘氨胆酸

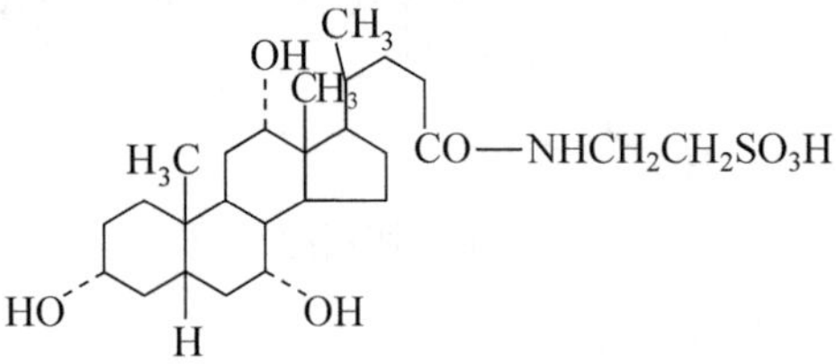

牛磺胆酸

在碱性胆汁中,胆汁酸以钠盐或钾盐形式存在,称为胆盐。分泌到肠中的胆盐对油脂的消化起着重要作用。

胆汁酸的生理功能主要有以下几个方面:

(1)使脂肪及胆固醇酯等疏水脂质乳化成细小微团,增加消化吸收酶对脂质的接触面积,以便机体对脂类的消化与吸收。例如,甘氨胆酸钠的分子中既有亲水基团(—OH和—COO⁻),又有疏水基团(如甲基、甾环),且这两种性质不同的基团又完全排列在甾环的两侧,使分子分为亲水和疏水两个侧面。在水、油两相中,它以一薄层定向展开,降低了油脂和水的表面张力,使油脂乳化为微粒而稳定地分散在消化液中,增加它与脂肪酶的接触机会,加速油脂水解。

(2)生物体内的胆酸是从胆固醇转化生成的,可抑制胆汁中胆固醇的析出。

(3)某些胆酸还有镇痉、健胃、降低血液中胆甾醇含量等作用。

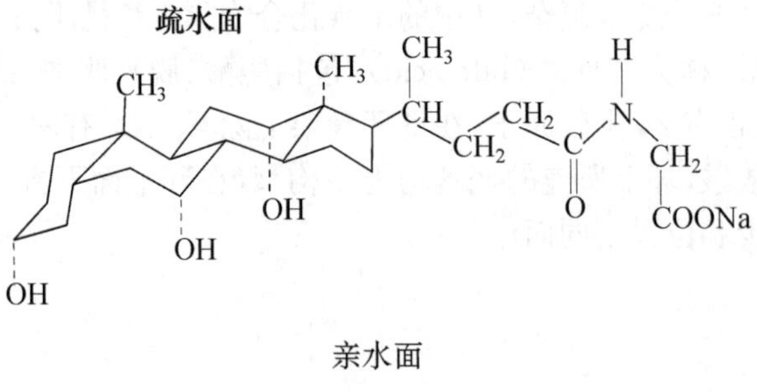

疏水面

亲水面

临床用的利胆药——胆酸钠是甘氨胆酸钠和牛磺胆酸钠的混合物,主要用于由胆汁分泌不足而引起的疾病。

3. 甾类激素

激素(hormone)是由内分泌腺分泌的一类化学活性物质,具有很强的生理效应,主要是控制生长、调节代谢和性机能等,是维持正常生理活动所必需的物质。

激素可分为两大类:一类是含氮激素,如肾上腺素、甲状腺素、催产素和胰岛素等;另一类是具有甾族基本结构的甾类激素。甾类激素根据来源不同又可分为肾上腺皮质激素(adrenocortical hormone)和性激素(sexual hormone)两类。

1) 肾上腺皮质激素

肾上腺皮质激素产生于哺乳动物的肾上腺皮质部分。按生理功能可分为糖代谢皮质激素,如皮质醇、可的松;盐代谢皮质激素,如醛固酮。缺乏这些激素可引起糖和蛋白质代谢失常以及电解质平衡失调等。

皮质酮　　11-去氢皮质酮　　皮质醇　　可的松

11-去氧皮质酮　　11-去氧皮质醇　　醛固酮

肾上腺皮质激素的结构特征中,除甾族骨架及 C_{10}、C_{13} 两个角甲基外,有三处相同:①C_3处均为酮基;②C_4、C_5 为双键,与 C_3 羰基形成共轭体系(α,β-不饱和酮);③C_{17}处均有 β-醇酮基(—CO—CH_2OH)。而结构差别是:①C_{11} 处有的是含氧基团,有的没有;②C_{17}处有的含羟基,有的不含;③C_{18}处多数是甲基,个别的是醛基。一般来说,C_{11}有含氧基团的肾上腺皮质激素(如皮质醇、可的松、皮质酮及 11-去氢皮质酮)是调节糖代谢的;C_{11}无含氧基团的(如 11-去氧皮质醇、11-去氧皮质酮)是调节水、盐代谢的。对于醛固酮,它的 C_{11}处虽含有羟基,却因 C_{18}是醛基,可相互作用形成半缩醛,而参与水、盐代谢,且作用最强。另外,C_{17}处有 α-羟基者其生理功能增强,如皮质醇和可的松的生理活性分别比皮质酮和11-去氢皮质酮强。

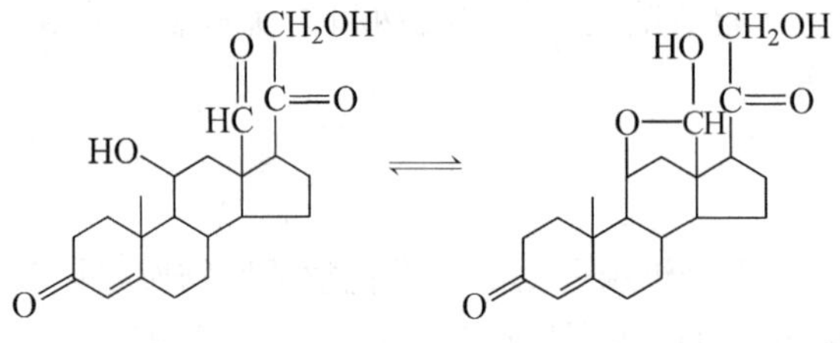

醛固酮　　　　　　醛固醇(半缩醛结构)

自 1949 年发现可的松对于风湿性关节炎的药物作用后,对可的松的人工合成、半合成以及其类似物的研究发展很快,并以不同的方法制取了它们的一些衍生物。例如,9α-X(特别是 F),C_1 处引入双键,C_2、C_6 或 C_{16} 处引入甲基及 C_{17} 处引入羟基,均可提高抗炎活性。目前,可的松等药物临床上多用于控制严重中毒性感染和风湿病等。

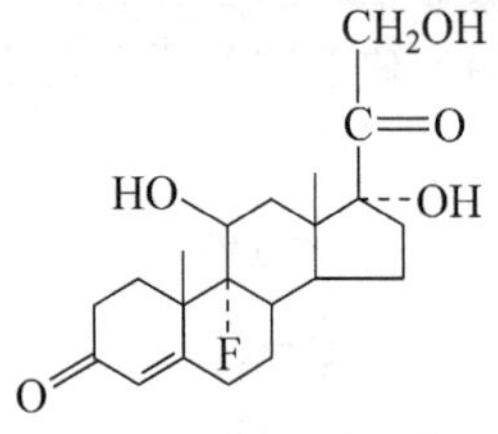

9α-氟皮质醇 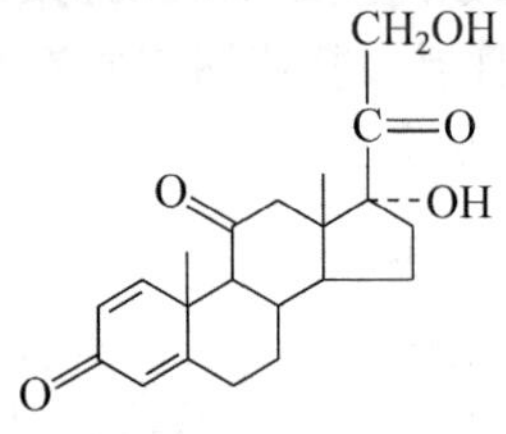　　　　　　去氢可的松
　　　　　　　　　　　　　　(泼尼松、强的松)

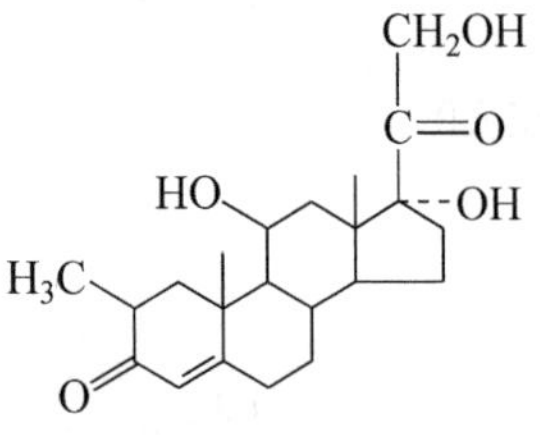

2α-甲基皮质醇 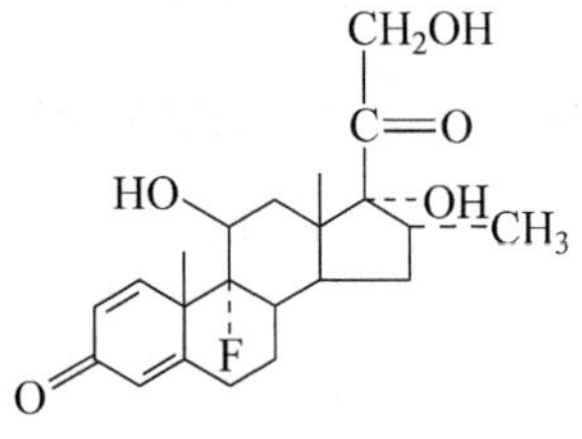　　　　　　地塞米松

2) 性激素

性激素是生殖器官产生的一类内分泌甾族激素,可调节或促进男、女性生理若干特征的形成和性器官的发育。可分为雄性激素(male hormone)和雌性激素(female hormone)两类。

性激素的结构特征是:大多数在 C_4、C_5 间为双键;C_{17} 上没有较长的碳链;骨架环系的构型相同,只有取代基的空间排布不同。

雄性激素主要由睾丸和肾上腺皮质分泌,卵巢也能分泌一小部分。它们大多是甾族化合物,主要有睾酮、脱氢表雄甾酮(脱氢异雄甾酮)和雄甾酮。其中以睾酮的生物活性最强。睾酮除具有雄激素活性外,还有一定程度的促蛋白同化作用,能够促进蛋白质的合成和抑制蛋白质异化,能促进机体组织与肌肉的增长。睾酮中 C_{17} 的 β-羟基是其生物活性所必需的,当它氧化成酮基(即成为雄烯二酮)后,活性则大大降低。因睾酮容易被氧化,在消化道内易被破坏,故口服无效,多制成油剂供肌肉注射,但作用也不能持久。目前,临床上多采用其衍生物,如甲基睾酮和睾酮丙酸酯。

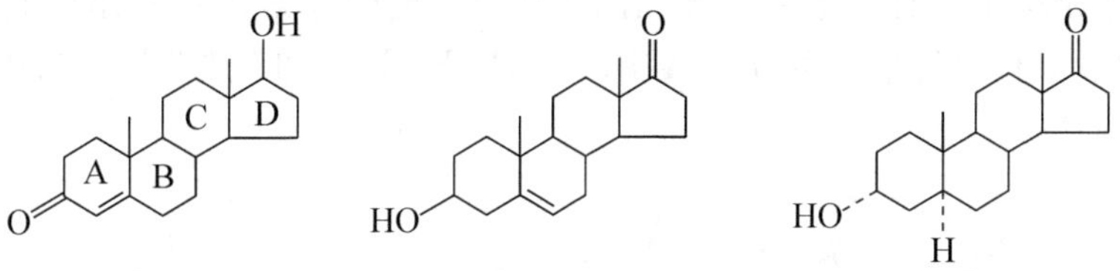

睾酮　　　　　　　脱氢表雄甾酮　　　　　　5α-雄甾酮

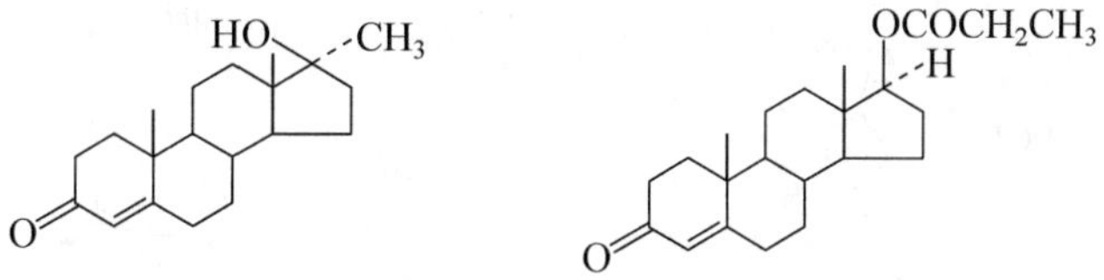

甲基睾酮　　　　　　　　　　睾酮丙酸酯

雌性激素主要由卵巢分泌,可分为两类:一类由成熟卵泡产生,称为雌激素(estrogen),是引起哺乳动物动情的物质,具有促进雌性第二性征发育和性器官最后形成的作用,如雌二醇、雌酮、雌三醇等;另一类是由卵泡排卵后的破裂卵泡组织形成的黄体分泌的孕激素(pregnant hormone),如天然孕激素——黄体酮(progesterone),它主要的生理作用是保证受精卵着床,维持妊娠,临床上用于治疗痛经、子宫出血和闭经。孕激素与雌激素联用可作为避孕药。

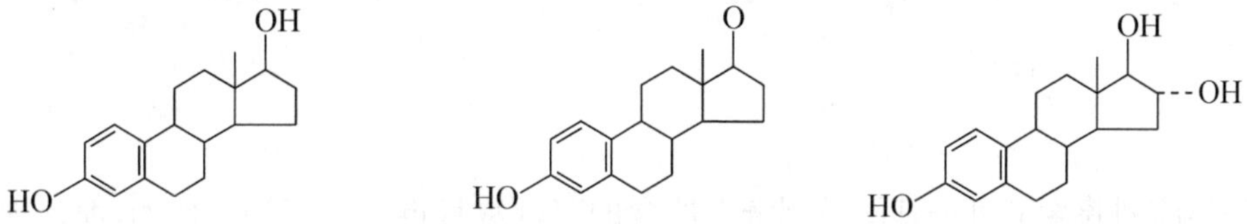

雌二醇-17β　　　　　　　　雌酮　　　　　　　　　雌三醇

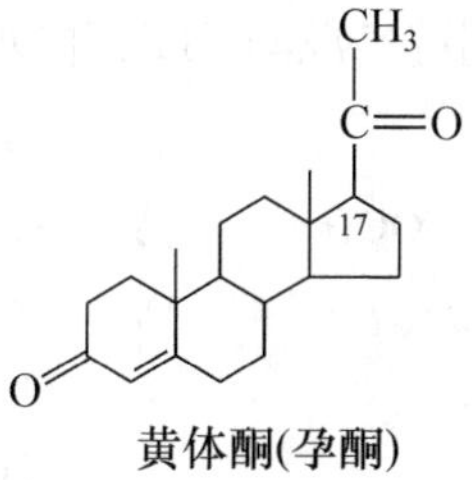

黄体酮(孕酮)

4. 前列腺素

前列腺素(prostaglandin,PG)最初是从精液和男性副性腺中提取的,误认为存在于前列腺中,因而得名。它广泛分布于人和哺乳动物的组织和体液中,含量很少,在精囊中有较高的浓度。

应用现代的分离、测定技术,已确证了 20 种前列腺素的结构。它们都是含 C_{20} 的化合物,其基本骨架称为前列腺酸(prostanoic acid)。

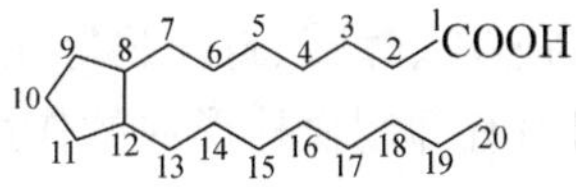

前列腺酸

在此基本结构中含有一个五元环和两条侧链。前列腺素按其五元环上所连含氧基团、有无双键及其位置等情况可分为 A、B、C、D、E、F、G、H 和 I 共 9 类,它们的结构(侧链略)分别如下:

PGA

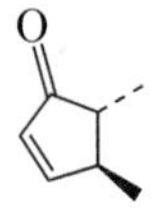

PGFa

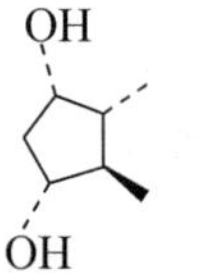

PGB

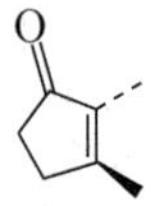

PGG
PGH

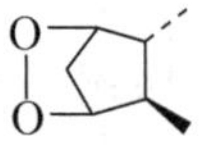

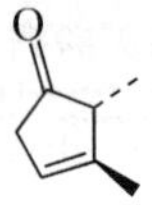

PGG为C$_{15}$上有—OOH

PGC

PGD

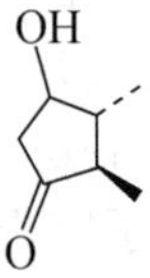

PGI

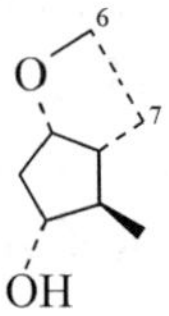

PGE

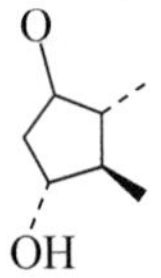

每类前列腺素又可按其两条侧链上所含的双键数目再分为三型。例如,前列腺素 E(简称 PGE)含有一个、两个和三个双键者分别称为 PGE$_1$、PGE$_2$ 和 PGE$_3$。其余 8 类除 PGG 类 C$_{15}$ 上有—OOH 外,两条侧链情况与 PGE 相同,可依此类推。

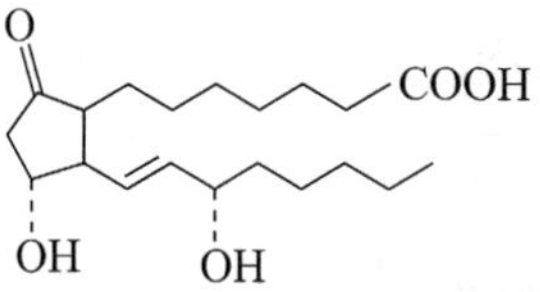

PGE$_1$

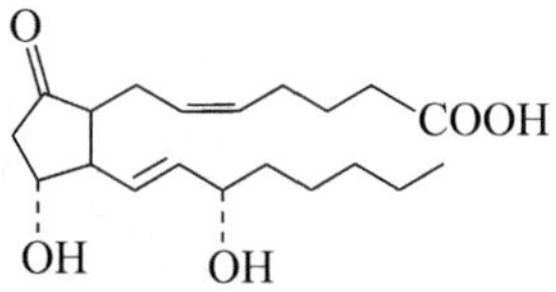

PGE$_2$

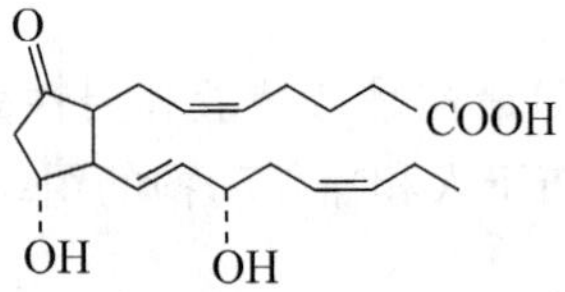

PGE$_3$

前列腺素与激素相似,其生理活性强,作用广泛。目前 PGE$_2$ 已试用于催产、中期引产和抗早孕等,它也能用来治疗高血压、哮喘、胃溃疡等病。PGE$_1$ 对血小板聚集有明显抑制作用,可降低血液的凝固性,因而有抑制血栓形成的作用。

14.4　萜类化合物

萜类化合物广泛存在于植物、微生物和昆虫中。中草药中含的挥发油、色素、苦味素等大多含有萜类成分。

14.4.1　萜类化合物的结构

1. 萜类化合物的基本结构

萜类化合物是以异戊二烯作为基本碳骨架单元,由两个或多个异戊二烯首尾相连(或相互聚合)而成的聚合物$(C_5H_8)_n(n>1)$及其衍生物。萜类化合物的这种结构规律称为"异戊二烯规则",如月桂烯和柠檬烯。

异戊二烯　　月桂烯　　　柠檬烯

月桂烯可看作是两个异戊二烯单元结合而成的开链化合物;柠檬烯可看作是两个异戊二烯单元结合成具有一个六元碳环的化合物。绝大多数萜类分子中的碳原子数目是异戊二烯五个碳原子的倍数,仅发现个别例外。

2. 萜类化合物的分类

根据萜类碳架所含异戊二烯单元的数目,萜类可分为单萜(C_{10})、倍半萜(C_{15})、二萜或双萜(C_{20})、二倍半萜(C_{25})、三萜(C_{30})、四萜(C_{40})等,详见表 14-3。

表 14-3　萜的分类

分类	异戊二烯单元数	碳原子数	举例
单萜	2	10	柠檬烯、樟脑、蒎烯
倍半萜	3	15	脱落酸、青蒿素、山道年
二萜	4	20	松香酸、叶绿醇、维生素 A_1
二倍半萜	5	25	旋孢菌素
三萜	6	30	角鲨烯、甘草次酸
四萜	8	40	类胡萝卜素、番茄红素
多萜	可达 10 000	可达 50 000	生橡胶、古塔胶

根据分子中各异戊二烯单元互相连接的方式,萜又可分为无环萜和环萜。

问题与思考 14-3

将下列化合物根据萜的分类进行归类,并指出其中的异戊二烯单元。

(1)

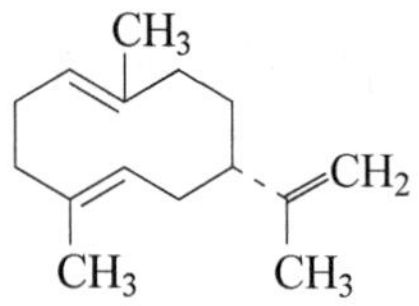

(2)

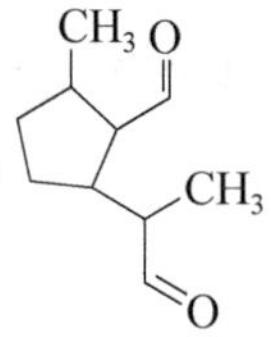

14.4.2 单萜类化合物

单萜是较为重要的萜类,由两个异戊二烯单元组成,根据分子中两个异戊二烯连接方式的不同,单萜类化合物可分为无环单萜、单环单萜、二环单萜等。

1. 无环单萜

无环单萜(acyclic monoterpenoid)是由两个异戊二烯结构单无环连而成,其基本骨架如下:

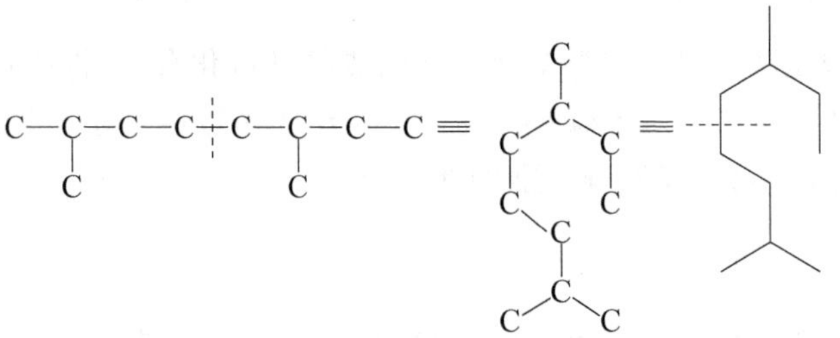

很多无环单萜是香精油的主要成分。例如,玫瑰油中的香叶醇、橙花油中的橙花醇、柠檬油中的 *E*-柠檬醛(又称香叶醛)与 *Z*-柠檬醛(橙花醛)、月桂油中的月桂烯等。它们的分子中有的含多个双键或含氧原子。

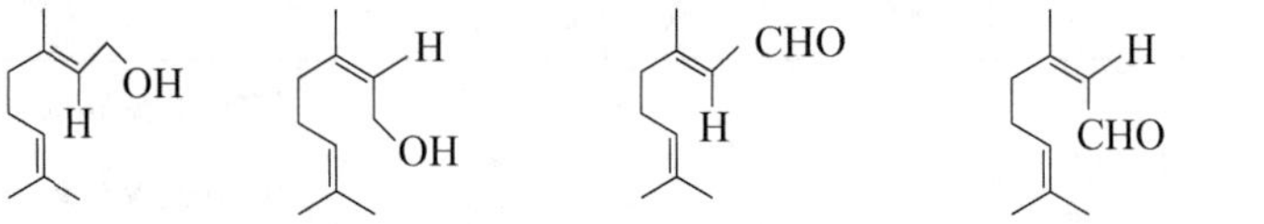

香叶醇   橙花醇   *E*-柠檬醛(香叶醛)   *Z*-柠檬醛(橙花醛)

无环萜较为重要的是柠檬醛。天然的柠檬醛有两种异构体,*E*-柠檬醛是带柠檬香气的无色油状液体,在空气中易氧化变黄;*Z*-柠檬醛可从橙花醇氧化得到。柠檬醛可用于制造柑橘香味食品的香料,也是合成紫罗兰酮的原料。紫罗兰酮既是重要的香料,也是合成维生素 A 的原料。

2. 单环单萜

单环单萜(monocyclic monoterpenoid)是两个异戊二烯结构单元首尾相连而成的环状化合物。此类单萜主要为对-甲基(异丙基)环己烷的衍生物,其命名除俗名外常采用半系统命名。母体氢化物名称为对-薄荷烷(对-蓋烷,*p*-menthane)。柠檬烯是常见的重要单环单萜。

对-薄荷烷　　　　　柠檬烯

柠檬烯化学名称为对-薄荷-1,8-二烯,是有芳香气味的液体,有一对对映异构体,左旋体存在于松针中,右旋体存在于柠檬油中。

对-薄荷烷的 C_3 羟基衍生物称为对-薄荷-3-醇,其分子中有三个不同的手性碳原子(C_1,C_3,C_4),故有四对对映异构体:(±)-薄荷醇、(±)-新薄荷醇、(±)-异薄荷醇、(±)-新异薄荷醇。

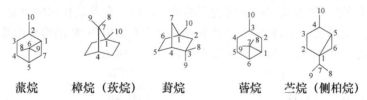

异薄荷醇　　　　　薄荷醇　　　　　新薄荷醇　　　　　新异薄荷醇

比较四对对映体优势构象的能量,薄荷醇的能量应是最低的,因为分子中环上的三个取代基都位于 e 键上。

(一)-薄荷醇又称薄荷脑,是薄荷油的主要成分,具有特征的薄荷香气,可作香料,也是医药上的清凉剂、祛风剂、防腐剂及麻醉剂,可用于制造清凉油、人丹和皮肤止痒搽剂,也用于牙膏、糖果、饮料和化妆品中。

3. 二环单萜

二环单萜(bicyclic monoterpenoid)可以看成是对-薄荷烷分子中不同碳原子相连形成的桥环化合物,主要有蒎烷类(pinanes)、樟烷类(camphanes)、莰烷类(fenchanes)、蒈烷类(caranes)和苧烷类(thujanes)。

蒎烷　　　樟烷（莰烷）　　　莰烷　　　　蒈烷　　　苧烷（侧柏烷）

这几种二环单萜烷在自然界中并不存在,但它们的某些不饱和衍生物或含氧衍生物分布于植物体内,尤以蒎烷与莰烷的衍生物与药物关系密切,如蒎烯(pinene)和樟脑(camphor)等。

蒎烯根据双键位置的不同分为 α-蒎烯(α-柠檬烯)和 β-蒎烯(β-柠檬烯)两种异构体。

α-蒎烯(α-柠檬烯)　　　　　β-蒎烯(β-柠檬烯)

二者均存在于多种天然精油中。松节油中含有 $58\%\sim65\%$ 的 α-蒎烯、30% 的 β-蒎烯。α-蒎烯的右旋体存在于带蜡松节油和我国海南岛产的松节油中,左旋体则存在于西班牙、奥地利和我国大多数产区的松节油中。

樟脑的化学名称为α-茨酮,存在于樟树中,是一种重要的药品和工业原料。分子中有两个不相同的手性碳原子,理论上应有两对对映体,因桥环的存在实际上只有一对对映体。樟脑为有特殊香气、易升华的白色闪光晶体。从樟树中提取的樟脑是右旋体,其熔点179.8 ℃,从艾纳香中提取的樟脑是左旋体,其熔点178.6 ℃。

或

樟脑

樟脑为一种酮,具有酮的通性,用高锰酸钾氧化生成樟脑酸。樟脑能反射性兴奋呼吸或循环系统,且吸收迅速,奏效较快,可用作对呼吸或循环系统的急性障碍以及对抗中枢神经抑制药的中毒病症的急救药品。它还有局部刺激和驱虫作用,也可用于治疗神经痛、冻疮等,还可作衣物、书籍的防蛀剂。

14.4.3 青蒿素及其衍生物

青蒿素(artemisinin)是一种倍半萜类化合物。它存在于菊科植物青蒿叶中,为白色针状结晶,熔点156~157 ℃,味苦,易溶于苯、氯仿、乙酸乙酯、丙酮和冰醋酸,能溶于乙醇、甲醇、乙醚、热石油醚和汽油,几乎不溶于冷石油醚和水。

青蒿素

青蒿素是我国首先发现的一种抗疟药,具有低毒、高效、速效的特点,对恶性疟、间日疟都有效,可用于疟疾的抢救和抗氯喹病例的治疗。由于青蒿素在水中及油中均难溶,其临床应用受到一定限制,经结构修饰可制备得到青蒿素衍生物,如油溶性的蒿甲醚或水溶性的青蒿琥珀酯单酯钠,作为抗疟新药临床得到了广泛使用。

蒿甲醚　　　　　　　　　青蒿琥珀酯单酯钠

 屠呦呦:一辈子专注青蒿素

关　键　词

小　结

　　油脂是甘油与脂肪酸生成的酯。类脂是结构或物理化学性质类似于油脂的物质，它包括磷脂、糖脂、蜡、甾族及萜类化合物。

　　油脂在碱性溶液中水解，生成甘油和高级脂肪酸盐，此过程称为皂化。使 1 g 油脂完全皂化所需要氢氧化钾的质量(mg)称为皂化值。根据皂化值的大小，可以判断油脂中所含甘油酯的平均相对分子质量。

　　100 g 油脂所能吸收碘的质量(g)称为碘值。碘值越大，表示油脂的不饱和程度越高。

　　天然油脂在空气中放置过久就会变质，产生难闻的气味，这个过程称为酸败。中和 1 g 油脂中的游离脂肪酸所需要氢氧化钾的质量(mg)称为油脂的酸值。

　　磷脂是含有磷酸酯类结构的类脂。卵磷脂的分子结构中，甘油部分的三个羟基中有一个与磷酸结合，而磷酸又与胆碱通过酯键连接。

　　脑磷脂的结构和理化性质均与卵磷脂相似，不同的是脑磷脂结构中磷酸上的羟基与胆胺形成酯。

　　鞘磷脂的组成和结构与卵磷脂、脑磷脂不同。其主链是鞘氨醇(神经氨基醇)，而不是甘油。

甾族化合物的结构特点是含有环戊烷并全氢菲的基本骨架,且绝大多数都带有三个侧链,分别处于 C_{10}、C_{13} 及 C_{17} 上。

甾族化合物结构复杂,分为正系和异系,还可形成顺反异构体,并且存在多个旋光异构体。

重要的甾族化合物有甾醇、胆酸、甾类激素等。甾类激素具有很强的生理效应,可以控制生长、调节代谢和性的机能等,是维持正常生理活动所必需的物质。

萜类化合物是指由两个或两个以上异戊二烯分子头尾相连而成的聚合物及其含氧衍生物。

根据异戊二烯单元的多少可分为单萜(两个异戊二烯单元)、倍半萜(3 个异戊二烯单元)、二萜(4 个异戊二烯单元)等。根据分子中各异戊二烯单元互相连接的方式,萜可分为无环萜和环萜。

单萜是较为重要的萜类,由两个异戊二烯单元组成。根据分子中两个异戊二烯连接方式的不同,单萜类化合物可分为无环单萜(如柠檬醛)、单环单萜(如薄荷醇)、二环单萜(如柠檬烯、樟脑)等。

习　　题

1. 天然油脂所含脂肪酸的结构特点是什么? 必需脂肪酸主要有哪几种?

2. 写出下列物质的构造式(或构型式)。

    (1) 油酸　　　　　　(2) 花生四烯酸(全顺式)　　　(3) 棕榈酸油酸卵磷脂

    (4) 鞘氨醇　　　　　(5) 亚油酸糖脂　　　　　　　(6) 胆酸

    (7) 黄体酮　　　　　(8) 前列腺酸　　　　　　　　(9) 可的松

3. 皂化、皂化值、碘值、酸败和酸值的含义是什么?

4. 完成下列反应。

(1)

$$
\begin{array}{l}
H_2C-O-\overset{\displaystyle O}{\overset{\|}{C}}-C_{15}H_{31} \\[2pt]
HC-O-\overset{\displaystyle O}{\overset{\|}{C}}-C_{17}H_{35} \\[2pt]
H_2C-O-\overset{\displaystyle O}{\overset{\|}{C}}-C_{17}H_{31}
\end{array}
\quad +\ NaOH \longrightarrow
$$

(2)

$$
\begin{array}{l}
CH_2-O-\overset{\displaystyle O}{\overset{\|}{C}}-C_{15}H_{31} \\[2pt]
C_{17}H_{29}-\overset{\displaystyle O}{\overset{\|}{C}}-O-CH \\[2pt]
CH_2-O-\overset{\displaystyle O}{\overset{\|}{P}}-O-CH_2-CH-COOH \\
\qquad\qquad OH \qquad\qquad\qquad NH_2
\end{array}
\quad +\ H_2O \longrightarrow
$$

(3)

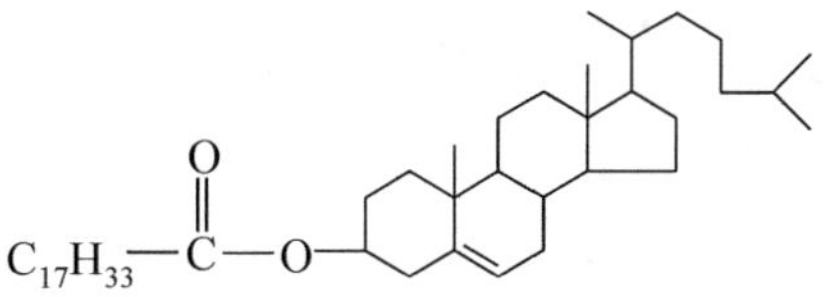

$+ H_2O \longrightarrow$

(4)

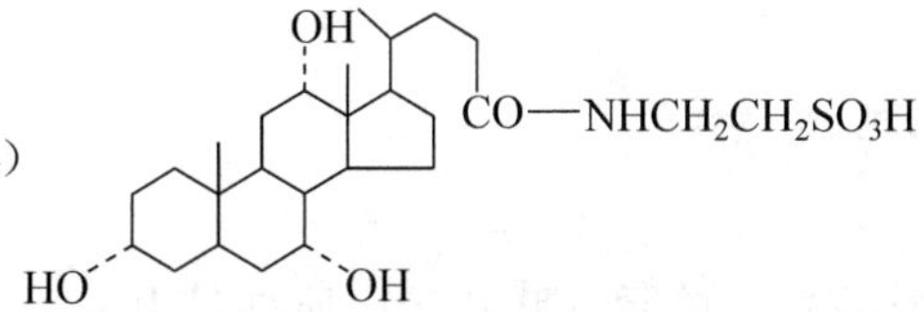

$+ H_2O \longrightarrow$

5. 250 mg 纯橄榄油样品，完全皂化需要 47.5 mg KOH，计算橄榄油中该油脂的平均相对分子质量。

6. 某羧酸的碘值为 368，催化氢化后变成硬脂酸，该羧酸有几个双键？

7. 卵磷脂、脑磷脂及鞘磷脂的结构有何异同？

8. 画出 β-胡萝卜素和红没药烯中的异戊二烯结构单元，并指出它们各属于哪一类萜类化合物。

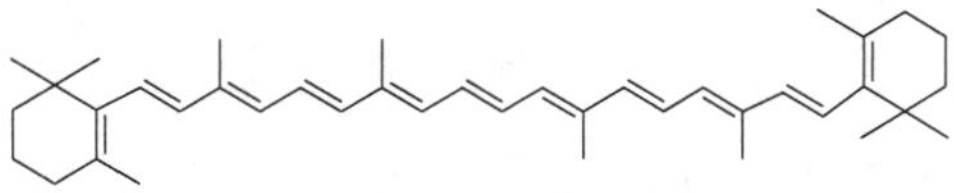

β-胡萝卜素

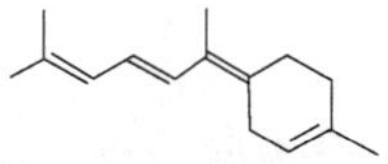

红没药烯

第15章 氨基酸、多肽、蛋白质

氨基酸(amino acid)是组成多肽和蛋白质的基本单元。肽和蛋白质都是由 α-氨基酸按一定的顺序以肽键（酰胺键）连接起来的生物分子。多肽和蛋白质之间没有十分严格的界限，通常把相对分子质量小于 10 000 的称为多肽，而把相对分子质量大于 10 000 的称为蛋白质。

15.1 氨 基 酸

15.1.1 氨基酸的结构、分类和命名

1. 氨基酸的结构

分子中同时含有氨基和羧基的化合物称为氨基酸。它是组成蛋白质的基本成分。自然界中氨基酸约有 300 种，而组成蛋白质的氨基酸主要有 20 种(表 15-1)，这 20 种氨基酸除脯氨酸外均为 α-氨基酸，即氨基连在羧基的 α-碳上。其结构通式如下：

表 15-1 组成蛋白质的 20 种常见氨基酸

中文名称	英文名及缩写	结构式	等电点 pI	类型
甘氨酸	glycine (Gly,G)		5.97	中性氨基酸（疏水型）
丙氨酸	alanine (Ala,A)		6.02	中性氨基酸（疏水型）
缬氨酸*	valine (Val,V)		5.96	中性氨基酸（疏水型）
亮氨酸*	leucine (Leu,L)		5.98	中性氨基酸（疏水型）
异亮氨酸*	isoleucine (Ile,I)		6.02	中性氨基酸（疏水型）
脯氨酸	proline (Pro,P)		6.30	中性氨基酸（疏水型）

续表

中文名称	英文名及缩写	结构式	等电点 pI	类型
苯丙氨酸*	phenylalanine (Phe,F)		5.48	中性氨基酸（疏水型）
色氨酸*	tryptophan (Trp,W)		5.89	中性氨基酸（疏水型）
蛋氨酸*	methionine (Met,M)		5.74	中性氨基酸（疏水型）
丝氨酸	serine (Ser,S)		5.68	中性氨基酸（极性）
苏氨酸*	threonine (Thr,T)		5.60	中性氨基酸（极性）
半胱氨酸	cysteine (Cys,C)		5.07	中性氨基酸（极性）
酪氨酸	tyrosine (Tyr,Y)		5.66	中性氨基酸（极性）
天冬酰胺	asparagine (Ash,N)		5.41	中性氨基酸（极性）
谷氨酰胺	glutamine (Gln,Q)		5.65	中性氨基酸（极性）
天冬氨酸	aspartic acid (Asp,D)		2.77	酸性氨基酸
谷氨酸	glutamic acid (Glu,E)		3.22	酸性氨基酸
赖氨酸*	lysine (Lys,K)		9.74	碱性氨基酸
组氨酸	histidine (His,H)		7.59	碱性氨基酸
精氨酸	arginine (Arg,R)		10.76	碱性氨基酸

* 为必需氨基酸。

除甘氨酸(R＝H)外,所有 α-氨基酸的碳原子均是手性碳,有 D 与 L 两种构型。天然氨基酸大多属于 L 构型。D-氨基酸只在微生物的细胞壁和多肽抗生素中存在,如 D-丙氨酸和 D-谷氨酸等。

2. 氨基酸的分类

组成蛋白质的 20 种主要氨基酸,根据分子中羧基与氨基的相对数目可把它们分为酸性、碱性和中性氨基酸。天冬氨酸和谷氨酸分子中都含两个羧基和一个氨基,所以是酸性氨基酸;赖氨酸、精氨酸都含两个氨基和一个羧基,组氨酸的咪唑环具有微碱性,它们是碱性氨基酸;其余 15 种氨基酸各含有一个羧基和氨基,称为中性氨基酸。根据中性氨基酸侧链基团有无极性,又可将其分为非极性(疏水型)氨基酸和极性氨基酸两类。还可以根据侧链基团的化学结构分为脂肪族氨基酸、芳香族氨基酸、杂环族氨基酸和杂环亚氨基酸。

3. 氨基酸的命名

氨基酸的命名法常根据氨基酸的来源或某些性质而采用俗名,如氨基乙酸因具有甜味而被命名为甘氨酸。各种氨基酸常用其英文名称的前三个字母或以单个字母的缩写形式来表示。例如,甘氨酸用 Gly 或 G 表示,丙氨酸用 Ala 或 A 表示。

表 15-1 中的 20 种氨基酸是在体内参与蛋白质生物合成的氨基酸,又称编码氨基酸。除此以外,还有大量并不参与蛋白质合成,却以各种形式存在于自然界中的氨基酸,称为非编码氨基酸。它们大多数是 α-氨基酸及其衍生物,少数是 β-氨基酸、γ-氨基酸或 δ-氨基酸。当某些氨基酸的侧链发生变化时,会衍生出另外一些氨基酸。例如,半胱氨酸容易氧化生成以二硫键连接的胱氨酸。

半胱氨酸　　　　　　　胱氨酸

肌球蛋白中的组氨酸可转变成 3-甲基组氨酸。

3-甲基组氨酸

还有一些氨基酸是蛋白质在体内代谢的中间产物。例如鸟氨酸和瓜氨酸是精氨酸的中间代谢产物。

鸟氨酸　　　　　　　瓜氨酸

有些氨基酸(表 15-1 中带 ∗ 号)是人体内不能合成或合成的量不足,必须由食物蛋白质补充才能维持机体正常生长发育,称为营养必需氨基酸。

15.1.2　氨基酸的性质

氨基酸是无色或白色晶体,熔点较高,一般为 200~300 ℃,熔融时易分解放出 CO_2。氨基酸一般都溶于水、强酸、强碱,难溶于乙醚等有机溶剂,除甘氨酸、丙氨酸、亮氨酸外,其他氨基酸都不溶于无水乙醇。

参与蛋白质组成的 20 种氨基酸中,色氨酸(Trp)、酪氨酸(Tyr)和苯丙氨酸(Phe)的 R 基团中含有苯环,在紫外光谱近紫外区(220~300 nm)显示特征的吸收谱带,最大吸收波长分别为 280 nm、275 nm 和 257 nm。由于大多数蛋白质都含有这些氨基酸残基,因此用紫外分光光度法可测定蛋白质含量。

由于氨基酸分子内同时存在酸性基团(—COOH)和碱性基团(—NH₂),它们可相互作用形成内盐。氨基酸的红外光谱显示,氨基酸在固态时只有羧酸根负离子(—COO⁻)的吸收峰,无游离的羧基吸收峰;X 射线衍射也显示固态氨基酸分子中的羧基和氨基均呈离子状态。这些科学事实证明固体氨基酸是以两性离子的结构形式存在。

$$\underset{\underset{O}{\|}}{H_2N}\overset{R}{\underset{}{\diagdown}}\overset{H}{\underset{}{O}} \Longrightarrow \underset{\underset{O}{\|}}{H_3\overset{+}{N}}\overset{R}{\underset{}{\diagdown}}O^-$$

氨基酸分子中既有羧基又有氨基,因而它既具有羧酸的性质,也有氨基的性质。此外,分子中氨基与羧基相互影响,使之又表现出一些特殊性质。

1. 两性电离及等电点

1) 两性电离

由于氨基酸分子中既有碱性的氨基,又有酸性的羧基,氨基和羧基可以相互作用生成盐($\underset{\underset{O}{\|}}{H_3\overset{+}{N}}\overset{R}{\underset{}{\diagdown}}O^-$)。这种由分子内部的酸性基团与碱性基团作用而形成的盐称为内盐,又称两性离子(zwitterion)。氨基酸内盐的物理性质与无机盐相似,具有较高的熔点,且大多数难溶于有机溶剂。

2) 等电点

一般情况下,氨基酸以两性离子为主要形式存在于水溶液中。但由于各种氨基酸结构的不同,分子中给出质子的酸性基团和接受质子的碱性基团的数目和能力不同。中性氨基酸在水溶液中,—NH₃⁺给出质子的能力大于—COO⁻接受质子的能力,因此中性氨基酸在纯水中,溶液呈弱酸性。

两性离子既可以与酸反应,又可以与碱反应,表现出两性化合物的特性。溶液的 pH 不同,氨基酸在溶液中所带的电荷也不同。当溶液的 pH 较小时,氨基酸的羧基酸式电离被抑制,而氨基的碱式电离增大,有利于氨基酸以阳离子形式存在;反之,有利于氨基酸以阴离子形式存在。调整溶液 pH,使氨基酸的羧基电离与氨基水解的趋向恰好相等。此时,氨基酸以两性离子形式存在,净电荷为零,氨基酸呈电中性。人们把氨基酸溶液呈电中性时的 pH 称为该氨基酸的等电点(isoelectric point),以 pI 表示。

氨基酸的 pI 的大小取决于氨基酸的结构（氨基酸的 pI 见表 15-1）。中性氨基酸的等电点一般为 5.0～6.5,酸性氨基酸为 2.7～3.2,碱性氨基酸为 9.5～10.7。中性氨基酸的等电点偏酸（如丙氨酸的 pI 为 6.02）,这是由于其羧基的酸式电离略大于其氨基的碱式电离,因而溶液的 pH 必须达到略小于 7 时,才能使其两种电离趋向恰好相等。

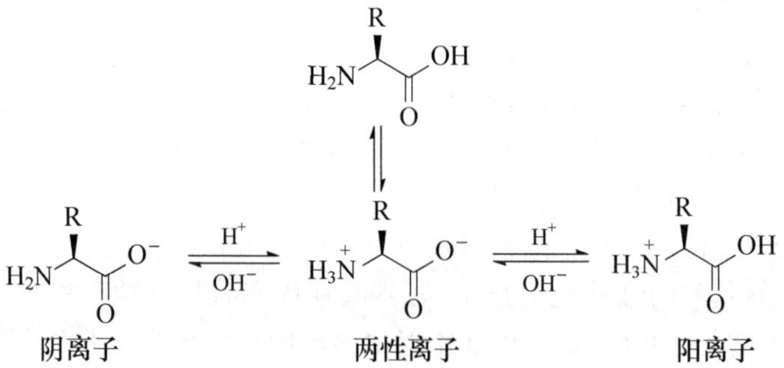

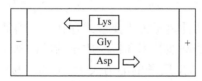

阴离子　　　　　两性离子　　　　　阳离子
pH>pI　　　　　pH=pI　　　　　pH<pI

当在溶液中加入适量酸使溶液 pH 小于氨基酸的 pI 时,阳离子浓度增大,氨基酸的净电荷为正。当溶液的 pH 大于氨基酸的 pI 时,阴离子浓度增大,氨基酸的净电荷为负。例如,丙氨酸的 pI 为 6.02,当它在 pH 为 8 的溶液中时,丙氨酸的三种离子的浓度顺序为〔两性离子〕＞〔阴离子〕＞〔阳离子〕。经测定,此时两性离子占三种离子总量的 98%,由于〔阴离子〕＞〔阳离子〕,氨基酸的净电荷为负。

在上述丙氨酸溶液中,插入阴、阳两极,并通以直流电,由于氨基酸的净电荷为负,在电场的作用下,氨基酸向阳极移动,这种现象称为电泳(electrophoresis)。如果溶液 pH 小于氨基酸的 pI,氨基酸的净电荷为正,则氨基酸在电场作用下向阴极移动;当溶液 pH 等于氨基酸的 pI 时,因为这时的氨基酸阴、阳离子浓度相等,氨基酸粒子的净电荷为零,不发生电泳。所以,我们可以利用氨基酸的等电点的差异分离氨基酸的混合物。图 15-1 说明了用电泳分离氨基酸混合物甘氨酸、赖氨酸和天冬氨酸的情况。在 pH＝5.97 的溶液中,赖氨酸(pI＝9.74)被质子化而带正电,在电场的作用下,向阴极移动;天冬氨酸(pI＝2.77)则被去质子而带负电,在电场的作用下,向阳极移动;甘氨酸(pI＝5.97)为中性,不移动。所以,在 pH＝5.97 的溶液中,可以通过电泳实现甘氨酸、赖氨酸和天冬氨酸分离。

$$-\quad\boxed{\begin{array}{c}\Longleftarrow\ \boxed{\text{Lys}}\\ \boxed{\text{Gly}}\\ \boxed{\text{Asp}}\ \Longrightarrow\end{array}}\quad+$$

图 15-1　在 pH＝5.97 的溶液中,用电泳分离甘氨酸、赖氨酸和天冬氨酸混合物示意图

问题与思考 15-1

某氨基酸溶于 pH＝7.0 的水中,所得氨基酸溶液 pH＝8.0,此氨基酸的 pI 值是大于 8.0、等于 8.0 还是小于 8.0? 为什么?

问题与思考 15-2

指出下列氨基酸在 pH＝7.35 的溶液中的净电荷及其电泳方向。

（1）组氨酸（pI＝7.59）　　（2）天冬氨酸（pI＝2.77）　　（3）蛋氨酸（pI＝5.74）

2. 脱水生成肽

氨基酸分子之间通过一分子的羧基与另一分子的氨基在缩水剂的存在下脱水生成含有酰胺键$\left(\begin{array}{c}O\\ \parallel\\ -C-NH-\end{array}\right)$的化合物称为肽（peptide），而此时的酰胺键则称为肽键（peptide bond）。肽键是多肽和蛋白质中的重要共价键。二肽分子的一端有氨基，另一端有羧基，因此还可以继续与氨基酸缩合成为三肽、四肽直至多肽。

3. 显色反应

α-氨基酸与茚三酮的水合物在水溶液中加热，经一系列反应生成蓝紫色的化合物（茚三酮与脯氨酸的反应产物呈黄色），可用分光光度法（570 nm）对 α-氨基酸进行定量分析。

蓝紫色化合物

肽类和蛋白质也有此反应，反应非常灵敏，因此该反应是鉴定氨基酸、肽类和蛋白质最迅速而又简便的方法，广泛用于 α-氨基酸、肽类和蛋白质的比色测定、纸层析和薄层层析的显色。

某些氨基酸（包括多肽和蛋白质）因其侧链的特殊结构而与一些试剂反应显色，如蛋白黄反应、米伦（Millon）反应等都可以用于氨基酸、多肽和蛋白质的定性和定量分析。一些特殊结构氨基酸（多肽及蛋白质）的显色反应见表 15-2。

表 15-2　一些特殊结构氨基酸（多肽及蛋白质）的显色反应

反应名称	试剂	显色	阳性反应物
茚三酮反应	茚三酮	蓝紫	所有氨基酸、肽、蛋白质
2,4-二硝基氟苯反应	桑格（Sanger）试剂（DNFB）	黄	氨基酸、肽、蛋白质的 N-端氨基
蛋白黄反应	浓硝酸	黄	苯丙氨酸、酪氨酸、色氨酸

续表

反应名称	试剂	显色	阳性反应物
硝普盐反应	亚硝酰铁氰化钠	红	半胱氨酸(—SH)
米伦反应	汞和硝酸	红	酪氨酸
坂口反应	α-萘酚和次氯酸钠	红	精氨酸

4. 脱羧反应

与 α-酮酸相似,某些 α-氨基酸在一定条件下可脱去羧基,生成少一个碳原子的胺。

$$\underset{H_3\overset{+}{N}}{R}\diagdown\diagup\overset{O^-}{\underset{O}{|}} \xrightarrow[\triangle]{Ba(OH)_2} RCH_2NH_2 + CO_2\uparrow$$

例如,组氨酸在肠道细菌作用下转变为组胺,过量组胺在体内储存会引起过敏反应,如流鼻涕和眼睛痒痛。赖氨酸脱羧后生成毒性很强且有强烈气味的戊-1,5-二胺(尸胺)。

$$\text{赖氨酸} \xrightarrow{\text{脱羧酶}} H_2N\diagup\diagup\diagup\diagup NH_2 + CO_2\uparrow$$

戊-1,5-二胺(尸胺)

5. 与亚硝酸的放氮反应

同伯胺一样,氨基酸也能与亚硝酸作用定量地放出氮气,生成 α-羟基酸。但由于脯氨酸和羟脯氨酸无伯氨基,因此不与亚硝酸发生放氮反应。

$$\underset{H_3\overset{+}{N}}{R}\diagdown\diagup O^- + HNO_2 \longrightarrow HO\diagdown\underset{R}{\diagup} O^- + N_2\uparrow + H_2O$$

此反应可用于氨基酸的定量分析,根据放出氮气的量来测定氨基酸或蛋白质的含量,此法称为范斯莱克(van Slyke)氨基酸测定法。

6. 与 2,4-二硝基氟苯等试剂的反应

氨基酸的氨基很容易与 2,4-二硝基氟苯(简称 DNFB)作用,生成稳定的黄色的 N-(2,4-二硝基苯基)氨基酸(简称 DNP-氨基酸)。该反应由桑格首先发现,所以此反应又称桑格反应(Sanger reaction),2,4-二硝基氟苯称为桑格试剂。用 DNFB 处理蛋白质或多肽后,在水解得到的各种氨基酸中,与 DNFB 结合的氨基酸就是蛋白质或多肽中含游离氨基的末端氨基酸。通过层析法(黄色斑点的位置或其 R_f 值)即可鉴别出此氨基酸的种类。这种测定蛋白质或多肽 N-端氨基酸的方法称为二硝基苯法,简称 DNP 法。

$$O_2N-\!\!\!\!\!\!-F + H_3\overset{+}{N}-\overset{R}{\underset{H}{C}}-\overset{O}{\underset{\parallel}{C}}-OH \longrightarrow O_2N-\!\!\!\!\!\!-NH-\overset{R}{\underset{H}{C}}-\overset{O}{\underset{\parallel}{C}}-OH + HF$$

DNFB　　　　　氨基酸　　　　　DNP-氨基酸

(Sanger 试剂)　　　　　　　　　　　(黄色)

若用丹磺酰氯 代替 DNFB,则灵敏度可提高 100 倍。丹磺酰基具有

强烈的荧光,当它与蛋白质 N-端氨基酸结合后,采用荧光光度法,能测出极微量的 N-端氨基酸。此法称为丹磺酰法(dansyl method),常用于微量蛋白质 N-端氨基酸测定和氨基酸排列顺序的测定。

15.2　肽

15.2.1　肽的分类和命名

十个和十个以下氨基酸残基形成的肽称为寡肽 (oligopeptide)或低聚肽,十肽以上的称为多肽 (poly peptide),天然存在的肽大多数呈链状,故称为多肽链。表示如下:

肽链中的每个氨基酸单元称为氨基酸残基$\Big($amino acid residue, $\Big)$。链的一端

有游离的$-\mathrm{NH}_3^+$,称为氨基末端或 N-端(N-terminal end);链的另一端有游离的—COO^-,称为羧基末端或 C-端 (C-terminal end)。写肽键的结构式时,一般将 N-端写在左边,C-端写在右边。

肽的命名是以 C-端的氨基酸为母体,从 N-端开始,依次将每个氨基酸残基的名称写出,并用"酰"字代替某氨基酸的"酸"字,处于 C-端的氨基酸保留原名,称为某氨酰某氨酸。例如

丙氨酰丝氨酰甘氨酰苯丙氨酸

也可用简写表示,即将组成肽链的各种氨基酸的英文简称或中文词头写到一起,氨基

酸之间用"-"连接。例如,上述四肽可命名为 Ala-Ser-Gly-Phe 或 A-S-G-F,中文名为丙-丝-甘-苯丙。

问题与思考 15-3
    用费歇尔投影式表示丙氨酰丝氨酰甘氨酰苯丙氨酸的结构。

15.2.2　肽链序列的测定

由甘氨酸和丙氨酸的二肽有两种可能的异构体,它们分别是甘氨酰丙氨酸和丙氨酰甘氨酸。

甘氨酰丙氨酸　　　　　丙氨酰甘氨酸

由三个不同氨基酸形成的三肽,有 6(3!)种可能的异构体。随着氨基酸残基的数目增加,肽的同分异构体的数目以惊人的速度增加。例如,血液中一种名叫血管紧张素 Ⅱ(antigitensin Ⅱ)的八肽激素,它有 40000 多种同分异构体。

天冬-精-缬-酪-异亮-组-脯-苯丙
血管紧张素 Ⅱ

由此可见,确定肽的结构既要确定多肽的氨基酸组成,又要测定氨基酸在肽链中的排列顺序。要测定氨基酸在肽链中的排列顺序,通常先分析确定氨基酸的组成。一般将多肽在酸性溶液中彻底水解,再用适当方法(如色谱法、电泳法、离子交换层析法或氨基酸自动分析仪等)分离确定氨基酸的组成。

在分析确定多肽的氨基酸组成后,下一步就是要测定肽链中氨基酸在肽链中的排列顺序。通常可由下列方法分析推测氨基酸在肽链中的排列顺序。

1. 端基分析法

1) N-端氨基酸单元的分析
有两种方法进行 N-端氨基酸的分析。
(1) 桑格法(DNP 法)。
用桑格试剂可以测定多肽 N-端氨基酸,反复用 DNFB 标记其氨基末端,不断降解蛋白质或多肽,就可确定蛋白质或多肽链中氨基酸的排列顺序。
(2) 埃德曼法(Edman 法)。
用异硫氰酸苯酯与多肽的 N-端氨基反应,然后水解产物,得到 N-端氨基酸和少一个氨基酸结构单元的多肽,分析 N-端氨基酸结构,回收少一个氨基酸的多肽。再重复操作,逐步确定 N-端氨基酸结构,经过多次降解,可确定多肽的氨基酸种类和连接顺序。该法可以用于肽的自动分析。

肽链—NH—C(=O)R—NH₂（N-端氨基）　$\xrightarrow[\text{Ph—N=C=S}]{\text{异硫氰酸苯酯}}$　肽链—NH—C(=S)NH—CHR（中间体）　$\xrightarrow[\text{有机溶剂}]{\text{HCl(无水)}}$　苯基乙类酰硫脲衍生物 + 肽链—NH₂

2) C-端氨基酸单元的分析

C-端的氨基酸单元可以通过羧肽酶催化水解,羧肽酶可以选择性切断游离羧基相邻的肽键。已切断了 C-端氨基酸的肽键再与羧肽酶作用,如此不断进行,可以使整个多肽或蛋白质水解为氨基酸。根据氨基酸出现的时间,可以推断 C-端氨基酸的排列顺序。实际上,此法最多只能鉴定三四个氨基酸,因此对于长链用处不大,可用于小肽(二肽、三肽等)C-端氨基酸顺序鉴定。

2. 用酶催化使肽键部分水解

对于长的肽链可以先降解成较短的多肽,然后进行 N-端或 C-端分析,得到多肽中氨基酸连接的顺序。肽链的降解常用部分水解法,水解可以在酸性溶液中进行,也可以在酶作用下进行。酸性水解没有选择性,每次水解所得到的肽链片断可能不同。有些酶的水解具有高度专一性。不同的酶只能分解不同氨基酸的肽键。例如,胰蛋白酶催化水解位置在精氨酸和赖氨酸的羧基处,糜蛋白酶催化水解位置在芳基侧链的氨基酸(苯丙氨酸、酪氨酸和色氨酸)的羧基处,而胃蛋白酶优先断开芳基侧链的氨基酸(苯丙氨酸、酪氨酸和色氨酸)的氨基处。酶水解的这种专一性常用于肽链氨基酸顺序的测定。

3. 质谱分析技术

传统的质谱仅用于小分子挥发物质的分析,但随着新的离子化技术的出现,如基质辅助激光解析电离飞行时间质谱(MALDI-TOF-MS)和电喷雾电离质谱(ESI-MS)等,各种质谱技术的出现为多肽中氨基酸连接的顺序分析提供了一种新的且准确快速的途径。梯形肽片段测序法(ladder peptide sequencing)与埃德曼法有相似之处,是用化学探针或酶解使蛋白质或肽从 N-端或 C-端逐一降解氨基酸残基,产生包含仅异于一个氨基酸残基质量的系列肽。经质谱检测,由相邻肽峰的质量差而得知相应氨基酸残基。

15.2.3　多肽的合成

1. 化学合成

要用两种氨基酸如甘氨酸和丙氨酸合成二肽甘氨酰丙氨酸时,由于每种氨基酸各有一个氨基和一个羧基,合成二肽时,可按不同的排列方式得到四种二肽,它们分别是甘氨酰甘氨酸、甘氨酰丙氨酸、丙氨酰丙氨酸和丙氨酰甘氨酸。所以,要合成目标二肽甘氨酰丙氨酸,对不参与肽键形成的所有特性基团(包括侧链的基团)必须以暂时可逆的方式加以保护。甘氨酸的氨基和丙氨酸的羧基需要保护,甘氨酸的羧基和丙氨酸的氨基反应生成新的肽键。

保护基团—NH—CH₂—C(=O)OH + H₂N—CHR—C(=O)O—保护基团　⟶　保护基团—NH—CH₂—C(=O)—NH—CHR—C(=O)O—保护基团

新的肽键的形成(又称接肽)需活化羧基。因此,多肽的化学合成有三个基本步骤:①氨基和羧基以及侧链的保护;②羧基的活化和肽键的形成(接肽);③脱除保护基。

1) 基团的保护

(1) 氨基可用叔丁氧羰基(*t*-butoxycarbonyl,简写为 Boc)保护。

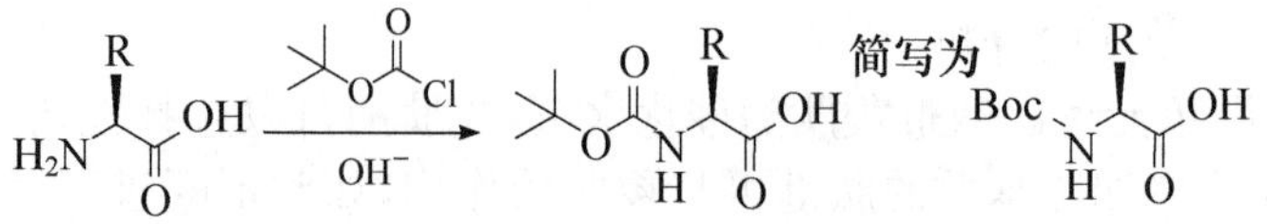

用三氟乙酸可以实现保护基团 Boc 的脱保护。

苄氧羰基(简称 Cbz)保护法和 9-芴甲氧羰基(简称 Fmoc) 保护法等也比较常用。

(2) 羧基常用酯来保护,如甲酯、乙酯、苄酯和叔丁酯。

用苄醇与氨基酸的羧基反应可以得到 C-端保护的氨基酸,过程如下:

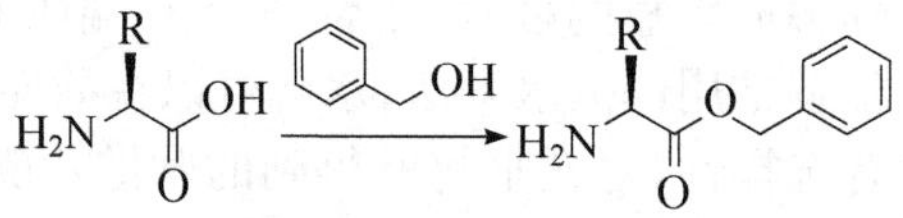

酯的脱保护是在碱性条件下水解。用生成苄酯的方法保护羧基的优势是还可以用催化氢化脱保护,避免了在酸性或碱性溶液中反应,条件温和。

(3) 侧链的保护。

当氨基酸的侧链带有某些特性基团时,在合成多肽时,有时也需要加以保护。保护的方法要视具体情况而定。巯基经常用苄基保护,保护基可以在钠、液氨作用下除去。

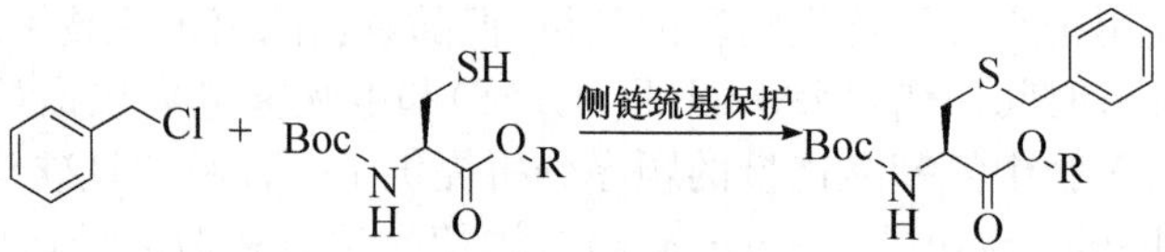

2) 接肽

接肽的基本思路是使羧基活化,加强羧基碳原子的正电性,便于氨基进行亲核进攻而成肽。接肽的常用方法包括混合酸酐法、活泼酯法、碳二亚胺法和环酸酐法等。碳二亚胺法更为常用。

碳二亚胺(⬡—N=C=N—⬡)(dicyclohexylcarbodimide,简称 DCC)是常用的缩水剂。用碳二亚胺法合成二肽的过程如下:

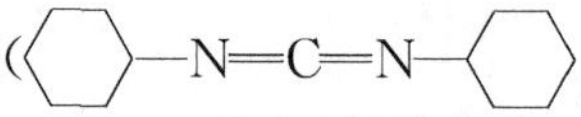

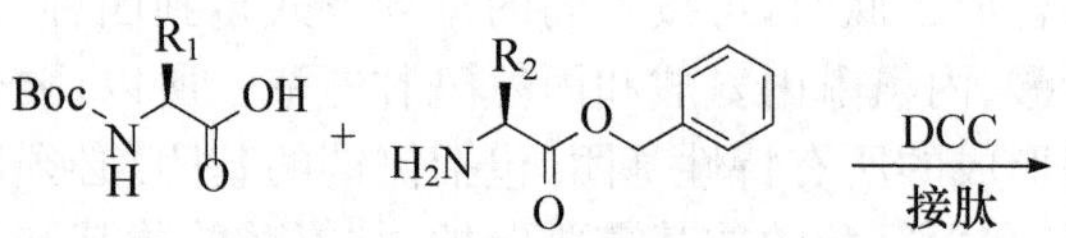

N-保护的氨基酸   C-保护的氨基酸

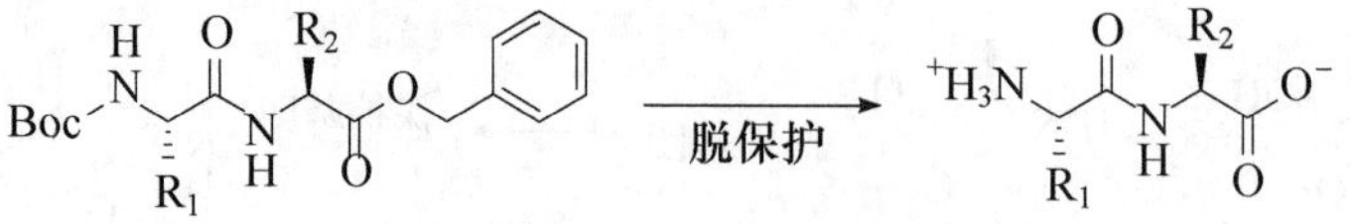

2. 固相合成

1963 年,梅里菲尔德(Merrifield)首次提出了固相多肽合成方法(SPPS),这个在多肽化学上具有里程碑意义的合成方法,一出现就由于其合成方便、迅速,成为多肽合成的首选方法,而且带来了多肽有机合成上的一次革命。固相多肽合成方法的基本原理是将合成的肽链羧基借酯键与树脂载体相连,除去氨基保护基,用接肽缩合剂将一个新的氨基酸羧基连接上,重复这个过程可以合成多肽。与液相合成法相比,固相多肽合成方法具有合成更简化、后处理简单、树脂可再生利用和易实现自动化等优点。固相合成的主要存在问题是固相载体上中间体杂肽无法分离,这样造成最终产物的纯度不如液相合成法的产物,必须通过可靠的分离手段纯化。

用多肽的固相合成法合成二肽的过程如下：

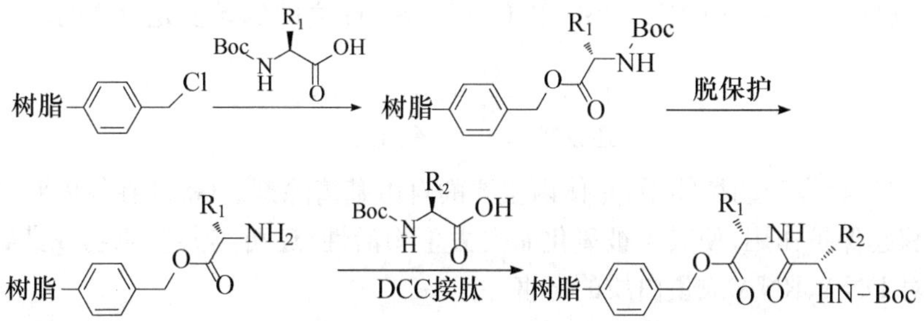

生成的二肽再进行脱保护和接肽过程,不断添加氨基酸,可以合成三肽、四肽直至多肽。固相多肽合成方法实现了多肽的自动化合成,具有液相合成法无法比拟的优点。近几十年来,经过不断的改进和完善,固相多肽合成方法已成为多肽和蛋白质合成中的一种常用技术。

15.2.4　生物活性肽

生物体内具有生物活性的多肽称为生物活性肽(active peptide)。自从 40 多年前生物化学家用人工方法合成多肽以来,伴随着分子生物学、生物化学技术的飞速发展,多肽的研究取得了划时代的进展。人们发现存在于生物体的多肽已有数万种,并且所有的细胞都能合成多肽。与此同时,几乎所有细胞也都受多肽调节,尤其在细胞分化、肿瘤发生、生殖控制等领域起着重要的生理作用。

1. 谷胱甘肽

谷胱甘肽(glutathione)是由谷氨酸、半胱氨酸和甘氨酸通过肽键缩合而成的三肽。由于分子中含有—SH,又称还原型谷胱甘肽,用 GSH 表示。在氧化反应中,—SH 易被氧化成二硫键(—S—S—),GSH 转变成氧化型谷胱甘肽,用 G—S—S—G 表示。

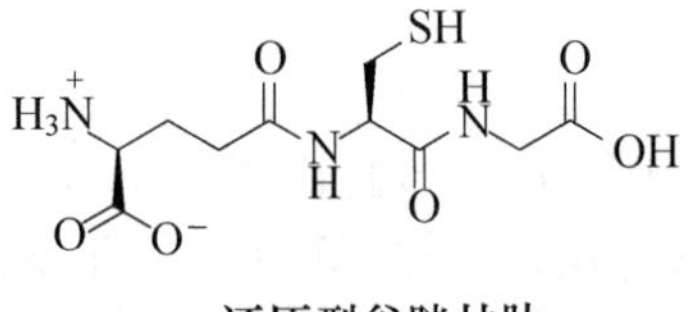

还原型谷胱甘肽

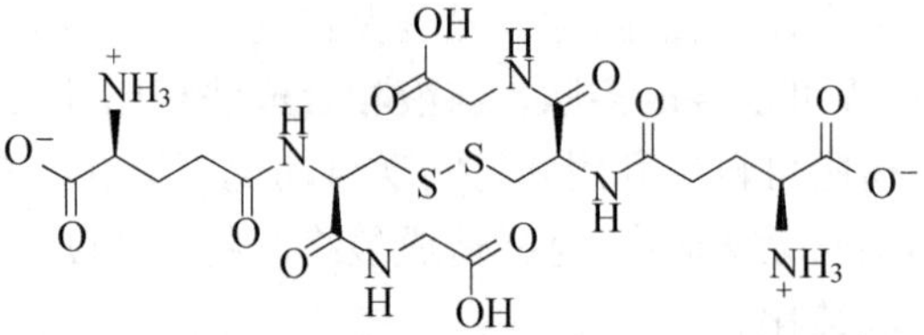

氧化型谷胱甘肽

GSSG 也可被还原成 GSH，GSH 和 G—S—S—G 之间的转变是可逆的。

$$2GSH \underset{+2H}{\overset{-2H}{\rightleftharpoons}} G—S—S—G$$
还原型　　　　　氧化型

GSH 广泛存在于动植物中，是体内主要的自由基清除剂。GSH 在体内对含—SH 的蛋白质和酶起保护作用，使其不被氧化而失去生物活性；还可与某些毒物或药物反应，避免了它们对 DNA、RNA 或蛋白质的毒害。

2. 多肽类激素

体内的一些多肽激素，如催产素（oxytocin）和加压素（vasopressin）都是脑垂体分泌的激素。它们都有连接 1 和 6 两个半胱氨酸残基的二硫键，使肽成为部分的环状。它们的 C-端都是酰胺基，而不是羧基。它们的区别在于 3 和 8 两个不同的氨基酸残基。

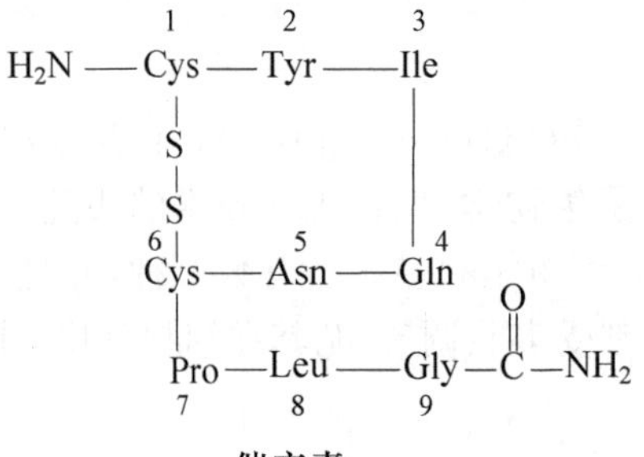

催产素 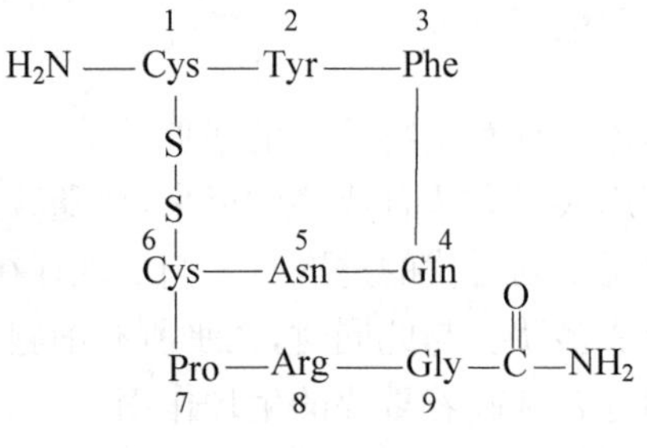　　　　　　　　　　加压素

这些结构上的少许差别使它们的生理功能明显不同。催产素具有强烈的刺激子宫收缩的作用，可以引起分娩，并能增进乳腺分泌乳汁，而加压素（又称抗利尿素）能控制水从肾脏排泄（抗利尿），并引起血管收缩，增加血压。

3. 神经肽

在神经传导过程中起信号转导作用的肽类称为神经肽。在神经系统中，神经肽是人和动物生长和激素调节的重要物质。最先发现的神经肽是脑啡肽（五肽），随后又相继发

现了 β-内啡肽(三十一肽)和强啡肽(十七肽)。它们都是具有与吗啡一样活性的肽。脑啡肽与内啡肽的衍生物有着很强的镇痛作用。1975 年,芒特(Mounter)发现的催眠肽是唯一没有副作用的多肽。在高节律、高度紧张的社会中,睡眠不正常人群正在扩大,催眠肽将是最好的选择。多肽的研究和发展将对人类的生活质量产生很大的影响。

4. 多肽类抗生素

多肽类抗生素多数是开链肽,也有少量环状肽(图 15-2)。多肽类抗生素包括多黏菌素类(多黏菌素 B、多黏菌素 E)、杆菌肽类(杆菌肽、短杆菌肽)和万古霉素。多肽类抗生素具有抗菌、抗肿瘤、促进创伤面愈合等多种生物学特性,尤其作为广谱高效抗菌药的市场潜力十分巨大。

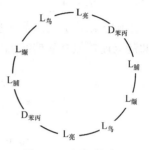

图 15-2　短杆菌肽 S

 现代多肽合成之父　

15.3　蛋　白　质

蛋白质(protein)是生命活动的主要物质基础,占人体固体成分的 45%,几乎所有器官组织都有蛋白质,没有蛋白质就没有生命。

15.3.1　蛋白质的元素组成

元素分析表明,组成蛋白质的主要元素是 C、H、O、N 四种;此外,大多数蛋白质含有 S,少数含有 P、Fe、Cu、Mn、Zn,个别蛋白质含有 I 或其他元素。

15.3.2　蛋白质的分类

蛋白质的种类繁多,根据形状可将蛋白质分为纤维蛋白和球形蛋白;根据化学组成可将蛋白质分为单纯蛋白和结合蛋白;根据生理功能可将蛋白质分为活性蛋白质和非活性蛋白质。

15.3.3　蛋白质的分子结构

蛋白质是由一条或几条多肽链组成的,其结构复杂,功能各异。各种蛋白质的特殊功能与活性不仅取决于蛋白质中氨基酸的组成、数目及排列顺序,还与其特定的空间构象密切相关。蛋白质分子内氨基酸残基间的结合方式有两种类型:在一条多肽链中,氨基酸残基间主要是以肽键相互结合的(主键);在两条肽链之间或一条肽链的不同部位间相互结合时,存在其他类型的键(次级键),包括盐键、氢键、疏水键、范德华力及二硫键等。

　　蛋白质的分子结构按层次可分为四级。

1. 一级结构

　　多肽链中氨基酸残基的排列次序称为蛋白质的一级结构(primary structure)。有些蛋白质就是一条多肽链,有些是由两条或几条多肽链构成。

　　我国科学家合成的结晶牛胰岛素(图 15-3)就是由 A、B 两条多肽链组成的。肽键是每条肽链上连接氨基酸残基的主要化学键,而两个多肽链通过两个二硫键连接。

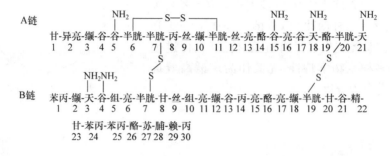

图 15-3　牛胰岛素的一级结构

2. 二级结构

　　X 射线衍射证明,肽键中的碳-氮键具有一定的双键性质,不能自由旋转,从而使肽键上所连接的六个原子位于同一平面上,其中 O 与 H 呈反式关系存在。这种平面结构称为"肽键平面"或"酰胺平面(amide plane)"(图 15-4)。

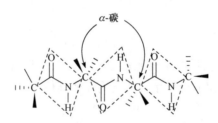

图 15-4　肽键平面

　　肽键平面两侧的 C—N 和 C—C 键是 σ 键,σ 键可以自由旋转,能引起肽键平面间的相互旋转,使主链出现各种构象。多肽链中各肽键平面通过 α-碳原子的旋转而形成的不同构象称为蛋白质的二级结构(secondary structure)。最常见的蛋白质的二级结构是 α-螺旋和 β-片层结构两类。

　　α-螺旋(α-helix,图 15-5)是多肽链中各肽键平面通过 α-碳原子的旋转,围绕中心轴形成的一种紧密螺旋盘曲构象。肽链中氨基酸侧链 R 分布在螺旋外侧,其形状、大小及电荷影响 α-螺旋的形成。酸性或碱性氨基酸集中的区域,由于同种电荷相斥,不利于 α-螺旋形成;较大的 R(如苯丙氨酸、色氨酸、异亮氨酸)集中的区域也妨碍 α-螺旋形成;脯氨酸因其 α-碳原子位于五元环上,不易扭转,并且它是亚氨基酸,不易形成氢键,故脯氨酸在

α-螺旋结构的转角上出现(图 15-6)。

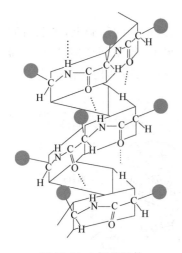

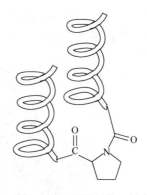

图 15-5　α-螺旋结构　　　　图 15-6　脯氨酸在 α-螺旋结构的转角上出现

β-片层(β-pleated sheet)结构(图 15-7)是借助相邻肽段间的氢键将若干肽段结合在一起形成如扇面折叠状片层。

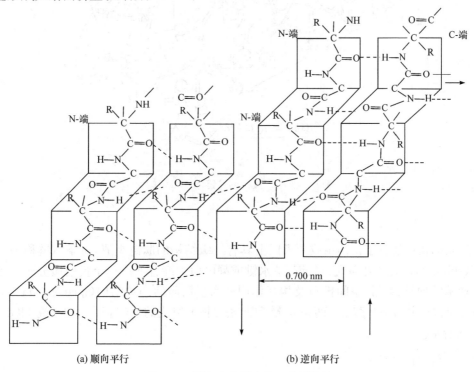

(a) 顺向平行　　　　　　(b) 逆向平行

图 15-7　蛋白质分子中的 β-片层结构

此外,蛋白质的二级结构还包括主肽链上的 β-转角(β-turn 或 β-bend)和无规卷曲等构象单元。

3. 三级结构

蛋白质在 α-螺旋、β-片层、β-转角和无规卷曲等二级结构的基础上,多肽链间通过侧链的相互作用,按一定方式进一步卷曲,折叠成更复杂的三维空间结构,这种三维空间结构称为蛋白质的三级结构(tertiary structure,图 15-8)。三级结构是由盐键、氢键、疏水键、范德华力及二硫键来维系的。

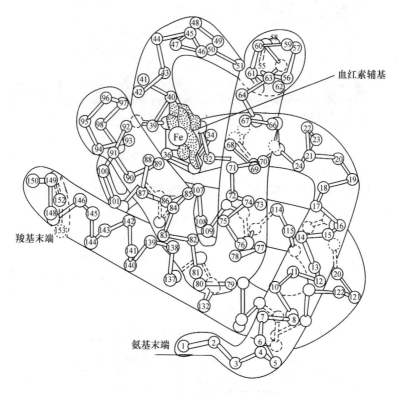

图 15-8 血红蛋白的 β-链的三级结构

4. 四级结构

复杂的蛋白质分子由两条或两条以上具有三级结构的肽链组成,每条肽链称为一个亚基(subunit)。几个亚基通过氢键、疏水键或静电引力缔合而成一个蛋白质分子。蛋白质中亚基的种类、数目、空间排布及相互作用称为蛋白质的四级结构(quarternary structure)。例如,由四条多肽链(两条 α-链和两条 β-链)组成的血红蛋白(HB 或 HGB)如图 15-9 所示。

15.3.4 蛋白质的性质

1. 蛋白质的两性电离及等电点

因蛋白质的两端有游离的氨基与羧基,蛋白质也具有与氨基酸相似的两性电离及等电点的性质。其电离平衡移动情况和离子性质与溶液的 pH、蛋白质极性基团的性质及

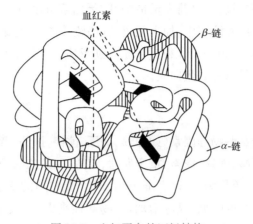

图 15-9　血红蛋白的四级结构

数目有关。

蛋白质的两性电离及其平衡移动可用下式表示（P 代表蛋白质分子）：

$$P\!-\!\!\begin{array}{c} NH_2 \\ COOH \end{array}$$

$$P\!-\!\!\begin{array}{c} \overset{+}{N}H_3 \\ COOH \end{array} \xrightleftharpoons[H^+]{OH^-} \quad P\!-\!\!\begin{array}{c} \overset{+}{N}H_3 \\ COO^- \end{array} \xrightleftharpoons[H^+]{OH^-} \quad P\!-\!\!\begin{array}{c} NH_2 \\ COO^- \end{array}$$

阳离子　　　　　　　　两性离子　　　　　　　阴离子
pH<pI　　　　　　　　　　　　　　　　　　　　pH>pI

在某一 pH 溶液中，蛋白质的两性离子浓度处于极大值，电离成阴、阳离子的概率相等，其净电荷等于零，这时溶液的 pH 就是该蛋白质的等电点（pI）。蛋白质在等电点时溶解度最小，最易于沉淀。在 pH<pI 的溶液中，蛋白质阳离子的浓度大于蛋白质阴离子的浓度，净电荷为正，电泳时向阴极移动；在 pH>pI 的溶液中，蛋白质阴离子浓度大于阳离子浓度，净电荷为负，电泳时向阳极移动。

2. 蛋白质的胶体性质和盐析

蛋白质是高分子化合物，分子颗粒的直径在胶体范围内（0.001～0.1 μm），具有胶体性质，如不易通过半透膜等。蛋白质分子分散于水中可形成稳定的高分子溶液。蛋白质在水溶液中的溶解度是由蛋白质周围亲水基团与水形成水化膜的程度以及蛋白质分子带有电荷的情况决定的。当将中性盐加入蛋白质溶液，中性盐对水分子的亲和力大于蛋白质，于是蛋白质分子周围的水化膜层减弱乃至消失；同时，中性盐加入蛋白质溶液后，由于离子强度发生改变,蛋白质表面电荷大量被中和,蛋白溶解度进一步降低,蛋白质分子之间因聚集而沉淀。在蛋白质溶液中,加入无机盐(如硫酸铵、氯化钠)使蛋白质发生沉淀析出的作用称为盐析(salting out)。盐析过程是可逆反应。沉淀后的蛋白质性质不变仍能溶于水。利用盐析作用可以分离蛋白质。

3. 蛋白质的变性

蛋白质很容易受到某些物理因素(如加热、加压、搅拌、振荡、紫外光照射、超声波的作用等)或化学因素(如强酸、强碱、尿素、重金属盐、钨酸、二氯乙酸、乙醇、丙酮等)的影响而改变它们的性质,这种现象称为变性(denaturation)。蛋白质的变性不涉及一级结构的改变,蛋白质变性后,其溶解度降低,黏度增加,生物活性丧失,易被蛋白酶水解。若蛋白质变性程度较轻,去除变性因素后,有些蛋白质仍可恢复或部分恢复其原有的构象和功能,称为复性。

4. 蛋白质的显色反应

(1) 缩二脲反应。蛋白质碱性溶液与稀硫酸铜溶液可发生缩二脲反应,呈现出紫色或紫红色。生成的颜色与蛋白质的种类有关。

(2) 茚三酮反应。将蛋白质的近中性溶液(pH 为 5~7)与茚三酮水溶液(1:400)1~2滴混合并加热煮沸 1~2 min,放冷后产生蓝紫色反应。蛋白质、肽类、氨基酸及其他伯胺类化合物等具有自由氨基的化合物(包括氨)对茚三酮均呈阳性反应。此反应也可用于蛋白质的定性与定量分析。

(3) 其他显色反应。蛋白质还与某些试剂发生显色反应,具体反应见表 15-2。

5. 蛋白质的潜在药用

(1) 蛋白质抗体药物。自 1986 年美国 FDA 批准了第一个单克隆抗体 OKT3(muromonab-CD3)药物至今,美国 FDA 累计批准的抗体药物已超过 100 款。其中靶向肿瘤坏死因子(TNFα)的阿达木单抗、靶向程序性死亡受体 1(PD-1)的帕博丽珠单抗近年销售遥遥领先。

(2) 抗体偶联药物(antibody-drug conjugate,ADC)。ADC 由抗体、连接子和细胞毒性药物三部分组成,一端是特异性识别癌细胞的抗体,另一端连接细胞毒药物,依靠抗体把化疗药物精准送至癌细胞内,提高靶向性、疗效更佳、副作用更小,是近年来抗癌药物研发的热门领域。

 扫一扫　中国人工全合成结晶牛胰岛素

小 结

氨基酸是组成多肽和蛋白质的基本成分。天然存在的 20 种氨基酸有一个氨基连接在羧基的 α-碳上,均为 α-氨基酸(除脯氨酸外)。羧基的 α-碳均为 L 构型(除甘氨酸外)。可根据氨基酸分子中羧基与氨基的相对数目而分为酸性、碱性和中性氨基酸。

氨基酸的化学性质除表现出其分子中的羧基、氨基、侧链基团的一般通性外,还由于这些基团的相互影响而表现出一些特殊的性质。

氨基酸既有碱性基团氨基,又有酸性基团羧基,它们可相互作用生成两性离子。当 pH<pI,氨基酸带正电荷向阴极移动;当 pH>pI,氨基酸带负电荷向阳极移动;当 pH=pI,氨基酸净电荷为零,电泳时不移动。通过电泳技术可以分离氨基酸。α-氨基酸与茚三酮的水合物显色反应可作为 α-氨基酸、多肽和蛋白质的定量分析。

多肽和蛋白质均由氨基酸之间以肽键连接而成。多肽是一类重要的化合物。不少多肽具有生物活性。多肽的化学合成法有液相合成法和固相合成法。

蛋白质是生命活动的主要物质基础。蛋白质的功能取决于蛋白质的结构。通常,蛋白质的结构分为一级结构、二级结构、三级结构和四级结构。蛋白质的一级结构就是指蛋白质中的氨基酸排列顺序,是蛋白质空间构象和特异生物学功能的基础。蛋白质的一级结构中肽键是蛋白质的主键。多肽链中各肽键平面通过 α-碳原子的旋转而形成的不同构象称为蛋白质的二级结构。蛋白质的二级结构中最稳定的构象是 α-螺旋、β-片层结构。在二级结构的基础上,多肽链间通过氨基酸残基侧链的相互作用而进行盘旋和折叠,因而产生的特定的三维空间结构称为三级结构,也称蛋白质的亚基。三级结构是由盐键、氢键、疏水键、范德华力及二硫键来维系的。具有两条或两条以上亚基的多肽链组成的排列组合称为蛋白质的四级结构。蛋白质也是两性分子,在某一 pH 时蛋白质的净电荷为零,此时的 pH 即为该蛋白质的等电点。蛋白质具有胶体性质,盐析使蛋白质发生沉淀。蛋白质的变性是由于受到某些物理因素(如加热、加压、搅拌、振荡、紫外光照射、超声波的作用等)或化学因素(如强酸、强碱、尿素、重金属盐、钨酸、二氯乙酸、乙醇、丙酮等)的影响而改变了蛋白质的二级或三级结构。蛋白质变形后,溶解度降低,容易沉淀凝固或者蛋白质的活性丧失。蛋白质的显色反应可用于蛋白质的定性与定量分析。

主要反应总结

1. 氧化还原反应

2. 成肽反应

3. 显色反应

4. 脱羧反应

5. 放氮反应

6. 与 2,4-二硝基氟苯等试剂的反应

7. 氨基的 Boc 保护法

8. 羧基的保护

9. 用缩水剂 DCC 接肽

N-端保护的氨基酸　　　　C-端保护的氨基酸

习　题

1. 解释下列名词。
   - (1) 偶极离子
   - (2) 等电点
   - (3) 氨基酸残基
   - (4) 肽键平面
   - (5) N-端
   - (6) C-端
   - (7) 蛋白质的一级结构
   - (8) 亚基

2. 判断下列氨基酸在给定的 pH 溶液中的净电荷及其电泳方向。
   - (1) 亮氨酸(pI=5.98)在 pH=5.0
   - (2) 赖氨酸(pI=9.74)在 pH=9.74
   - (3) 谷氨酸(pI=3.22)在 pH=7.0
   - (4) 缬氨酸(pI=5.96)在 pH=8.0
   - (5) 精氨酸(pI=10.76)在 pH=9.0
   - (6) 天冬酰胺(pI=5.41)在 pH=7.0

3. 写出下列寡肽的结构式。
   - (1) 甘氨酰苯丙氨酸
   - (2) 蛋氨酰谷氨酸
   - (3) 脯氨酰丝氨酸
   - (4) γ-谷氨酰半胱氨酰甘氨酸

4. 如果需要用电泳分离含有组氨酸、丝氨酸和谷氨酸的混合物,你认为实验时溶液 pH 为多少最佳? 为什么?

5. 请解释为什么半胱氨酸是决定蛋白质的三级结构的一种非常重要的氨基酸。

6. 完成下列反应。

(3)

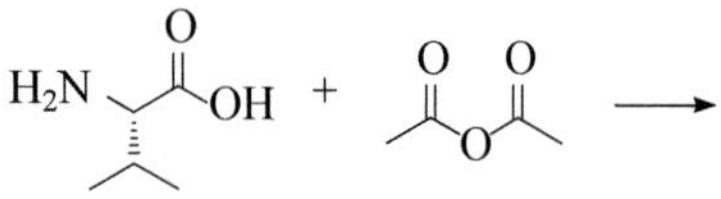

(4)

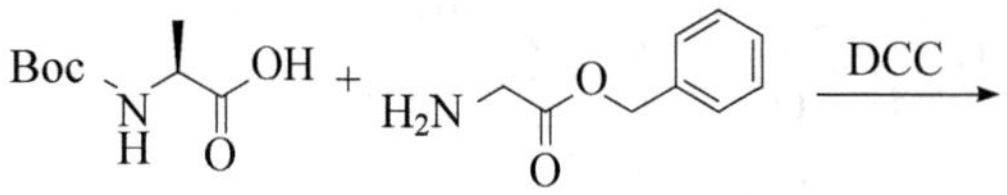

7. 某化合物 A 的分子式为 $C_{12}H_{16}O_4N_2$,与亚硝酸作用放出氮气,并生成化合物 B,分子式为 $C_{12}H_{15}O_5N$,A 与 B 均能发生米伦反应,若将 B 水解,则得到乳酸和酪氨酸。化合物 A、B 可能是什么?

8. 一个五肽完全水解得到苯丙氨酸及丙氨酸各 1 mol、甘氨酸 3 mol。部分水解产物中有二肽丙-甘及甘-丙。此五肽与 HNO_2 反应时不放出 N_2。推测该五肽的氨基酸顺序。

9. 写出缬氨酸与下列试剂反应的化学方程式,并指出各反应在合成多肽过程中的作用。

(1) CH_3OH,H^+

(2) 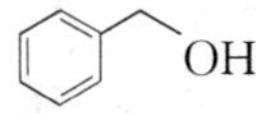 ,H^+

(3) 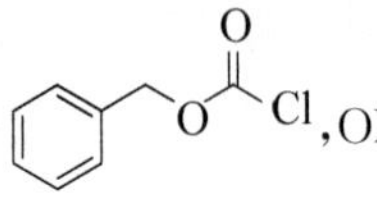 ,OH^-

(4) 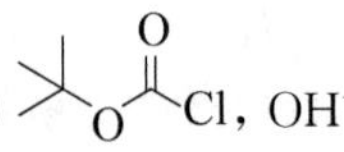 , OH^-

第 16 章　糖　　类

糖类(saccharide)化合物也称碳水化合物(carbohydrate),是自然界存在最多、分布最广的一类有机化合物,普遍存在于谷物、水果、蔬菜等植物中。葡萄糖、果糖、蔗糖、淀粉、纤维素等都属于糖类化合物。糖类化合物与人类生活关系密切,它们是动植物体的重要成分,也是生物体维持生命活动所需能量的主要来源,人类摄取食物的总能量中约 80%由糖类提供。糖类化合物对医学来说也具有重要的意义。许多糖类化合物具有重要的生理功能,如肝脏中的肝素有抗血凝作用,人的血型是由红细胞表面的寡糖类型决定的,核糖和脱氧核糖是核酸的重要组分。

最初人们在研究糖类化合物时,发现它们都是由碳、氢、氧三种元素组成,组成符合通式 $C_n(H_2O)_m$,形式上像碳与水组成的化合物,故把它们命名为碳水化合物。后来发现有些糖组成并不符合上述通式,如脱氧核糖($C_5H_{10}O_4$)和鼠李糖($C_6H_{12}O_5$),有些糖还含有氮、硫、磷等元素。还有些化合物其组成虽符合 $C_n(H_2O)_m$ 通式,但结构和性质与碳水化合物完全不同,如乙酸($C_2H_4O_2$)、乳酸($C_3H_6O_3$)等。显然"碳水化合物"这个名称并不十分恰当,不能确切地反映糖类的结构特点,但因历史延用已久,至今仍在使用。

从化学结构上看,糖类化合物是多羟基醛或多羟基酮及其衍生物或缩合物。根据其水解情况可以分为三类:单糖、低聚糖和多糖。

(1) 单糖(monosaccharide)。单糖是指不能水解的多羟基醛或多羟基酮,如葡萄糖(glucose)和果糖(fructose)等。

(2) 低聚糖(oligosaccharide)。低聚糖又称寡糖,是由 2~10 个单糖分子脱水缩合而成的化合物。根据水解后生成单糖的数目,低聚糖又可分为二糖、三糖等,其中以二糖最为常见,如蔗糖(sucrose)、麦芽糖(maltose)、乳糖(lactose)等。

(3) 多糖(polysaccharide)。由 10 个以上单糖分子脱水缩合而成的化合物称为多糖,如淀粉(starch)、纤维素(cellulose)、糖原(glycogen)等。

糖类化合物一般不采用系统命名,多根据来源而采用俗名。例如,葡萄糖最初是由葡萄中得到的,蔗糖是从甘蔗中得来的,淀粉、纤维素等也都是俗名。

16.1　单　　糖

根据分子中所含碳原子的数目,单糖可分为丙糖、丁糖、戊糖及己糖等。例如,甘油醛就是丙糖,常见的葡萄糖属于己糖。根据羰基的位置不同,单糖可分为醛糖(aldose)和酮糖(ketose),如葡萄糖属于醛糖,而果糖属于酮糖。

自然界中的单糖以戊糖和己糖最为常见,其中与生命活动关系密切的主要有核糖、脱氧核糖、果糖和葡萄糖等,葡萄糖是自然界中分布最广的己醛糖。本书主要以葡萄糖为例讨论单糖的结构、构型和性质。

```
   CHO            CH2OH           CHO            CH2OH
   CHOH           C=O           (CHOH)4          C=O
   CHOH           CHOH           CH2OH          (CHOH)3
   CH2OH          CH2OH                          CH2OH
   丁醛糖          丁酮糖          己醛糖          己酮糖
```

16.1.1　单糖的结构

1. 单糖的开链结构及构型

绝大多数单糖分子结构中,碳链无支链,除羰基外的碳原子都连有一个羟基,故单糖(除丙酮糖外)都含有不同数目的手性碳,都有立体异构体。例如,己醛糖分子中有四个手性碳原子,有 $2^4＝16$ 个立体异构体,组成了 8 对对映异构体;己酮糖分子中有三个手性碳原子,有 $2^3＝8$ 个立体异构体,组成了 4 对对映异构体。

对于含手性碳较多的单糖,用 R/S 法表示构型较麻烦,故多采用 D/L 构型标记法。具体方法为:将单糖用严格的费歇尔投影式表示,主链竖写,编号最小的碳原子放在上端。将编号最大的手性碳(离羰基最远的手性碳)的构型与 D-甘油醛相比较,构型相同的为 D 型,反之则为 L 型。自然界存在的单糖绝大多数为 D 型糖。

```
  CH2OH       CHO        CHO   |  CHO         CHO        CH2OH
  C=O       (CHOH)n      CHO   |  CHO       (CHOH)n      C=O
 (CHOH)n    H—OH      H—OH   | HO—H      HO—H      (CHOH)n
 H—OH      CH2OH     CH2OH   | CH2OH      CH2OH     HO—H
  CH2OH                       |                        CH2OH
 D-酮糖     D-醛糖    D-甘油醛 | L-甘油醛    L-醛糖     L-酮糖
```

葡萄糖的分子式为 $C_6H_{12}O_6$,结构简式为 $HOCH_2(CHOH)_4CHO$,C_2、C_3、C_4、C_5 为手性碳原子。天然葡萄糖的费歇尔投影式中,C_5 上的羟基在右边,为 D 型葡萄糖。如果 C_5 上的羟基在左边,即为 L 型葡萄糖。

```
      CHO              CHO
   H—OH            HO—H
  HO—H             H—OH
   H—OH            HO—H
   H—OH            HO—H
     CH2OH            CH2OH
    D-葡萄糖          L-葡萄糖
```

以上结构称为葡萄糖的开链式结构。为了书写方便,手性碳上的氢通常可以省去不写,羟基可以用一短横线表示,甚至可以进一步简化,用"△"表示醛基"—CHO","○"表示末端的羟甲基(—CH2OH)。例如

```
      CHO          CHO          △
   H—OH         ─
  HO—H      ≡   ─         ≡   ─
   H—OH         ─              ─
   H—OH         ─
     CH2OH       CH2OH          ○
            D-葡萄糖
```

采用基里安尼-费歇尔(Kiliani-Fischer)合成法,以 D-甘油醛为原料,先与氢氰酸加成,把加成物水解成酸,再反应生成内酯(为了方便画图及美观,内酯的 C—O—C 键画成弧线),内酯用钠汞齐还原可得到 D-赤藓糖和 D-苏阿糖(图 16-1)。以 D-赤藓糖和 D-苏阿糖为原料用类似的方法可制备 4 个 D-戊醛糖,以 D-戊醛糖为原料可制备 8 个 D-己醛糖。同样,以二羟基丙酮为原料可以得到一系列的酮糖。图 16-2 和图 16-3 分别为 D-醛糖和 D-2-酮糖开链结构的费歇尔投影式及其俗名。

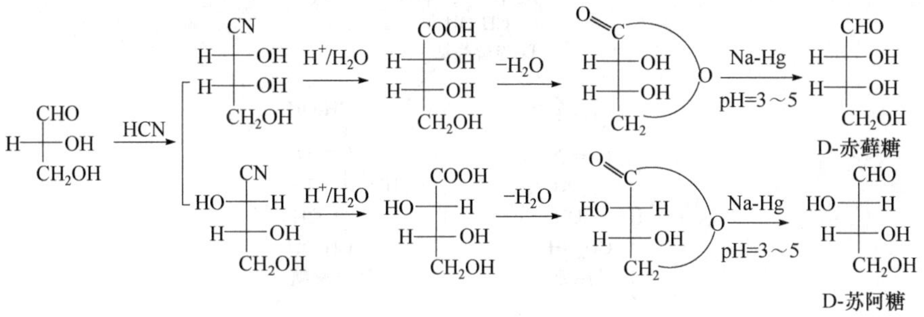

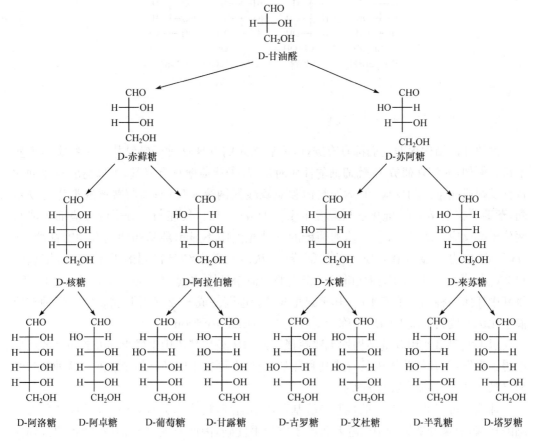

图 16-1　基里安尼-费歇尔合成法路线

图 16-2　D-醛糖开链结构的费歇尔投影式

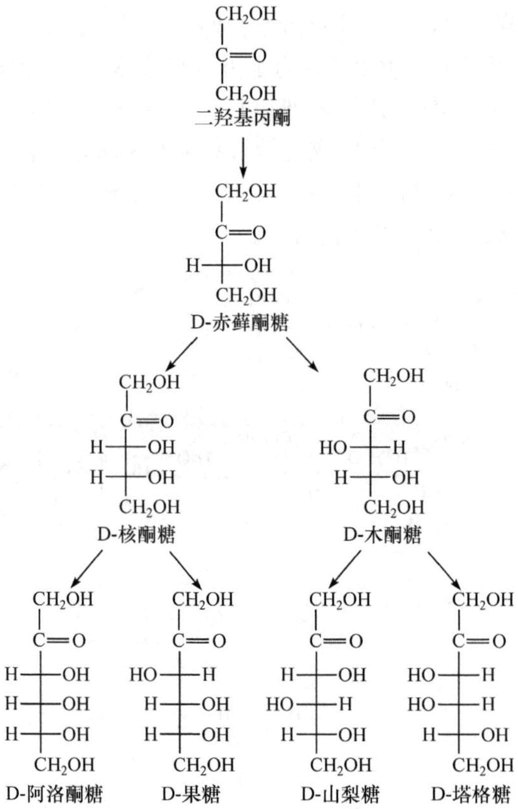

二羟基丙酮的费歇尔投影式及其衍生的 D-2-酮糖结构：

CH_2OH — $C=O$ — CH_2OH （二羟基丙酮）

↓

D-赤藓酮糖：CH_2OH / $C=O$ / H—OH / CH_2OH

D-核酮糖：CH_2OH / $C=O$ / H—OH / H—OH / CH_2OH

D-木酮糖：CH_2OH / $C=O$ / HO—H / H—OH / CH_2OH

D-阿洛酮糖：CH_2OH / $C=O$ / H—OH / H—OH / H—OH / CH_2OH

D-果糖：CH_2OH / $C=O$ / HO—H / H—OH / H—OH / CH_2OH

D-山梨糖：CH_2OH / $C=O$ / H—OH / HO—H / H—OH / CH_2OH

D-塔格糖：CH_2OH / $C=O$ / HO—H / HO—H / H—OH / CH_2OH

图 16-3　D-2-酮糖开链结构的费歇尔投影式

2. 单糖的环状结构和变旋现象

糖的开链结构表明它们都具有羰基，但后来人们发现这种开链结构与一些实验事实不符。例如，人们在研究 D-葡萄糖的性质时发现：①葡萄糖具有醛基，可以与弱氧化剂如费林试剂或托伦试剂反应，但不能与饱和亚硫酸氢钠溶液反应；②与普通醛类化合物不同，葡萄糖在干燥 HCl 催化下与醇发生亲核加成反应时，仅能与一分子醇反应而不能与两分子醇反应生成缩醛；③固体葡萄糖的红外光谱中不显示羰基的伸缩振动特征峰，在 ^1H NMR中也不显示醛基质子的特征峰；④从冷乙醇中结晶得到的 D-葡萄糖，熔点为 146 ℃，$[\alpha]_D^{25}=+112.2°$，而从吡啶中析出的葡萄糖晶体，熔点为 150 ℃，$[\alpha]_D^{25}=+18.7°$。将其中任何一种结晶溶于水后，其比旋光度都会逐渐变成$+52.7°$并保持恒定。这种在溶液中比旋光度自行改变的现象称为变旋光现象（mutarotation）。

以上实验事实用开链结构均无法解释。人们从醛和醇作用生成半缩醛或缩醛的反应中得到启发：葡萄糖分子内具有醛基和羟基，理论上可以生成环状的半缩醛。这种环状结构已被 X 射线衍射结果所证实。

葡萄糖可以通过 C_5 上的羟基与醛基形成半缩醛，构成六元环，新形成的羟基称为半缩醛羟基，原来开链结构中的醛基碳原子成为手性碳，因此有两种异构体，两者的区别在于半缩醛羟基的方向不同。半缩醛羟基在费歇尔投影式中处于右侧的为 α 型，在左侧的

为 β 型。所以,环状结构的 D-葡萄糖就有两种构型,即 α-D-葡萄糖和 β-D-葡萄糖,这就是上面所说的熔点和比旋光度不同的两种 D-葡萄糖。

α-D-葡萄糖(36%)　　　D-葡萄糖(0.024%)　　　β-D-葡萄糖(64%)

熔点146 ℃,$[\alpha]_D^{25}=+112.2°$　　　　　　　　熔点150 ℃,$[\alpha]_D^{25}=+18.7°$

α-与 β-两种 D-葡萄糖除 C_1 外,其他手性碳的构型完全相同,这种异构体称为端基异构体或异头物(anomer)。

葡萄糖环状的半缩醛结构能够解释变旋光现象。α-或 β-D-葡萄糖溶于水后,通过开链式相互转变,最后形成一个互变平衡体系。在此体系中,α 型约占 36%,β 型约占 64%,开链结构仅占 0.024%。虽然开链结构所占的比例极少,但 α 型与 β 型之间的互变必须通过它才能实现;在溶液中或生物体内,很多化学反应也是以开链结构进行的。环状结构和开链结构之间的互变是产生变旋光现象的原因。其他单糖,如核糖、脱氧核糖、果糖、甘露糖和半乳糖等也是以环状结构存在,都具有变旋光现象。

在葡萄糖的环状-开链结构的平衡体系中,开链结构所占的比例极少,因此不能与饱和亚硫酸氢钠溶液发生加成反应,在红外光谱中观察不到羰基伸缩振动的特征峰,在 ^1H NMR中也不显示醛基质子的特征峰。葡萄糖本身即为半缩醛,因而只能与一分子醇反应生成缩醛。

单糖通常是以五元环或六元环的形式存在。葡萄糖以 C_5 上的羟基与醛基形成的环状半缩醛是一个由五个碳原子和一个氧原子构成的六元环,这种六元环结构与杂环化合物中的吡喃相似,具有这种结构的糖称为吡喃糖(pyranose)。而果糖 C_5 上的羟基与 C_2 羰基形成的环状半缩醛是一个由四个碳原子和一个氧原子构成的五元环,这种五元环结构与杂环化合物中的呋喃相似,具有这种结构的糖称为呋喃糖(furanose)。

3. 环状结构的哈沃斯透视式和构象

用费歇尔投影式表示的葡萄糖环状结构不能直观地反映出原子和基团的空间相互关系。为了更形象地表达单糖的氧环结构,哈沃斯(Haworth)提出把直立的环状结构改写为平面的环状结构来表示,即哈沃斯透视式。D-葡萄糖哈沃斯透视式的书写步骤为:首先将 Fischer 投影式中的碳链向右倒下水平放置(Ⅰ),然后将羟甲基一端从左面向后弯曲成接近六边形(Ⅱ),再将 C_5 的羟基按箭头所示绕 C_4—C_5 键轴旋转 120°(Ⅲ),使之能够接近醛基。若 C_5 的羟基从碳链平面的上方与醛基成环(如箭头 A 所示),则新产生的半缩醛羟基处于环平面的下方,即为 α-D-吡喃葡萄糖;反之,若 C_5 的羟基从碳链平面的下方与醛基成环(如箭头 B 所示),则新形成的半缩醛羟基会处于环平面的上方,则为 β-D-

吡喃葡萄糖。

CHO
H—OH
HO—H
H—OH
H—OH
CH₂OH
→ Ⅰ → Ⅱ → Ⅲ → α-D-吡喃葡萄糖 / β-D-吡喃葡萄糖

根据糖的哈沃斯透视式可以确定糖的 D、L 构型及 α-、β-构型。若环上碳原子的编号是按顺时针方式排列（如上图），则编号最大手性碳上的羟甲基在环平面上方的为 D 构型；羟甲基在环平面下方的为 L 构型。若环上碳原子的编号是按逆时针方式排列，则与上述判别恰好相反。根据半缩醛羟基与编号最大手性碳上的羟甲基的相对位置可以确定糖的 α-、β-构型。如果半缩醛羟基与编号最大手性碳上的羟甲基在环的异侧为 α-构型；反之，半缩醛羟基与羟甲基在环的同侧为 β-构型。

哈沃斯透视式把环当作平面，把原子和原子团垂直排布在环的上下方仍然不能准确地反映葡萄糖的立体结构。X 射线衍射测定表明：以六元环形式存在的单糖，如葡萄糖、半乳糖和阿拉伯糖等，分子中成环的碳原子和氧原子并不在同一个平面，更符合实际情况的是吡喃环的稳定椅式构象。α-D-吡喃葡萄糖和 β-D-吡喃葡萄糖的优势构象如下（扫描章首二维码查看 α-D-吡喃葡萄糖和 β-D-吡喃葡萄糖构象）：

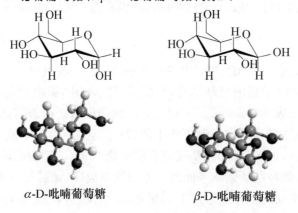

α-D-吡喃葡萄糖　　　　β-D-吡喃葡萄糖

在构象式中, β-D-吡喃葡萄糖环上所有与碳原子连接的羟基和羟甲基都处于 e 键上, 而在 α-D-吡喃葡萄糖中,半缩醛羟基处于 a 键上,其余羟基和羟甲基处于 e 键上。显然, β-D-吡喃葡萄糖比 α-D-吡喃葡萄糖稳定,因而在 D-葡萄糖的变旋平衡混合物中,β-型异构 体(64%)所占的比例大于 α-型异构体(36%)。

4. 果糖的结构

果糖与葡萄糖是同分异构体,天然存在的果糖也为 D 构型,其开链结构如下:

$$
\begin{array}{c}
\mathrm{CH_2OH} \\
\mathrm{C{=}O} \\
\mathrm{HO{-\!\!-}H} \\
\mathrm{H{-\!\!-}OH} \\
\mathrm{H{-\!\!-}OH} \\
\mathrm{CH_2OH}
\end{array}
$$

果糖 C_5 上的羟基与 C_2 羰基形成的环状半缩醛是一个由四个碳原子和一个氧原子构 成的五元环,同样也会形成 α 和 β 两种非对映异构体。除此之外,果糖还可以通过 C_6 上 的羟基与羰基形成六元环的吡喃糖结构,也有 α 和 β 两种非对映异构体。在自然界中,单 独存在的果糖是 β-D-吡喃果糖。

β-D-呋喃果糖　　　　　　　　　α-D-呋喃果糖

β-D-吡喃果糖　　　　　　　　　α-D-吡喃果糖

果糖的四种环状结构(扫描章首二维码查看 α-D-呋喃果糖和 β-D-呋喃果糖的构象), 在溶液中也能通过与开链结构的互相转化而形成一个互变平衡体系,因而果糖也有变旋 光现象,达到平衡时,$[\alpha]_D^{20} = -92°$。

扫一扫　　生物化学的奠基人——埃米尔·费歇尔

问题与思考 16-1

写出下列糖的结构。

(1) α-D-吡喃半乳糖　　(2) β-D-呋喃核糖

16.1.2　单糖的性质

1. 单糖的物理性质

单糖都是无色晶体,因分子中含有多个羟基,所以易溶于水,并能形成过饱和溶液(糖浆)。单糖还可溶于乙醇和吡啶,难溶于乙醚、丙酮、苯等有机溶剂。单糖都有甜味。除二羟基丙酮外,其他单糖都具有旋光性,能形成环状结构的单糖存在变旋光现象。

2. 单糖的化学性质

单糖分子中含有羟基和羰基,具有羟基及羰基的性质,如可发生羟基的成酯、成醚、成缩醛反应和羰基的相关反应。单糖在水溶液中是以链式结构和环式结构平衡存在的。在某些反应中,单糖以链式结构参与反应,环式结构不断地转变为链式结构,最后全部生成链式结构的衍生物,也有些情况下单糖以环状结构参与反应。单糖的主要化学性质如下。

1) 脱水反应

在浓酸(浓硫酸或浓盐酸)作用下,单糖发生分子内脱水形成糠醛或糠醛的衍生物。例如,戊糖脱水生成糠醛,己糖脱水生成 5-羟甲基糠醛。

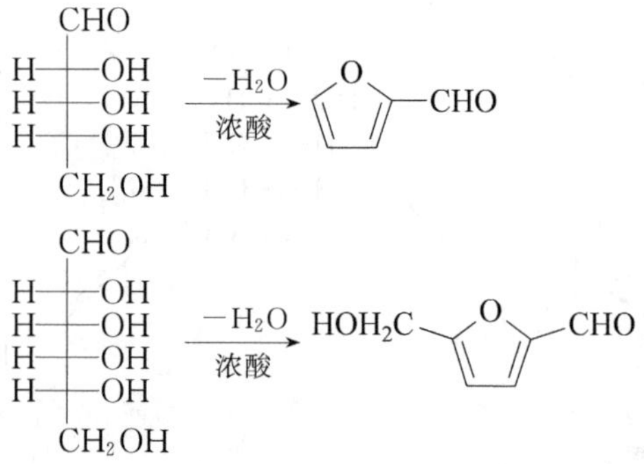

糠醛及其衍生物可与酚类化合物缩合生成有色物质。例如,在糖的水溶液中加入 α-萘酚的乙醇溶液,然后沿着试管壁小心地加入浓硫酸,则会在两层液面间形成紫色环。该反应称为莫利希(Molisch)反应,又称 α-萘酚反应,是鉴别糖常用的方法。

2) 差向异构化

用稀碱溶液处理 D-葡萄糖,会得到 D-葡萄糖、D-甘露糖和 D-果糖的混合物。用稀碱处理 D-甘露糖或 D-果糖,也会得到相同的混合物。

这种转化是通过烯醇式中间体来完成的。D-葡萄糖分子 C_2 上的 α-H 因同时受羰基和羟基的影响而活化,用稀碱处理可以互变为烯二醇中间体。烯二醇很不稳定,在其转变成醛、酮结构时,C_1 羟基上的氢原子结合到 C_2 上有两种可能:若按 a 途径加到 C_2 上,则仍然得到 D-葡萄糖;若按 b 途径加到 C_2 上,则得到 D-甘露糖;同样,C_2 羟基上的氢原子按 c 途径转移到 C_1 上,得到 D-果糖。

  在上述转化中涉及的 D-葡萄糖和 D-甘露糖,它们只有一个手性碳原子(C_2)的构型不同,其他碳原子的构型都完全相同,这样的异构体称为差向异构体(epimer)。差向异构体间的互相转化称为差向异构化(epimerization)。在生物体内,酶也能催化类似的反应。

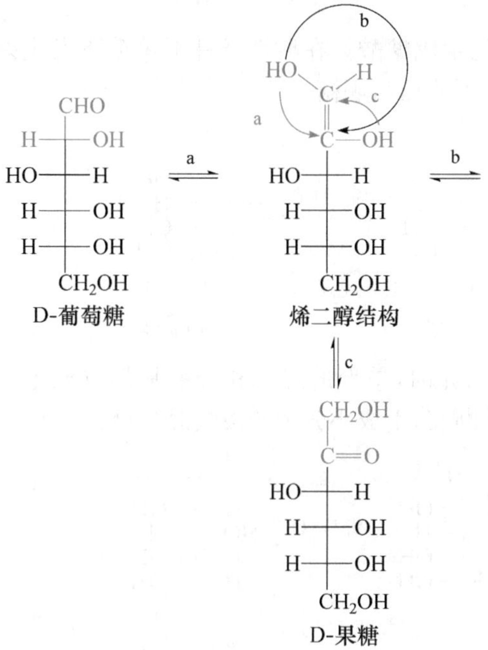

3)氧化反应

  单糖容易被氧化,氧化条件不同,产物不同。

  醛糖容易被弱氧化剂(如托伦试剂、费林试剂以及本尼迪克特试剂等)氧化。酮一般不被弱氧化剂氧化,但酮糖(如果糖)在弱碱性介质中能发生差向异构化转变为醛糖,因此也能被弱氧化剂氧化,氧化产物为结构不同的糖酸混合物。

  在上述反应中,单糖能够还原银氨离子(托伦试剂)产生银镜,也能还原 Cu^{2+}(费林试剂和本尼迪克特试剂)产生砖红色的氧化亚铜沉淀,现象明显,常用于单糖的鉴别。通常把能发生这类反应的糖称为还原性糖(reducing sugar)。由于在碱性条件下,单糖会发生差向异构化,所以单糖(包括醛糖和酮糖)都是还原性物质。

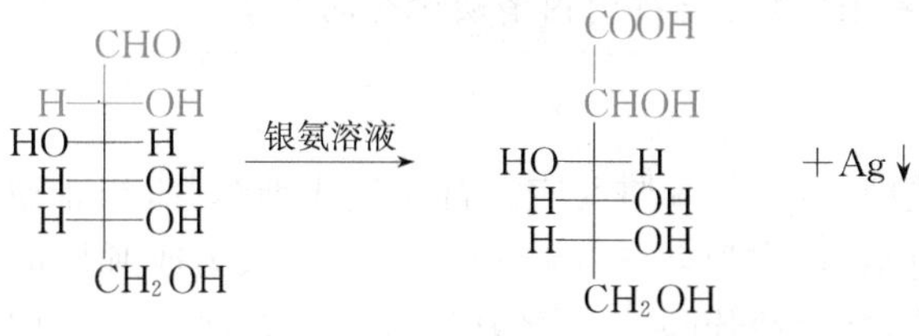

葡萄糖酸或甘露糖酸

$$
\begin{array}{ccc}
\begin{array}{c}
CH_2OH \\
| \\
C{=}O \\
| \\
HO{-\!\!\!|\!\!\!-}H \\
H{-\!\!\!|\!\!\!-}OH \\
H{-\!\!\!|\!\!\!-}OH \\
| \\
CH_2OH
\end{array}
&
\xrightarrow{\text{银氨溶液}}
&
\begin{array}{c}
COOH \\
| \\
CHOH \\
| \\
HO{-\!\!\!|\!\!\!-}H \\
H{-\!\!\!|\!\!\!-}OH \\
H{-\!\!\!|\!\!\!-}OH \\
| \\
CH_2OH
\end{array}
\qquad +Ag\downarrow
\end{array}
$$

葡萄糖酸或甘露糖酸

醛糖能被溴水(pH=6)氧化生成糖酸。在酸性条件下单糖不发生差向异构化,所以酮糖不能被溴水氧化,可由此区别醛糖与酮糖。

$$
\begin{array}{ccc}
\begin{array}{c}
CHO \\
| \\
H{-\!\!\!|\!\!\!-}OH \\
HO{-\!\!\!|\!\!\!-}H \\
H{-\!\!\!|\!\!\!-}OH \\
H{-\!\!\!|\!\!\!-}OH \\
| \\
CH_2OH
\end{array}
&
\xrightarrow{Br_2/H_2O}
&
\begin{array}{c}
COOH \\
| \\
H{-\!\!\!|\!\!\!-}OH \\
HO{-\!\!\!|\!\!\!-}H \\
H{-\!\!\!|\!\!\!-}OH \\
H{-\!\!\!|\!\!\!-}OH \\
| \\
CH_2OH
\end{array}
\\
\text{D-葡萄糖} & & \text{D-葡萄糖酸}
\end{array}
$$

当用稀硝酸等较强氧化剂氧化时,单糖的醛基和羟甲基都被氧化,生成相应的糖二酸。酮糖与强氧化剂作用,碳链断裂,生成小分子的羧酸混合物。

$$
\begin{array}{ccc}
\begin{array}{c}
CHO \\
| \\
H{-\!\!\!|\!\!\!-}OH \\
HO{-\!\!\!|\!\!\!-}H \\
H{-\!\!\!|\!\!\!-}OH \\
H{-\!\!\!|\!\!\!-}OH \\
| \\
CH_2OH
\end{array}
&
\xrightarrow{\text{稀}\ HNO_3}
&
\begin{array}{c}
COOH \\
| \\
H{-\!\!\!|\!\!\!-}OH \\
HO{-\!\!\!|\!\!\!-}H \\
H{-\!\!\!|\!\!\!-}OH \\
H{-\!\!\!|\!\!\!-}OH \\
| \\
COOH
\end{array}
\end{array}
$$

D-葡萄糖二酸

此外,葡萄糖在生物体内酶的作用下,可以氧化成 D-葡萄糖醛酸,它在肝脏中可与某些醇、酚等有毒物质结合,然后排出体外,从而起到解毒的作用。

$$
\begin{array}{ccc}
\begin{array}{c}
CHO \\
| \\
H{-\!\!\!|\!\!\!-}OH \\
HO{-\!\!\!|\!\!\!-}H \\
H{-\!\!\!|\!\!\!-}OH \\
H{-\!\!\!|\!\!\!-}OH \\
| \\
CH_2OH
\end{array}
&
\xrightarrow{\text{酶}}
&
\begin{array}{c}
CHO \\
| \\
H{-\!\!\!|\!\!\!-}OH \\
HO{-\!\!\!|\!\!\!-}H \\
H{-\!\!\!|\!\!\!-}OH \\
H{-\!\!\!|\!\!\!-}OH \\
| \\
COOH
\end{array}
\end{array}
$$

问题与思考 16-2

哪些己醛糖经稀硝酸氧化能得到内消旋化合物?

---

4) 成脎反应

单糖具有醛或酮羰基,可与苯肼反应。首先生成糖苯腙,当苯肼过量时,则继续反应生成难溶于水的黄色结晶,称为**糖脎**(osazone)。一般认为成脎反应分三步完成:首先单糖和苯肼生成糖苯腙,然后糖苯腙的 α-羟基被过量的苯肼氧化为羰基,再与苯肼作用生成糖脎。

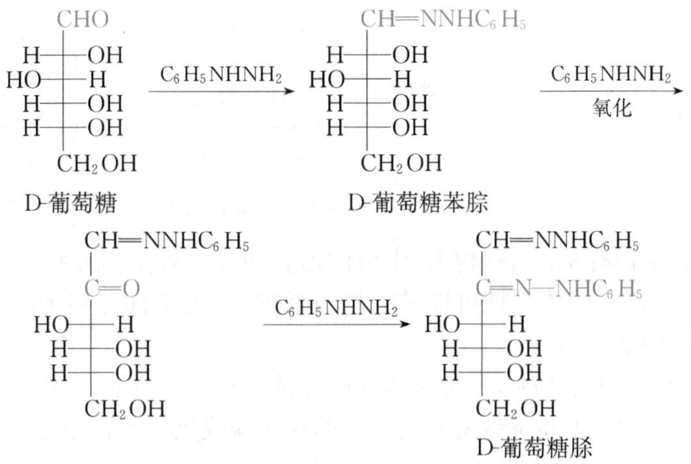

D-葡萄糖 → D-葡萄糖苯腙

D-葡萄糖脎

糖脎分子可以通过氢键形成螯环结构,阻止了 C_3 上羟基被继续氧化。

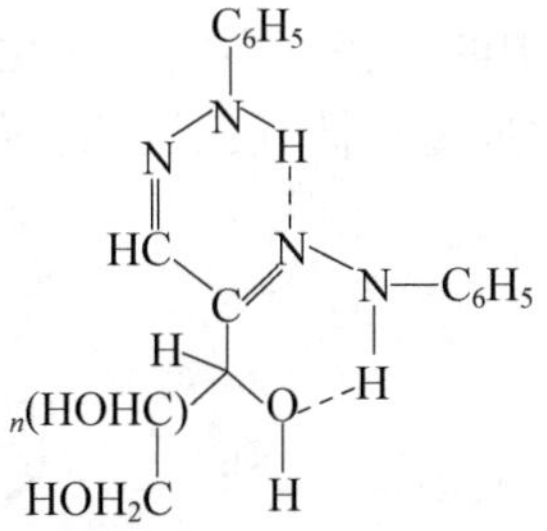

糖脎分子螯环结构

成脎反应一般在羰基和具有羟基的 α-C 上发生,对于单糖,一般在 C_1 和 C_2 上发生。因此,除 C_1、C_2 外,其他手性碳构型相同的单糖可以生成相同的糖脎。例如,D-葡萄糖、D-果糖、D-甘露糖会生成相同的糖脎。

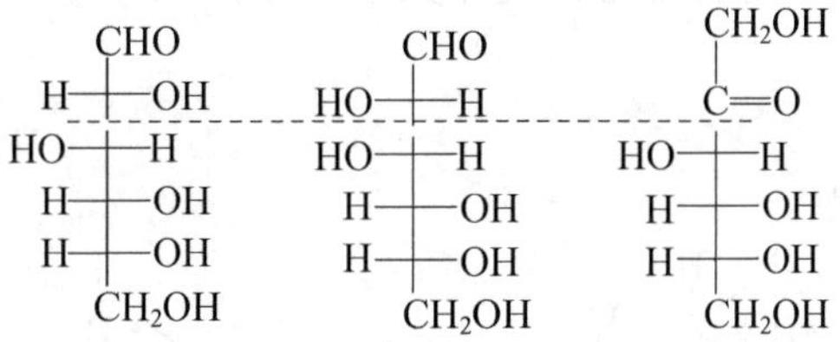

D-葡萄糖　D-甘露糖　D-果糖

糖脎是难溶于水的黄色晶体,不同的糖脎具有不同的晶形和熔点,可用糖脎来鉴别不同的糖。

问题与思考 16-3
甘露糖是一种醛糖,它与葡萄糖和果糖生成的糖脎相同,写出甘露糖的结构。

5）成苷反应
单糖的环状结构中含有半缩醛(酮)羟基,在干燥 HCl 催化下能与醇或酚等含羟基的化合物脱水形成缩醛(酮)型物质,称为糖苷(glycoside)。

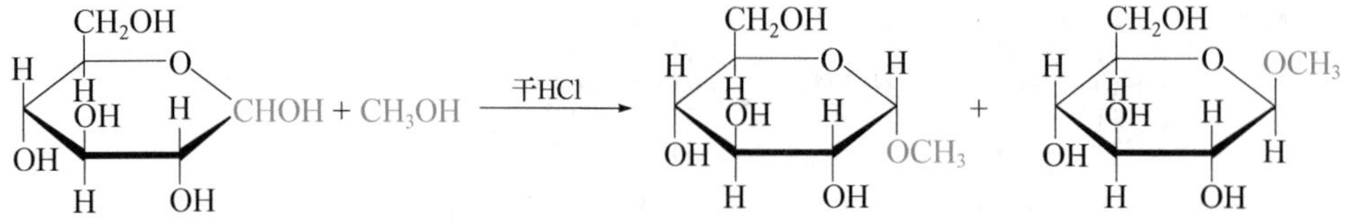

α-D-甲基吡喃葡萄糖苷　　β-D-甲基吡喃葡萄糖苷

单糖的环状结构有 α、β 两种构型,生成的糖苷同样也有 α、β 两种构型。糖苷由糖和配基(aglycone)两部分组成。糖可以是单糖或低聚糖,配基部分多为醇、酚等羟基化合物,也可以是糖、碱基、硫醇等。

糖苷分子中无半缩醛羟基,不能再转变成开链结构而产生醛基,因此不能与苯肼、托伦试剂、费林试剂等作用,也无变旋光现象。糖苷对碱或氧化剂都稳定,但在稀酸或酶作用下,可水解成原来的糖和配基。

6) 酯化反应

单糖分子中的羟基可以像醇中的羟基一样发生酯化反应。例如,在无水氯化锌的催化下,葡萄糖可以和乙酸酐作用生成葡萄糖五乙酸酯。葡萄糖五乙酸酯分子内无半缩醛羟基,无还原性和变旋光现象。

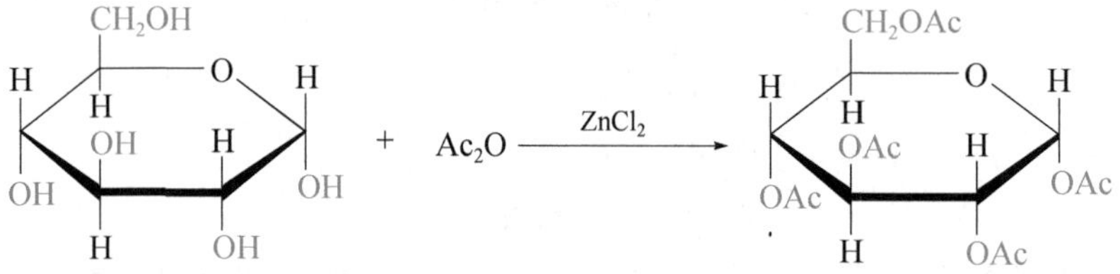

1,2,3,4,6-五-O-乙酰-α-D-吡喃葡萄糖

在生物体内,α-D-吡喃葡萄糖在酶的催化下与磷酸发生酯化反应,生成 1-磷酸-α-D-吡喃葡萄糖和 6-磷酸-α-D-吡喃葡萄糖,它们是人体内许多代谢过程的中间产物,在生命过程中具有重要意义。

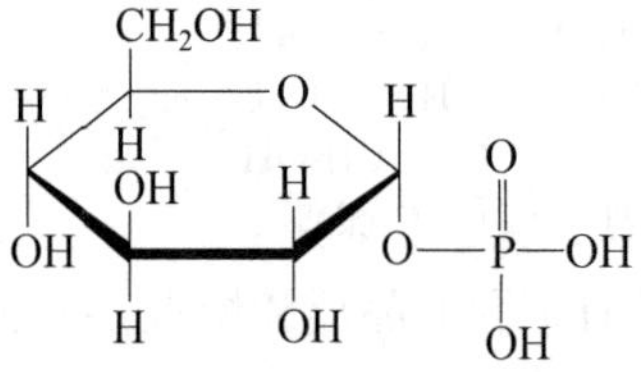

1-磷酸-α-D-吡喃葡萄糖 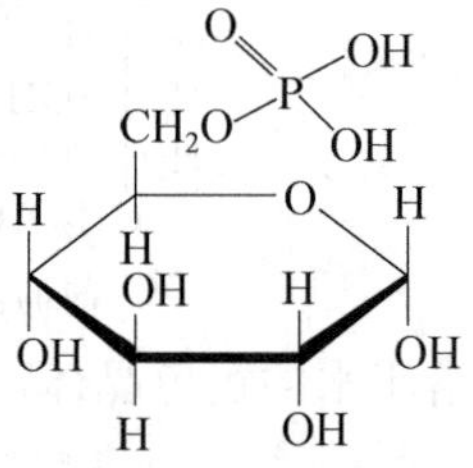　　　　6-磷酸-α-D-吡喃葡萄糖

16.1.3　重要的单糖及其衍生物

1. D-(—)-核糖和 D-(—)-2-脱氧核糖

D-(—)-核糖和 D-(—)-2-脱氧核糖都是戊醛糖,它们是核酸的重要组成部分,D-(—)-核糖还是某些酶和维生素的组成部分。

D-(一)-核糖为晶体,熔点 95 ℃,$[\alpha]_D^{20} = -21.5°$,D-(一)-2-脱氧核糖的$[\alpha]_D^{20} = -60°$。它们的结构如下:

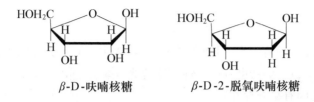

β-D-呋喃核糖　　　　β-D-2-脱氧呋喃核糖

2. D-(＋)-葡萄糖

葡萄糖为无色结晶,易溶于水,难溶于乙醇,有甜味,甜度为蔗糖的 70%。葡萄糖的水溶液为右旋性,所以又称右旋糖(dextrose)。

葡萄糖是最常见的六碳糖,存在于葡萄等水果以及动物的血液、淋巴液、脊髓液中。葡萄糖还是组成蔗糖、麦芽糖等二糖及淀粉、糖原、纤维素等多糖的基本单元。人体血液中的葡萄糖称为血糖(blood sugar)。血糖的正常值为 $80\sim110$ mg·dL^{-1},糖尿病患者尿中的葡萄糖含量比正常人高,其含量高低随病情轻重而异。葡萄糖是人体能量的重要来源。人体利用葡萄糖时,先通过磷酸化作用,将其转变为磷酸酯,然后经过一系列的变化逐步分解,释放能量。

3. D-(＋)-半乳糖

半乳糖是一种己醛糖,白色晶体,易溶于水和乙醇,熔点 $165\sim166$ ℃,$[\alpha]_D^{20} = +83.3°$。

半乳糖与葡萄糖互为 C_4 差向异构体,其环状结构如下:

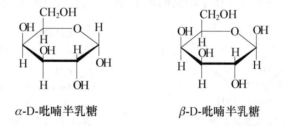

α-D-吡喃半乳糖　　　　β-D-吡喃半乳糖

半乳糖是哺乳动物的乳汁中乳糖的组成成分,是构成脑神经系统中脑苷脂的成分,与婴儿出生后脑的迅速生长有密切关系。

半乳糖血症是一种遗传性疾病,婴儿不能将体内的半乳糖转化为葡萄糖。主要原因是体内缺乏半乳糖-1-磷酸尿苷酰转移酶等半乳糖代谢酶,导致体内积储了具有毒性的半乳糖-1-磷酸及半乳糖醇,临床表现为腹泻,呕吐,黄疸,肾功能改变,白内障,生长发育迟缓、智力障碍及尿中半乳糖含量增高等,严重者还可能引起肝脏损伤,甚至死亡。对该病的治疗主要是预防,对有家族史的孕妇,怀孕时应少食含乳糖的食物,生产后婴儿用代乳粉喂养。由于人体合成糖蛋白和糖脂所需要的半乳糖,可由葡萄糖经差向异构酶催化转化供给,因此,机体可不摄入半乳糖。

4. D-(-)-果糖

果糖为无色结晶,易溶于水,可溶于乙醇,熔点为105 ℃。天然的果糖为左旋性,所以又称左旋糖(levulose)。果糖也有还原性和变旋光现象,$[\alpha]_D^{20} = -92°$。果糖比葡萄糖甜,蜂蜜的甜度高主要因有果糖存在。

果糖以游离状态存在于水果和蜂蜜中,还能与葡萄糖结合生成蔗糖。果糖也是菊科植物根部所含多糖——菊根粉的组成成分。在动物的前列腺和精液中也含有相当量的果糖。

在人体内,果糖磷酸酯(如1,6-二磷酸果糖)在酶的作用下可以断裂成两分子丙糖,这是糖代谢过程中的一个重要的中间步骤。

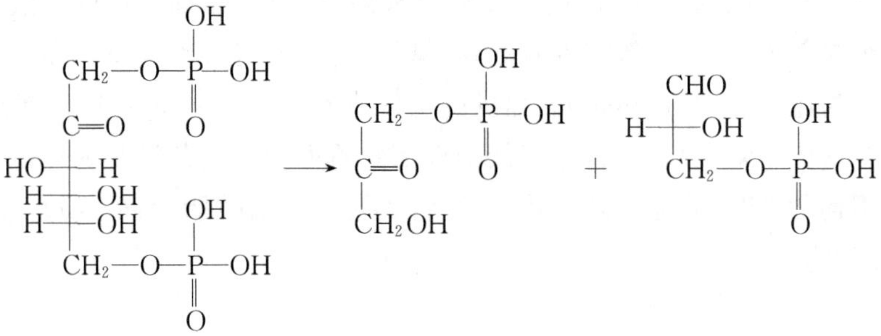

二羟基丙酮磷酸一酯　　　甘油醛-3-磷酸酯

5. 氨基糖

大多数天然氨基糖(amino sugar)是己醛糖分子中第二个碳原子上的羟基被氨基取代的衍生物。氨基糖一般只存在于动物的血清、激素、脂蛋白中,它与生命科学关系密切。

β-D-氨基葡萄糖　　　　　β-D-氨基半乳糖

16.2　低　聚　糖

低聚糖中以二糖(disaccharide)最为常见,如蔗糖、麦芽糖、乳糖等。本节重点介绍二糖的一般性质及常见二糖的结构。

16.2.1 二糖的结构和化学性质

二糖是最简单的低聚糖,是由一个单糖分子中的半缩醛羟基与另一单糖分子中的羟基(可以是半缩醛羟基,也可以是醇羟基)脱水键合而成。若两个单糖分子都以半缩醛羟基脱水形成二糖,二糖分子中没有半缩醛羟基,在溶液中就不能通过互变异构生成醛基,因而无还原性、变旋光现象及成脎等性质,这类二糖称为非还原性二糖。如果一个单糖分子的半缩醛羟基和另一个单糖分子的醇羟基之间脱水形成二糖,二糖分子中还保留着一个半缩醛羟基,在溶液中可以通过互变异构生成醛基,它们会表现出一般单糖的性质,如有还原性、变旋光现象及成脎等,这类二糖称为还原性二糖。

二糖的物理性质类似单糖,如易溶于水,多数具有甜味,并且能成很好的结晶等。

二糖含有糖苷键,糖苷键类似于醚键,在中性和碱性条件下比较稳定,但在较强的酸溶液中易被水解,彻底水解产物是单糖。不同的苷键还能分别被某些有特异性的酶水解。例如,麦芽糖酶能水解 α-D-葡萄糖苷键,不能水解 β-D-葡萄糖苷键;苦杏仁酶则相反,它能水解 β-D-葡萄糖苷键,却不能水解 α-D-葡萄糖苷键。

16.2.2 重要的二糖

1. 蔗糖

蔗糖是最常见的二糖,在自然界中,蔗糖广泛地分布于植物的根、茎、叶、花、果实及种子内,尤以甘蔗、甜菜中最多。蔗糖为无色透明结晶,易溶于水,难溶于乙醇、氯仿、醚等有机溶剂。

蔗糖是由一分子 α-D-葡萄糖和一分子 β-D-果糖通过半缩醛羟基脱水键合而成,它既可看作 α-D-葡萄糖苷,又可看作 β-D-果糖苷。在蔗糖分子中,葡萄糖和果糖的半缩醛羟基都参与成苷键,分子中无半缩醛羟基,所以蔗糖无还原性,也无变旋光现象。

蔗糖是右旋糖,$[\alpha]_D^{20} = +66°$,被酸或酶水解后生成等量的 D-葡萄糖和 D-果糖的左旋混合物($[\alpha]_D^{20} = -19.8°$),旋光方向发生改变,因而把蔗糖的水解过程称为转化,蔗糖的水解产物又称为转化糖。蜂蜜的主要成分就是转化糖。

2. 麦芽糖

麦芽糖又称饴糖,为透明针状晶体,$[\alpha]_D^{20} = +136°$,易溶于水,微溶于乙醇,不溶于乙醚。麦芽糖存在于麦芽、花粉、花蜜、树蜜及大豆植株的叶柄、茎和根部,谷物种子发芽时就有麦芽糖的生成,生产啤酒所用的麦芽汁中所含糖成分主要是麦芽糖。在人体中,从食物所得的淀粉被水解生成麦芽糖,再经麦芽糖酶水解为 D-葡萄糖。

麦芽糖是由一分子 α-D-葡萄糖的半缩醛羟基与另一分子 D-葡萄糖 C_4 上的醇羟基脱水,通过 α-1,4-苷键连接而成,属于 α-糖苷。麦芽糖分子中仍有半缩醛羟基,属于还原性糖,有变旋光现象。

3. 乳糖

乳糖存在于哺乳动物的乳汁中,牛乳含乳糖 4.6%～5.0%,人乳含乳糖 5%～7%。纯品乳糖为白色固体,在水中的溶解度小,$[\alpha]_D^{20} = +52.3°$。

乳糖是由一分子 β-D-半乳糖的半缩醛羟基与另一分子 D-葡萄糖 C_4 上的醇羟基脱水后,通过 β-1,4-苷键连接而成,属于 β-糖苷。乳糖分子中仍有半缩醛羟基,属于还原性糖,有变旋光现象。

乳糖是制乳酪的副产品,来源较少且甜味弱,平时极少用作营养品。医药上常用它作为药物的稀释剂或黏合剂以配制散剂和片剂。

乳糖在人体消化道内必须由附着在小肠上皮细胞外表面的乳糖酶催化水解为半乳糖和葡萄糖才能被小肠吸收利用。由于先天性乳糖酶的缺乏或者其他原因造成乳糖酶活性降低,致使乳糖不能被消化或消化不良,未被消化的乳糖随着消化道下行进入结肠后,被细菌发酵生成乙酸、丙酸、丁酸和甲烷、氢气、二氧化碳等气体,于是出现腹胀、恶心、绞痛和腹泻等症状,临床上称为乳糖不耐症。

问题与思考 16-4

一个二糖 A($C_{11}H_{20}O_{10}$)可被 α-葡萄糖苷酶水解成一个 D-葡萄糖和一个戊糖,用硫酸二甲酯甲基化可得到该二糖的七-O-甲基醚 B,B 在酸性条件下水解生成 2,3,4,6-四-O-甲基-D-葡萄糖和三-O-甲基戊糖 C,C 在弱酸性条件下用 Br_2/H_2O 处理生成 2,3,4-三-O-甲基-D-核糖酸。请写出 A、B、C 的结构式。

16.3　多　糖

多糖是由 10 个以上单糖分子通过糖苷键连接而成的高聚物。组成多糖的单糖可以是相同的,也可以是不同的。由同一种单糖组成的多糖称为均多糖,如淀粉、纤维素、糖原等,它们都是由 D-葡萄糖组成的。由不同的单糖或其衍生物所组成的多糖称为杂多糖,如阿拉伯胶是由戊糖和半乳糖组成的;肝素、透明质酸等黏多糖是由 D-葡萄糖醛酸与氨基糖或其衍生物组成的。

多糖在自然界分布极广,并具有重要的作用。例如,淀粉和糖原分别是植物和动物的储能物质,纤维素和果胶质是植物体的支撑组织。人体中的肝素有抗凝血作用,肺炎球菌细胞壁中的多糖有抗原作用。

多糖与单糖、二糖在性质上有较大的差异。多糖大部分为无定形粉末,一般无固定熔点,没有甜味。大多数多糖难溶于水,也难溶于醇、醚、氯仿、苯等有机溶剂。

16.3.1　多糖的结构

研究多糖的结构,首先要知道组成多糖分子的结构单位和相对分子质量,其次要弄清结构单位之间的结合方式,如果结构单位不止一种,还需要了解不同结构单位的排列次序,最后还需弄清多糖的形状和空间排列。

多糖的结构单位是单糖,相对分子质量通常是几万至几百万。各结构单位之间以苷键相连接,常见的苷键类型有 α-1,4、α-1,6、β-1,3 和 β-1,4 等。多糖的各结构单位可以连成直链,也可以形成具有分支的链。直链一般以 α-1,4-、β-1,3 和 β-1,4-苷键连成,而分支链中链与链之间的连接常是 α-1,6-苷键。

多糖能被酸或酶催化水解,水解的最后产物为单糖。例如,淀粉的消化就是依靠体内各种酶的催化,最后水解为葡萄糖而被人体吸收利用。

16.3.2　重要的多糖

1. 淀粉

淀粉大量存在于植物的种子和根(或茎)中,如大米中含 75%～80%,玉米中含 50%～56%,大麦和小麦中含 60%～65%。淀粉是人类的主要食物来源,也是工业上制葡萄糖、麦芽糖、乙醇的重要原料。

淀粉为白色无定形颗粒,无臭无味,难溶于水和醇、醚等有机溶剂。在冷水中膨胀,干燥后又收缩为粒状,工业上利用这一性质来分离淀粉。淀粉水溶液的 $[\alpha]_D^{20} = +19.5°$。

淀粉是由 α-D-葡萄糖分子通过 α-1,4-苷键和 α-1,6-苷键连接而成的多糖。根据缩合的葡萄糖数目、苷键的形式和成链形状的差别,淀粉又可分为直链淀粉(amylose)和支链淀粉(amylopectin)。二者在淀粉中的比例随植物品种不同而略有差异,一般直链淀粉占 20%～30%,支链淀粉占 70%～80%。

直链淀粉和支链淀粉在结构及性质上有一定的差别。直链淀粉是由 200 个以上的 α-D-葡萄糖以 α-1,4-苷键连接而成的链状化合物。α-1,4-苷键(C—O—C 键)有一定的键角,加之分子内氢键的作用,使得直链淀粉链卷曲成有规则的螺旋状,每圈螺旋一般含有六个葡萄糖单位(图 16-4)。

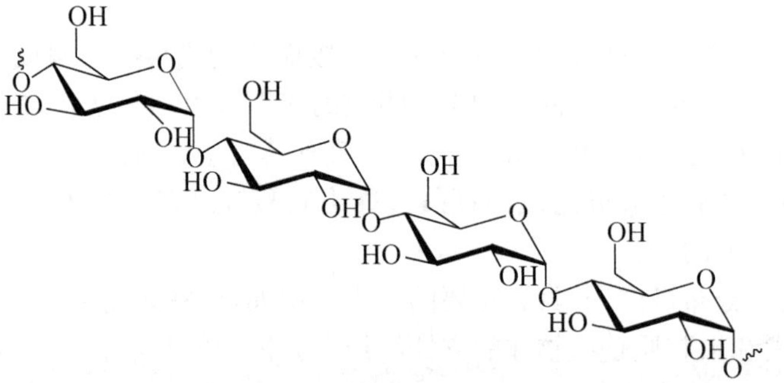

直链淀粉

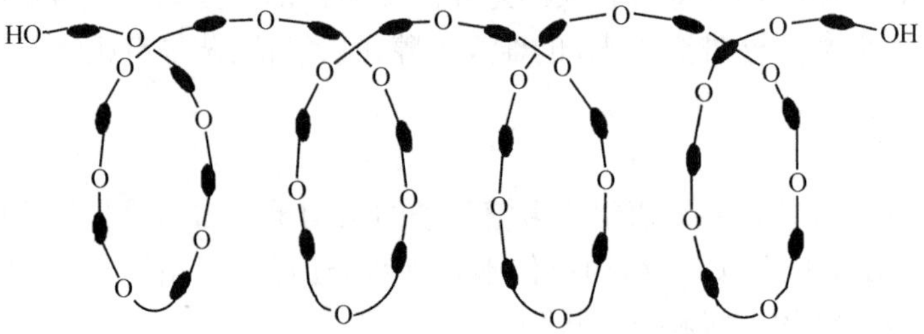

图 16-4   直链淀粉的结构

直链淀粉不易溶于冷水,能溶于热水而成为透明的胶体溶液。直链淀粉遇碘显蓝色,是因为直链淀粉螺旋状结构中的空穴恰好适合碘分子的进入,能依靠分子间作用力与碘形成蓝色包结物。

支链淀粉也称胶淀粉,其主链也是由 D-吡喃葡萄糖通过 α-1,4-苷键连接而成,每隔 20~25 个葡萄糖单位有一个支链,支链以 α-1,6-苷键和主链相连,构成树枝状结构(图 16-5)。

支链淀粉不溶于冷水,在热水中膨胀成糊状。支链淀粉遇碘显红色。它在酸的催化下不完全水解时,产物除 D-葡萄糖和麦芽糖外,还有异麦芽糖(两分子葡萄糖以 α-1,6-苷键连接而成的二糖)。

淀粉分子中,末端葡萄糖单元保留有半缩醛基,但相对于整个分子而言,它们所占的比例极少,因此淀粉不具有还原性,也无变旋光现象。

淀粉在水解过程中可生成各种糊精和麦芽糖等一系列中间产物,彻底水解可以得到葡萄糖。糊精是相对分子质量较小的多糖,按相对分子质量的大小可分为紫糊精、红糊精和无色糊精等,这是根据糊精与碘溶液作用所显颜色而命名的。

淀粉水解过程   淀粉 ⟶ 紫糊精 ⟶ 红糊精 ⟶ 无色糊精 ⟶ 麦芽糖 ⟶ D-葡萄糖
与碘显色   　　蓝色　　紫蓝色　　红色　　　碘色　　　碘色　　　碘色

糊精能溶于水,其水溶液有黏性,可作为黏合剂及纸张、布匹等的上胶剂。无色糊精具有还原性。

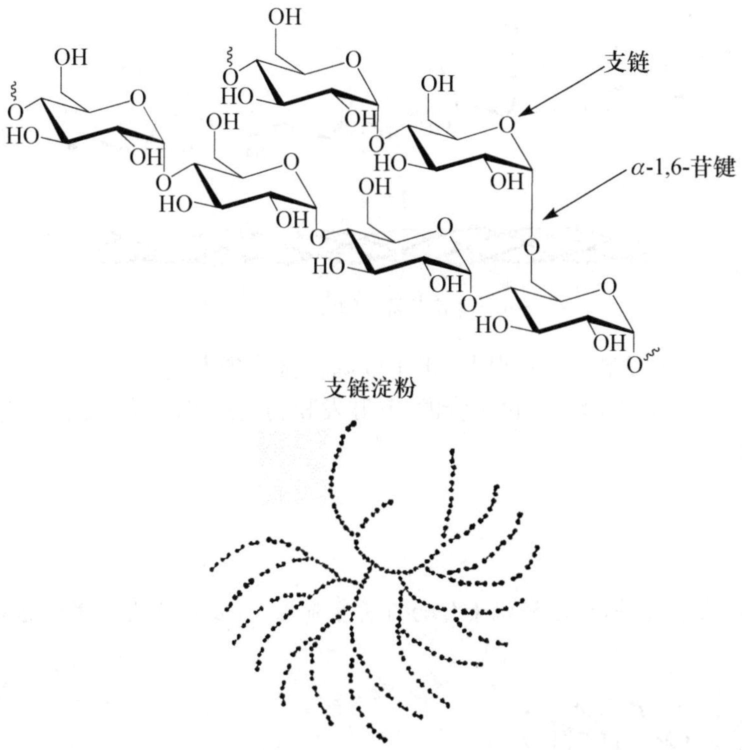

α-1,6-苷键

支链

支链淀粉

图 16-5 支链淀粉的结构

2. 纤维素

纤维素是自然界中分布最广的多糖,它是地球上最丰富的有机化合物,是植物细胞壁的主要成分和构成植物组织的基础,广泛分布于棉花(约 90%)、亚麻(约 80%)、木材(约 50%)、竹子、芦苇、稻草、野草等植物中。

纤维素与淀粉一样是由葡萄糖组成的高分子化合物。纤维素分子是由成千上万个 D-葡萄糖以 β-1,4-苷键连接而成的线形分子,在纤维素结构中一般无支链。与直链淀粉不同,纤维素分子不卷曲成螺旋状,而是纤维素链间借助分子间氢键互相扭合形成像绳索一样的结构(图 16-6)。

纤维素是白色固体,机械强度大,不溶于水和有机溶剂,不具有还原性。人类消化道内缺乏能够水解 β-1,4-葡萄糖苷键的酶,因此不能将它分解为葡萄糖而利用。但它具有刺激胃肠蠕动,促进排便及保持胃肠道微生物平衡等作用,所以人们在膳食中也要摄入一定的纤维素。草食动物(如牛、马、羊等)的消化道中的微生物有这种酶,它们可以消化纤维素而获得营养。

纤维素除可以直接用于纺织、造纸工业外,还可把它变成某些衍生物加以利用。例如,纤维素与乙酸酐和硫酸作用,分子中的醇羟基发生乙酰化反应,生成纤维素的乙酸酯,可用来制造胶片、人造丝和塑料等。纤维素用氯代乙酸处理可以生成羧甲基纤维素,羧甲基纤维素可作牙膏稳定剂、合成洗涤剂填料,代替淀粉作纺织品上浆剂以及黏合剂等。

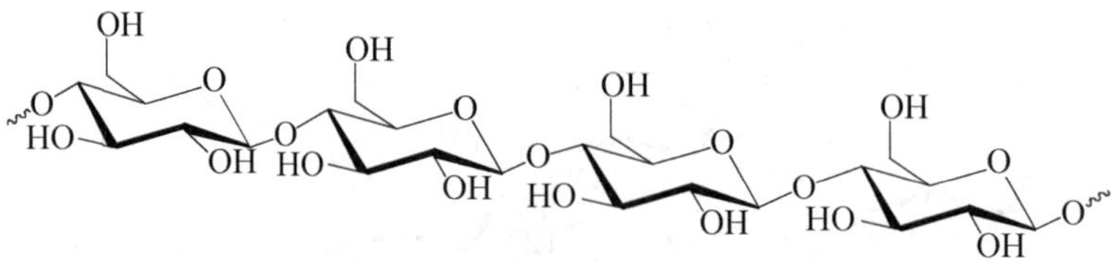

纤维素

图 16-6　绞成绳索状的纤维素长链结构

随着人类社会的发展,开发利用可再生资源日益受到人们的重视。纤维素作为地球上分布广泛、含量丰富的绿色可再生资源,其开发和利用技术的研究已经成为世界化学与化工领域的新热点。

问题与思考 16-5

通过查阅文献资料,综述纤维素作为可再生资源,可以被开发利用的途径。

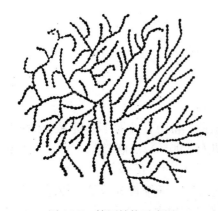

图 16-7　糖原结构示意图

3. 糖原

糖原又称动物淀粉,人体中约含 400 g 糖原,糖原以颗粒形式存在于肝细胞(肝糖原)和肌肉(肌糖原)中。

糖原也是由 D-葡萄糖通过 α-1,4-苷键和 α-1,6-苷键连接成的多糖,与支链淀粉类似,但分支程度更高,支链更多、更短,每条短支链含 12~18 个葡萄糖单位,结构更为复杂,相对分子质量高达 1×10^8(图 16-7)。

糖原为无定形粉末,不溶于冷水,易溶于热水,其水溶液与碘显棕红色。糖原能被 α-淀粉酶水解。

淀粉和糖原都可形成颗粒,其所占的空间小,非常适合于细胞内储存,并不会干扰细胞的渗透平衡。当生物体一旦不能从外界获得营养物质时,储存的淀粉或糖原就可在酶的作用下释放出葡萄糖,以供生物体能量消耗的需要。

4. 黏多糖

黏多糖(mucopolysaccharide)存在于许多结缔组织(如韧带、滑液等)中,它是组织间质、细胞间质及腺体分泌黏液的组成成分,常与蛋白质结合成黏蛋白。黏多糖属于杂多糖,其结构单元一般不止一种而有几种,如氨基己糖、己醛糖酸及其他己糖等,有的黏多糖还具有硫酸酯的结构。

1) 透明质酸

透明质酸(hyaluronic acid)是由 N-乙酰基-D-氨基葡萄糖和 D-葡萄糖醛酸组成的二糖单位聚合而成的直链多糖,其间的结合键为 β-1,4-及 β-1,3-两种苷键。

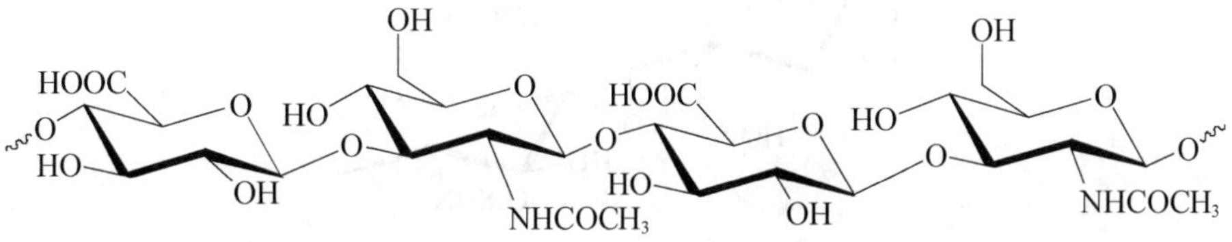

D-葡萄糖醛酸部分　　　　　　　　　　　N-乙酰基-D-氨基葡萄糖部分

透明质酸存在于人体结缔组织中,它还以与蛋白质相结合的方式存在于关节液及眼球玻璃体、角膜中,其主要功能为保护及润滑细胞,调节细胞在此黏弹性基质上的移动,稳定胶原网状结构及保护它免受机械性的破坏。有些细菌、恶性肿瘤及蛇毒中含有透明质酸酶,能使人体的透明质酸分解,黏度变小,病原体或病毒得以侵入和扩散。精子内也有透明质酸酶,它能使精子易于穿过黏液并进入卵子受精。因此,如设法抑制精子的透明质酸酶,有可能达到避孕的目的。

2) 硫酸软骨素

硫酸软骨素(chondroitin sulfate)广泛存在于人和动物软骨组织中。已知的硫酸软骨素有 A、B、C 三种。硫酸软骨素 A 的结构单元是 D-葡萄糖醛酸和 N-乙酰基-D-氨基半乳糖-4-硫酸酯,其结合键为 β-1,3-及 β-1,4-苷键。

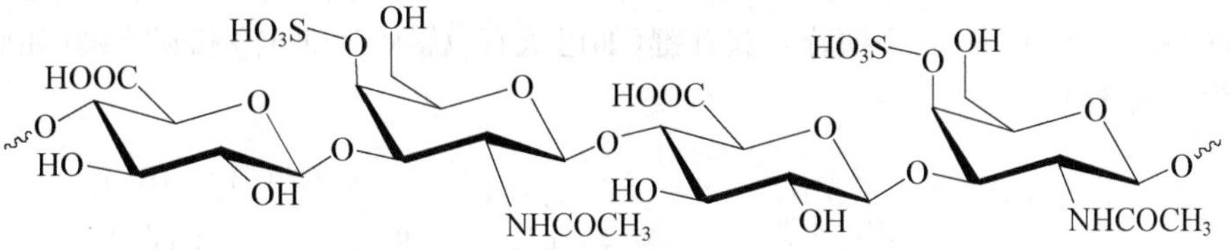

硫酸软骨素A

上述结构中,若将 D-葡萄糖醛酸换为 D-艾杜糖醛酸即为硫酸软骨素 B;若将 N-乙酰基-D-氨基半乳糖-4-硫酸酯换为 N-乙酰基-D-氨基半乳糖-6-硫酸酯,即为硫酸软骨素 C。

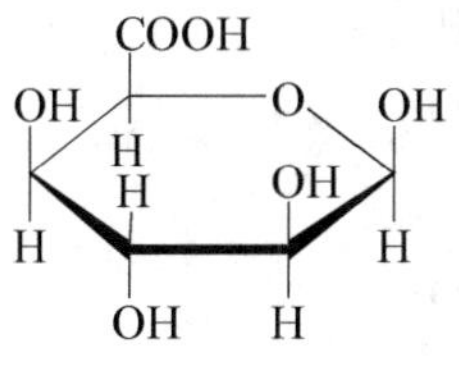

D-艾杜糖醛酸 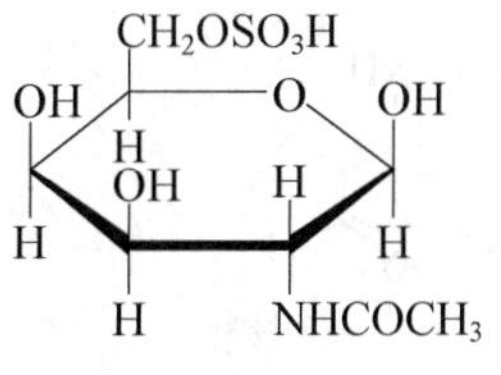　　　　　　　N-乙酰基-D-氨基半乳糖-6-硫酸酯

硫酸软骨素的钠盐是治疗偏头痛、神经痛和各种类型肝炎的药品,对大骨节病也有疗效。

3) 肝素

肝素(heparin)广泛存在于组织中,因肝脏中含量最多而得名。肝素是最有效的抗凝剂,能阻止血小板聚集,破坏并抑制凝血酶的形成及活性,并能促使纤维蛋白溶解。

肝素的相对分子质量约为 17000,结构单元是 D-葡萄糖醛酸-2-硫酸酯和 N-磺基-D-氨基葡萄糖-6-硫酸酯,苷键类型为 α-1,4-苷键。

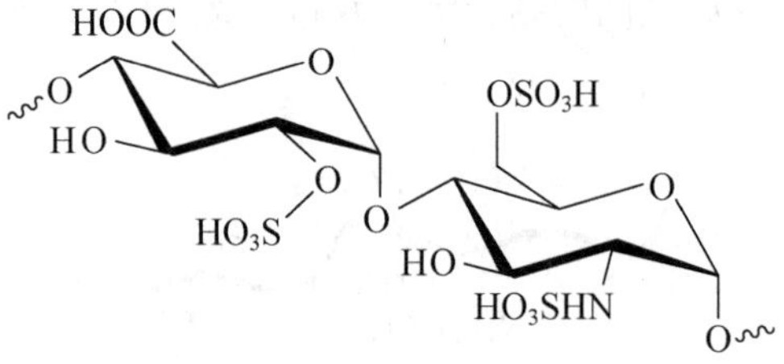

肝素

16.4　苷

苷是糖(或糖的衍生物,如糖醛酸)的半缩醛羟基与非糖化合物分子中的羟基、巯基(或氨基)脱水缩合而成的缩醛类衍生物。苷广泛存在于植物中,尤以高等植物中分布最为普遍。许多苷具有生理活性,传统中药中很多有效成分为糖苷类化合物。

苷按照半缩醛羟基类型可分为 α-苷和 β-苷两类。大多数植物中的苷是 β-苷,在氨基糖苷中却以 α-型较多。

糖苷多为 D 型糖衍生物,苷中糖的部分多为己糖,也有以低聚糖作为糖部分的苷,如洋地黄苷中的糖就是三糖。

糖与糖苷配基之间的结合键常见的是氧苷键,可称为 O-糖苷(如水杨苷)。也有一些硫苷键(如黑芥子苷,称为 S-糖苷)、氮苷键(如巴豆苷,称为 N-糖苷)和碳苷键(如肥皂草素,称为 C-糖苷)。

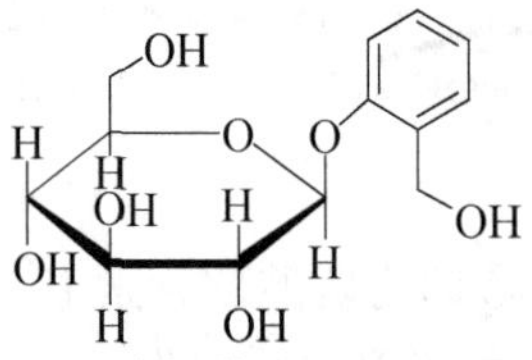

水杨苷 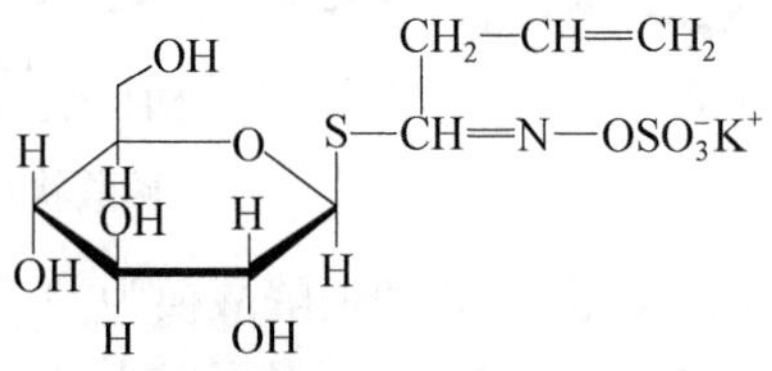　　　　黑芥子苷

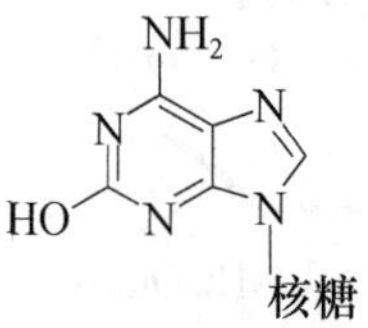

巴豆苷 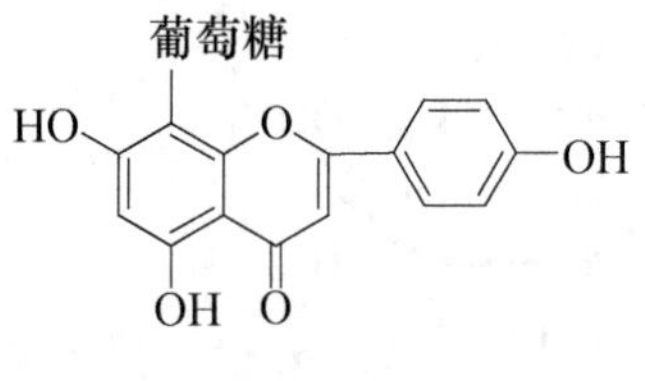　　　　肥皂草素

16.4.1　性质

糖苷是比较稳定的化合物,一般为无色结晶,很多糖苷都带有苦味。大多数糖苷能溶于水、乙醇、丙酮或其他有机溶剂。与游离态配基相比,糖苷的溶解度大得多,可利用这个

性质来增加糖苷配基的溶解度。

糖苷键的构型大多数为 β-型,易被酸和酶水解。在酶及适当温度(25～35 ℃)下,或在酸性溶液中加热时,苷水解为糖和糖苷配基两个部分。苷水解后,生理作用往往发生很大的变化。例如,洋地黄强心苷在水解后,效果明显降低。

苷都有旋光性,天然苷多呈左旋性。苷经水解后产生游离的单糖,常使水解后混合液的旋光性变为右旋。苷无还原性,水解后的溶液则有明显的还原性。这些特性可用于识别苷类。

向某些苷的水溶液或乙醇溶液中加入乙酸铅或碱式乙酸铅溶液后,苷即与其生成铅盐或复合物沉淀析出。这个特性可用来分离某些水溶性苷类。

16.4.2 重要的糖苷

1. 苦杏仁苷

苦杏仁苷(amygdalin)是中药杏仁中的一种有效成分,味苦,具有祛痰、止咳、平喘、润肺的作用。

苦杏仁苷

苦杏仁苷经酸或酶水解产生苯甲醛、氢氰酸和两分子葡萄糖。在木薯及其他一些植物中也含有这类能产生 HCN 的糖苷,故木薯在食用前必须用水久浸并煮熟以除去氢氰酸。

2. 水杨苷

水杨苷(salicin)存在于白杨树和柳树皮中,含量可达 7.5%,经酶水解产生葡萄糖与水杨醇,后者氧化为水杨酸。水杨苷易溶于乙醇,溶于碱溶液、吡啶和冰醋酸,不溶于乙醚、氯仿。其水溶液对石蕊试纸显示中性,有苦味。具有解热、镇痛及抗炎、抗风湿等作用。

3. 芸香苷

芸香苷(rutin,芦丁)大量存在于槐花及蒲公英花中,是黄色针状结晶。芸香苷是维生素 P 的主要成分之一,有防止血管发脆及降低血压作用,临床上可用于治疗因血管渗透不正常所引起的出血症。

芸香苷属于黄酮苷,其配基是类黄酮,水解后生成羟基黄酮、鼠李糖和葡萄糖。

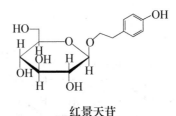

黄酮　　　　鼠李糖　　　　芸香苷

芸香苷与三氯化铁的水溶液作用呈绿色,加热时转为棕色,可用于鉴别芸香苷。

4. 红景天苷

红景天苷是从植物红景天中提取的一种有效成分,属于 β-葡萄糖苷。红景天苷可以增加肝糖原含量,提高红细胞和肝脏的过氧化物歧化酶活性,降低血浆、心肌及脑的过氧化脂质含量,有效地提高机体耐缺氧能力和抗疲劳能力,还具有抗衰老、抗病毒、抗炎等作用。

红景天苷

扫一扫　环糊精及其应用

小　结

　　糖类化合物是指多羟基醛或酮以及能水解生成这类物质的化合物,按水解情况可以分为三类:单糖、低聚糖和多糖。

　　单糖是不能水解的多羟基醛或酮。除丙酮糖外,单糖都有手性碳,具有不同数目的对映异构体。单糖的结构可用开链式、环状哈沃斯透视式表示,其构型常用D/L表示。在单糖开链结构和环状结构的平衡中,环状结构占绝对优势,单糖多以五元环的呋喃糖或六元环的吡喃糖形式存在。环状单糖根据半缩醛羟基的方向不同分为α-型、β-型,互称为端基异构体。对D型糖,半缩醛羟基在环平面上方的为β-型,在环平面下方的为α-型。

　　端基异构体在溶液中互相转变达到平衡会导致单糖的变旋光现象。单糖重要的化学性质有碱性条件下的差向异构化、氧化反应、成苷反应、成脎反应、酯化反应。

　　二糖是由两分子单糖通过苷键结合而成。重要的二糖有蔗糖、麦芽糖、乳糖。蔗糖由果糖和葡萄糖通过半缩醛羟基脱水形成苷键,蔗糖无还原性,无变旋光现象。麦芽糖由两分子葡萄糖通过α-1,4-苷键连接而成。乳糖由一分子半乳糖和一分子葡萄糖通过β-1,4-苷键连接而成。麦芽糖和乳糖都有还原性和变旋光现象。

　　多糖是多个单糖分子缩聚而成的高分子化合物。苷是糖的半缩醛(酮)羟基与非糖化合物分子中的羟基、巯基(或氨基)脱水形成的缩醛(酮)类衍生物。

主要反应总结

1. 单糖在浓酸中的脱水作用

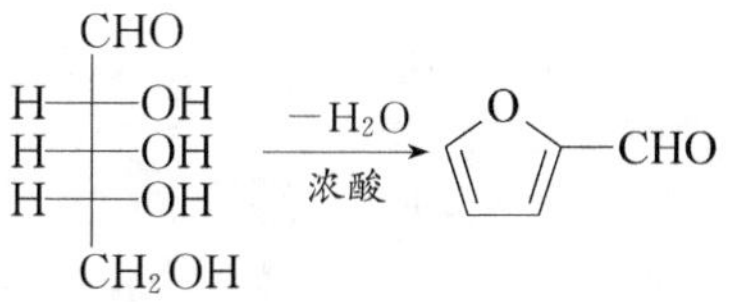

2. 氧化反应

　　在碱性条件下,与弱氧化剂(费林试剂、托伦试剂)反应,因单糖的差向异构化,产物复杂。

　　在弱酸性条件下,溴水能氧化醛糖,不能氧化酮糖,可利用此性质鉴别醛糖和酮糖。

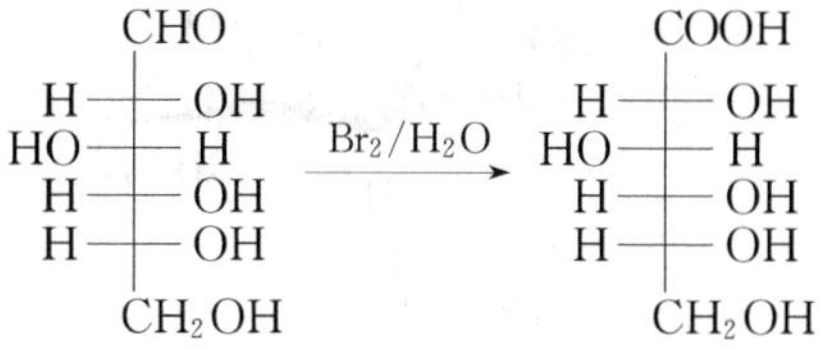

3. 成脎反应

成脎反应一般在羰基和具有羟基的 α-C 上发生。除 C_1、C_2 外,其他手性糖构型相同的单糖可以生成相同的糖脎。

4. 成苷反应

5. 酯化反应

习　题

1. 写出下列单糖的哈沃斯式。

　(1) α-D-呋喃甘露糖　　　　　　(2) β-D-吡喃半乳糖的 C_2 差向异构体

　(3) α-D-吡喃果糖　　　　　　　(4) β-D-呋喃果糖

2. 标出下列单糖的 α-、β-构型,并写出其 Fischer 投影式。

3. 写出下列糖的优势构象。

    (1) β-D-吡喃半乳糖　　　　　　　(2) α-D-吡喃艾杜糖

4. 写出 D-（＋）-半乳糖与下列试剂反应的产物。

    (1) 溴水　(2) 过量的苯肼　(3) 甲醇,干燥氯化氢　(4) 乙酸酐,无水氯化锌

5. 用化学方法鉴别下列各组物质。

    (1) 果糖、葡萄糖、淀粉、蔗糖

    (2) 葡萄糖、甲基葡萄糖苷、葡萄糖二酸

6. 葡萄糖在体内分解生成丙酮酸的过程,被称为葡萄糖的无氧氧化,又称糖酵解。此过程中,磷酸二羟基丙酮在丙糖磷酸异构酶的催化下,可与 3-磷酸甘油醛相互转变,请写出此反应的机理。

$$
\begin{array}{ccc}
\text{CH}_2\text{OH} & & \text{CHO} \\
| & & | \\
\text{C}{=}\text{O} & \underset{\text{丙糖磷酸异构酶}}{\rightleftharpoons} & \text{H}{-}\text{C}{-}\text{OH} \\
| & & | \\
\text{CH}_2\text{OPO}_3^{2-} & & \text{CH}_2\text{OPO}_3^{2-}
\end{array}
$$

7. 哪个糖的二酸与 D-葡萄糖二酸相同? 写出该糖的构造式。

8. 根据性质写出糖的结构式。

    (1) 一种糖和苯肼作用生成 D-葡萄糖脎,但不被溴水氧化。

    (2) 一种己醛糖用温热的稀 HNO_3 氧化,得到无光学活性的化合物。

    (3) 有三种单糖和过量苯肼作用后,得到同样晶形的糖脎,其中一种单糖的费歇尔投影式是

$$
\begin{array}{c}
\text{CHO} \\
\text{HO}{-}\!\!-\!\!{-}\text{H} \\
\text{H}{-}\!\!-\!\!{-}\text{OH} \\
\text{H}{-}\!\!-\!\!{-}\text{OH} \\
\text{H}{-}\!\!-\!\!{-}\text{OH} \\
\text{CH}_2\text{OH}
\end{array}
$$
。写出其他两种单糖的费歇尔投影式。

9. 某 D-戊醛糖 A,经 HCN 处理,稀 HCl 水解,再用稀 HNO_3 氧化,得到两个 D-己醛糖二酸 B 与 C 的混合物,其中 A 和 B 具有旋光性,而 C 无旋光性。试推断 A、B、C 的结构,并用反应式表示推断过程。

10. 某 D 型化合物 A,分子式为 $C_4H_8O_4$,具有旋光性,能与苯肼作用成脎。A 用硝酸氧化得分子式为 $C_4H_6O_6$ 的化合物 B,B 无旋光性。A 的同分异构体 C 具有旋光性,与苯肼作用生成相同的脎,C 的硝酸氧化产物 D 与 B 是差向异构体,且有旋光性。试写出 A、B、C、D 的构造式。

11. "零糖"饮料真的不含糖吗? 请去附近超市,调查"零糖"饮料里面添加了哪些甜味剂。通过查阅文献资料,列举出现有的甜味剂的种类和结构。甜味剂对健康是否有益? 请说出你的观点。

第 17 章 核 酸

  1868 年,瑞士科学家米歇尔(Miescher)从外科医院包扎伤口绷带的脓细胞核中提取了一种富含氮元素和磷元素的酸性物质。1872 年,他又从鲑鱼的精子细胞核中发现了类似物,随后在多种组织细胞中也发现了这类物质的存在。由于该物质都是从细胞核中分离出来的,当时称之为"核素"(nuclein),实际上是核蛋白。直到 1889 年,阿尔特曼(Altmann)得到了第一个不含蛋白质的核素,并将其命名为核酸(nucleic acid)。1944 年,埃佛雷(Avery)利用致病肺炎球菌中提取的脱氧核糖核酸(DNA),使另一种非致病性的肺炎球菌的遗传性发生改变,成为致病菌,从而证实 DNA 是遗传的物质基础。此后,大量的科学研究证实,生物体的生长、繁殖、变异和转化等生命现象都与核酸有关。1953 年,沃森(Watson)和克里克(Crick)提出了 DNA 的双螺旋结构模型,为从分子水平巧妙地解释遗传的奥秘奠定了基础,成为了现代分子生物学发展史上的里程碑。

  核酸对遗传信息的储存和蛋白质的合成起着决定性作用,它是一类非常重要的生物大分子化合物,与蛋白质一起被称为生命的物质基础。本章介绍核酸的化学组成、脱氧核糖核酸(DNA)和核糖核酸(RNA)的结构、核酸的理化性质等基础知识,为以后进一步学习核酸的代谢、基因表达调控及分子生物学技术奠定基础。

17.1 核酸的分类和组成

17.1.1 分类

  核酸根据分子中所含戊糖种类的不同分为脱氧核糖核酸(deoxyribonucleic acid,DNA)和核糖核酸(ribonucleic acid,RNA)。

  DNA 几乎全部集中在细胞核的染色体中,占总量的 98% 以上。此外,线粒体和叶绿体中也含有少量 DNA。它是生物体遗传信息的物质基础,能储存、复制和传递遗传信息。

  RNA 主要分布在细胞质中,它直接参与体内蛋白质的合成。不同的 RNA 对蛋白质合成的作用不同。RNA 按其功能的不同可分为三大类:

  (1) 核糖体 RNA(ribosomal RNA,rRNA),约占 RNA 总量的 80%,它与蛋白质结合构成核糖体的骨架。它是蛋白质多肽合成的"装配机"。参与蛋白质合成的各种成分最终必须在核蛋白体上将氨基酸按特定顺序合成多肽链。

  (2) 信使 RNA(messenger RNA,mRNA),约占 RNA 总量的 5%。mRNA 是合成蛋白质的模板,在合成蛋白质时,氨基酸的排列顺序是由 mRNA 提供的信息决定的。

  (3) 转运 RNA(transfer RNA,tRNA),约占 RNA 总量的 15%,主要功能是转运氨基酸,氨基酸由各自特异的 tRNA"搬运"到蛋白质的合成场所——核糖体,才能"组装"成蛋白质。

17.1.2 核酸的化学组成

核酸中主要含有碳、氢、氧、氮和磷等元素。核酸中的含磷量较高且恒定,为 9%～10%,故常用含磷量来表示核酸的含量。

核酸是一种多聚化合物,它的基本结构单位是核苷酸(nucleotide)。由于核酸是由几百万甚至几千万个核苷酸聚合而成的生物大分子,所以又称多聚核苷酸(polynucleotide)。核苷酸由核苷(nucleoside)和磷酸组成,而核苷可以分解成碱基(base)和戊糖(pentose)(图 17-1)。

$$\text{核酸} \xrightarrow{\text{水解}} \text{核苷酸} \xrightarrow{\text{水解}} \begin{cases} \text{磷酸} \\ \text{核苷} \begin{cases} \text{戊糖(D-核糖或 D-脱氧核糖)} \\ \text{碱基(嘧啶类碱和嘌呤类碱)} \end{cases} \end{cases}$$

图 17-1 核酸的水解产物

DNA 和 RNA 的区别在于所含戊糖的种类不同,它们的名称脱氧核糖核酸和核糖核酸即是根据它们所含的戊糖类型而来的。DNA 中的戊糖是 β-D-2-脱氧核糖,RNA 中所含的戊糖是 β-D-核糖,它们在核酸中均以呋喃糖态存在(图 17-2)。

β-D-2-脱氧核糖(DNA中的糖) β-D-核糖(RNA中的糖)

图 17-2 DNA 与 RNA 中戊糖的结构

问题与思考 17-1

指出 β-D-2-脱氧核糖和 β-D-核糖中的半缩醛羟基,并说出它们的化学反应。

构成核苷酸的五种主要碱基都是含氮杂环化合物,分属嘌呤碱(purine)和嘧啶碱(pyrimidine)。

嘌呤碱是嘌呤的衍生物。核酸中常见的嘌呤有两种:腺嘌呤(adenine,A)和鸟嘌呤(guanine,G),它们在 DNA 和 RNA 中都存在。

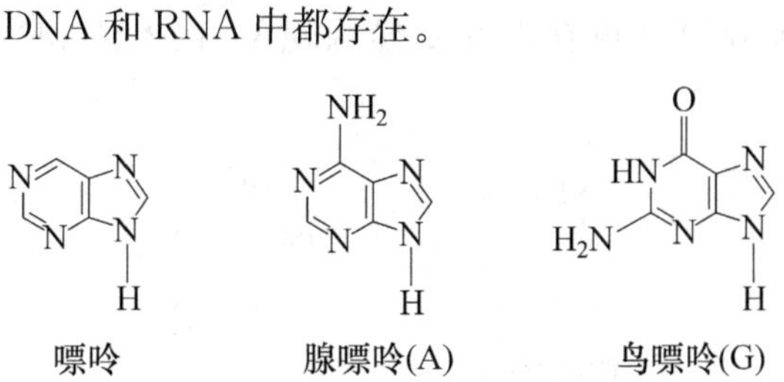

嘌呤   腺嘌呤(A)   鸟嘌呤(G)

嘧啶碱是嘧啶的衍生物。核酸中常见的嘧啶有三种:胞嘧啶(cytosine,C)、胸腺嘧啶(thymine,T)和尿嘧啶(uracil,U)。胞嘧啶在 DNA 和 RNA 中均存在,而胸腺嘧啶仅存在于 DNA 中,尿嘧啶仅存在于 RNA 中。

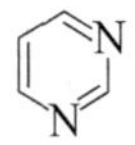

嘧啶 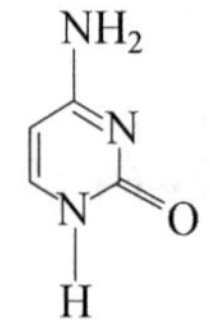   胞嘧啶(C) 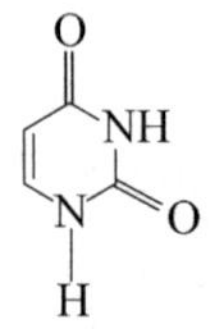   尿嘧啶(U) 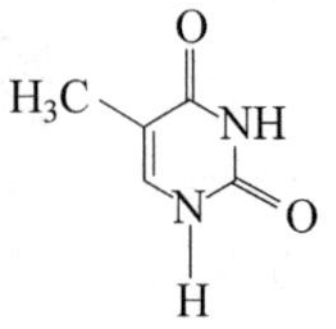   胸腺嘧啶(T)

换言之,DNA 和 RNA 除了所含戊糖的种类不同以外,它们所含的碱基也有差别。DNA 中含有胸腺嘧啶而无尿嘧啶,RNA 则相反。

当杂环上连有双键氧原子时,碱基可发生酮式-烯醇式互变异构,在人体 pH 条件下,其酮式结构占优势。

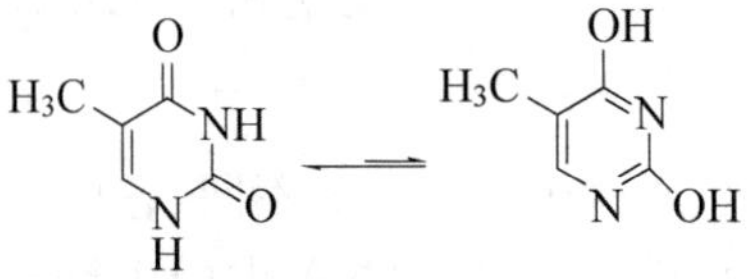

胸腺嘧啶(T)

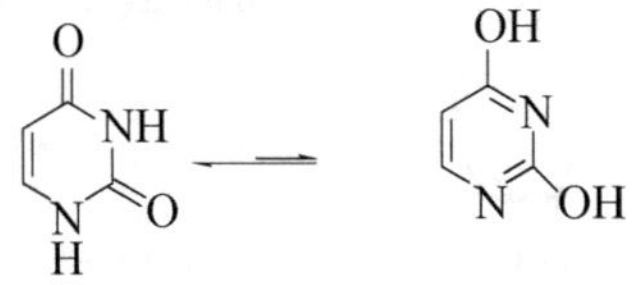

尿嘧啶(U)

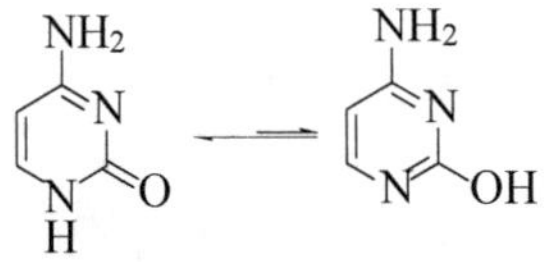

胞嘧啶(C)

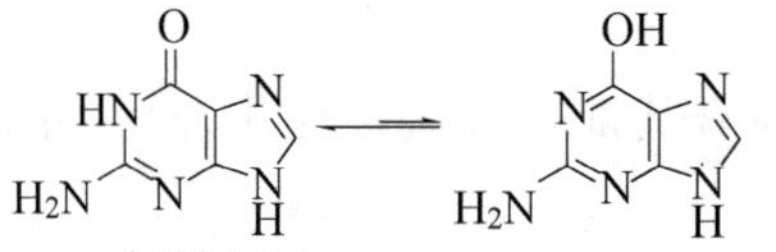

鸟嘌呤(G)

另外,碱基中氨基-亚氨基也存在互变异构现象,在人体 pH 的条件下,以氨基式为主。

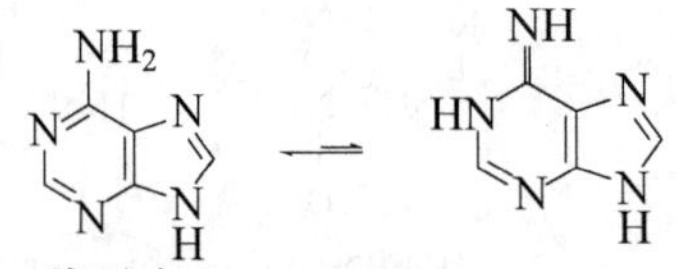

腺嘌呤(A)

除上述嘧啶碱与嘌呤碱外,核酸中还有一些含量较少的碱基,称为稀有碱基(rare bases),见表 17-1。稀有碱基多数是主要碱基的甲基衍生物。tRNA 往往含有较多的稀有碱基,有的 tRNA 含有的稀有碱基达到 10%。稀有碱基对核酸的生物学功能具有极其重要的作用。

表 17-1 核酸中的稀有碱基

DNA	RNA
尿嘧啶(U)	1-甲基鸟嘌呤(m^1G 或 GMe)
5-羟甲基尿嘧啶(hm^5U)	5-甲基尿嘧啶(胸腺嘧啶,T)
	N^2-甲基鸟嘌呤(m^2G 或 GMe)
5-甲基胞嘧啶(m^5C)	1-甲基腺嘌呤(m^1A 或 AMe)
	2-甲基腺嘌呤(m^2A 或 AMe)
5-羟甲基胞嘧啶(hm^6C)	N^2,N^2-二甲基鸟嘌呤(m_2^2G 或 GMe)
	N^6,N^6-二甲基腺嘌呤(m_2^6A 或 AMe)
	N^6-异戊烯基腺嘌呤(iA 或 Aisop)
N^6-甲基腺嘌呤(m^6A)	次黄嘌呤(Ⅰ)
(6-甲氨基嘌呤)	N^4-乙酰基胞嘧啶(ac^4C)
	5,6-二氢尿嘧啶(hU 或 DHU)
	4-硫尿嘧啶(s^4U)

17.2 核苷和核苷酸的结构及命名

17.2.1 核苷的结构及命名

核苷是由戊糖 $C_{1'}$(为了区别碱基和戊糖中原子的位置,戊糖中碳原子的编号用撇号表示)上的半缩醛羟基与嘌呤碱的 N_9 或嘧啶碱的 N_1 上的氢原子脱水缩合而成的氮苷,核苷中的糖苷键均为 β-糖苷键(图 17-3)。

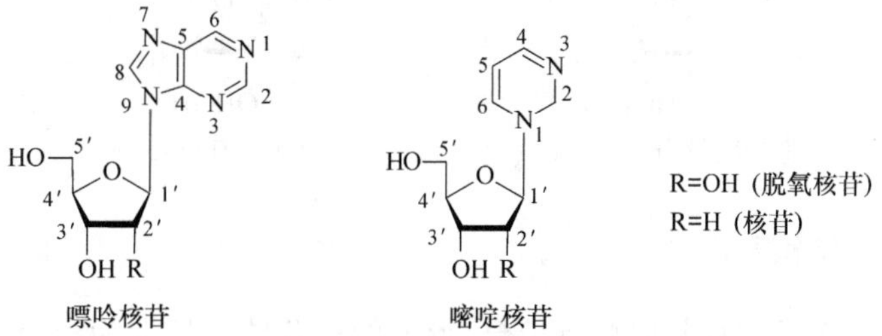

图 17-3 核苷的结构

核苷的名称取决于其结构中的碱基和戊糖。如果戊糖是核糖,则在碱基名称后加词尾"核苷"即可。例如,核糖与腺嘌呤生成的核苷称为腺嘌呤核苷,简称腺苷;如果戊糖是脱氧核糖,则在碱基的名称后加词尾"脱氧核苷"。例如,脱氧核糖与胞嘧啶生成的核苷称为胞嘧啶脱氧核苷,简称脱氧胞苷。

DNA 中常见的核苷结构和名称如下:

腺嘌呤脱氧核苷（deoxyadenosine）　　　　鸟嘌呤脱氧核苷（deoxyguanosine）

胞嘧啶脱氧核苷（deoxycytidine）　　　　胸腺嘧啶脱氧核苷（deoxythymidine）

RNA 中常见的核苷结构和名称如下：

腺嘌呤核苷（adenosine）　　　　鸟嘌呤核苷（guanosine）

胞嘧啶核苷（cytidine）　　　　尿嘧啶核苷（uridine）

17.2.2　核苷酸的结构及命名

磷酸和核苷中戊糖的羟基以酯键结合，形成的核苷磷酸酯即为核苷酸。核苷酸的核糖有 3 个自由的羟基，可与磷酸酯化分别生成 $2'$-、$3'$-和 $5'$-核苷酸。脱氧核苷酸的脱氧核糖只有 2 个自由的羟基，只能分别生成 $3'$-和 $5'$-脱氧核苷酸。因此，核苷酸的命名除要包含核苷的种类外，还要指明磷酸与核苷相连的位置，如腺苷-$3'$-磷酸和腺苷-$5'$-磷酸。

腺苷-3′-磷酸　　　　　　　腺苷-5′-磷酸

生物体内的核苷酸多为核苷-5′-磷酸。常见的核苷酸如腺苷酸(adenosine mono-phosphate，AMP)、脱氧腺苷酸(deoxyadenosine monophosphate，dAMP)、鸟苷酸(guanosine monophosphate，GMP)、脱氧鸟苷酸(deoxy guanosine monophosphate，dGMP)、胞苷酸(cytidylate monophosphate，CMP)、脱氧胞苷酸(deoxy cytidylate mono-phosphate，dCMP)、尿苷酸(uridine monophosphate，UMP)、脱氧胸苷酸(deoxy thymi-dine monophosphate，dTMP)，均指相应的核苷通过戊糖 C_5 上的羟基与磷酸形成的酯。

核苷酸中的磷酸基还可以继续与另外一分子或两分子磷酸形成酸酐，这样形成的分子称为核苷二磷酸或核苷三磷酸，它们在生物细胞中往往以游离形式存在，很多都具有重要的生理功能。例如，腺苷酸可以进一步与磷酸形成腺苷-5′-二磷酸(简称腺二磷，adeno-sine diphosphate，ADP)和腺苷-5′-三磷酸(简称腺三磷，adenosine triphosphate，ATP)。

腺苷二磷酸(ADP)　　　　　　　　　腺苷三磷酸(ATP)

ADP 和 ATP 中的焦磷酸酯键含有较高的能量，称为高能磷酸键(用"～～"表示)。高能磷酸键水解时释放出的能量为 $30\ kJ\cdot mol^{-1}$，而直接与核苷生成的磷酸酯键只能放出 $14\ kJ\cdot mol^{-1}$ 的能量。物质代谢所产生的能量使 ADP 与磷酸作用生成 ATP，这是生物体内储能的一种方式。ATP 分解又释放能量，放出的能量可以支持生理活动(如肌肉的收缩)，也可以促进生物化学反应(如蛋白质的合成)。所以，ATP 被看成是生物体内的能源库，是体内所需能量的主要来源。

除 ADP 和 ATP 外，生物体中的其他 5′-核苷酸和 5′-脱氧核苷酸也可以分别进一步磷酸化为相应的核苷二磷酸与核苷三磷酸和脱氧核苷二磷酸与脱氧核苷三磷酸。各种核苷三磷酸化合物(可简称 ATP、CTP、GTP 和 UTP)是体内 RNA 合成的直接原料，而各种脱氧核苷三磷酸化合物(可简称 dATP、dCTP、dGTP 和 dTTP)则是 DNA 合成的直接原料。有的核苷三磷酸还具有重要的生理功能。例如，鸟苷三磷酸(GTP)参与蛋白质的合成；尿苷二磷酸(UDP)作为葡萄糖的载体参与多糖的合成；而胞苷三磷酸(CTP)在磷脂的生物合成中起重要作用。

其他以游离形式存在的核苷酸还包括环化核苷酸、烟酰胺腺嘌呤二核苷酸、烟酰胺腺嘌呤二核苷酸磷酸、黄素单核苷酸、黄素腺嘌呤二核苷酸和辅酶 A 等,它们普遍存在于生物体内,含量虽然较少,却有非常重要的生理功能。例如,$3',5'$-环腺苷酸和 $3',5'$-环鸟苷酸能够放大或缩小激素信号,在生命的代谢调节中有重要作用,被称为"第二信使"。

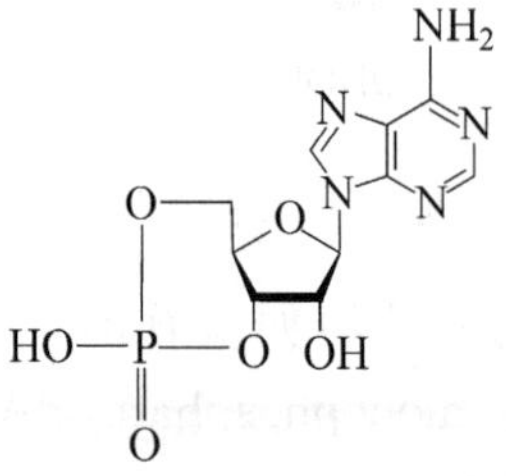

环腺苷酸(cAMP) 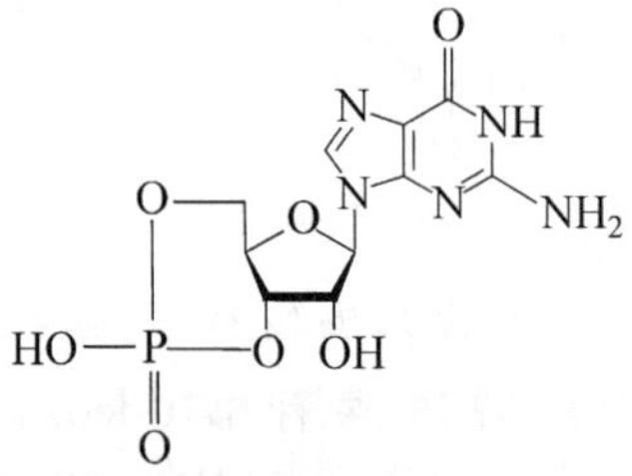　　　　　环鸟苷酸(cGMP)

17.3　核酸的结构

17.3.1　核酸的一级结构

核苷酸可以通过戊糖的 $3'$-羟基与另一个核苷酸的 $5'$-磷酸形成磷酯键,然后第二个核苷酸上的 $5'$-磷酸基再与下一个核苷酸的 $3'$-羟基形成磷酯键,如此反复进行,最终形成没有支链的核酸大分子。核酸链的一端是一个游离的 $5'$-磷酸基,称为 $5'$-端,另一端是游离的 $3'$-羟基,称为 $3'$-端。

核酸的一级结构是指组成核酸的核苷酸的排列顺序和连接方式,通常称为核苷酸序列。图 17-4 是 DNA 和 RNA 中部分核苷酸链结构。

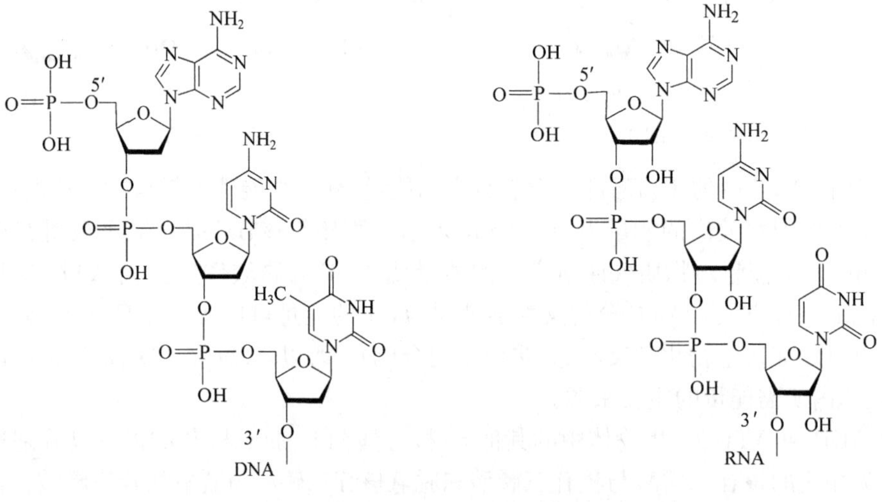

图 17-4　DNA 和 RNA 一级结构片段示意图

这种表示方法较为直观,碱基的种类、排列顺序、磷酸二酯键的连接关系一目了然,但书写麻烦。由于核苷酸的差异主要是碱基不同,所以又可称为碱基序列。书写碱基的顺序通常是从 5′-端到 3′-端。因此其结构一般用简化方式表示。

一种方法是用线条式缩写法。在线条式缩写法中,人们用 P 表示磷酸,碱基分别用 A、C、T、G、U 表示。用竖线表示核糖的碳链,竖线上端标出碱基,P 引出的斜线一端与 C$_{3'}$ 相连,另一端与 C$_{5'}$ 相连。图 17-4 中 DNA 和 RNA 的结构片段可以简化为

DNA片段　　　　　　　　　　　RNA片段

另一种简化的书写方法是字符式。书写时用英文大写字母代表碱基,用小写字母 p 代表磷酸残基。核酸分子中的糖基、糖苷基和磷酸二酯键均省略不写,将碱基和磷酸残基相间排列即成。上式中 DNA 和 RNA 一级结构片段的线条式缩写法可进一步简化为

　　　　　　DNA　　5′pApCpTOH 3′　　　　　　　RNA　　5′pApCpUOH 3′

如果我们仅关心碱基顺序,还可以写成

　　　　　　DNA　　5′ACT 3′或 A-C-T　　　　　　RNA　　5′ACU 3′或 A-C-U

问题与思考 17-2

试用其他表示方法表示 5′ACTGCTAAC 3′。

17.3.2　DNA 双螺旋结构

20 世纪 50 年代初,查尔伽夫(Chargaff)等应用层析法对多种生物 DNA 的碱基组成进行了分析,发现 DNA 中的腺嘌呤的数目与胸腺嘧啶的数目相等,胞嘧啶的数目和鸟嘌呤的数目相等。维尔金斯(Wilkins)和富兰克林(Franklin)则发现不同来源的 DNA 纤维具有相似的 X 射线衍射图谱,这说明 DNA 可能有共同的分子模型。

1953 年,美国的沃森和英国的克里克根据 DNA 的组成特点和 X 射线衍射分析结果,提出了著名的 DNA 双螺旋结构模型(图 17-5)。DNA 双螺旋结构模型的提出揭示了遗传信息稳定传递中 DNA 半保留复制的机制,从本质上揭示了生物遗传性状得以世代相传的分子奥秘,是分子生物学发展的里程碑。其基本要点如下:

(1) 两条 DNA 互补主链反向平行。DNA 分子由两条脱氧核苷酸链组成,这两条链围绕同一个“中心轴”向右盘绕形成右手螺旋结构,螺旋直径为 2 nm,盘绕形成大、小两种沟。两条链的走向相反,一条是 5′→3′走向,另一条是 3′→5′走向。

(2) 双螺旋以两条多核苷酸链的脱氧核糖基和磷酰基为骨架。脱氧核糖基和磷酰基位于螺旋外侧,碱基位于螺旋内侧,它们垂直于螺旋轴,通过糖苷键与主链相连。相邻碱基对平面间的距离(碱基堆积距离)是 0.34 nm,每个碱基的旋转角度为 36°,每圈双螺旋包含 10 个碱基对,螺旋上升一圈的高度为 3.4 nm。

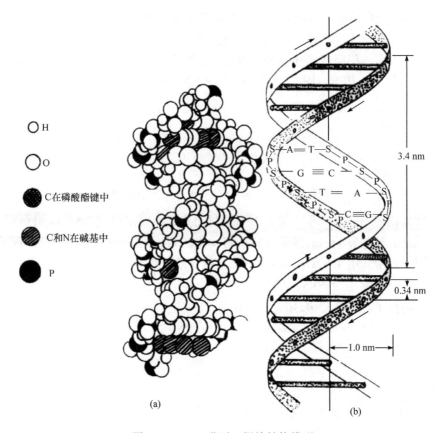

图 17-5　DNA 分子双螺旋结构模型

（3）碱基配对具有规律性。两条脱氧多核苷酸链通过碱基之间的氢键连接在一起。碱基之间有严格的配对规律：A 与 T 配对，其间形成两个氢键；G 与 C 配对，其间形成三个氢键（图 17-6）。这种配对规律称为碱基互补配对原则。由于两条链中的碱基互补，所以这两条链又称互补链。这样，一条链上的碱基顺序就决定了其互补链上的碱基顺序。这对生物的生长、遗传等过程具有极为重要的意义。

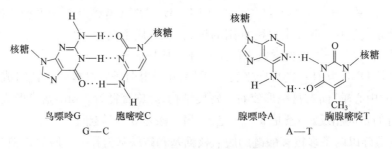

图 17-6　DNA 分子中的碱基配对关系

（4）DNA 结构比较稳定。DNA 中的嘌呤与嘧啶碱基形状扁平，呈疏水性，分布于双螺旋结构内侧。大量碱基层层堆积，相邻两碱基的平面十分贴近，使双螺旋结构内部形成一个强大的疏水区,与介质中的水分子隔开。碱基对之间的能量(范德华力)仅为 $5\sim10$ kJ·mol^{-1},作用范围为 0.5 nm。虽然这种能量在单独存在时较小,但在 DNA 的双螺旋结构中,所有的碱基对都互相平行且垂直于中心轴,这样沿中心轴堆积的碱基对之间的范德华力总和(称为碱基堆积力)就比较大。碱基堆积力是维系 DNA 二级结构的主要作用力。同时,互补碱基对之间的氢键对维系 DNA 的二级结构也有一定的贡献。

DNA 双螺旋模型最主要的成就是引出"互补"(碱基配对)概念。根据碱基互补原则,当一条多核苷酸的序列被确定以后,即可推知另一条互补链的序列。这就决定了 DNA 在控制遗传信息,从母代传到子代的高度保真性。在生物领域内,形形色色的遗传信息都由 A、T、G、C 四个碱基的顺序决定。

带有遗传信息的核苷酸序列称为基因(gene),它们是遗传、突变以及控制性状的基本单位。

DNA 复制、转录、反转录等的分子基础都是碱基互补。在 DNA 复制时,亲代 DNA 的双链先行解旋和分开,然后以每条链为模板,按照碱基配对原则,在这两条链上各形成一条互补链,这样亲代 DNA 的分子可以精确地复制成两个子代 DNA 分子(图 17-7)。每个子代 DNA 分子中,有一条链是从亲代 DNA 来的,另一条则是新形成的。

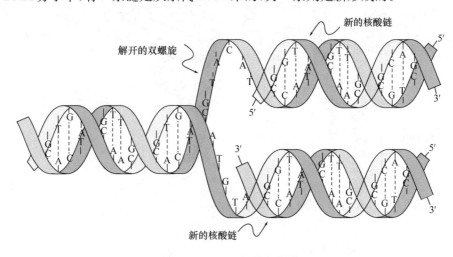

图 17-7　DNA 双螺旋复制模型

沃森和克里克的双螺旋结构是 DNA 分子在生理条件下的最稳定构象,称为B-DNA。在不同的条件下,还有其他构型,如左手螺旋的 Z-DNA 等。Z-DNA 与 B-DNA 的不同之处在于螺旋延长,直径变窄,主链中磷原子不是平滑延伸而是呈锯齿状排列。Z-DNA 结构可能与突变的发生有关,而从 B-DNA 到 Z-DNA 的结构改变可能是控制基因的复制和转录的因素之一。

问题与思考 17-3

　　DNA 亲子鉴定的理论依据是什么?

17.3.3 RNA 的二级结构

RNA 的二级结构不如 DNA 那样有规律。X 射线衍射及一些物理化学性质表明，多数 RNA 分子是单链。有些区段能发生自身回折盘绕，使部分碱基以 A—U、G—C 配对，形成短的不规则的双螺旋区。有些区段的碱基则未配对，这些非螺旋区的核苷酸使链成为小环，从螺旋区中突出，称为突环。在 RNA 中，对 tRNA 的研究较为深入，已发现的 tRNA 结构都非常相似，形状类似于三叶草，称为三叶草形结构（cloverleaf structure），如图 17-8 所示。

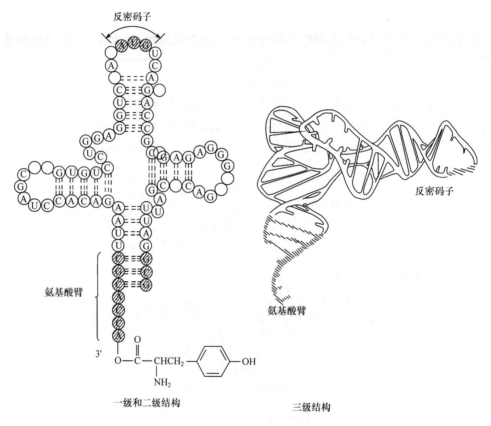

图 17-8　酪氨酸 tRNA 的三叶草形结构

tRNA 的三叶草形结构一般可分为四个双螺旋区和四个突环共八个结构区域。与氨基酸连接的部位为氨基酸臂，四个突环中的其中一个是带有反密码子的环。有关 RNA 的三级结构等知识将在生物化学课程中详细描述。

 酵母丙氨酸转移核糖核酸的人工全合成

17.4　核酸的性质

17.4.1　核酸的物理性质

DNA 为白色纤维状固体,RNA 为白色粉末状固体。它们都微溶于水,其钠盐在水中的溶解度较大。它们可溶于 2-甲氧基乙醇,但不溶于乙醇、乙醚和氯仿等一般有机溶剂。DNA 在 50％乙醇溶液中易沉淀,RNA 在 75％乙醇溶液中易沉淀。因此,常用乙醇从溶液中沉淀核酸。

DNA 是大分子化合物,相对分子质量在 10^6 以上,RNA 分子则比 DNA 分子小得多。核酸分子的大小可用长度、核苷酸对(或碱基对)数目、沉降系数(S)或相对分子质量等来表示。

核酸中的嘌呤和嘧啶碱基含有共轭基团,在 260 nm 处有较强的紫外吸收,这常用于核酸、核苷酸、核苷及碱基的定量分析。

核酸(特别是线形 DNA)分子极为细长,其直径与长度之比可达 $1:10^7$,因此核酸溶液的黏度很大,即使是很稀的 DNA 溶液也有很大的黏度。RNA 溶液的黏度要小得多。核酸若发生变性或降解,其溶液的黏度会降低。

17.4.2　核酸的两性电离及凝胶电泳

核酸既含有呈酸性的磷酸基团,又含有呈碱性的碱基,故为两性电解质。与蛋白质和氨基酸一样,核酸的结构与 pH 有关。调节 pH 可使核酸分子的酸性离解和碱性离解程度相等,这时核酸所带的正电荷与负电荷相等,主要以偶极离子的形式存在,此时核酸溶液的 pH 就称为核酸的等电点(pI)。因为磷酸是中等强度的酸,而碱基的碱性较弱,所以核酸等电点通常在较低的 pH 范围内。例如,酵母 RNA 的 pI 仅为 2.0～2.8。核酸在等电点时溶解度最小,利用此性质可分离核酸。

根据核酸的电离性质,用中性或偏碱性的缓冲液使核酸电离成阴离子,置于电场中便向正极移动,这就是电泳。凝胶电泳是当前核酸研究中最常用的方法。它具有简单、快速、灵敏、成本低等优点。常用的凝胶电泳有琼脂糖凝胶电泳和聚丙烯酰胺凝胶电泳。

17.4.3　核酸的变性和复性

在某些理化因素的作用下,DNA 分子中的碱基堆积力消失和氢键断裂,空间结构被破坏,从而引起理化性质和生物学功能的改变,这种现象称为核酸的变性(denaturation)。例如,把 DNA 的稀盐溶液加热到 80～100 ℃时,双螺旋结构即发生解体,两条链分开,形成无规则线团。一系列理化性质也随之发生改变:黏度降低,浮力密度升高,260 nm 处紫外吸收值升高等;同时改变二级结构,有时可以失去部分或全部生物活性。引起核酸变性的因素很多,如加热、酸碱、有机溶剂、酰胺、尿素等。

变性 DNA 在适当条件下，两条彼此分开的链重新缔合（reassociation）成为双螺旋结构的过程称为复性（renaturation）。DNA 复性后，许多理化性质又得到恢复，生物活性也可以得到部分恢复。

热变性 DNA 在缓慢冷却时可以复性，这种复性称为退火（annealing）。如果把热变性的 DNA 骤然冷却，DNA 就不能复性。因为温度过低，单链 DNA 分子失去碰撞的机会，不能复性，会保持单链变性的状态，这种处理过程称为淬火（quench）。

 聚合酶链式反应

17.4.4　核酸的杂交

不同来源的核酸变性后，合并在一起进行复性，只要它们存在大致相同的碱基互补配对序列，就可形成杂化双链，此过程称为杂交（hybridization）。杂交双链可以在 DNA 与 DNA 链之间，也可在 RNA 与 DNA 链之间形成。用同位素标记一个已知序列的寡核苷酸，通过杂交反应就可确定待测核酸是否含有与之相同的序列，这种被标记的寡核苷酸称为探针。杂交和探针技术在核酸结构和功能的研究、对遗传性疾病的诊断以及对肿瘤病因学和基因工程的研究中已有比较广泛的应用。

关　键　词

核酸　nucleic acid　436
脱氧核糖核酸　deoxyribonucleic acid,DNA　436
核糖核酸　ribonucleic acid,RNA　436
核苷酸　nucleotide　437
腺嘌呤　adenine　437
鸟嘌呤　guanine　437
胞嘧啶　cytosine　437

胸腺嘧啶　thymine　437
尿嘧啶　uracil　437
腺苷酸　adenosine monophosphate, AMP　441
脱氧腺苷酸　deoxyadenosine monophosphate,dAMP　441
三叶草形结构　cloverleaf structure　446
变性　denaturation　447

小　结

核酸是遗传的物质基础，可分为 DNA 和 RNA 两类。核酸的基本结构单元是核苷酸。DNA 水解的最终产物是磷酸、脱氧核糖和碱基 A、G、C、T；RNA 水解的最终产物是磷酸、核糖和碱基 A、G、C、U。核酸的一级结构是核酸分子中核苷酸排列顺序，又称核苷酸序列或碱基序列。各核苷酸之间通过 $3',5'$-磷酸二酯键相连接。

DNA 的二级结构是反向平行的右手双螺旋结构。两条链的碱基间遵守碱基互补规则，即 A 与 T 以两个氢键相连，G 与 C 以三个氢键相连。氢键和碱基堆积力是维系 DNA 二级结构的两种主要作用力。DNA 的双螺旋结构对维持遗传物质的稳定性和复制的准确性具有非常重要的作用。tRNA 的二级结构都呈三叶草形结构。变性作用是核酸的重要物理化学性质。

习　　题

1. 核酸完全水解后的产物有哪些？核酸可分为哪几类？
2. DNA 和 RNA 的水解产物有何不同？DNA 与 RNA 是否都具有旋光性？
3. 核酸的一级结构是什么？核苷酸之间主要连接方式是什么？
4. 写出下列化合物的结构式。
   (1) $2'$-脱氧鸟苷　　　　(2) 腺苷　　　　　　(3) 胞苷-$5'$-磷酸
   (4) 胸苷-$3'$-磷酸　　　(5) 6-巯基嘌呤　　　(6) 5-氟尿嘧啶
   (7) 碱基序列为胞-尿-腺的三聚核苷酸
5. 某 DNA 样品含有约 30% 的胸腺嘧啶和 20% 胞嘧啶，可能还含有哪些有机碱？含量为多少？
6. 一段 DNA 分子的碱基序列为 ATGGCAAGT，请写出与这段 DNA 链互补的碱基序列。
7. 维系 DNA 的二级结构稳定性的因素是什么？

第 18 章　维生素和辅酶

　　维生素(vitamin)是维持机体正常生命活动不可缺少的一类有机小分子化合物,大多数维生素不能在体内合成或合成量很少,必须从食物中获得。机体缺乏某种维生素时,可控物质代谢过程就会发生障碍,以致发生不同的维生素缺乏病,如夜盲症、脚气病、坏血病等。

　　维生素对物质代谢过程之所以重要,是因为多数的维生素作为辅酶的组成成分参与体内的代谢过程,如大部分 B 族维生素参与辅酶的构成。甚至有些维生素,如维生素 C 等,其本身就是辅酶。

18.1　维　生　素

18.1.1　维生素的分类

　　维生素种类很多,化学结构各异,它们都不属于同一类的化合物。有些是醇、酯,有些是酸、胺,还有些是酚和醛类,各自具有不同的理化性质和生理作用。通常根据其溶解性不同,分为脂溶性和水溶性两大类。脂溶性维生素有维生素 A、D、E、K 等,水溶性维生素有维生素 B、C 和 P 等。

18.1.2　维生素的结构和理化性质

1. 脂溶性维生素

　　脂溶性维生素包括维生素 A、D、E 和 K,是疏水性化合物,能溶解于脂肪,常随脂类物质吸收,在体内排泄较慢,主要储存于肝脏中,故不需每日供给。脂类吸收障碍和食物中长期缺乏可引起相应的缺乏症,而摄入过多时会导致在体内的蓄积而中毒。

　　1) 维生素 A

　　维生素 A 的结构为具有一个共轭多烯醇侧链的环己烯,有维生素 A_1(视黄醇,retinol)和维生素 A_2(3-脱氢视黄醇,3-dehydroretinol)(图 18-1)。从化学结构上看,两者侧链上的双键均为全反式构型,区别在于维生素 A_2 在环上比 A_1 多一个双键,其生理活性较维生素 A_1 小。一般维生素 A 即指维生素 A_1。

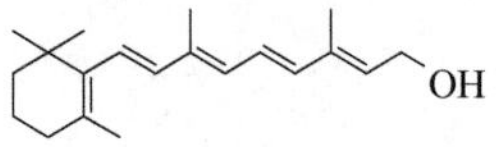

维生素A_1 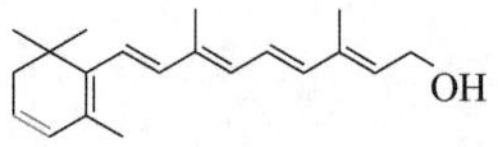　　　　　　　　　维生素A_2

图 18-1　维生素 A_1、A_2 的化学结构

维生素 A 与三氯甲烷、乙醚、环己烷或石油醚能以任意比例混合,在乙醇中微溶,在水中不溶。

维生素 A 结构中有多个不饱和键,性质不稳定,易被空气中氧或氧化剂氧化,特别在加热和金属离子存在时,更易氧化变质,生成无生物活性的环氧化合物、维生素 A 醛或维生素 A 酸。

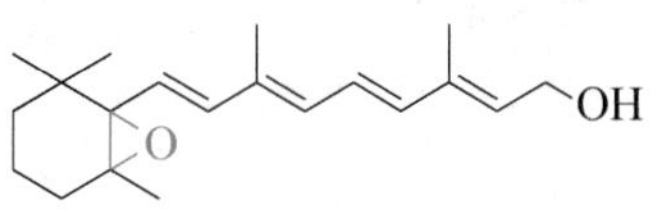

| 环氧化合物 | 维生素A醛 | 维生素A酸 |

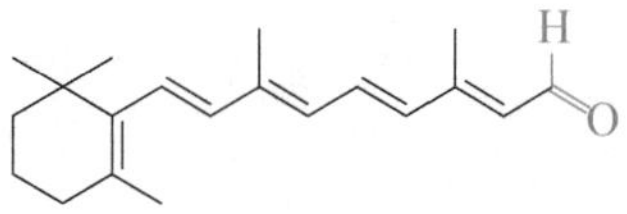

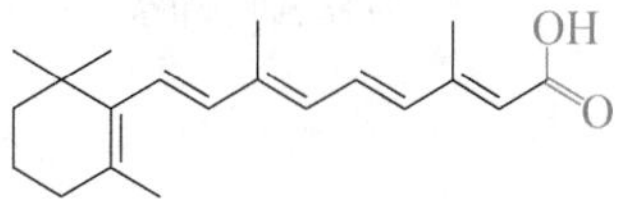

合成的维生素 A 和天然鱼肝油中的维生素 A 均为较稳定的酯式维生素 A。

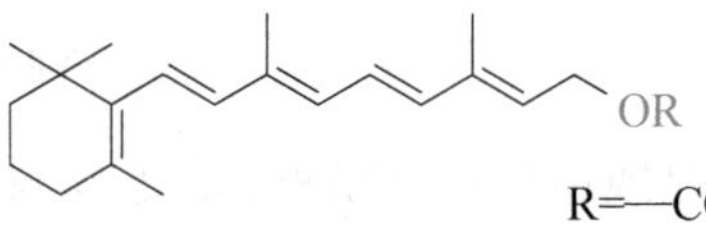

酯式维生素A₁　　R=—COCH₃乙酸酯
　　　　　　　　R=—COC₁₅H₃₁棕榈酸酯

临床上维生素 A 用于防治夜盲症、干眼症和蟾皮病等维生素 A 缺乏症,但若摄入过量会引发头痛、恶心、皮炎等中毒症状。

β-胡萝卜素(β-carotene,图 18-2)的结构与维生素 A 非常相似,是由两分子维生素 A 组成,在动物体内酶的作用下可以被氧化为维生素 A。因此,β-胡萝卜素也称维生素 A 原(provitamin A)。

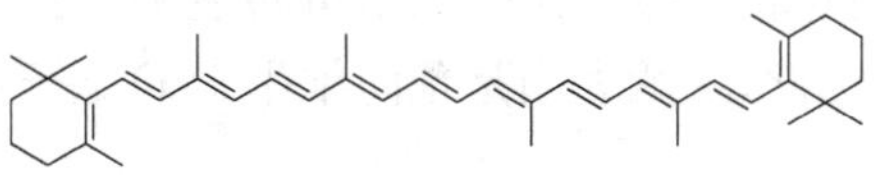

图 18-2　β-胡萝卜素的化学结构

问题与思考 18-1

一分子 β-胡萝卜素在体内可转化为两分子维生素 A,那么 1 μg β-胡萝卜素相当于 2 μg 维生素 A 的生物活性吗?

---

2) 维生素 D

维生素 D 结构不属于甾族化合物,但它可以由甾族化合物合成。其中以维生素 D_2 和 D_3 生物活性较高,两者结构相似,差别只是维生素 D_2 比 D_3 在侧链上多一个甲基和双键。

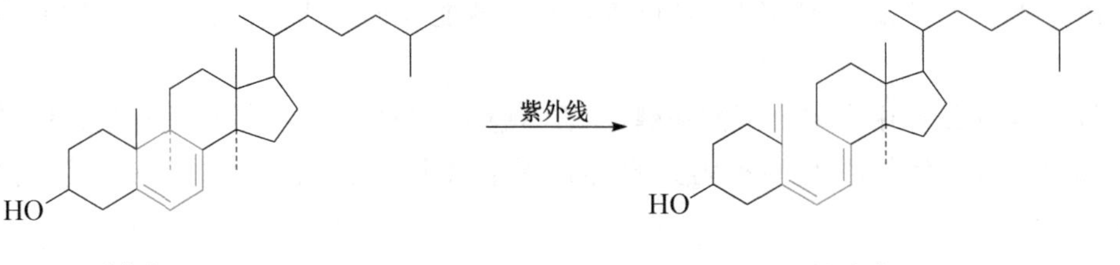

7-脱氢胆固醇　　　　　　　　　　　　　　　　维生素D₃

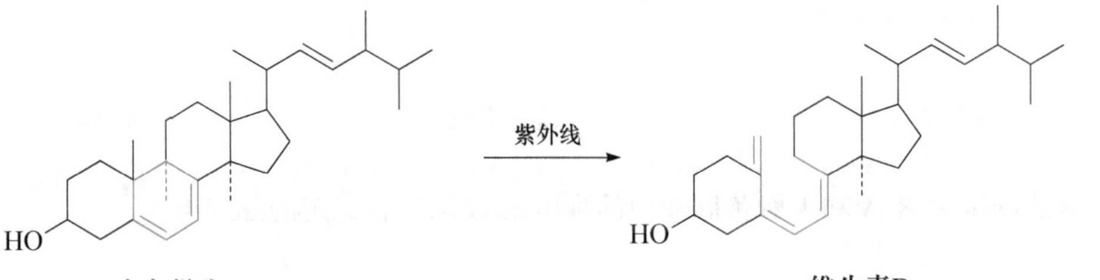

麦角甾醇　　　　　　　　　　　　　　　　维生素D₂

维生素 D_2 和 D_3 均为无色针状结晶或白色结晶粉末,无臭,无味;易溶于三氯甲烷、乙醇、丙酮或乙醚,植物油中略溶,水中不溶。

维生素 D_2 和 D_3 含有多个烯键,性质不稳定,遇光或空气及其他氧化剂均发生氧化变质,使效价降低,毒性增强。

维生素 D_2 具有 6 个手性碳原子,维生素 D_3 有 5 个手性碳原子,两者均具有旋光性。

缺乏维生素 D 时,钙、磷吸收减少,导致血钙、血磷浓度下降,影响骨、牙的正常发育。当严重不足时,儿童可患佝偻病,成人可患软骨病。因此,维生素 D 又称抗佝偻病维生素。

人体皮肤储存 7-脱氢胆固醇,经日光的照射可转变为机体可吸收的维生素 D_3,是人体维生素 D 的主要来源。因此,多晒太阳是预防维生素 D 缺乏的主要方法之一。

3）维生素 E

维生素 E 是苯并二氢吡喃醇衍生物,是与生殖功能有关的一类维生素,苯环上含有一个乙酰化的酚羟基,故又称生育酚（tocopherol）。天然存在的维生素 E 是几种生育酚的混合物,主要以 α-生育酚（图 18-3）为主,且其生理活性也最高。

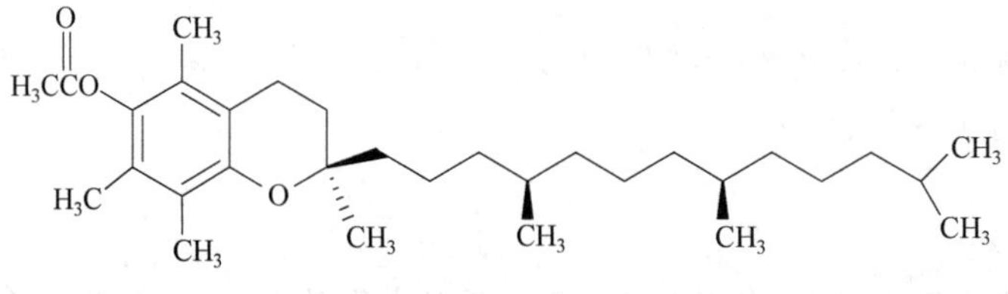

图 18-3　α-生育酚的化学结构

维生素 E 为微黄色或黄色透明的黏稠液体,在无水乙醇、丙酮、乙醚或植物油中易溶,在水中不溶。

维生素 E 对氧十分敏感,遇光、空气易被氧化,所以是一类有效的天然抗氧化剂,在体内可保护易氧化物质（如不饱和脂肪酸、维生素 A 等）,可用于延缓衰老。其氧化产物为有色的醌型化合物。

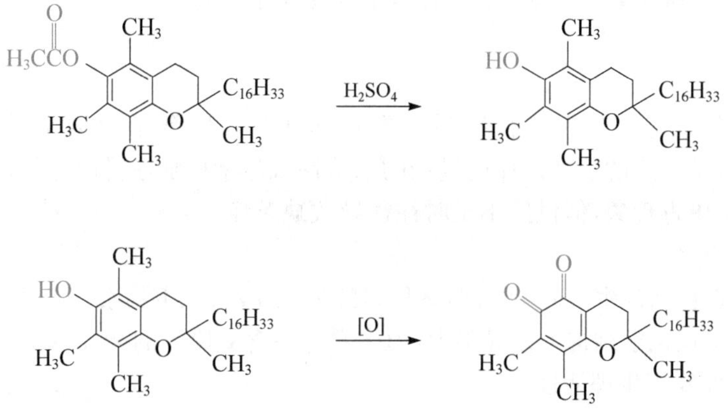

生育红(橙红色)

由于食物中维生素 E 来源充足,所以维生素 E 缺乏引起的疾病在临床上较少。但长期过量服用维生素 E 可产生眩晕、视力模糊,并会导致血小板聚集及血栓的形成等。

问题与思考 18-2

维生素 E 在碱性条件下,为什么氧化反应更易发生?

4) 维生素 K

维生素 K 是 2-甲基-1,4-萘醌的衍生物,是一类具有凝血功能的维生素总称,又称凝血维生素。主要有维生素 K$_1$、K$_2$、K$_3$ 等,区别在于 3-位上连有不同的取代基(图 18-4)。研究维生素 K 类结构的凝血作用时发现,2-甲基-1,4-萘醌具有更强的凝血能力,但其难溶于水,医药上常用其亚硫酸氢钠加成物,称为维生素 K$_3$。

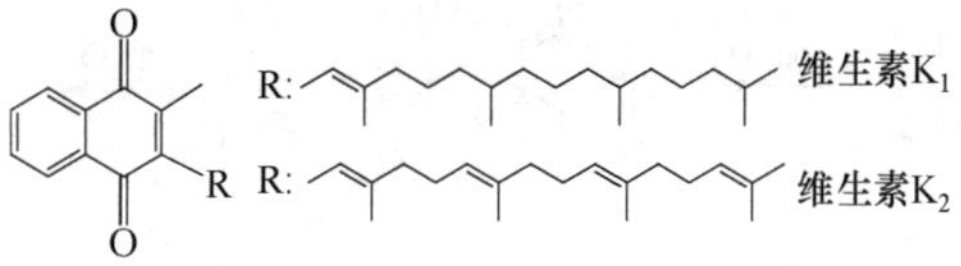

图 18-4 维生素 K$_1$、K$_2$ 的化学结构

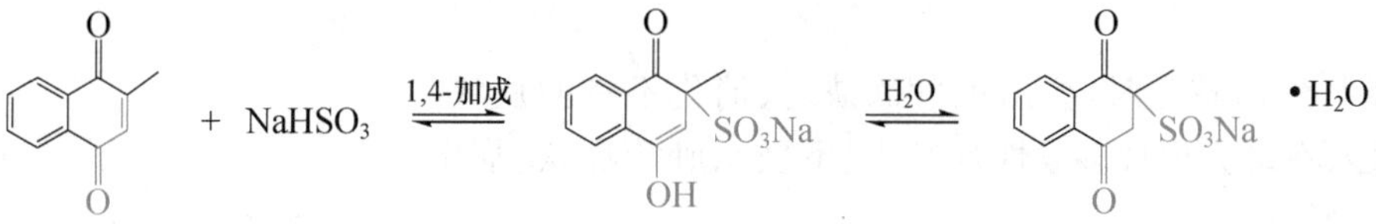

维生素 K$_1$ 为黄色油状液体,可由苜蓿中提取;维生素 K$_2$ 为黄色结晶,熔点 53.5～54.5 ℃,可从腐败的鱼肉中提取;维生素 K$_3$ 的熔点 105～107 ℃,可人工合成。

健康成人一般不会出现原发性维生素 K 缺乏症,但新生儿因肠道中细菌不足或吸收不良,有可能出现维生素 K 的缺乏,是临床上婴儿死于颅内出血的原因之一。

2. 水溶性维生素

水溶性维生素包括 B 族维生素、维生素 C 和维生素 P 等,在体内主要构成酶的辅助因子,直接影响某些酶的活性。体内过剩的水溶性维生素可随尿排出体外,很少蓄积在体内,一般不发生中毒现象,但供给不足时往往导致缺乏症。

1)B 族维生素

B 族维生素包括维生素 B_1、B_2、烟酸和烟酰胺、泛酸、B_6、生物素(B_7)、叶酸(B_{11})和 B_{12} 等。B 族维生素在化学结构上差异很大,但多数存在含氮原子的杂环,均可作为辅酶或辅酶的结构单元而发挥生理活性。

(1)维生素 B_1。

维生素 B_1 是由 2-甲基嘧啶-4-胺通过甲叉基与噻唑环相连而成的季铵类化合物(图 18-5),故又称硫胺素(thiamine),在体内转变为硫胺素焦磷酸酯(TPP),构成羧化酶的辅酶。

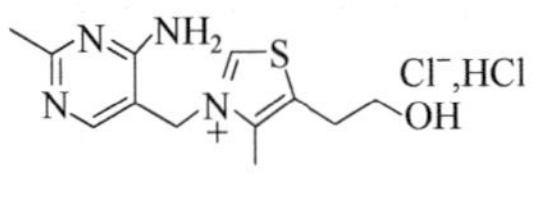

图 18-5　维生素 B_1 的化学结构

维生素 B_1 为白色结晶或结晶性粉末,易溶于水,微溶于乙醇。

维生素 B_1 噻唑环上季铵及嘧啶环上的氨基为两个碱性基团,可与酸成盐。分子结构中的嘧啶环和噻唑环可与某些生物碱沉淀试剂生成组成恒定的沉淀,可用于鉴别和含量测定。

硫色素反应为维生素 B_1 的专属性鉴别反应,噻唑环在碱性介质中可开环,再与嘧啶环上的氨基环合,经铁氰化钾等氧化剂氧化成具有荧光的硫色素(溶于正丁醇中呈蓝色荧光)。

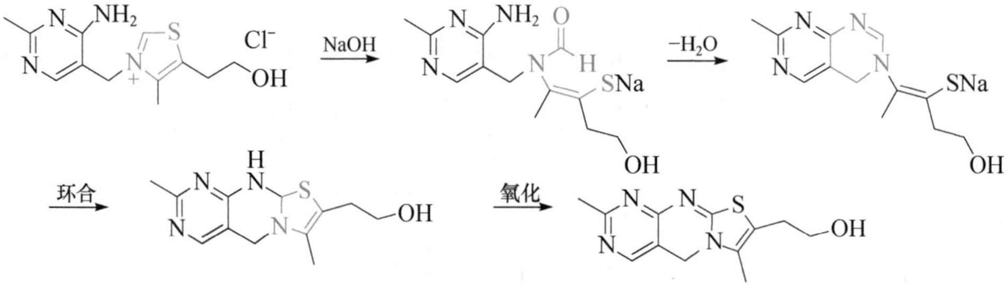

维生素 B_1 缺乏时,会出现食欲缺乏、消化不良的症状,长期摄入不足会出现多发性神经炎、下肢水肿等症状,临床上称为脚气病。

(2)维生素 B_2。

维生素 B_2 又称核黄素(riboflavine),为含核糖醇侧链的异咯嗪(或苯并蝶啶环)衍生物(图 18-6)。

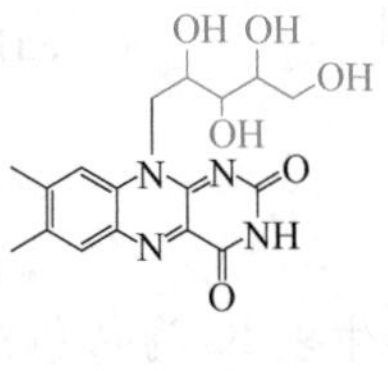

图 18-6　维生素 B_2 的化学结构

维生素 B_2 为橙黄色结晶性粉末,熔点约 200 ℃。微溶于水,乙醇、氯仿或乙醚中几乎不溶。

维生素 B_2 加酸或碱可由酮式结构转变为烯醇式结构。

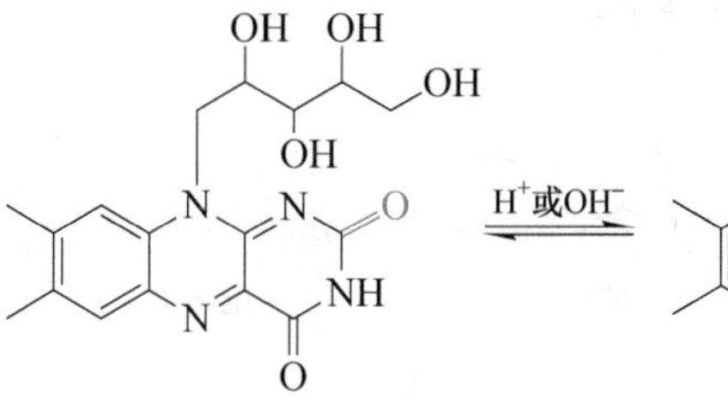

维生素 B_2 的核糖醇侧链有三个手性碳原子,具有旋光性,可用于鉴别。

维生素 B_2 在生物体氧化还原过程中起传递氢的作用。当缺乏维生素 B_2 时,会出现口角炎、舌炎、口腔炎、脂溢性皮炎和视觉模糊等症状。

(3) 烟酸和烟酰胺。

烟酸(nicotinic acid)和烟酰胺(尼克酰胺,nicotinamide)又称维生素 PP,两者均属吡啶衍生物(图 18-7)。维生素 PP 是预防癞皮病因子,为抗糙皮病维生素。

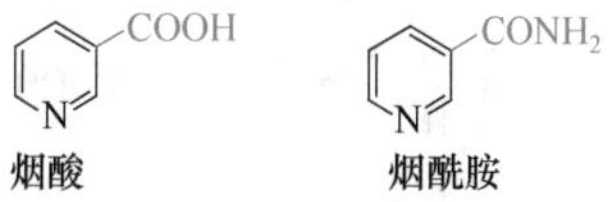

烟酸为白色结晶,无臭或微臭;在沸水或沸乙醇中溶解,在乙醚中几乎不溶。

图 18-7　维生素 PP 的化学结构

烟酸的鉴别主要利用吡啶环及其羧基。

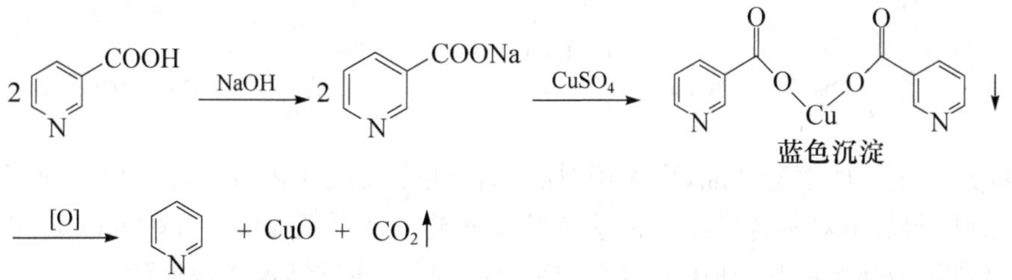

烟酰胺是白色结晶性粉末,无臭或几乎无臭,易溶于水或乙醇。烟酰胺的酰氨键容易水解放出氨。

烟酰胺是构成烟酰胺腺嘌呤二核苷酸(NAD,辅酶Ⅰ)和烟酰胺腺嘌呤二核苷酸磷酸酯(NADP,辅酶Ⅱ)的成分(详见 18.2 节)。

烟酸缺乏会患癞皮病,表现为口腔炎、腹泻和痴呆等症。但大剂量烟酸可引发糖尿病及损害肝脏等。

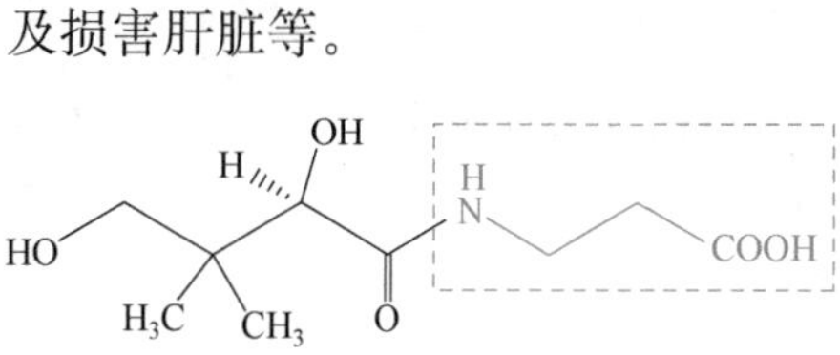

图 18-8　泛酸的化学结构

(4) 泛酸。

泛酸(pantothenic acid)是由 β-丙氨酸和(R)-2,4-二羟基-3,3-二甲基丁酸缩合而成(图 18-8),又称遍多酸、维生素 B_5。

泛酸为手性分子,比旋光度为 25°～28.5°。

泛酸是构成辅酶 A(coenzyme A,CoA)的成分。

(5) 维生素 B_6。

维生素 B_6 又称抗皮炎维生素,是吡啶的衍生物,包括吡哆醇、吡哆醛、吡哆胺(图 18-9),它们在体内相互转化,代谢产物都是吡哆酸。

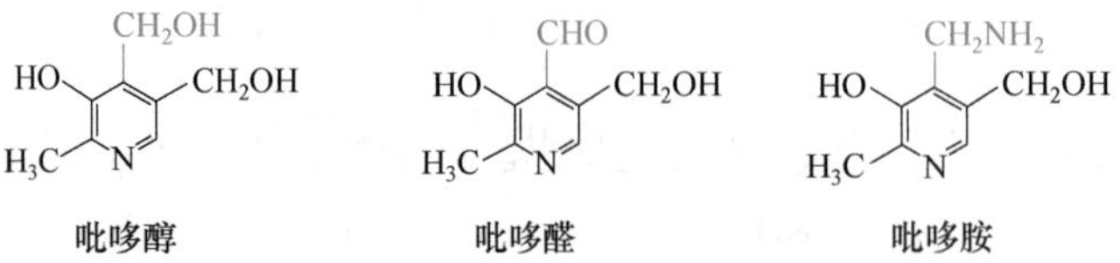

吡哆醇　　　　　吡哆醛　　　　　吡哆胺

图 18-9　维生素 B_6 的化学结构

维生素 B_6 为白色或类白色的结晶,水中易溶,水溶液 pH 为 2.4~3.0。

维生素 B_6 与氨基酸代谢有关,为体内脱羧酶的辅酶,参与氨基酸的转氨基、脱羧和消旋等反应。缺乏时可致呕吐、中枢神经兴奋和低色素性贫血等。

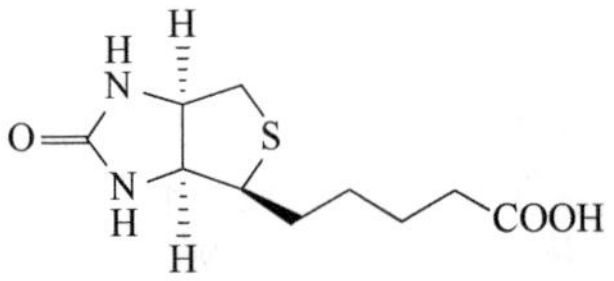

图 18-10　生物素的化学结构

(6) 生物素。

生物素(biotin)是由氢化噻吩并咪唑啉酮结合而成的一个双环化合物,侧链上有一戊酸(图 18-10),又称维生素 B_7、维生素 H、辅酶 R 等。

生物素中的硫醚结构被氧化剂氧化为亚砜。

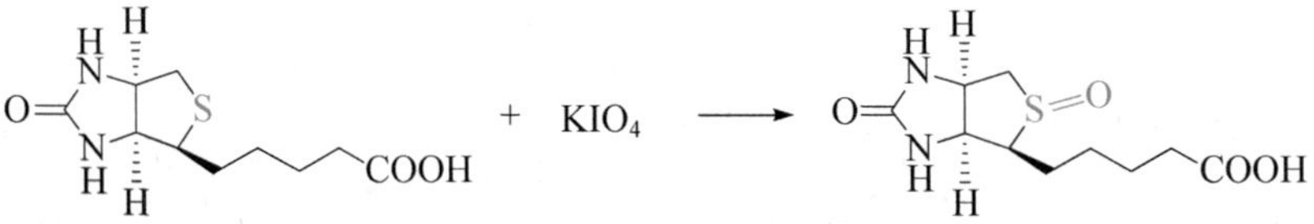

生物素是重要的医药产品,可采用对映选择性合成或立体专一性合成。前者采用富马酸为原料,通过不对称合成或其他手性技术构建三个手性碳原子;后者以 L-半胱氨酸等手性化合物为起始原料,利用原料中的手性碳原子,通过结构变换得到。

生物素是许多羧化酶的辅基,可维持脂肪的蛋白质的正常代谢。若缺乏生物素,会出现发育迟缓、皮肤发炎、毛发脱落。

(7) 叶酸。

叶酸(folic acid)由谷氨酸、对氨基苯甲酸和 2-氨基-6-甲基蝶啶-4-醇组成(图 18-11),又称维生素 B_{11}、维生素 M。因在绿叶中含量丰富,故称叶酸。

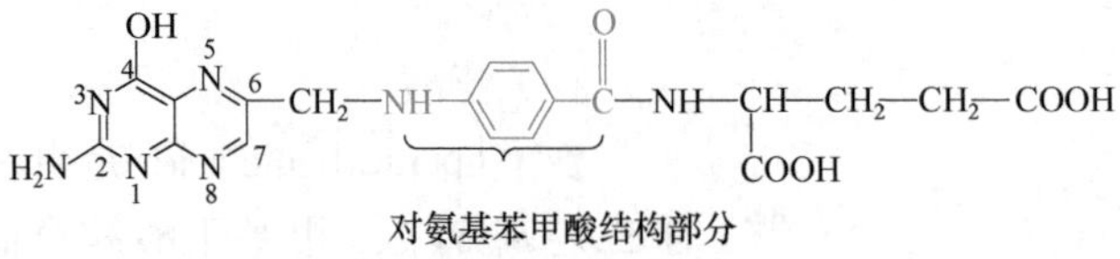

对氨基苯甲酸结构部分

图 18-11　叶酸的化学结构

叶酸为黄色至橙黄色结晶性粉末,无臭、无味;易溶于 10% Na_2CO_3 溶液或 NaOH 溶液;比旋光度为 18°~22°。

叶酸的碱性水溶液能被高锰酸钾氧化为 2-氨基-4-羟基蝶啶-6-羧酸,溶液显蓝绿色,用于鉴别或含量测定。

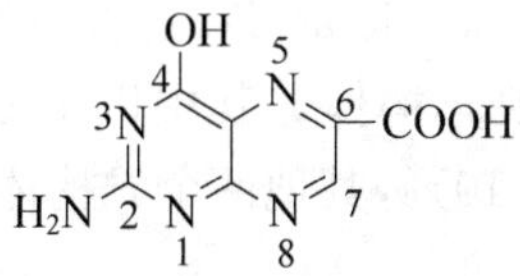

叶酸是人类和某些微生物生长所必需的,当哺乳类动物缺乏叶酸时表现出生长不良和各种贫血症。孕妇怀孕早期如缺乏叶酸,会增加畸形胎儿的可能性,婴幼儿、孕妇缺乏叶酸还会引起贫血。

(8) 维生素 B_{12}。

维生素 B_{12} 含有钴元素,又称钴胺素(cobalamin),是唯一含金属元素的维生素。其结构复杂,存在类似卟吩的环系,但其中两个吡咯环之间少一个—CH_2—(图 18-12)。

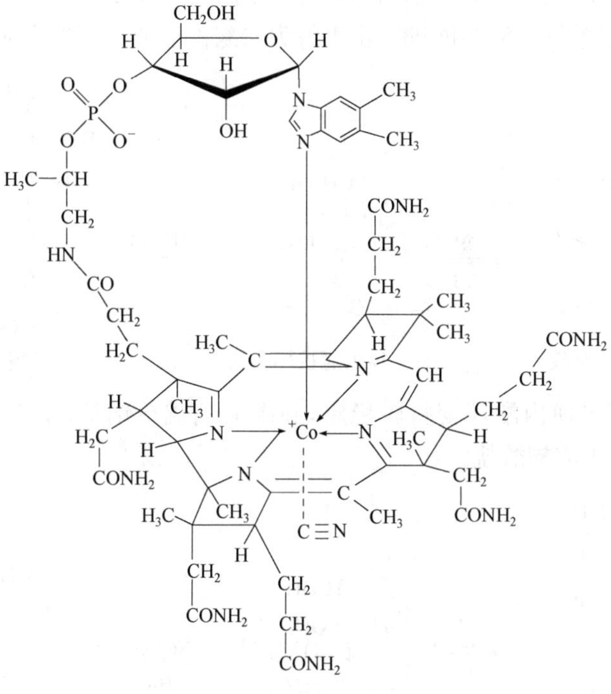

图 18-12 维生素 B_{12} 的化学结构

维生素 B_{12} 为深红色结晶,无臭、无味;水或乙醇中略溶,丙酮、氯仿或乙醚中不溶。

维生素 B_{12} 参与骨髓的造血器官正常工作,促进红细胞的发育和成熟,防止恶性贫血;以辅酶的形式存在,参与糖类、脂肪和蛋白质的代谢。

维生素 B_{12} 仅由微生物合成,在酵母和动物肝脏中含量丰富,不存在于植物中。

问题与思考 18-3

　B 族维生素的结构及活性有什么共同特点?

2）维生素 C

维生素 C 又称 L-抗坏血酸(ascorbic acid)，是含有烯二醇结构的糖酸内酯。结构中有两个手性碳原子，故有四个对映异构体。其中以 L-（＋）-抗坏血酸的生理活性最高，D-（－）-抗坏血酸活性仅为前者的 10%，其他两个异构体几乎无活性。

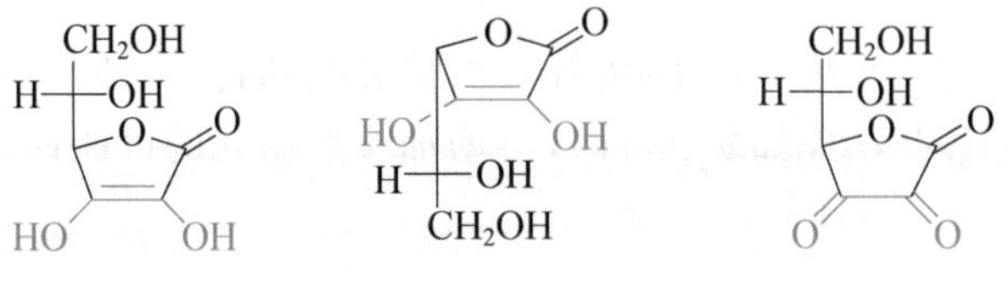

L-(+)-抗坏血酸　　　D-(–)-抗坏血酸　　　L-去氢抗坏血酸

维生素 C 为白色结晶，无臭、味酸，久置色渐变微黄；易溶于水。

维生素 C 是一类天然抗氧化剂，维生素 C 中两个烯醇式羟基极易被氧化生成去氢抗坏血酸，在碱性或强酸性溶液中能进一步水解为二酮古洛糖酸而失去活性。

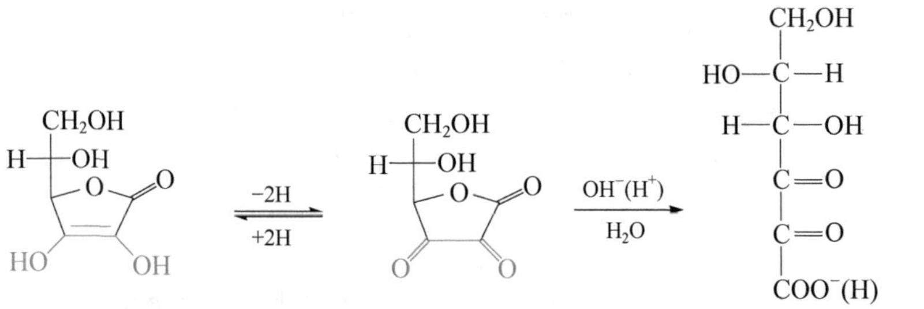

L-(+)-抗坏血酸　　　　　L-去氢抗坏血酸　　　　　L-二酮古洛糖酸

维生素 C 因双键使内酯环变得较稳定，和碳酸钠成单钠盐，不发生水解，但在强碱中，内酯环可水解，生成酮酸盐。

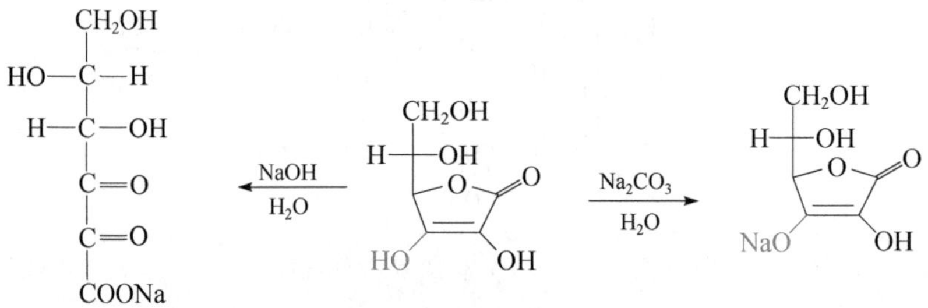

人体内不能合成维生素 C，必须由食物供给。维生素 C 摄入不足会导致坏血病，出现疲劳、倦怠、抵抗力下降。临床症状有牙龈出血、牙齿松动、牙床溃烂、毛细血管脆性增加等。

问题与思考 18-4

写出维生素 C 被硝酸银氧化为去氢抗坏血酸的反应式。

3）维生素 P

维生素 P 由芸香糖和黄酮两部分构成（图 18-13），也称芦丁（rutin），又称通透性维生素。

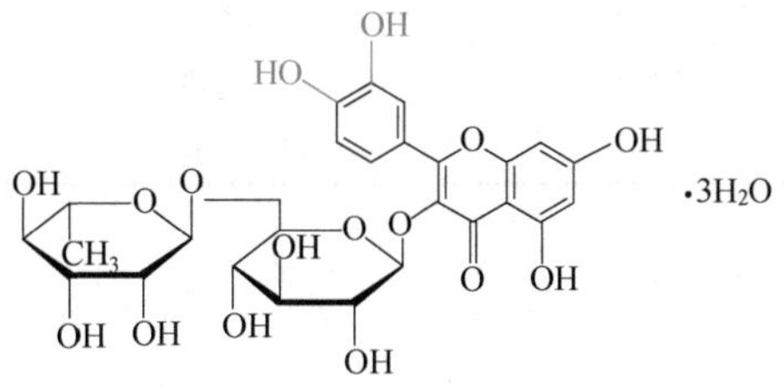

图 18-13　维生素 P 的化学结构

维生素 P 为浅黄色针状结晶，溶于热水。

维生素 P 的酚羟基与三氯化铁发生显色反应，芸香糖（由一分子葡萄糖和鼠李糖组成）部分呈还原性糖的性质，与费林试剂作用产生砖红色的氧化亚铜沉淀。

维生素 P 能防止维生素 C 被氧化破坏，增强维生素 C 的活性；预防脑出血、视网膜出血、紫癜等疾病。

问题与思考 18-5

维生素 P 和维生素 C 一样具有很强的还原性，为什么？

扫一扫　我国在生物素工业全合成中的贡献

18.2　辅　　酶

生物体内的许多新陈代谢过程是在复合酶的催化下进行的，与酶蛋白结合疏松的有机小分子称为辅酶（coenzyme）。这是一类具有转移电子、原子或一些基团能力的有机小分子，参与酶的活性中心组成，在酶促反应中能直接与底物作用起氧化还原和基团转移的作用。

18.2.1　辅酶的分类

生物体内辅酶的种类较少，同一种辅酶能与多种不同的酶蛋白结合，组成催化功能不同的复合酶；而每一种酶蛋白却只能与特定的辅酶结合（表 18-1）。酶蛋白主要决定酶促反应的专一性，而辅酶主要决定酶促反应的种类和性质。

表 18-1　常见辅酶的种类及作用

辅酶	缩写	转移的基团	所含维生素
辅酶 I	NAD$^+$	H$^+$,电子	烟酰胺(维生素 PP)
辅酶 II	NADP$^+$	H$^+$,电子	烟酰胺(维生素 PP)
黄素辅酶	FAD	氢原子	维生素 B$_2$
辅酶 A	CoA	酰基	泛酸
辅酶 F	FH$_4$	一碳单元	叶酸
硫胺素焦磷酸酯	TPP	醛基	维生素 B$_1$
磷酸吡哆醛	PLP	氨基	维生素 B$_6$
辅酶 Q$_{10}$	CoQ$_{10}$	H$^+$,电子	—

18.2.2　辅酶的结构和理化性质

1. 辅酶 I 和辅酶 II

辅酶 I 又称烟酰胺腺嘌呤二核苷酸(nicotinamide adenine dinucleotide,NAD);辅酶 II 又称烟酰胺腺嘌呤二核苷酸磷酸酯(nicotinamide adenine dinucleotide phosphate,NADP)。NAD 和 NADP 在生物体内都是作为脱氢酶类的辅酶,以 NAD$^+$、NADP$^+$ 表示它们的氧化型;NADH 和 NADPH 表示还原型。结构式如下:

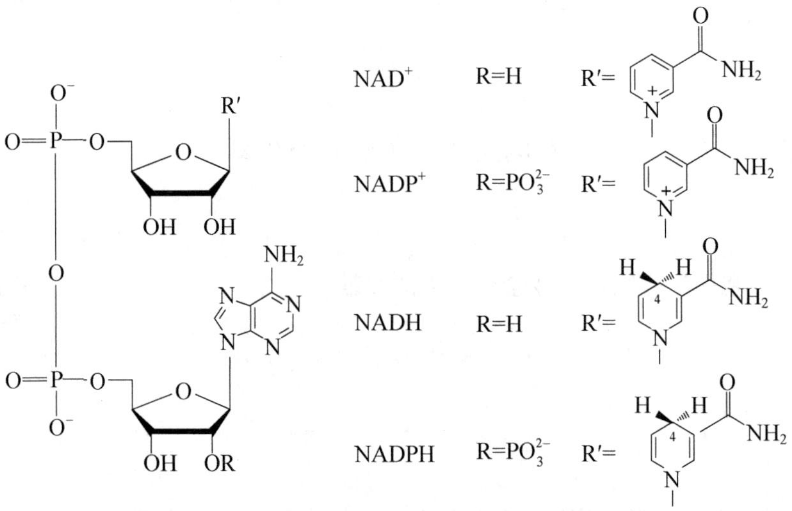

从结构式可知,NAD 和 NADP 是由烟酰胺和腺嘌呤分别与两个核糖通过苷键结合成核苷,再经磷酸酐键连接成二核苷酸;两者区别在于 NADP 是 NAD 核糖 C$_{2'}$ 位的磷酸酯。NAD$^+$ 和 NADP$^+$ 结构中吡啶环上的氮带有正电荷,NADH 和 NADPH 的吡啶环上的氮不带电荷,且 C$_4$ 为饱和碳。

NAD$^+$-NADH 和 NADP$^+$-NADPH 分别组成氧化还原体系,是体内酶促反应中不可缺少的电子和质子的载体。NAD$^+$(NADP$^+$)起电子接受体的作用,生成 NADH (NADPH),同样 NADH(NADPH)起电子给予体的作用。烟酰胺吡啶环上的 C$_4$ 位是 NAD 和 NADP 的反应中心,能接纳或提供一个负氢离子(H$^-$),而分子中的其余部分只起与酶蛋白结合时的识别作用。

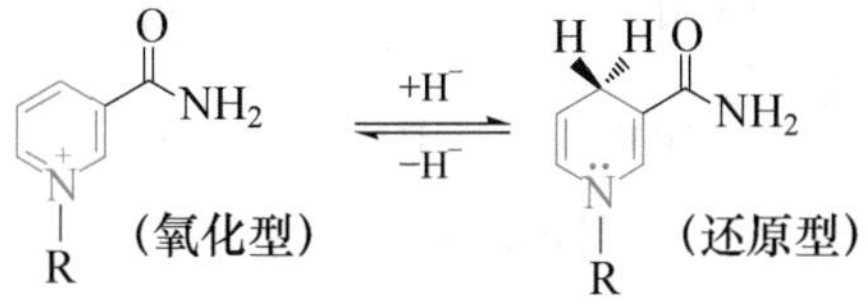

NAD$^+$ 和 NADP$^+$ 是涉及许多脱氢反应的重要辅酶。例如,L-乳酸脱氢氧化生成丙酮酸的反应必须有辅酶 NAD$^+$ 参与。

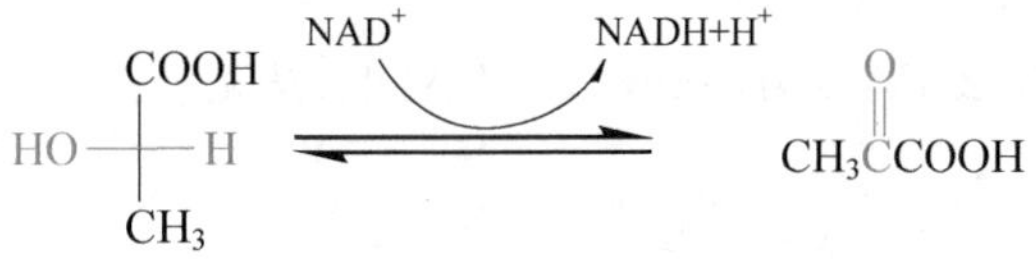

在脱氢酶存在下,NAD$^+$ 与底物作用,从中移去两个氢原子,一个氢以负氢离子(H$^-$)的形式与 NAD$^+$ 的吡啶环 C$_4$ 位结合生成 NADH,而另一氢以 H$^+$ 形式进入溶液。底物 L-乳酸转为丙酮酸;在逆反应中,NADH 失去负氢离子,丙酮酸还原为 L-乳酸。

体内存在的此类脱氢酶都有其专一的底物,有些以 NAD$^+$ 为辅酶;另一些则以 NADP$^+$ 为辅酶。

问题与思考 18-6

辅酶Ⅰ和辅酶Ⅱ分子结构中含有几个苷键?几个酯键?

---

2. 黄素辅酶

黄素辅酶又称黄素腺嘌呤二核苷酸(flavin adenine dinucleotide,FAD),含维生素 B$_2$ 结构(图 18-14),是许多加氢-脱氢反应的辅酶,在脱氢酶催化的氧化还原反应中起电子和质子的传递作用。参与催化反应的活性部位是其中的异咯嗪环,环中共轭体系(含 N$_1$ 和 N$_5$ 在内的)发生 1,4-加氢反应,FAD 被还原为 FADH$_2$。例如,琥珀酸脱氢酶催化琥珀酸脱氢,生成延胡索酸,FAD 被还原成 FADH$_2$。

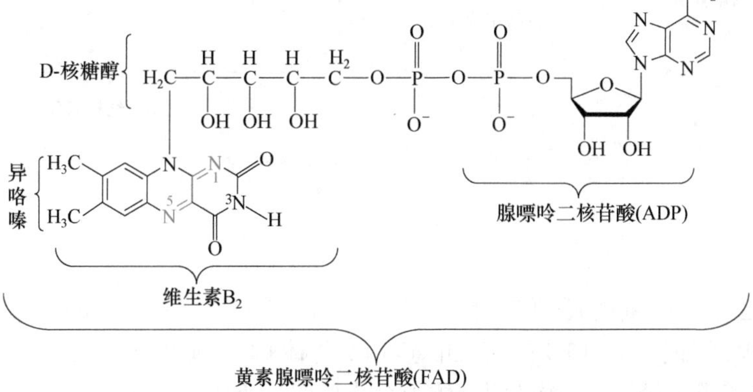

图 18-14 黄素辅酶(FAD)的化学结构

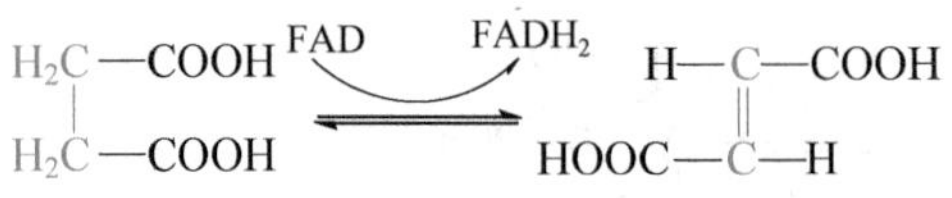

琥珀酸　　　　　　延胡索酸　　　　　　FADH₂

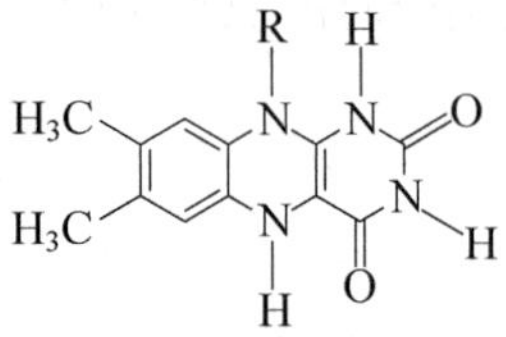

问题与思考 18-7

从结构上解释为什么 FAD 为亮黄色,而 $FADH_2$ 呈无色。

---

3. 辅酶 A

辅酶 A(coenzyme A,CoA 或 HSCoA)是含泛酸的复合核苷酸,结构式如图 18-15 所示。辅酶 A 是酰基转移酶的辅酶,在脂类、糖类和蛋白质代谢中起传递酰基的作用。末端巯基(—SH)是它的活性部位,可与酰基形成硫酯。例如,乙酸与辅酶 A 的巯基结合形成乙酰辅酶(acetyl coenzyme)A。

$$CH_3COOH + HS—CoA + ATP \xrightarrow{\text{硫激酶}} CH_3CO\sim S—CoA + ADP + Pi$$

酰基辅酶 A 分子中的硫酯键类似于 ATP 分子中的高能键,很活泼,一旦打开即放出能量(36.9 kJ·mol⁻¹),供代谢反应用。生物化学中的大多数酰基化反应都通过辅酶 A 形成酰基辅酶 A,再从酰基辅酶 A 转移出酰基参与反应的底物,以此完成代谢过程中的酰基化反应。

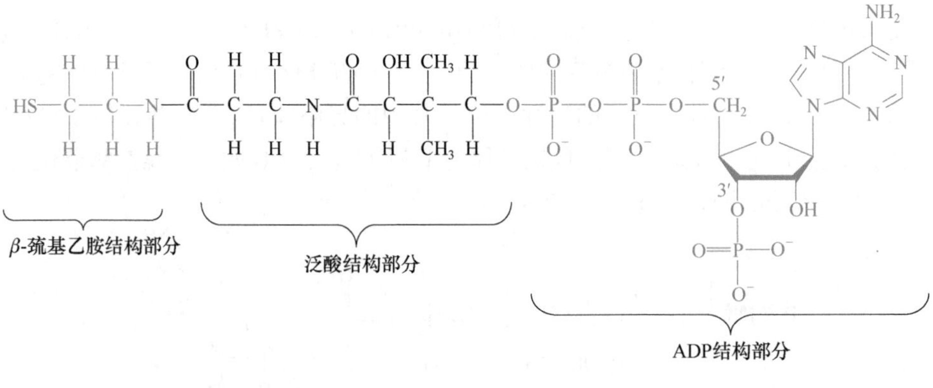

图 18-15　辅酶 A 的化学结构

4. 辅酶 F

辅酶 F 是叶酸加氢的还原产物——5,6,7,8-四氢叶酸(tetrahydrofolate,THF 或 FH₄),其结构式如图 18-16 所示。四氢叶酸是体内一碳单位(如—CH₃、—CH₂—、—CHO等)转移酶的辅酶,一碳基团是体内合成代谢过程中不可缺少的基团。

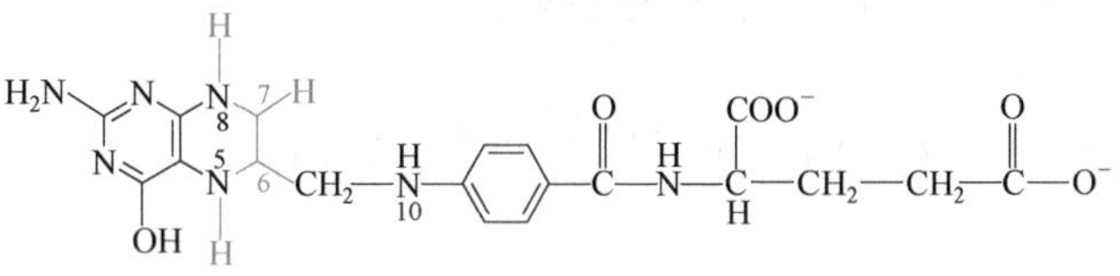

图 18-16　四氢叶酸的化学结构

这些一碳基团主要连接于四氢叶酸的 N_5 和 N_{10} 位上,形成带有一碳基团的辅酶,参与嘌呤、脱氧胸苷酸和蛋氨酸的生物合成。

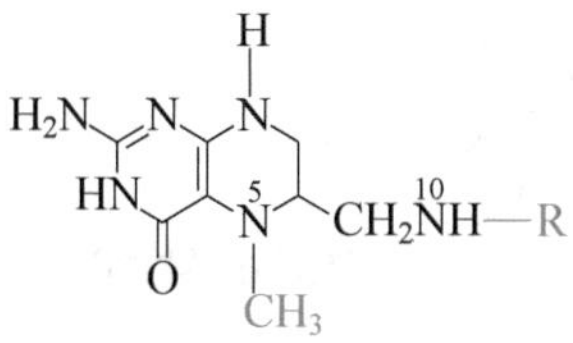

N_5-甲基-FH₄　　　　　　N_5,N_{10}-甲叉基-FH₄　　　　　N_5-甲酰基-FH₄

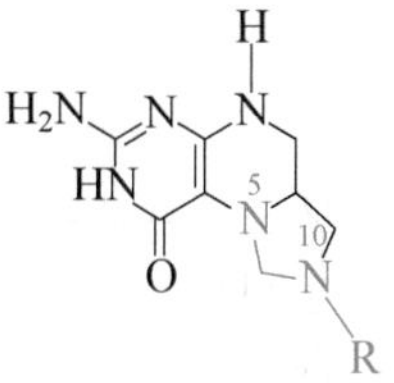

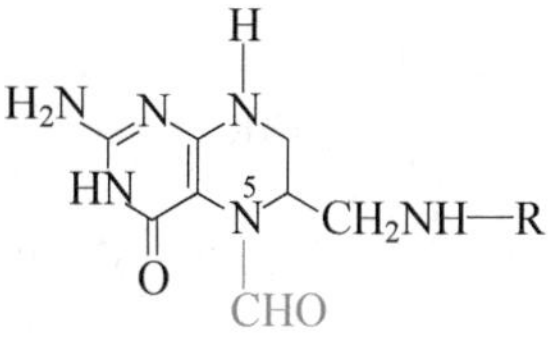

在半胱氨酸甲基转移酶的作用下,由 N_5-甲基-FH₄ 提供甲基,半胱氨酸可以转化为蛋氨酸。

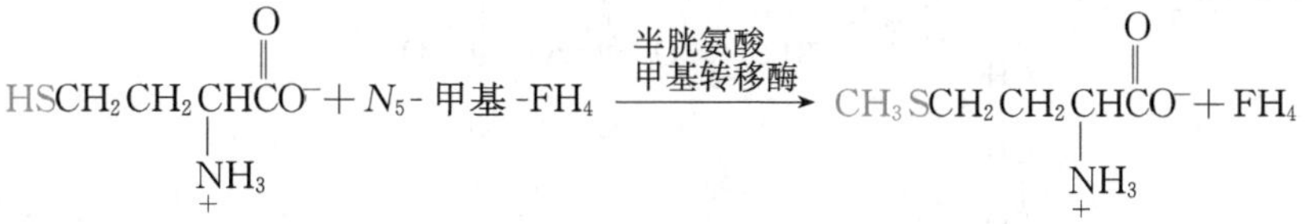

问题与思考 18-8

根据四氢叶酸的结构式,指出其中含什么氨基酸结构部分。

5. 硫胺素焦磷酸酯

硫胺素焦磷酸酯(thiamine pyrophosphate,TPP)是脱羧酶的辅酶,它是维生素 B_1 在体内肝脏和脑等组织中的硫胺素焦磷酸激酶作用下转化而来的。

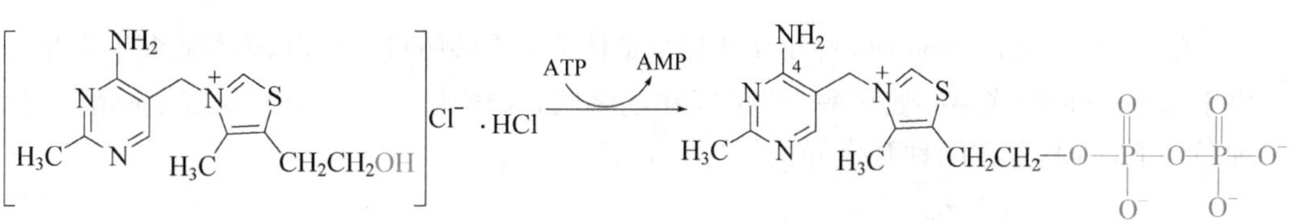

硫胺素(维生素B₁)　　　　　　　　　　　　　硫胺素焦磷酸酯

TPP 是糖代谢过程中 α-酮酸脱氢酶的辅酶,参与丙酮酸或 α-酮戊二酸的氧化脱羧反应和醛基转移作用。

例如,糖代谢过程中产生的丙酮酸在 TPP 辅酶的参与下,经丙酮酸氧化脱羧酶催化发生脱羧,形成活性乙醛和二氧化碳。因此,机体内若缺乏维生素 B_1,会导致丙酮酸积累过多,使细胞受到毒害,神经组织也会传导不利。

$$CH_3-\overset{\overset{O}{\|}}{C}-COOH + TPP \xrightarrow{\text{丙酮酸氧化脱羧酶}} CH_3-\overset{\overset{OH}{|}}{\underset{TPP}{C}}-H + CO_2$$

（生理上的活性乙醛）

例如,α-酮戊二酸的脱羧反应中,TPP 分子的噻唑环上 C_2 位上的碳负离子进攻 α-酮戊二酸的羰基碳原子,发生亲核加成反应,产物在 α-酮戊二酸脱羧酶的催化下脱羧,生成琥珀酸半醛-TPP。

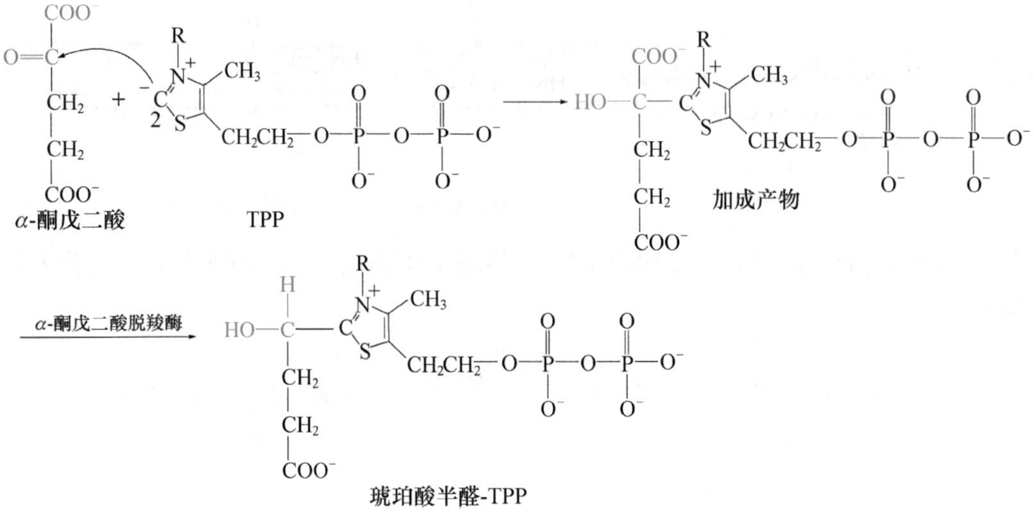

问题与思考 18-9

写出丙酮酸在 TPP 作用下的氧化脱羧过程。

6. 磷酸吡哆醛

磷酸吡哆醛(pyridoxal phosphate,PLP)是体内多种酶的辅酶,其前体是维生素 B_6。维生素 B_6 的三种形式——吡哆醇、吡哆醛和吡哆胺,在体内都能转变为磷酸吡哆醛。在生理条件下,PLP 存在两种互变异构体(图 18-17)。

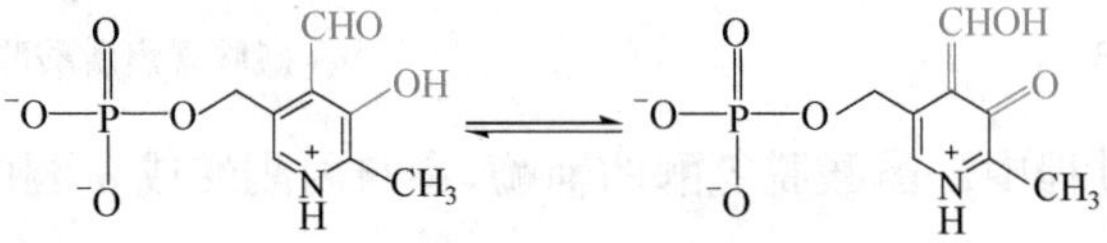

图 18-17 磷酸吡哆醛的互变异构

磷酸吡哆醛在氨基酸代谢中非常重要,是氨基酸转氨、脱羧和消旋作用的辅酶。转氨酶通过磷酸吡哆醛和磷酸吡哆胺的互相转换,起转移氨基的作用。例如,丙氨酸的转氨基反应中,关键一步是氨基酸中的氨基对醛基进行亲核加成生成亚胺的过程。α-位失去质子后进行键的重排生成不同的亚胺,亚胺再水解产生丙酮酸和磷酸吡哆胺。反应式如下:

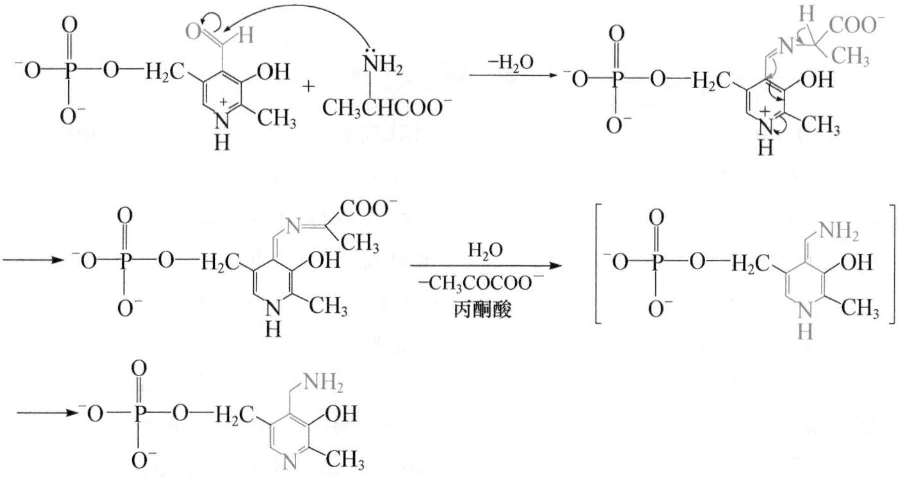

7. 辅酶 Q_{10}

辅酶 Q_{10}(coenzyme Q_{10})又称泛醌(ubiquinone),是一种线粒体氧化还原酶的辅酶,为脂溶性的醌类化合物,是黄色至橙黄色结晶性粉末。其基本结构如图 18-18 所示,其醌式及侧链 10 个异戊烯基结构等特点,使它在呼吸链中成为重要递氢体,细胞能量生成要素,并具有抗氧化和控制细胞内氧气的流动等性能,有重要的生理功能。

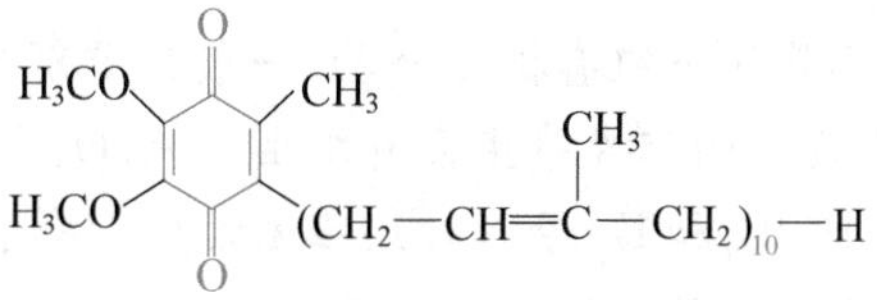

图 18-18　辅酶 Q_{10} 的化学结构

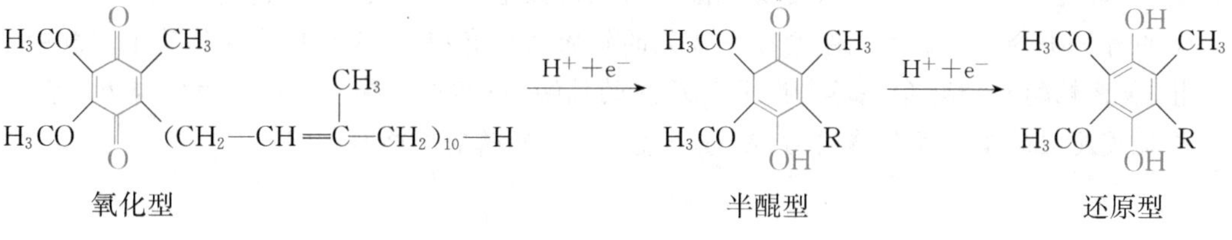

问题与思考 18-10

辅酶 Q_{10} 与哪些维生素具有相似的结构?

扫一扫　辅酶Ⅰ的发现

关　键　词

维生素　vitamin　450

生育酚　tocopherol　452

硫胺素　thiamine　454

核黄素　riboflavine　454

烟酸　nicotinic acid　455

烟酰胺　nicotinamide　455

泛酸　pantothenic acid　455

生物素　biotin　456

叶酸　folic acid　456

钴胺素　cobalamin　457

抗坏血酸　ascorbic acid　458

芦丁　rutin　459

辅酶　coenzyme　459

烟酰胺腺嘌呤二核苷酸　nicotinamide adenine dinucleotide　460

烟酰胺腺嘌呤二核苷酸磷酸酯　nicotinamide adenine dinucleotide phosphate　460

黄素腺嘌呤二核苷酸　flavin adenine dinucleotide　461

乙酰辅酶　acetyl coenzyme　462

5,6,7,8-四氢叶酸　tetrahydrofolate　462

硫胺素焦磷酸酯　thiamine pyrophosphate　463

磷酸吡哆醛　pyridoxal phosphate　464

泛醌　ubiquinone　465

小　结

维生素是化学结构各异的一组有机化合物,一般按溶解性不同分为脂溶性和水溶性两大类共14种维生素。脂溶性维生素有维生素 A、D、E、K 四种;水溶性维生素有 B 族维生素(包括 B_1、B_2、B_6 和 B_{12} 等八种)、维生素 C、P 等。

维生素具有广泛的生物化学功能。维生素缺乏或摄取过多都会引起各种疾病。

辅酶在氧化还原或基团转移反应中具有暂时携带原子和基团的功能。多数情况下,辅酶是一类维生素,是从食物中摄取的仅需微量即可满足机体生长和正常机能所需的有机小分子。机体代谢途径中常见的辅酶主要有:参与脱氢反应的辅酶Ⅰ、辅酶Ⅱ、黄素辅酶和辅酶 Q_{10};参与酰基化反应的辅酶A;参与一碳基团传递的辅酶F;参与脱羧反应的硫胺素焦磷酸酯;参与转氨基反应的磷酸吡哆醛PLP。

习　题

1. 简述水溶性维生素的分类及其作用。
2. 简述脂溶性维生素的分类及其作用。
3. B族维生素参与构成的辅酶有哪些?

4. 结构中含有共轭多烯醇侧链的维生素是＿＿＿＿＿＿＿，可由人体内的胆固醇转化的维生素是＿＿＿＿＿＿＿，促进肝脏合成凝血酶原所必需的维生素是＿＿＿＿＿＿＿。

5. 维生素 B_1 参与构成的辅酶是＿＿＿＿＿＿＿，维生素 B_6 参与构成的辅酶是＿＿＿＿＿＿＿。

6. 维生素 E 有几种异构体? 其活性特点是什么?

7. 维生素 D_2 及 D_3 的结构有何异同点?

8. 举例说明什么是辅酶,在酶促反应中起何种作用。

9. 参与脱氢反应的辅酶有哪些?

10. FAD 分子中有几个苷键? 几个酐键? 几个酯键?

11. 举例说明辅酶 A 参与何种类型反应。

12. 举例说明 FH_4 参与何种类型反应。

13. 举例说明 TPP 参与何种类型反应。

14. 举例说明 PLP 参与何种类型反应。

参 考 文 献

国家药典委员会. 2010. 中华人民共和国药典（2010 年版，二部）. 北京：中国医药科技出版社

胡宏纹. 2006. 有机化学. 3 版. 北京：高等教育出版社

吕以仙. 2008. 有机化学. 6 版. 北京：人民卫生出版社

王积涛，王永梅，张宝申，等. 2009. 有机化学. 3 版. 天津：南开大学出版社

邢其毅，裴伟伟，徐瑞秋，等. 2005. 基础有机化学. 3 版. 北京：高等教育出版社

钟铮，武雪芬，陈芬儿. 2012.（＋）-生物素全合成研究新进展. 有机化学，32：1792-1802

Clayden J P，Greeves N，Warren S，et al. 2009. Organic Chemistry. Oxford：Oxford University Press

McMurry J. 2008. Fundamentals of Organic Chemistry. 7th ed. California：Brooks/Cole Publishing Company